玩转大数据

SAS + R + Stata + Python

孙江伟

王韵章　宁铮　李夏　王吟曦　李琳　卞伟玮

编著

清华大学出版社

北　京

内 容 简 介

面对日渐复杂的大数据，科技工作者很难用单一的统计软件高效、完美地完成从数据挖掘、数据清洗、统计分析到结果呈现的全部工作，因此需要熟悉和掌握多种统计工具，各取所长、整合使用。本书立足于大数据研究的现状，基于实际医疗案例，介绍数学基础知识和统计学基础知识，SAS、R 语言、Stata 和 Python 这 4 款大数据常用分析工具的基础编程知识及实践操作。

本书主要面向在校本科生、研究生，以及要掌握 SAS、R 语言、Stata 和 Python 的数据工作者，熟悉四个软件的任意一个且想要在短时间内掌握其他软件的读者，也适合医科学生、临床医生或药企人员等医疗相关人员学习使用。

图书在版编目（CIP）数据

玩转大数据：SAS＋R＋Stata＋Python/孙江伟等编著.—北京：清华大学出版社，2021.6
ISBN 978-7-302-57067-7

Ⅰ.①玩… Ⅱ.①孙… Ⅲ.①数据收集 Ⅳ.①TP274

中国版本图书馆 CIP 数据核字（2020）第 251337 号

责任编辑：汪汉友　战晓雷
封面设计：常雪影
责任校对：李建庄
责任印制：沈　露

出版发行：清华大学出版社
网　　址：http://www.tup.com.cn，http://www.wqbook.com
地　　址：北京清华大学学研大厦 A 座　　**邮　　编**：100084
社 总 机：010-62770175　　**邮　　购**：010-83470235
投稿与读者服务：010-62776969，c-service@tup.tsinghua.edu.cn
质量反馈：010-62772015，zhiliang@tup.tsinghua.edu.cn
课件下载：http://www.tup.com.cn，010-83470236
印 装 者：三河市龙大印装有限公司
经　　销：全国新华书店
开　　本：203mm×260mm　　**印　　张**：40　　**字　　数**：1123 千字
版　　次：2021 年 6 月第 1 版　　**印　　次**：2021 年 6 月第1次印刷
定　　价：198.00 元

产品编号：086478-01

前言

PREFACE

随着计算机与信息技术的发展，互联网、大数据、人工智能等现代信息技术不断实现突破，逐渐渗透到人类生产生活的各个领域，以前所未有的方式将人们带入一场剧烈的信息变革之中。随着社会信息化程度的日益加深，医疗行业数据系统的信息容量也在不断扩大，高效地挖掘和利用这些宝贵的医学信息资源，为疾病的预防、诊断和治疗提供科学的决策依据，促进医学研究的进一步发展，具有非常重要的意义。与此同时，数据数量与日俱增，数据质量参差不齐，这使得医疗工作者和科研人员的工作难度不断加大，对专业技术水平、数据分析方法和团队科研协作都提出了更高的要求。

面对日渐复杂的大数据，科学工作者很难用单一的统计软件高效、完美地完成从数据挖掘、数据清洗、统计分析到结果呈现的全部工作，因此需要熟悉和掌握多种统计工具，各取所长、整合使用。例如，SAS 作为一个成熟度高、稳定性强的商业化系统，有强大的大数据管理及清洗的功能，在公司和企业中的应用非常广泛，但是它在对大数据（如健康注册系统）进行某些统计分析时，运行速度较慢。相对而言，Stata、R 语言和 Python 却可以非常快速地完成同样的运算程序。此外，Stata 是对初学者非常友好的软件，命令简单，运行速度快，是非常出色的统计软件；R 语言有极其灵活和强大的绘图能力，可以更好地表现数据结果，大大提升数据分析的效率；Python 以语言简单、分析高效而著称，尤其在机器学习、文本处理等领域表现突出。因此，如果能掌握几种统计软件的使用方法，并且能够根据具体研究目的自由切换不同的统计软件，则可以达到事半功倍的效果。

此外，大规模的项目通常需要跨单位、跨学科合作，科研团队的国际化、多元化的趋势越来越明显。每个研究人员的背景不同，擅长的领域或使用的统计软件也大相径庭。为了更好地进行学术交流，促进彼此之间的合作，完成复杂的研究项目，熟悉和掌握多种统计软件的基本操作就显得非常重要。但是，学习任何一门技术都需要投入大量的时间和精力，若想同时掌握多种统计软件的使用方法，需要付出更多的时间和努力。幸运的是，SAS、R 语言、Stata 和 Python 等软件的数学和统计学基础是相通的，主要区别在于它们采用不同的语言环境和编程方法。如果读者已经掌握其中任何一个软件的操作和使用方法，再去学习其他 3 种软件，则会触类旁通，大大提高学习效率。但是，目前还没有相关的书籍介绍如何将 SAS、R 语言、Stata 和 Python 这 4 种常用的统计软件整合起来，用于大数据的管理和分析。

目前，市面上单独介绍 SAS、R 语言、Stata 和 Python 等统计软件的书籍大多面面俱到地讲解每个命令、每个选项、每个模块，针对一种统计方法提供尽可能多的解决方案。的确，这样可以帮助读者全面、具体地了解各个软件，但同时也可能使读者花费很多时间学习了大量不实用的知识。此外，大多数介绍统计软件的书籍往往止步于如何进行统计分析，而常常忽略了如何高效、准确地提取主要结果，如何生成可直接用于报告、交流或达到 SCI 发表要求的表格等方面。

因此，本书立足于大数据研究的现状，首先介绍必须掌握的数学和统计学基础知识；其次，根据真实的电子病历及健康注册系统的数据特征，模拟出与其复杂程度和处理难度相当的模拟数据库；最后，针对同一研究问题，在SAS、R语言、Stata和Python中进行同步处理，详细讲解如何在这4个统计软件中实现从数据导入、数据清洗、统计分析、结果整理输出（表格或图）到结果解释的全部过程，从而可完成软件的对比学习，达到事半功倍的效果。以上3点也是本书的特色所在。

本书着眼于真实的医学领域的数据处理问题，主要介绍在4个软件中最常用、最高效的命令及编程方法，使数据工作者能够在短时间内掌握每个软件的精髓，并且能够学以致用，切实应用到自己的研究项目中，解决相关问题。但本书不会过多地涉及诸如模型的比较和选择等问题，因为这类问题通常是由研究课题或项目决定的，不存在"放之四海而皆准"的准则。对这类问题感兴趣的读者，请查阅相关书籍或文章。

本书可分为3部分：第1部分包括第1、2章，介绍数学基础知识和统计学基础知识；第2部分包括第3～7章，在概要介绍统计软件基础知识之后，分别介绍SAS、R语言、Stata和Python的基础编程知识；第3部分包括第8～12章，在概要说明本书软件实践的几个重要问题之后，分别介绍SAS、R语言、Stata和Python的实践内容。读者可根据自己的兴趣和时间自行选择相应的章节学习。建议读者在阅读某软件的基础编程知识和实践操作前，先阅读第3章和第8章，从而了解本书的布局。

本书主要面向在校本科生、研究生，以及要掌握SAS、R语言、Stata和Python的数据工作者，熟悉4种软件的任意一种且想要在短时间内掌握其他软件的读者，尤其适合医科学生、临床医生或药企人员等医疗相关人员学习使用。

笔者自2014年萌生编写本书的想法，2017年动笔，2019年组建编写团队，到2020年春完成初稿，其间曾多次产生放弃的念头，幸好坚持了下来。笔者一直坚信"二八定律"，即学习并掌握一个软件的20%的基础知识，将能使用户理解80%的软件功能，从而能顺利完成80%的工作任务。尽管本书介绍的诸多方法看起来很容易理解和掌握，但要想真正用好这些软件，仍需读者仔细钻研、刻苦练习。不过这些努力是值得付出的，假以时日，所有努力都会带来丰厚的回报。

感谢Fang Fang教授、Yudi Pawitan教授给予笔者的大力支持；感谢邓文江同学在R语言部分的付出；感谢编写团队成员在整个过程中的坚持和付出，从而使本书得以完成；最后，感谢清华大学出版社编辑给予本书的帮助和指导，从而使本书得以顺利出版。书中难免存在疏漏和不足之处，恳请读者不吝赐教，笔者将感激不尽。

孙江伟

2021年4月

目录

CONTENTS

第1章 数学基础

数学的思想在远古时代就已贯穿在人类文明的方方面面。巴比伦、埃及、印度、中国四大古国都有着独立的数学体系。可以说,数学诞生于人类对生命和生活的探索,与人类文明并行发生与发展。

文艺复兴的思潮带动了科学技术的迅猛发展。随着艾萨克·牛顿与戈特弗里德·莱布尼茨发明了微积分的概念,勒内·笛卡儿发明了解析几何与坐标系,数学学科就初具规模了。第一台计算机埃尼阿克(ENIAC)的诞生,将现代数学的科学研究与计算机紧密联系在一起,从此计算数学与数据科学进入了人们的视野。

如今,大数据时代已然到来。在医学领域,医疗数据的海量激增,信息化平台的广泛应用,使大数据的提取、处理、分析成为科研人员和高校学生关注的焦点。公共卫生人群数据、健康体检随访数据、电子病历诊疗数据、高通量测序组学数据等医疗大数据为科研人员提供了宝贵的资源。如何对现有的数据进行挖掘与分析,是医学领域科研工作者亟待解决的问题。

通过对本书第1、2章的阅读和学习,读者可以加深对基本数学理论、概率论与数理统计方法的理解;通过对第3~12章的学习,读者可以对不同统计软件进行对比,并结合自己的研究和业务工作找到适合的软件,从而对数据进行整理与分析,达到事半功倍的效果。

接下来,本章从基本的数学符号和数学概念出发,向读者介绍在数据分析及相关统计方法甚至机器学习算法中可能会涉及的微积分、线性代数等知识。掌握这些数学知识是进一步理解很多统计方法的前提条件。对于主要关注数据分析结果而较少进行理论探究的读者可以有选择地学习和参考本章内容。

1.1 常用的数学符号

非数学专业的人可能会对复杂的数学符号感到困惑。使用数学符号和公式表示某些概念和关联清晰简便,因此,本节对常用的数学符号进行说明,见表1-1-1。

表 1-1-1 常用的数学符号

分类	中文名称	符号表示	备注
数和数组	标量	a	
	向量	$\boldsymbol{a}$	
	矩阵	$\mathbf{A}$	
集合和区间	集合	$\{a,b\}$	
	闭区间(包含端点)	$[a,b]$	
	开区间(不包含端点)	(a,b)	
	a 属于集合$\{a,b\}$	$a\in\{a,b\}$	
索引	向量 $\boldsymbol{a}$ 的第 i 个元素,索引从1开始	a_i	

续表

分类	中文名称	符号表示	备注
	矩阵 **A** 的第 i 行、第 j 列元素	$A_{i,j}$	
	矩阵 **A** 的第 i 行	A_i	
	矩阵 **A** 的第 j 列	A_j	
微积分	y 关于 x 的导数	$\frac{\mathrm{d}y}{\mathrm{d}x}, f'(x)$	
	y 的微分	$\mathrm{d}y$	
	x 的微分	$\mathrm{d}x$	
	y 关于 x 的偏导数	$\frac{\partial y}{\partial x}$	偏导数是在有多个自变量的情况下对某个自变量单独求导数的运算
	函数 $f(x)$ 关于 x 在区间 $[a,b]$ 的定积分	$\int_a^b f(x)\mathrm{d}x$	
	函数 $f(x)$ 关于 x 的不定积分	$\int f(x)\mathrm{d}x$	
线性代数与矩阵运算	矩阵 **A** 的转置	$\mathbf{A}^{\mathrm{T}}, \mathbf{A}'$	$\mathbf{A}^{\mathrm{T}}$、$\mathbf{A}'$ 都是矩阵转置的表示形式
	矩阵 **A** 的秩	$\mathrm{rank}(\mathbf{A})$	
	矩阵 **A** 的逆矩阵	$\mathbf{A}^{-1}$	
	矩阵 **A** 的行列式	$\|\mathbf{A}\|$	
	对角元素为 $\lambda_1,\lambda_2,\cdots,\lambda_n$ 的对角矩阵	$\mathrm{diag}(\lambda_1,\lambda_2,\cdots,\lambda_n)$	
	对 a_i 求和 $(i=1,2,\cdots,n)$	$\sum_{i=1}^{n} a_i$	$a_1+a_2+\cdots+a_n$
	对 a_i 求积 $(i=1,2,\cdots,n)$	$\prod_{i=1}^{n} a_i$	$a_1\times a_2\times\cdots\times a_n$

1.2 常见概念

1.2.1 集合

集合的概念有助于理解对象之间的关系，在 2.1 节介绍的概率论中就得到了应用。

集合表示由特定特征的对象组成的总体。集合中的每一个对象称为元素。集合中的元素是确定的、互异的、无序的。根据集合中的元素是否有限可以将集合分为有限集和无限集。常见的实数集合 **R**、有理数集合 **Q**、整数集合 **Z**、自然数集合 **N** 都是无限集。

常见的集合运算包括**并**、**交**、**差**、**补** 4 种。

对于已知的集合 S、T，集合的**并**运算的结果为由集合 S、T 中所有元素组成的集合，表示为

$$S \cup T = \{x \mid x \in S \quad \text{或者} \quad x \in T\}$$

此处 $\in$ 符号表示属于，即元素属于该集合。

集合的**交**运算的结果为由集合 S、T 的公共元素组成的集合，表示为

$$S \cap T = \{x \mid x \in S \quad \text{并且} \quad x \in T\}$$

集合 S 与 T 的**差**运算的结果为由在集合 S 中但不在集合 T 中的元素组成的集合，表示为

$$S\backslash T=\{x \mid x\in S \quad 并且 \quad x\notin T\}$$

集合的补运算的结果为由全集 U 中所有不在集合 S 中的元素组成的集合，这个集合称为 S 的补集，表示为

$$\complement_U S=U\backslash S=\{x \mid x\in U\text{ 并且 }x\notin S\}$$

图 1-2-1 对上述集合运算进行了说明。

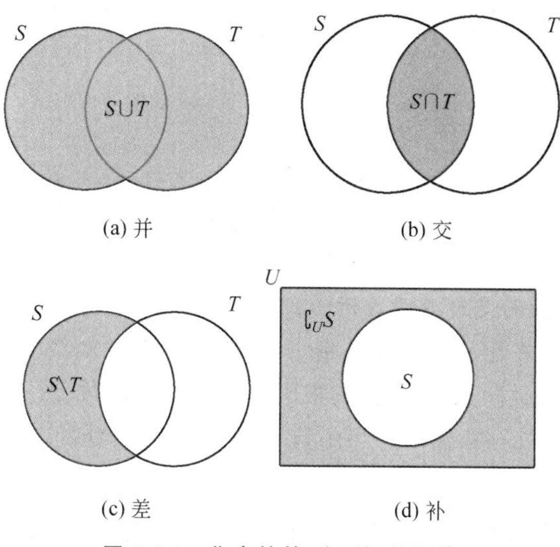

图 1-2-1　集合的并、交、差、补运算

1.2.2　极限

极限是根据数列或函数的性质和变化趋势估计抽象值的一种方法。例如，古代中国人使用圆内接正多边形来逐渐逼近圆，来估算圆周率 π 的方法便采用了极限的思想。极限的概念是微积分的基础，在统计中也随处可见。

极限分为数列的极限和函数的极限。数列的极限表示当数列趋向于无穷多项时数列的变化趋势。当数列收敛时，数列趋向于某个值。函数的极限可以描述为：当函数 $f(x)$ 的自变量 x 无限接近某个值的时候对应的函数值 $f(x)$ 的变化趋势。导数的概念就是通过极限来定义的。

数列的极限定义如下：

设 $\{x_n\}$ 是一个给定的数列，a 是一个常实数，对于任意给定的正实数 $\varepsilon>0$，存在自然数 N，使得当 $n>N$ 时，$|x_n-a|<\varepsilon$ 成立，则称数列 $\{x_n\}$ 收敛于 a，或 a 是数列 $\{x_n\}$ 的极限，记为 $\lim\limits_{n\to\infty}x_n=a$，有时也记为 $x_n\to a(n\to\infty)$。当数列的极限存在时，称数列收敛；如果不存在实数 a 使 $\{x_n\}$ 收敛于 a，则称数列 $\{x_n\}$ 发散。

图 1-2-2 表示了数列 $\{1+(-1)^n 0.5^{\frac{n}{2}}\}$ 收敛的情况。可以看到，当 n 很大时，数列在以 1 为中心、宽度为 2ε 的条带范围内波动。

函数的极限定义如下：

设函数 $y=f(x)$ 在点 x_0 的某个去心邻域中有定义。如果存在实数 A，对于任意给定的 $\varepsilon>0$，可以找到 $\delta>0$，使得当 $0<|x-x_0|<\delta$ 时，$|f(x)-A|<\varepsilon$ 成立，则称 A 是函数 $f(x)$ 在点 x_0 的极限，记为 $\lim\limits_{x\to x_0}f(x)=A$，或者 $f(x)\to A(x\to x_0)$。如果不存在具有上述性质的实数 A，则称函数 $f(x)$ 在点 x_0 的极限不存在。

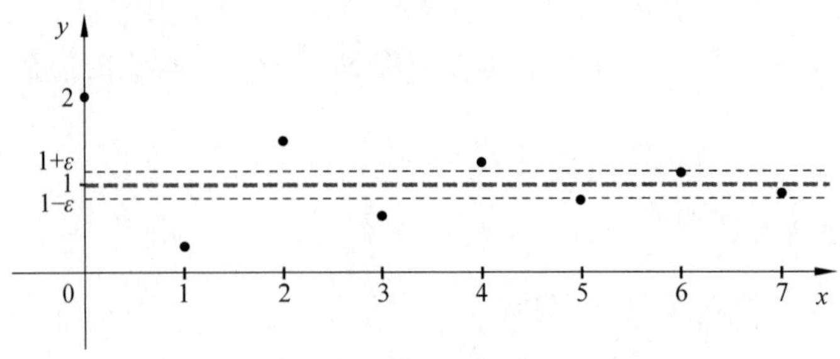

图 1-2-2　数列$\{1+(-1)^n 0.5^{\frac{n}{2}}\}$收敛的情况

函数的极限可以通俗地理解为：当 x 无限靠近 x_0 时，函数 $f(x)$可以任意地靠近 A。需要注意的是，即使函数 $f(x)$在点 x_0 处没有定义，函数 $f(x)$在点 x_0 处的极限仍然可能存在，只要函数 $f(x)$在 x_0 的去心邻域有定义即可。

小贴士：x_0 的去心邻域指的是自变量靠近 x_0 但不包含 x_0 的范围。

函数 $f(x)$点 x_0 处的左极限 $f(x_0^-)$是指 x 从点 x_0 的左侧逼近 x_0 时函数的极限，右极限 $f(x_0^+)$是指 x 从点 x_0 的右侧逼近 x_0 时函数的极限。当且仅当函数 $f(x)$在点 x_0 处左右极限都存在且相等时，函数 $f(x)$在点 x_0 处存在极限。当函数 $f(x)$在点 x_0 处的左右极限不相等时，$\lim_{x \to x_0} f(x)$不存在。

图 1-2-3 给出了函数极限的 4 种情况(图 1-2-3 中的实心点表示函数在该点有定义，空心点表示函数在该点无定义)。

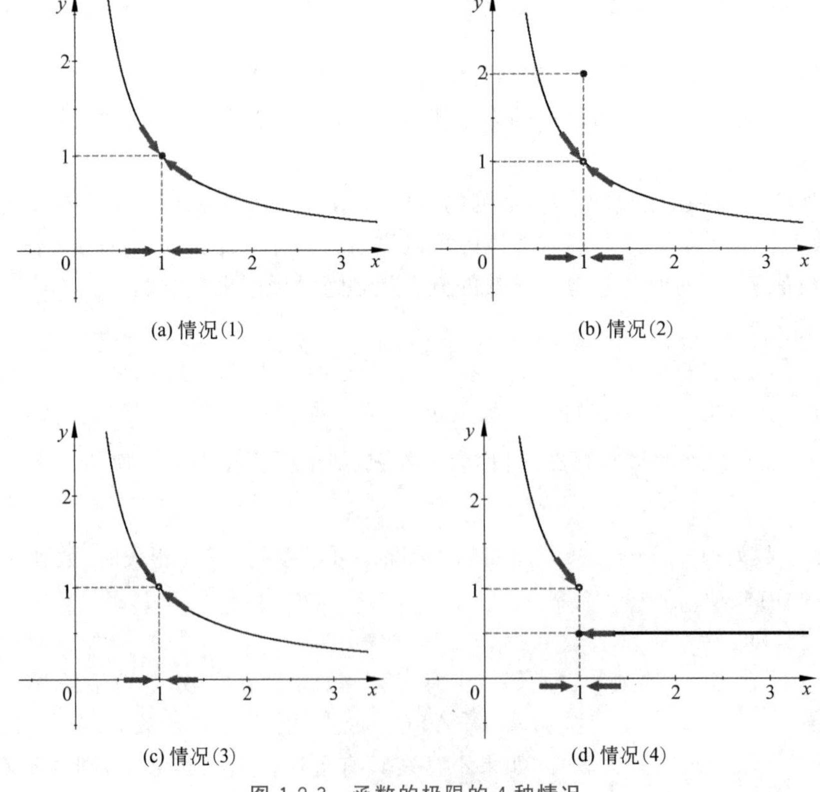

(a) 情况(1)　(b) 情况(2)　(c) 情况(3)　(d) 情况(4)

图 1-2-3　函数的极限的 4 种情况

(1) 函数 $f(x)=\frac{1}{x}$ 在点 $x_0=1$ 处有定义且极限存在，极限值与该点的函数值相等，即 $\lim\limits_{x\to x_0} f(x)=f(x_0^-)=f(x_0^+)=f(x_0)=1$，如图 1-2-3(a)所示。

(2) 函数 $f(x)=\begin{cases}\frac{1}{x}, x\neq 1\\ 2, x=1\end{cases}$ 在点 $x_0=1$ 处有定义且极限存在，但极限值与该点的函数值不相等，极限值 $\lim\limits_{x\to x_0} f(x)=f(x_0^-)=f(x_0^+)=1\neq f(x_0)$，如图 1-2-3(b)所示。

(3) 函数 $f(x)=\frac{1}{x}, x\neq 1$ 在点 $x_0=1$ 处没有定义，但极限存在，极限值 $\lim\limits_{x\to x_0} f(x)=f(x_0^-)=f(x_0^+)=1$，如图 1-2-3(c)所示。

(4) 函数 $f(x)=\begin{cases}\frac{1}{x}, x<1\\ \frac{1}{2}, x\geqslant 1\end{cases}$ 在点 $x_0=1$ 处有定义但极限不存在，$f(x_0^-)=1$，$f(x_0^+)=\frac{1}{2}\neq f(x_0^-)$，如图 1-2-3(d)所示。

1.3　微积分

微积分可以说是数学对现实世界影响最为深远的思想。在物理学和工程等诸多领域随处可见微积分的身影。统计中连续变量的概率分布、期望、方差等概念也是在微积分的基础上定义的。微分与积分代表了两个相反的过程，即无限细分是微分，无限求和是积分。本节介绍导数、微分、定积分、不定积分等重要的数学概念。

1.3.1　导数与微分

下面，先回顾一下导数的概念。例如，在已知位移 Δs 和时间 Δt 的情况下，可以求出 Δt 内的平均速度 $\bar{v}=\frac{\Delta s}{\Delta t}$，当 Δt 无限小的情况下，便可以利用极限的思想求出 t_0 时刻的瞬时速度：

$$v(t_0)=\lim_{\Delta t\to 0}\frac{\Delta s}{\Delta t}=\lim_{\Delta t\to 0}\bar{v}$$

在几何图形上，导数可以定义为过曲线上一点的切线的斜率(见图 1-3-1)。即，任取函数 $f(x)$ 曲线上的两点 $(x_0, f(x_0))$ 和 $(x_0+\Delta x, f(x_0+\Delta x))$，可以唯一确定一条割线；当这两点的位置无限接近，即 Δx 无限小时，可以得到过点 $(x_0, f(x_0))$ 的切线。

导数的严格定义如下：

若函数 $y=f(x)$ 在其定义域中的一点 x_0 处的极限

$$\lim_{\Delta x\to 0}\frac{\Delta y}{\Delta x}=\lim_{\Delta x\to 0}\frac{f(x_0+\Delta x)-f(x_0)}{\Delta x}$$

存在，则称 $f(x)$ 在 x_0 处可导，并称这个极限值为 $f(x)$ 在 x_0 的导数，记为 $f'(x_0)$ 或 $y'(x_0)$，即 $\left.\frac{\mathrm{d}f}{\mathrm{d}x}\right|_{x=x_0}$ 或 $\left.\frac{\mathrm{d}y}{\mathrm{d}x}\right|_{x=x_0}$。

若函数 $y=f(x)$ 在某一区间上的每一点都可导，则称 $f(x)$ 在该区间上可导。

微分是对函数的局部变化率的一种线性描述。微分的几何解释如图 1-3-2 所示。当自变量由 x_0 增加到 $x_0+\Delta x$ 时，自变量增量 $\mathrm{d}x$ 对应的函数增量 $\Delta y=f(x_0+\Delta x)-f(x_0)=BC$，而微分则是函数

在点 A 处的切线与 Δx 对应的增量 $dy=f'(x_0)\Delta x=B'C$，并且当 $x_0+\Delta x$ 无限接近 x_0 时，B 与 B' 无限逼近，此时可以用 dy 代替 Δy。

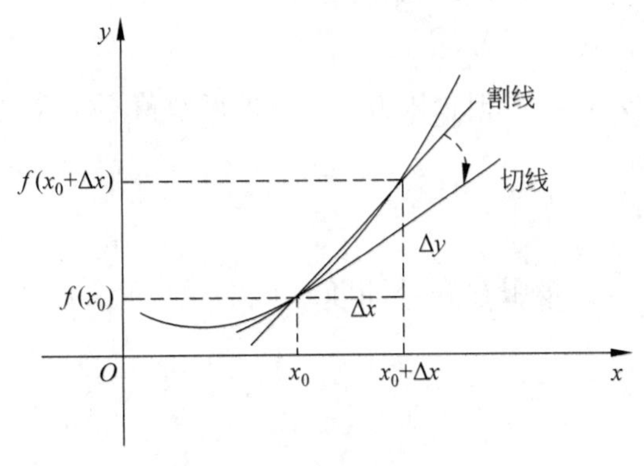

图 1-3-1 导数的几何含义

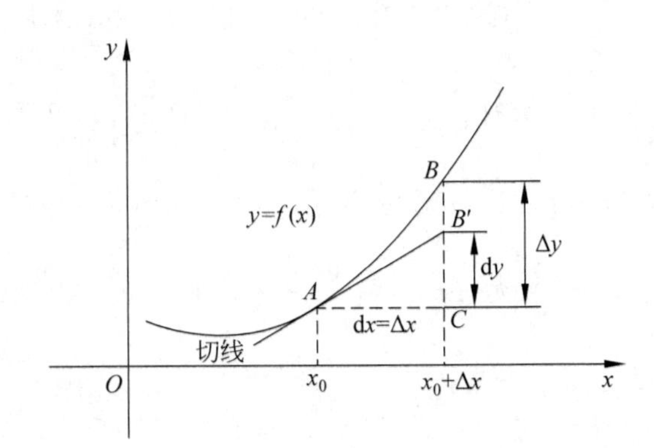

图 1-3-2 微分的几何含义

微分的严格定义如下：

对函数 $y=f(x)$ 在其定义域中的一点 x_0，若存在一个只与 x_0 有关，而与 Δx 无关的数 $g(x_0)$，使得当 $\Delta x\to 0$ 时，关系式 $\Delta y=g(x_0)\Delta x+o(\Delta x)$ 恒成立，则称 $f(x)$ 在 x_0 处可微。

小贴士：$o(\Delta x)$ 表示与 Δx 相关的一个无穷小量（参考极限的定义，极限为 0 的数列或函数称为无穷小量。需要注意的是，同为无穷小量，但不同的数列或函数趋向于 0 的速度可能不同，该性质称为无穷小量的阶）。

若函数 $y=f(x)$ 在区间上每一点都可微，则称函数 $f(x)$ 在区间上可微。

Δx 称为自变量的微分，记为 dx；当函数 $f(x)$ 在点 x_0 处可微且 $\Delta x\to 0$ 时，Δy 也是无穷小量，Δy 的线性主要部分称为因变量的微分，记为 $dy=g(x_0)dx$。

导数与微分的关系如下：在一阶函数中，可微与可导等价。函数 $f(x)$ 在点 x_0 处的导数为因变量微分与自变量微分的商，因此导数也可以称为微商，即 $f'(x_0)=\left.\frac{dy}{dx}\right|_{x=x_0}$。函数 $f(x)$ 在 x_0 处可微，则在 x_0 处必定可导，微分表达式 $dy=g(x_0)dx$ 中的 $g(x_0)$ 即为 $f'(x_0)$。

1.3.2 基本初等函数的导函数和微分公式

基本初等函数的导函数和微分公式详见表 1-3-1。

表 1-3-1 基本初等函数的导函数和微分公式

函数名称	函数	导函数	微分
常函数（即常数）	$y=C$	$y'=0$	$dy=0\cdot dx=0$
指数函数	$y=a^x$ $y=e^x$ *	$y'=a^x\ln a$ $y'=e^x$ *	$dy=a^x\ln a\,dx$ $dy=e^x dx$ *
幂函数	$y=x^n$	$y'=nx^{n-1}$	$dy=nx^{n-1}dx$
对数函数	$y=\log_a x$ $y=\ln x$ *	$y'=\frac{1}{x\ln a}$ $y'=\frac{1}{x}$ *	$dy=\frac{1}{x\ln a}dx$ $dy=\frac{1}{x}dx$ *
正弦函数	$y=\sin x$	$y'=\cos x$	$dy=\cos x\,dx$

续表

函数名称	函数	导函数	微分
余弦函数	$y=\cos x$	$y'=-\sin x$	$dy=-\sin x dx$
正切函数	$y=\tan x$	$y'=\sec^2 x$	$dy=\sec^2 x dx$
余切函数	$y=\cot x$	$y'=-\csc^2 x$	$dy=-\csc^2 x dx$
正割函数	$y=\sec x$	$y'=\tan x\ \sec x$	$dy=\tan x\ \sec x dx$
余割函数	$y=\csc x$	$y'=-\cot x\ \csc x$	$dy=-\cot x\ \csc x dx$
反正弦函数	$y=\arcsin x$	$y'=\frac{1}{\sqrt{1-x^2}}$	$dy=\frac{1}{\sqrt{1-x^2}}dx$
反余弦函数	$y=\arccos x$	$y'=-\frac{1}{\sqrt{1-x^2}}$	$dy=-\frac{1}{\sqrt{1-x^2}}dx$
反正切函数	$y=\arctan x$	$y'=\frac{1}{1+x^2}$	$dy=\frac{1}{1+x^2}dx$
反余切函数	$y=\text{arccot}\, x$	$y'=-\frac{1}{1+x^2}$	$dy=-\frac{1}{1+x^2}dx$
双曲正弦函数	$y=\sinh x$	$y'=\cosh x$	$dy=\cosh x dx$
双曲余弦函数	$y=\cosh x$	$y'=\sinh x$	$dy=\sinh x dx$

* 表示其中常见的特殊情况。

1.3.3 导数与微分的运算法则

下面给出导数与微分的运算法则。

(1) 若函数 $f(x)$和 $g(x)$在某一区间上都是可导的,则对任意常数c_1和c_2,它们的线性组合$c_1 f(x)+c_2 g(x)$也在该区间上可导,且满足如下的线性关系:

$$[c_1 f(x)+c_2 g(x)]'=c_1 f'(x)+c_2 g'(x)$$

相应地,对于$c_1 f(x)+c_2 g(x)$的微分,也有类似的结果:

$$d[c_1 f(x)+c_2 g(x)]=c_1 d[f(x)]+c_2 d[g(x)]$$

(2) 若函数 $f(x)$和 $g(x)$在某一区间上都是可导的,则它们的积函数也在该区间上可导,且满足

$$[f(x)g(x)]'=f'(x)g(x)+f(x)g'(x)$$

相应的微分表达式为

$$d[f(x)g(x)]=g(x)\ d[f(x)]+f(x)d[g(x)]$$

(3) 若函数 $g(x)$在某一区间上可导,且 $g(x)\neq 0$,则它的倒数也在该区间上可导,且满足

$$\left[\frac{1}{g(x)}\right]'=-\frac{g'(x)}{[g(x)]^2}$$

相应的微分表达式为

$$d\left[\frac{1}{g(x)}\right]=-\frac{1}{[g(x)]^2}d[g(x)]$$

(4) 若函数 $f(x)$和 $g(x)$在某一区间上都是可导的,且 $g(x)\neq 0$,则它们的商函数也在该区间上可导,且满足

$$\left[\frac{f(x)}{g(x)}\right]' = \frac{f'(x)g(x) - f(x)g'(x)}{[g(x)]^2}$$

相应的微分表达式为

$$\mathrm{d}\left[\frac{f(x)}{g(x)}\right] = \frac{g(x)\mathrm{d}[f(x)] - f(x)\mathrm{d}[g(x)]}{[g(x)]^2}$$

(5) 若函数 $y=f(x)$在(a,b)上连续、严格单调、可导并且 $f'(x)\neq 0$,记 $\alpha=\min(f(a^+),f(b^-))$,$\beta=\max(f(a^+),f(b^-))$,则它的反函数在$(\alpha,\beta)$上可导,且有

$$[f^{-1}(y)]' = \frac{1}{f'(x)}$$

相应的微分表达式为

$$\mathrm{d}x = \frac{\mathrm{d}y}{f'(x)} = [f^{-1}(y)]'\mathrm{d}y$$

(6) 复合函数的求导法则。设函数 $u=g(x)$在 $x=x_0$ 处可导,而函数 $y=f(u)$在 $u=u_0=g(x_0)$处可导,则复合函数 $y=f(g(x))$在 $x=x_0$ 处可导。且有

$$[f(g(x))]'_{x=x_0} = f'(u_0)g'(x_0) = f'(g(x_0))g'(x_0)$$

复合函数的求导规则称为链式法则,表达式如下：

$$\frac{\mathrm{d}y}{\mathrm{d}x} = \frac{\mathrm{d}y}{\mathrm{d}u}\frac{\mathrm{d}u}{\mathrm{d}x}$$

复合函数的微分公式为

$$\mathrm{d}[f(g(x))] = f'(u)g'(x)\mathrm{d}x$$

1.3.4 定积分与不定积分

求积分与求导数(或微分)是两个相反的过程。在已知函数的导数或微分的情况下,求出原函数的过程记为求积分。积分通常分为定积分和不定积分。

1. 定积分的概念

对于区间$[a,b]$上的有界函数 $f(x)$,$\int_a^b f(x)\mathrm{d}x$ 称为该函数在区间$[a,b]$上的定积分或黎曼积分。此处$\int$称为积分符号,$f(x)$称为被积函数,x 称为被积变量,a 和 b 分别称为积分下限和积分上限。

小贴士：实际上,定积分除了黎曼积分外,还有勒贝格积分等,感兴趣的读者可以进行深入探索。

定积分的定义来源于把区间$[a,b]$无限细分后(此处用到了极限的思想)$f(x)$与 x 轴围成的小的曲边梯形面积。

将极限面积求和后,可以理解为在直角坐标平面上由曲线$(x,f(x))$、直线 $x=a$,$x=b$ 以及 x 轴围成的曲边梯形的面积,是一个确定的实数值(由图 1-3-3 可知,当该函数 $f(x)$位于 x 轴上方时,面积为正值;当函数 $f(x)$位于 x 轴下方时,面积为负值)。

2. 不定积分的概念

若在某个区间上,函数 $f(x)$是函数 $F(x)$的导数,则称 $F(x)$是函数 $f(x)$在该区间的一个原函数。

函数 $f(x)$的原函数的全体称为该函数的不定积分,记作$\int f(x)\mathrm{d}x = F(x)+C$。需要注意的是,函数 $f(x)$的不定积分不是唯一的,这是因为,若 $F(x)$是 $f(x)$的不定积分,那么与之相差一个常数的函数 $F(x)+C$ 也是 $f(x)$的不定积分。

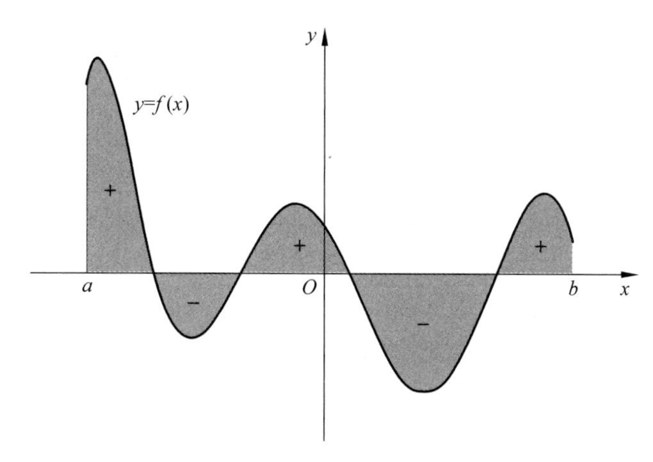

图 1-3-3　定积分的几何含义

此处，$\int$ 称为积分符号，$f(x)$称为被积函数，x 称为被积变量。

小贴士：对于同一个被积函数，改变被积变量，表示的仍然是同一个积分，即$\int f(x)\mathrm{d}x=\int f(u)\mathrm{d}u$。由于求积分与求导数互为逆运算，因此，对函数先做求积分运算后做求导数运算得到的仍是该函数本身，表示为$d\left(\int f(x)\mathrm{d}x\right)=f(x)\mathrm{d}x$，即$\frac{\mathrm{d}}{\mathrm{d}x}\left(\int f(x)\mathrm{d}x\right)=f(x)$；而先做求导数运算再做求积分运算得到的结果是原函数加一个常数项，表示为$\int \mathrm{d}F(x)=F(x)+C$。

3. 定积分与不定积分的关系

由以上定义可以看出，定积分得到的是一个数值，而不定积分得到的是一组函数。

牛顿-莱布尼茨公式将二者很好地联系了起来，该公式可表述如下：

若函数 $f(x)$在区间$[a,b]$上连续，$F(x)$是 $f(x)$在区间$[a,b]$上的一个原函数，即$F'(x)=f(x)$，$x\in[a,b]$，则 $f(x)$在区间$[a,b]$上可积，且$\int_a^b f(x)\mathrm{d}x=F(b)-F(a)=F(x)\Big|_a^b$。

1.3.5　基本的不定积分公式

基本不定积分公式详见表 1-3-2。

表 1-3-2　基本的不定积分公式

函数名称	函　数	微　分	不定积分
常函数(即常数)	$y=C$	$\mathrm{d}y=0\cdot\mathrm{d}x=0$	$\int C\mathrm{d}x=Cx+C_1$
指数函数	$y=a^x$ $y=\mathrm{e}^x$ *	$\mathrm{d}y=a^x\ln a\,\mathrm{d}x$ $\mathrm{d}y=\mathrm{e}^x\mathrm{d}x$ *	$\int a^x\mathrm{d}x=\frac{a^x}{\ln a}+C$ $\int \mathrm{e}^x\mathrm{d}x=\mathrm{e}^x+C$ *
幂函数	$y=x^n$	$\mathrm{d}y=nx^{n-1}\mathrm{d}x$	$\int x^n\mathrm{d}x=\begin{cases}\frac{1}{n+1}x^{n+1}+C, & n\neq-1\\ \ln\lvert x\rvert+C, & n=-1\end{cases}$

续表

函数名称	函　数	微　分	不定积分
对数函数	$y=\log_a x$ $y=\ln x$ *	$\mathrm{d}y=\dfrac{1}{x\ln a}\mathrm{d}x$ $\mathrm{d}y=\dfrac{1}{x}\mathrm{d}x$ *	$\int \ln x\,\mathrm{d}x=x(\ln x-1)+C$ *
正弦函数	$y=\sin x$	$\mathrm{d}y=\cos x\,\mathrm{d}x$	$\int \sin x\,\mathrm{d}x=-\cos x+C$
余弦函数	$y=\cos x$	$\mathrm{d}y=-\sin x\,\mathrm{d}x$	$\int \cos x\,\mathrm{d}x=\sin x+C$

* 表示其中常见的特殊情况。

小贴士：求不定积分的常见方法有换元积分法和分部积分法，此处不做介绍，感兴趣的读者可自行查阅。

1.3.6 定积分与不定积分的性质

1. 定积分的性质

定积分的性质如下。

(1) 定积分的线性性质。设函数 $f(x)$和 $g(x)$都在$[a,b]$上可积，则对常数 k_1 和 k_2，这两个函数的线性组合$k_1f(x)+k_2g(x)$也在该区间上可积，且满足

$$\int_a^b [k_1f(x)+k_2g(x)]\mathrm{d}x=k_1\int_a^b f(x)\mathrm{d}x+k_2\int_a^b g(x)\mathrm{d}x$$

(2) 乘积可积性。设函数 $f(x)$和 $g(x)$都在$[a,b]$上可积，则 $f(x)g(x)$在$[a,b]$上也可积。

(3) 保序性。设函数 $f(x)$和 $g(x)$都在$[a,b]$上可积，且在$[a,b]$上恒有 $f(x)\geqslant g(x)$，则下式成立：

$$\int_a^b f(x)\mathrm{d}x\geqslant\int_a^b g(x)\mathrm{d}x$$

(4) 绝对可积性。设函数 $f(x)$在$[a,b]$上可积，则$|f(x)|$在$[a,b]$上也可积，且下式成立：

$$\left|\int_a^b f(x)\mathrm{d}x\right|\leqslant\int_a^b |f(x)|\mathrm{d}x$$

(5) 区间可加性。设函数 $f(x)$在$[a,b]$上可积，则对任意点 $c\in[a,b]$，$f(x)$在$[a,c]$和$[c,b]$上都可积；反过来，若 $f(x)$在$[a,c]$和$[c,b]$上都可积，则 $f(x)$在$[a,b]$上可积。此时，下式成立：

$$\int_a^b f(x)\mathrm{d}x=\int_a^c f(x)\mathrm{d}x+\int_c^b f(x)\mathrm{d}x$$

2. 不定积分的线性性质

若函数 $f(x)$和 $g(x)$的原函数都存在，则对任意常数k_1和k_2，这两个函数的线性组合 $k_1f(x)+k_2g(x)$的原函数也存在，且满足

$$\int[k_1f(x)+k_2g(x)]\mathrm{d}x=k_1\int f(x)\mathrm{d}x+k_2\int g(x)\mathrm{d}x$$

特殊地，当$k_1=k_2=0$ 时，等式右边可理解为常数 C。

1.4 线性代数

学习线性代数对理解回归模型等统计方法具有重要意义。本节介绍以下数学概念：标量、向量、矩

阵和行列式。

1.4.1 标量与向量

只有大小、没有方向的量称为标量，而向量是既有大小又有方向的几何对象。

在解析几何中，可以用一个上方有箭头的字母表示向量，如 $\vec{a}$、$\overrightarrow{AB}$ 等。本书中用黑斜体字母表示向量，如 $\boldsymbol{a}$。如图 1-4-1 所示，向量 $\boldsymbol{a}$ 在各个坐标轴的映射可以用该向量的坐标表示，如 $\boldsymbol{a}=(x_1\boldsymbol{e}_1, y_1\boldsymbol{e}_2)=(x_1, y_1)$。其中 $\boldsymbol{e}_1=(1,0)$，$\boldsymbol{e}_2=(0,1)$。

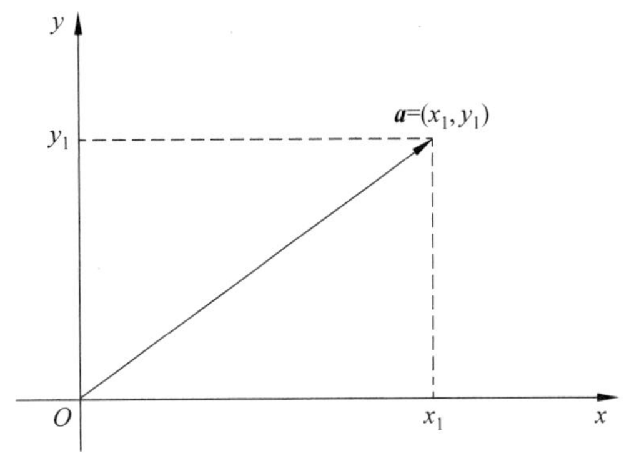

图 1-4-1　向量 a 的几何含义

在线性代数中，数域 P 上的一个 n 维向量是由数域 P 中的 n 个数组成的有序数组。通常表示为用括号括起的有序排列的一行或一列数，根据排列方向可以分为行向量或列向量。

行向量可表示为 $\boldsymbol{x}=(x_1, x_2, \cdots, x_n)$。例如，图 1-4-1 中的向量 $\boldsymbol{a}$ 即为行向量。

列向量可表示为 $\boldsymbol{x}=\begin{pmatrix} x_1 \\ x_2 \\ \vdots \\ x_n \end{pmatrix}$，其中 $x_1, x_2, \cdots, x_n \in \mathbf{R}$ 称为向量 $\boldsymbol{x}$ 的分量（$\mathbf{R}$ 表示实数集）。

1.4.2 矩阵与线性方程组

将向量扩展到二维的形式，就是矩阵。矩阵是一个二维数组，通常所见的包含 m 个研究对象、n 项指标的表格就可以看成矩阵。一个 $m\times n$ 的矩阵，就是由 m 行 n 列元素排列成的矩阵。行向量与列向量可以看成维数为 1 的特殊矩阵。矩阵的一般表示形式为

$$\mathbf{A}=\begin{bmatrix} a_{1,1} & a_{1,2} & \cdots & a_{1,n} \\ a_{2,1} & a_{2,2} & \cdots & a_{2,n} \\ \vdots & \vdots & \ddots & \vdots \\ a_{m,1} & a_{m,2} & \cdots & a_{m,n} \end{bmatrix}$$

线性方程组

$$\begin{cases} a_{1,1}x_1+a_{1,2}x_2+\cdots+a_{1,n}x_n=b_1 \\ a_{2,1}x_1+a_{2,2}x_2+\cdots+a_{2,n}x_n=b_2 \\ \qquad\vdots \\ a_{m,1}x_1+a_{m,2}x_2+\cdots+a_{m,n}x_n=b_m \end{cases}$$

可以表示为 $\mathbf{A}\boldsymbol{x}=\boldsymbol{b}$。其中 $\mathbf{A}\in\mathbf{R}^{m\times n}$ 为系数矩阵，$\boldsymbol{b}\in\mathbf{R}^m$ 为一个已知的列向量，求方程组的过程就可以看成求解行向量 $\boldsymbol{x}\in\mathbf{R}^n$ 的过程（$\mathbf{R}^{m\times n}$ 表示 m 行 n 列的实数矩阵，$\mathbf{R}^m$ 表示 m 维实数列向量，$\mathbf{R}^n$ 表示 n 维实数行向量）。

通过消元法求解方程组就是对线性方程组或者矩阵不断地进行初等变换的过程。初等变换不会改变该线性方程组或矩阵的性质，得到的是与之前等价的线性方程组或矩阵。其中，线性方程组的初等变换包括以下 3 种方式：

- 用一个非零的数乘以某一方程。

- 把一个方程以一定倍数加到另一个方程上。
- 互换两个方程的位置。

与之对应的矩阵的初等变换也包括这 3 种方式，包括对矩阵的行进行初等行变换和对矩阵的列进行初等列变换。

1.4.3 行列式的定义与运算

1. 行列式的定义

行列式的表示形式与矩阵类似，但行列式表示的是一个数值，是位于不同行和列的元素乘积的代数和，由两条竖线包含参与计算的元素，且行数与列数必须相等。

一级行列式即为该标量的数值。例如：

$$|2|=2$$

二级行列式的计算公式为

$$\begin{vmatrix} a_{1,1} & a_{1,2} \\ a_{2,1} & a_{2,2} \end{vmatrix}=a_{1,1}a_{2,2}-a_{1,2}a_{2,1}$$

三级行列式的计算公式为

$$\begin{vmatrix} a_{1,1} & a_{1,2} & a_{1,3} \\ a_{2,1} & a_{2,2} & a_{2,3} \\ a_{3,1} & a_{3,2} & a_{3,3} \end{vmatrix}=a_{1,1}a_{2,2}a_{3,3}+a_{1,2}a_{2,3}a_{3,1}+a_{1,3}a_{2,1}a_{3,2}-a_{1,3}a_{2,2}a_{3,1}-a_{1,1}a_{2,3}a_{3,2}-a_{1,2}a_{2,1}a_{3,3}$$

如图 1-4-2 所示，实箭线上的 3 个元素相乘后取正值放入计算公式，虚箭线上的 3 个元素相乘后取负值放入计算公式。

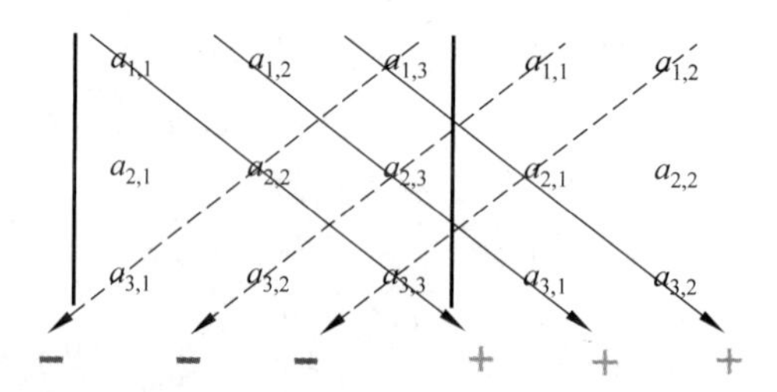

图 1-4-2 三级行列式的计算

小贴士：n 级行列式的定义较为复杂；$\begin{vmatrix} a_{1,1} & a_{1,2} & \cdots & a_{1,n} \\ a_{2,1} & a_{2,2} & \cdots & a_{2,n} \\ \vdots & \vdots & \ddots & \vdots \\ a_{n,1} & a_{n,2} & \cdots & a_{n,n} \end{vmatrix}$ 等于所有取自不同行不同列的 n 个元素的乘积 $a_{1,j1}a_{2,j2}\cdots a_{n,jn}$ 的代数和，这里的 $j_1j_2\cdots j_n$ 是 $1,2,\cdots,n$ 的一个排列。每一乘积项都按如下规则确定正负号：当 $j_1j_2\cdots j_n$ 是偶排列时，该式带有正号；当 $j_1j_2\cdots j_n$ 是奇排列时，该式带有负号。该定义可表示为

$$\begin{vmatrix} a_{1,1} & a_{1,2} & \cdots & a_{1,n} \\ a_{2,1} & a_{2,2} & \cdots & a_{2,n} \\ \vdots & \vdots & \ddots & \vdots \\ a_{n,1} & a_{n,2} & \cdots & a_{n,n} \end{vmatrix}=\sum_{j1j2\cdots j_n}(-1)^{\tau(j_1j_2\cdots j_n)}a_{1,j1}a_{2,j2}\cdots a_{n,jn}$$

其中，$\sum\limits_{j_1 j_2 \cdots j_n}$ 表示对所有n级排列求和。此处涉及偶排列、奇排列及逆序数$\tau(j_1 j_2 \cdots j_n)$的概念，感兴趣的读者可以查阅有关资料。实际求解高阶行列式时，多根据行列式的性质将高阶行列式转换成特殊形式，再利用技巧求值。

2. 行列式的基本性质

行列式的基本性质如下。

(1) 行列互换，行列式不变。即，行列式

$$A=\begin{vmatrix} a_{1,1} & a_{1,2} & \cdots & a_{1,n} \\ a_{2,1} & a_{2,2} & \cdots & a_{2,n} \\ \vdots & \vdots & \ddots & \vdots \\ a_{n,1} & a_{n,2} & \cdots & a_{n,n} \end{vmatrix}$$

与其转置行列式

$$A^{\mathrm{T}}=\begin{vmatrix} a_{1,1} & a_{2,1} & \cdots & a_{n,1} \\ a_{1,2} & a_{2,2} & \cdots & a_{n,2} \\ \vdots & \vdots & \ddots & \vdots \\ a_{1,n} & a_{2,n} & \cdots & a_{n,n} \end{vmatrix}$$

相等。

(2) 如果行列式中有一行(列)为0，那么行列式为0。

(3) 若行列式的某一行(列)的元素是两组数之和，则此行列式可按该行(列)拆成两个行列式之和。

(4) 行列式中某一行(列)中每个元素都乘以常数k，等于用k乘以该行列式，即

$$\begin{vmatrix} a_{1,1} & \cdots & a_{1,j} & \cdots & a_{1,n} \\ \vdots & \ddots & \vdots & \ddots & \vdots \\ ka_{i,1} & \cdots & ka_{i,j} & \vdots & ka_{i,n} \\ \vdots & \ddots & \vdots & \ddots & \vdots \\ a_{n,1} & \cdots & a_{n,j} & \cdots & a_{n,n} \end{vmatrix}=k\begin{vmatrix} a_{1,1} & \cdots & a_{1,j} & \cdots & a_{1,n} \\ \vdots & \ddots & \vdots & \ddots & \vdots \\ a_{i,1} & \cdots & a_{i,j} & \cdots & a_{i,n} \\ \vdots & \ddots & \vdots & \ddots & \vdots \\ a_{n,1} & \cdots & a_{n,j} & \cdots & a_{n,n} \end{vmatrix}$$

(5) 如果行列式中有两行(列)完全相同，则行列式等于0。

(6) 如果行列式中有两行(列)成比例，则行列式等于0。

(7) 把行列式中一行(列)的倍数加到另一行(列)，行列式不变。

(8) 对换行列式中两行(列)的位置，行列式反号。

注意：行列式的最后一个性质是与矩阵不同的情况。

3. 行列式的计算

n级行列式的定义形式非常复杂，因此计算时一般对行列式进行转化，以简化计算。

1) 行列式的展开

在n级行列式中，将元素$a_{i,j}$所在行和列上的所有元素划去，留下的元素构成的$n-1$级行列式称为元素$a_{i,j}$的余子式，记作$M_{i,j}$，称$A_{i,j}=(-1)^{i+j}M_{i,j}$为$a_{i,j}$的代数余子式。$n$级行列式的值等于它的任意一行(列)的元素与其对应的代数余子式的乘积的和。例如，对于三级行列式，有

$$\begin{vmatrix} a_{1,1} & a_{1,2} & a_{1,3} \\ a_{2,1} & a_{2,2} & a_{2,3} \\ a_{3,1} & a_{3,2} & a_{3,3} \end{vmatrix}=a_{1,1}M_{1,1}-a_{1,2}M_{1,2}+a_{1,3}M_{1,3}=a_{1,1}A_{1,1}+a_{1,2}A_{1,2}+a_{1,3}A_{1,3}$$

同时，在行列式中，一行的元素与另一行相应元素的代数余子式的乘积为0。

以上两条可以总结为

$$A=\begin{vmatrix} a_{1,1} & a_{1,2} & \cdots & a_{1,n} \\ a_{2,1} & a_{2,2} & \cdots & a_{2,n} \\ \vdots & \vdots & \ddots & \vdots \\ a_{n,1} & a_{n,2} & \cdots & a_{n,n} \end{vmatrix}=\begin{cases} \sum\limits_{s=1}^{n} a_{k,s}A_{i,s}=\begin{cases} A, & k=i, \\ 0, & k\neq i; \end{cases} \\ \sum\limits_{s=1}^{n} a_{s,l}A_{s,j}=\begin{cases} A, & l=j, \\ 0, & l\neq j。 \end{cases} \end{cases}$$

2）范德蒙行列式

$n(n\geqslant 2)$级范德蒙行列式为

$$\begin{vmatrix} 1 & 1 & 1 & \cdots & 1 \\ a_1 & a_2 & a_3 & \cdots & a_n \\ a_1^2 & a_2^2 & a_3^2 & \cdots & a_n^2 \\ \vdots & \vdots & \vdots & \ddots & \vdots \\ a_1^{n-1} & a_2^{n-1} & a_3^{n-1} & \cdots & a_n^{n-1} \end{vmatrix}=\prod_{1\leqslant j<i\leqslant n}(a_i-a_j)$$

由此可得，范德蒙行列式为0的充分必要条件为$a_1,a_2,\cdots,a_n$这n个数中至少有两个数相等。

3）三角行列式和对角线行列式

主对角线（从左上角到右下角这条对角线）下方的元素全为0的行列式称为上三角行列式，主对角线上方的元素全为0的行列式称为下三角行列式，上三角行列式与下三角行列式合称为三角行列式，三角行列式为主对角线元素的乘积。只有主对角线元素不为0的行列式称为对角线行列式，也为主对角线元素的乘积，即

$$\begin{vmatrix} a_{1,1} & a_{1,2} & \cdots & a_{1,n} \\ 0 & a_{2,2} & \cdots & a_{2,n} \\ \vdots & \vdots & \ddots & \vdots \\ 0 & 0 & \cdots & a_{n,n} \end{vmatrix}=\begin{vmatrix} a_{1,1} & 0 & \cdots & 0 \\ a_{2,1} & a_{2,2} & \cdots & 0 \\ \vdots & \vdots & \ddots & \vdots \\ a_{n,1} & a_{n,2} & \cdots & a_{n,n} \end{vmatrix}=\begin{vmatrix} a_{1,1} & 0 & \cdots & 0 \\ 0 & a_{2,2} & \cdots & 0 \\ \vdots & \vdots & \ddots & \vdots \\ 0 & 0 & \cdots & a_{n,n} \end{vmatrix}=a_{1,1}a_{2,2}\cdots a_{n,n}$$

副上（下）三角行列式、副对角线行列式的绝对值是次对角线（从右上角到左下角这条对角线）元素的乘积。

小贴士：还有其他特殊形式的行列式运算技巧，如爪形行列式等，感兴趣的读者可以自行探索。

1.4.4 矩阵的运算法则

1. 矩阵的加法

设有两个$m\times n$矩阵

$$\boldsymbol{A}=(a_{i,j})_{m\times n}=\begin{pmatrix} a_{1,1} & a_{1,2} & \cdots & a_{1,n} \\ a_{2,1} & a_{2,2} & \cdots & a_{2,n} \\ \vdots & \vdots & \ddots & \vdots \\ a_{m,1} & a_{m,2} & \cdots & a_{m,n} \end{pmatrix}$$

和

$$\boldsymbol{B}=(b_{i,j})_{m\times n}=\begin{pmatrix} b_{1,1} & b_{1,2} & \cdots & b_{1,n} \\ b_{2,1} & b_{2,2} & \cdots & b_{2,n} \\ \vdots & \vdots & \ddots & \vdots \\ b_{m,1} & b_{m,2} & \cdots & b_{m,n} \end{pmatrix}$$

那么矩阵$\boldsymbol{A}$与$\boldsymbol{B}$的和记为

$$C=(c_{i,j})_{m\times n}=(a_{i,j}+b_{i,j})_{m\times n}=\begin{pmatrix}a_{1,1}+b_{1,1} & a_{1,2}+b_{1,2} & \cdots & a_{1,n}+b_{1,n}\\ a_{2,1}+b_{2,1} & a_{2,2}+b_{2,2} & \cdots & a_{2,n}+b_{2,n}\\ \vdots & \vdots & \ddots & \vdots\\ a_{m,1}+b_{m,1} & a_{m,2}+b_{m,2} & \cdots & a_{m,n}+b_{m,n}\end{pmatrix}$$

矩阵的加法就是矩阵对应元素相加。相加的矩阵必须具有相同的行数与列数。矩阵的加法满足结合律与交换律。

- 结合律：$\boldsymbol{A}+(\boldsymbol{B}+\boldsymbol{C})=(\boldsymbol{A}+\boldsymbol{B})+\boldsymbol{C}$。
- 交换律：$\boldsymbol{A}+\boldsymbol{B}=\boldsymbol{B}+\boldsymbol{A}$。

元素全为 0 的矩阵称为零矩阵，记为 $\boldsymbol{O}_{m\times n}$，在不引起混淆的情况下也可以记为 $\boldsymbol{O}$。显然，对所有的矩阵 $\boldsymbol{A}$，$\boldsymbol{A}+\boldsymbol{O}=\boldsymbol{A}$。矩阵 $\boldsymbol{A}$ 的负矩阵记为 $-\boldsymbol{A}$，矩阵 $\boldsymbol{A}$ 及其负矩阵满足 $\boldsymbol{A}+(-\boldsymbol{A})=\boldsymbol{O}$。

2. 矩阵的减法

矩阵的减法定义为 $\boldsymbol{A}-\boldsymbol{B}=\boldsymbol{A}+(-\boldsymbol{B})$。

3. 数与矩阵的相乘

矩阵 $\begin{pmatrix}k\,a_{1,1} & k\,a_{1,2} & \cdots & k\,a_{1,n}\\ k\,a_{2,1} & k\,a_{2,2} & \cdots & k\,a_{2,n}\\ \vdots & \vdots & \ddots & \vdots\\ ka_{m,1} & ka_{m,2} & \cdots & ka_{m,n}\end{pmatrix}$ 称为矩阵 $\boldsymbol{A}=(a_{i,j})_{m\times n}$ 与数 k 的数量乘积，记为 $k\boldsymbol{A}$。由此可见，用数乘以矩阵就是矩阵 $\boldsymbol{A}$ 的每个元素都乘以 k。矩阵的数量乘积满足以下性质：

$$(k+l)\boldsymbol{A}=k\boldsymbol{A}+l\boldsymbol{A}$$
$$k(\boldsymbol{A}+\boldsymbol{B})=k\boldsymbol{A}+k\boldsymbol{B}$$
$$k(l\boldsymbol{A})=(kl)\boldsymbol{A}$$
$$1\boldsymbol{A}=\boldsymbol{A}$$
$$k(\boldsymbol{AB})=(k\boldsymbol{A})\boldsymbol{B}=\boldsymbol{A}(k\boldsymbol{B})$$

4. 矩阵的乘法

设 $\boldsymbol{A}=(a_{i,k})_{s\times n}$，$\boldsymbol{B}=(b_{k,j})_{n\times m}$，矩阵 $\boldsymbol{C}=(c_{i,j})_{s\times m}$，其中 $c_{i,j}=a_{i,1}b_{1,j}+a_{i,2}b_{2,j}+\cdots+a_{i,n}b_{n,j}=\sum_{k=1}^{n}a_{i,k}b_{k,j}$ 称为矩阵 $\boldsymbol{A}$ 与 $\boldsymbol{B}$ 的乘积，记为 $\boldsymbol{C}=\boldsymbol{AB}$。矩阵的乘法如图 1-4-3 所示。

$$\begin{matrix}\boldsymbol{a}_1\rightarrow\\ \boldsymbol{a}_2\rightarrow\end{matrix}\begin{pmatrix}a_{1,1} & a_{1,2}\\ a_{2,1} & a_{2,2}\end{pmatrix}\cdot\begin{pmatrix}b_{1,1} & b_{1,2}\\ b_{2,1} & b_{2,2}\end{pmatrix}=\begin{pmatrix}a_1\cdot b_1 & a_1\cdot b_2\\ a_2\cdot b_1 & a_2\cdot b_2\end{pmatrix}$$

图 1-4-3　矩阵的乘法

在矩阵的乘法中，第一个矩阵的列数与第二个矩阵的行数必须相等。

矩阵的乘法满足结合律，即对于矩阵 $\boldsymbol{A}=(a_{ik})_{s\times n}$，$\boldsymbol{B}=(b_{kj})_{n\times m}$，$\boldsymbol{C}=(c_{kl})_{m\times r}$，有 $(\boldsymbol{AB})\boldsymbol{C}=\boldsymbol{A}(\boldsymbol{BC})$。

矩阵的乘法与加法还满足分配律，即

$$\boldsymbol{A}(\boldsymbol{B}+\boldsymbol{C})=\boldsymbol{AB}+\boldsymbol{AC}$$
$$(\boldsymbol{B}+\boldsymbol{C})\boldsymbol{A}=\boldsymbol{BA}+\boldsymbol{CA}$$

注意：矩阵的乘法不满足交换律，一般情况下 $\boldsymbol{AB}\neq\boldsymbol{BA}$。

例如，$\boldsymbol{A}=(a_{i,k})_{4\times 3}$ 与 $\boldsymbol{B}=(b_{k,j})_{3\times 4}$ 相乘，$\boldsymbol{C}=\boldsymbol{AB}$ 为 4×4 的矩阵，而 $\boldsymbol{D}=\boldsymbol{BA}$ 为 3×3 的矩阵。设有

$$\boldsymbol{A}=\begin{pmatrix}3&1&2\\8&5&3\\4&1&9\\0&1&7\end{pmatrix},\quad \boldsymbol{B}=\begin{pmatrix}5&3&2&4\\1&1&5&0\\0&6&1&3\end{pmatrix}$$

则有

$$\boldsymbol{C}=\boldsymbol{AB}=\begin{pmatrix}3&1&2\\8&5&3\\4&1&9\\0&1&7\end{pmatrix}\begin{pmatrix}5&3&2&4\\1&1&5&0\\0&6&1&3\end{pmatrix}$$

$$=\begin{pmatrix}3\times5+1\times1+2\times0 & 3\times3+1\times1+2\times6 & 3\times2+1\times5+2\times1 & 3\times4+1\times0+2\times3\\8\times5+5\times1+3\times0 & 8\times3+5\times1+3\times6 & 8\times2+5\times5+3\times1 & 8\times4+5\times0+3\times3\\4\times5+1\times1+9\times0 & 4\times3+1\times1+9\times6 & 4\times2+1\times5+9\times1 & 4\times4+1\times0+9\times3\\0\times5+1\times1+7\times0 & 0\times3+1\times1+7\times6 & 0\times2+1\times5+7\times1 & 0\times4+1\times0+7\times3\end{pmatrix}$$

$$=\begin{pmatrix}16&22&13&18\\45&47&44&41\\21&67&22&43\\1&43&12&21\end{pmatrix}$$

而

$$\boldsymbol{D}=\boldsymbol{BA}=\begin{pmatrix}5&3&2&4\\1&1&5&0\\0&6&1&3\end{pmatrix}\begin{pmatrix}3&1&2\\8&5&3\\4&1&9\\0&1&7\end{pmatrix}$$

$$=\begin{pmatrix}5\times3+3\times8+2\times4+4\times0 & 5\times1+3\times5+2\times1+4\times1 & 5\times2+3\times3+2\times9+4\times7\\1\times3+1\times8+5\times4+0\times0 & 1\times1+1\times5+5\times1+0\times1 & 1\times2+1\times3+5\times9+0\times7\\0\times3+6\times8+1\times4+3\times0 & 0\times1+6\times5+1\times1+3\times1 & 0\times2+6\times3+1\times9+3\times7\end{pmatrix}$$

$$=\begin{pmatrix}47&26&65\\31&11&50\\52&34&48\end{pmatrix}$$

由于两个不是零矩阵的矩阵的乘积可能是零矩阵，故矩阵的乘法也不满足消去律，即当 $\boldsymbol{AB}=\boldsymbol{AC}$ 时不一定满足 $\boldsymbol{B}=\boldsymbol{C}$。

1.4.5 特殊的矩阵

1. 对角矩阵

除主对角线外，其他元素均为 0 的方阵称为对角矩阵，记作

$$\boldsymbol{\Lambda}=\begin{pmatrix}\lambda_1&0&\cdots&0\\0&\lambda_2&\cdots&0\\\vdots&\vdots&\ddots&\vdots\\0&0&\cdots&\lambda_n\end{pmatrix}=\mathrm{diag}(\lambda_1,\lambda_2,\cdots,\lambda_n)$$

2. 单位矩阵

当对角矩阵的主对角元素都为 1 时，对应的方阵称为单位矩阵，记作 $\boldsymbol{E}$（或 $\boldsymbol{I}$）。

$$E=\begin{pmatrix}1 & 0 & \cdots & 0\\ 0 & 1 & \cdots & 0\\ \vdots & \vdots & \ddots & \vdots\\ 0 & 0 & \cdots & 1\end{pmatrix}$$

单位矩阵 $\boldsymbol{E}$ 的元素记为

$$e_{i,j}=\begin{cases}1, i=j\\ 0, i\neq j\end{cases}$$

其中，$i,j=1,2,\cdots,n$。

利用与单位矩阵相乘的方法进行的线性变换称为恒等变换。

3. 初等矩阵

单位矩阵经过一次初等变换得到的矩阵称为初等矩阵。

4. 伴随矩阵

设 $\boldsymbol{A}_{ij}$ 是矩阵

$$\boldsymbol{A}=(a_{i,j})_{m\times n}=\begin{pmatrix}a_{1,1} & a_{1,2} & \cdots & a_{1,n}\\ a_{2,1} & a_{2,2} & \cdots & a_{2,n}\\ \vdots & \vdots & \ddots & \vdots\\ a_{m,1} & a_{m,2} & \cdots & a_{m,n}\end{pmatrix}$$

中元素$a_{i,j}$的代数余子式(详见 1.4.3 节)，则矩阵

$$\boldsymbol{A}^*=\begin{pmatrix}A_{1,1} & A_{1,2} & \cdots & A_{1,n}\\ A_{2,1} & A_{2,2} & \cdots & A_{2,n}\\ \vdots & \vdots & \ddots & \vdots\\ A_{m,1} & A_{m,2} & \cdots & A_{m,n}\end{pmatrix}$$

称为矩阵 $\boldsymbol{A}$ 的伴随矩阵。

1.4.6　矩阵的秩

1. 线性相关

给定向量组$\boldsymbol{\beta}_1,\boldsymbol{\beta}_2,\cdots,\boldsymbol{\beta}_m$，存在一组实数$k_1,k_2,\cdots,k_m$，使向量$\boldsymbol{\alpha}$ 可以表示成$\boldsymbol{\alpha}=k_1\boldsymbol{\beta}_1+k_2\boldsymbol{\beta}_2+k_m\boldsymbol{\beta}_m$，则向量$\boldsymbol{\alpha}$ 称为向量组$\boldsymbol{\beta}_1,\boldsymbol{\beta}_2,\cdots,\boldsymbol{\beta}_m$的一个线性组合，也说$\boldsymbol{\alpha}$ 可以由向量组$\boldsymbol{\beta}_1,\boldsymbol{\beta}_2,\cdots,\boldsymbol{\beta}_m$ 线性表出。

如果向量组$\boldsymbol{\beta}_1,\boldsymbol{\beta}_2,\cdots,\boldsymbol{\beta}_m(m\geqslant 2)$中有一个向量可以由其他向量线性表出，则称向量组$\boldsymbol{\beta}_1,\boldsymbol{\beta}_2,\cdots,\boldsymbol{\beta}_m$是线性相关的。

2. 极大线性无关组

如果向量组中有一部分向量线性无关，并且向向量组中任意添加一个向量后所得的向量组线性相关，则称该向量组为极大线性无关组。

3. 矩阵的秩

一个向量组的极大线性无关组所含向量的个数称为该向量组的秩。

矩阵的行秩和列秩分别定义为行向量组和列向量组的秩，而矩阵的行秩与列秩相等，称为矩阵的秩，表示为 $\mathrm{rank}(\boldsymbol{A})$或 $R(\boldsymbol{A})$。

向量组的秩对于齐次线性方程组的解的情况具有重要意义，对于 n 元齐次线性方程组

$$\begin{cases} a_{1,1}x_1 + a_{1,2}x_2 + \cdots + a_{1,n}x_n = b_1 \\ a_{2,1}x_1 + a_{2,2}x_2 + \cdots + a_{2,n}x_n = b_2 \\ \vdots \\ a_{s,1}x_1 + a_{s,2}x_2 + \cdots + a_{s,n}x_n = b_s \end{cases}$$

（记为 $\boldsymbol{Ax}=\boldsymbol{b}$），解的情况如下：

- 如果 $R(\boldsymbol{A})<R(\boldsymbol{A},\boldsymbol{b})$，则方程无解。
- 如果 $R(\boldsymbol{A})=R(\boldsymbol{A},\boldsymbol{b})=n$，则方程有唯一解。
- 如果 $R(\boldsymbol{A})=R(\boldsymbol{A},\boldsymbol{b})<n$，则方程有无限多个解。

在求解多元线性回归的过程中，需要用到最小二乘法估计参数。如果遇到样本量较少，而调整的协变量较多的情况（如协变量是医学研究中大量的生物标志物），会导致 $\boldsymbol{X}'\boldsymbol{X}$ 不满秩，能得到无穷多个满足方程的参数，从而导致参数估计的统计不确定性增大。

1.4.7 矩阵的转置与矩阵的逆

矩阵的转置是对矩阵形式的基本转换，而矩阵的逆运算可以类比于数的除法，有一定的限制条件。矩阵的转置表示成 $\boldsymbol{A}^{\mathrm{T}}$ 或 $\boldsymbol{A}'$，矩阵的逆表示成 $\boldsymbol{A}^{-1}$，希望读者对两者加以区分，以避免混淆。

1. 矩阵的转置

将矩阵 $\boldsymbol{A}$ 的行列互换，得到的新矩阵称为矩阵的转置，$m\times n$ 矩阵的转置为 $n\times m$ 矩阵。表示如下：

$$\boldsymbol{A}' = \begin{pmatrix} a_{1,1} & a_{1,2} & \cdots & a_{1,n} \\ a_{2,1} & a_{2,2} & \cdots & a_{2,n} \\ \vdots & \vdots & \ddots & \vdots \\ a_{m,1} & a_{m,2} & \cdots & a_{m,n} \end{pmatrix}' = \begin{pmatrix} a_{1,1} & a_{2,1} & \cdots & a_{m,1} \\ a_{1,2} & a_{2,2} & \cdots & a_{m,2} \\ \vdots & \vdots & \ddots & \vdots \\ a_{1,n} & a_{2,n} & \cdots & a_{m,n} \end{pmatrix}$$

矩阵的转置满足以下运算法则：

$$(\boldsymbol{A}')' = \boldsymbol{A}$$
$$(\boldsymbol{A}+\boldsymbol{B})' = \boldsymbol{A}' + \boldsymbol{B}'$$
$$(\boldsymbol{AB})' = \boldsymbol{B}'\boldsymbol{A}'$$
$$(k\boldsymbol{A})' = k\boldsymbol{A}'$$

2. 矩阵的逆

n 阶方阵 $\boldsymbol{A}$ 是可逆的，如果有 n 阶方阵 $\boldsymbol{B}$，使得 $\boldsymbol{AB}=\boldsymbol{BA}=\boldsymbol{E}$，其中 $\boldsymbol{E}$ 是 n 阶单位矩阵，则矩阵 $\boldsymbol{B}$ 称为矩阵 $\boldsymbol{A}$ 的逆矩阵。

矩阵 $\boldsymbol{A}$ 是可逆的充分必要条件是 $|\boldsymbol{A}|\neq 0$，且 $\boldsymbol{A}^{-1}=\dfrac{1}{d}\boldsymbol{A}^{*}$ $(d=|\boldsymbol{A}|\neq 0)$，其中 $|\boldsymbol{A}|$ 为矩阵 $\boldsymbol{A}$ 的行列式。

如果矩阵 $\boldsymbol{A}$、$\boldsymbol{B}$ 可逆，那么 $\boldsymbol{A}'$、$\boldsymbol{AB}$ 也可逆，且满足 $(\boldsymbol{A}')^{-1}=(\boldsymbol{A}^{-1})'$，$(\boldsymbol{AB})^{-1}=\boldsymbol{B}^{-1}\boldsymbol{A}^{-1}$。

1.4.8 特征向量与特征值

对于 n 阶方阵 $\boldsymbol{A}$，如果存在数 λ 和 n 维非零列向量 $\boldsymbol{v}$，使得 $\boldsymbol{Av}=\lambda\boldsymbol{v}$ 成立，那么，数 λ 称为矩阵 $\boldsymbol{A}$ 的特征值，非零向量 $\boldsymbol{v}$ 称为 $\boldsymbol{A}$ 对应于特征值 λ 的特征向量。上式也可以写成 $(\boldsymbol{A}-\lambda\boldsymbol{E})\boldsymbol{v}=0$。

对于有 n 个未知数与 n 个方程的齐次线性方程组 $(\boldsymbol{A}-\lambda\boldsymbol{E})\boldsymbol{v}=0$，有非零解的充分必要条件是系数行列式 $|\boldsymbol{A}-\lambda\boldsymbol{E}|=0$，即

$$\begin{vmatrix} a_{1,1}-\lambda & a_{2,1} & \cdots & a_{n,1} \\ a_{1,2} & a_{2,2}-\lambda & \cdots & a_{n,2} \\ \vdots & \vdots & \ddots & \vdots \\ a_{1,n} & a_{2,n} & \cdots & a_{n,n}-\lambda \end{vmatrix}=0$$

故特征值分解的过程可以看作求解方程$|\boldsymbol{A}-\lambda\boldsymbol{E}|=0$的过程，该方程是以$\lambda$为未知数的一元$n$次方程，称为矩阵$\boldsymbol{A}$的特征方程；左端$|\boldsymbol{A}-\lambda\boldsymbol{E}|$是$\lambda$的$n$次多项式，记作$f(\lambda)$，称为矩阵$A$的特征多项式。

矩阵与向量相乘在几何空间中可以看作对向量的旋转或伸缩变换。若$\boldsymbol{Av}=\lambda\boldsymbol{v}$成立，说明进行线性变换后向量$\boldsymbol{v}$的方向不变，大小变成了原来的$\lambda$倍。

小贴士：当矩阵不是方阵(即行数与列数不相等)时，需要用到奇异值分解。特征值分解与奇异值分解是统计中常用的降维算法——主成分分析的基础。主成分分析的过程即是对样本协方差矩阵(关于协方差的介绍，详见2.3.4节)进行特征值分解。最大的几个特征值所对应的特征向量即为能解释原数据集变量中最大方差的几个主成分。关于主成分分析，由于篇幅有限，在此处不作讲解，感兴趣的读者请参阅有关书籍。

第2章　统计学基础

2.1　概率论的基本概念

在统计学中，概率的应用无处不在。概率可以描述观察到的数据特征，可以判断多变量间的关系，可以量化统计量的不确定性，甚至指导人们应如何从数据中得出结论，因此可以说概率是统计学中最重要的数学工具。理解和掌握概率论是学习几乎所有统计学概念的基础。本节介绍概率论的基础知识，并为后续的统计学学习做铺垫。

概率是描述事件发生可能性的数学概念。定义一个随机事件所有可能性为合集 S，事件 A 是所有可能性中的一种，即 $A \in S$，而事件 A 发生的概率为 $P(A)$。以掷骰子为例，掷一次骰子朝上的点数的所有可能性为 $S=\{1,2,3,4,5,6\}$，若 A 指骰子朝上的点数，那么点数 3 朝上的概率为 $P(A=3)=1/6$。概率是一种函数，其值是 0～1 的数，即 $0 \leqslant P(A) \leqslant 1$。

当描述多个事件的概率时，需要运用以下逻辑概念和数学表达方法：

(1) 事件 A 和 B 同时发生的概率，即事件 A 与 B 的交集，称为联合概率，记为 $P(A \cap B)$ 或 $P(A,B)$。

(2) 事件 A 或 B 发生的概率，即 A 和 B 的合集，记为 $P(A \cup B)$。

(3) 事件 A 不发生的概率，记为 $P(A')$。

其中，两个事件合集与交集的关系是

$$P(A \cup B)=P(A)+P(B)-P(A,B)$$

若事件 A 和 B 没有交集，即 $P(A,B)=0$，则称 A 和 B 为互斥事件。对于互斥事件的合集，有

$$P(A \cup B)=P(A)+P(B)$$

而在事件 B 发生的条件下事件 A 发生的概率称为条件概率，记为 $P(A|B)$。条件概率的定义是

$$P(A \mid B)=\frac{P(A,B)}{P(B)}$$

其中，$P(B)$ 称为边际概率，而 $P(A,B)$ 称为联合概率。

对于互斥事件 B 和 B'，有

$$P(A)=P(A \mid B)P(B)+P(A \mid B')P(B')$$

进而，对于多个互斥事件 B_i，且 $\sum P(B_i)=1$，可以得到

$$P(A)=\sum P(A,B_i)=\sum P(A \mid B_i)P(B_i)$$

由条件概率公式可以得到著名的贝叶斯定理：

$$P(B \mid A)=\frac{P(A,B)}{P(A)}=\frac{P(A \mid B)P(B)}{P(A)}$$

贝叶斯定理不仅仅可以用于计算条件概率，也可以用于将观测的数据和已有知识相结合，从而对未知假设做出推断。在这种统计推论的思想指导下，形成了贝叶斯学派，该学派与频率学派是统计学的两大学派。关于这两种学派的具体内容和两者的区别，感兴趣的读者可参考相关书籍资料。

若事件的条件概率和边际概率相同，即 $P(A|B)=P(A)$，可以得到

$$P(A,B)=P(A \mid B)P(B)=P(A)P(B)$$

此时,称事件 A 和 B 相互独立,即事件 B 的发生与否并不影响事件 A 的发生。例如,掷两次骰子分别得到点数 3 朝上,是两个独立事件,因为第一次掷骰子的结果不影响第二次掷骰子的结果。

$$P(A=3,B=3)=P(A=3)P(B=3)=\frac{1}{36}$$

最后用一个简单的例子来展示各种概率。表 2-1-1 为男性和女性中吸烟人数的统计表。

表 2-1-1 男女性中的吸烟人数

性别	不吸烟,Smoke = 0	吸烟,Smoke = 1	总计
男性,Sex = 0	90	10	100
女性,Sex = 1	95	5	100
总计	185	15	200

可以计算的边际概率有

$$P(\text{Sex}=1)=\frac{100}{200}=0.5$$

$$P(\text{Smoke}=1)=\frac{15}{200}=0.075$$

联合概率有

$$P(\text{Sex}=1,\text{Smoke}=1)=\frac{5}{200}=0.025$$

条件概率有

$$P(\text{Sex}=1 \mid \text{Smoke}=1)=\frac{5}{15}=0.33$$

$$P(\text{Smoke}=1 \mid \text{Sex}=1)=\frac{5}{100}=0.05$$

可以验证贝叶斯公式:

$$P(\text{Smoke}=1 \mid \text{Sex}=1)=\frac{P(\text{Sex}=1 \mid \text{Smoke}=1)P(\text{Smoke}=1)}{P(\text{Sex}=1)}=\frac{0.33\times 0.075}{0.5}$$
$$=0.05$$

另外,可以通过计算看出不同性别的吸烟比率不一样:

$$P(\text{Smoke}=1 \mid \text{Sex}=0)=\frac{10}{100}=0.1>P(\text{Smoke}=1 \mid \text{Sex}=1)$$

因此,条件概率和边际概率也不相等:

$$P(\text{Smoke}=1 \mid \text{Sex}=1)\neq P(\text{Smoke}=1)$$

2.2 随机变量与分布

2.2.1 随机变量

生活中许多事件的结果具有不确定性,例如,明天早上 8 点的气温,一家医院一天接待的病人数,一位同学下次考试的分数。虽然不可能完美预测事件的结果,但通过大量收集已经发生的结果可以发掘事件发生背后潜在的规律,并通过描述这些规律,在一定程度上预测尚未发生的事件的结果。在统计学中,用随机变量来描述随机事件的结果,而这些结果的特征则由随机变量的分布来描述。

假设一个随机事件所有可能的结果为样本空间 Ω，而随机变量则将这些结果以一定规则映射到实数域上，即

$$X:\Omega \rightarrow \mathbf{R}$$

例如，掷一次硬币，朝上的面的所有可能结果有 $\Omega=\{$正，反$\}$，而通过随机变量 X 将其映射为实数 X(正)$=1$，X(反)$=0$。

根据随机事件的所有可能结果是否可数，随机变量可以分为离散型随机变量和连续型随机变量。掷一次硬币朝上的面只有两种可能的结果，因而描述这种结果的变量是离散型变量；而硬币从掷出到落地所用的时间有无数个可能的值，因此描述该时间的随机变量是一个连续型随机变量。

尽管样本空间往往无法映射到整个实数域，在数学上依旧可以描述随机变量在整个实数域上的概率。继续前面掷硬币的例子，能得到

$$P(X)=\begin{cases}0.5, & x\in\{0,1\}\\ 0, & x\notin\{0,1\}\end{cases}$$

显然，未被映射到的实数的概率为 0，并且整个实数域的概率和为 1。

对于一个随机变量，用概率分布来描述该变量各种结果的可能性。通常用累积分布函数(cumulative distribution function)和概率函数(probability function)来描述一个随机变量的分布。

2.2.2 累积分布函数

随机变量 X 小于或等于一个实数 x 的概率被称为累积分布函数，其定义为

$$F(x)=P(X\leqslant x),\quad x\in\mathbf{R}$$

累积分布函数是右连续函数，因此对于离散变量 X，累积分布函数也可以写为

$$F(x)=P(X\leqslant x)=\sum_{x_i\leqslant x}P(X=x_i)$$

于是，随机变量 X 在区间 $(a,b]$ 的概率为

$$P(a<X\leqslant b)=F(b)-F(a)$$

举例来说，掷一次硬币的结果 X 的累积分布函数为

$$F(x)=\begin{cases}0, & x<0\\ 0.5, & 0\leqslant x<1\\ 1, & x\geqslant 1\end{cases}$$

无论任何概率分布，其累积分布函数都一定是单调递增的，并且有

$$F(-\infty)=0,\quad F(\infty)=1$$

2.2.3 概率函数

概率函数直观地描述了随机变量取各个值的概率，通常写作 f。根据变量类型，概率函数分为概率质量函数(probability mass function)和概率密度函数(probability density function)。

对于离散型随机变量 $X\in A$，概率质量函数描述随机变量 X 等于一个实数 x 的概率，其定义为

$$f(x)=\begin{cases}P(X=x), & x\in A\\ 0, & x\notin A\end{cases}$$

自然，变量所有可取值的概率之和为 1：

$$\sum_{x\in A}f(x)=\sum_{x\in A}P(X=x)=1$$

而对于连续型随机变量，由于其不可数性，变量 X 等于任何一个实数 x 的概率都是 0，只能得到

X 属于一个区间内的概率 p。

$$P(x < X < x+d) = F(x+d) - F(x) = p$$

这个区间概率除以区间范围则是概率密度：

$$f(x < X < x+d) = \frac{p}{d}$$

当 d 无限趋近于 0 时，就能得到 $X=x$ 时的概率密度，即

$$f(x) = \lim_{d \to 0} \frac{F(x+d) - F(x)}{d}$$

由此可见，概率密度函数是对应的累积分布函数的导数，即

$$f(x) = F'(x)$$

反过来，可以对概率密度函数积分来计算随机变量在一个区间的概率：

$$F(b) - F(a) = \int_a^b f(x)\mathrm{d}x$$

根据累积分布函数的特征，概率密度函数始终大于或等于 0 且对整个实数域的积分为 1，即

$$f(x) \geqslant 0$$

$$\int_{-\infty}^{\infty} f(x)\mathrm{d}x = 1$$

不同于概率质量函数，概率密度不是概率，因此其值可以大于 1。在后面的章节里，为方便起见，将 $\int_{-\infty}^{\infty} f(x)\mathrm{d}x$ 统一简写成 $\int f(x)\mathrm{d}x$。

除了最常用的累积分布函数 F 和概率函数 f，还可以用其他函数描述变量的分布，例如生存函数(survival function)以及分位数函数(quantile function)。生存函数的定义为

$$S(x) = P(X > x) = 1 - F(x)$$

对于给定的概率 p，可以根据累积分布函数 $F(x)$ 求其所对应的 x。分位数函数是累计分布函数的反函数，即

$$Q(p) = Q(P(X \leqslant x)) = Q(F(x)) = F^{-1}(F(x)) = x$$

2.3 随机变量的数学特征

2.3.1 数学期望

一个随机变量的数学期望可以理解为当样本量无限大时随机变量的平均值，也称为期望或者均值，通常用 E 表示。其定义为

$$E(X) = \int x\mathrm{d}F(x)$$

也可以根据变量类型进一步写成

$$\begin{cases} E(X) = \sum x f(x), & X \text{ 是离散变量} \\ E(X) = \int x f(x)\mathrm{d}x, & X \text{ 是连续变量} \end{cases}$$

为了简洁，本节之后的公式若无特殊说明，均默认随机变量为连续型随机变量。

举例来说，掷 3 次硬币，正面朝上的次数有 4 种可能，即 $X \in \{0,1,2,3\}$，而它们所对应的概率分别为 $\frac{1}{8}, \frac{3}{8}, \frac{3}{8}, \frac{1}{8}$。因此，随机变量 X 的数学期望为

$$E(X)=0f(0)+1f(1)+2f(2)+3f(3)=0\times\frac{1}{8}+1\times\frac{3}{8}+2\times\frac{3}{8}+3\times\frac{1}{8}$$
$$=1.5$$

如果已知随机变量 X 的分布，对于任意 X 的函数 $u(X)$ 的期望值可以由佚名统计学家定理(law of the unconscious statistician)得到：

$$E(u(X))=\int u(x)f(x)\mathrm{d}x$$

进而，多变量函数 $u(X,Y)$ 的期望值为

$$E(u(X,Y))=\iint u(x,y)f_{X,Y}(x,y)\mathrm{d}x\mathrm{d}y$$

其中，$f_{X,Y}$ 是变量 X 和 Y 的联合分布概率密度函数。

数学期望常用于计算随机变量的均值和方差。根据定义，一个随机变量的均值就是其期望值，通常用 μ_X 表示随机变量 X 的期望值或均值，即

$$\mu_X=E(X)=\int xf(x)\mathrm{d}x$$

而随机变量的方差通常写作 σ_X^2 或 $\mathrm{Var}(X)$，方差是函数 $u(X)=(X-\mu_X)^2$ 的期望值，即

$$\mathrm{Var}(X)=\sigma_X^2=E\,(X-\mu_X)^2=\int(x-\mu_X)^2f(x)\mathrm{d}x$$

另外，将上述公式展开：

$$\sigma_X^2=E\,(X-\mu_X)^2=E(X^2-2\,\mu_XX+\mu_X^2)=E(X^2)-\mu_X^2$$

可以得到变量 X^2 的期望值：

$$E(X^2)=\mu_X^2+\sigma_X^2$$

2.3.2 期望值的规律

根据期望值的定义，可以得到一些期望值运算的规律。对于变量 $Y=aX+c$，其中 a 和 c 为常数，Y 的期望值为

$$\mu_Y=E(Y)=E(aX+c)=\int(ax+c)f(x)\mathrm{d}x=a\int xf(x)\mathrm{d}x+c\int f(x)\mathrm{d}x=a\,\mu_X+c$$

进而 Y 的方差为

$$\sigma_Y^2=E\,(Y-\mu_Y)^2=E\,(aX-a\mu_X)^2=a^2E\,(X-\mu_X)^2=a^2\sigma_X^2$$

下面以两个变量 X 和 Y 之和为例，讨论多个随机变量线性组合的期望值。对于函数 $u(X,Y)=X+Y$，其期望值为

$$E(X+Y)=\iint(x+y)\,f_{X,Y}(x,y)\mathrm{d}x\mathrm{d}y=\int x\,f_X(x)\mathrm{d}x+\int y\,f_Y(y)\mathrm{d}y$$
$$=\mu_X+\mu_Y$$

其中，对联合分布概率密度函数积分可以得到边际概率密度，即

$$\int f_{X,Y}(x,y)\mathrm{d}y=f_X(x),\int f_{X,Y}(x,y)\mathrm{d}x=f_Y(y)$$

而 $u(X,Y)$ 的方差为

$$\mathrm{Var}(X+Y)=E\,[X+Y-\mu_X-\mu_Y]^2$$
$$=E(X^2)+E(Y^2)+2E(XY)-2\,\mu_X\,\mu_Y-\mu_X^2-\mu_Y^2$$

$$=\sigma_X^2+\sigma_Y^2+2E(XY)-2\mu_X\mu_Y$$

当变量 X 和 Y 相互独立时，$E(XY)=\mu_X\mu_Y$（详见 2.3.4 节），则

$$\mathrm{Var}(X+Y)=\sigma_X^2+\sigma_Y^2$$

根据以上规律，可以总结出以下结论：对于 n 个相互独立的变量 X_i，且它们的均值和方差分别为 μ_{X_i} 和 $\sigma_{X_i}^2$，那么它们的线性组合 $Y=\sum a_iX_i+c$ 的均值和方差分别为

$$\mu_Y=E\left(\sum a_iX_i+c\right)=\sum a_iE(X_i)+c=\sum a_i\mu_{X_i}+c$$

$$\sigma_Y^2=E(Y-\mu_Y)^2=\sum a_i^2\sigma_{X_i}^2$$

2.3.3　条件期望

对于多个变量，在给定部分变量的值的情况下其余变量的期望值称为条件期望。本质上，模型拟合的过程就是用模型来描述当给定自变量 X 时因变量 Y 的条件期望的变化。即对于模型 r，有

$$r(x)=E(Y\mid X=x)$$

条件期望的定义为：对于随机变量 Y 和 X，当 $X=x$ 时变量 Y 的期望，即

$$E(Y\mid X=x)=\int y\,f_{Y|X}(y\mid x)\mathrm{d}y$$

其中，$f_{Y|X}$ 是给定 X 情况下 Y 的条件概率密度函数。

前面提到的期望值都是常数，而条件期望 $E(Y|X)$ 则是一个随 X 变化的随机变量，当 $X=x$ 时，其值为 $E(Y|X=x)$。因此，我们也会关心条件期望 $E(Y|X)$ 的期望值。根据期望迭代法则（law of iterated expectation），其期望值和 Y 的期望值相同：

$$E(E(Y\mid X))=\int E(Y\mid X=x)f_X(x)\mathrm{d}x=\iint y\,f_{Y|X}(y\mid x)f_X(x)\mathrm{d}x\mathrm{d}y=\iint y\,f_{X,Y}(x,y)\mathrm{d}x\mathrm{d}y=E(Y)$$

2.3.4　协方差与相关系数

对于两个随机变量 X 和 Y，除了讨论它们的数学期望和方差外，有时还需要描述 X 和 Y 之间的关系，这时就需要引入协方差和相关系数。对于两个随机变量 X 和 Y，它们的协方差是函数 $u(X,Y)=(X-\mu_X)(Y-\mu_Y)$ 的期望值，记为 $\mathrm{Cov}(X,Y)$ 或 σ_{XY}，即

$$\mathrm{Cov}(X,Y)=\sigma_{XY}=E((X-\mu_X)(Y-\mu_Y))$$

展开上述公式可得

$$\mathrm{Cov}(X,Y)=\sigma_{XY}=E(XY)-\mu_XE(Y)-\mu_YE(X)+\mu_X\mu_Y=E(XY)-\mu_X\mu_Y$$

而相关系数（correlation coefficient）的定义为

$$r_{XY}=\frac{E((X-\mu_X)(Y-\mu_Y))}{\sqrt{E(X-\mu_X)^2E(Y-\mu_Y)^2}}=\frac{\sigma_{XY}}{\sigma_X\sigma_Y}$$

如果变量 X 和 Y 相互独立，即

$$f_{X,Y}(x,y)=f_X(x)f_Y(y)$$

则

$$E(XY)=\iint xy\,f_{X,Y}(x,y)\mathrm{d}x\mathrm{d}y=\iint xy\,f_X(x)f_Y(y)\mathrm{d}x\mathrm{d}y=E(X)E(Y)=\mu_X\mu_Y$$

因此它们的协方差为 0，即

$$\sigma_{XY}=E(XY)-\mu_X\mu_Y=0$$

同样，此时它们的相关系数也为 0，即

$$r_{XY}=0$$

根据 2.3.2 节的方差公式，可以推导出

$$\mathrm{Var}(X+Y)=\sigma_X^2+\sigma_Y^2+2E(XY)-2\mu_X\mu_Y=\sigma_X^2+\sigma_Y^2+2\sigma_{XY}$$

2.3.5 样本均值和方差

在实际应用中，由于无法获得总体，因此通常无法得知某个随机变量的参数（如均值或方差）。但是，可以通过收集有限的样本来估计总体参数（总体、样本、参数与统计量的介绍见 2.5 节）。不同于总体参数，通过样本估计的参数是一个随机变量，因为样本可以看成是从总体中随机抽取的，而不同的样本就可以计算出不同的估计值，因此可以推导样本均值与样本方差的期望值。如果样本估计值的期望值与总体的参数相等，那么称该估计为总体参数的无偏估计。

对于一个大小为 n 的样本 $X=\{X_1,X_2,\cdots,X_n\}$，通常将样本均值和方差记为 $\overline{X}$ 和 s_X^2。其中，样本均值为

$$\overline{X}=\frac{1}{n}\sum_{i=1}^{n}X_i$$

样本均值的期望值和随机变量的真实均值相等，即

$$E(\overline{X})=E\left(\frac{\sum_{i=1}^{n}X_i}{n}\right)=\frac{1}{n}\sum_{i=1}^{n}E(X_i)=\mu_X$$

其中，由于样本中的各个值 X_i 都是同分布的随机变量，因此它们的期望值都是 μ_X。而样本均值的方差为

$$\mathrm{Var}(\overline{X})=\mathrm{Var}\left(\frac{1}{n}\sum_{i=1}^{n}X_i\right)=\frac{1}{n^2}\sum_{i=1}^{n}\mathrm{Var}(X_i)=\frac{\sigma_X^2}{n}$$

又因为

$$\mathrm{Var}(\overline{X})=E\,(\overline{X}-\mu_X)^2=E(\overline{X}^2)-\mu_X^2$$

可以得到 $\overline{X}^2$ 的期望值：

$$E(\overline{X}^2)=\mu_X^2+\frac{\sigma_X^2}{n}$$

样本方差的计算取决于是否知道真实均值。如果均值 μ_X 已知，那么样本方差为

$$s_X^2=\frac{\sum_{i=1}^{n}(X_i-\mu_X)^2}{n}$$

样本方差的期望值为真实方差 σ_X^2，推导如下：

$$\begin{aligned}E(s_X^2)&=\frac{1}{n}\sum_{i=1}^{n}E\left[(X_i-\mu_X)^2\right]\\&=\frac{1}{n}\sum_{i=1}^{n}\left[E(X_i^2)+\mu_X^2-2\mu_X E(X_i)\right]\\&=\frac{1}{n}\sum_{i=1}^{n}(\mu_X^2+\sigma_X^2+\mu_X^2-2\mu_X^2)\\&=\sigma_X^2\end{aligned}$$

如果期望值 μ_x 未知，则需要用样本均值代替真实均值计算样本方差。此时如果想得到总体方差的无偏估计，样本方差需调整为

$$s_X^2=\frac{\sum_{i=1}^{n}(X_i-\overline{X})^2}{n-1}$$

可以进一步写为

$$\begin{aligned}s_X^2&=\frac{1}{n-1}\sum_{i=1}^{n}X_i^2+\frac{n}{n-1}\overline{X}^2-\frac{2\overline{X}}{n-1}\sum_{i=1}^{n}X_i\\&=\frac{1}{n-1}\sum_{i=1}^{n}X_i^2-\frac{n}{n-1}\overline{X}^2\end{aligned}$$

其期望值依然为 σ_X^2，推导如下：

$$\begin{aligned}E(s_X^2)&=\frac{1}{n-1}\sum_{i=1}^{n}E(X_i^2)-\frac{n}{n-1}E(\overline{X}^2)\\&=\frac{n}{n-1}(\mu_X^2+\sigma_X^2)-\frac{n}{n-1}\left(\mu_X^2+\frac{1}{n}\sigma_X^2\right)\\&=\sigma_X^2\end{aligned}$$

2.4　常见的随机变量分布

本节简单介绍统计分析中常用的分布。随机变量根据其产生机制的不同，需由不同的统计分布来描述。而不同的统计分布之间又有着千丝万缕的联系，掌握这些联系将有助于理解不同的分布，并为后续统计学方法的学习打下坚实的基础。

2.4.1　离散变量分布

1. 伯努利分布

假设某试验仅有两种可能的结果，其中成功(记为1)的概率为 p，失败(记为0)的概率为 $1-p$，则称该试验为伯努利试验，其结果的分布为伯努利分布(Bernuolli distribution)。掷一次硬币的结果就是典型的伯努利分布。

伯努利分布由一个参数 p 决定，若随机变量 X 符合伯努利分布，记为 $X\sim\text{Bernolli}(p)$。

其概率质量函数为

$$f(x)=p^x(1-p)^{1-x},\quad x\in\{0,1\}$$

其均值为

$$\mu_X=\sum xf(x)=p$$

其方差为

$$\sigma_X^2=\sum(x-p)^2f(x)=p(1-p)^2+p^2(1-p)=p(1-p)$$

2. 二项分布

二项分布(binomial distribution)用于描述多次相同且相互独立的伯努利试验所得的结果。若进行 n 次独立的试验，每次试验成功的概率均为 p，那么总共成功次数 X 符合二项分布，记为 $X\sim B(n,p)$，

其概率质量函数为

$$f(x)=\binom{n}{x}p^x(1-p)^{n-x},\quad x\in\{0,1,2,\cdots,n\}$$

其中

$$\binom{n}{x}=\frac{n!}{x!(n-x)!}$$

二项分布的随机变量 X 可以看作多个独立同分布伯努利分布变量 Y_i 的和，即 $X=\sum Y_i$。因此其均值和方差为

$$\mu_X=\sum E(Y_i)=np$$

$$\sigma_X^2=\sum \mathrm{Var}(Y_i)=np(1-p)$$

3. 几何分布

几何分布(geometric distribution)描述的是进行多少次伯努利试验才能得到第一次成功的结果。若进行多次伯努利试验，每次成功率为 p，而第一次得到成功的结果是第 X 次试验，那么随机变量 X 符合几何分布，记为 $X\sim\mathrm{Geom}(p)$，其概率质量函数为

$$f(x)=p(1-p)^{x-1},\quad x\in\{1,2,3,\cdots\}$$

其均值和方差为

$$\mu_X=\frac{1}{p}$$

$$\sigma_X^2=\frac{1-p}{p^2}$$

4. 泊松分布

泊松分布(Poisson distribution)用于描述某随机事件在单位时间(或单位空间)内的发生次数 X 的概率分布，记为 $X\sim\mathrm{Poisson}(\lambda)$。例如，一段时间内通过十字路口的车辆数，单位容积内的细菌数，或一篇文章中的错别字个数，等等。其概率质量函数为

$$f(x)=\mathrm{e}^{-\lambda}\frac{\lambda^x}{x!},\quad x\in\{0,1,2,\cdots\}$$

其总体均值和总体方差均为 λ，即 $\mu_X=\sigma_X^2=\lambda$。因此，如果某随机变量的总体均值不等于总体方差，可以推断该随机变量不服从泊松分布。

泊松分布可以理解为在每一个无限小的时间或空间都进行一次成功概率极小的伯努利试验，因而可以看作二项分布的一种极限情况。当二项分布 $B(n,p)$ 满足 $p=\lambda/n$，n 趋向于无限大，即 p 趋向于无穷小时，二项分布 $B(n,p)$ 趋向于泊松分布。事实上，可以用极限来证明

$$\lim_{n\to\infty}B\left(n,\frac{\lambda}{n}\right)=\lim_{n\to\infty}\binom{n}{x}\left(\frac{\lambda}{n}\right)^x\left(1-\frac{\lambda}{n}\right)^{n-x}=\mathrm{e}^{-\lambda}\frac{\lambda^x}{x!}=\mathrm{Poisson}(\lambda)$$

泊松分布可用于在生存分析中描述发生率对时间恒定的事件，称之为泊松回归。它与 Cox 回归一样，均为生存分析中常见的回归方法。由于篇幅有限，本书不介绍泊松回归，感兴趣的读者请参阅其他相关资料。

2.4.2 连续变量分布

1. 均匀分布

均匀分布(uniform distribution)也称矩形分布，根据字面意思，符合均匀分布的随机变量在相同长

度的间隔内的分布概率都相等(均匀分布也可以描述分类变量,此时变量所有可取值的概率都相等)。均匀分布由两个参数 a 和 b 来定义,在一个区间$[a,b]$内的均匀分布记为 $X\sim U(a,b)$,其概率密度函数为

$$f(x)=\frac{1}{b-a},\quad x\in[a,b]$$

其均值和方差是

$$\mu_X=\int_a^b xf(x)\mathrm{d}x=\frac{a+b}{2}$$

$$\sigma_X^2=\int_a^b (x-\mu_X)^2 f(x)\mathrm{d}x=\frac{(b-a)^2}{12}$$

值得一提的是,任何分布的累积分布函数 F 都是区间$[0,1]$内的均匀分布。对任意分布的变量 X,若 $Y=F_X(X)$,则

$$F_Y(y)=P(Y\leqslant y)=P(F_X(X)\leqslant F_X(x))$$

因为 F_X 单调递增,于是

$$P(F_X(X)\leqslant F_X(x))=P(X\leqslant x)=F_X(x)=y$$

于是得到 $F_Y(y)=y$。又因为如果

$$F_Y(y)=y,\quad y\in[0,1]$$

那么

$$f_Y(y)=F'_Y(y)=1=\frac{1}{1-0},\quad y\in[0,1]$$

即 Y 符合均匀分布。因此,$F_X(X)$在区间$[0,1]$内是均匀分布。

2. 正态分布

正态分布(normal distribution)是一种对称的钟形曲线分布。当随机变量 X 服从正态分布时,有均值 μ 和方差 σ^2,记为 $X\sim N(\mu,\sigma^2)$,其概率密度函数为

$$f(x)=\frac{1}{\sqrt{2\pi\sigma^2}}\mathrm{e}^{-\frac{(x-\mu)^2}{2\sigma^2}}$$

生活中很多常见变量的分布都近似正态分布,例如 20 岁男性的身高或体重。在统计学中,线性模型假设其残差符合正态分布(详见 2.8.1 节)。此外,因为中心极限定理的存在,正态分布有着更为广泛的应用(详见 2.5.3 节)。

许多分布在特殊情况下都趋近于正态分布。对于二项分布 $B(n,p)$,当 np 和 $n(1-p)$都较大时,趋近于正态分布 $N(np,np(1-p))$;对于泊松分布 Poisson(λ),当 λ 较大时,趋近于正态分布 $N(\lambda,\lambda)$。

特别的,当正态分布满足 $\mu=0$ 和 $\sigma^2=1$ 时,称为标准正态分布(standard normal distribution)。如果随机变量 $X\sim N(\mu,\sigma^2)$,而变量 $Z=\frac{X-\mu}{\sigma}$,则称 Z 为标准化随机变量。可以证明,变量 Z 符合标准正态分布,即 $Z\sim N(0,1)$,推导如下:

$$F(z)=P\left(\frac{X-\mu}{\sigma}\leqslant z\right)=P(X\leqslant\sigma z+\mu)$$

$$=\int_{-\infty}^{z}\frac{1}{\sqrt{2\pi\sigma^2}}\mathrm{e}^{-\frac{(\sigma z+\mu-\mu)^2}{2\sigma^2}}\mathrm{d}x$$

$$=\int_{-\infty}^{z}\frac{1}{\sqrt{2\pi\sigma^2}}\mathrm{e}^{-\frac{z^2}{2}}\sigma\mathrm{d}z$$

$$=\int_{-\infty}^{z}\frac{1}{\sqrt{2\pi}}\mathrm{e}^{-\frac{z^2}{2}}\mathrm{d}z$$

其中 $\mathrm{d}x=\mathrm{d}(\sigma z+\mu)=\sigma\mathrm{d}z$，所以它不是一种对称的钟形曲线分布，于是得到 $Z\sim N(0,1)$。对于经常使用的 95%置信区间也是基于正态分布来构建的：

$$P(-1.96\sigma+\mu\leqslant X\leqslant 1.96\sigma+\mu)=P(-1.96\leqslant Z\leqslant 1.96)=0.95$$

3. 卡方分布

如果有 p 个相互独立的标准正态分布变量 $\{Z_1,Z_2,\cdots,Z_p\}$，那么它们的平方和符合自由度为 p 的卡方分布(Chi-squared distribution)，即，若变量 $X=\sum_i Z_i^2$，那么 $X\sim\chi^2(p)$。

卡方分布的概率密度函数为

$$f(x)=\frac{1}{\Gamma(a)2^a}x^{a-1}\mathrm{e}^{-\frac{x}{2}}$$

其中 $a=\frac{p}{2}$，$\Gamma(a)$是伽马函数

$$\Gamma(t)=\int_0^{\infty}x^{t-1}\mathrm{e}^{-x}\mathrm{d}x$$

根据定义，可以得到卡方分布的均值和方差：

$$\mu_X=\sum_{i=1}^{p}E(Z_i^2)=p(\mu_Z^2+\sigma_Z^2)=p$$

$$\sigma_X^2=\sum_{i=1}^{p}\mathrm{Var}(Z_i^2)=2p$$

卡方分布主要运用在对样本方差的分析上。首先，对于 n 个服从正态分布 $X\sim N(\mu,\sigma^2)$的变量 X_i，它们标准化的平方和服从自由度为 n 的卡方分布，即

$$\sum_i\left(\frac{X_i-\mu}{\sigma}\right)^2=\sum_i Z_i^2\sim\chi^2(n)$$

其中 $Z\sim N(0,1)$。另外，对于样本方差s^2，有

$$\begin{aligned}\frac{n-1}{\sigma^2}s^2&=\sum_i\left(\frac{X_i-\bar{X}}{\sigma}\right)^2\\&=\sum_i\left(\frac{X_i-\mu+\mu-\bar{X}}{\sigma}\right)^2\\&=\sum_i\left(\frac{X_i-\mu}{\sigma}\right)^2+n\left(\frac{\mu-\bar{X}}{\sigma}\right)^2+\frac{2(\mu-\bar{X})}{\sigma^2}\sum_i(X_i-\mu)\\&=\sum_i\left(\frac{X_i-\mu}{\sigma}\right)^2-\frac{n(\mu-\bar{X})^2}{\sigma^2}\end{aligned}$$

因为 $\sum_i\left(\frac{X_i-\mu}{\sigma}\right)^2\sim\chi^2(n)$，$\frac{(\bar{X}-\mu)^2}{\sigma^2/n}\sim\chi^2(1)$，且两者相互独立，所以有

$$\frac{n-1}{\sigma^2}s^2\sim\chi^2(n-1)$$

即样本的方差服从自由度为 $n-1$ 的卡方分布。

4. 学生 t 分布

如果有两个相互独立的随机变量，一个服从标准正态分布 $Z \sim N(0,1)$，另一个服从卡方分布 $W \sim \chi^2(p)$，那么变量 $T=\dfrac{Z}{\sqrt{W/p}}$ 符合 t 分布（student's t distribution），记为 $T \sim t(p)$。其概率密度函数为

$$f(t)=\frac{\Gamma\left(\frac{p+1}{2}\right)}{\sqrt{\pi t}\,\Gamma\left(\frac{p}{2}\right)}\frac{1}{\left(1+\frac{t^2}{p}\right)^{\frac{p+1}{2}}}$$

学生 t 分布和正态分布十分相似，在自由度 p 较大时，学生 t 分布将无限趋近正态分布。学生 t 分布在统计推断中有广泛的应用。对一个服从正态分布的变量 $X \sim N(\mu,\sigma^2)$，根据中心极限定理有

$$\frac{\overline{X}-\mu}{\frac{\sigma}{\sqrt{n}}}=Z \sim N(0,1)$$

而带入标准误差 s 可以得到

$$\frac{\overline{X}-\mu}{\frac{s}{\sqrt{n}}}=\frac{\frac{\overline{X}-\mu}{\frac{\sigma}{\sqrt{n}}}}{\sqrt{\frac{(n-1)s^2}{(n-1)\sigma^2}}}=\frac{Z}{\sqrt{\frac{W}{n-1}}}=T \sim t(n-1)$$

其中

$$\frac{n-1}{\sigma^2}s^2=W \sim \chi^2(n-1)$$

5. 指数分布

指数分布（exponential distribution）是用于描述泊松过程中事件发生时间间隔的概率分布，如两次地震发生的时间间隔。如果变量 X 符合指数分布，则记为 $X \sim \text{Exp}(\lambda)$。其概率密度函数为

$$f(x)=1-\mathrm{e}^{-\lambda x}, \quad x>0$$

其均值和方差为

$$\mu_X=\frac{1}{\lambda}$$

$$\sigma_X^2=\frac{1}{\lambda^2}$$

6. 伽马分布

伽马分布（gamma distribution）和指数分布类似，指的是平均值是 λ 的泊松过程中发生 α 次事件所需的时间。如果随机变量 X 符合伽马分布，记为 $X \sim \Gamma(\alpha,\theta)$，其中 $\theta=\dfrac{1}{\lambda}$。其概率密度函数为

$$f(x)=\frac{x^{\alpha-1}}{\theta^\alpha \Gamma(\alpha)}\mathrm{e}^{-\frac{x}{\theta}}, \quad x>0$$

其中 $\Gamma(\alpha)$ 是伽马函数，当 α 是正整数时，

$$\Gamma(\alpha)=(\alpha-1)!$$

伽马分布的均值和方差为

$$\mu_X=\alpha\theta$$
$$\sigma_X^2=\alpha\,\theta^2$$

注意：卡方分布和指数分布均是伽马分布的特例。若 $X\sim\mathrm{Exp}(\lambda)$，则 $X\sim\Gamma\left(1,\frac{1}{\lambda}\right)$；而若 $X\sim\chi^2(p)$，那么对任意正整数 c，有 $cX\sim\Gamma\left(\frac{p}{2},2c\right)$。

2.5 统计学基本概念

2.5.1 总体与样本

总体(population)指研究对象的全体，由所有的同质观察单位或个体组成。样本(sample)是指从总体中选取的有代表性的部分观察单位或个体。需要注意的是，在医学研究中，总体有有限总体和无限总体之分。例如，比较两个社区高血压的患病情况，其总体是有限的；但如果要研究体重指数与心血管疾病死亡风险之间的关系，因其没有时间和空间的限制，其总体则是无限的。

2.5.2 参数和统计量

描述总体特征的统计学指标称为参数(parameter)；而通过样本计算出的特征指标称为统计量(statistic)，统计量是对参数的估计。为了保证总体的同质性和样本的代表性，应当严格定义总体的范围，并用随机化的方法选取有代表性的样本。

2.5.3 中心极限定理

中心极限定理(central limit theorem)是统计学中著名的定理之一，在统计学中最常用的是独立同分布的中心极限定理。其内容为：从均值为 μ、方差为σ^2的正态总体中进行随机抽样，样本均值将服从均值为 μ、方差为 σ^2/n 的正态分布；从均值为 μ、标准差为 σ 的任意非正态总体中进行随机抽样，随着样本量 n 的增加，样本均值将越来越趋近于均值为 μ、方差为 σ^2/n 的正态分布。即

$$\overline{X}\sim N\left(\mu,\frac{\sigma^2}{n}\right)$$

根据该定理，即使研究者不知道总体的分布，当样本量很大时，也可以对其分布参数及抽样的分布规律进行研究。

2.6 统计描述

2.6.1 定量资料的统计描述

定量资料的分布类型可用频数表(frequency table)或者频数图(即直方图，histogram)进行展示，后者较前者直观。分布类型一般分为对称分布和非对称分布(即偏态分布)。若频数集中位置偏向数值小的一侧，则称为右偏态分布(即正偏态分布，如癌症病人的生存时间)；若频数集中位置偏向数值大的一侧，则称为左偏态分布(即负偏态分布)。频数表或频数图可显示定量资料的两个重要特征：集中趋势(central tendency)和离散趋势(dispersion tendency)。

1. 描述集中趋势的指标

常用的描述集中趋势的指标有算术均值(arithmetic mean)、几何均值(geometric mean)和中位数(median)。由于几何均值不常用,本书不作介绍。

算术均值(即均值)适用于描述对称或近似对称分布的资料。总体均值用 μ 表示,样本均值用 $\overline{X}$ 表示。其公式为

$$\overline{X}=\frac{\sum_{i=1}^{n}X_i}{n}=\frac{X_1+X_2+\cdots+X_n}{n}$$

其中,$\sum$ 为求和符号,n 为样本量。更多关于样本均值的理论介绍详见 2.3.5 节。

中位数是平均水平的指标,在一个样本中,有 50%的对象的观测值大于或等于中位数,同样也有 50%的对象的观测值小于或等于中位数。样本资料的中位数用 M 表示。对样本中的数据从小到大排序后,若样本量 n 为奇数,则 $M=X_{\frac{n+1}{2}}$;若样本量 n 为偶数,则 $M=(X_{\frac{n}{2}}+X_{\frac{n}{2}+1})/2$。中位数可适用于任何分布的定量资料,当资料对称分布时,理论上中位数和算术均值相等。相比算术均值,虽然中位数具有受异常值影响较小的优点,但因为进一步统计分析时大部分统计方法都只适用于均值而非中位数,因此一般情况下应尽量用算术均值来描述连续型变量。

2. 描述离散趋势的指标

常用的描述离散趋势的指标有方差(variance)、标准差(Standard Deviation,SD)、四分位数范围(Inter-Quartile Range,IQR)、变异系数(Coefficient of Variation,CV)和全距(Range,R)等。

方差刻画了每个观察值与均值的离散程度,由于总体均值 μ 未知,只能用样本均值 $\overline{X}$ 估计 μ。其样本方差的公式为

$$s^2=\frac{\sum_{i=1}^{n}(X_i-\overline{X})^2}{n-1}$$

其中,$\sum_{i=1}^{n}(X_i-\overline{X})^2$ 称为离均差平方和(sum of squared deviations from the mean,即 sum of squares)。$n-1$ 为自由度,但自由度为什么是 $n-1$ 而不是 n 呢?这是因为,当知道 $n-1$ 观测值后,就可以根据 $\sum_{i=1}^{n}(X_i-\overline{X})=0$ 推算出第 n 个观测值。其中,在统计学上可以证明,样本方差在概率意义下的期望值为总体方差 σ^2(其推导过程详见 2.3 节)。方差开平方后即可得到标准差。显然,一组观察值的方差或标准差越大,其变异程度越大。

四分位数范围为(P_{25},P_{75}),两者之差为四分位数间距(quartile range),用 Q 表示,它刻画了中位数两侧的 50%观测资料的离散程度。当数据为偏态分布时,四分位数间距并不能较好地反映离散程度。因此,当资料的一端或两端无确切值或者数据为偏态分布时,一般用四分位数范围和中位数进行描述。

在实际工作中,如果两组或多组资料的均值相差很大或单位不同,比较各组间的变异度可用变异系数,其公式为

$$\mathrm{CV}=\frac{S}{\overline{X}}\times 100\%$$

全距(即极差)为一组资料的最大值和最小值之差。由于全距仅使用了最大值和最小值的信息,因

此不能很好地反映资料的变异情况，故不常用。

2.6.2 分类资料的统计描述

与定量资料一样，分类资料也可以使用频数表或者频数图(即柱状图)描述其分布。对其进行描述时，通常需要计算相对数(relative number)，常用的相对数有率(rate)、构成比(proportion)和比(ratio)。

率表示在一定空间或时间内某现象的发生数与可能发生的总数之比，用于说明某现象出现的频率。常用的医学上的率有出生率、死亡率、发病率等。

构成比表示某事物内部各组成部分在整体中所占的比重，常以百分数表示。由此可见，分子必须是分母的一部分，因此构成比的数值介于 0 到 1 之间。医学中常用病因死亡构成比来描述某病死亡人数在总死亡人数中所占比重。

比是两个指标 A、B 之比，用于描述两者的对比水平。A、B 可以性质相同，如不同时期的吸烟人数之比；也可以性质不同，如人口密度(人口数与土地面积之比)、身体质量指数(体重与身高的平方之比)等。流行病学中的相对危险度(Relative Risk，RR)和比值比(Odds Ratio，OR)就属于比。在流行病学中，相对危险度常用于表示在两种或多种不同条件下，某健康结局(如死亡)发生的概率之比，反映的是暴露组发病或死亡的危险是非暴露组的多少倍。计算公式为 $\mathrm{RR}=\frac{P_1}{P_0}$(例如$P_1$为暴露组的发病率，$P_0$为非暴露组的发病率，其中$P_1$和$P_0$均为上文中提到的率)。比值比也称优势比，常用于病例对照研究中，表示病例组和对照组中的暴露比例与非暴露比例的比值的比。计算公式为 $\mathrm{OR}=\frac{P_1/(1-P_1)}{P_0/(1-P_0)}$(其中$P_1$为病例组的暴露比例，$P_0$为对照组的暴露比例，其中$P_1$和$P_0$均为上文中提到的构成比)。

2.7 统计推断

那么，如何用样本数据的特征推断总体特征呢？通常需要统计推断方法。统计推断包括两方面的内容：参数估计(parameter estimation)和假设检验(statistical inference)。参数估计分为点估计(point estimation)和区间估计(interval estimation)，两者均是对总体参数的定量推断，区间估计通常使用95%置信区间。在医学上，假设检验主要用于判断不同样本是否来自同样的总体。假设检验能够辨别出由随机误差引起的样本差别的概率大小，如果概率很小(如 $P<0.05$)，则说明这种差异不太可能是由随机误差引起的，进而推断出这些样本不是来自同一个总体。常用的假设检验方法有 t 检验、方差分析、卡方检验、非参数检验、相关分析、回归分析(如线性回归、Logistic 回归和 Cox 回归)等(详见附录 A)。

2.7.1 参数估计

由样本信息估计总体参数的过程称为参数估计，分为点估计和区间估计。

点估计是用样本统计量作为总体参数的估计值。总体参数一般都是未知的，但它是固定的，并不是随机变量；而样本统计量是随机的，每次抽样后计算出来的样本统计量是不相同的。这些数值不同的样本统计量都可以作为总体参数的估计值，都是正确的。但是由于点估计没有考虑抽样误差，因此无法判断哪个样本统计量更靠近总体参数。

区间估计是按一定的概率或可信度($1-\alpha$)用一个区间估计总体参数的范围，该范围称为可信度为 $1-\alpha$ 的置信区间，也称为置信区间。置信区间有两个重要的要素，一是准确性(accuracy)，二是精确性(precision)。准确性又称可靠性，即可信度。准确性常根据研究目的由研究者自行决定，常用的可信度为 90%、95%和 99%。精确性是指置信区间的宽度，置信区间越窄越好。当可信度确定后，置信区间的宽度受制于个体变异和样本含量，一般来讲，个体变异越大或者样本含量越少，置信区间越宽。当抽样误差确定后，准确性和精确性是相互牵制的：若要提高准确性，可取较小的 α 值，但这样做必然会使置信区间变宽，导致精确性下降。在实际工作，一般使用 95%置信区间，它能较好地兼顾两者。

需要注意的是，一个具体的置信区间被估计出来后，它要么包含总体参数，要么不包含总体参数，二者必居其一，无概率可言。所谓 95%的可信度是针对置信区间的构建方法而言的：假设进行了多次重复抽样，根据这些样本计算出多个置信区间，其中平均有 95%的置信区间包含了总体参数。当样本量增加时，尽管置信区间变窄了，但并不因此降低或增加包含总体参数的可能。总体参数是一个固定值，并不是随机变量，因此 95%的置信区间不能理解为：①总体参数有 95%的可能落在该区间内；②有 95%的总体参数在该区间内，而有 5%的总体参数不在该区间内。

最常用的参数估计方法有最小二乘法和最大似然估计法。在这里对最小二乘法的原理作简单介绍，而对最大似然估计法进行深入解析。

1. 最小二乘法

最小二乘法(least square method)多用于在线性回归中估计系数。关于线性回归的介绍，详见 2.8 节。将 n 个样本标在(X,Y)坐标平面上时，哪条线最好地代表了这组数据呢？当然是希望根据实测的 X 估算的 $\hat{Y}$ 与实测值 Y 之间的差值$(Y-\hat{Y})$越小越好，即在所有直线中找出$\sum(Y-\hat{Y})^2$(残差平方和)达最小值时所对应的直线，将其作为回归线。故由样本资料决定回归线时，往往用该原理求解$\hat{\beta}_0$ 和 $\hat{\beta}_1$ 两个系数(分别为截距 β_0 和斜率 β_1 的点估计值)。利用微积分中求极值的办法可以得到

$$\hat{\beta}_1=\frac{\sum(X-\overline{X})(Y-\overline{Y})}{\sum(X-\overline{X})^2}$$

$$\hat{\beta}_0=\overline{Y}-\hat{\beta}_1\overline{X}$$

其中，$\sum(X-\overline{X})^2$ 为离均差平方和，$\sum(X-\overline{X})(Y-\overline{Y})$ 为 X 与 Y 的离均差乘积的和。

当有多个变量时，可以用矩阵来计算最小二乘法所估计的参数。如果用一个 $n\times p$ 的矩阵 $\boldsymbol{X}$ 来表示 p 个自变量X_i(矩阵的第一列为 1，用于乘以截距)，用 $n\times 1$ 的矩阵 $\boldsymbol{Y}$ 表示因变量，用 $p\times 1$ 的矩阵 b 表示自变量的参数(第一个值为截距)，那么对于线性模型

$$\boldsymbol{Y}=\boldsymbol{X}\boldsymbol{b}$$

最小二乘法所得的 $\boldsymbol{Xb}$ 与 $\boldsymbol{Y}$ 的距离最小，即

$$\boldsymbol{X}^{\mathrm{T}}(\boldsymbol{Y}-\boldsymbol{X}\boldsymbol{b})=0$$

因此估计值为

$$\hat{\boldsymbol{b}}=(\boldsymbol{X}^{\mathrm{T}}\boldsymbol{X})^{-1}\boldsymbol{X}^{\mathrm{T}}\boldsymbol{Y}$$

2. 最大似然估计法

最大似然估计法(maximum likelihood estimation)是另一个在统计学中常用的参数估计方法。为了介绍最大似然估计法，需要先引入一个概念：似然函数(likelihood function)。不同的似然函数有不同的参数$\boldsymbol{\theta}$，记为 $L(\boldsymbol{\theta})$。需要注意的是，$\boldsymbol{\theta}$ 是一个向量，即$\boldsymbol{\theta}=(\theta_1,\theta_2,\cdots,\theta_q)$，其中 q 代表参数的个数。不同的似然函数中的参数个数可能不同。例如，正态分布的参数有两个：均值和方差；二项分布的参数只有一个，即事件成功的概率；泊松分布的参数也只有一个，即总体均值。最大似然估计法的原理就是：根据已经获得的样本，寻找一组使得该样本出现概率最大的参数。

假如总体 X 属于离散型，其分布律 $P(X=x)=p(x;\boldsymbol{\theta})$，$\boldsymbol{\theta}\in\Theta$，其中$\boldsymbol{\theta}$ 为待估参数，Θ 是$\boldsymbol{\theta}$ 可能的

取值范围。设$X_1,X_2,\cdots,X_n$是来自X的相互独立的样本，则$X_1,X_2,\cdots,X_n$的联合分布律为

$$\prod_{i=1}^{n} p(x_i;\boldsymbol{\theta})$$

设$x_1,x_2,\cdots,x_n$是$X_1,X_2,\cdots,X_n$的一个样本值，那么样本$X_1,X_2,\cdots,X_n$取到观测值$x_1,x_2,\cdots,x_n$的概率为

$$L(\boldsymbol{\theta})=L(x_1,x_2,\cdots,x_n;\boldsymbol{\theta})=\prod_{i=1}^{n} p(x_i;\boldsymbol{\theta}),\quad \boldsymbol{\theta}\in\Theta$$

需要注意的是，这个概率随着$\boldsymbol{\theta}$的变化而变化。

举个例子来理解上一段话：假如总体X服从二项分布，事件发生和不发生分别取值1和0，事件成功发生的概率为$\boldsymbol{\theta}$。然后进行1000次独立抽样，得到的结果为{0,1,1,0,…,0}。即，x取值为1和0，$n=1000$，$X_1,X_2,\cdots,X_n$的取值为1或0，$x_1,x_2,\cdots,x_n$的取值为0,1,1,0,…,0。$\boldsymbol{\theta}$是未知的，是需要估计的参数，它的取值范围为0～1，当$\boldsymbol{\theta}$取不同值时，取到观测值为0,1,1,0,…,0的概率值$L(0,1,1,0,\cdots,0;\boldsymbol{\theta})$也会变化。

如果当$\boldsymbol{\theta}=\boldsymbol{\theta}_0\in\Theta$时，似然函数$L(x_1,x_2,\cdots,x_n;\boldsymbol{\theta})$的取值最大，而$\Theta$中其他$\boldsymbol{\theta}$的值使$L(\boldsymbol{\theta})$的取值很小，那么自然认为$\boldsymbol{\theta}_0$作为未知参数$\boldsymbol{\theta}$的估计值比较合理。因此，当获得样本观测值$x_1,x_2,\cdots,x_n$后，在$\Theta$内挑选使似然函数$L(x_1,x_2,\cdots,x_n;\boldsymbol{\theta})$达到最大的参数值$\hat{\boldsymbol{\theta}}$，作为参数$\boldsymbol{\theta}$的估计值，即

$$L(x_1,x_2,\cdots,x_n;\hat{\boldsymbol{\theta}})=\max_{\boldsymbol{\theta}\in\Theta} L(x_1,x_2,\cdots,x_n;\boldsymbol{\theta})$$

这样得到的$\hat{\boldsymbol{\theta}}$被称为参数$\boldsymbol{\theta}$的最大似然估计值(maximum likelihood estimator)，该值与$x_1,x_2,\cdots,x_n$有关。

当总体X属于连续型时，可以用其概率密度$f(x;\boldsymbol{\theta})$，$\boldsymbol{\theta}\in\Theta$来计算似然函数，其中$\boldsymbol{\theta}$为待估参数，$\Theta$是$\boldsymbol{\theta}$可能的取值范围。设$X_1,X_2,\cdots,X_n$是来自$X$的样本，则$X_1,X_2,\cdots,X_n$的联合密度为

$$\prod_{i=1}^{n} f(x_i;\boldsymbol{\theta})$$

设$x_1,x_2,\cdots,x_n$是$X_1,X_2,\cdots,X_n$的一个样本值，那么样本$X_1,X_2,\cdots,X_n$落到观测点$x_1,x_2,\cdots,x_n$的邻域(边长分别为$\mathrm{d}x_1,\mathrm{d}x_2,\cdots,\mathrm{d}x_n$的$n$维立方体)内的概率为

$$\prod_{i=1}^{n} f(x_i;\boldsymbol{\theta})\mathrm{d}x_i$$

但因

$$\prod_{i=1}^{n}\mathrm{d}x_i$$

不随$\boldsymbol{\theta}$的变化而变化，因此只需考虑使函数

$$L(\boldsymbol{\theta})=L(x_1,x_2,\cdots,x_n;\boldsymbol{\theta})=\prod_{i=1}^{n} f(x_i;\boldsymbol{\theta}),\quad \boldsymbol{\theta}\in\Theta$$

取最大值。若$\hat{\boldsymbol{\theta}}$使得

$$L(x_1,x_2,\cdots,x_n;\hat{\boldsymbol{\theta}})=\max_{\boldsymbol{\theta}\in\Theta} L(x_1,x_2,\cdots,x_n;\boldsymbol{\theta})$$

则$\hat{\boldsymbol{\theta}}$被称为参数$\boldsymbol{\theta}$的最大似然估计值。

读者可能已经发现，确定最大似然估计值(无论总体X属于离散型还是连续型)的问题就归结为微分学中求最大值的问题了(关于求极值的介绍，详见第1章)，因此$\boldsymbol{\theta}$的估计值$\hat{\boldsymbol{\theta}}$就可从方程

$$\frac{\mathrm{d}L(\boldsymbol{\theta})}{\mathrm{d}\boldsymbol{\theta}}=0$$

中解得。因为 $L(\boldsymbol{\theta})$ 与 $\ln L(\boldsymbol{\theta})$ 在同一处取到极值，因此 $\boldsymbol{\theta}$ 的估计值 $\hat{\boldsymbol{\theta}}$ 就可从方程

$$\frac{\mathrm{d}\ln L(\boldsymbol{\theta})}{\mathrm{d}\boldsymbol{\theta}}=0$$

中解得。该方程的求解比上一个方程方便，常被称为对数似然方程。而当有 q 个独立的参数需要估计的时候，可令

$$\frac{\partial L(\boldsymbol{\theta})}{\partial \boldsymbol{\theta}_i}=0,\quad i=1,2,\cdots,q$$

或令

$$\frac{\partial \ln L(\boldsymbol{\theta})}{\partial \boldsymbol{\theta}_i}=0,\quad i=1,2,\cdots,q$$

解上述由 q 个方程组成的方程组，即可得到各个参数的最大似然估计值，其中∂是偏导数的符号。

为了便于读者理解上面的理论，接下来，举两个例子来解释如何用最大似然估计法估算最大似然估计值。第一个是二项分布数据的例子，第二个是正态分布数据的例子，这两种数据在实际工作和学习中经常遇到且易于理解。

例 2-7-1 设事件出现的次数 X 服从二项分布，记为 $X\sim B(n,p)$。$X_1,X_2,\cdots,X_n$ 是来自 X 的一个样本值，求参数 p 的最大似然估计值。

解：设$x_1,x_2,\cdots,x_n$是$X_1,X_2,\cdots,X_n$的一个样本值，则 X 的分布律为

$$P(X=x)=p^x(1-p)^{1-x},\quad x\in(0,1)$$

故其似然函数为

$$L(p)=\prod_{i=1}^{n}p^{x_i}(1-p)^{1-x_i}=p^{\sum\limits_{i=1}^{n}x_i}(1-p)^{n-\sum\limits_{i=1}^{n}x_i}$$

两边取对数后为

$$\ln L(p)=\left(\sum_{i=1}^{n}x_i\right)\ln p+\left(n-\sum_{i=1}^{n}x_i\right)\ln(1-p)$$

令

$$\frac{\mathrm{d}\ln L(p)}{\mathrm{d}p}=\frac{\sum\limits_{i=1}^{n}x_i}{p}-\frac{n-\sum\limits_{i=1}^{n}x_i}{1-p}=0$$

解得 p 的最大似然估计值为

$$\hat{p}=\frac{1}{n}\sum_{i=1}^{n}x_i=\bar{x}$$

例 2-7-2 设随机变量 X 服从均值为 μ、标准差为 σ 的正态分布，记为 $X\sim N(\mu,\sigma^2)$。$X_1,X_2,\cdots,X_n$ 是来自 X 的一个样本，$x_1,x_2,\cdots,x_n$是$X_1,X_2,\cdots,X_n$的一个样本值，求参数 μ 和σ^2的最大似然估计值。

解：X 的概率密度函数为

$$f(x;\mu,\sigma^2)=\frac{1}{\sigma\sqrt{2\pi}}\exp\left[-\frac{1}{2\sigma^2}(x-\mu)^2\right]$$

故其似然函数为

$$L(\mu,\sigma^2)=\prod_{i=1}^{n}\frac{1}{\sigma\sqrt{2\pi}}\exp\left[-\frac{1}{2\sigma^2}(x_i-\mu)^2\right]$$

$$=(2\pi)^{-n/2}(\sigma^2)^{-n/2}\exp\left[-\frac{1}{2\sigma^2}\sum_{i=1}^{n}(x_i-\mu)^2\right]$$

等式两边取对数

$$\ln L=-\frac{n}{2}\ln(2\pi)-\frac{n}{2}\ln(\sigma^2)-\frac{1}{2\sigma^2}\sum_{i=1}^{n}(x_i-\mu)^2$$

因为这里需要求两个参数，即 μ 和 σ^2，因此需要根据这两个参数，分别求导，即令

$$\frac{\partial \ln L}{\partial \mu}=\frac{1}{\sigma^2}\left(\sum_{i=1}^{n}x_i-n\mu\right)=0$$

$$\frac{\partial \ln L}{\partial \sigma^2}=-\frac{n}{2\sigma^2}+\frac{1}{2(\sigma^2)^2}\sum_{i=1}^{n}(x_i-\mu)^2=0$$

由前一式解得 μ 的最大似然估计值为

$$\hat{\mu}=\frac{1}{n}\sum_{i=1}^{n}x_i=\bar{x}$$

代入后一式，解得 σ^2 的最大似然估计值为

$$\hat{\sigma}^2=\frac{1}{n}\sum_{i=1}^{n}(x_i-\bar{x})^2$$

但需要注意的是，该估计值是有偏估计(证明过程略)。

同时，当因变量服从正态分布时，最大似然估计法和最小二乘法会得出相同的估计值(证明过程略)。而当自变量和因变量之间存在非线性关系时，最小二乘法就不再适用了。

2.7.2 假设检验

假设检验，也称为显著性检验(significant test)，是统计推断的另一项重要内容，主要用于比较不同样本来自的总体的总体参数之间有无差别或者总体分布是否相同。在实际应用中，总体是很难获得的，多数情况下使用样本数据去推断总体，由于存在抽样误差，不能简单地根据样本统计量的大小直接比较总体参数。假设检验的基本思想是：首先对需要比较的总体提出一个无差别的假设；其次根据统计量的分布分析样本数据，判断样本信息是否支持这种假设；最后做出拒绝或者不拒绝这种假设的抉择。

1. 基本步骤

1) 建立假设和确定检验水准

假设包括两方面的内容：一是无效假设(null hypothesis)，记为 H_0；二是备择假设(alternative hypothesis)，记为H_1。后者的意义在于当H_0被拒绝时供采用。

例如，将某药用于治疗高血压，40 名病人治疗前后的收缩压的差值为 17.01mmHg±4.67mmHg，治疗后高血压症状有没有改善？可以做如下思考：如果治疗前后血压没有改善，那么差值的总体均值应为 $\mu_0=0$，但现在计算出来的样本差值的均值为 $\bar{d}=17.01$，其差别的原因可能是药物的作用(即存在本质差别)或纯属抽样误差(即不存在本质差别)。假设治疗前后血压差值的总体均值为μ_1，则可建立如下假设：

H_0：$\mu_1=\mu_0=0$，即治疗前后收缩压没有差别。

H_1：$\mu_1\neq\mu_0$，即拒绝治疗前后收缩压相同的假设。

注意：这里的备择假设包含了$\mu_1>\mu_0$和$\mu_1<\mu_0$两个方面，即为双侧检验。双侧检验是指无论是正方向还是负方向的误差，若显著地超出了界值，则拒绝H_0；反之，单侧检验指仅仅在正方向或负方向误差超出了规定的界值，才拒绝H_0。双侧检验和单侧检验的选择需根据研究目的和专业知识来确定。

在建立假设检验时，还需指定检验水准。检验水准即显著性水准，用 α 表示，是指在概率意义下，拒绝 H_0 时的最大允许误差，即 α 是拒绝了实际上成立的 H_0 的概率。在实际应用中，一般取 $\alpha=0.05$ 或 $\alpha=0.01$。

2）选择检验方法和计算检验统计量

统计学里有很多假设检验的方法，每种方法均有其适用的条件，需要根据研究目的、设计方法、资料类型、样本量等因素综合考虑后选择（见附录 A）。常用的检验方法有 t 检验、F 检验、χ^2 检验和非参数检验等。检验统计量（test statistic）是衡量样本与已知总体间的差别或偏离程度的一个统计指标。不同的检验方法一般需要用不同的公式来计算检验统计量。

例如，用 t 检验（$\alpha=0.05$）对上例计算检验统计量，其中 v 为自由度。

$$t=\frac{\bar{X}-\mu_0}{S_{\bar{x}}}=\frac{\bar{X}-\mu_0}{\frac{S}{\sqrt{n}}},\quad v=n-1$$

则上例中 t 统计量的值为

$$t=\frac{17.01-0}{\frac{4.67}{\sqrt{40}}}=23.036\,55,\quad v=39$$

3）统计推断结论

在 t 统计量的计算公式中，$\bar{X}$ 是样本所在总体的总体均值 μ_1 的点估计。当 H_0：$\mu_1=\mu_0$ 为真时，则大多数情况下 $\bar{X}-\mu_0$ 在 0 附近，那么 t 统计量的绝对值一般较小；而当 H_1：$\mu_1\neq\mu_0$ 为真时，则大多数情况下 $\bar{X}-\mu_0$ 不在 0 附近，那么 t 统计量的绝对值一般较大。根据抽样误差理论，在 H_0 成立的前提下，t 统计量服从自由度为 $n-1$ 的 t 分布。当 H_0 为真时，出现样本统计量的绝对值大于 $t_{0.05/2,v}$ 的概率为 0.05，属于小概率事件，根据小概率事件的原理，一次随机抽样是不太可能发现该情况的；而当 H_1 为真时（如样本来自两个不同总体），出现样本统计量的绝对值大于 $t_{0.05/2,v}$ 的概率很大，不属于小概率事件，因此当出现样本统计量的绝对值大于 $t_{0.05/2,v}$ 时，可以认为 H_1 为真。

在上例中，自由度 $v=40-1=39$，查 t 分布的界值表得出 $t_{0.05/2,39}=2.023$，该数值远远小于该例中的 t 统计量 23.036 55，所以可以拒绝 H_0，接受 H_1，认为治疗前后收缩压的变化不仅仅是抽样误差造成的，也可能存在本质上的差别，因此可以得出治疗前后的变化有统计学差异的结论。

除了通过 t 统计量与 t 分布的界值比较做出统计推断外，也可以通过 P 值与 α 比较做出统计推断，两者是等价的。当 $P\leqslant\alpha$ 时，则按 α 检验水准拒绝 H_0，接受 H_1；当 $P>\alpha$ 时，则不能拒绝 H_0。其中，P 越小，越有理由拒绝 H_0，越有理由认为样本来自的总体间存在差异，但是两个总体相差多大与 P 值大小无关，不能说 P 值越小则两个总体相差越大。需要注意的是："不拒绝 H_0"不等于"支持 H_0 成立"，仅表示现有样本信息不足以拒绝 H_0。

由于统计软件的应用，计算检验统计量和 P 值变得愈发容易。在后续各章中，本书将介绍如何在 SAS、R、Stata 和 Python 中达到该目的。

2. 假设检验中的两类错误和检验效能

假设检验的核心是对 H_0 的推断。它是一种基于概率的决策，无论做出哪一种推断，都有可能发生错误，所以统计推断的结论总是有风险的。假设检验中的推断结论有 4 种情况，如表 2-7-1 所示。

表 2-7-1　假设检验中的推断结论

真实情况	假设检验的结论	
	拒绝 H_0	不拒绝 H_0
H_0成立	Ⅰ型错误(α)	正确推断($1-\alpha$)
H_0不成立	正确推断($1-\beta$)	Ⅱ型错误(β)

由表 2-7-1 可知，拒绝实际上成立的H_0即为Ⅰ型错误，亦称第一类错误；不拒绝实际上不成立的H_0即为Ⅱ型错误，亦称第二类错误。当拒绝H_0时，则只可能犯Ⅰ型错误，不可能犯Ⅱ型错误；而当不拒绝H_0时，则只可能犯Ⅱ型错误，不可能犯Ⅰ型错误。

Ⅰ型错误的概率为α，由研究者自行设定。如选定$\alpha=0.05$，则表示如果假设检验H_0成立，则当样本量一定时，重复同样的抽样研究 100 次，理论上平均有 5 次拒绝H_0的情况。Ⅱ型错误的概率为β，一般来说β的大小和样本量、α值、两总体的实际差距有关，但因为H_0不成立时总体的真实分布难以确定，因此，多数情况下，难以确切估计β的数值。当样本量一定时，α和β是相互制约的，即α越小则β越大，α越大则β越小。要想同时减少α和β，唯一的办法就是增加样本量。

在实际工作中，研究人员更关心$1-\beta$，即当H_0不成立时拒绝H_0的概率。或者说当两者总体确实有差别时，按α水准能发现它们有差别的能力。$1-\beta$即为检验效能(power of test)或者把握度。例如$1-\beta=0.8$，意味着当两个总体确有差别时，在 100 次抽样研究中，平均有 80 次出现拒绝H_0的情况。

2.8 多因素回归模型

在现实中，事物之间的关系是错综复杂的，某个因变量往往受多个自变量的影响。例如，心肌梗死的发生不仅与年龄有关，也与其他因素有关，如体重情况、高血压史、用药情况等。因此多因素线性回归模型、多因素 Logistic 回归模型、多因素 Cox 回归模型是医学研究中最常用的研究模型。本节将对三者进行简单介绍。

2.8.1 多因素线性回归模型

1. 原理

设因变量为Y，Y的总体均值为$\mu_{Y|X}$，与Y相关的m个因变量为$X_1,X_2,\cdots,X_m$，则$\mu_{Y|X}$可以表示为

$$\mu_{Y|X}=\beta_0+\beta_1X_1+\beta_2X_2+\cdots+\beta_mX_m$$

其中，β_0为截距项，$\beta_1,\beta_2,\cdots,\beta_m$为偏相关系数(partial regression coefficient)，表示在其他自变量固定的情况下，自变量X_j每改变一个单位时，因变量Y的总体均值$\mu_{Y|X}$改变β_j个单位。由于因变量的观测值Y与$\mu_{Y|X}$相比存在个体随机误差，即$\varepsilon=Y-\mu_{Y|X}$，因此上述公式可以表示为

$$Y=\beta_0+\beta_1X_1+\beta_2X_2+\cdots+\beta_mX_m+\varepsilon$$

这里要求个体随机误差独立且服从$N(0,\sigma^2)$分布。

而在现实工作中，总体是很难获得的，常用样本来估计总体，而用样本估计的多重线性回归方程可表示为

$$\hat{Y}=b_0+b_1X_1+b_2X_2+\cdots+b_mX_m$$

其中，$\hat{Y}$是总体均值$\mu_{Y|X}$的样本估计值。$b_0,b_1,b_2,\cdots,b_m$是$\beta_0,\beta_1,\beta_2,\cdots,\beta_m$的样本估计值，可由最小二乘法(其原理介绍详见 2.7.1 节)求解获得。

2. 模型检验和单个回归系数的检验

只要有参数估计的地方，就有假设检验。多因素线性回归模型的假设检验分为模型检验和单个回归系数的检验。

1）模型检验

因变量Y的总变异为$\sum_{i=1}^{n}(Y_i-\bar{Y})^2$，表示为$SS_{总}$，自由度为$n-1$；自变量或回归方程可以解释的变异为$\sum_{i=1}^{n}(\hat{Y}_i-\bar{Y})^2$，表示为$SS_{回归}$，自由度为$m$，称$MS_{回归}=\frac{SS_{回归}}{m}$为回归均方；不能被自变量或回归方程解释的变异为$\sum_{i=1}^{n}(Y_i-\hat{Y}_i)^2$，表示为$SS_{残差}$，自由度为$n-m-1$，称$MS_{残差}=\frac{SS_{残差}}{n-m-1}$为残差均方。可以证明，当所有自变量的回归系数全为0时（即$\beta_1=\beta_2=\cdots=\beta_m=0$），统计量$F=\frac{MS_{回归}}{MS_{残差}}$服从分子和分母自由度分别为$m$和$n-m-1$的$F$分布。因此，当统计量$F>F_{0.05,m,n-m-1}$时，认为至少有一个自变量的回归系数不为0，反之认为该回归模型没有意义。

2）单个回归系数的检验

单个回归系数的检验可以使用t检验，其统计量为$t_{b_j}=\frac{b_j}{S_{b_j}}$，其中$b_j$是$\beta_j$的最小二乘估计值，$S_{b_j}$为$b_j$的标准误。可以证明，当$\beta_j=0$成立时，统计量$t_{b_j}$服从自由度为$n-m-1$的$t$分布。因此当统计量$|t_{b_j}|>t_{\frac{0.05}{2},n-m-1}$时，可以认为$\beta_j\neq0$。

2.8.2 多因素 Logistic 回归模型

1. 原理

Logistic 回归模型根据因变量Y的类型分为二分类 Logistic 回归模型、有序多分类 Logistic 回归模型和无序多分类 Logistic 回归模型。本节仅介绍最常用的二分类 Logistic 回归模型。在介绍该模型之前，需先了解比值(odds)和比值比(Odds Ratio，OR，又称优势比)。比值是指某事件发生的概率p与不发生的概率$1-p$之比，即

$$\text{odds}=\frac{p}{1-p}$$

比值比即为两个比值的比，即

$$\text{OR}=\frac{\text{odds}_1}{\text{odds}_0}=\frac{p_1/(1-p_1)}{p_0/(1-p_0)}$$

设结局事件的发生与否用因变量Y表示，0和1分别表示未发生和发生这两种结局，则 Logistic 回归模型可以表示为

$$\text{logit}(p_{Y=1})=\ln\left(\frac{p_{Y=1}}{1-p_{Y=1}}\right)=\beta_0+\beta_1X_1+\beta_2X_2+\cdots+\beta_mX_m$$

该等式右端与多因素线性回归模型完全相同，不同的是等式左端不再是因变量的原始形式Y，而是对Y的相应概率的一种变换，这种变换称为 logit 变换。在线性回归模型中，使用最小二乘法对回归系数进行估计；而在 Logistic 回归模型中，则用最大似然估计法(maximum likelihood estimation，MLE)对其进行估计，最大似然估计法的介绍详见2.7.1节。

回归系数β_j表示在其他自变量固定的情况下，自变量X_j每改变一个单位时 logit(p)的改变量。在

实际工作中，Logistic 回归结果的解释并不是针对回归系数的，而是针对比值比 OR 的。假设自变量 X_j 是二分类变量，取值为 0 或 1，则当其他自变量值保持不变时，X_j 的两个水平的比值比为 $OR_{X_j}=\exp(\beta_j)$。当$\beta_j=0$ 时，$OR_{X_j}=1$，说明该因素与因变量无关；当$\beta_j>0$ 时，$OR_{X_j}>1$，说明相比于 $X_j=0$，$X_j=1$ 时更有可能得到 $Y=1$，即该因素是提高因变量发生概率的危险因素；当 $\beta_j<0$ 时，$OR_{X_j}<1$，说明相比于 $X_j=0$，$X_j=1$ 时更不太可能得到 $Y=1$，即该因素是降低因变量发生概率的保护因素。

由于总体未知，因此参数β_j是未知的，需要通过样本拟合模型得到β_j的估计值b_j及其标准误S_{b_j}，其总体优势比 OR_{X_j} 的 $100(1-\alpha)\%$置信区间为 $\exp[b_j \pm Z_{\alpha/2}S_{b_j}]$。

2. 模型检验和单个回归系数的检验

多因素 Logistic 回归模型的假设检验分为模型检验和单个回归系数的检验。模型检验常用似然比检验，单个回归系数的检验常用 Wald 检验。

1）似然比检验

当在模型中使用最大似然估计法估计参数后，会得到一个针对整个模型的最大似然估计值 $\hat{L}$。不同的自变量组合构建的模型，如模型 1 只放性别，模型 2 放性别+年龄，模型 3 放性别、年龄和两者的交互项，则会得到不同的最大似然估计值（分别为$\hat{L}_1$、$\hat{L}_2$、$\hat{L}_3$）。一般来讲，在已有模型的基础上加入自变量，对数据的拟合会变好，模型的最大似然估计值也会变大，例如，在上例中，$\hat{L}_1\leqslant\hat{L}_2\leqslant\hat{L}_3$（类似线性回归里的 R^2）。经自然对数转换后，再乘以−2，就得到如下的式子：$-2\ln\hat{L}_3\leqslant-2\ln\hat{L}_2\leqslant-2\ln\hat{L}_1$。其中$-2\ln\hat{L}_1$被称为模型 1 的对数似然统计量（log likelihood statistic），$-2\ln\hat{L}_2$被称为模型 2 的对数似然统计量，以此类推。当用似然比检验（likelihood ratio test）对模型的参数进行假设检验时常用到该统计量。

似然比（Likelihood Ratio，LR）是两个对数似然统计量的差值，如上例中的模型 1 和模型 2 的差值为$-2\ln\hat{L}_1-(-2\ln\hat{L}_2)$，而该差值可改写为$-2\ln\frac{\hat{L}_1}{\hat{L}_2}$，故称为似然比。统计学家已证明，当一个模型的参数全包含在另一个模型的参数里时，这两个模型的对数似然统计量差值近似服从卡方分布，其自由度为两个模型参数个数的差。似然比检验即是对上述差值有无显著差别的一种统计检验方法。例如，在上例中，模型 1 与模型 2、模型 3 的对数似然统计量的差值分别是$-2\ln\hat{L}_1-(-2\ln\hat{L}_2)=-2\ln\frac{\hat{L}_1}{\hat{L}_2}$和$-2\ln\hat{L}_1-(-2\ln\hat{L}_3)=-2\ln\frac{\hat{L}_1}{\hat{L}_3}$，模型 1 与模型 2、模型 3 的参数个数差分别为 1 和 2，故自由度分别为 1 和 2。

因此，似然比的取值区间为$[0,\infty)$，近似于卡方分布。那么为什么似然比的取值区间为$[0,\infty)$呢？当与模型 1 相比，模型 2 中正确地增加了一个或者多个对因变量的发生起重要作用的自变量时，在模型 2 下得到这组样本的概率将会提升，因此$\frac{\hat{L}_1}{\hat{L}_2}$会趋近于 0，$\ln\frac{\hat{L}_1}{\hat{L}_2}$会趋近于$-\infty$，而似然比 $LR=-2\ln\frac{\hat{L}_1}{\hat{L}_2}$会趋近于$\infty$；反之，当与模型 1 相比，模型 2 中增加的一个或多个自变量对因变量发生不起很大作用时，在模型 2 下得到这组样本的概率与模型 1 差别不大，因此$\frac{\hat{L}_1}{\hat{L}_2}$会趋近于 1，$\ln\frac{\hat{L}_1}{\hat{L}_2}$会趋近于 0，而似然比

$LR=-2\ln\frac{\hat{L}_1}{\hat{L}_2}$也会趋近于0。似然比检验常用于同一样本中的不同模型的比较，用于模型的筛选。当两个模型之间只相差一个参数时，似然比检验与Wald检验的结果一致。

2）Wald检验

在Logistic回归中，Wald检验（Wald test）常用于一个参数的假设检验。其统计量等于某变量的估计系数除以其标准误。在大样本情况下，该统计量近似正态分布，且其检验统计量的平方等于似然比检验的统计量。因此，在大样本情况下，两种检验方法的结果是一致的；而当结果不一致时，似然比检验的结果更可信。

2.8.3 多因素Cox回归模型

上面介绍了Logistic回归模型拟合分类变量。而当时间是决定分类因变量的重要因素时，研究者更关心给定时间内的事件发生率，并用生存分析来拟合该类事件发生时间（time-to-event）数据。例如，当是否死亡作为因变量时，如果有足够的时间，则所有研究对象都会死亡，此时再单看是否死亡这一变量就失去了意义，而死亡发生的时间则更有研究意义。多因素Cox回归模型是一个十分流行的生存分析模型，接下来利用它来介绍生存分析。

1. Hazard函数

Hazard函数也是一种描述变量分布的函数。如果一个随机变量T描述了一个事件所发生的时间点，那么hazard函数的定义是

$$\lambda(t)=\lim_{dt\to 0}\frac{P(t\leqslant T<t+dt\mid T\geqslant t)}{dt}$$

即给定事件没在时间点t之前发生，事件在时间点t发生的概率对时间的导数。Hazard函数可以进一步写为

$$\lambda(t)=\lim_{dt\to 0}\frac{P(T<t+dt)-P(T\geqslant t)}{P(T\geqslant t)dt}=\frac{f(t)}{S(t)}=-\frac{S'(t)}{S(t)}=-\frac{d}{dx}\ln S(x)$$

其中$f(t)$和$S(t)$是变量T的概率密度函数和生存函数。

生存分析所拟合的就是hazard函数，它描述了在一个时间点未发生事件的群体发生该事件的概率。通常，假定自变量和$\ln\lambda(t)$间是线性关系，即

$$\ln\lambda(t)=\beta_0(t)+\beta_1 X$$

或

$$\lambda(t)=\exp(\beta_0(t)+\beta_1 X)$$

当自变量X取0时，称对应的hazard函数为基线风险函数（baseline hazard function），写为

$$\lambda_0(t)=\exp(\beta_0(t))$$

而当X取不同的值x_1和x_2时，它们对应的Hazard函数的比称为风险比（Hazard Ratio，HR）

$$HR=\frac{\lambda_2(t)}{\lambda_1(t)}=\frac{\exp(\beta_0+\beta_1 x_2)}{\exp(\beta_0+\beta_1 x_1)}=\exp(\beta_1(x_2-x_1))$$

若$x_2-x_1=1$，则

$$HR=\exp(\beta_1)$$

2. Cox等比例风险模型

Hazard函数是一个与时间相关的函数，根据不同的数据类型和研究目的，研究者会对基线风险与

时间的关系做出不同的假设。对 λ_0 常见的参数假设有参数是与时间无关的常数、随时间恒定增加或减小或者在不同时间段内恒定。此外，还可以用非参数模型拟合λ_0随时间的变化。然而，Cox 模型则完全不对λ_0做任何假设，它在参数估计时通过偏似然(partial likelihood)的方法避免对 λ_0 进行估计，因此 Cox 模型是半参数模型(semi-parametric model)。比起基线风险 λ_0，研究者往往更关心风险比，即对 β_1 的估计，因此 Cox 模型的应用范围十分广泛，可以拟合各种不同λ_0的数据。

但是，Cox 模型依旧假设各个自变量的参数是与时间无关的常数，即 HR 在所有时间都是一个恒定的比值，因此被称为等比例风险模型(proportional hazard model)。若该假设不成立，则需要在模型中拟合该自变量风险比$\beta_1(t)$随时间的变化。常见的方式为将该自变量与时间的交互作用放入模型中，从而模拟 HR 与时间的线性变化。

$$\begin{aligned}\lambda(t) &= \exp(\beta_0(t) + \beta_1(t)X) \\ &= \exp(\beta_0(t) + \beta_{10}X + \beta_{11}Xt)\end{aligned}$$

尽管 Cox 模型使用的是偏似然方法，其估计的参数与似然方法一样，同样符合正态分布。因此，对于其估计的参数β_1，置信区间的计算和参数检验与 logistic 回归相同(详情参阅 2.8.2 节)。

第3章　软件基础总论

3.1　软件初识

3.1.1　SAS

SAS全称Statistical Analysis System，是美国SAS软件研究所研制的一套大型集成信息系统，具有完备的数据存取、管理、分析和展现功能。该软件的统计分析系统部分由于其强大的数据管理和分析能力，在数据处理和分析领域被誉为国际上的标准软件，广泛应用于金融、医疗、通信、科研、教育、生产和运输等领域。SAS系统中提供的主要分析功能包括统计分析、经济计量分析、时间序列分析、决策分析、财务分析和全面质量管理工具等。SAS系统是一个组合软件系统，它由多个功能模块组合而成，其基本核心部分是Base SAS模块。该模块承担着管理数据、管理用户使用环境、处理用户命令和调用其他SAS模块及产品的功能。也就是说，SAS系统运行时必须启动Base SAS模块，因此也可以称为SAS系统的中央调度室。该模块既可单独存在，也可与其他产品或模块共同构成一个完整的系统。SAS系统具有灵活的功能扩展接口和强大的功能模块，在Base SAS的基础上，可增加不同模块，从而增加不同的功能，如SAS/STAT(统计分析模块)、SAS/GRAPH(绘图模块)、SAS/QC(质量控制模块)、SAS/ETS(经济计量学和时间序列分析模块)、SAS/OR(运筹学模块)、SAS/IML(交互式矩阵程序设计语言模块)、SAS/FSP(快速数据处理的交互式菜单系统模块)、SAS/AF(交互式全屏幕软件应用系统模块)等。对于统计分析部分，SAS提供了众多统计分析过程，而每个分析过程均含有众多的可选项。此外，SAS还提供了各类概率分析函数、分位数函数、样本统计函数和随机数生成函数，使用户能方便地实现复杂统计分析的要求。SAS的官方网址是https://www.sas.com/。

3.1.2　R语言

R语言是主要用于统计分析、绘图的语言和操作环境，是一个开源、免费的软件。R语言是基于S语言(由AT&T贝尔实验室开发的一种用来进行数据挖掘、统计分析及作图的解释型语言)的一个GNU项目，所以也可以当作S语言的一种实现，通常用S语言编写的代码都可以直接在R语言环境下运行。R语言是由来自新西兰奥克兰大学的Ross Ihaka和Robert Gentleman创建(R语言也因两位开发者名字的首字母而得名)。目前R语言由一个R核心开发团队进行升级和维护，同时遍布世界各地的R语言使用者也一同参与到R语言的提升与改进中。从最初仅作为统计计算语言到现如今覆盖几乎所有数据分析行业，R语言展现出了其独特的数据分析功能和问题解决能力。R语言提供了各式各样的统计选择(如线性和非线性建模、经典统计检验、时间序列分析、分类、聚类等)和绘图技术，并且具有高度的可扩展型。其官方网址为https://www.r-project.org/。

3.1.3　Stata

Stata是用于数据管理、数据分析及绘制专业图表的综合统计软件。它是由Stata公司于1985年开发的，因其程序代码简单易懂且功能强大而受到初学者和高级用户的普遍欢迎，在全球范围内被广泛应用于企业和学术机构中，特别是在经济学、社会学、政治学及流行病学等领域。Stata在分析时会将数据全部读入内存，在计算全部完成后才和磁盘交换数据，因此在处理大数据时存在耗时较长的问题。由于其程序代码简单易懂，因此较易上手，且用户可以在其官网上获得大量的免费资源，从而能极大地提高学习效率。其官方网址为 https://www.stata.com/。

3.1.4 Python

Python 是由 Guido van Rossum 在 20 世纪 80 年代末到 90 年代初在荷兰国家数学和计算机科学研究所设计出来的。Python 本身也是由诸多其他语言发展而来的，如 ABC、Modula-3、C、C++、Algol-68、SmallTalk、UNIX shell 和其他的脚本语言等。像 Perl 语言一样，Python 源代码同样遵循 GPL(GNU General Public License，GNU 通用公共许可)协议。现在 Python 由一个核心开发团队在维护，Guido van Rossum 仍然占据着至关重要的位置，指导其进展。Python 是一个将解释型、编译型、互动型和面向对象型结合在一起的高层次的脚本语言。它最初被设计用于编写自动化脚本(shell)，随着版本的不断更新和语言新功能的添加，越来越多地被用于独立的、大型项目的开发。Python 的语言设计具有很强的可读型，且具有比其他语言更有特色的语法结构。由于它的开源本质，Python 已经被移植在许多平台上(经过改动使它能够在不同平台上工作)，这些平台包括 Linux、Windows、FreeBSD、Macintosh、Solaris、OS/2、Amiga、AROS、AS/400、BeOS、OS/390、z/OS、Palm OS、QNX、VMS、Psion、Acom RISC OS、VxWorks、PlayStation、Sharp Zaurus、Windows CE，甚至还有 PocketPC、Symbian 以及 Google 公司基于 Linux 开发的 Android 平台。其官方网址为 https://www.python.org/。

3.2 4 个软件的比较

本节首先对 4 个软件的功能进行全面的比较(表 3-2-1)；其次提供数据处理常用命令在 4 个软件中的关键词(表 3-2-2)；最后提供常用统计描述和分析过程在 4 个软件中的关键词(表 3-2-3)。本节内容一是为了方便读者在学习的过程中对比不同软件关键词的不同，从而提高学习效率；二是为了方便读者在实际工作中查询相应软件的关键词，以提高工作效率。需要注意的是，本节内容(尤其是表 3-2-2 和表 3-2-3)是后续 4 个软件理论部分的一个简单(但非全部)提炼，因此后续章节会对表 3-2-2 和表 3-2-3 中常用的命令或关键词进行具体介绍、解释和示例说明。

表 3-2-1 4 个软件功能比较

功能	特点	SAS	R 语言	Stata	Python
安装、升级和扩展	优点	商业软件，稳定性高；支持多种语言和操作系统；升级简便；具有强大的数据管理和分析功能，可提供几乎所有类型的统计分析技术	免费开源软件；支持多种语言和操作系统；安装及升级简便；有非常丰富的软件包资源	商业软件，稳定性高；支持多种语言和操作系统；安装及升级简便；提供多种安装类型：Stata/MP、Stata/SE 和 Stata/IC	免费开源软件；支持多种语言和操作系统；安装较简便；有非常丰富的第三方包
	缺点	收费软件；首次安装时过程复杂	许多功能的实现需要额外安装软件包。因软件包可由用户自行编写并上传到官网，因此可用软件包的数量一直在增加。由于缺少统一的功能实现方法，每个软件包都需学习；且部分软件包存在质量不高、维护不足的问题，需用户自行辨别软件包的质量	收费软件；处理大数据时耗时较长	需用户额外安装软件包。软件包的质量良莠不齐，需用户自行辨别

续表

功能	特点	SAS	R 语言	Stata	Python
数据管理	优点	可以高效、出色地管理任意类型和格式的数据；DATA 步与 PROC SQL 语句结合，可高效地处理大数据并提高运行效率	在矩阵的操作和排序以及大数据处理方面非常高效	数据管理命令简单而强大，易上手	针对数据清洗、统计分析、数据挖掘都有第三方包，用户通过调用第三方包的内建函数便可实现大多数功能
	缺点	DATA 步以特定的步骤进行数据的读取，如编译和执行阶段，因此用户需具备编程思维，以符合 SAS 的运行逻辑	数据类型不同时，管理起来比较困难；读取大数据时会占用很大的内存空间	每次仅能对一个数据文件进行操作，较难同时处理多个数据文件；当数据大小超过计算机内存时，数据可能无法读取	读取大数据后会占用很大的内存空间；需调整变量类型来节省内存
统计分析	优点	强大的数据统计分析能力；其分析算法是经过 SAS 公司严格把关的，因而可以做到标准化、程序化和系统化	自由度高，用户可以十分灵活地使用新方法，或者寻找已经存在的软件包	强大的统计分析能力；运算速度极快且命令简单、易掌握；每期的 *Stata Journal* 都会公布最新的分析包或已有包的更新信息；软件更新升级快	有多个第三方包可供统计分析用；包内提供的函数语句较简单，易于掌握与使用
	缺点	统计分析方法更新升级较慢	统计分析扩展包的更新都是由扩展包开发者来维护的；一些统计分析方法并没有经过统一的调试、检验和优化	内置的统计分析方法更新较慢	并不擅长进行专业的统计分析。本书介绍的相关模块有的返回结果不够详实，有的由于创建时间较短，可能存在功能不完善的情况，因此有特别分析需求的用户需要在充分了解其功能的基础上谨慎使用
绘图功能	优点	绘图功能和绘图质量不断优化。从 SAS V9 开始推出了 ODS Graphics 模块，统一了 SAS 作图程序的模板，可使用户快速掌握绘图技巧；统计分析时可默认输出很多有用的图	绘图语言灵活，色彩鲜艳；还可以使用循环语句生成动画	用户可通过命令或鼠标单击的交互界面来绘图，后者上手快；绘图命令的句法简单易懂而又功能强大；图形质量好	有多个绘图第三方包，涵盖一系列由简单到复杂的绘图功能，以实现各个领域用户的不同绘图需求
	缺点	绘图灵活型较差，绘图程序较长，要求用户有较强的编程能力，不易掌握	因绘图功能和统计分析是相互独立的，因此用户应具备相应的背景知识和编程能力，以决定什么样的图形是合适的	绘图灵活性弱于 R 语言，但优于 SAS	如果图表中包含复杂的细节信息，操作较为烦琐；实现更完美的布局需反复调整参数；灵活性与 R 语言相当

续表

功能	特点	SAS	R 语言	Stata	Python
函数及可重复使用的代码	优点	提供了大量函数以满足用户分析需求；强大的宏语言有助于用户避免重复的代码段，极大地提高了分析效率	用户可自定义函数，也可将自定义函数上传到 CRAN 上与其他用户分享	提供了多种编程支持来实现代码的可重复利用，如 foreach 循环、Program 相关命令、do 文件、Ado 文件和 Mata 语言等	各类函数名称较为直白易懂，方便记忆；用户可自定义函数，方法简单
	缺点	编写宏代码需要深厚的编程基础以确保正确性和高效性	编写自定义函数需要深厚的编程基础以确保正确性和高效性	编程命令与规则相对独立于统计分析功能，用户即使有多年的使用 Stata 进行数据分析的经验，也需要重新学习编程规则	编写复杂函数涉及诸多细节问题，需要深厚的编程基础

表 3-2-2 数据处理常用命令

功 能	SAS	R	STATA	Python
获得帮助	help	help，?	help，search	help
查询/指定工作目录	libname	getwd，setwd	cd/pwd	os.getcwd，os.chdir
读入数据		load，read.table	use	pandas.read_excel，pandas.read_csv，…
导入数据集	infile 语句或 proc import 语句	attach	import	
导出数据集	proc export 语句	detach	export	pandas. DataFrame. to _ excel，pandas. DataFrame.to_csv，…
合并数据集	merge/set	merge	merge，append	pandas.DataFrame.merge/pandas.concat
追加数据	append			
查看数据	proc print 语句		browse，list	pandas.DataFrame.head，pandas.DataFrame.tail
保存数据集		save，write.table	save	pandas. DataFrame. to _ excel，pandas. DataFrame.to_csv，…
输入数据	如 data 步中的 input 选项		input	
删除重复值	如 proc sort 语句中的 nodupkey 选项	unique	duplicate drop	pandas.DataFrame.drop_duplicates
创建新变量		'<-'	generate	'='
为变量加标签	label		label	
删除变量/观测	drop/delete 选项	[	drop	pandas.DataFrame.drop
保留变量/观测	keep 选项	[	keep	
排序	proc sort 语句	sort，order	sort	pandas.DataFrame.sort_values，pandas.DataFrame.sort

续表

功 能	SAS	R	STATA	Python
统计缺失值	如 proc means 语句中的 nmiss 选项	is.na，summary	missing 函数	pandas. DataFrame.isna，pandas.DataFrame.isnull
定义格式	Format 或 informat	class	format	class
循环语句	for	for	foreach	for

注：完成一项任务的方法是很多的，本表仅列出了众多方法中的一小部分。

表 3-2-3 常用统计描述和分析过程

资料类型、变量属性和统计学方法	SAS	R	Stata	Python
单样本资料； 连续型正态分布； 单样本 t 检验	proc ttest; var X; run;	t.test(X)	ttest X	scipy.stats.ttest_1samp(;statsmodels.stats .weightstats.DescrStatsW .ttest_mean)
单样本资料； 连续型非正态分布； 单样本中位数检验	proc univariate loccount mu0=指定数值; var X; run;	wilcox.test(X)	signrank X	Scipy.stats.wilcoxon/ statsmodels.stats. descriptivestats.sign_test
单样本资料； 二分类资料； 二项式检验	proc freq; tables X/binomial (p=.5); exact binomial; run;	prop. test (sum (X), length(X), p = 0.5)	bitest X	scipy.stats.binom_test/ statsmodels. stats. proportion. binom_test
单样本资料； 无序分类资料； 卡方检验	proc freq; tables var (s)/ chisq; run;	chisq.test(table(X))	tabulate X1 X2, chi2	scipy.stats.chi2_contingency/ statsmodels.stats.contingency _ tables. Table. test _ nominal _association
两个独立样本； 连续型正态分布； 两独立样本 t 检验	proc ttest; class X; var Y; run;	t.test(X, Y)	ttest Y, by(X); ttest X1 == X2, unpaired	scipy.stats.ttest_ind, statsmodels.stats. weightstats.ttest_ind
两个独立样本； 有序分类资料； Wilcoxon-MannWhitney 检验	proc npar1way wilcoxon; class X; var Y; run;	wilcox.test(X, Y)	ranksum Y, by(X)	scipy.stats.mannwhitneyu
两个独立样本； 无序分类资料； 卡方检验	proc freq; tables X * Y / chisq; run;	chisq. test (table (X, Y))	tabulate Y X, chi2	scipy.stats.chisquare

续表

资料类型、变量属性和统计学方法	SAS	R	Stata	Python
两个独立样本； 无序分类资料； Fisher 检验	proc freq; tables X * Y / fisher; run;	fisher. test (table (X, Y))	tabulate Y X, exact	scipy.stats.fisher_exact
两个以上独立样本； 连续型正态分布； 单向 ANOVA 方差分析	proc glm; class X; model Y = X; means X; run;	summary(aov(X~Y))	anova Y X	scipy.stats.f_oneway
两个以上独立样本； 有序分类资料； 有序 Logistic 回归	proc logistic; model Y=X; run;		ologit Y X	'mord' package
两个以上独立样本； 二分类资料； Logistic 回归	proc logistic; model Y=X; run;	glm(Y~X, family = binomial)	logistic Y X	statsmodels. api. OLS(Y, X) fit()
两个以上独立样本； 无序分类资料； 卡方分析	proc freq; tables X * Y / chisq; run;	chisq. test (table (X, Y))	tabulate Y X, chi2	scipy.stats.chisquare
两个非独立样本； 连续型正态分布； 配对 t 检验	proc ttest; paired X * Y; run;	t.test(X, Y, paired = TRUE)	ttest Y = X	scipy.stats.ttest_rel(a,b)
X：连续型资料； Y：连续型资料； 相关分析	proc corr; var X Y; run;	cor(X, Y)	correlate Y X; pwcorr Y X	scipy. stats. pearsonr (X, Y)/ statsmodels.stats. weightstats. DescrStatsW (X, Y).Corrcoef
X：连续型资料； Y：连续型资料； 线性回归	proc reg; model Y=X; run;	lm(Y~X)	regress Y X	statsmodels.api.OLS()
X：连续型资料； Y：有序分类资料； Spearman 相关分析	proc corr spearman; var X Y; run;	cor.test(Y, X, method = "spearman")	spearman Y X	scipy. stats. spearmanr (X, Y)
X：连续型资料； Y：无序分类资料； Logistic 回归	proc logistic; model Y=X; run;	glm(Y~X, family= binomial)	logistic Y X	
多个 X：连续型资料； Y：连续型资料； 线性回归	proc reg; model Y = X1 X2 X3…; run;	lm(Y ~ X1 + X2 + X3 + X4 +…)	regress Y X1 X2 X3	statsmodels.api.OLS()

续表

资料类型、变量属性和统计学方法	SAS	R	Stata	Python
多个 X：连续型资料； Y：连续型资料； 协方差分析	proc glm； class X1； model Y = X1 X2 X3…； run；	summary(aov(Y ~ X1 + X2))	anova Y X1 X2 X3	statsmodels.stats.anova.anova_lm
多个 X：连续型资料； Y：分类资料； 多元 Logistic 回归	proc logistic； model Y = X1 X2 X3…/ expb； run；	glm(Y ~ X1 + X2, family = binomial)	logistic Y X1 X2	statsmodels.formula.api.glm('Y～X1＋C(X2)', data, family＝sm.families.Binomial())（X2 为分类变量时）
生存资料； Cox 回归	proc phreg； model response < * censor(list) > = <effects>； run；	Cox	stcox Y X1 X2 X3	statsmodels.formula.phreg('time ～X1＋C(X2)', df, status＝df[event]).fit()（X2 为分类变量时）

注：建议将本表与附录 A 结合起来进行学习。

第4章　SAS基础

4.1　SAS介绍与资源

4.1.1　SAS语言及程序结构

SAS程序是由SAS语句组成的。每条SAS语句总是以分号结束，并且不区分大小写，但大多数情况下，在引号内的文本是区分大小写的。最常见的SAS程序部分是data步和proc步。data步和proc步通常包含多条SAS语句，而一个SAS程序可包含多个data步和proc步。

data步通常用于创建和操作数据集，如新建和删除变量，对已有的数据集取子集、合并或更新，产生新的数据集等等。在日常工作中，原始数据因为诸多数据问题（如数据缺失、数据类型错误或异常值），需要清洗数据后才能进行数据分析。在数据清洗过程中，会常用到data步。data步由关键词data开始。

proc步是SAS中一些预先写好的例程。不同的proc步的功能不同，包括排序数据（如proc sort），产生描述性的统计量（如proc means、proc univariate），构建数据模型（如proc reg、proc logistic、proc phreg）。proc步由关键词proc开始。

编写SAS程序时，往往需要编程者使用注释语句来说明程序的目的或功能，以便日后自我检查或帮助其他人理解该程序。注释有两种形式。第一种为

```
/*注释内容*/
```

这种注释内容的长度不限，可包含分号和不匹配的引号。在宏语言中，必须使用这种注释方式。

第二种为

```
*注释内容;
```

这种注释内容的长度不限，但注释内容中不能包括分号。

下面通过示例来理解SAS语句、data步、proc步和注释。

```
/*DATE PREPARATION*/                注释
data class;                         SAS语句
        set sashelp.class;          SAS语句,DATA步
    run;                            SAS语句

*DESCRIPTIVE ANALYSIS;              注释
proc means data=class;              SAS语句
        var height;                 SAS语句
    class sex;                      SAS语句,PROC步
      run;                          SAS语句
```

4.1.2 SAS工作界面

1. SAS窗口

启动SAS后，即可进入SAS工作界面，也称作显示管理系统（Display Management System，DMS），如图4-1-1所示。DMS是SAS最为常见的编程界面，主要包括5部分：编辑窗口（Editor）、日志窗口（Log）、输出窗口（Output）、结果窗口（Results）和资源管理器（Explorer）。

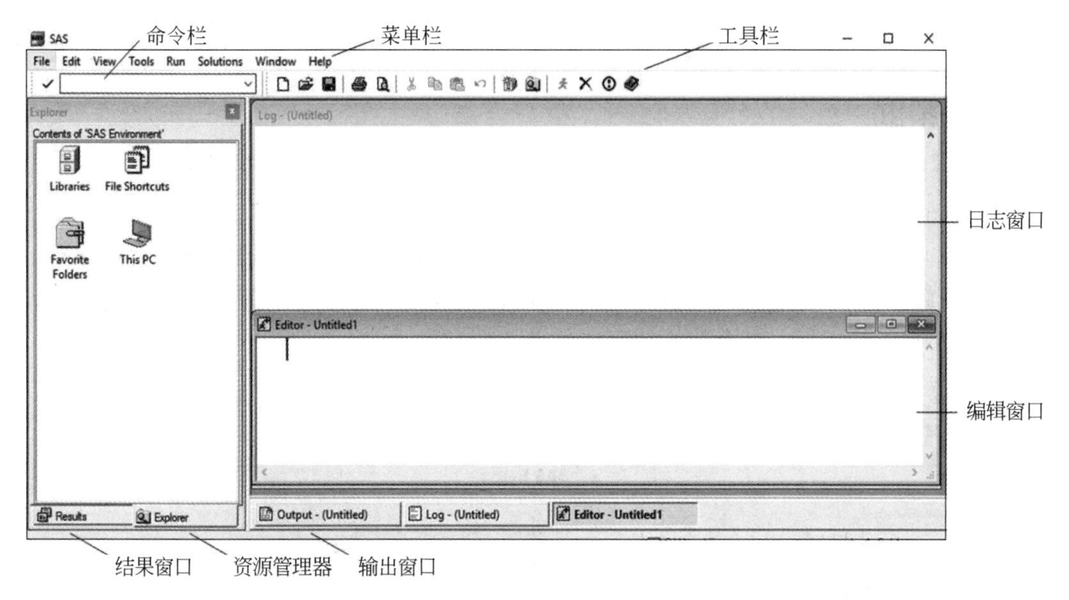

图4-1-1 SAS工作界面

(1) 编辑窗口。在Windows操作环境下，通常默认使用增强型编辑器（enhanced editor）。与操作环境中默认的程序编辑器（program editor）相比较，增强型编辑器有诸多优势：对语法敏感，使用特定颜色对代码元素进行显示，使程序更加易读；对data步、proc步和宏程序中的各个部分进行折叠或拓展，有利于更好地理解复杂程序的结构特征；创建和格式化自定义的关键词；等等。

(2) 日志窗口。提交SAS程序后，与其相关的所有信息都会显示在日志窗口，包括程序语句本身（以黑色呈现）和系统提示信息，后者主要包括程序运行进度和时间（note，蓝色）、警告信息（warning，绿色）和错误信息（error，红色）。

(3) 结果窗口。用于对输出结果的管理和查看，通常以结果树的形式展示。结果树以每一个proc步为单位对数据结果进行分类，并根据运行顺序生成树状结构。用户可通过加号或减号展开或折叠proc步生成的结果。

(4) 输出窗口。展示SAS程序的输出结果。一般情况下，如果有结果输出到输出窗口中，则输出窗口会自动被激活。若同时输出多个结果，结果窗口中的结果树则相当于输出窗口所展示内容的目录，可以通过双击结果窗口中的输出选项查看相应的输出。

(5) 资源管理器。用于对SAS文件（如目录、数据集、逻辑库和主机文件数据）的浏览和访问，也可以执行一些基本的SAS任务，如创建新的逻辑库、打开和编辑SAS文件等。

2. SAS命令

SAS提供了3种提交命令的方式，包括菜单栏、工具栏和命令栏，可以完成诸多任务，如打开和保存文件、访问帮助、提交或运行 SAS 程序。

（1）菜单栏。包括下拉菜单和弹出式菜单。通过单击下拉菜单中的选项可以激活不同的窗口；右击每个窗口，会出现弹出式菜单。使用菜单栏可以执行常见任务，如新建一个程序、保存数据集等。

（2）工具栏。包含一系列常用命令的图标（快捷按钮），如运行程序、新建或打开程序、中断命令等。这些命令都可以在下拉菜单中找到，但使用工具栏会极大地提高工作效率。工具栏中当前不可用的命令图标显示为灰色。

（3）命令栏。直接输入命令以快速完成一些任务。例如，输入 log 即可打开日志窗口，输入 help 则可激活帮助系统。

4.1.3 获得帮助

SAS 为用户提供了丰富的学习资源，包括 SAS 软件附带的在线帮助资源（http://support.sas.com/documentation/）、SAS 官方网站（http://www.sas.com）、SAS 技术支持（http://support.sas.com/resources/）以及各种 SAS 论坛社区。用户可以根据自己的需求自行选择学习交流途径。本节主要介绍如何通过软件本地 SAS Help 文档（图 4-1-2）来获得帮助。需要注意的是，只有购买并安装了某一模块，才能在本地 SAS Help 里查看其相应的帮助文档。

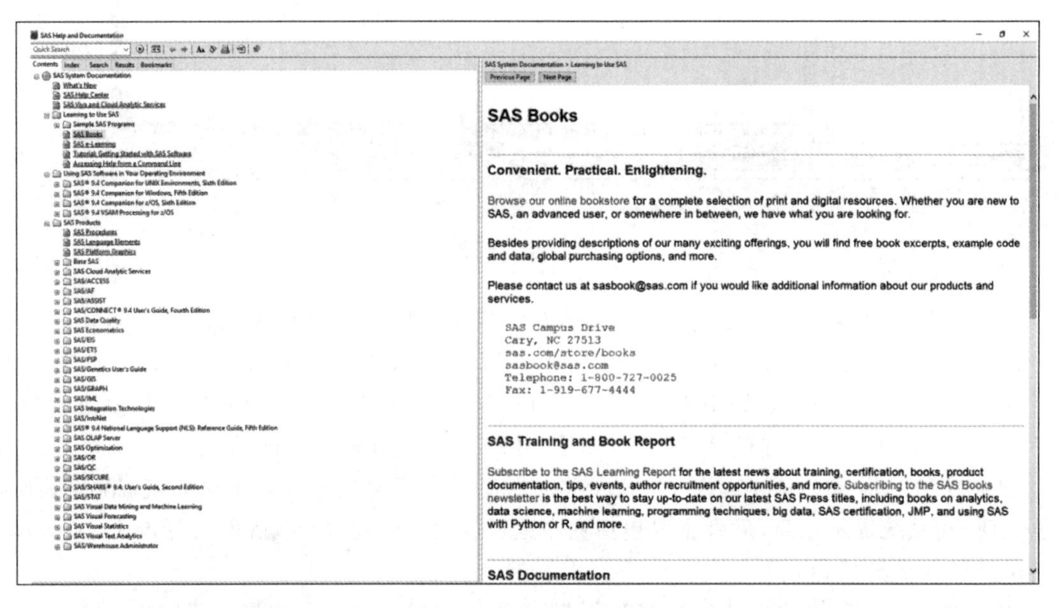

图 4-1-2　SAS Help 文档

单击菜单栏中的 Help 命令或工具栏中的 Help 图标，或者在命令栏输入 help，即可打开 SAS Help 文档。左侧的目录展示了 SAS Help 中包含的丰富的学习资源和详尽的内容讲解。单击该界面中的 Help 图标，则可以进一步了解如何高效地搜索和获取相关信息。想要了解不同检索方法的读者可以自行阅读 Help 中的介绍。下面以比较常用的快速检索（quick search）为例，介绍如何查阅 proc SQL 的使用方法。如图 4-1-3 所示，在快速检索下拉列表框中输入 proc SQL 并按 Enter 键，或单击右侧的箭头图标进行检索。在检索结果中会发现很多模块里都包含了相关的检索内容。蓝色标题下是该链接的出处，即它属于哪个模块里的语法参考说明。对于初学者，可以选择以“Overview：”开头的选项，该选项通常包含详细的语法介绍、概览和示例，比较容易掌握。在创建检索词时，可以用 proc 加关键词、关键词加 procedure 进行过程步的检索，用关键词加 statement 或关键词进行语句检索（如 rename statement 或 rename)。

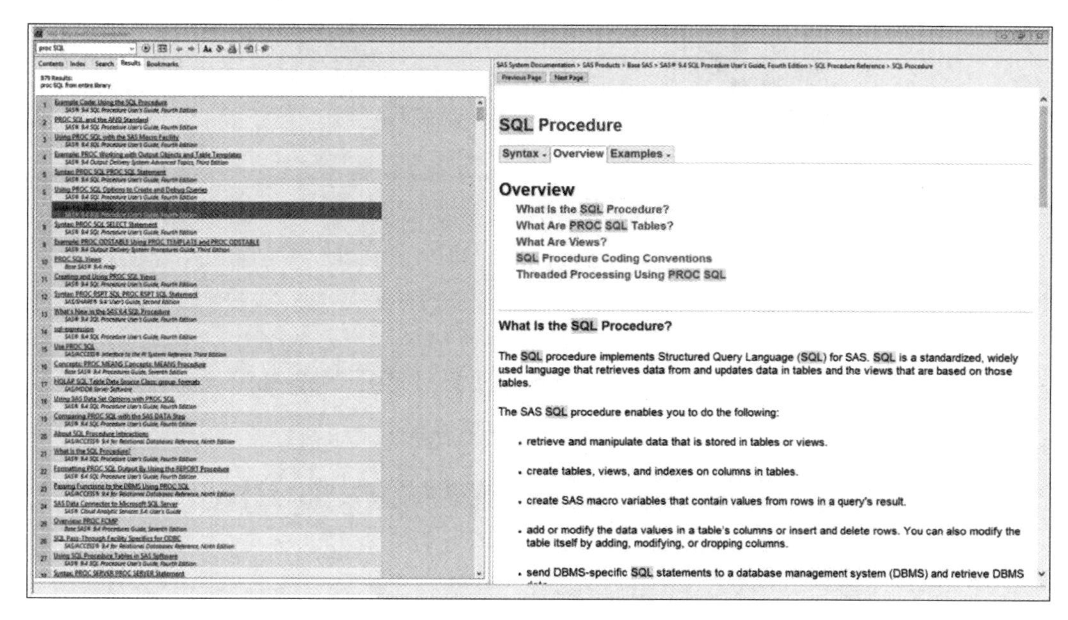

图 4-1-3　SAS Help 中搜索 proc SQL 的结果

此外,sashelp 逻辑库中附带了许多数据集,有助于用户进行程序测试。例如,后面就使用了自带的 class 数据集(学生数据集,包括姓名、性别、年龄、身高、体重等信息)进行示例讲解。关于其他数据集的信息,请参见 sashelp 逻辑库。

4.2　数据的导入与导出

在处理小样本数据时,可以直接在 DATALINES 或 Viewtable 窗口中逐个输入数据。但在实际工作中,要分析的原始数据往往存储在其他格式的文件中。本节介绍 3 种最常用的 SAS 导入与导出数据的方法。

4.2.1　导入数据

1. 使用导入向导导入数据

SAS 在其图形界面下设置了向导式导入数据的选项,操作简单,适用于一次性导入数据,具体方法如下。

(1) 在 File(文件)菜单中选择 Import Data(导入数据)命令,打开 Import Wizard(导入向导)对话框,选择 Standard data source 复选框,在下面的下拉列表框中选择要导入数据的类型(常见的有 XLSX、TXT、CSV、SAV、DTA 等格式的文件);也可选择 User-defined formats 复选框导入非标准格式的数据。然后单击 Next 按钮(图 4-2-1)。

(2) 在下一步选择原始数据的保存路径(图 4-2-2)。导入数据时,SAS 默认第一行为变量名,从第二行开始为原始数据。用户可以单击 Options 按钮,在打开的对话框中根据实际的数据结构进行更改(图 4-2-3)。

(3) 接下来,选择新导入的数据集要存放的逻辑库(Library),并在 Member 下拉列表框中为其命名(图 4-2-4)。

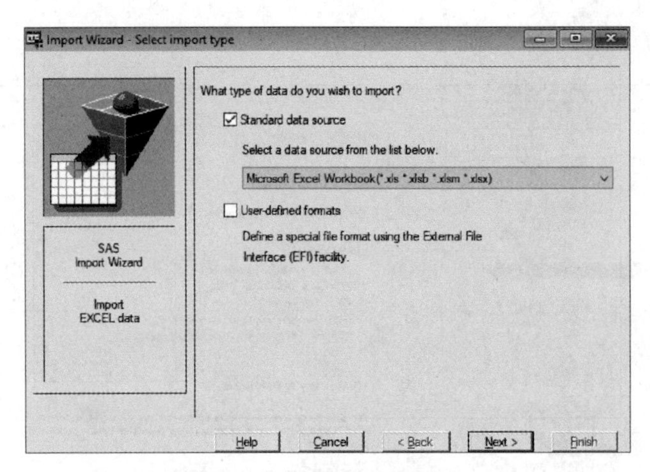

图 4-2-1　选择导入数据的格式

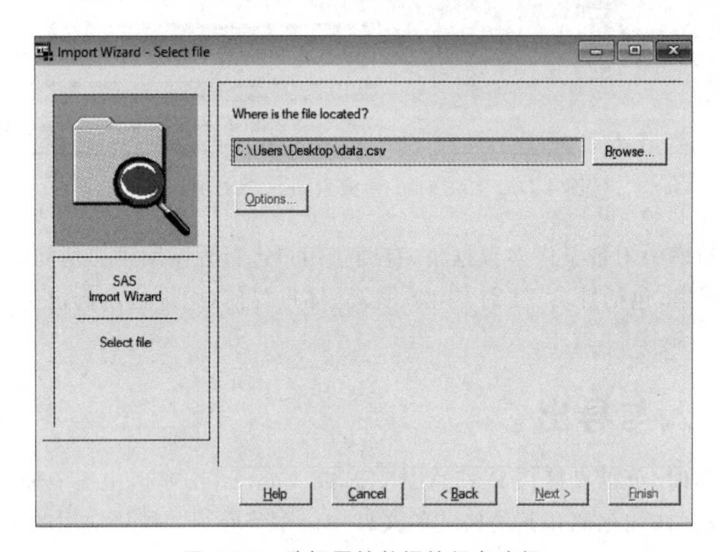

图 4-2-2　选择原始数据的保存路径

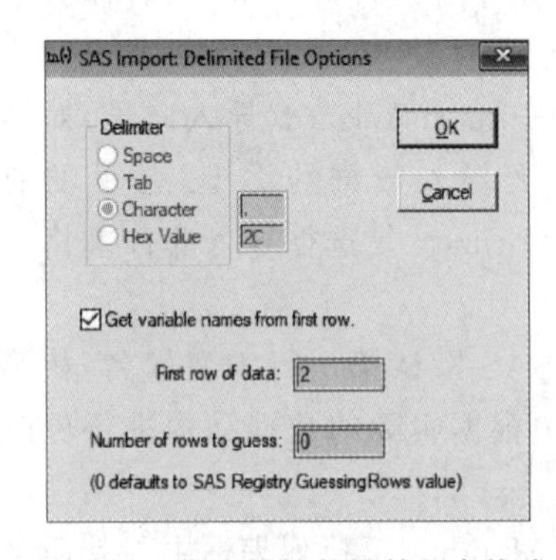

图 4-2-3　指定原始数据的保存格式

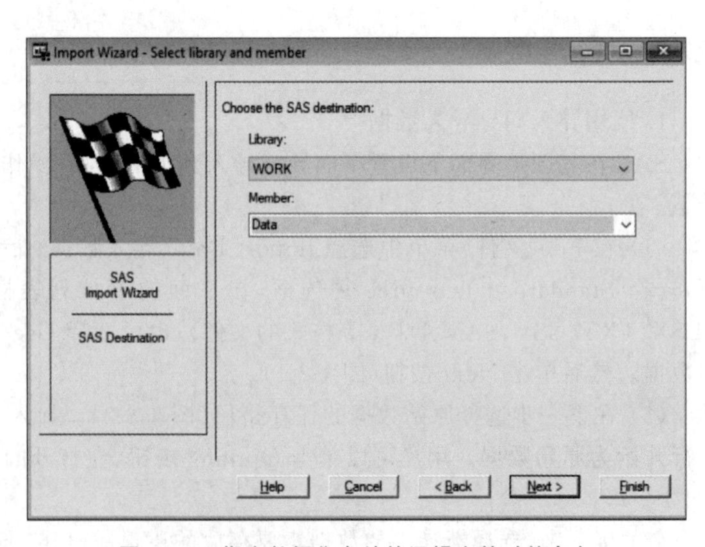

图 4-2-4　指定数据集存放的逻辑库并对其命名

（4）最后，可以保存上述过程（导入向导）生成的 PROC IMPORT 语句，它可用于再次导入数据。如不需要保存该命令，直接单击 Finish 按钮即可完成数据的导入（图 4-2-5）。

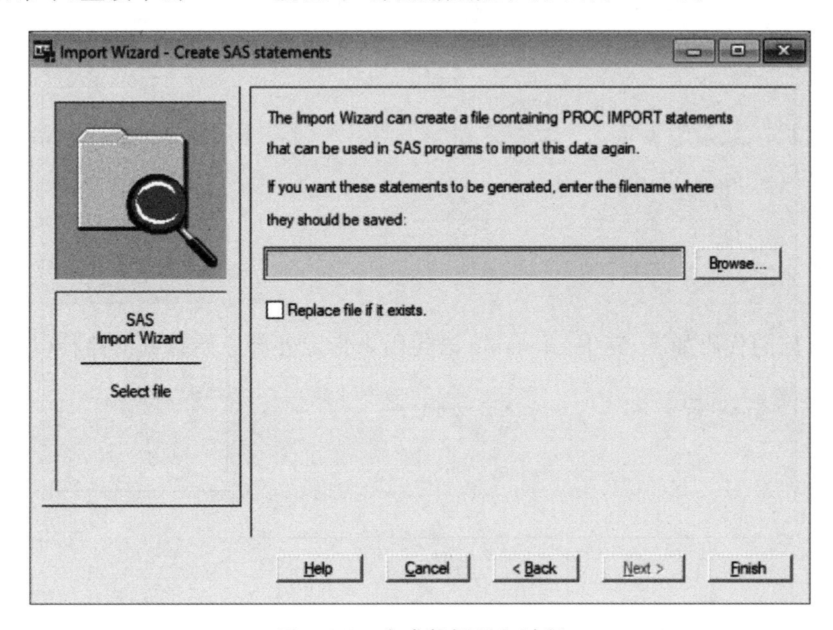

图 4-2-5　完成数据导入过程

2. 使用 infile 语句导入数据

infile 语句的格式为

```
data dataname;
    infile external-file;
    input var1 var2 … varn;
    run;
```

其中，infile 语句用于指定带路径的外部文件名，也可以使用事先由 filename 语句指定的路径或文件。var1、var2 是新生成的数据集的变量名，用空格分隔。如果是字符变量，则需在变量名后加 $ 。

filename 语句的格式为

```
filename fileref  'external-file';
```

其中，fileref 规定任意有效的名称，以字母开始，可包含字母、数字和下画线，长度不能超过 8 个字符（8B）；external-file 指定单个外部文件的物理地址和文件名或者一组文件的存储位置。

在实际工作中，用户面对的拟导入数据集的结构是很复杂的。接下来，将通过 8 个示例，逐一向读者介绍如何使用 infile 语句导入数据。

例 4-2-1　原始数据中的变量以空格隔开。

若原始数据中的变量以一个或者多个空格隔开，且变量中不包含空格时，可使用默认的列表输入格式读入数据。例如，原始数据文件 patient1.txt 中的内容如下：

```
19960623 1996 F 1
19731004 1973 M 2
19760129 1976 M 3
19990713 1999 M 4
19971207 1997 F 5
19821004 1982 M 6
19640221 1964 F 7
19761129 1976 F 8
19950905 1995 F 9
19980107 1998 M 10
```

读取该原始数据的代码如下，其中 filename 语句用来指定外部原始数据的路径（如 C:\book）。

```
filename extrl 'your\working\directory\path';

data patient1;
    infile extrl(patient1.txt);
    input birthdate birthyear sex $id;
    run;
```

使用 proc print 过程打印的数据集 patient1 中的内容如图 4-2-6 所示，可见所有数据值均正确读入到 SAS 数据集中了。

Patient1

birthdate	birthyear	sex	id
19960623	1996	F	1
19731004	1973	M	2
19760129	1976	M	3
19990713	1999	M	4
19971207	1997	F	5
19821004	1982	M	6
19640221	1964	F	7
19761129	1976	F	8
19950905	1995	F	9
19980107	1998	M	10

图 4-2-6　数据集 patient1 中的内容

然而，上述代码存在一些限制：

- 在本例的原始数据中，从第一行起都是数据值，没有数据字段的名称；但在实际工作中，经常会遇到原始数据的第一行是数据字段的名称的情况。该问题可以通过 firstobs 选项来解决（参见例 4-2-2）；
- 当输入的数据值长度超过 8B 时，读入数据时，会产生数据的截断（truncation）现象。该问题可通过 length 语句指定变量的长度来解决（参见例 4-2-2）。
- 若原始数据中的变量不是以空格隔开，而是以分号或者逗号等其他符号隔开，则可通过指定原始数据的分隔符（delimiter）来解决（参见例 4-2-3）。
- 原始数据的数据值中可能包含分隔符。例如，以“.”为分隔符，但某变量值中也包含“.”。该问题的解决请参见例 4-2-4 和例 4-2-5。
- 原始数据中存在缺失值。该问题的解决请参见例 4-2-6。
- 从原始数据的一条记录创建多个观测。该问题可通过在 input 语句中使用两个行保持符@@来解决（参见例 4-2-7）。
- 有时，一个信息可能分布在原始数据中的多个行中，这时面临的问题就是如何从多条原始记录中创建一个观测（参见例 4-2-8）。

例 4-2-2　使用 length 语句指定变量长度，使用 firstobs 选项指定开始读取原始数据的位置。

原始文件 patient2.txt 中的内容如下：

```
birthdate birthyear sex id clinic_no
19960623 1996 F 1 20091023467
19731004 1973 M 2 20091023468
19760129 1976 M 3 20091023469
19990713 1999 M 4 20091023470
```

其中门诊号(clinic_no)字段的长度超过了8B,如果不用length语句指定变量长度,那么读入数据值时就会出现截断现象。同时,原始数据的第一行并不是需要读入的数据,需要在infile语句中使用firstobs选项指定开始读取的位置。例如,在本例中,开始读取的位置为2。

读取该原始数据的代码如下:

```
data patient2;
    length clinic_no $12;
    infile extrl(patient2.txt) firstobs=2;
    input birthdate birthyear sex $id clinic_no $;
    run;
proc print data=patient2 noobs;
     title "Patient2";
     run;
```

print过程打印的数据集patient2的内容如图4-2-7所示。读者可能已经注意到,数据集中的变量顺序出现了变化,这是因为病历号(clinic_no)首先出现在length语句中,接着才在input语句中出现出生日期等变量。

Patient2

clinic_no	birthdate	birthyear	sex	id
20091023467	19960623	1996	F	1
20091023468	19731004	1973	M	2
20091023469	19760129	1976	M	3
20091023470	19990713	1999	M	4

图 4-2-7　数据集 patient2 的内容

例 **4-2-3**　使用dlm选项指定分隔符。

当原始数据不是以空格为分隔符,而是使用其他分隔符(如逗号、分号、字母等)分隔数据时,可使用infile语句中的dlm选项指定分隔符。

在SAS读入原始数据时,除了能够读取标准的字符(如本例中的sex)或数字值(如本例中的birthyear和id)之外,还可以读取特殊格式的数字值,例如日期、时间、二进制数据或者包含逗号(32,765)、货币符号($6.7)的数字值。在这种情况下,就需要格式化输入(formatted input),即在input语句中指定某变量的输入格式(informat)。在数据库中,最常见的需要以特殊格式读取的数据值是日期(如本例中的birthdate)。

原始文件patient3.txt中的内容如下:

```
birthdate;birthyear;sex;id
19960623;1996;F;1
19731004;1973;M;2
19760129;1976;M;3
19990713;1999;M;4
```

该原始数据以分号作为分隔符,其中birthdate不是标准的数字值,需指定对应的输入格式。

读取该原始数据的代码如下:

```
data patient3;
    format birthdate yymmdd10.;
    infile extrl(patient3.txt) dlm=';' firstobs=2;
    input birthdate yymmdd8. birthyear sex $id;
    birthdate_num=birthdate;
    run;
proc print data=patient3 noobs;
    title "Patient3";
run;
```

Patient3

birthdate	birthyear	sex	id	birthdate_num
1996-06-23	1996	F	1	13323
1973-10-04	1973	M	2	5025
1976-01-29	1976	M	3	5872
1999-07-13	1999	M	4	14438

图 4-2-8 数据集 patient3 的内容

在上面的代码中，birthdate 使用了输入格式"yymmdd8."。在本例使用了 format 语句，用于指定 birthdate 的输出格式为"yymmdd10."。需要注意的是，在 SAS 中，日期是一种特殊的数值，若本例不用 format 语句，则 SAS 将会把日期输出成一个数字，该数字是某日期与 SAS 起点日期（1960 年 1 月 1 日）之间的差值（如本例中的变量 birthdate_num）。

print 过程打印的数据集 patient3 内容如图 4-2-8 所示，通过指定 birthdate 的输出格式为"yymmdd10."，从而使日期变量在 SAS 中变得更加易读。

例 4-2-4 使用 infile 语句的选项 dsd。

如果原始数据中的数据值是用引号引起来的，指定 dsd 选项后，数据值中的分隔符可以当作数据值的一部分读入，并且引号在读入时会被删除。dsd 选项将默认的分隔符由空格改为逗号，因此，如果原始数据不是以逗号作为分隔符，需用 dlm 选项指定分隔符。

原始文件 patient4.txt 中的内容如下：

```
birthdate.birthyear.sex.id.address
19960623.1996.F.1."Huashan Road,Shanghai"
19731004.1973.M.2."Guangzhou,China"
19760129.1976.M.3."Beijing City, China"
19990713.1999.M.4."Washington,D.C.,US"
```

其中，数据以"."作为分隔符，address 信息中包含该分隔符并用双引号引了起来。

读取该原始数据的代码如下：

```
data patient4;
    length address $28.;
    infile extrl(patient4.txt) dlm='.' dsd firstobs=2;
    input birthdate birthyear sex $id address $;
    run;
proc print data=patient4 noobs;
    title "Patient4";
    run;
```

print 过程打印的数据集 patient4 的内容如图 4-2-9 所示。

例 **4-2-5**　使用 & 修饰符。

有时，原始数据的数据值是包含分隔符的，如以空格为分隔符，但某些变量值中也包含空格。读入该原始数据时，可使用 & 修饰符。该修饰符不但能够指定字符的输入格式，还允许数据值中包含一个或者多个空格。SAS 读入数据时，直到遇到两个连续的空格、达到定义的长度或输入行结束才停止数据读入。

原始文件 patient5.txt 中的内容如下：

```
birthdate birthyear sex id name
19960623 1996 F 1 Zhang Hua
19731004 1973 M 2 Li Xiaoqing
19760129 1976 M 3 Ma Yue
19990713 1999 M 4 Chen Lijun
```

该原始数据以空格为分隔符，但 name 的变量值也包含空格。

读入该原始数据的代码如下：

```
data patient5;
    infile extrl(patient5.txt) firstobs=2;
    input birthdate birthyear sex $id name & $13.;
    run;
proc print data=patient5 noobs;
    title "Patient5";
    run;
```

在上面的代码中，name 变量使用了 & 修饰符，可读入带空格的名字，并指定输入格式为“$13.”，所以 name 变量的字符长度为 13B。

print 过程打印的数据集 patient5 的内容如图 4-2-10 所示，所有数据值都正确读入 SAS 数据集中。

Patient4

address	birthdate	birthyear	sex	id
Huashan Road,Shanghai	19960623	1996	F	1
Guangzhou,China	19731004	1973	M	2
Beijing City, China	19760129	1976	M	3
Washington,D.C.,US	19990713	1999	M	4

图 4-2-9　数据集 patient4 的内容

Patient5

birthdate	birthyear	sex	id	name
19960623	1996	F	1	Zhang Hua
19731004	1973	M	2	Li Xiaoqing
19760129	1976	M	3	Ma Yue
19990713	1999	M	4	Chen Lijun

图 4-2-10　数据集 patient5 的内容

例 **4-2-6**　原始数据中含有缺失值，使用 missover 选项。

默认情况下，当 input 语句在当前原始记录中找不到所有的数据值时，会自动读入下一行原始记录。但是，如果原始记录中包含缺失值又没有占位符，或者在为所有变量读到数据值之前就遇到了原始记录的末尾，就可能出现问题。遇到这种情况时，可使用 missover 选项，它会阻止 input 语句读入原始数据的下一条记录，并将所有未赋值的变量置为缺失值。

原始文件 patient6.txt 中的内容如下：

```
birthdate,birthyear,sex,id,name
19960623,1996,F,1,Zhang Hua
19731004,1973,M
19760129,,M,3,Ma Yue
19990713,,M,4,Chen Lijun
```

在上面的代码中，第二条记录中病人的 id 号以及姓名缺失，且没有占位符；第三条和第四条记录中出生年份缺失，但有占位符。

如果导入该原始数据时未使用 missover 选项，那么，输出的结果如图 4-2-11 所示：第二个观测中的 id 和 name 的信息来自原始数据中的第三条记录，SAS 没有正确地读入数据。

在 infile 语句中加上 missover 选项后，代码如下：

```
data patient6;
   infile extrl(patient6.txt) dsd missover firstobs=2;
   input birthdate birthyear sex $id name & $13.;
   run;
proc print data=patient6 noobs;
   title "Patient6";
   run;
```

print 过程打印的数据集 patient6 的内容如图 4-2-12 所示。可以看到，原始数据中缺失的数据值没有被后读入的数据覆盖，SAS 正确地将原始数据读入了数据集。

birthdate	birthyear	sex	id	name
19960623	1996	F	1	Zhang Hua
19731004	1973	M	19760129	,M,3,Ma Yue
19990713	.	M	4	Chen Lijun

图 4-2-11　错误读入的数据

Patient6

birthdate	birthyear	sex	id	name
19960623	1996	F	1	Zhang Hua
19731004	1973	M	.	
19760129	.	M	3	Ma Yue
19990713	.	M	4	Chen Lijun

图 4-2-12　数据集 patient6 的内容

例 4-2-7　从原始数据中的一条记录创建多个观测。

当读者拟从原始数据中的一条记录中创建多个观测时，可在 input 语句中使用两个行保持符@@。这样，程序在执行 input 语句时，会一直读到原始数据每条记录的结尾。

原始文件 patient7.txt 中的内容如下：

```
19960623,1996,F,1,Zhang Hua,19731004,1973,M,2,Li Xiaoqing
19760129,1976,M,3,Ma Yue,19990713,1999,M,4,Chen Lijun
```

每行包含两个病人的信息。如果在 input 语句中不使用@@行保持符，第一条记录读取到 Zhang Hua，第二条记录读取到 Ma Yue 就会结束，从而使新生成的数据集中仅有两条记录（读者可自行验证）。

正确读入该数据的 SAS 代码如下：

```
data patient7;
    length name $13.;
    format birthdate yymmdd10.;
    infile extrl(patient7.txt) dlm=',';
    input birthdate yymmdd8. birthyear sex $id name $@@;
    run;
proc print data=patient7 noobs;
    title "Patient7";
    run;
```

print 过程打印的数据集 patient7 的内容如图 4-2-13 所示。

例 **4-2-8** 从原始数据中的多条记录创建一个观测。

Patient7

name	birthdate	birthyear	sex	id
Zhang Hua	1996-06-23	1996	F	1
Li Xiaoqing	1973-10-04	1973	M	2
Ma Yue	1976-01-29	1976	M	3
Chen Lijun	1999-07-13	1999	M	4

图 4-2-13 数据集 patient7 的内容

有时，在原始数据中，一条信息可能分布在多行中，而用户仅对其中一部分信息感兴趣，这时可以通过 3 种方法来处理：①使用行指针控制符 #n；②使用多个 input 语句；③使用行指针控制符/(变量较多时，不推荐使用)。需要注意的是，这 3 种方法都要求一个观测在原始数据中占用的行数和出现的位置一样，且要读取的同类别信息都出现在相同的相对位置上。例如，在本例中，每个病人的信息占用 5 行，在每个病人的信息中，第一行都是出生年月日，最后一行都是姓名。但这种数据在数据库中很少看到，因此，在这里仅作简单介绍，感兴趣的读者可参见 SAS 帮助文档。

原始文件 patient8.txt 中的内容如下：

```
19960623
1996
F
1
Zhang Hua
19731004
1973
M
2
Li Xiaoqing
19760129
1976
M
3
Ma Yue
```

想提取除了出生年份(即原始数据中的第二行)之外的所有信息，并将同一病人的多行记录读入为 SAS 数据集的一个观测。

方法 1：使用行指针控制符 #n。

SAS 代码如下：

```
data patient8;
    format birthdate yymmdd10.;
    infile extrl(patient8.txt) truncover;
    input #4 id #5 name $15. #3 sex $2. #1 birthdate yymmdd8.;
    run;
```

print 过程打印的数据集 patient8 的内容如图 4-2-14 所示。

方法 2：使用多个 input 语句。

SAS 代码如下：

```
data patient9;
    format birthdate yymmdd10.;
    infile extrl(patient8.txt) truncover;
    input birthdate yymmdd8.;
    input;
    input sex $2.;
    input id;
    input name $15.;
    run;
```

print 过程打印的数据集 patient9 的内容如图 4-2-15 所示。

方法 3：使用行指针控制符/。

SAS 代码如下：

```
data patient10;
    format birthdate yymmdd10.;
    infile extrl(patient8.txt) truncover;
    input birthdate yymmdd8. // sex $2. / id / name $15.;
    run;
```

print 过程打印的数据集 patient10 的内容如图 4-2-16 所示。

Patient8

birthdate	id	name	sex
1996-06-23	1	Zhang Hua	F
1973-10-04	2	Li Xiaoqing	M
1976-01-29	3	Ma Yue	M

图 4-2-14 数据集 patient8 的内容

Patient9

birthdate	sex	id	name
1996-06-23	F	1	Zhang Hua
1973-10-04	M	2	Li Xiaoqing
1976-01-29	M	3	Ma Yue

图 4-2-15 数据集 patient9 的内容

Patient10

birthdate	sex	id	name
1996-06-23	F	1	Zhang Hua
1973-10-04	M	2	Li Xiaoqing
1976-01-29	M	3	Ma Yue

图 4-2-16 数据集 patient10 的内容

3. 通过 proc import 过程步读取外部数据

proc import 过程步既支持导入带分隔符的文件(如 txt 文件、csv 文件)，还支持导入 Access 文件、Excel 文件、dBASE 文件、jmp 文件、SPSS 文件、Stata 文件等。

proc import 过程步的基本语句格式如下：

```
proc import
    out=SAS data set
    datafile="filename"
    dbms=identifier;
    run;
```

在上面的代码中，out 指定输出的数据集名称；datafile 指定原始数据的完整路径和文件名；DBMS 指定要导入的数据类型，包括 csv（以逗号为分隔符）、txt、dbf（dBASE 文件）、jmp、sav（SPSS 文件）、dta（Stata 文件）、xls/xlsx（Excel 文件）等。

由于在实际工作中，最常见的外部数据文件类型是 csv、txt 和 xls/xlsx。接下来，介绍如何通过 proc import 过程步导入这 3 类数据文件。

1）读取 csv 文件

原始文件 patient9.csv 中的内容如下：

```
birthdate,birthyear,sex,id
19960623,1996,F,1
19731004,1973,M,2
19760129,1976,M,3
19990713,1999,M,4
19971207,1997,F,5
19821004,1982,M,6
```

第一行是数据字段的名称，后面的各行则为对应的数据值。

使用 proc import 过程步导入该文件的 SAS 代码如下：

```
proc import out=patient11
    datafile="your\working\directory\path\patient9.csv"
    dbms=csv replace;
    getnames=yes;
    datarow=2;
    run;
```

在上面的代码中，datafile 指定原始数据的完整路径和文件名；dbms 指定要导入的数据类型为 csv，replace 表示当 out 指定的数据集（本例中为 patient11）已经存在时覆盖该数据集；getnames 表示是否将原始数据的第一行读取为变量名，默认为 yes，表示读取；datarow 用于指定从原始数据的哪一行开始读取数据，本例中指定从原始数据的第 2 行开始读取数据。数据集 patient11 的内容如图 4-2-17 所示。

Patient11

birthdate	birthyear	sex	id
19960623	1996	F	1
19731004	1973	M	2
19760129	1976	M	3
19990713	1999	M	4
19971207	1997	F	5
19821004	1982	M	6

图 4-2-17 数据集 patient11 的内容

2）读取 txt 文件

使用 proc import 过程步导入外部数据集 patient2.txt 的 SAS 代码如下：

```
proc import out=patient12
    datafile="your\working\directory\path\patient2.txt"
    dbms=dlm replace;
    delimiter=' ';
    getnames=yes;
    datarow=2;
    run;
proc print data=patient12 noobs;
    title "Patient12";
    run;
```

delimiter 用于指定原始数据中的分隔符，在本例中，分隔符为空格。print 过程打印的数据集 patient12 的内容如图 4-2-18 所示。

3）读取 Excel 文件

原始文件 patient10.xlsx 中共有两个工作表，分别是 sheet1 和 result。它们的数据内容分别如图 4-2-19 和图 4-2-20 所示。那么在导入数据时，如何只导入 result 中的内容，而不导入 sheet1 中的内容呢？如果要达到这个目的，就要用到 sheet 选项。

Patient12

birthdate	birthyear	sex	id	clinic_no
19960623	1996	F	1	20091023467
19731004	1973	M	2	20091023468
19760129	1976	M	3	20091023469
19990713	1999	M	4	20091023470

图 4-2-18 数据集 patient12 的内容

	A	B	C	D
1	birthdate	birthyear	sex	id
2	19960623	1996	F	1
3	19731004	1973	M	2
4	19760129	1976	M	3
5	19990713	1999	M	4
6	19971207	1997	F	5
7	19821004	1982	M	6

图 4-2-19 原始文件中 sheet1 工作表的内容

	A	B	C	D	E
1	birthdate	birthyear	sex	id	test_result
2	19960623	1996	F	1	normal
3	19731004	1973	M	2	abnormal
4	19760129	1976	M	3	normal
5	19990713	1999	M	4	abnormal
6	19971207	1997	F	5	normal
7	19821004	1982	M	6	abnormal

图 4-2-20 原始文件中 result 工作表的内容

使用 proc import 过程步导入该文件的 SAS 代码如下：

```
proc import out=patient13
    datafile="your\working\directory\path\patient10.xlsx"
    dbms=xlsx replace
    getnames=yes
    datarow=2
```

```
    sheet="result";
    run;
proc print data=patient13 noobs;
    title "Patient13";
    run;
```

在上面的代码中，sheet 选项用来指定要导入的原始数据中的工作表。

print 过程打印的数据集 patient13 的内容如图 4-2-21 所示。

可以使用 range 选项指定要导入的区域。例如，要导入的区域为工作表 result 中从 A1 到 E5 的区域。SAS 代码如下：

```
proc import out=patient14
    datafile="your\working\directory\path\patient10.xlsx"
    dbms=xlsx replace
    getnames=yes
    datarow=2
    range='result$A1:C7'n;
    run;
proc print data=patient14 noobs;
    title "Patient14";
    run;
```

print 过程打印的数据集 patient14 的内容如图 4-2-22 所示。

Patient13

birthdate	birthyear	sex	id	test_result
19960623	1996	F	1	normal
19731004	1973	M	2	abnormal
19760129	1976	M	3	normal
19990713	1999	M	4	abnormal
19971207	1997	F	5	normal
19821004	1982	M	6	abnormal

图 4-2-21 数据集 patient13 的内容

Patient14

birthdate	birthyear	sex
19960623	1996	F
19731004	1973	M
19760129	1976	M
19990713	1999	M
19971207	1997	F
19821004	1982	M

图 4-2-22 数据集 patient14 的内容

4.2.2 导出数据

在日常工作中，面对日益复杂的数据，经常需要将数据导出到其他的应用程序或者分析软件中进一步处理或使用，因而，如何导出数据就显得十分重要。接下来，介绍 3 种最常用的 SAS 导出数据的方法。

1. 使用导出向导导出数据

导出向导(Export Wizard)与导入向导的使用方法类似步骤如下：

(1) 在 File(文件)菜单中选择 Export Data(导出数据)命令，在弹出的 Export Wizard(导出向导)对话框中选择 Library 和 Member 来指定要导出的文件。

(2) 在下一步选择要导出的文件类型(图 4-2-23)。

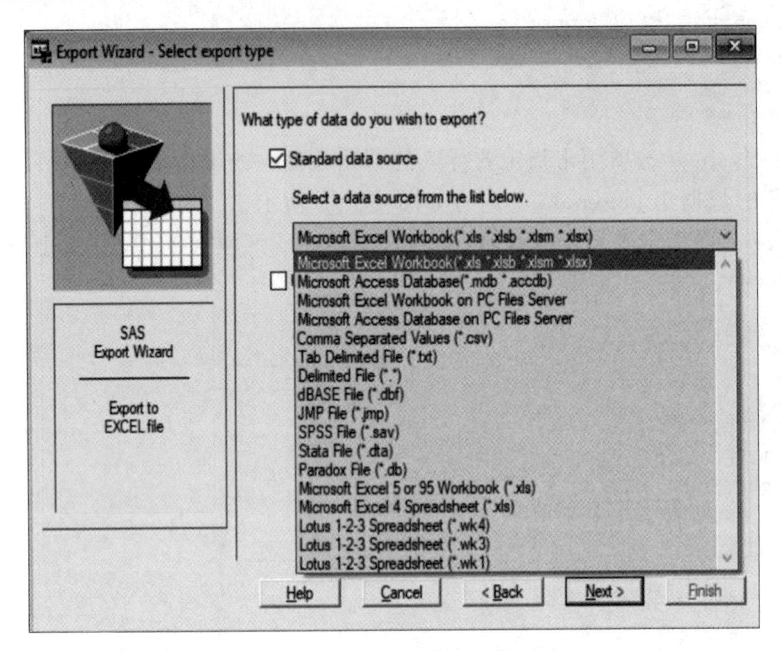

图 4-2-23　选择要导出的文件类型

(3) 在下一步指定导出文件的路径(图 4-2-24)。

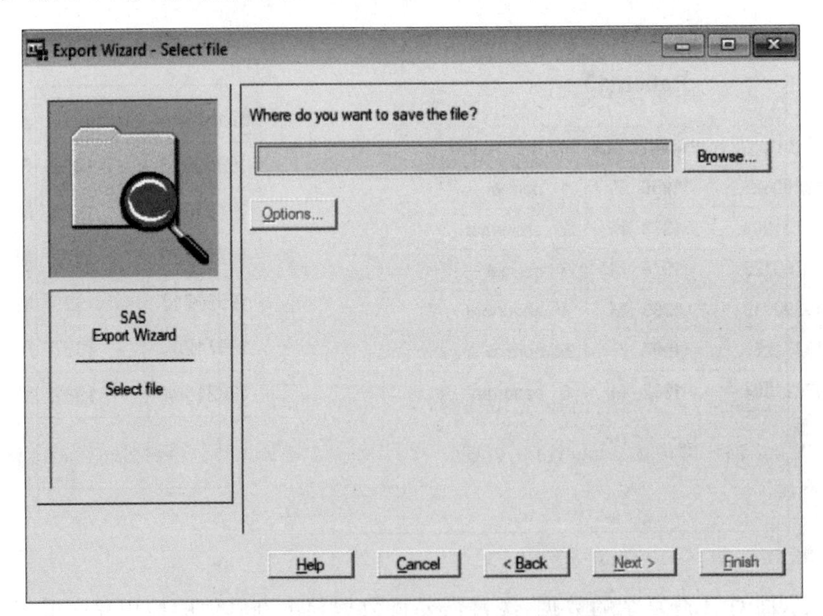

图 4-2-24　指定导出文件的路径

(4) 最后，选择保存上述过程生成的 proc export 语句。如果不需要保存本次的导出命令，直接单击 Finish(完成)按钮即可(图 4-2-25)。

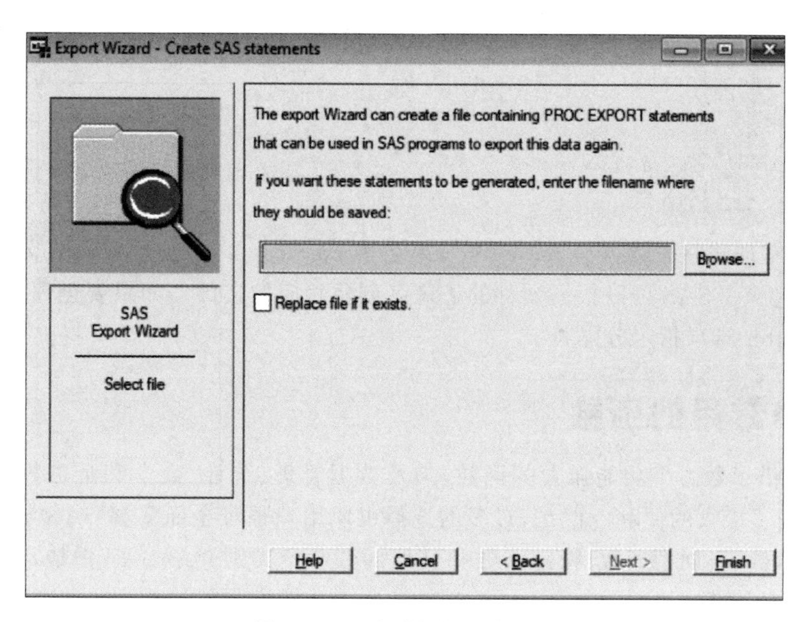

图 4-2-25　完成数据导出过程

2. 使用 file 语句导出数据

使用 file 语句导出数据的过程与使用 infile 语句导入数据的过程类似，只需要将 infile 和 input 语句换成 file 和 put 语句即可。代码如下：

```
data _NULL_;
set patient3;
file 'your\working\directory\path\patient_data.dat';
put birthyear sex id;
run;
```

上述命令可以实现将临时数据集 patient3 导出至 your\working\directory\path 路径下的 patient_data.dat 文件中。其中，data _NULL_ 语句用于指定无须建立新的临时数据库，set 语句指定要读取的数据集名字，file 语句指定 SAS 要创建的新数据集的路径和名字，put 语句用于指定需要写入的变量。

3. 使用 proc export 导出数据

proc export 过程步与 proc import 过程步类似，其语句格式为

```
proc export data=dataname
    outfile='filename'
    dbms=dlm replace;
    delimiter=' DBMS identifier';
    run;
```

在上面的代码中，data 用于指定需要导出的数据集名称，outfile 用于指定导出数据集的路径及名称。例如：

```
proc export data=patients
    outfile='your\working\directory\path\data.csv'
    dbms=csv;
    replace;
    run;
```

上述命令可以实现将临时数据集 patients 写入名为 data.csv 的以逗号分隔的文件中，路径为桌面的 my_sasbook 文件夹。SAS 可以根据文件的扩展名创建相应的文件。如果要创建一个指定分隔符的文件，则可用 delimiter 选项指定分隔符。

4.3 SAS 中常用的函数

SAS 为用户提供了数百个功能强大的函数，涉及数据管理、统计、数学和金融等各个方面，为用户编写 SAS 程序带来了极大的便利。但是，过多的选择也使用户很难全面掌握 SAS 函数。接下来，按字符型函数、数值型函数、日期型函数、特殊函数和其他函数 5 个类别介绍 SAS 中最常用的函数，从而使读者在短时间内掌握其精髓。

4.3.1 字符型函数

本节介绍常用的字符型函数(character function)。

1. cat(item1<,item2, …>)

该函数用于合并 item，但并不移除 item 前后的空格。

item 可以是字符常量，也可以是变量和表达式。

除了常见的 cat 函数外，还有其他 3 个 cat 类函数：

(1) catt(item1<,item2,…>)：合并 item，移除 item 后的空格。

(2) cats(item1<,item2,…>)：合并 item，移除 item 前后的空格。

(3) catx(delimiter, item1<,item2,…>)：合并 item，移除 item 前后的空格并插入分隔符。

cat 类函数生成的字段默认长度为 200 个字符。在实际应用中，可用 length 函数指定长度。

扩展：cat 类函数的运算结果可通过连接运算符(concatenation operator，即||)、left 函数(功能：字符串左对齐)和 trim 函数(功能：移除结尾空格)来实现，如表 4-3-1 所示。

表 4-3-1 cat 类函数与等效代码

<table>
<tr><th>函数</th><th>等效代码</th></tr>
<tr><td>cat(of x1-x3)</td><td>x1||x2||x3</td></tr>
<tr><td>catt(of x1-x3)</td><td>trim(x1)||trim(x2)||trim(x3)</td></tr>
<tr><td>cats(of x1-x3)</td><td>trim(left(x1))||trim(left(x2))||trim(left(x3))</td></tr>
<tr><td>catx(d, of x1-x3)</td><td>trim(left(x1))||d||trim(left(x2))||d||trim(left(x3))</td></tr>
</table>

小贴士：关于 of 语句的介绍详见 4.4 节。

示例如下：

```
data _null_;
    x1=' MEDICINE is ';
    x2='a science of UNCERTAINTY';
    x3=' and an art of PROBABILITY';
    cat=cat(x1, x2, x3);
    catt=catt(of X1-X3);
    cats=cats(of X1-X3);
    catx=catx(' * ',of X1-X3);
    put cat cats catt catx $char.;
    run;
```

输出结果如表 4-3-2 所示。

表 4-3-2　cat 类函数示例的输出结果

函　数	结　果
cat	'MEDICINE is a science of UNCERTAINTY and an art of PROBABILITY'
catt	'MEDICINE isa science of UNCERTAINTY and an art of PROBABILITY'
cats	'MEDICINE isa science of UNCERTAINTY and an art of PROBABILITY'
catx	'MEDICINE is * a science of UNCERTAINTY * and an art of PROBABILITY'

2. cmiss(argument1 ＜,…＞)

该函数用于返回 argument 中缺失值的个数。

argument 可为数值也可为字符。与 cmiss 函数功能相似的函数为 nmiss 函数,但 nmiss 函数中的 argument 必须为数值,且 nmiss 函数会自动将所有 argument 转换成数值,而 cmiss 函数则不进行任何转换。

示例如下:

```
data _null_;
    test1=nmiss(1,.,2,3,.,a,b);
    test2=cmiss('1','','2','3','','a','b');
    test3=nmiss('1',of test1-test2);
    test4=nmiss(a,of test1-test2);
    put test1-test4;
    run;
```

输出结果分别为 4、2、0 和 1。

3. compress(source ＜, characters＞ ＜, modifier＞)

该函数用于移除或保留 source 中,指定的 characters。

source 可以是字符常量,也可以是变量和表达式。当 modifier(修饰符)省略时,则移除 source 中指定的 characters, 但当 modifier 为 k 时,则仅保留 source 中的 characters。如果 characters 和 modifier 均省略,则移除 source 中的所有空格。常用的修饰符如表 4-3-3 所示。

表 4-3-3　compress 函数中常见的修饰符

修饰符	功能
a	将字母(a～z,A～Z)添加到 characters 中
d	将数字(0～9)添加到 characters 中
i	忽略 characters 的大小写
k	保留指定的 characters
l	将小写字母(a～z)添加到 characters 中
n	将下画线(_)、数字(0～9)、字母(a～z,A～Z)添加到 characters 中
p	将标点符号添加到 characters 中
t	移除 source 和 characters 的尾部空格
u	将大写字母(A～Z)添加到 characters 中

小贴士：表 4-3-3 中的修饰符也适用于 findc 函数和 scan 函数。

示例如下：

```
data _null_;
    alt ='A L T: 34 u / l';
    alt1 =compress(alt);
    alt2 =compress(alt,'l');
    alt3 =compress(alt,'l','i');
    alt4 =compress(alt,'0123456789','k');
    alt5 =compress(alt,,'kd');
    alt6 =compress(alt,,'ka');
    alt7 =compress(alt,,'ku');
    alt8 =compress(alt,,'kp');
    put alt1= alt2= alt3= alt4= alt5= alt6= alt7= alt8= $char.;
    run;
```

输出结果如表 4-3-4 所示。

表 4-3-4　compress 函数示例的输出结果

变量	结果	变量	结果
alt1	ALT:34u/l	alt5	34
alt2	A L T: 34 u /	alt6	ALTul
alt3	A T: 34 u /	alt7	ALT
alt4	34	alt8	:/

4. count(string, substring <, modifier>)

count 函数用于计算 substring 在 string 中出现的次数。

string 和 substring 可以是字符常量，也可以是变量和表达式。若 substring 没有在 string 中出现，则返回 0。若 modifier 设定为'i'，则忽略 substring 的大小写；若设定为't'，则移除 string 和 substring 的尾部空格。

示例如下：

```
data _null_;
    blood='blood transfusion:100 units and 200 UNITS';
    var='units';
    count1=count(blood, 'units');
    count2=count(blood, var);
    count3=count(blood, var,'i');
    put count1 count2 count3;
    run;
```

输出结果分别为1、1和2。

5. find(string, substring<, modifier><, startpos>)

find函数用于返回substring在string中首次出现的位置。

string和substring可以是字符常量，也可以是变量和表达式。若substring没有在string中出现，则返回0。若modifier设定为'i'，则忽略substring的大小写；若设定为't'，则移除string和substring的尾部空格。startpos指定搜索的起始位置以及搜索方向，它可以是数值型常量，也可以是变量或者表达式。

示例如下：

```
data _null_;
    blood='blood transfusion:100 units and 200 UNITS';
    find1=find(blood, 'UNIT');
    find2=find(blood, 'UNIT','i');
    find3=find(blood, 'UNIT','i',24);
    find4=find(blood, 'D','i',-10);
    put find1= find2= find3= find4= ;
    run;
```

输出结果分别为37、23、37和5。

6. findc(string, charlist, modifier<, startpos>)

findc函数用于返回charlist在string中首次出现的位置。

findc函数与find函数的主要区别为：①findc函数会对charlist里的每一个字符都进行搜索，而find函数却将substring作为一个整体来进行搜索；②findc函数有更多的修饰符，从而使搜索变得更加得心应手。findc函数常用的修饰符见表4-3-3。

示例如下：

```
data _null_;
    blood='blood transfusion:100 units and 200 UNITS';
    findc1=findc(blood, 'SR','i');
    findc2=findc(blood, , 'd');
    findc3=findc(blood, , 'bd');
    findc4=findc(blood, , 'lk');
```

```
    put findc1= findc2= findc3= findc4= ;
    run;
```

输出结果分别为 8、19、35 和 6。

7. ifc(logical-expression，value-returned-when-true，value-returned-when-false <，value-returned-when-missing>)

ifc 函数用于根据逻辑表达式的不同结果(正确、错误或缺失)返回不同的字符值。

在 data 步中，ifc 函数等同于 if/then/else。而一些不支持 if/then/else 的语句(如 where 语句)支持 ifc 函数，从而使编程变得更加灵活。ifc 函数和 ifn 函数功能相似，只是前者返回字符值而后者返回数值。

示例如下：

```
data _null_;
    input patient_id $alt;
    group=ifn(patient_id<4, '0','1');
    result=ifc(alt>40, 'abnormal', 'normal');
    put group= patient_id= alt= result= ;
    datalines;
    1 35
    2 48
    3 67
    4 32
    5 24
    6 45
    ;
    run;
```

该程序与下面的程序等价：

```
data _null_;
    input patient_id $alt;
    if patient_id<4 then group=0;
      else group=1;
    if alt>40 then result='abnormal';
      else result='normal';
    put group= patient_id= alt= result= ;
    datalines;
    …
    ;
    run;
```

输出结果如下：

```
group=0 patient_id=1 alt=35 result=normal
group=0 patient_id=2 alt=48 result=abnormal
group=0 patient_id=3 alt=67 result=abnormal
```

```
group=1 patient_id=4 alt=32 result=normal
group=1 patient_id=5 alt=24 result=normal
group=1 patient_id=6 alt=45 result=abnormal
```

8. index(target-expression, search-expression)

index 函数用于返回 search-expression 在 target-expression 中首次出现的位置。

index 函数和 find 函数功能相似,但由于 index 函数没有修饰符,因此功能较为单一。search-expression 对大小写敏感。index 函数还与 kindex 函数和 kindexc 函数功能相似。

示例如下:

```
data _null_;
    blood='blood transfusion:100 units and 200 UNITS';
    index1=index(blood, 'UNIT');
    index2=index(blood, 'uniT');
    kindex1=kindex(blood, 'UNIT');
    kindex2=kindex(blood, 'uniT');
    kindexc=kindexc(blood,'unit','b');
    put index1= index2 = kindex1 = kindex2 = kindexc = ;
    run;
```

输出结果分别为 37、0、37、0 和 1。

9. indexc(target-expression, search-expression)

indexc 函数用于返回 search-expression 在 target-expression 中首次出现的位置。

indexc 函数与 index 函数功能相似,但 indexc 函数会对 search-expression 里的每一个字符都进行搜索,而 index 函数却将 search-expression 作为一个整体来进行搜索。从这一点来看,indexc 函数又与 findc 函数功能相似,但它并没有修饰符。

示例如下:

```
data _null_;
    blood='blood transfusion:100 units and 200 UNITS';
    indexc1=indexc(blood, 'UNIT');
    indexc2=indexc(blood, 'UNITs');
    indexc3=indexc(blood, 'uniT');
    put indexc1= indexc2= indexc3= ;
    run;
```

输出结果分别为 37、11 和 10。

10. left(argument)/right(argument)

left 函数用于左对齐字符串,并将字符串前的空格移到字符串后,但不改变 argument 的长度。

argument 可以是字符常量、变量和表达式。right 函数与 left 函数功能相似,用于右对齐字符串。

示例如下:

```
data _null_;
    blood=' blood ';
```

```
    left=left(blood);
    right=right(blood);
    put left right;
    run;
```

输出结果分别为'blood 　'和' 　blood'。

11. length(string)

length 函数用于返回 string 的长度。

string 可以是字符常量，也可以是变量和表达式。与 length 函数功能相似的还有 lengthc 函数和 lengthn 函数，三者的功能分别如下：

(1) length 函数返回 string 长度时不考虑尾部空格长度。若 string 为空字符串一个或多个空格，则返回 1；若 string 为数值，则返回 12。

(2) lengthc 函数返回 string 长度时考虑尾部空格长度。若 string 为空字符串，则返回 1；若 string 为数值，则返回 12。

(3) lengthn 函数返回 string 长度时不考虑尾部空格长度。若 string 为空字符串或者一个或多个空格，则返回 0；若 string 为数值，则返回 12。

示例如下：

```
data _null_;
    test1=' blood ';
    length1=length(test1);
    lengthc1=lengthc(test1);
    lengthn1=lengthn(test1);
    test2='';
    length2=length(test2);
    lengthc2=lengthc(test2);
    lengthn2=lengthn(test2);
    test3='  ';
    length3=length(test3);
    lengthc3=lengthc(test3);
    lengthn3=lengthn(test3);
    test4=3;
    length4=length(test4);
    lengthc4=lengthc(test4);
    lengthn4=lengthn(test4);
    put length1 lengthc1 lengthn1 length2 lengthc2 lengthn2
      length3 lengthc3 lengthn3 length4 lengthc4 lengthn4;
    run;
```

输出结果如表 4-3-5 所示。

表 4-3-5 length 类函数示例的输出结果

字 符 串	length	lengthc	lengthn
' blood '(前后各一个空格)	6	7	6
''(空字符串)	1	1	0
' '(3 个空格)	1	3	0
3(数值)	12	12	12

12. lowcase(expression)/upcase(expression)

lowcase 函数用于将 expression 中的所有字母变为小写。

它与 upcase 函数功能相反。关于字母大小写的变换,SAS 中的 propcase 函数提供了更多的选择,详见后面对 propcase 函数的介绍。

示例如下:

```
data _null_;
    test='blood transfusion:100 units and 200 UNITS';
    lowcase=lowcase(test);
    upcase=upcase(test);
    put lowcase upcase $char.;
    run;
```

输出结果分别为“blood transfusion:100 units and 200 units”和“BLOOD TRANSFUSION:100 UNITS AND 200 UNITS”。

13. missing(expression)

使用 missing 函数时,若 expression 含有缺失值,则返回 1,否则返回 0。

expression 可以是数值型变量或字符型变量。通过 missing 函数仅能知道是否有缺失值;如果想进一步获知有多少个缺失值,则要使用 nmiss 函数或者 cmiss 函数。

示例如下:

```
data _null_;
    test1='';
    test2=' ';
    test3='normal';
    test4=.;
    test5=12;
    miss1=missing(test1);
    miss2=missing(test2);
    miss3=missing(test3);
    miss4=missing(test4);
    miss5=missing(test5);
    put miss1-miss5 ;
    run;
```

输出结果分别为 1、1、0、1 和 0。

14. propcase(argument <, delimiters>)

propcase 函数用于更改 argument 中的所有单词的大小写。

string 可以是字符常量、变量和表达式。默认的分隔符(delimiter)包括空格、正斜线(/)、连字符、左圆括号、句号和制表符。用户也可以根据数据要求自由设定分隔符。

示例如下：

```
data _null_;
    test1='height,cm';
    test2='family income,(yuan)';
    test3='WASHINGTON, d.c.';
    test4='HERICK O'' OLSEN';
    propcase1=propcase(test1);
    propcase2=propcase(test2);
    propcase3=propcase(test3);
    propcase4=propcase(test4," '");
    put propcase1-propcase4 $char.;
    run;
```

输出结果如表 4-3-6 所示。

表 4-3-6　propcase 函数示例的输出结果

输入字符串	输出字符串
height,cm	Height,cm
family income,(yuan)	Family Income,(Yuan)
WASHINGTON, d.c.	Washington, D.C.
HERICK O' 'OLSEN	Herick O' Olsen

15. scan(string, count <, charlist <, modifier>>)

scan 函数用于选择 string 中指定的单词。

string 可以是字符常量、变量和表达式。若 count>0，则从右到左选择；若 count<0，则从左到右选择。charlist 用来指定分隔 string 的分隔符。scan 函数支持修饰符，从而使选择词变得更加得心应手。常用的修饰符详见表 4-3-3。

示例如下：

```
data _null_;
   test1='ALT:34 U/L, AST: 38U/L';
   test2='2009-06-14';
   test3='blood transfusion:100 units and 200 UNITS';
   scan1=scan(test1, 2, ',');
   scan2=scan(test2, 3, '-');
   scan3=scan(test3, -3);
   scan4=scan(test3, 1, ,'dk');
   put scan1-scan4;
   run;
```

输出结果分别为“AST：38U/L”“14”“and”和“100”。

16. strip(string)

strip 函数用于消除 string 前后的空格。

其返回的结果与 trimn(left())返回的结果一致。若省略 string,则返回一个空字符串。

示例如下：

```
data _null_;
    test1='  normal';
    test2='normal  ';
    test3='  normal ';
    strip1=strip(test1);
    strip2=strip(test2);
    strip3=strip(test3);
    put strip1-strip3;
    run;
```

输出结果均为 normal。

17. substr(character, position <, length>)

substr 函数用于从 character 中截取字符。

position 指定在 character 中开始截取的位置,length 指定截取的长度。position 和 length 需为整数。position 为负数时,返回空字符串;length 为负数时,返回从 position 到结尾的所有字符串。

示例如下：

```
data _null_;
    test1='blood transfusion';
    result1=substr(test1, 2, 6);
    result2=substr(test1, -2, 15);
    result3=substr(test1, 2,-5);
    put result1-result3;
    run;
```

输出结果分别为“lood t”、空字符串和“lood transfusion”。

18. translate(source, to, from)

translate 函数用于将 source 中的 from 指定的字符串替换为 to 指定的字符串。

source、to 和 from 可以是字符常量、变量和表达式。translate 函数会将 from 指定的每个字符一一对应到 to 指定的字符,并进行替换。若 from 的长度大于 to 的长度,则 from 中多出来的字符会被转化为空格(如下面的示例中的 result2)。

示例如下：

```
data _null_;
    test1='blood transfusion';
    result1=translate(test1, 'OS', 'os');
    result2=translate(test1, 'OS', 'osia');
    result3=translate('height weight BMI',',',' ');
```

```
    put // result1=/ result2=/ result3=;
    run;
```

输出结果分别为“blOOd tranSfuSiOn”“blOOd tr nSfuS On”和“height,weight,BMI”。

19. tranwrd(source, target, replacement)

tranwrd 函数用于将 source 中的 target 替换为 replacement。

source、target 和 replacement 可以是字符常量、变量和表达式。tranwrd 函数的功能和 translate 函数相似。两者的区别是：translate 函数会对 from 指定的每个字符一一对应到 to 指定的每个字符后进行替换，而 tranwrd 函数则将 target 作为一个整体进行替换。

示例如下：

```
data _null_;
    test1='blood transfusion';
    result1=tranwrd(test1,  'b',  'B');
    result2=tranwrd(test1,  'sion',  'S');
    result3=tranwrd('height weight BMI',' ',',  ');
    result4=tranwrd('BMI(Body Mass Index)','(Body Mass Index)','');
    put // result1=/ result2=/ result3=/ result4=;
    run;
```

输出结果分别为“Blood transfusion”“blood transfuS”“height, weight, BMI”和“BMI”。

20. trim(string)

trim 函数用于消除 string 后的空格。

它与 trimn 函数功能相似。当 string 为空时，trim 函数返回一个空格(' ')，而 trimn 函数返回空字符串('')。trim 函数常与 left 函数联合使用，以去掉 string 前后的空格，而该功能与 catx 函数的功能一致，但 catx 函数的运行效率更高。

示例如下：

```
data _null_;
    result1=trim('  blood  ');
    result2=trimn('  blood  ');
    result3=trim(left('  blood  '));
    put result1= result2= result3= ;
    run;
```

输出结果分别为“　blood”“　blood”和“blood”。

4.3.2 数值型函数

本节介绍常用的数值型函数(numerical function)。

1. 描述型函数

SAS 中常用的描述型函数(descriptive function)及其功能详见表 4-3-7。

表 4-3-7 SAS 中常用的描述型函数及其功能

函 数	功 能
css(expression 1＜,expression 2，…＞)	返回校正平方和(corrected sum of squares)
cv(expression 1＜,expression 2，…＞)	返回变异系数(coefficient of variation)
iqr(expression 1＜,expression 2，…＞)	返回四分位数范围(inter-quartile range)
kurtosis(expression 1＜,expression 2，… ＞)	返回峰度(kurtosis)
max(expression 1＜,expression 2，… ＞)	返回最大值
mean(expression 1＜,expression 2，… ＞)	返回非缺失值的算术平均数(均值)
median(expression 1＜,expression 2，… ＞)	返回中位数
min(expression 1＜,expression 2，… ＞)	返回最小值
n(expression 1＜,expression 2，…＞)	返回非缺失值的个数
nmiss(expression 1＜,expression 2，… ＞)	返回缺失值的个数
pctl(percentage，expression 1＜,expression 2，… ＞)	返回在 expression 的分布中 percentage 对应的值
range(expression 1＜,expression 2，… ＞)	返回最大值与最小值的差值
rms(expression 1＜,expression 2，… ＞)	返回均方根(root mean square)
skewness(expression 1＜,expression 2，… ＞)	返回偏度(skewness)
std(expression 1＜,expression 2，… ＞)	返回标准差(standard deviation)
stderr(expression 1＜,expression 2，… ＞)	返回标准误(standard error of the mean)
sum(expression 1＜,expression 2，… ＞)	返回非缺失值的和
uss(expression 1＜,expression 2，… ＞)	返回未校正的平方和(uncorrected sum of squares)
var(expression 1＜,expression 2，… ＞)	返回方差(variance)

示例如下：

```
data _null_;
    n=n(163,174,176,.,156,178,.,183,165);
    nmiss=nmiss(163,174,176,.,156,178,.,183,165);
    mean=mean(163,174,176,.,156,178,.,183,165);
    std=std(163,174,176,.,156,178,.,183,165);
    median=median(163,174,176,.,156,178,.,183,165);
    max=max(163,174,176,.,156,178,.,183,165);
    min=min(163,174,176,.,156,178,.,183,165);
    range=range(163,174,176,.,156,178,.,183,165);
    sum=sum(163,174,176,.,156,178,.,183,165);
    pctl25=pctl(25,163,174,176,.,156,178,.,183,165);
    pctl50=pctl(50,163,174,176,.,156,178,.,183,165);
    pctl75=pctl(75,163,174,176,.,156,178,.,183,165);
    iqr=iqr(163,174,176,.,156,178,.,183,165);
    kurtosis=kurtosis(163,174,176,.,156,178,.,183,165);
```

```
    skewness=skewness(163,174,176,.,156,178,.,183,165);
    ;
    put _all_;
    run;
```

上面的程序因需要重复输入“163,174,176,.,156,178,.,183,165”而显得不简洁，可以通过把这段数字赋值给宏变量(&num)，从而使程序变得简洁。宏变量的介绍请查阅 4.8 节。示例代码如下：

```
data _null_;
    %let num=163,174,176,.,156,178,.,183,165;
    n=n(&num);
    nmiss=nmiss(&num);
    mean=mean(&num);
    std=std(&num);
    median=median(&num);
    max=max(&num);
    min=min(&num);
    range=range(&num);
    sum=sum(&num);
    pctl25=pctl(25,&num);
    pctl50=pctl(50,&num);
    pctl75=pctl(75,&num);
    iqr=iqr(&num);
    kurtosis=kurtosis(&num);
    skewness=skewness(&num);
    put _all_;
    run;
```

输出结果见表 4-3-8。

表 4-3-8　描述型函数示例的输出结果

变　量	结　　果	变　量	结　　果	变　量	结　　果
n	7	nmiss	2	mean	170.714 285 71
std	9.586 697 132 2	median	174	max	183
min	156	range	27	sum	1195
pctl25	163	pctl50	174	pctl75	178
iqr	15	kurtosis	−1.091 528 685	skewness	−0.372 666 669

2. 数学函数

常用的数学函数(mathematical function)如下：

(1) abs(argument)：返回绝对值。

(2) exp(argument)：返回指数值(以自然常数 e 为底)，是 log 函数的反运算。

(3) log(argument)：返回 argument 的自然对数(以 e 为底)，常用的同类函数还有 log2(返回以 2

为底的对数)和 log10(返回以 10 为底的对数)。

(4) sqrt(argument):返回平方根。

在以上 4 个函数中,argument 可以是数值常量、变量或者表达式。

示例如下:

```
data math;
    input x @@;
    abs=abs(x);
    exp=exp(x);
    log=log(abs(x));
    log2=log2(abs(x));
    log10=log10(abs(x));
    sqrt=sqrt(abs(x));
    datalines;
    -2 4 10
    ;
proc print data=math noobs;
    run;
```

输出结果如表 4-3-9 所示。

表 4-3-9 数学函数示例的输出结果

参 数	abs	exp	log	log2	log10	sqrt
−2	2	0.14	0.693 15	1.000 00	0.301 03	1.414 21
4	4	54.60	1.386 29	2.000 00	0.602 06	2.000 00
10	10	22 026.47	2.302 59	3.321 93	1.000 00	3.162 28

3. 截断函数

常用的截断函数(truncation function)包括以下几种。

(1) ceil(expression):返回大于或等于 expression 的最小整数。

(2) floor(expression):返回小于或等于 expression 的最大整数。

(3) int(expression):返回 expression 中的整数。

(4) round(expression <, rounding-unit>):四舍五入函数。rounding-unit 的默认值为 1;如果为 0.1,则四舍五入到一位小数,以此类推。

示例如下:

```
data truncation;
    input x @@;
    ceil=ceil(x);
    floor=floor(x);
    int=int(x);
    round1=round(x, 0.1);
    round2=round(x, 0.01);
    datalines;
```

```
1.7 2.98 2.5678 -1.234
;
proc print data=truncation noobs;
run;
```

输出结果如表 4-3-10 所示。

表 4-3-10 截断函数示例的输出结果

参 数	ceil	floor	int	round1	round2
1.7	2	1	1	1.7	1.70
2.98	3	2	2	3.0	2.98
2.5678	3	2	2	2.6	2.57
−1.234	−1	−2	−1	−1.2	−1.23

4.3.3 日期型函数

本节介绍常用的日期型函数(date and time function)。

1. datdif(sdate, edate, basis)

datdif 函数用于根据 basis 计算开始日期(sdate)和结束日期(edate)之间的天数。

通常 basis 有两个选择：一是'30/360',设定每个月 30 天,每年 360 天,不考虑每月或者每年实际多少天;二是'actual',按每月和每年的实际天数来计算两个日期间的差值。yrdif 函数的功能与 datdif 函数相似,yrdif 函数用来计算开始日期与结束日期之间的年数。

示例如下：

```
data _null_;
    result1=datdif('1jan2010'd, '1mar2012'd, '30/360');
    result2=datdif('1jan2010'd, '1mar2012'd, 'actual');
    put result1-result2;
    run;
```

输出结果分别为 780 天和 790 天。

2. datepart(dt)

datepart 函数用于从 dt(包含年、月、日、时、分、秒)中提取日期(包含年、月、日)。

在下面的示例中,用到了 datetime 函数和 timepart 函数,它们的功能分别是返回当前 SAS 系统的运行日期和运行时间和从 dt(包含年、月、日、时、分、秒)中提取时间(包含时、分、秒)。

示例如下：

```
data _null_;
    format result1 datetime20.
           result2 YYMMDD10.
           result3 time.;
    result1=datetime();
```

```
    result2=datepart(result1);
    result3=timepart(result1);
    put result1-result3;
    run;
```

输出结果如下：

```
15JUN2018:20:23:27
2018-06-15
20:23:27
```

3. mdy(month，day，year)

mdy 函数用于生成日期型变量。

其中 month、day 和 year 可以是数值常量，也可以是变量和表达式。SAS 中常用的其他日期型函数如表 4-3-11 所示。

表 4-3-11　SAS 中常见的日期型函数

函　　数	功　　能
day(date)	返回 date 中的日期
hms(hour，minute，second)	生成时间型变量
hour(time | datetime)	返回 time 或者 datetime 中的时
minute(time | datetime)	返回 time 或者 datetime 中的分
month(date)	返回 date 中的月份
qtr(date)	返回 date 所在的季度
second(time | datetime)	返回 time 或者 datetime 中的秒
time()	返回当前 SAS 运行时间(包含时、分、秒)
today()	返回当前 SAS 运行日期，与 datepart(datetime())的功能一致
week(date)	返回 date 所在的星期
weekday(date)	返回 date 处于星期几(注意，在 SAS 中，周日等于 1，周一等于 2，以此类推)
year(date)	返回 date 中的年份

示例如下：

```
data _null_;
    format date yymmdd10.
    hms time.
    time1 time.
    today yymmdd10.;
    date=mdy(6,15,2018);
    hms=hms(19,29,23);
    year=year(date);
    qtr=qtr(date);
```

```
    month=month(date);
    week=week(date);
    weekday=weekday(date);
    day=day(date);

    time1=time();
    hour=hour(time1);
    minute=minute(time1);
    second=second(time1);

    today=today();
    put date hms year qtr month week weekday day time1 hour minute second today;
    run;
```

运行上述程序后的输出结果如表 4-3-12 所示。

表 4-3-12 日期型函数示例的输出结果

函　数	结　果	函　数	结　果
date	2018-06-15	weekday	6
hms	19:29:23	day	15
year	2018	time1	21:30:45
qtr	2	hour	21
month	6	minute	30
week	23	second	44.730 999 947

4. yrdif(sdate, edate, [basis])

yrdif 函数用于计算开始日期(sdate)和结束日期(edate)之间的年数。

当计算年龄时，basis 必须选择为'AGE'。

示例如下：

```
data _null_;
    sdate='01aug1997'd;
    edate='31dec2011'd;
    age=yrdif(sdate, edate, 'AGE');
    put age='years';
    run;
```

输出结果为 14.416 438 356 years。

4.3.4 特殊函数

本节介绍常用的特殊函数(special function)。

1. dif<n>(expression)

dif<*n*>函数用于计算一个观测和它第 *n* 个滞后观测之间的差值。

n 的取值范围为 1～100，相应的函数名称分别为 dif，dif2，dif3，…。由于计算两者之间的差值，因此 expression 必须为数值。日期型变量也属于数值型变量，因此可使用 dif 函数计算两个日期之间的差值。

注意：dif2(X)不等于 dif(dif(X))。dif 函数和 lag 函数原理一致，且 dif<n>(x)＝x－lag<n>(x)。建议读者先理解 lag 函数的功能，再理解 dif 函数的功能。

示例如下：

```
data dif;
    input x @@;
    dif1=dif(x);
    dif2=dif2(x);
    dif3=dif3(x);
    dif4=dif4(x);
    datalines;
    1 3 2 4 6 9 2
    ;
    proc print data=dif noobs;
    run;
```

运行程序后的输出结果如表 4-3-13 所示。

表 4-3-13 dif 函数示例的输出结果

参　数	dif	dif2	dif3	dif4
1	.	.	.	.
3	2	.	.	.
2	－1	1	.	.
4	2	1	3	.
6	2	4	3	5
9	3	5	7	6
2	－7	－4	－2	0

2. input(source，informat.)

input 函数以"informat."的形式返回 source。

source 可以是字符常量，也可以是变量和表达式。input 函数通常用于将字符型的值转化成数值型的值，但其功能并不仅限于此。"informat."决定返回的结果是字符型(如下面示例中的 input3)还是数值型(如下面示例中的 input1、input2 和 input4)。

示例如下：

```
data _null_;
    format input1 yymmdd10.
           input4 percent.;
    input1=input('22jan2013', date9.);
    input2=input('1234',best8.2);
```

```
    input3=input('shanghai',$5.);
    input4=input('0.86',best8.);
    put input1= input2= input3= input4= ;
    run;
```

输出结果分别为 2013-01-22、12.34、shang 和 86%。

3. lag<n>(expression)

lag<n>函数返回 expression 的滞后序列。

n 的取值范围为 1～100，相应的函数名称分别为 lag，lag2，lag3，…。expression 可为字符也可为数值。lag 函数和 dif 函数的原理一致，建议将两者结合起来理解。

示例如下：

```
data lag;
    input x @@;
    lag1=lag(x);
    lag2=lag2(x);
    lag3=lag3(x);
    lag4=lag4(x);
    datalines;
    1 3 2 4 6 9 2
    ;
proc print data=lag noobs;
    run;
```

输出结果详见表 4-3-14。

表 4-3-14 lag 函数的输出结果

参 数	lag	lag2	lag3	lag4
1	.	.	.	.
3	1	.	.	.
2	3	1	.	.
4	2	3	1	.
6	4	2	3	1
9	6	4	2	3
2	9	6	4	2

4. put(source, format.)

put 函数以"format."的形式返回 source。

source 可以是常量、变量和表达式，字符型或者数值型均可。put 函数通常用于将数值型的值转化成字符型的值。如果 source 是数值型，则返回的结果右对齐；如果是字符型，则左对齐。

注意："format."的类型必须和 source 的类型一致。也就是说，如果 source 为字符型，那么"format."必须以 $ 开始；如果 source 为数值型，那么"format."不能以 $ 开始，否则 SAS 会给出警告

(warning)。

示例如下：

```
data put_data;
    input patient_id $alt;
    id=put(patient_id,$8.);
    alt1=put(alt, 4.);
    datalines;
    1 35
    2 48
    3 67
    4 32
    5 24
    6 45
    ;
    run;
```

运行该程序后，双击打开 put_data 数据集，各个变量的属性如表 4-3-15 所示。关于变量属性的介绍详见 4.4 节。

表 4-3-15　put_data 数据集各个变量的属性

变量名	变量类型	对齐方式	长度/B	format.	informat.
patient_id	字符型	左对齐	8	$8.	$8.
alt	数值型	右对齐	8	BEST12.	12.
id	字符型	左对齐	8	$8.	$8.
alt1	字符型	右对齐	4	$4.	$4.

4.3.5　其他函数

本节介绍常用的其他函数(other function)。

1. call missing(variable1 <,variable2, …>)

call missing 函数赋予缺失值给 variable。

variable 可以是字符型变量，也可以是数值型变量。

示例一如下：

```
data test1;
    input patient_id $alt sex $;
    if sex="N" then call missing(sex);
    datalines;
    1 35 M
    2 48 F
    3 67 F
    4 32 M
```

```
    5 24 F
    6 45 N
    ;
    run;
```

运行该程序后，id=6 的病人的性别变为缺失值。

示例二如下：

```
data test2;
    input id $alt;
    datalines;
    1 35
    1 48
    1 67
    2 32
    2 24
    3 45
    ;
    run;

    data test2;
    set test2;
    by id;
    lag_alt=lag(alt);
    if first. id then call missing(lag_alt);
    run;
```

运行后，数据集 test2 的内容如表 4-3-16 所示。

表 4-3-16 数据集 test2 的内容

id	alt	lag_alt
1	35	.
1	48	35
1	67	48
2	32	.
2	24	32
3	45	.

2. call symput(argument 1, argument 2)

call symput 函数用于将 argument 2 的值赋给宏变量 argument 1。

argument 2 可以是字符常量、变量和表达式。该函数在实践中的使用请参阅 9.2.3 节。

示例如下：

```
data test1;
    input id $ height;
    datalines;
    1 165
```

```
    2 175
    3 182
    4 163
    5 173
    ;
run;

data test1;
    set test1;
    call symput("var1", "height");
    call symput("var2", height);
    call symput(cats("height",_n_),height);
    run;
%put &var1 &var2 &height1 &height2 &height3 &height4 &height5;
```

运行程序后的输出结果如表 4-3-17 所示。

表 4-3-17　call symput 函数示例的输出结果

&var1	height	&height3	182
&var2	173	&height4	163
&height1	165	&height5	173
&height2	175		

3. dim(array，bound-n)

该函数用于返回数组(array)中某个维中的元素个数。

当数组为多维数组时，bound-n 用来指定数组的维度。dim 函数常和 array 命令联用，后者用来生成数组。

示例如下：

```
data _null_;
    array income low_income median_income high_income;
    num1=dim(income);
    array mult{2,6,4} mult1-mult48;
    num2=dim(mult,2);
    put num1= num2= ;
    run;
```

输出结果分别为 3 和 6。

4.4　SAS 变量

SAS 变量分为数值型变量(numeric variable)和字符型变量(character variable)。数值型变量的值以浮点(floating-point)数形式存储，常见的日期变量和时间变量也属于数值型变量。字符型变量的值由阿拉伯字母(A～Z，a～z)、数字(0～9)以及其他特殊字符组成。

4.4.1 变量属性

变量属性(variable attribute)包括名称、类型、长度、标签、输入格式和输出格式，如表 4-4-1 所示。未设定属性的变量，会由 SAS 系统自动设置属性。

表 4-4-1 变量属性

变量属性	取值范围	默认值
名称	有效的 SAS 名称，名称最长 32B，不能包含特殊符号(下画线除外)和空格等；必须以字母或下画线开始；对大小写不敏感	无
类型	数值型或字符型	数值型
长度	数值型：2～8B；字符型：1～32 767B	8B
标签	最多 256B	无
输入格式	SAS 提供了丰富的输入格式，具体请参见 SAS 帮助文件	数值型为“BEST12.”，字符型为“$w.”
输出格式	SAS 提供了丰富的输出格式，具体请参见 SAS 帮助文件	数值型为“w.d”，字符型为“$w.”

4.4.2 自动变量

自动变量是指由 data 步自动创建的变量。虽然它们不输出到新数据集中，但往往包含非常有用的信息，常见的自动变量如表 4-4-2 所示。

表 4-4-2 常见的自动变量

自动变量	功能	自动变量	功能
n_	观测序号	_all_	所有变量
character	所有字符变量	first.variable	同一 by 组内第一个观测
error	错误信息变量	last.variable	同一 by 组内最后一个观测
numeric	所有数值变量		

4.4.3 变量列表的缩写规则

当数据库中有几十个甚至成百上千个变量时，逐一写出变量名既浪费时间又容易出错。而利用变量列表的缩写规则，将极大地提升 SAS 编程的效率。例如，在一个数据库中有 10 个变量，分别是 a、b、c、d、e、f、g、h、i、j，如果只想分析前 6 个变量，只需要用 a--f 表示即可。变量列表的缩写规则示例如表 4-4-3 所示。

表 4-4-3 变量列表的缩写规则示例

变量列表	缩写	功能
var1 var2 var3 var4	var1-var4	var1 到 var4 的所有变量
	var:	所有以 var 开头的变量

续表

变量列表	缩　　写	功　　能
a b c d e f g h i j	a--j	a 到 j 的所有变量
	a_character_j	a 到 j 的所有字符型变量
	a_numeric_j	a 到 j 的所有数值型变量
	all	SAS 数据集中的所有变量
	character	SAS 数据集中的所有字符型变量
	numeric	SAS 数据集中的所有数值型变量

例如，要给出 SASHELP.CLASS 数据集中的所有数值型变量的均值、标准差、最大值和最小值，SAS 代码如下：

```
proc means data=sashelp.class mean std min max;
    title "Descriptive Analysis of SASHELP.CLASS";
    var _numeric_;
    run;
```

of 选项可将变量列表或者数组和 SAS 函数结合使用，语法如下：

```
function(of variable-list)|(of array-name)
```

需要注意的是，若省略 of，SAS 会把变量列表中的"-"处理成减号，例如，sum(x-y) 是计算 x 减去 y 的和，sum(x--y)是计算 x 减去负 y 的和。SAS 中能和 of 选项联用的常见函数包括 cat、cats、catt、catx、css、cv、kurtosis、max、mean、min、n、nmiss、range、rms、skewness、std、stderr、sum、uss 等。of 选项的常见用法如表 4-4-4 所示。

表 4-4-4　of 选项的常见用法

例　　子	功　　能
function(of x_character_y)	对 x 和 y 之间的所有字符型变量执行某函数
function(of x_numeric_y)	对 x 和 y 之间的所有数值型执行某函数
function(of x:)	对以 x 开头的所有变量(如 x1、x2 等)执行某函数
function(of x1-x4)	对 x1 和 x4 之间的所有变量执行某函数
function(of x--y)	对 x 和 y 之间的所有变量执行某函数
function(of array-name(*))	对数组中的所有变量执行某函数
function(of _character_)	在 data 步中，对数据集中所有字符型变量执行某函数
function(of _numeric_)	在 data 步中，对数据集中所有数值型变量执行某函数
function(of _all_)	在 data 步中，对数据集中所有变量执行某函数
function(x1, x2, x3)	等同于 function(of x1 x2 x3)或 function(of x1-x3)

例如，要计算病人前后两次 ALT 检测结果的平均值，并计算每条记录中有多少个缺失值，SAS 代

码如下：

```
data test;
    input id $alt_d1 alt_d3 ast_d7;
    mean_alt1=mean(of alt:);
    mean_alt2=mean(of alt_d1--alt_d3);
    mean_alt3=mean(of alt_d1 alt_d3);
    mean_alt4=mean(alt_d1, alt_d3);
    mean_alt5=(alt_d1+alt_d3)/2;
    nmiss=nmiss(of alt_d1--ast_d7);
    datalines;
    1 69 45 39
    2 43 44 45
    3 28 32 .
    4 46 . .
    ;
    run;
proc print data=test noobs;
    title "Mean of ALT among Patients";
    run;
```

输出结果如图 4-4-1 所示。可以看出，mean_alt1、mean_alt2、mean_alt3、mean_alt4 的结果一致，说明这 4 种方法的功能是等同的。但 4 号病人的 mean_alt5 是缺失值，这是因为，如果计算公式中存在缺失值（本例中 4 号病人的 alt_d3），计算结果也会是缺失值。nmiss 函数用来计算缺失值的个数，因此 4 号病人的 nmiss 变量等于 2。

Mean of ALT among Patients

id	alt_d1	alt_d3	ast_d7	mean_alt1	mean_alt2	mean_alt3	mean_alt4	mean_alt5	nmiss
1	69	45	39	57.0	57.0	57.0	57.0	57.0	0
2	43	44	45	43.5	43.5	43.5	43.5	43.5	0
3	28	32	.	30.0	30.0	30.0	30.0	30.0	1
4	46	.	.	46.0	46.0	46.0	46.0	.	2

图 4-4-1 of 选项示例的输出结果

4.4.4 创建变量

data 步创建变量的方式有很多种，例如使用 input 语句，这里仅介绍和变量属性有关的几种方法：使用 format 语句、informat 语句、length 语句和 attrib 语句。format、informat 和 length 分别设定变量的输出格式、输入格式和长度，而 attrib 语句可以设定一个变量的所有属性（包括输出格式、输入格式、长度和标签）。如果变量不存在，则上面的语句可以创建新的变量。需注意的是，仅用 label 语句是无法创建新变量的。

例如，在 SASHELP.CLASS 数据集中，分别用 format 语句、informat 语句、length 语句和 attrib 语句创建 4 个变量（体重指数、心率、是否吸烟以及出生日期），并用 attrib 语句指定出生日期的输入格式、输出格式和标签，代码如下：

```
data class;
    set sashelp. class(obs=5);
    format bmi best12.;
    informat heart_rate best12.;
    length smoke $2;
    attrib birthday format=yymmdd10.
                    informat=yymmdd8.
                    label="Student_Birthday";
    run;
proc print data=class;
    title "Class Information";
    run;
```

从输出结果中可知，数据集中增加了 4 个新变量，如图 4-4-2 所示，并且重新指定了出生日期的变量属性，如标签为 Student_Birthday，如图 4-4-3 所示。对变量加标签是为了便于理解变量的含义。但有时，当标签出现错误、标签含义不清或者编程时需要变量名而非标签时，就需将所有变量的标签去掉。attrib _all_ label=""；语句即可实现将所有标签重置为缺失值的功能。

Class Information

Obs	Name	Sex	Age	Height	Weight	bmi	heart_rate	smoke	birthday
1	Alfred	M	14	69.0	112.5	.	.		.
2	Alice	F	13	56.5	84.0	.	.		.
3	Barbara	F	13	65.3	98.0	.	.		.
4	Carol	F	14	62.8	102.5	.	.		.
5	Henry	M	14	63.5	102.5	.	.		.

图 4-4-2 创建变量

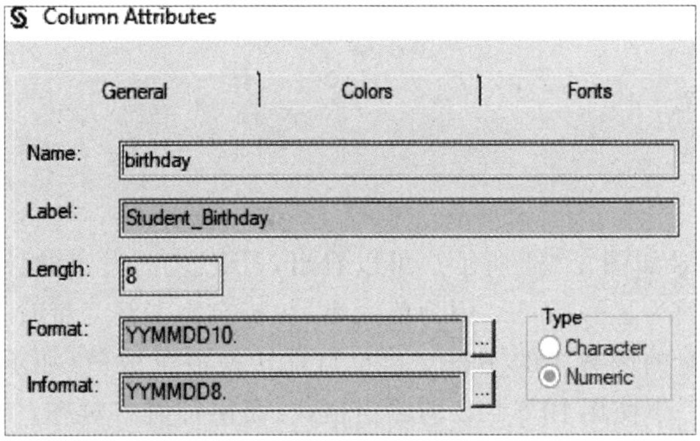

Column Attributes

General | Colors | Fonts

Name: birthday

Label: Student_Birthday

Length: 8

Format: YYMMDD10.

Informat: YYMMDD8.

Type: ○ Character ◉ Numeric

图 4-4-3 出生日期的变量属性

4.4.5 改变变量属性

可以使用 format 语句、informat 语句、length 语句、label 语句或 attrib 语句改变变量的属性。具体用法请参见 4.4.4 节或 SAS 帮助文档。

4.4.6 改变变量类型

当字符表达式的结果被赋值给数值型变量时，SAS 会尝试将其转换为数值，若转换失败，则会在日志窗口给出提示，并将该数值型变量的值设为缺失值，同时将自动变量_ERROR_设为 1。同理，当把数值表达式的结果赋值给字符型变量时，SAS 会尝试将其转换为字符，格式为“BESTw.”，其中，w 为字符型变量的长度，最大为 32B。若定义的字符型变量的长度过小，则会在日志窗口给出提示，并将该字符型变量的值设为星号（*）。如果数值表达式的值太小，则不会给出错误信息，并将该字符型变量的值设为字符 0。

在 SAS 中，主要用 3 种方式实现数值和字符之间的转化。

1. SAS 自动完成变量类型的转换

对于以下 3 种情况，SAS 会自动将字符转换成数值：一是算术表达式中的字符变量，二是比较运算式中的字符变量，三是在需要数值变量的函数中引用字符变量。同理，对于以下两种情况，SAS 会自动将数值转换成字符：一是字符表达式中有数值变量，二是在需要字符变量的函数中引用数值变量。但实际工作中，需要借助 input 函数或者 put 函数来转换变量类型。

示例如下：

```
data _null_;
    x1=20180101;
    length y1  $  1;
    y1=x1;
    x2=0.0001;
    length  y2  $1;
    y2=x2;
    x3='4';
    y3=x3 * 1;
    y4=sqrt(x3);
    y5=substr(x1,  7,  4);
    put y1-y5;
    run;
```

SAS 日志中的相应记录如图 4-4-4 所示。可以看出，y1 因之前设定的长度过小，所以 SAS 在日志中给出了提示，并将 y1 赋值为星号；而 x2 因为值太小，在转换为字符变量时，SAS 将 y2 设置为字符 0；算术表达式或需要数值变量的函数中的字符变量也自动转换成了数值（如示例中的 y3 和 y4）。注意，substr(x1, 7, 4)中的变量 x1 使用 BEST12.的输出格式，而字符值右对齐，使得转换后的字符值的前 4 位均是空格，因此 y5 的值为从第 7 个字符开始截取的 4 个字符串，即 y5＝1801。关于 substr 函数的介绍详见 4.3.1 节。

2. 使用 input 函数

input 函数可将字符型变量转换为数值型变量，具体请参见 4.3.4 节。

```
40    data _null_;
41       x1=20180101;
42       length y1 $ 1;
43       y1=x1;
44       x2=0.0001;
45       length y2 $ 1;
46       y2=x2;
47       x3='4';
48       y3=x3*1;
49       y4=sqrt(x3);
50       y5=substr(x1, 7, 4);
51       put y1-y5;
52       run;

NOTE: Numeric values have been converted to character values at the places given by:
      (Line):(Column).
      43:7   46:7   50:14
NOTE: Character values have been converted to numeric values at the places given by:
      (Line):(Column).
      48:7   49:12
NOTE: Invalid character data, x1=20180101.00 , at line 43 column 7.
* 0 4 2 1801
x1=20180101 y1=* x2=0.0001 y2=0 x3=4 y3=4 y4=2 y5=1801 _ERROR_=1 _N_=1
NOTE: At least one W.D format was too small for the number to be printed. The decimal may be
      shifted by the "BEST" format.
```

图 4-4-4 转换变量类型在 SAS 日志中的记录

3. 使用 put 函数

put 函数可将数值型变量转换为字符型变量,具体请参见 4.3.4 节。

4.5 SAS 数据处理

本节介绍常见的数据处理方法,包括变量的选取(如 keep 语句、drop 语句)、创建新变量(如赋值语句、rename 语句)、选取并操作部分观测(如 if 语句、where 语句)、对观测进行求和(如 sum 函数、retain 语句)、横向合并数据集(如 merge 语句)、纵向合并数据集(如 set 语句、append 语句)、循环(如循环 do 语句、do while 语句和 do until 语句)、数组以及若干可提高数据集处理灵活性的 SAS 选项(如 set 语句中的 point、nobs 和 end 选项以及自动变量 first.和 last.)。

4.5.1 选取变量

当使用已经存在的数据集生成新数据集时,可以指定将哪些变量保留或删除。该功能可以通过两种方式实现:①使用数据集中的 keep=和 drop=选项;②使用 keep 语句和 drop 语句。

例如,读取 SASHELP.CLASS 数据集时,仅保留 name、sex 和 age 变量并生成新数据集,SAS 代码如下:

```
data new1;
    set sashelp.class;
    keep name sex age;
    run;

data new2;
    set sashelp.class;
    drop height weight;
    run;

data new3;
    set sashelp.class(keep=name sex age);
```

```
    run;

data new4;
    set sashelp.class (drop=height weight);
    run;
```

以上 4 段程序的功能一致。那么它们有什么区别呢?

首先，在使用数据集中的 keep 和 drop 选项时，只有选取的变量才会被读入；而 keep 语句和 drop 语句会先将所有的变量读入之后，再选取相应的变量，因此当数据集较大时，前者的运行效率会更高。

其次，使用数据集中的 keep 和 drop 选项，可创建包含不同变量的多个数据集；而 keep 语句或 drop 语句实现不了该功能。

示例如下：

```
data new5(keep=name sex)
     new6(keep=name age);
    set sashelp.class;
    run;
```

再次，当 rename 语句和 keep 或 drop 语句一起使用时，keep 或 drop 语句会先起作用，即 keep 语句或 drop 语句中不能出现 rename 语句中的新变量名。

例如，下面的两段程序都是可以正常运行的，且运行结果一致(图 4-5-1)，但是如果把 keep 语句中的 age 换成 age_at_2000，则两段程序运行时都会报错(读者可自行验证)。

```
data new7;
    set sashelp.class;
    keep name sex age;
    rename age=age_at_2000;
    run;

data new8;
    set sashelp.class(keep=name sex age rename=(age=age_at_2000));
    run;

proc print data=new7(obs=5) noobs;
    run;
```

Name	Sex	age_at_2000
Alfred	M	14
Alice	F	13
Barbara	F	13
Carol	F	14
Henry	M	14

图 4-5-1　数据集 new7、new8 中的内容

4.5.2 创建变量

SAS 提供了多种创建新变量的方法，常用的有赋值语句、数据集中的 rename＝选项和 rename 语句、retain 语句等。

1. 赋值语句

赋值语句是最常见的创建新变量的方法，通常将新变量名放在等号左侧，等号右侧为对该变量的赋值。

例如，在 SASHELP.CLASS 数据集中，当年龄大于 13 岁时，生成新变量 age_c 并赋值为 1，则 SAS 代码如下：

```
data new9;
    set sashelp.class;
    if age>13 then age_c=1;
    keep name age age_c;
    run;
```

新数据集的内容如图 4-5-2 所示。

Name	Age	age_c
Alfred	14	1
Alice	13	.
Barbara	13	.
Carol	14	1
Henry	14	1

图 4-5-2　数据集 new9 的内容

2. 数据集的 rename＝选项和 rename 语句

数据集的 rename＝选项和 rename 语句可以同时更改一个或者多个变量的名称。前者的语句格式如下：

```
rename=(旧变量名 1=新变量名 1 < 旧变量名 2=新变量名 2 …>)
```

后者的语句格式如下：

```
rename 旧变量名 1=新变量名 1 < 旧变量名 2=新变量名 2 …>;
```

例如，将数据集 SASHELP.CLASS 中年龄小于 13 岁的观测输出，并将 age 命名为 age_at_2000，代码如下：

```
data new10;
    set sashelp.class(rename=(age=age_at_2000));
    if age_at_2000<13 then output;
    run;
```

```
data new11(rename=(age=age_at_2000));
    set sashelp.class;
    if age<13 then output;
    run;

data new12;
    set sashelp.class;
    rename age=age_at_2000;
    if age<13 then output;
    run;
```

上面 3 段程序的运行结果一致，3 个数据集的内容如图 4-5-3 所示。

AGE LESS THEN 13 YEARS

Name	Sex	age_at_2000	Height	Weight
James	M	12	57.3	83.0
Jane	F	12	59.8	84.5
John	M	12	59.0	99.5
Joyce	F	11	51.3	50.5
Louise	F	12	56.3	77.0
Robert	M	12	64.8	128.0
Thomas	M	11	57.5	85.0

图 4-5-3 数据集 new10、new11、new12 的内容

4.5.3 对观测求和

在进行数据处理时，经常需要计算所有观测或符合特定条件的部分观测的变量值之和，如每个季度的门诊总人数等，对观测求和的常用方法包括求和语句、retain 语句、sum 函数等。

1. 求和语句

求和语句的语句格式如下：

```
变量+表达式;
```

其中，变量为累加变量的名称（如下面的 sum 函数示例中的 total），表达式为任意的 SAS 表达式。注意，SAS 在读取第一个观测值前会将累加变量的初始值设置为 0；如果要将初始值设置为其他数值，可使用 retain 语句。

2. retain 语句

retain 语句用来规定单个变量、变量列表或数组元素的初始值，它功能强大，可以很方便地实现累加、累乘、缺失观测填充等复杂的数据处理。在默认情况下，data 步中所有变量在每次迭代开始前都会被设置为缺失值；而 retain 语句中的变量则不会，其值会一直保留到下次迭代中。retain 语句的格式如下：

```
retain element-list-1<initial-value-1|initial -value-list-1>
       element-list-2<initial-value-2|initial -value-list-2>
...
```

其中,element-list 规定变量名、变量列表或数组名;initial-value-list 规定 element-list 的初始值(为数字或者字符)。关于初始值的设置,SAS 会将同一初始值赋予前面列出的所有元素。如果使用圆括号来指定初始值,SAS 则会将圆括号内的第一个值指定给第一个元素,第二个值指定给第二个元素,以此类推。例如:

```
retain age1-age3 20 year 1999 sex "female";
```

上面的语句的功能是:将 age1 到 age3 的初始值均设为 20,将变量 year 的初始值设为 1999,将字符变量 sex 的初始值设为 female。

```
retain age1-age3 (20 30 40);
```

上面的语句的功能是:分别将 20、30、40 赋予 age1、age2、age3,作为初始值。

有两点需要读者注意:①如果变量个数比初始值多(如 retain age1-age3 (20 30);),那么剩余的变量(如 age3)用缺失值作为初始值;②如果某变量名仅在 retain 语句中出现,但并未对其赋初始值(如 age3),则该变量不会被写入输出数据集中。

3. 使用 sum 函数

sum 函数返回非缺失值的和。sum 函数的介绍详见 4.3.2 节。由于 sum 函数不会保持任何变量的值,因此需要和 retain 语句联用,来计算某变量的值的总和。

接下来,通过一个示例加深读者对上述 3 种方法的理解。在新数据集 visit 中,包含 3 个变量,分别是月份(month)、季度(quarter)和每月门诊量(visit_num)。那么如何计算所有月份的总门诊量呢?SAS 代码如下:

```
data visit;
    input month quarter visit_num;
    datalines;
    1 1 365
    2 1 456
    3 1 378
    4 2 572
    5 2 432
    6 2 573
    ;
    run;
data visit1;
    set visit;
    retain total1-total2 0;
    total+visit_num;
    total1=total1+visit_num;
    total2=sum(total2, visit_num);
    run;
```

运行程序后，数据集 visit1 的内容如图 4-5-4 所示。

有时，用户仅对符合特定条件的部分变量值之和感兴趣，如计算各季度的门诊总量。解决这一问题需用到 by 语句，即计算用 by 语句分组后的各组的总和。用 proc sort 语句对数据集进行排序后，SAS 会对每个用 by 语句划分的组创建两个自动变量：first.variable 和 last.variable，用来标识每个组的第一个和最后一个观测。可使用这两组临时变量计算分组后的总和。SAS 代码如下：

```
proc sort data=visit;
    by quarter;
    run;

data visit2;
    set visit;
    by quarter;
    if first.quarter then quarter_total=0;
    quarter_total+visit_num;
    /* if last.quarter; */
    run;
```

输出结果如图 4-5-5 所示，第 3 行的 1199 和第 6 行的 1577 分别是第一季度和第二季度的门诊总量。当观测数很多时，可以使用 if last.quarter;语句（上面的代码中加了注释符的语句），使 SAS 只输出每个组的最后一个观测（读者可自行验证）。

month	quarter	visit_num	total1	total2	total
1	1	365	365	365	365
2	1	456	821	821	821
3	1	378	1199	1199	1199
4	2	572	1771	1771	1771
5	2	432	2203	2203	2203
6	2	573	2776	2776	2776

图 4-5-4　数据集 visit1 的内容

month	quarter	visit_num	quarter_total
1	1	365	365
2	1	456	821
3	1	378	1199
4	2	572	572
5	2	432	1004
6	2	573	1577

图 4-5-5　分组求和的输出结果

4.5.4　选取并操作部分观测

在进行数据清洗时，常常需要选取数据集中的部分观测进行操作，如删除数据集中年龄大于 75 岁的病人、删除数据集中血压为缺失值的病人等。SAS 中的 if 语句、where 语句均可实现上述目的。关于条件语句（如%if 语句）在宏语言中的使用，请参阅 4.8.7 节。

1. if 语句

if 语句的两种类型如下：

（1）if expression;。其中，expression 为任意有效的表达式。

（2）if expression 1 then expression 2; <else expression 3;>：当 expression 1 为真时执行 then 后面的 expression 2，当 expression 1 为假时执行 else 后面的 expression 3。

下面的例子中共有 5 个 if 语句，基本上囊括了 if 语句在数据清洗中的常用功能，如生成新变量、删除观测和输出选择符合条件的观测到新数据库等。

```
if sex="M" then sexn=1;            /* 生成新变量 sexn。当 sex 为 M 时,为 sexn 赋值 1;否则为 sexn 赋值
                                    2 */
else sexn=2;

if sex="M" then do;                /* 生成新变量 height_n。当 sex 为 M 时,height_n 等于 height 加 10;
                                      当 sex 为 F 时,height_n 等于 height 减 10 */
   height_n=height+10;
   end;
else do;
   height_n=height-10;
end;

if sex="M" then delete;            /* 从数据库中删除 sex 为 M 的观测 */

if sex="M" and age<14 then output;     /* 输出 sex 为 M 且 age 小于 14 的观测到新数据库 */
if sex="M" and age<14;             /* 输出 sex 为 M 且 age 小于 14 的观测到新数据库 */
```

2. where 语句

语句格式：

```
where expression;
```

使用 where 语句时,SAS 系统仅从输入数据集中读入满足条件的观测,因此 where 语句比 if 语句效率高。与 if 语句不同,where 语句仅能从 SAS 数据集的观测中选择,而 if 语句还可以从用 input 语句产生的观测中选择。而且有些特殊算符仅适用于 where 语句,如表 4-5-1 所示。

表 4-5-1 仅适用于 where 语句中的表达式的特殊算符

算 符	功 能
between…and…	选择一定数值范围内的观测
? 或 contains	选择包括规定字符串的观测
is null 或 is missing	选择变量值为缺失值的观测
like	匹配选择观测。有两个特殊算符：百分号(%)可以替代任意多个字符,下画线(_)仅替代一个字符

示例如下：

```
where sex="M" and age<14;          /* 筛选 sex 为 M 且 age 小于 14 的观测 */
where age between 11 and 13;       /* 筛选 age 为 11、12、13 的观测 */
where age is not missing;          /* 筛选 age 为非缺失值的观测 */
where name contains "r";           /* 筛选 name 中包含 r 的观测 */
where name ? "R";                  /* 筛选 name 中包含 R 的观测 */
where name like '%d';              /* 筛选 name 中以 d 结尾的观测,无论 d 之前有多少字符 */
where name like '_h%';             /* 筛选 name 中 h 为第二个字母的观测,无论 h 后面有多少字符 */
```

```
where name in ('Jane', 'John') or age in (11,14);
                                   /*筛选 name 为 Jane 或 John 或者 age 为 11 或 14 的观测*/
```

4.5.5 循环和数组

在编程过程中，常常需要多次执行相同的操作或者对不同的变量执行相同的操作，这时灵活运用循环或者数组，会极大地提高工作效率。其中，循环语句(如%do 语句)在宏语言中的使用请参阅 4.8.7 节。

1. 循环

在 SAS 中，常用的循环语句有以下几种形式：循环 do 语句、do while 语句和 do until 语句。

1）循环 do 语句

循环 do 语句的格式如下：

```
do index-variable=start <to end ><by increment>;
end;
```

其中，index-variable 用于指定一个变量，如果该变量不存在，则创建该变量。do 语句和 end 语句之间的语句称为 do 组。start、end 和 increment 分别指定 index-variable 的初始值、结束值和步长；如果未指定步长，则每次迭代增加 1。

下面的示例列举了循环 do 语句最常用的使用方法。

```
/*产生新变量 a,其观测值为 1～10*/
do a=1 to 10;
  output;
  end;

/*产生两个新变量 x 和 t,其中 x 为 1～10,t 为 1～10 的自然数之和*/
do x=1 to 10;
  t+x;
  output;
  end;

/*产生新变量 b,其观测值分别为 1,3,5,7,9*/
do b=1 to 10 by 2;
  output;
  end;

/*产生新变量 c,共两个观测值,分别为 Tuesday 和 Monday*/
do c='Tuesday','Monday';
  output;
  end;

/*产生新变量 d,共 3 个观测值,分别为 01JAN2017、03JAN2017 和 05JAN2017*/
format d DATE9.;
```

```
do d='01JAN2017'd to '05JAN2017'd by 2;
   output;
   end;
```

2）do while 语句和 do until 语句

do while 语句在条件成立时执行 do 循环中的语句，而 do until 语句重复执行 do 循环中的语句，直到条件为真。其语句格式分别是 do while(expression)和 do until(expression)。

例如，将给定字符串中的各个单词分开写入数据集中，代码如下：

```
data test_1;
   length word $11;
   drop test_string;
   test_string='MEDICINE is a science of UNCERTAINTY and an art of PROBABILITY';
   word=scan(test_string, 1);
   do while(lengthn(word)>0);
     count+1;
     word=scan(test_string, count);
     output;
     end;
   run;

data test_2;
   length word $11;
   drop test_string;
   test_string='MEDICINE is a science of UNCERTAINTY and an art of PROBABILITY';
   do until(lengthn(word)=0);
     count+1;
     word=scan(test_string, count);
     output;
     end;
   run;
```

数据集 test_1 和 test_2 的内容一样，如图 4-5-6 所示。

2. 数组

1）数组简介

若需要对许多同类型的变量进行相同的操作，可以使用数组来简化代码。数组通常由一组相同类型的变量构成，并由数组名标识。这些变量既可以是数据集中已经存在的变量，也可以是要创建的新变量。注意，SAS 中的数组仅仅是临时标识一组变量的方法，并不是一种数据结构。

定义数组的语句格式如下：

```
array array-name {subscript} [$] [length] [array-elements] [(initial-value-list)];
```

其中：

- array-name：指定数组名称。其命名需遵循 SAS 变量的命名规则(如不超过 32 个字符、以字母

word	count
MEDICINE	1
is	2
a	3
science	4
of	5
UNCERTAINTY	6
and	7
an	8
art	9
of	10
PROBABILITY	11

图 4-5-6 数据集 test_1 和 test_2 的内容

或下画线开始、对大小写不敏感等）。

- subscript：指定数组的上下边界、元素个数或者星号。星号表示通过计算元素个数确定数组下标。
- $：指定数组元素为字符型变量。
- length：指定数组元素的长度。
- array-elements：指定组成数组的元素，既可以是已经存在的变量，也可以是要创建的变量。
- initial-value-list：指定数组中相应元素的初始值，以空格隔开。

定义数组时的括号可以是()、{}或[]，且在 subscript 中可以指定数组的维数以及各个维的下边界和上边界，多个维之间用逗号隔开，同一维内的上下边界用冒号隔开。数组维数和上下边界的示例如表 4-5-2 所示。

表 4-5-2 数组维数和上下边界的示例

数组定义	维数	下边界	上边界
array x {5} a b c d e	1	1	5
array x {2:6} a b c d e	1	2	6
array x {1:2,11:15} a1—a10	2	第一维：1 第二维：11	第一维：2 第二维：15
array x { * } a b c d e	1	1	5

如果需要引用数组中的变量，则需要给出数组名和该变量的下标。例如，用 array x {5} a b c d e; 定义数组 x 之后，x{1}是变量 a，x{2}是变量 b，以此类推；如果定义了上下边界，如 array x {2:6} a b c d e;，则 x{2}是变量 a，x{6}是变量 e。

除了列出变量名之外，在数组中还可以使用_numeric_、_character_、_all_等自动变量，关于自动变量的介绍详见 4.4.2 节。例如，array num { * } _numeric_;用来定义数组 num，其元素包含数据集中的所有数值型变量；array char_var { * } _character_;用来定义数组 char_var，其元素包含数据集中的所有字符型变量。

SAS 还提供了 3 个函数——dim、hbound 和 lbound，以便用户更加灵活地使用数组，它们的功能分别用于返回数组中指定维度的元素个数、上边界和下边界。例如，对于定义的数组 x（定义语句为 array x {1:2,11:15} a1－a10;），上述 3 个函数的返回值如表 4-5-3 所示。

表 4-5-3 dim、hbound 和 lbound 函数针对数组 x 的返回值

函　数	返　回　值	函　数	返　回　值
dim(x)	2	dim2(x)	5
hbound(x)	2	hbound2(x)	15
lbound(x)	1	lbound2(x)	11

2）在 do 语句中引用数组

将 do 语句与数组结合使用，能极大地提高数据处理的效率，例如，批量将本应是数值型变量的字符型变量转成数值型变量，批量将数值型变量中的异常值转成缺失值，等等。

例如，在新数据库 test 中生成两个新变量 height_new 和 weight_new，使它们分别等于原始身高加 10 和原始体重加 10，代码如下：

```
data test;
  set sashelp.class(keep=name height weight);
  array num{ * } height weight;
  array num_new { * } height_new weight_new;

  do i=1 to 2;
  num_new{i}=num{i}+10;
  end;

  /* do i=1 to dim(num); */
  /* num_new{i}=num{i}+10; */
  /* end; */
  run;
```

示例中的两个 do 语句的功能是一致的，而第二种方法使用 dim 函数的优点在于不再需要人工去查数组中变量的个数，该优点在处理大数据时尤为突出。

上述程序的输出结果，即数据集 test 的内容，如图 4-5-7 所示。

Name	Height	Weight	height_new	weight_new
Alfred	69.0	112.5	79.0	122.5
Alice	56.5	84.0	66.5	94.0
Barbara	65.3	98.0	75.3	108.0
Carol	62.8	102.5	72.8	112.5
Henry	63.5	102.5	73.5	112.5

图 4-5-7 数据集 test 的内容

4.5.6 数据集的横向合并和纵向合并

使用 SAS 对多个数据集进行处理时，常需要将两个或者多个数据集合并。例如，在医学系统中，病人的数据通常存储在不同数据集中，为了对病人数据进行全面分析，需要对各种数据集进行横向合并和纵向合并。

1. 数据集的横向合并

SAS 中的 merge 语句可实现两个或多个数据集的横向合并。一般分为两种情况：①不需要 by 语

句的合并，也称为一对一合并；②使用 by 语句的合并，也称为匹配合并。由于一对一合并也可以通过匹配合并来实现，因此，本书仅介绍匹配合并。

匹配合并的语句格式如下：

```
data new_dataset;
    merge dataset 1<dataset-options>dataset 2 <dataset-options>…;
    by variable 1 variable 2 …;
    run;
```

其中：

- dataset-options 用来规定对输入数据集的操作，常用的选项包括 keep=、drop=、rename=、where=和 in=；数据集选项 in=var 规定临时变量 var，该变量标识观测是否来自该数据集，来自该数据集时其值为 1，否则为 0。
- 使用 by 语句时，输入数据集需提前按 by 后面列出的变量排序。

例如，数据集 person 中有病人 id 和性别(sex)，而数据集 alt_test 中有病人 id 和 ALT 的测定结果(alt_test)。那么，研究性别与 ALT 测定结果之间的关系时，就需要用 merge 语句将两个数据库横向合并在一起，同时需要 by 语句指定两个数据库根据哪些变量进行合并(如本例中的 id)。由于选项 in=生成的只是临时变量，为了在输出的数据集中能看到变量的值，需要将这些临时变量的值赋给新变量 ina 和 inb。代码如下：

```
data person;
    input id sex $;
    datalines;
    1 M
    2 F
    3 M
    4 F
    ;
    run;

data alt_test;
    input id result;
    datalines;
    1 40
    2 32
    3 38
    2 42
    1 56
    ;
    run;

proc sort data=alt_test;
    by id;
    run;
```

```
data new;
    merge person(in=a) alt_test(rename=(result=alt_result) in=b);
    by id;
    ina=a;
    inb=b;
    run;
```

从输出结果（图 4-5-8）可以看出，在合并后的数据集中，病人 4 的记录仅来自第一个数据库（person）。

id	sex	alt_result	ina	inb
1	M	40	1	1
1	M	56	1	1
2	F	32	1	1
2	F	42	1	1
3	M	38	1	1
4	F	.	1	0

图 4-5-8　数据集的横向合并结果

2. 数据集的纵向合并

数据集的纵向合并是指将两个或多个数据集首尾相连，生成新的数据集。常用的方法有两种：①使用 data 步中的 set 语句；②使用 append 过程步。

1）set 语句

set 语句的格式如下：

```
data new_dataset;
    set dataset 1<dataset-options>dataset 2 <dataset-options>… ;
    run;
```

其中：

- dataset 1，dataset 2，…均为输入数据集。
- 新数据集将包含各输入数据集中的所有变量。

例如，数据集 quarter_1 中包含某医院 1 月到 3 月的门诊量，变量名分别是 month 和 num_1，数据集 quarter_2 中包含该医院 4 月到 5 月的门诊量，但门诊量的变量名为 num_2。这种同一个指标在不同的数据集中的变量名不一致的情况在实际工作中极为常见。如果用 set 语句直接把两个数据库纵向合并在一起，代码如下，则新数据集 raw_num 中有 3 个变量，分别是 month、num_1 和 num_2，输出结果如图 4-5-9 所示。

```
data quarter_1;
    input month num_1;
    datalines;
    1 865
    2 273
```

```
    3 456
    ;
    run;

data quarter_2;
    input num_2 month;
    datalines;
    653 4
    742 5
    563 6
    ;
    run;

data raw_num;
    set quarter_1 quarter_2;
    run;
```

上述结果并不符合预期，num_1 和 num_2 纵向合并在一起后应该生成一个新变量，这时就需要用到数据集选项 rename，将输入数据集中表示门诊量的变量重命名为相同变量名即可（如重命名为 num）。代码如下：

```
data clean_num;
    set quarter_1(rename=(num_1=num)) quarter_2(rename=(num_2=num));
    run;
```

输出结果如图 4-5-10 所示。

month	num_1	num_2
1	865	.
2	273	.
3	456	.
4	.	653
5	.	742
6	.	563

图 4-5-9 错误的数据集纵向合并结果

month	num
1	865
2	273
3	456
4	653
5	742
6	563

图 4-5-10 正确的数据集纵向合并结果

2）append 过程步

append 过程步与 set 语句的不同之处在于：append 过程步避免了处理原数据集中的数据，直接将新的观测添加到原数据集后面。

append 过程步的语句格式如下：

```
proc append base=dataset <data=dataset><force>;
```

其中：

- base=指定需要增加观测的基本数据集。该数据集可以是已经存在的数据集，也可以是不存在的数据集。
- data=指定要添加到基本数据集后的数据集名。默认使用最新创建的数据集，但为了保证程序的可读性，不建议采用默认值。
- force选项强制将追加数据集中的观测添加到基本数据集中。当基本数据集和追加数据集结构不完全匹配时，可以考虑使用force选项。注意，使用append过程步时，SAS不会处理基本数据集中的观测，因此追加后的数据集仅包含基本数据集中的变量。

例如，当使用append过程步纵向合并上例中的quarter_1和quarter_2两个数据集时，由于数据集quarter_2中的num_2变量没有在数据集quarter_1中出现，因此，如果不使用force选项，则SAS会报错，并且无法完成合并(读者可自行验证)；使用force选项后，会使得纵向合并成功，但仅存在于追加数据集中的变量不会被添加到基本数据集中。运行下述SAS代码后的输出结果如图4-5-11所示。

```
proc append base=quarter_1 data=quarter_2 force;
run;
```

month	num_1
1	865
2	273
3	456
4	.
5	.
6	.

图4-5-11 使用append过程步纵向合并数据集

4.5.7 增加数据集处理灵活性的SAS选项

1. set语句中的point和nobs选项

用set语句读入数据集时，可使用point选项指定要读入的观测序号，语句格式为

```
set dataset point=variable;
```

其中，variable用来指明要读入的观测序号。point选项常和stop语句一起使用，以防止系统因找不到相应的观测而陷入死循环。nobs选项可用于获得数据集的观测数。

例如，从SASHELP.CLASS数据集中抽取一半的观测来建立预测模型。SAS代码如下：

```
data sample;
    do i=1 to total by 2;
       set sashelp.class point=i nobs=total;
       output;
    end;
```

```
    stop;
run;
```

运行这个代码后，系统会从该数据集中依次抽出第 1，3，5 条观测，直到处理完数据集中的全部观测为止。

2. set 语句中的 end 选项

用 set 语句读入数据集时，可使用 end 选项来识别 SAS 在什么时候处理输入数据集的最后一条观测。语句格式为

```
set dataset end=variable;
```

其中，variable 是临时性的数值型变量，当处理到最后一条观测时，其取值为 1，否则为 0。

例如，在新数据集 visit 中，包含两个变量，分别是月份和每月门诊量。现欲计算 1—6 月的总门诊量，则 SAS 代码如下：

```
data visit;
    input month visit_num;
    datalines;
    1 365
    2 456
    3 378
    4 572
    5 432
    6 573
    ;
    run;

data visit_total;
    set visit end=last;
    total_visit +visit_num;
    if last;
    keep total_visit;
    run;
```

total_visit
2776

图 4-5-12　1—6 月的总门诊量

输出结果如图 4-5-12 所示。在该代码中，end 选项定义了临时变量 last，读者可根据自己项目的要求，自行更改这个临时变量的名称。“total_visit ＋ visit_num；”用来计算总门诊量，其作用和“retain total_visit 0；total_visit = total_visit ＋ visit_num；”一致（读者可自行验证）。“if last；”是指如果运行到了最后一条观测，则将该观测输出到新数据集中，其作用和“if last then output；”一致。注意，这条语句和“if last. then output；”的功能不同，后者常和 by 语句联用，用于输出每个分组的最后一条观测（详见 4.5.3 节）。

3. 自动变量 first.和 last.

在 data 步中，若使用了 by 语句，SAS 会对每个分组创建两个自动变量：first.variable 和 last

.variable，用来标识每个分组的第一个和最后一个观测。当 data 步正在处理该分组的第一条观测时，则 first.variable 为 1，否则为 0；同理，当处理分组的最后一条观测时，last.variable 为 1，否则为 0。其应用实例请参见 4.5.3 节。

4.6 SAS 中常见的 proc 步

本节介绍若干个在数据管理、数据清洗和数据分析中常用的 proc 步，它们分别是 proc contents、proc datasets、proc freq、proc means、proc sort、proc transpose、proc univariate、proc corr、proc reg、proc logistic、proc lifetest 和 proc phreg 过程步。

4.6.1 proc contents

proc contents 过程步用于输出 SAS 逻辑库成员的描述信息，其常用选项如表 4-6-1 所示。

表 4-6-1 proc contents 过程步常用选项

选 项	功 能
data=	指定输入数据集或逻辑库
details|nodetails	指定是否输出观测数、变量数和数据集标签，须与 directory 选项联用
directory	输出逻辑库中所有成员的列表
fmtlen	输出输入格式和输出格式的长度
memtype=	指定输出逻辑库中的一个或多个成员的类型；选项包括_all_(所有成员)、catalog(目录)、data(SAS 数据集)、program(SAS 程序)和 view(视图)
nods	当在 data 选项中使用_all_时，限制输出单个成员的信息，仅输出逻辑库的目录
noprint	不输出 contents 的内容结果
order=ignorecase	指定变量列表按照字母顺序输出
out=	指定输出的 SAS 数据集名称
short	只输出 SAS 数据集的变量列表
varnum	指定变量列表按照它们在 SAS 数据集中的逻辑位置输出

例如，输出 SASHELP.CLASS 数据集中的变量名，代码如下：

```
proc contents data=sashelp.class short varnum;
    run;
```

输出结果如图 4-6-1 所示。

Variables in Creation Order
Name Sex Age Height Weight

图 4-6-1 SASHELP.CLASS 数据集的变量名

又如，输出 SASHELP 逻辑库中的所有 SAS 数据集和视图的名称，代码如下：

```
proc contents data=sashelp._all_ memtype=(data view) nods;
    run;
```

该程序的输出结果过长，请读者自行查看。

4.6.2 proc datasets

proc datasets 过程步的主要功能如下：

- 将一个 SAS 逻辑库中的数据集复制到另一个逻辑库中。
- 重命名、修复或删除 SAS 文件。
- 列出某一 SAS 逻辑库中所有的 SAS 文件。
- 列出某一 SAS 数据集的属性，如最近修改时间、数据是否压缩、数据是否索引。
- 向 SAS 数据集添加记录。
- 对 SAS 数据集的属性和数据集内的变量的属性进行修改。
- 创建或删除 SAS 数据集的索引。
- 创建和删除 SAS 数据集的核查文件。
- 创建和删除 SAS 数据集的完整性规则。

proc datasets 的语句格式如下：

```
proc datasets <options>;
    append base=dataset <data=dataset><force>;
    change old-name-1=new-name-1 …;
    contents <options>;
    copy in=libref-1 out=libref-2 <options>;
    delete member-list <options>;
    exchange name=other-name;
    exclude memeber-list <options>;
    format variable-1 <format-1>…;
    index create index-1=(variable-list-1) …;
    index delete index-1 …;
    informat variable-1 <informat-1>…;
    label variable-1=<'label-1' | ' '>…;
    modify member-list<options>;
    rename old-name-1=new-name-1 …;
    save member-list <options>;
    select member-list <options>;
    run;
    quit;
```

表 4-6-2 列举了该过程步常见的选项及其相应的功能。

表 4-6-2 proc datasets 过程步常用选项

语 句	选 项	功 能
datasets	alter=	对该逻辑库变更访问权限
	details	输出逻辑库中包含的观测数、变量数和数据集标签
	kill	删除逻辑库中的所有成员

续表

语 句	选 项	功 能
datasets	library=	指定要处理的逻辑库，默认为 WORK 逻辑库
	memtype=	指定要处理的文件类型，选项包括_all_(所有成员)、catalog(目录)、data(SAS 数据集)、program(SAS 程序)和 view(视图)等。缩写为 mt=
	nodetails	不输出观测数、变量数和数据集标签
	nolist	不输出逻辑库成员信息
	noprint	不输出到日志和列表中
	nowarn	不输出错误信息
	pw=密码	对该逻辑库设置读、写和变更访问的权限
	read	对该逻辑库设置读的访问权限
append		请读者参见 proc append 中的有关内容
change	old-name-1=new-name-1…	更改逻辑库中一个或多个成员的名称
	memtype=member-type	含义同上。member type 必须为单个成员名称
contents		参见 proc contents 中的有关内容
copy	in=	指定被复制的逻辑库，必选项
	out=	指定要复制到哪个数据库，必选项
	memtype=	含义同上
	move	剪切 in=逻辑库成员到 out=逻辑库
delete	member-list	用来删除逻辑库成员，save 语句的反向操作语句
	memtype=	含义同上
exchange	name=other-name	用来交换同一个逻辑库中两个成员的名称
	memtype=	含义同上
exclude	member-list	指定不需要被复制的逻辑库成员，是 select 语句的反向操作语句，须与 copy 语句合并使用
	memtype=	含义同上
format	variable-1 <format-1> …	改变变量输出格式，须与 modify 语句合并使用
index create	index-1=(variable-list-1)…	创建简单或复合索引，须与 modify 语句合并使用
index delete	index-1 …	删除索引，须与 modify 语句合并使用
informat	variable-1 <informat-1> …	改变变量输入格式，须与 modify 语句合并使用
label	variable-1=<'label-1' | ' '> …	创建、改变或取消变量的标签，须与 modify 语句合并使用

续表

语　句	选　　项	功　　能
modify	member-list	改变 SAS 数据集的某些属性，如名称、标签、输入格式和输出格式
	label='data-set-label' | ' '	改变或取消 SAS 数据集的标签
rename	old-name-1=new-name-1 …	改变变量名称，须与 modify 语句合并使用
save	member-list	保留 SAVE 语句后面列出的逻辑库成员，是 delete 语句的反向操作语句
	memtype=	含义同上
select	member-list	指定需要被复制的逻辑库成员，是 exclude 语句的反向操作语句，须与 copy 语句合并使用
	memtype=	含义同上

例如，首先仅将 SASHELP 逻辑库中的数据库 CLASS 复制到 WORK 逻辑库中，代码如下：

```
proc datasets library=sashelp noprint;
    copy in=sashelp out=work;
    select class;
    run;
```

其次，运用 datasets 过程修改数据集 WORK.CLASS 的属性，代码如下：

```
proc datasets library=work;
    modify class(label="test result");
    format weight 6.2;
    rename height=height_2000;
    quit;
    run;
```

最后，对上述数据集进行描述，代码如下：

```
proc datasets library=work;
    contents data=class;
    quit;
    run;
```

Alphabetic List of Variables and Attributes				
#	Variable	Type	Len	Format
3	Age	Num	8	
1	Name	Char	8	
2	Sex	Char	1	
5	Weight	Num	8	F6.2
4	height_2000	Num	8	

图 4-6-2　proc datasets 过程步示例的输出结果

输出结果如图 4-6-2 所示。可以看出，变量 weight 的输出格式和原变量 height 的名称均发生了改变。

4.6.3　proc freq

proc freq 过程步主要用于两个目的：一是生成分类变量的频数表；二是用统计推断分析变量间的关系。其语句格式如下：

```
proc freq <options >;
        tables requests </options>;
        weight variable </option>;
        exact statistic-options </computation-options>;
        by variable-list;
        output <out=SAS-data-set>output-options;
        run;
```

其中，proc freq 常用选项如下：

- data=：指定输入数据集。
- formchar=：指定用来构造列联表单元格的轮廓线和分割线的字符，如 formchar(1,2,7)='| — + '；其中 1、2、7 分别用于规定垂直线字符、水平线字符和两者交叉处的字符。
- noprint：规定不输出任何描述性统计量。
- order=：指定频数表中分类变量的排序方式，其常用的选项有 freq(按频数的降序排列)、data(按数据值在数据集中的次序排序)、internal(按数据值的次序排序)、formatted(按输出格式的值排序)和 page(指定每页仅输出一张表，若省略该项，允许在每页中输出多张表)。

tables 语句是 proc freq 过程步中最重要的语句。一个 proc freq 过程步中可以有任意个 tables 语句，默认对数据集中的每个变量都生成一个单向频数表。用星号(*)连接两个变量可以生成双向交叉表。若想同时生成多个表，则可以使用较简便的方法，例如，a*(b c)等同于 a*b、a*c，(a b)*(c-d)等同于 a*c、b*c、a*d、b*d，(a—c)*d 等同于 a*d、b*d、c*d。tables 语句常用选项如表 4-6-3 所示。

表 4-6-3　proc freq 过程步中 tables 语句常用选项

选　项		功　能
统计分析选项	all	输出 chisq、measures 和 cmh 的结果
	alpha	指定置信区间的水平，默认为 alpha=0.05
	chisq	卡方检验
	cmh	Cochran-Mantel-Haenszel 检验
	fisher	Fisher 检验
	missing	将缺失值作为非缺失值处理
	or	计算 2×2 表的比值比
	relrisk	计算 2×2 表的相对危险度
	riskdiff	计算 2×2 表的风险度差
	trend	对趋势进行 Cochran-Armitage 检验
附件表选项	cumcol	输出列的累计百分比
	deviation	输出每个单元格频数与期望值之间的偏差
	expected	输出每个单元格的期望值
	missprint	输出缺失值的频数
	pearsonres	输出 Pearson 残差到 crosslist 表中
	stdres	输出标准化残差到 crosslist 表中

续表

选　项		功　能
输出结果选项	nocol	不输出列百分比
	nocum	不输出累计频数和累计百分比
	nofreq	不输出频数
	nopercent	不输出百分比
	noprint	不输出交叉表，但输出统计结果，如统计量和 P 值
	norow	不输出行百分比

weight 语句用于指定加权变量，它的值表示相应观测的权数。该权数应大于 0；若小于 0 或者缺失，则假定该值为 0。

exact 语句用于对指定的统计量进行精确检验。

by 语句用于指定分组变量。当使用 by 语句时，要求输入数据集事先已按 by 变量进行了排序。

output 语句用于创建输出数据集，其可包括由 tables 语句指定的任意统计量。本书没有对其作具体介绍，原因请参阅 9.2.1 节和 9.2.2 节。

由于本书在 9.2.2 节对如何使用 proc freq 过程步进行了详细的描述，因此本节不再提供示例。

4.6.4 proc means

proc means 过程步是一个数据汇总统计过程，可对单个或者多个变量进行整体的或者分组的统计描述。该过程步和 proc summary 非常相似。与 proc univariate 相比，该过程步用于描述已知样本所在总体符合正态分布的变量。其常用的语法结构如下：

```
proc means [data=indata] [option(s)] [statistic-keyword(s)];
    var variable(s);
    by [descending] variable-1 [[descending] variable-2 …] [notsorted];
    class variable(s) [/ option(s)];
    output [out=SAS-data-set] [output-statistic-specification(s)];
    run;
```

各参数含义如下：

- data=indata：用于指定要分析的数据集，默认为当前最新数据集。
- option(s)：常用的选项包括 alpha=value（指定置信区间的 alpha 水平，默认为 0.05）、maxdec=n（指定输出结果的小数点位数，取值范围 0～8），missing（将缺失值作为有效值，并在结果中输出缺失值），nonobs（在结果中不输出行数），print/noprint（统计结果是否输出到 output 窗口）等。
- statistic-keyword(s)：常用的统计关键词如表 4-6-4 所示。

by 和 class 用于指定分组变量。与 class 不同，使用 by 时，需先对数据集进行排序；

output 将统计结果输出到 SAS 数据集中（本书不作介绍，具体原因详见 9.2.1 节）。

表 4-6-4 proc means 过程步中常用的统计关键词

统计关键词		含　义
描述性统计量	clm	置信线
	css	校正平方和
	cv	变异系数
	kurtosis|kurt	峰度
	lclm	置信下限
	max	最大值
	mean	均值
	min	最小值
	mode	众数
	n	非缺失值个数
	nmiss	缺失值个数
	range	极差
	skewness | skew	偏度
	stddev | std	标准差
	stderr	标准误差
	sum	求和
	sumwgt	求权重和
	uclm	置信上限
	uss	未校正平方和
	var	方差
分位数统计量	median | p50	中位数
	p1	1%分位数
	p5	5%分位数
	p10，p20，…，p90	10%，20%，…，90%分位数
	p95	95%分位数
	p99	99%分位数
	q1 | p25	四分位数下限(25%分位数)
	q3 | p75	四分位数上限(75%分位数)
	qrange	四分位数极差(qrange＝q3－q1)

由于 9.2.1 节对如何使用 proc means 过程步进行了详细的描述，因此本节不再提供示例。

4.6.5 proc sort

proc sort 过程步对数据集按照指定变量(一个或多个)的升序或者降序排序,并把排序后的结果输出到指定数据集中,若不指定输出数据集,则覆盖输入数据集。注意,如果输入数据集在拟排序的变量上有索引,则不进行排序,因为排序后会打乱原来的索引。但用户可使用 force 选项进行强制排序。其语句格式如下：

```
proc sort <option(s)>;
    by <descending>variable-1 <<descending>variable-2 …>;
    run;
```

该过程步常用的选项如表 4-6-5 所示。

表 4-6-5 proc sort 过程步常用选项

选　项	功　能
data=	指定要排序的数据集,默认为最新创建的数据集
dupout=	将重复记录输出到数据集
force	强制排序
nodupkey	删除重复的 by 变量记录
noduprecs	删除完全相同的记录
out=	指定排序后输出的数据集
by	指定排序变量。默认按照变量升序排列(ascending),降序则需在变量名前使用 descending 指明

例如,删除数据集 test 中完全相同的记录,按病人 id 降序排列,将排序后的数据集输出到数据集 test_1，并将被删除的记录输出到数据集 test_dup_1 中,代码如下：

```
data test;
    input id sex $alt_test;
    datalines;
    1 M 65
    2 F 56
    3 M 38
    1 M 52
    2 F 56
    ;
    run;

proc sort data =test out=test_1 noduprecs dupout=test_dup_1;
    by descending id;
    run;
```

运行程序后,数据集 test_1 和 test_dup_1 的内容分别如图 4-6-3 和图 4-6-4 所示。

如果在数据分析时使用的是 nodupkey 选项，则会将重复的 by 变量记录删除。SAS 程序如下,具体结果请读者自行查看。

TEST_1

id	sex	alt_test
3	M	38
2	F	56
1	M	65
1	M	52

图 4-6-3 数据集 test_1 的内容

TEST_DUP_1

id	sex	alt_test
2	F	56

图 4-6-4 数据集 test_dup_1 的内容

```
proc sort data =test out=test_2 nodupkey dupout=test_dup_2;
    by descending id;
    run;
```

4.6.6 proc transpose

proc transpose 过程步的功能是实现数据集的转置，即将数据集中的观测变为变量，变量变为观测。其语句格式为

```
proc transpose <data=input-data-set><label=label><let><name=name>
               <out=output-data-set><prefix=prefix><suffix=suffix>;
    by <descending>variable-1 <<descending>variable-2 …><notsorted>;
    copy variable(s);
    id variable;
    idlabel variable;
    var variable(s);
    run;
```

proc transpose 过程步的选项如表 4-6-6 所示。

表 4-6-6 proc transpose 过程步的选项

选　项	功　能
data=	指定输入数据集，默认为最新创建的数据集
label=	指定转置后变量的标签，默认为_label_
let	允许 id 变量出现相同的值
name=	指定转置后变量的变量名，默认为_name_
out=	指定转置后的输出数据集
prefix=	指定转置后变量的前缀
suffix=	指定转置后变量的后缀
by 语句	按照 by 组的变量进行转置，该变量将出现在输出数据集中，但不会被转置
copy 语句	将 copy 组的变量直接由输入数据集复制到输出数据集

续表

选　项	功　能
id 语句	指定输入数据集中的一个或者多个变量，其观测值将作为转置后数据集的变量名
idlabel 语句	指定被转置变量的标签
var 语句	指定要转置的变量

例如，在原数据集 test 中，一个病人有多条记录，其 ALT 和 AST 的检测结果是纵向排列的，转置生成数据集 test_transpose 之后，每个病人仅有一条记录，其检测结果是横向排列的。proc transpose 过程步在数据转置方面功能强大，感兴趣的读者可参阅 SAS 帮助文件。SAS 程序如下：

```
data test;
    input patient_id $ALT AST;
    datalines;
    A1001 43  47
    A1004 57  56
    A1001 46  83
    A1001 43  39
    A1004 63  50
    A1004 27  32
    A1004 269 198
    ;
    run;

proc sort data=test;
    by patient_id;
    run;

proc transpose data=test out=test_transpose name=test_name prefix=result_;
    by patient_id;
    var alt ast;
    run;
```

转置后的数据集如图 4-6-5 所示。

patient_id	test_name	result_1	result_2	result_3	result_4
A1001	ALT	43	46	43	.
A1001	AST	47	83	39	.
A1004	ALT	57	63	27	269
A1004	AST	56	50	32	198

图 4-6-5　转置后的数据集

更多关于 proc transpose 的示例，请参阅 9.2.1 节和 9.2.2 节。在这两节中，作者对如何高效生成论文中的表进行了详细介绍，其中涉及 proc transpose 语句的使用。

4.6.7 proc univariate

与 proc means 过程步相比，proc univariate 过程步除了可以计算基本统计量（如均值、标准差）之外，还可以提供以下功能：

- 绘制直方图，可拟合各种分布的概率密度曲线（probability density curve）和核密度估计（kernel density estimate）。
- 绘制累积分布函数图（cumulative distribution function plot）。
- 绘制 QQ 图（quantile-quantile plot）、概率图（probability plot）和 PP 图（probability-probability plot），这些图有助于了解变量的分布。
- 进行拟合优度检验（goodness-of-fit test）。
- 在图中插入汇总统计量。
- 创建包含汇总统计量、直方图间隔以及拟合曲线参数的输出数据集。

proc univariate 的语句格式如下：

```
proc univariate <options>;
    by variables;
    cdfplot <variables></options>;
    class variable-1 <(v-options)><variable-2 <(v-options)>></ keylevel=value1 |
    (value1 value2)>;
    freq variable;
    histogram <variables></options>;
    id variables;
    inset keyword-list </options>;
    output <OUT=SAS-data-set><keyword1=names keyword2=names…><percentile options>;
    ppplot <variables></options>;
    probplot <variables></options>;
    qqplot <variables></options>;
    var variables;
    weight variable;
    run;
```

其常见选项如表 4-6-7 所示。

表 4-6-7 proc univatiate 过程步的选项及功能

选　项	功　能
<options>	alpha=：指定置信区间的 alpha 水平，默认为 0.05
	cibasic：假设数据服从正态分布时，输出均值、标准差和方差的置信区间
	ciquantnormal：假设数据服从正态分布时，输出分位数的置信区间
	data=：指定输入数据集
	freq：生成包含变量值、频数、百分数和累计频数的频率表
	nextrobs=n：列出 n 个极值观测

续表

选　项	功　能
<options>	nextrval=n：列出 n 个极值
	noprint：不输出描述性统计量
	normal：输出假定变量服从正态分布时的假设检验的统计量
	outtable=：指定输出数据集
	pctldef：指定计算的百分位数
	plot：指定生成水平直方图、箱形图和正态概率图
	round：指定变量数值四舍五入的单位
	vardef=：指定方差计算公式中的除数
by	按 by 指定的变量分组计算统计量(要求输入数据集已事先按 by 变量进行排序)
cdfplot	输出累积分布函数图
class	指定分组变量(输入数据集无须提前排序)
freq	指定每个观测出现频率的变量
histogram	输出直方图，可选择性地叠加估计的参数和非参数的概率密度曲线
id	指定识别极端值的变量
inset	指定在图形(如 cdfplot、histogram、ppplot、probplot、qqplot)中插入描述统计量表
output	输出特定统计量到数据集中
ppplot	输出 PP 图
probplot	输出概率图
qqplot	输出 QQ 图
var	指定用于计算描述统计量的数值变量
weight	指定相应观测的权重

这里着重介绍一下 output 语句，该语句可将用户感兴趣的统计量输出到新数据集中，其支持的描述统计量分为以下 4 类：描述统计量关键词、分位数关键词、稳健估计量关键词和假设检验关键词。其中，前两类关键词和 proc means 过程步支持的关键词基本上一致(见表 4-6-3)；稳健估计量关键词不常用，感兴趣的读者可参阅 SAS 帮助文档。常用的假设检验关键词如表 4-6-8 所示。

表 4-6-8　proc univatiate 过程步常用假设检验关键词

假设检验关键词	含　义
msign	符号检验
normaltest	正态性检验
signrank	符号秩检验
probm	在符号检验中获得更大绝对值的概率
probn	正态性检验的概率

续表

假设检验关键词	含　义
probs	符号秩检验的概率
probt	学生 t 检验的概率
t	学生 t 检验

4.6.8 proc corr

用户经常需要研究两个变量或多个变量之间的相关性(如身高和体重)。在 SAS 中,proc corr 过程步可以实现该计算过程。其语法结构如下:

```
proc corr <options>;
    by variables;
    freq variable;
    partial variables;
    var variables;
    weight variable;
    with variables;
    run;
```

proc corr 过程步的选项如表 4-6-9 所示。

表 4-6-9　proc corr 过程步的选项

选　项	功　能
<options>	alpha：输出 Cronbach 系数
	cov：计算协方差
	data=：输入数据集
	nocorr：不输出 Pearson 相关系数
	nomiss：删除缺失值
	noprint：不打印输出
	noprob：不输出 P 值
	nosimple：不输出描述性统计量
	outp=：指定存放 Pearson 相关系数的输出数据集
	outs=：指定存放 Spearman 相关系数的输出数据集
	pearson：输出 Pearson 相关系数
	rank：按绝对值从大到小输出相关系数
	spearman：输出 Spearman 相关系数
by	根据 by 变量的分组来计算相关系数(要求输入数据集已事先按 by 变量排序)
freq	指定每个观测出现频率的变量

续表

选　项	功　能
partial	指定计算 Pearson 偏相关系数、Spearman 偏相关系数或 Kendall 偏相关系数时的变量名
var	指定计算相关系数的变量名
weight	计算加权乘积矩相关系数时给出权数变量名
with	当与 var 联用时，系统将分别计算 var 语句中的每个变量和 with 语句中每个变量的相关性

9.2.3 节对如何使用 proc corr 过程步进行了详细的描述，因此本节不再提供示例。

4.6.9 proc reg

过程步 proc reg、proc logistic、proc phreg 是统计工作中常用的分析过程，它们分别用于实现线性回归、Logistic 回归和 Cox 回归。它们均拥有极为丰富的选项，且默认输出的内容非常多，由于篇幅有限，本节仅介绍常用的选项。proc reg 过程步的基本语法结构为

```
proc reg <options>;
    model dependents =<regressors></options>;
    by variables;
    run;
```

其中，model 语句用于指定因变量（dependents）和自变量（regressors），其中因变量必须为数值型变量。当只有一个自变量时，建立的模型称为一元线性回归方程；当自变量为多个时，建立的模型称为多元线性回归方程。

by 语句常用来指定分组拟合模型的变量（如性别）。分组拟合前，需先对输入数据集按 by 变量排序。值得注意的是，在 run 语句之后，可以任意添加适用于 proc reg 过程的语句，而不需要重新提交 proc reg 语句，这种用法称为 run 组（run-group processing）用法（具体请参见 SAS 帮助文档）。在 SAS 中，有很多过程步支持该用法，如 proc gplot、proc gchart、proc glm、proc datasets 等。接下来，介绍 3 个在线性分析时常见的问题，即模型选择、模型预测和共线性诊断。

1. 模型选择

自变量的选取是构建合理模型的重要一步。SAS 中提供了多种选择的方法，如全部选择法和逐步选择法，后者又分为向前选择法、向后选择法和逐步选择法。

1）全部选择法

当用户对自变量的选择没有任何经验时，可在 model 语句中使用 selection＝选项，自动拟合包含所有自变量组合的模型。例如，3 个自变量时共拟合 $2^3=8$ 个可能模型，10 个自变量时共拟合 $2^{10}=1024$ 个可能模型。但这并不是推荐做法。首先，当数据量大且自变量较多时，该方法耗时长，易导致计算机死机，即使成功运行，诸多模型的选择难度也极大；其次，将自变量的选择完全依赖于统计学方法是不科学的。因此，本书不对该方法进行进一步的解读，感兴趣的读者可参阅 SAS 帮助文档。

2）逐步选择法

逐步选择法的基本思想是基于一定的规则，将自变量加入回归模型或从回归模型中剔除，分为向前选择法（forward）、向后选择法（backward）和逐步选择法（stepwise）。其语法结构如下：

```
model dependents =<regressors>/selection=forward|backward|stepwise;
```

（1）向前选择法。首先，拟合仅有一个自变量的模型，该自变量是所有自变量中最重要的一个；其次，纳入剩余的自变量中相对重要的一个，重复这一步，直到剩余的自变量都不重要了。通过使用slentry=选项，可自定义自变量纳入模型中的准则，默认为0.5。

（2）向后选择法。与向前选择法正好相反。首先，拟合一个包含所有自变量的模型；其次，将最不重要的自变量剔除模型，重复这一步，直到留在模型中的自变量都是相对重要的。通过使用slstay=选项，可自定义自变量剔除模型的准则，默认为0.1。

（3）逐步选择法。该方法将向前选择法和向后选择法结合在一起。首先，像向前选择法一样，拟合包含一个自变量的模型；其次，在模型引入新的自变量的同时，剔除现有自变量中不重要的变量，重复这一步，直到模型中的自变量都是相对重要的。默认情况下slentry=0.15，slstay=0.15。

需要注意的是，逐步选择法易受自变量之间的共线性影响。当自变量之间存在共线性时，易导致模型不稳定，且易漏选重要的自变量。后面会进一步介绍如何判断自变量之间是否存在共线性。

在构建模型时，可以自行选择自变量吗？答案是肯定的，此时就不需要使用selection=选项了。在医学研究中，调整混杂因素的过程非常重要，这一过程在模型构建过程中即为协变量的纳入。在流行病学研究中，混杂因素的选择不仅要利用上述统计学方法，更要结合研究者的背景知识和该领域相关科研论文来确定。在9.2.4节，就采用了自选自变量构建模型的方式。

2. 模型预测

在实际工作中，有时需要根据已建立的模型对因变量进行预测。预测一般分为两种：一种是已知自变量和因变量，预测理论因变量值；另一种是仅知道自变量值，用已建好的模型预测因变量值（该预测类型较常见），如已知病人的年龄、性别、疾病史等信息，预测该病人发生急性心肌梗死的风险。

SAS中有多种方法可以实现预测，推荐使用model语句中的p（输出预测值和残差）、r（输出预测值、残差、预测值的标准差等）、clm（输出预测值、残差和预测均值的95%置信区间等）或者cli（输出预测值、残差和预测值的95%置信区间等）选项。如果选用了后3种，则无须再选择p选项。实现方式即为在model语句中添加相应的选项即可：

```
model dependents =<regressors>/ p r clm cli;
```

该方法可以对仅知道自变量值而未知因变量值的数据进行预测。具体方法如下：将需要计算预测值的数据（因变量值缺失）和建模数据（自变量和因变量的值都已知）纵向合并后（如使用data步的set语句，详见4.5.6节），调用proc reg过程步拟合模型，在拟合模型时，proc reg过程步会自动忽略因变量为缺失值的观测。注意不要忘记选用model语句中的p、r、clm或cli选项。运行后，系统会输出所有观测的预测值（包括因变量为缺失值的观测）。

3. 共线性诊断

在进行多元线性回归时，自变量之间的共线性容易导致模型不稳定。所谓的不稳定，是指当样本发生很小的变动、引入或剔除一个自变量时，模型估计的参数就会发生很大的变化，如统计检验显著的变量突然变得不再显著或者原本不显著的变量突然变得显著。可通过proc reg过程步提供的vif、collin和collinoint等选项来检测自变量之间的共线性。在这里，着重介绍vif（variance inflation factor，方差膨胀系数），它是衡量多元线性回归中共线性严重程度的度量。其定义为：

$$\text{vif}=\frac{1}{1-R_i^2}$$

其中，R_i^2 为自变量 x_i 对其余自变量做回归分析的 R^2。vif 越大，自变量之间存在共线性的可能性越大；当 vif>10 时，说明回归模型存在严重的共线性，可能造成模型不稳定，需进行处理。

作者在 9.2.4 节对如何使用 proc reg 过程步进行了详细的描述。

4.6.10 proc logistic

当因变量是分类变量而不是连续型变量时，如研究某因素是否会导致某种健康结局（如肝功异常、流产、骨折等），线性回归就不再适用。在分析这类数据时，往往采用 Logistic 回归模型。

与 proc reg 过程步一样，proc logistic 过程步也拥有丰富的选项，且默认输出的内容非常多。由于篇幅有限，这里仅介绍常用的选项。其基本语法结构如下：

```
proc logistic <options>;
    by variables;
    class variable <(options)><variable <(options)>…>;
    model variable <(variable_options)>=<effects></options>;
    run;
```

其中，by 语句用于指定亚组分析的变量；class 语句用于指定自变量中的分类变量，ref=是其最常用的选项，用于指定分类变量的参考水平；model 语句用于指定因变量和自变量，可使用 event=选项定义拟估算的条件概率。因变量可以是二分类变量（是、否），也可以是有序变量（如正常血压、一级高血压、二级高血压、三级高血压），自变量可以是连续型变量或分类变量。在 4.6.9 节中，介绍了几种自变量选取的方法，如向前选择法、向后选择法、逐步选择法等，这些方法在 proc logistic 过程步中同样适用。接下来，探讨 Logistic 回归分析中常见的几个问题。

1. 拟合优度及其假设检验

可以从 SAS 的默认输出结果——拟合优度信息中查看模型的拟合情况。常用的评价拟合优度的指标是信息测量类的指标，即 AIC（Akaike Information Criterion，Akaike 信息准则）和 SC（Schwarz Information Criterion，Schwarz 信息准则），后者还被称为 BIC（Bayesian Information Criterion，贝叶斯信息准则）。在 proc logistic 过程步中，AIC 和 SC 的计算公式分别为

$$\text{AIC}=-2\log_2 L+2k$$

$$\text{SC}=-2\log_2 L+k\log_2 n$$

其中，L 为似然函数的取值，k 为参数的个数，n 为样本量。需要注意的是，AIC 和 SC 仅适用于同一数据的不同模型之间的比较，其值越小，说明模型拟合得越好；而不同数据之间的 AIC 和 SC 不可比较。

2. 整个模型的假设检验

构建模型后，通常需对整个模型进行假设检验，即检验是否所有自变量的系数等于 0。proc logistic 过程步提供 3 种方法进行检验，分别是似然比检验（likelihood ratio test）、评分检验（score test）和 Wald 检验，当其 P 值小于给定的显著性水平（通常为 0.05）时，则拒绝原假设，认为至少有一个自变量的系数有统计学意义；否则接受原假设，即所有自变量的总体系数均为 0。在这 3 种方法中，似然比检验最可靠，尤其在小样本的情况下。关于似然比检验和 Wald 检验的介绍，请参见 2.8.2 节。

3. 极大似然参数估计报表和发生比率估计报表

在输出结果中，可以看到模型输出了极大似然参数估计报表（analysis of maximum likelihood

estimates)和发生比率估计报表(odds ratio estimates)。极大似然参数估计报表中提供了截距和自变量的参数估计和假设检验的结果,这里是用 Wald 卡方对参数进行的显著性检验。发生比率估计报表提供了自变量与因变量的关系强度,即 OR 值和 95%置信区间,该部分结果是撰写报表或论文时最常用的指标。

作者在 9.2.5 节对如何使用 proc logistic 过程步进行了详细的描述,例如如何提取 OR 值及其 95%置信区间,因此本节不再提供示例。

4.6.11　proc lifetest

生存分析不仅考虑了结局(如是否发生死亡),还考虑了结局发生的时间,它在队列研究、临床研究和临床试验中经常用到。例如,研究两种或多种治疗方式(如放疗和化疗)对同一癌症病人的健康结局的影响;研究不同生活方式(如抽烟和不抽烟)或不同健康状态(肥胖和正常体重)对心血管疾病或肿瘤发病风险的影响。对此类研究,如果仅考虑结局是否发生,而不考虑时间,那么当观察时间足够长时,绝大多数研究对象都会发生死亡,那么也就无法比较两种或多种治疗方式或生活方式对疾病发生风险的影响了。因此,将结局发生时间考虑进来后,才能更好地揭示两者之间的关系。在分析此类数据时,研究者常进行中位生存时间(因生存时间多为正偏态或右偏态分布)、Kaplan-Meier 生存曲线、生存曲线的比较和生存时间的影响因素的研究。前 3 种目的可用 proc lifetest 过程步实现,最后一个目的可用 proc phreg 过程步实现。

proc lifetest 过程步的基本语句格式如下:

```
proc lifetest <options>;
    time variable < * censor(list)></option>;
    strata variable <(list)><variable <(list)>…></options>;
    test variables;
    run;
```

其选项如表 4-6-10 所示。

表 4-6-10　proc lifetest 过程步的选项

部分常用的选项	功　　能
<options>	atrisk:输出各个时间点上的风险人数
	bandmaxtime=:指定置信带的最大时间点
	bandmintime=:指定置信带的最小时间点
	confband=:指定置信带的类型
	data=:指定输入数据集
	maxtime=:指定图的最大时间点
	method=:指定生存函数的估计方法。默认是 pl(product-limit method),即 Kaplan-Meier 法;还可指定 lt(life-table method),即寿命表法
	missing:允许缺失值为一个层级
	noprint:不打印输出
	notable:不打印生存函数估计

续表

部分常用的选项	功　能
<options>	plots=：绘制生存曲线图，常用选项有 s、ls、lls。t 表示生存时间，S 表示生存函数，log 表示取对数，则以上 3 个选项对应的图形的横坐标与纵坐标分别为（t，S）、（t，$-\log S$）和－（$\log t$，$\log(-\log S)$）
time	指定生存时间和健康结局，两者用 * 连起来。注意，健康结局后面一定要紧跟括号并在括号中指定截尾值。例如健康结局为死亡(1)和存活(0)，则括号中应为 0
strata	指定分组变量
test	指定连续性变量，用于评价该连续型变量与生存时间的关系

常用的生存曲线组间比较的检验方法有 log-rank 检验、Wilcoxon 检验和似然比检验。这 3 种检验方法的结果不一定总是一致的，当结果差别较大时，可根据 S 图、LS 图和 LLS 图选择合理的结果（参见表 4-6-7 中 plots=选项的说明）。当 LS 图中的曲线近似直线时，似然比检验效率较高；当 LLS 图中的曲线近似直线时，log-rank 检验效率较高；当生存时间的分布为对数正态分布等时，Wilcoxon 检验效率较高。当 S 图中的曲线有交叉时，log-rank 检验和 Wilcoxon 检验的检验效率均不高。需要注意的是，与 log-rank 检验相比，Wilcoxon 检验对早期生存时间赋予的权重较大（这是由 Wilcoxon 检验的公式决定的），因此，若 Wilcoxon 检验有意义而 log-rank 检验无意义，则表明仅只有近期生存差异较大而远期生存差异不大。

由于 proc lifetest 过程步没有 proc phreg 过程步常用，本节未对其进行示例说明，感兴趣的读者请参阅 SAS 帮助文件。

4.6.12 proc phreg

生存时间的影响因素是生存分析相关研究的重点，用于探讨某因素（如不同治疗方式）是否影响健康结局以及效应大小。其分析方法分为参数模型法和半参数模型法。参数模型法是指已知生存时间服从某种特定分布，从而拟合相应的参数模型，该方法能更准确地刻画变量之间的变化规律，如指数分布、Weibull 分布、对数正态分布等。但由于现实中很少有恰好服从一定分布的生存时间数据，因此参数模型法并不常用。在医学研究中，半参数模型即 Cox 等比例风险模型使用更为广泛。

注意： 并不是任何生存数据都可以用 Cox 等比例风险模型来分析，因为它有一个重要的前提假设：等比例风险（proportional hazards）假设，即某因素对健康结局的影响在任何时间都是相同的，不随时间的变化而变化。例如，某基因类型对肿瘤发病的影响在任意年龄都是一样的。验证等比例风险假设的常用方法有 3 种：第一，绘制该因素在不同状态下的生存曲线图，若生存曲线不相交，则假设成立；第二，在模型中增加该变量与时间的交互项，若该交互项无统计学意义，则假设成立；第三，绘制 Schoenfeld 残差与时间的散点图，若 Schoenfeld 残差随时间无明显的变化趋势，则假设成立。

在 SAS 中，proc phreg 过程步用于 Cox 等比例风险模型的构建。其常用的语句格式如下：

```
proc phreg <options>;
    by variables;
    class variable <(options)><variable <(options)>…></options>;
    model response < * censor(list)>=<effects></options>;
    strata variable <(list)><variable <(list)>…></option>;
    output <out=SAS-data-set><keyword=name ></options>;
    run;
```

其中，by 语句指定亚组分析的变量（如性别，即在男性和女性中分别构建模型）。class 语句指定自变量中的分类变量。model 语句指定生存时间和健康结局，两者用 * 连起来，并在健康结局后面紧跟的括号中指定截尾值；risklimits 是 model 语句中常用的选项，用于输出风险比及其 95%置信区间。strata 语句指定分层分析的变量。output 语句用于输出一些模型不主动输出但又比较重要的指标，例如：关键字为 survival 时输出生存函数的估计值；ressch 用于输出 Schoenfeld 残差；resdev 用于输出 Deviance 残差，若其绝对值大于 2，则需确认该观测是否存在问题等。

在 4.6.9 节中，介绍了几种自变量选取的方法，如向前选择法、向后选择法、逐步选择法等，这些方法在 proc phreg 过程步也同样适用。

9.2.6 节对如何使用 proc phreg 过程步进行了详细的描述，例如如何提取 HR 值及其 95%置信区间，因此本节不再提供示例。

4.7 PROC SQL

结构化查询语言（Structured Query Language，SQL）是关系型数据库管理系统的标准语言，其语言结构简单、功能强大且简单易学。大多数主流数据库管理系统，如 Oracle、Microsoft SQL Server 等都使用了 SQL，且分别对其进行了扩展。SAS 系统也支持 SQL，即 PROC SQL，通过 proc sql 过程步即可对其进行调用。

需要说明的是，PROC SQL 不是 data 步的替代，而是 data 步的补充。理论上，任何用 PROC SQL 实现的任务都可以用 data 步实现，但是在处理某些任务时，PROC SQL 更加直观、简洁。另外，PROC SQL 中的某些术语和 SAS 术语略有不同，例如，SAS 中的数据集、观测和变量在 PROC SQL 中分别称为表、行和列。

PROC SQL 的主要功能如下：

- 生成统计性指标，如均值。
- 从表和视图中检索数据。
- 合并表和视图中的数据。
- 生成表、视图和索引。
- 更新表的行和列。
- 从其他数据库管理系统中更新或抽取数据。

本节主要介绍数据清洗和分析中常用的 PROC SQL 的功能，对于较少用到的功能，如视图的生成，本节并没有涉及。关于 PROC SQL 与宏语言的联系，例如，如何使用 PROC SQL 创建宏变量，请参阅 4.8.6 节。

4.7.1 检索数据

使用 PROC SQL 可以很方便地选出研究者感兴趣的数据，如选择符合条件的行或列、对数据分组和排序、生成统计性指标等。提交代码后，其运行的结果自动以报表的形式在 output 中显示。其语句格式：

```
proc sql;
    select <distinct | unique>object-item 1 <, object-item 2, …>
    <into macro-variable-specification 1 <, macro-variable-specification 2, …>>
```

```
    from list
    <where sql-expression>
    <group by item 1 <, item 2, …>>
    <having sql-expression>
    <order by item 1 <, item 2, …>>;
quit;
```

注意：仅有 select 和 from 子句是必选的，其他子句都是可选的；另外，各个子句的顺序也有严格规定，不能交换位置，否则无法运行。

1. select 子句

将表 4-7-1“代码”列中的 select 子句依次放入下面的 PROC SQL 语句中，其可实现的功能详见表 4-7-1。

```
proc sql;
    <select 子句>
    from sashelp.class;
    quit;
```

表 4-7-1 SELECT 子句及其相应的功能

代 码	功 能
select *	选择 SASHELP.CLASS 中的所有列
select name, sex	选择该表中的 name 和 sex 变量
select weight as weight_2000 informat=8.2 format=8.2 label="Weight in 2000" length=8	将表中的 weight 重命名为 weight_2000 中并指定 weight_2000 的属性(输入格式、输出格式、标签和长度)
select weight * 0.1 as new_weight	根据原表中的 weight，生成新变量 new_weight
select weight, weight * 0.1 as new_weight, calculated new_weight * 10 as old_weight	首先根据原表中的 weight 生成新列 new_weight，再使用该新列生成新列 old_weight。注意：再次使用新列时，必须使用关键词 calculated
select distinct sex	剔除查询结果中的重复观测，输出结果为 F 或 M
select count(distinct sex)	计算剔除重复观测后的个数，输出结果为 2
select max(weight)	筛选 weight 中的最大值，输出结果为 150

2. from 子句

from 子句指定输入数据集，可以使用数据集选项。关于数据集选项的介绍详见 4.5 节。例如，选出 SASHELP.CLASS 中性别是 F 的行，且把 weight 重命名为 weight_2000，代码如下：

```
proc sql;
    select *
    from sashelp.class (where=(sex="F") rename=(weight=weight_2000));
    quit;
```

运行后，数据集的内容如图 4-7-1 所示。

Name	Sex	Age	Height	weight_2000
Alice	F	13	56.5	84
Barbara	F	13	65.3	98
Carol	F	14	62.8	102.5
Jane	F	12	59.8	84.5
Janet	F	15	62.5	112.5
Joyce	F	11	51.3	50.5
Judy	F	14	64.3	90
Louise	F	12	56.3	77
Mary	F	15	66.5	112

图 4-7-1 from 子句的示例结果

3. where 子句

PROC SQL 中的 where 子句的用法与 data 步中的 where 语句相似。例如，选出 SASHELP.CLASS 中性别是 F 且年龄为 13 的行，代码如下：

```
proc sql;
    select *
    from sashelp.class
    where sex="F" and age=13;
    quit;
```

4. group by 子句

在 PROC SQL 中，可以通过 group by 子句来查看分组信息。group by 子句一般和汇总函数配合使用，常见的汇总函数如 avg(求平均值)、count(计数)、max(求最大值)、min(求最小值)、nmiss(求缺失值个数)、range(求最大值和最小值之差)、std(求标准差)、sum(求和)和 var(求方差)等。

下述代码使用 count(*)、avg(height)和 std(height)分别计算男女的个数、身高的均值和身高的标准差。

```
proc sql;
    select count(*) as sex_count, avg(height) as sex_avg, std(height) as sex_std
    from sashelp.class
    group by sex;
    quit;
```

输出结果如图 4-7-2 所示。

5. having 子句

having 子句和 where 子句的功能相似，二者最大的不同在于：where 子句在 select 子句之前操作，而 having 子句在 select 子句和 group by 子句之后操作，因此在 having 子句中引用新生成的列，无须加关键字 calculated。例如，输出 SASHELP.CLASS 数据集中平

sex_count	sex_avg	sex_std
9	60.58889	5.018328
10	63.91	4.937937

图 4-7-2 group by 子句的示例结果

均身高大于 63 的分性别的人数、身高均值和身高标准差。

```
proc sql;
    select count(*) as sex_count, avg(height) as sex_avg, std(height) as sex_std
    from sashelp.class
    group by sex
    having sex_avg>63;
    quit;
```

6. order by 子句

order by 子句允许用户按照一个或多个列的升(降)序排列表，多个列之间用逗号隔开。默认为升序排列；在列名后面加上关键词 desc，可按降序排列。

示例如下：

```
proc sql;
    select *
    from sashelp.class
    where age>14
    order by sex, height desc;
    quit;
```

输出结果如图 4-7-3 所示。

7. 若干实用选项

在 PROC SQL 中还有几个比较实用的选项，分别为 number|nonumber、outobs 和 inobs 选项。

- number|nonumber 选项：默认情况下，SQL 输出报表时，不输出行数(而 proc print 默认输出行数)。如果想看到行数，可在 proc sql 语句中加入 number 选项。
- outobs=n 选项：用于指定输出表中的前 n 行。
- inobs=n 选项：用于指定读入表的前 n 行。

例如，输出 SASHELP.CLASS 数据集中的前 3 行，并输出行数：

```
proc sql outobs=3 number;
    select *
    from sashelp.class;
    quit;
```

运行后的数据结果如图 4-7-4 所示。

Name	Sex	Age	Height	Weight
Mary	F	15	66.5	112
Janet	F	15	62.5	112.5
Philip	M	16	72	150
Ronald	M	15	67	133
William	M	15	66.5	112

图 4-7-3　order by 子句的示例结果

Row	Name	Sex	Age	Height	Weight
1	Alfred	M	14	69	112.5
2	Alice	F	13	56.5	84
3	Barbara	F	13	65.3	98

图 4-7-4　outobs 选项的示例结果

4.7.2 合并数据集

PROC SQL 既可横向合并数据集，也可纵向合并数据集。横向合并在数据处理中最常用，因此本节仅介绍 PROC SQL 的横向合并功能。如果需要纵向合并数据，推荐读者使用 data 步（详见 4.5.6 节），读者也可参阅 SAS 帮助文件，学习如何使用 PROC SQL 实现纵向合并。使用 PROC SQL 对表进行横向合并可分为内连接(inner join)与外连接(outer join)，其中外连接是最常用的。

1. 内连接

内连接是指在对表进行横向合并的时候，根据条件返回相应的列。注意，使用内连接的时候，如果不指定条件，则输出两个表或多个表的卡氏积表，它是两个表或多个表中所有行的所有可能的组合。例如表 1 和表 2 中的行数分别是 A 和 B，那么生成的卡氏积表的行数为 $A \times B$。实际上，这种没有选择地输出卡氏积表的内连接意义不大，在数据处理中也很少用到。使用 PROC SQL 时，可使用 where 子句来设定筛选条件。

例如，表 person 包含了病人的 id 和性别(sex)，表 alt_test 包含了病人的 id 和 ALT 的检测结果(alt_test)。利用 SQL 的内连接功能生成一个表，且仅输出病人 id 一致的行。代码如下：

```
data person;
    input id sex $;
    datalines;
    1 M
    2 F
    3 M
    4 F
    ;
    run;

data alt_test;
    input id result;
    datalines;
    1 40
    2 32
    3 38
    2 42
    1 56
    5 71
    ;
    run;

proc sql;
     select *
     from person, alt_test
     where person.id=alt_test.id;
     quit;
```

输出结果如图 4-7-5 所示。

id	sex	id	result
1	M	1	40
1	M	1	56
2	F	2	32
2	F	2	42
3	M	3	38

图 4-7-5 内连接的示例结果

为了将内连接的结果与外连接的结果相比较，也为了统一使用格式，使用 PROC SQL 中的 inner join 也可以实现上面的内连接，但语句中用 on 代替了原来设定匹配条件的 where 子句。代码如下：

```
proc sql;
    select a.*,b.*
    from person as a inner join alt_test as b
    on a.id=b.id;
    quit;
```

上面的程序的输出结果与图 4-7-5 一致。在该程序中，使用了一个小技巧：给表赋别名。程序中表的别名 a 和 b 是临时的，用于代替表的名字，需在 from 子句中设定。引用别名会使程序编写和阅读变得更加简单明了。

2. 外连接

外连接是内连接加上连接表中不符合特定条件的行。外连接同 inner join 一样，都需要用 on 指定连接条件，但是仍然可以使用 where 子句对连接的表取子集。外连接根据连接方式的不同分为左连接(left join)、右连接(right join)和全连接(full join)，如表 4-7-2 所示。

表 4-7-2 3 种不同的外连接方式

连接方式	含义	图示
左连接	输出两表中满足内连接的行，同时输出表 1 中的其余行	表1 表2
右连接	输出两表中满足内连接的行，同时输出表 2 中的其余行	表1 表2
全连接	输出两表中满足内连接的行，同时输出两表中的其余行	表1 表2

分别使用 3 种外连接方式对上例中的表 person 和表 alt_test 进行连接，代码如下：

```
proc sql;
    select a.*,b.*
    from person as a left join alt_test as b
    on a.id=b.id;
    quit;
```

```
proc sql;
    select a.*,b.*
    from person as a right join alt_test as b
    on a.id=b.id;
    quit;

proc sql;
    select a.*,b.*
    from person as a full join alt_test as b
    on a.id=b.id;
    quit;
```

上面 3 段代码的输出结果分别如图 4-7-6～图 4-7-8 所示。

id	sex	id	result
1	M	1	40
1	M	1	56
2	F	2	32
2	F	2	42
3	M	3	38
4	F	.	.

图 4-7-6 左连接结果

id	sex	id	result
1	M	1	40
1	M	1	56
2	F	2	32
2	F	2	42
3	M	3	38
.		5	71

图 4-7-7 右连接结果

id	sex	id	result
1	M	1	40
1	M	1	56
2	F	2	32
2	F	2	42
3	M	3	38
4	F	.	.
.		5	71

图 4-7-8 全连接结果

4.7.3 使用 PROC SQL 管理表

本节介绍如何使用 PROC SQL 查看表的列及其属性、创建新表、删除表、新增或删除行、新增或删除列或更新列的值等。

1. 查看表的列及其属性

对表进行管理时可使用 describe 语句了解原表的结构。SAS 在日志中输出的表的结构包括表的列、变量类型、长度、标签等。例如，使用 PROC SQL 查看表 SASHELP.CLASS 的结构，代码如下：

```
proc sql;
    describe table sashelp.class;
    quit;
```

从日志中的输出结果(图 4-7-9)中可以看到表 SASHELP.CLASS 的结构，例如 Name 是一个长度为 8 的字符列等。

2. 创建新表

在 PROC SQL 中有 3 种创建新表的方式，分别是通过定义列创建一个空表、从查询结果创建表和复制已有表的属性。具体操作如下。

(1) 通过定义列创建一个空表。

例如，使用 PROC SQL 创建一个空表，表中的列以及属性要和表 SASHELP.CLASS 中对应列的属

```
create table SASHELP.CLASS(label='Student Data' bufsize=65536)
 (
  Name char(8),
  Sex char(1),
  Age num,
  Height num,
  Weight num
 );
```

图 4-7-9 SASHELP.CLASS 的结构

性一致，代码如下：

```
proc sql;
    create table class
    ( Name char(8),
      Sex char(1),
      Age num,
      Height num,
      Weight num
    );
    quit;
```

上述代码创建了一个包含 5 列的空表。用户也可以在定义列的时候指定该列的属性，例如，可以修改上述 Weight 的定义，并指定其标签、输入格式和输出格式：

```
Weight num label='Weigth in 2000' informat=8.0 format=8.0
```

（2）从查询结果创建表。

可以使用 create table 语句从查询结果中创建表，需将 create table 语句放在 select 语句前面。例如，创建新表 new_class，仅包括表 SASHELP.CLASS 中年龄大于 14 岁的男性，代码如下：

```
proc sql;
    create table new_class as
    select *
    from sashelp. class
    where sex="M" and age>14;
    quit;
```

表 new_class 的内容如图 4-7-10 所示。

Name	Sex	Age	Height	Weight
Philip	M	16	72.0	150
Ronald	M	15	67.0	133
William	M	15	66.5	112

图 4-7-10 表 new_class 的内容

(3) 复制已有表的属性。

若在 create table 语句中使用 like 子句,则可以通过复制一个已存在的表或者视图的列的属性和结构创建一个空表。例如,复制表 SASHELP.CLASS 的结构和列属性,并创建空表 new_class,SAS 代码如下:

```
proc sql;
    create table new_class like sashelp.class;
    quit;
```

3. 删除表

使用 drop table 语句可以实现表的删除。例如,使用 drop 语句删除上例中生成的表 work.new_class,代码如下:

```
proc sql;
    drop table work.new_class;
    quit;
```

4. 新增或删除行

在 PROC SQL 中,可以使用 insert 语句插入新的行,具体包括以下 3 种方法:使用 set 子句,使用 values 子句,或者使用查询得到的行。

(1) 使用 set 子句。

例如,在根据 SASHELP.CLASS 生成的空表中,使用 set 语句插入下面两个新行:

```
Herik, M, 14, 54, 141
Jesse, M, 13, 55, 135
```

代码如下:

```
proc sql;
    create table new_class like sashelp. class;

    insert into new_class
    set name='Herik',
        sex='M',
        age=14,
        height=54,
        weight=141
    set name='Jesse',
        sex='M',
        age=13,
        height=55,
        weight=135;

    select * from new_class;
    quit;
```

在上述代码中，create table 创建了一个新表，insert into 标明了将两个 set 语句中的新行插入表 new_class 中，select 语句将插入两个新行后的表作为报表输出。输出结果如图 4-7-11 所示。

Name	Sex	Age	Height	Weight
Herik	M	14	54	141
Jesse	M	13	55	135

图 4-7-11 使用 set 子句插入新数据的示例结果

（2）使用 values 子句。

例如，使用 values 子句实现上例中的任务，代码如下：

```
proc sql;
    create table new_class like sashelp. class;

    insert into new_class(name, sex, age, height, weight)
      values('Herik','M',14,54,141)
      values('Jesse','M',13,55,135);

    select * from new_class;
    quit;
```

在上述代码中，insert into 子句中的 new_class 用于指定需操作的表，并在括号中指明待操作的列。如果要插入的值包含了原表中的所有列，则上述括号可以省略。输出结果如图 4-7-11 所示。

（3）使用查询得到的行。

例如，将 SASHELP.CLASS 中所有年龄为 13 岁或 14 岁的行插入上例中新生成的表 new_class 中（该表非空，已经包含两行），代码如下：

```
proc sql;
    insert into new_class

    select *
    from sashelp. class
    where age in(13, 14);

    select * from new_class;
    quit;
```

输出结果如图 4-7-12 所示。

可使用 delete 语句删除部分行。例如，复制表 SASHELP.CLASS 为 WORK.CLASS，删除年龄大于 11 岁的所有行，代码如下：

```
proc sql;
    create table class as
    select * from sashelp. class;
```

```
    delete from class
    where age>11;

    select * from class;
    quit;
```

输出结果如图 4-7-13 所示。

Name	Sex	Age	Height	Weight
Herik	M	14	54	141
Jesse	M	13	55	135
Alfred	M	14	69	112.5
Alice	F	13	56.5	84
Barbara	F	13	65.3	98
Carol	F	14	62.8	102.5
Henry	M	14	63.5	102.5
Jeffrey	M	13	62.5	84
Judy	F	14	64.3	90

图 4-7-12　将查询得到的行添加到数据集中

Name	Sex	Age	Height	Weight
Joyce	F	11	51.3	50.5
Thomas	M	11	57.5	85

图 4-7-13　删除行的示例结果

5. 新增或删除列

使用 alter table 语句可以对原表的列进行删除、新增或修改属性操作，语句格式如下：

```
proc sql;
    alter table table_name
    add column 1, column 2, …
    drop column 1, column 2, …
    modify column 1, column 2, …;
    quit;
```

其中，add、drop 和 modify 的功能分别为新增列、删除列和修改列属性（如长度、输入格式、输出格式、标签）。三者之间无顺序上的先后关系。

例如，修改表 WORK.CLASS 中的列，新增 student_id（数值型，输入格式为“4.”，输出格式为“8.”），删除 sex 列，修改列 height 的输入格式为“8.2”，标签为 height_2000，代码如下：

```
proc sql;
    create table new_class as
    select *
    from sashelp.class;

    alter table new_class
    add student_id num format=4. informat=8.
    drop sex
```

```
    modify height format=8.2 label='height_2000';

    select * from new_class(obs=3);
    quit;
```

输出结果如图 4-7-14 所示。

Name	Age	height_2000	Weight	student_id
Alfred	14	69.00	112.5	.
Alice	13	56.50	84	.
Barbara	13	65.30	98	.

图 4-7-14　新增列、删除列和修改列属性的示例结果

6. 更新列的值

用户可选择 PROC SQL 中的 update 和 case 语句对列中的值进行更新。例如，表 SASHELP.CLASS 中的学生的身高会在下一年发生变化，其中，11 岁和 12 岁的学生身高会增长 6%，13 岁和 14 岁的学生增长 7%，其余年龄的学生增长 5%。代码如下：

```
proc sql;
    create table new_class as
    select *
    from sashelp.class;
    quit;

proc sql;
    update new_class
      set height=height *
    case
      when age in (11,12) then 1.06
      when age in (13,14) then 1.07
      else 1.05
      end;
     quit;

proc sql outobs=6;
    title "COMPARE HEIGHT";
    select a.name,
           a.age,
           a.height,
           b.height as new_height
    from sashelp.class as a inner join new_class as b
    on a.name=b.name;
    quit;
```

在上述代码中，第一个 proc sql 语句用于复制表 SASHELP.CLASS；第二个 proc sql 语句使用 update、case/when 语句对身高进行了更新；最后一个 proc sql 语句用于比较处理前与处理后的结果，由于原表中列和行数很多，这里仅选取了主要的列，并且仅输出 6 行（通过 outobs=6 实现）。输出结果如图 4-7-15 所示。

Name	Age	Height	new_height
Alfred	14	69	73.83
Alice	13	56.5	60.455
Barbara	13	65.3	69.871
Carol	14	62.8	67.196
Henry	14	63.5	67.945
James	12	57.3	60.738

图 4-7-15 更新列的值的示例结果

4.8 SAS 宏介绍

SAS 宏可以实现代码的重复利用，使代码简短清晰，从而提高编程的效率。SAS 宏的主要功能如下：

- 实现文本替代。
- 产生程序语句。
- 融合 data 步和 proc 步进行复杂的数据处理等。

SAS 宏语言一般包括宏变量、宏参数(指定义在宏%macro 语句内的一种特殊的宏变量)、宏函数和宏。下面通过示例来理解 SAS 宏语言：

```
%macro means(data=, variable=);          /* %macro 标志着宏定义的开始,means 为宏名称(可根据分
                                            析需要进行更改),data 和 variable 为宏参数 */
proc means data=&data;                   /* &data 为宏变量 */
    var &variable;                       /* &variable 为宏变量 */
    run;
%mend means;                             /* %mend 标志着宏定义的结束 */
%means(data=sashelp.class, variable=height);   /* 调用名为 means 的宏 */
%means(data=sashelp.class, variable=weight);   /* 调用名为 means 的宏 */
```

上面这段宏的功能是对 SASHELP.CLASS 中的两个变量(height 和 weight)进行描述性分析。当然，可将 SASHELP.CLASS 换成任何数据集名称，也可将 height 和 weight 换成数据集中存在的任何数值型变量的名称。

4.8.1 宏变量

1. 定义宏变量

用户可以在除数据行之外的任何地方定义宏变量。宏变量的定义方法主要有 3 种：使用%let 语句、在 data 步中定义和在 PROC SQL 中定义。本节主要介绍如何使用%let 语句定义宏变量，后面会介绍如何在 data 步中和 PROC SQL 中定义宏变量。%let 语句的格式如下：

```
%let 宏变量名=宏变量值;
```

其中：

- 宏变量名最多包含 32 个字符，需要区分大小写（而 SAS 中的变量名不区分大小写），必须由字母或下画线开始，且只能由字母、下画线和数字组成，不能有空格。
- 宏变量值可以是任何字符串，最多 65 534 个字符。宏变量的内容均存为字符串，若想让包含在其中的数值或数学表达式作为数值或数学表达式使用，则需宏函数的帮助。若宏变量值头尾有空格，则在赋值时，头尾的空格会被移除。若宏变量值包含引号，则在赋值时，引号也会被保存。

例如，%let indata=sashelp.class;，其中，indata 是宏变量名，sashelp. class 为宏变量 indata 的值。

2. 调用宏变量

宏变量的调用分为直接调用和间接调用。在宏变量名前加 & 即可直接调用宏变量，而间接调用宏变量则是通过多个 & 来实现的。间接调用宏变量的规则为：从左到右进行扫描，若宏变量前仅有一个 &，则解析该宏变量；否则，将相邻的两个 & 替换成一个 &，重复上述扫描过程。

例如，在%put 语句中间接调用宏变量，代码如下：

```
%let var=height;
%let mean_height=170;
%put &&mean_&var;
```

上述代码的宏变量解析过程如图 4-8-1 所示。

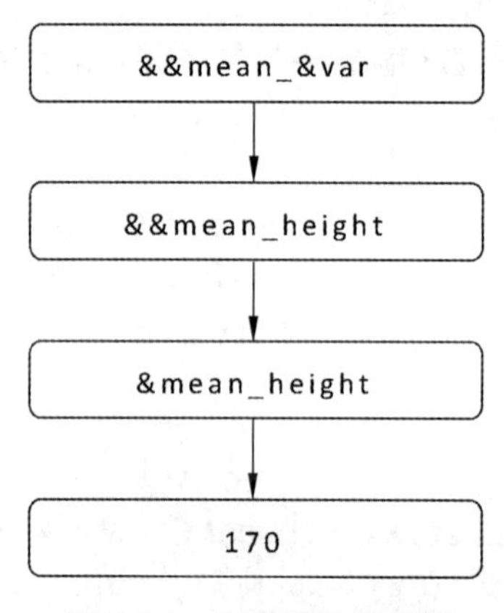

图 4-8-1 宏变量解析过程

宏变量的解析过程也就是宏变量的引用过程。需要注意的是，宏变量在单引号内不能被解析，因此，如果要使用引号并且希望引号内的宏变量被解析，则必须使用双引号。

例如，定义宏变量 indate 和 variable，并分别在双引号和单引号中解析这两个变量。

```
%let indata=sashelp.class;
%let variable=height;


title "Descriptive result of &variable in &indata";
proc means data=&indata;
    var &variable;
    run;
```

```
title 'Descriptive result of &variable in &indata';
proc means data=&indata;
    var &variable;
    run;
```

结果如图 4-8-2 所示,双引号中的两个宏变量被解析,但是单引号中的宏变量没有被解析。

Discriptive result of height in sashelp.class

The MEANS Procedure

Analysis Variable : Height				
N	Mean	Std Dev	Minimum	Maximum
19	62.3368421	5.1270752	51.3000000	72.0000000

Discriptive result of &variable in &indata

The MEANS Procedure

Analysis Variable : Height				
N	Mean	Std Dev	Minimum	Maximum
19	62.3368421	5.1270752	51.3000000	72.0000000

图 4-8-2 双引号和单引号中宏变量的解析过程对比

编程中,宏变量往往和其他文本结合在一起,在这种情况下,就需要告诉 SAS 宏变量解析的截止位置。其方法是在 SAS 宏变量后加上一个“.”,也就是说,& 和“.”之间的部分为要解析的宏变量。

例如,根据数据集 SASHELP.CLASS 中的性别,创建两个数据集,使同一性别的学生在同一个数据集中,此时需要使用“.”将宏变量与其他文本分开。运行代码后,生成两个临时数据集,分别是 class_F 和 class_M。

```
%let data=class;
%let sex1=F;
%let sex2=M;
data &data._&sex1 &data._&sex2;
    set sashelp. &data;
    if sex="&sex1" then output &data._&sex1;
    if sex="&sex2" then output &data._&sex2;
    run;
```

3. 查看宏变量

在程序调试过程中,经常需要查看宏变量的解析值。常见的查看宏变量解析值的方法有以下两种:%put 语句和使用 options symbolgen。

1) %put 语句

%put 语句的格式如下:

```
%put &macro_variable;
```

使用%put输出宏变量时，可以加一些说明，从而使输出结果易于理解。例如：

```
%let indata=sashelp.class;
%let sex=M;
%let variable=weight;
%put The descriptive result of &variable among &sex in dataset "&indata..";
```

其在日志中的输出结果为

```
The descriptive result of weight among M in dataset sashelp.class.
```

另外，SAS为%put提供了3个常用的选项，分别是_all_、_automatic_和_user_。它们的功能分别是输出所有宏变量的值（包括系统宏变量和用户自定义宏变量）、仅输出系统宏变量和仅输出用户自定义的宏变量。

2）options symbolgen选项

用户还可以通过修改SAS宏语言系统的symbolgen选项来查看宏变量的解析值。其语句格式如下：

```
options nosymbolgen|symbolgen;
```

注意：修改后的选项会一直有效，直到用户再次修改该选项或者SAS会话结束时为止。

例如，使用symbolgen选项查看宏变量&indata。

```
options symbolgen;
%let indata=sashelp.class;
data class;
   set &indata;
   run;
```

从日志中的显示信息可知，宏变量&indata被解析成了sashelp.class。

```
144   options symbolgen;
145   %let indata=sashelp.class;
146
147   data class;
SYMBOLGEN: Macro variable INDATA resolves to sashelp.class
148   set &indata;
149   run;
```

4. 删除宏变量

可以通过%symdel语句来删除宏变量（系统宏变量是不能删除的），其语句格式如下：

```
%symdel macro-variable-1 macro-variable-2 …;
```

例如，用

```
%symdel indata;
```

即可删除自定义的 &indata 宏变量。

5. 宏变量的分类

宏变量既可按照范围分为局部宏变量和全局宏变量，也可按照是否为用户定义分为系统宏变量和用户自定义宏变量。全局宏变量可在程序的任何地方调用；而局部宏变量只能在创建该宏变量的宏中使用，在这个宏之外，这个局部宏变量就没有任何意义了。同时，SAS 系统在启动时，会自动生成一些宏变量。常用的系统宏变量如表 4-8-1 所示。

表 4-8-1　常用的系统宏变量

宏变量	含　义	宏变量	含　义
sysdate	SAS 系统运行日期（"DATE7."格式）	systime	SAS 系统运行的详细时间
sysdate9	SAS 系统运行日期（"DATE9."格式）	sysscp	SAS 系统运行的系统环境的简写，如 WIN
sysday	SAS 系统运行的周天（即星期几）	sysver	当前 SAS 系统的版本

例如，使用系统宏变量编写运行结果的脚注部分，代码如下：

```
proc means data=sashelp.class;
    footnote1 "Report Date: &sysday &sysdate &systime";
    footnote2 "SAS Version:&sysver";
    var height;
    run;
```

输出结果如图 4-8-3 所示。

Analysis Variable : Height				
N	Mean	Std Dev	Minimum	Maximum
19	62.3368421	5.1270752	51.3000000	72.0000000

Report Date: Monday 20AUG18 11:50
SAS Version:9.4

图 4-8-3　系统宏变量示例的输出结果

4.8.2　宏函数

SAS 提供了大量的函数供用户在 data 步中调用，如 scan、substr 函数（详见 4.3 节）。在宏语言中，SAS 也提供了一些函数，这些函数称为宏函数。两者的区别在于，在宏函数前面一般带有宏符号%。同时通过某些宏函数（如%sysfunc），也可将 data 步中函数运用在宏语言中，这极大地提高了 SAS 宏的灵活性。本节介绍以下 5 类宏函数：

- 在宏语言中调用 SAS 函数的宏函数。
- 处理文本的宏函数。
- 处理算术表达式和逻辑表达式的宏函数。
- 宏引用函数。
- 宏变量属性函数。

1. 在宏语言中调用 data 步函数的宏函数

SAS 通过宏函数%sysfunc 和%qsysfunc 来支持绝大多数 data 步函数在宏语言中的使用，从而使编程更加高效。其语句格式如下：

```
%sysfunc(函数(函数参数)[,格式])
%qsysfunc(函数(函数参数)[,格式])
```

其中，函数是 data 步调用的函数的名称；函数参数是该 data 步调用函数时所需要的参数；格式是输出结果的格式(可选)。%qsysfunc 和%sysfunc 的功能一致，但前者在处理结果时会将特殊符号(如 &)处理成普通文本，其功能类似于宏引用函数(详见本节的"4.宏引用函数")。绝大多数的 SAS data 步调用的函数都可以和%sysfunc 或%qsysfunc 联用，但不包括 dif、dim、hbound、input、lag、lbound、missing、put、resolve、symget 等函数。关于上述函数的详细信息，请参阅 SAS 帮助文件。

例如，以下代码在宏语言的环境中会调用相应的 SAS 函数：

```
%put &sysdate;
%put %sysfunc(putn("&sysdate"d, YYMMDD10.));
%put "Report produced on %sysfunc(today(),YYMMDD10.)";
```

日志中的输出结果如下：

```
113   %put &sysdate;
21AUG18
114   %put %sysfunc(putn("&sysdate"d, YYMMDD10.));
2018-08-21
115   %put "Report produced on %sysfunc(today(),YYMMDD10.)";
"Report produced on 2018-08-21"
```

2. 处理算术表达式和逻辑表达式的宏函数

SAS 中的宏变量值是以文本形式保存的，如果用户希望执行文本中的算术运算或者逻辑运算，就需要用到函数%eval 和%sysevalf，其语句格式分别如下：

```
%eval(算术表达式或逻辑表达式);
%sysevalf(算术表达式或逻辑表达式[, 转换格式]);
```

两者的相同点是：均返回文本；逻辑表达式为真时，返回 1，否则返回 0。

两者的不同点是：%sysevalf 可以处理包含浮点(即小数点)或者缺失值的表达式，返回的文本中可以包含浮点数，但是%eval 返回的文本只能是整数；用户可通过%sysevalf 函数的转换格式选项，对其返回的结果进行进一步的转化，常见的转换格式包括 boolean(当表达式结果为 0 或者缺失时，返回 0，否则返回 1)、ceil(向上取整数)、floor(向下取整数)、integer(取整数)。示例如表 4-8-2 所示。

表 4-8-2　宏函数%eval 和%sysevalf 的示例

%PUT 语句	日志中的结果
%put %eval(12+13);	25
%put %eval(12.2+13.3);	ERROR: A character operand was found in the %EVAL function or %IF condition where a numeric operand is required. The condition was: 12.2+13.3
%put %sysevalf(12.2+13.3);	25.5
%put %sysevalf(12.2+13.3,ceil);	26

续表

%PUT 语句	日志中的结果
%put %sysevalf(12.2+13.3,floor);	25
%put %sysevalf(12.2+13.3,integer);	25
%put %eval(10/3);	3
%put %sysevalf(10/3);	3.33333333333333
%put %sysevalf(10-., boolean);	NOTE: Missing values were generated as a result of performing an operation on missing values during %SYSEVALF expression evaluation. 0

3. 处理文本的宏函数

在处理文本时，需要用到表 4-8-3 中列举的宏函数。表 4-8-3 也包含了各个宏函数具体示例及输出结果。

表 4-8-3　处理文本的宏函数

函　数	功　能	示　例	输出结果
%index(source,string)	返回 string 在 source 中的位置	%index(medicine is,is);	10
%length(string | text expression)	返回 string 或 text expression 的长度，若为缺失值，则返回 0	%length(medicine is);	11
%scan(argument, n <, charlist>)	返回 argument 中的第 *n* 个单词，其中 argument 以 charlist 作为分隔符	%scan(medicine * is * important, 2, *)	is
%substr(argument, position <,length>)	从 argument 中选取指定长度(length)的字符串，position 为要提取的字符串在 argument 中的起始位置	%substr(&sysdate, 3,3); (取当前 SAS 系统运行时间中的月份)	AUG
%upcase(string | text expression)	小写字母转为大写字母	%upcase(small);	SMALL

注意：对于%scan、%substr 和%upcase 这 3 个函数，还有对应的宏引用函数，分别是%qscan、%qsubstr 和%qupcase。

4. 宏引用函数

在实际工作中，文本中常常含有一些特殊符号(如/、*、-)与关键字(如 and、or)，在处理这些文本时，需要忽略这些特殊符号的含义，把它们当成普通的文本。

例如，当把 JOHNSON&JOHNSON 赋予宏变量 company 时，会出现什么情况？

```
%let company=JOHNSON&JOHNSON;
```

由于事先没有定义宏变量 JOHNSON，因此在 SAS 日志中会看到下面一条信息：

```
WARNING: Apparent symbolic reference JOHNSON not resolved.
```

而通过使用宏引用函数，可以使 SAS 不处理这些特殊符号。例如，使用宏引用函数%nrstr(其中 nr 表示 not resolve，即不解析)：

```
%let company=%nrstr(JOHNSON&JOHNSON);
%put &company;
```

这时，在 SAS 日志中可以看到，宏变量 company 的解析结果为 JOHNSON&JOHNSON。

宏引用函数可以屏蔽的特殊符号和关键字包括：；、^、~、,、'、"、(、)、+、— 、*、/、<、>、=、|、# 以及空格、and、or、not、in、eq、ne、le、lt、ge、gt。

常用的宏引用函数如表 4-8-4 所示。

表 4-8-4 常用的宏引用函数

函数	功能	示例	输出结果
%bquote(string)	在宏执行阶段，将特殊符号当成普通文本来处理；与%quote 相比，若 string 中有单个引号或者单个括号，则不需要在其前面添加百分号	%let indata=sashelp.class; %let test=%bquote(proc print data=&indata; run;); %put &test; 若将%bquote 从上述程序中删除，则输出结果如下： proc print data=sashelp.class	proc print data=sashelp.class; run;
%quote(string)	与%bquote 功能一致，但若 string 中有单个引号或者单个括号，则需要在其前面添加百分号，才能将其当成普通文本来处理	%macro dept(state); %if %quote(&state)=nc %then %put North Carolina Department of Revenue; %else %put Department of Revenue; %mend dept; %dept(or)	Department of Revenu
%str(string)	在宏编译阶段，将特殊符号当成普通文本来处理	%let indata=sashelp.class; %let test=%str(proc print data=&indata; run;); %put &test;	proc print data=sashelp. class; run;
%nrstr(string)	与%str 功能一致，此外，还可以将&、%当成普通文本来处理	%let indata=sashelp.class; %let test=%nrstr(proc print data=&indata; run;); %put &test;	proc print data=&indata; run;
%superq(macro-variable-name)	在宏执行阶段，将特殊符号(包括&、%)当成普通文本来处理	data _null_; call symput('test','call macro %doit'); run; %put &test; %put %superq(test);	第一个%put 会将 call macro %doit 输出到日志中，并执行该命令；第二个%put 仅仅将其输出到日志中，但并不执行
%unquote(string)	在宏执行阶段，不把任何特殊符号当成普通文本	%let test=car; %let test_1=%nrstr(&test); %let test_2=%unquote(&test_1); %put &test &test_1 &test_2;	car &test car

5. 宏变量属性函数

这里主要介绍 3 个宏变量属性函数，如表 4-8-5 所示。它们在 SAS 宏的调试过程中非常有用。

表 4-8-5　宏变量属性函数

函　　数	功　　能
%symexist(macro-variable-name)	查看宏变量是否存在，若存在返回 1，否则返回 0
%symglobl(macro-variable-name)	查看宏变量是否存在于全局宏变量库中，若存在返回 1，否则返回 0
%symlocal(macro-variable-name)	查看宏变量是否存在于局部宏变量库中，若存在返回 1，否则返回 0

4.8.3　宏程序

1. 宏的定义与调用

宏程序简称宏，是指以%macro 开始，以%mend 结束的一段程序。其语句格式如下：

```
%macro macro-name <(parameter-list)></option(s)>;
text
%mend macro-name;
%macro-name [(parameter-list)];
```

其中，text 可以是任何 SAS 代码，如 data 步、proc 步、PROC SQL 语句、表达式、宏语言或者是以上多个代码的混合。%mend 后的 macro-name 可省略。%macro-name <(parameter-list)>；语句用于宏的调用，宏可以在 SAS 程序中除数据行之外的任何地方调用。若没有定义宏参数，则直接写%macro-name；即可完成调用。

假设一个医学报告（例如临床试验报告）需要多处用到当前系统的时间、SAS 版本和创建者的信息，则可以考虑写一个调用时间的宏。SAS 代码如下：

```
%macro report_time;
    %put %str(Created &systime &sysday,&sysdate9 on the &sysscp System Using SAS &sysver By
Author);
%mend;
%report_time;
```

日志中的输出结果如下：

```
Created 15:07 Tuesday,12SEP2017 on the WIN System Using SAS 9.4 By Author
```

2. 宏的存储

默认情况下，用户定义的所有宏都会保存在 WORK 逻辑库里的 SASMACR 中，但由于 SAS 在退出时会删除 WORK 逻辑库中的所有文件，因此，如果用户想永久保存宏，需要将宏存储到 WORK 逻辑库以外的地方。

宏存储的语句格式如下：

```
options mstored sasmstore=a permanent SAS library;
%macro macro-name/store source;
    text
%mend;
```

其中：

- mstored：开启宏存储。
- sasmstore：指定存储宏的库。
- store source：表示定义宏的同时存储该宏。

例如，在定义宏 report_time 的同时，将该宏保存到永久逻辑库 C:\macrolib 中。SAS 代码如下：

```
libname macrolib "C:\microlib";
options mstored sasmstore=macrolib;
%macro report_time/store source;
    %put %str(Created &systime &sysday,&sysdate9 on the &sysscp System Using SAS &sysver By
    Author);
%mend;
```

关闭 SAS 后，用户可以在文件夹 C:\microlib 中看到一个名为 sasmacr.sas7bcat 的文件，宏 report_time 已经被永久地保存在这里。

3. 调用已存储的宏

默认情况下，当调用一个宏时，SAS 仅在 WORK 逻辑库里的 SASMACR 中进行搜索。因此，如果想调用已经保存的宏，则需要指定该宏所在的逻辑库。例如，要在一个 SAS 会话中调用保存在 C:\microlib 中的宏，则可使用以下两种方式：

```
libname macrolib "C:\microlib";
options mstored sasmstore=macrolib;
%report_time;
```

或者

```
libname macrolib "C:\microlib";
options mautosource sasautos=(macrolib,sasautos);
%report_time;
```

4.8.4 宏参数

宏参数是一种是定义在宏内的特殊的宏变量。例如，需要对 SASHELP.CLASS 数据集中的变量 height 进行分析，代码如下：

```
proc means data=sashelp.class;
    var height;
    run;
```

但是，如要对 5 个类似的数据集中的所有数值型变量进行类似的分析，则涉及上述代码的重复使用，这时可以考虑用宏语言来编程。由于每次重复使用代码时的数据集名和变量名都不同，需要借助带参数的宏传递数据集名和变量名。SAS 代码如下：

```
%macro means(data=, variable=);
proc means data=&data;
    var &variable;
    run;
%mend;
%means(data=sashelp.class, variable=height);
%means(data=sashelp.class, variable=weight);
```

上述代码中的宏 means 中含有两个宏参数，分别是 data 和 variable。当 SAS 宏处理器编译到带参数的宏时，会自动生成相应名称的局部宏变量。

4.8.5 宏语言与 data 步

宏语言与 data 步之间主要是通过宏变量的传递来连接。用户既可以在 data 步中生成宏变量，也可以在 data 步中调用宏变量。宏变量的生成和调用分别通过 symput 函数和 symget 函数来实现，两者均在执行阶段处理宏变量。

1. symput 函数

symput 函数的语句格式如下：

```
call symput(macro-variable, value);
```

其功能为将 value 赋值给以 macro-variable 命名的宏变量。其中，value 可以是常量(必须放在引号内)、数值型变量或者字符型变量，也可以是 data 步中的表达式。

例如，分别计算 SASHELP. CLASS 数据集中男女的人数，并生成相应的宏变量。SAS 代码如下：

```
proc sql;
     create table count_sex as
     select distinct sex, count(sex)as count from sashelp.class
     group by sex;
     quit;

data _null_;
```

```
    set count_sex;
    call symput('sex_'||trim(left(sex)), count);
   run;
%put &sex_M &sex_F;
```

在上面的代码中，proc sql 步用于计算 SASHELP.CLASS 数据集中男女人数并生成数据集 count_sex（见图 4-8-4），关于 PROC SQL 的介绍详见 4.7 节；call symput 语句将变量 count 的内容赋值给逗号前面的宏变量，因此本例会生成两个宏变量，分别为 &sex_F 和 &sex_M，其值分别为 9 和 10。使用连接符||将代表性别的 F 和 M 连接在 sex_后面，以便在后续分析中继续调用这两个宏变量。注意，如果将语句改为"call symput('sex', count);"，则宏变量 &sex 的解析值为变量 count 的最后一个变量值，即 10（读者可自行验证）。

Contents of dataset: count_sex

Sex	count
F	9
M	10

图 4-8-4　数据集 count_sex 的内容

注意：使用 call symput 时，如果变量名和赋值内容是常量，则必须都加引号，而使用%let 语句赋值时不需要加引号。此外，与 call symput 功能相似的还有 call symputx 函数（为 call symput 函数的升级版，推荐使用）。两者的主要区别在于：在赋值过程中，call symputx 会删去文本头尾空格，而 call symput 不会。另外，当赋值的内容是数值型时（如本例中男女的人数），数值将被转换成字符，使用 call symputx 时，日志中不会输出类型转换的信息，且其存储字符的宽度可长达 32；而使用 call symput 时，日志中会输出类型转换的信息，且其存储字符的宽度仅为 12。

例如，要计算 SASHELP.CLASS 数据集中身高的均值和标准差，并生成相应的宏变量。SAS 代码如下：

```
proc means data=sashelp.class noprint;
    var height;
    output out=result mean=height_mean std=height_std;
    run;

data _null_;
    set result;
    call symputx('average', put(height_mean, 8.2));
    call symputx('std', put(height_std,8.2));
    run;

%put Average Height in SASHELP.CLASS: &average..;
%put Standard Deviation in SASHELP.CLASS: &std..;
```

proc means 过程步用于计算变量 height 的均值和标准差，将结果输出到数据集 result 中并重新命名变量名；两个 call symputx 语句分别将 height_mean 和 height_std 的内容赋值给 &average 和 &std。运行后，日志中的输出结果为

```
Average Height in SASHELP.CLASS: 62.34.
Standard Deviation in SASHELP.CLASS: 5.13.
```

2. symget 函数

symput 函数和 symputx 函数的功能是在 data 步中生成宏变量；而 symget 函数的功能是从宏变量表中获取宏变量及其宏变量值，因此在使用该函数之前，须确保宏变量已经存在于宏变量表中。symget 函数和 & 都能从全局或者局部变量表中获取相应的宏变量值，不同的是 symget 函数是在执行阶段，而 & 是在编译阶段。默认情况下，symget 函数返回的字符串长度为 200，这时可使用 length 函数或 attrib 函数来改变新变量的长度。

symget 函数的语句格式为

```
call symget(argument);
```

其中，argument 可以有以下选择：

- 一个宏变量名（必须加上引号）。
- data 步中的字符型变量的名，其中该变量的值是宏变量名（如下例中的 M 和 F）。
- data 步中的字符表达式，该字符表达式的结果是宏变量名。

例如，利用数据集 SASHELP.CLASS 创建新数据集 CLASS，并创建新变量 new_sex：当性别为男性时赋值为 1，女性时赋值为 2。

```
%let M=1;
%let F=2;
data class;
    set sashelp.class;
    length new_sex 3;
    new_sex=input(symget(sex),best12.);
    run;
```

输出结果的前 3 行如图 4-8-5 所示。

Name	Sex	Age	Height	Weight	new_sex
Alfred	M	14	69.0	112.5	1
Alice	F	13	56.5	84.0	2
Barbara	F	13	65.3	98.0	2

图 4-8-5 symget 函数示例输出结果的前 3 行

3. call execute

call execute 可将一段字符表达式或者文本结合到 data 步中，并执行它们。通过 call execute，可以灵活地在 data 步中调用宏程序或结合 if-then-else 有条件地执行 SAS 语句。其语句格式为

```
call execute(argument);
```

其中，argument 有以下 3 种选择：

- 字符串（必须加上引号）。需要注意的是，使用单引号时，argument 在 data 步执行时被解析；而使用双引号时，argument 在 data 步编译时被解析。

- 数据集中的字符型变量名(无须加引号)。
- 字符表达式。

例如,使用 call execute 调用宏,以性别分组描述 SASHELP.CLASS 数据集中的身高变量。SAS 代码如下：

```
data sex_new;
    input sexc $;
    datalines;
    M
    F
    ;
run;

%macro means(class,variable, data);
proc means data=&data(where=(sex="&class"));
    title "Means Procedure of %upcase(&variable) in %upcase(&data), sex=&class";
    var &variable;
    run;
%mend;

data _null_;
    set sex_new;
    call execute('%means('||sexc||',height,sashelp.class)');
    run;
```

输出结果如图 4-8-6 所示。

Means Procedure of HEIGHT in SASHELP.CLASS, sex=M

The MEANS Procedure

Analysis Variable : Height				
N	Mean	Std Dev	Minimum	Maximum
10	63.9100000	4.9379370	57.3000000	72.0000000

Means Procedure of HEIGHT in SASHELP.CLASS, sex=F

The MEANS Procedure

Analysis Variable : Height				
N	Mean	Std Dev	Minimum	Maximum
9	60.5888889	5.0183275	51.3000000	66.5000000

图 4-8-6 call execute 示例的输出结果

又如,对 SASHELP.CLASS 数据集中的数值型变量执行 proc means 过程步,对所有字符型变量执行 proc freq 过程步(该过程输出内容繁多,请读者自行验证输出结果)。SAS 代码如下：

```
data _null_;
    set sashelp.vcolumn;
    where libname="SASHELP" and memname="CLASS";

    if type="num" then
        call execute("proc means data=sashelp.class;
                        title Means Procedure of "||strip(name)||";
                        var "||strip(name)||";
                        output out=stat_"||strip(name)||";
                        run;");
    else if type="char" then
        call execute("proc freq data=sashelp.class;
                        title FREQ Procedure of "||strip(name)||";
                        table "||strip(name)||"/out=freq_"||strip(name)||";
                        run;");
                        run;
```

4.8.6 宏语言与 PROC SQL

与 data 步一样，在 PROC SQL 中也可以生成宏变量。PROC SQL 通过 into 语句来支持宏变量的生成。需要注意的是，into 语句在创建表格或者视图的过程中是不能使用的。其语句格式如下：

```
proc sql;
    select col1, col2 …
    into: macro-variable-specification-1 [, :macro-variable-specification-2, …]
    from dataset
    other clauses;
    quit;
```

其中 macro-variable-specification 有以下几种选择：

(1) 将获得的第一个变量值赋予一个宏变量。注意，若变量值首尾带空格，则生成的相应宏变量的值首尾也带空格，使用 trimmed 选项可去掉宏变量首尾的空格。

```
:macro-variable <trimmed>
```

(2) 将获得的一系列变量值赋予一个宏变量。注意，若使用 notrim 选项，则 SAS 不会去掉变量值的首尾空格；否则 SAS 将自动去掉首尾空格；其中 separated by 是必选项，它用来指定变量值之间的分隔符。

```
:macro-variable <separated by'character(s)' <notrim>>
```

(3) 将获得的变量值赋予一系列宏变量。注意，n 不一定等于变量值个数，若 n 大于变量值个数，则 SAS 会根据变量值的个数生成相应个数的宏变量；若 n 小于变量值个数，则 SAS 仅生成 n 个宏变量。

```
:macro-variable-1-macro-variable-n <notrim>
```

（4）将获得的变量值赋予一系列宏变量，该选择与上一种选择的功能相似，但无须指定上限，其生成的宏变量的个数与变量值的个数一致。

```
:macro-variable-1-<notrim>
```

接下来，通过5个示例展示 into 语句的用法。

示例1：获得 SASHELP.CLASS 数据集中的总人数、身高的均值和标准差，并生成相应的宏变量。SAS 代码如下：

```
proc sql;
    select count(name),
           mean(height) format=8.2,
           std(height) format=8.2
    into :count trimmed, :height_mean trimmed, :height_std trimmed
    from sashelp.class;
    quit;

%put Total Number=&count;
%put Mean of Height=&height_mean;
%put STD of Height=&height_std;
```

本例中，count 函数、mean 函数和 std 函数分用于计算总人数、身高的平均值和标准差，并将获得的值赋值给宏变量 count、height_mean 和 height_std。trimmed 选项用于去掉宏变量值的头尾空格。日志中输出的结果为

```
Total Number=19
Mean of Height=62.34
STD of Height=5.1
```

示例2：取出 SASHELP.CLASS 数据集中性别变量的所有值，以/分隔，并输出到一个宏变量中。SAS 代码如下：

```
proc sql;
    select distinct(sex)
    into :all_sex separated by '/'
    from sashelp.class;
    quit;

%put The value of macro variable ALL_SEX is &all_sex;
```

日志中的输出结果为

```
The value of macro variable ALL_SEX is F/M
```

示例 3：按性别分组计算身高的均值(数据来源：SASHELP.CLASS)。SAS 代码如下：

```
proc sql;
    select distinct(sex),
           mean(height) format=8.2
           into :sex1-:sex2,
                :mean_height1-:mean_height2
           from sashelp. class
           group by sex;
           quit;

%put Mean of Height among &sex1 is &mean_height1;
%put Mean of Height among &sex2 is &mean_height2;
```

日志中的输出结果为

```
Mean of Height among F is 60.59
Mean of Height among M is 63.91
```

示例 4：将 SASHELP.CLASS 数据集中的所有变量的值赋予宏变量。这里使用了数据字典，关于数据字典的介绍和使用详见示例 5。

```
proc sql noprint;
    select name
    into :clist1-
    from dictionary.columns
    where libname="SASHELP" and memname="CLASS";
    quit;

%put Macro Variable '&clist1' is &clist1;
%put Macro Variable '&clist2' is &clist2;
```

日志中的输出结果为

```
Macro Variable '&clist1' is Name
Macro Variable '&clist2' is Sex
```

示例 5：结合使用 PROC SQL 和数据字典。

通过数据字典，可以高效地获得数据库名称、变量名、变量的属性以及当前 SAS 的系统选项等。SASHELP 库中以 v 开头的视图就是数据字典的复制。由于有些数据字典很大，可借助 PROC SQL 高效地查找变量名和变量属性。例如，在数据字典中查看数据集 SASHELP.CLASS 的信息，代码如下：

```
proc sql;
    create table class_table as
    select * from sashelp.vcolumn
    where libname='SASHELP' and memname='CLASS';
    quit;
```

输出结果如图 4-8-7 所示，数据集的常用信息，如数据集所在库名、数据集名、变量名、变量类型、变量属性等，都包含在数据字典中，这极大地提高了编程者的编程效率。关于数据字典的详细内容，请参阅 SAS 帮助文件。

Library Name	Member Name	Member Type	Column Name	Column Type	Column Length	Column Position	Column Number in Table	Column Label	Column Format	Column Informa	Column Index Type	Order in Key Sequenc	Extende Type	Not NULL?	Precision	Scale	Transcoded?
SASHELP	CLASS	DATA	Name	char	8	24	1					0	char	no	0	.	yes
SASHELP	CLASS	DATA	Sex	char	1	32	2					0	char	no	0	.	yes
SASHELP	CLASS	DATA	Age	num	8	0	3					0	num	no	0	.	yes
SASHELP	CLASS	DATA	Height	num	8	8	4					0	num	no	0	.	yes
SASHELP	CLASS	DATA	Weight	num	8	16	5					0	num	no	0	.	yes

图 4-8-7　在数据字典中查看数据集 SASHELP.CLASS 的信息的输出结果

接下来，进一步介绍如何在 PROC SQL 中使用数据字典并生成相应的宏变量。

取出某个数据库下的所有数据集名，SAS 代码如下：

```
data class_m class_f;
    set sashelp.class;
    if sex="M" then output class_m;
    else output class_f;
    run;

proc sql;
    select memname into :dsname
    separated by " "
    from dictionary.tables
    where libname="WORK";
    quit;

%put Dataset Names are "&dsname";
```

本例中，首先 data 步在 WORK 中生成了 class_m 和 class_f 两个数据集，proc sql 步将 WORK 中的数据集名赋予宏变量 dsname，数据集名之间的分隔符为空格。日志中的输出结果为

```
Dataset Names are "CLASS_F CLASS_M"
```

取出某数据集中的所有变量名并赋予宏变量，SAS 代码如下；

```
proc sql;
    select name
    into :varlist
    separated by " "
    from dictionary.columns
    where libname="SASHELP" and memname="CLASS";
    quit;
%put Variable names are "&varlist";
```

本例中，proc sql 步将数据集 SASHELP.CLASS 中的所有变量名赋予宏变量 varlist，变量名之间的分隔符为空格。日志中的输出结果为

```
Variable names are "Name Sex Age Height Weight"
```

提取某数据集的变量数和观测数，SAS代码如下：

```
proc sql;
    select nobs,nvar
    into :nobs trimmed, :nvar trimmed
    from dictionary.tables
    where libname="SASHELP" and memname="CLASS";
    quit;

%put Number of Observations is &nobs.;
%put Number of Variables is &nvar.;
```

本例中，proc sql步分别在提取数据集SASHELP.CLASS中的变量数和观测数后，将这两个值赋予宏变量nobs和nvar。trimmed选项用于去掉宏变量值的头尾空格。日志中的输出结果为

```
Number of Observations is 19
Number of Variables is 5
```

4.8.7　条件语句和循环语句在宏语言中的使用

类似于data步的控制和循环语句，在宏语言中也可使用条件语句和循环语句，从而使程序按照开发者的要求基于判断执行或者循环执行。

1. 条件语句

%if-%then-%else语句用来实现对宏语言的条件控制功能，其语句格式如下：

```
%if expression %then result-text-1;
%else result-text-2;
```

其中，result-text-1和result-text-2可以是宏程序语句、表达式、宏的解析或字符串。

绝大多数情况下，适用于data步中的if-then-else的规则同样适用于宏语言中的%if-%then-%else语句。但要特别注意，由于宏语言会在data步的编译和执行之前解析和执行，因此%if-%then-%else语句不会操作data步的变量值。

例如，下面的代码可以根据特定条件调用宏。宏%sort用于数据库的排序，在宏%info中，当宏参数&vlist不为空时，调用宏%sort，从而实现对数据集的排序；当宏参数&vlist为空时，输出文本Macro SORT was not called到日志中。读者可在日志中自行查看运行结果。

```
data class;
    set sashelp.class;
    run;

%macro sort(data, list);
    proc sort data=&data;
        by &list;
        run;
```

```
%mend;

%macro info(indata=, vlist=);
    %if &vlist ne %then %sort(data=&indata, list=&vlist);
    %else %put Macro SORT was not called;
%mend;

%info(indata=class,vlist=sex);
%info(indata=class,vlist=);
```

2. 循环语句

循环语句的作用是在一定条件下重复执行某些宏语句或者重复执行某些 SAS 代码，其语句格式如下：

```
%do macro-variable=start %to stop [%by increment];
   text
%end;
```

宏语言中控制迭代的命令除了上述的%do-%to 之外，还有%do-%while 和%do-%until 两种方式。其中，%do-%while 的语句格式如下：

```
%do %while(expression);
   text
%end;
```

%do-%until 的语句格式如下：

```
%do %until(expression);
   text
%end;
```

由于以上 3 种宏循环语句和 data 步中的循环语句功能较一致，因此这里对它们的功能不做介绍，请读者参阅 4.5.5 节对 data 步循环语句的介绍。

第 5 章　R 语言基础

5.1　R 语言介绍

5.1.1　R 语言的特点与资源

R 语言是一种用于统计分析以及图形绘制的编程语言和操作环境。其前身是 1976 年美国贝尔实验室开发的 S 语言。R 语言在 20 世纪 90 年代由两位主要研发者 Robert Gentleman 和 Ross Ihaka 正式发布使用，以两位开发者名字的首字母命名。目前 R 语言由一个 R 核心开发团队进行升级和维护，同时遍布世界各地的 R 语言使用者也一同参与到 R 语言的提升与改进中。从最初的统计计算语言到如今覆盖几乎所有数据分析行业，R 语言展现出其独特的数据分析和问题解决能力。与其他流行的统计和制图软件相比，R 语言有着许多独特的优势，例如：

- R 语言是免费开源的软件。如今，很多普遍使用的统计软件属于商业软件且价格不菲，同时，大多数学术期刊对数据分析软件也有相应的版权要求。而 R 语言是一个完全免费并且开源的软件，用户无须担心其版权问题。
- R 语言是一个全面的统计分析平台，提供了各种各样的数据分析方式和技术。与此同时，数量众多的第三方包也极大地丰富了 R 语言的统计分析功能。
- 强大的绘图功能。R 语言内置的基础绘图功能以及数量众多的高级绘图包为用户提供了强大的数据可视化解决方案。
- 支持目前所有主流的计算平台，包括 Windows、Linux 和 Mac OS X。这意味着 R 语言可以运行在绝大部分计算机上进行数据分析和处理。

读者可以从 CRAN 官网(https://cran.r-project.org)上下载相应的 R 语言系统安装包进行安装。国内的用户可以从中国地区镜像，如清华大学的镜像(mirrors.tuna.tsinghua.edu.cn/CRAN/)下载相应的安装包。

5.1.2　RStudio 使用简介

RStudio 是一款基于 R 语言的集成开发环境软件，是在个人计算机上使用 R 语言的首选。RStudio 可以在其官网(https://rstudio.com)上根据自己的系统下载安装。要注意的是，在安装 RStudio 之前需要先安装 R 语言，再通过 RStudio 来使用 R 语言。

如图 5-1-1 所示，RStudio 包括 4 个工作区域，它们的大小可以自由调节。其中，左下角的区域称为控制台，是输入命令以及 R 语言显示运行结果的区域，也是最主要的工作区域；左上角的区域用于编写 R 语言的脚本文件(如.R 语言文件)，并能通过快捷键 Ctrl+Enter 将当前或选中代码传输到控制台中运行；右上角的区域可以显示当前环境下的变量及其内容以及控制台命令的历史记录；右下角区域则主要用于显示当前文件夹下的文件、R 语言脚本绘制的图以及 R 语言的帮助文档等。

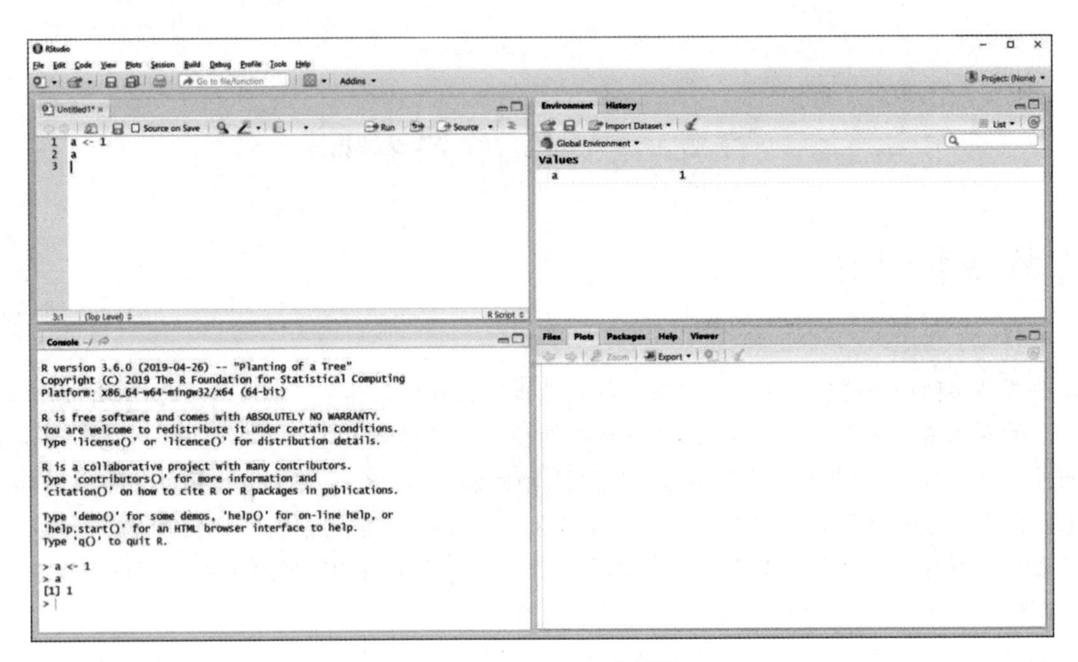

图 5-1-1　RStudio 工作界面

5.2　R 语言的基本规则

首先介绍一些 R 语言最基本的知识，以便使读者对 R 语言的特点有一个直观的认识。

R 语言是一个交互性很强的语言，用户输入命令后可以得到即时的反馈。R 语言从设计上十分便于进行数据分析，例如，可以直接像计算器一样使用 R 语言进行数学计算：

```
1 + 2 * 3 / 4
##[1] 2.5

( sin(3) ^ 2 +pi / log(2e-5) ) * exp(1.2)
##[1] -0.8978978
```

每当输入换行符（按 Enter 键），R 语言就会尝试运行当前的命令并给出计算结果；而如果当前的命令不完整，R 语言会继续等待之后的命令来一起运行。如果输入的命令会产生结果，R 语言会在接收命令后输出计算结果；而如果输入的命令没有输出结果，那么 R 语言在成功执行后并不会给出任何反馈信息。

```
1 *                                          #不完整的命令，乘号后需要数字
    (                                        #不完整的命令，缺少对应的括号
        2 + 2
    )                                        #完整的命令，给出计算结果
##[1] 4

Sys.sleep(1)                                 #让 R 语言暂停 1s，该命令不产生结果
```

通过上例可以看出，R 语言对空白字符不敏感，可以通过加入空格或制表符来使代码更为整齐有

序。此外，R 语言会将＃及其后面的内容当作注释并跳过执行。在本章的代码里，＃＃用来表示后面是 R 语言命令执行的结果。合理地添加注释能使代码的功能更加清晰，有助于自己和他人阅读和理解。

5.2.1　对象

在前一个例子，演示了用 R 语言进行数学计算。接下来将介绍如何记录计算的结果，以便后续使用。在 R 语言中，用对象(object)来保存各种数据，以便进行后续的运算。通常，使用<－将右边的内容赋值给左边的对象，尽管等号(＝)也可以用来赋值，但在本书中统一使用<－。如果被赋值的对象此时不存在，R 语言会创建这个对象并赋值；若对象已存在，则会覆盖对象已有的值。直接输入对象名作为命令即可显示对象的内容。执行赋值命令时不会显示赋值的内容。若要在赋值的同时显示赋值的内容，可以在赋值语句外加上括号。另外，在 RStudio 中可以用快捷键 alt＋－来快速输入<－。

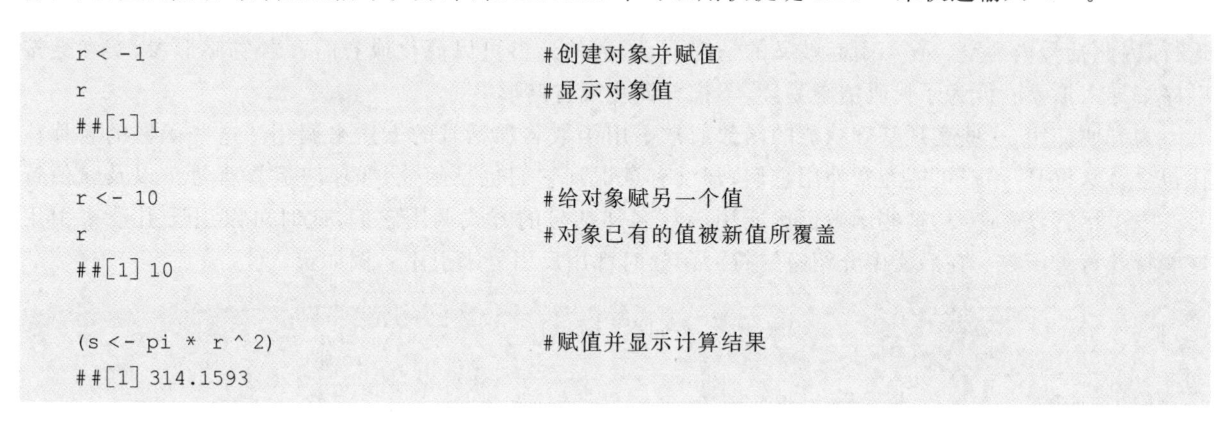

```
r <- 1                                  #创建对象并赋值
r                                       #显示对象值
##[1] 1

r <- 10                                 #给对象赋另一个值
r                                       #对象已有的值被新值所覆盖
##[1] 10

(s <- pi * r ^ 2)                       #赋值并显示计算结果
##[1] 314.1593
```

对象的名称只能包含字母、数字、点(.)和下画线(_)，且必须包含字母。对象必须以字母或点开头，且区分字母的大小写。例如：

```
#正确的对象名
a_ <- a. <- .a1 <- .A1 <- 1             #可以同时给多个变量赋相同的值

#错误的对象名
_a <- 1a <- .1a <- _1 <- 1
```

5.2.2　函数使用基础

对象可以用来存储数据，也可以用来存储函数(function)。本节简单介绍 R 语言中函数的使用。对于数据的分析处理甚至 R 语言中几乎所有的操作都是由各种不同的函数来完成的。绝大多数情况下，可以用 function(parameter＝argument)，即函数名(形式参数＝实际参数)的方式调用函数。形式参数简称形参，实际参数简称实参。若函数有多个参数，需要在括号内用逗号分隔。此外，如果只输入函数名，R 语言将显示该函数的内容，因为函数名本身就是一种存储函数的对象。下面是几个函数使用的示例。

```
setwd("~")                              #更改当前工作文件夹至用户主目录

ls()                                    #显示当前环境下的所有对象
##[1] "r" "s"
```

```
str(cars)                                   #显示对象结构,多用于复杂的对象
##'data.frame': 50 obs. of 2 variables:
##$speed: num 4 4 7 7 8 9 10 10 10 11 ...
##$dist: num 2 10 4 22 16 10 18 26 34 17 ...

seq(from = 0, to = 10, by = 2)              #生成从 0 到 10、间隔为 2 的数列
##[1] 0 2 4 6 8 10

seq(0, 10, b = 2)                           #命令同上,但省略和简化了形参
##[1] 0 2 4 6 8 10
```

从上例可以看出,并不是所有函数运行后都会输出结果。另外,有的函数不需要输入任何参数即可运行,因此括号内为空。在不引起歧义的情况下,函数的形参可以简化或省略。若省略形参,实参会按顺序被导入形参。但为了代码清晰易读,不推荐简化或省略形参。

为方便使用,一些实现基础功能的函数通常不用函数名加括号的方法来调用。这些函数的名称往往包含特殊符号,用户可能经常使用它们,却没有意识到它们也是函数,如加法运算符号+以及赋值符号<-。尽管没有必要,这些函数仍然能用函数名加括号的方式调用它们,此时可以用反引号`来引用这些特殊符号函数。在后文中介绍特殊符号函数时都用反引号来引用。例如:

```
`<-`(a, `+`(1, 3))                          #等同于 a <-1 + 3
a
##[1] 4

`$`                                         #加反引号得到特殊符号函数的函数名
##.Primitive("$")
```

从这个例子还可以看出,函数可以嵌套在其他函数中使用,内部函数的运行结果会被当作外部函数的参数。

5.2.3 扩展包

R 语言作为数据处理软件,其最大的优势就是拥有极其丰富的扩展包(package,简称包)资源,调用合适的包能达到事半功倍的效果。R 语言自带了许多基础包,其中的一部分在 R 语言启动时就被自动加载。而若要使用其他的包,则需要先下载安装再加载它们。绝大多数 R 语言包都由开发者上传到 CRAN 网站统一托管,可以很方便地在 R 语言里用函数 install.package 安装需要的包。在安装成功后,可以加载包并直接使用包里提供的所有函数和数据。有时,为了使程序阅读者能清楚地知道所用函数来自哪个扩展包,可以使用 package::function 的方式使用函数。

```
install.package("ggplot2")                  #从 CRAN 上搜索并安装 ggplot2
library(ggplot2)                            #加载 ggplot2
ggplot2::qplot()                            #qplot 函数来自 ggplot2 包
```

目前 R 语言有大量的包资源供用户免费使用,很多时候用户想解决的问题早已有人给出了解决方法。但是,包的维护和更新依赖于包的作者无偿地自发进行,因而包的质量良莠不齐。另外,在一些热门领域常会有很多功能相似的包。对此,CRAN 汇集了一些热门方向的包并给出推荐(cran.r-project

.org/web/views)。需要注意的是,在使用一些不那么常见的R语言包时,不能无条件地相信其正确性。还有许多优秀的R语言包被上传到Bioconductor、Github等网站上。若想从这些网站下载、安装R语言包,需要用到这些网站开发的包和函数,具体详见各网站的安装指南。

5.2.4 帮助

在实际使用中,用户往往需要十分频繁地查看R语言的帮助文档。因而,如何阅读R语言帮助文档是一项十分重要的技能。可以在查询目标前加问号或使用help函数来查看帮助,如?lm、help(lm)。对于特殊符号的函数,可以使用反引号来查看帮助,如?`[`。此外,还可以用双问号??在帮助文档中查询关键词,再从中选择相关函数的帮助文档,例如用??wd查找与工作路径相关的函数。在帮助文档中,能看到函数的功能简介、所需参数、参数的类型及默认值、函数返回值等信息。在帮助文档的最后,通常会有作者给出的实例。运行这些实例可以帮助用户直观地理解函数的功能及使用技巧。

5.3 数据类型

对于现实中各式各样的数据类型,R语言利用不同类别的对象进行存储。本节介绍基本的数据类型以及它们在R语言中的操作方法,包括vector、factor、date、matrix、list、data.frame和formula。对一个未知的对象,可以使用class函数判断其类别,并用str函数查看其结构。

5.3.1 vector

vector(向量)用来存储一维数据,常用于存储一个随机变量。vector存储的数据可以是数字(numeric或integer)、字符(character)或逻辑值(logical)中的一种。其中字符类数据带有引号(")以区别对象名。当多种类型的数据被放在一个vector中时,它们会被强行转化为同一种类型。另外,vector中可以包括一些特殊值,如缺失值(NA)和非数字(NaN)。一般用函数c将多个数据结合在一起来创建一个vector。例如:

```
c(1, -3, .1, 3e2)                    #数字类 vector
##[1] 1.0 -3.0 0.1 300.0

c("one", "three", "two", "three")    #字符带引号
##[1] "one" "three" "two" "three"

c(TRUE, FALSE, T, F)                 #逻辑值必须大写,不加引号,可用首字母缩写
##[1] TRUE FALSE TRUE FALSE

c(1, "2", 3)                         #数字被转换为字符
##[1] "1" "2" "3"

c(TRUE, F, 2, NA)                    #逻辑值转换为 0 或 1,而 NA 不变
##[1] 1 0 2 NA
```

对vector的内容进行操作时,需要用到方括号函数。方括号也是一种特殊函数,在使用时需将参数放入一对方括号中。在方括号内,可以用数字或逻辑值(也称为布尔值)来选择vector的内容。因为vector是一维的数据,方括号内一般只有一个参数。当需要选择多个内容,可以在方括号内建立一个

vector。当需要生成连续整数时，可以用冒号(:)来连接数列的首尾值。若需要修改 vector 的内容，需将修改好的内容重新赋值给原来的对象。例如：

```
abcd <- LETTERS[1:4]                    #LETTERS 是 R 语言自带的一个包含 26 个字母的 vector
abcd
##[1] "A" "B" "C" "D"

class(abcd)                             #字符型 vector
##[1] "character"

length(abcd)                            #vector 长度
##[1] 4

abcd[c(3, 1, 2)]                        #用数字来选择其中的内容
##[1] "C" "A" "B"

abcd[-2]                                #负数代表去除 vector 中指定的值
##[1] "A" "C" "D"

abcd[c(T, F, T, F)]                     #用逻辑值来选择内容
##[1] "A" "C"

abcd <- abcd[4:1]                       #通过重新赋值来修改对象
abcd                                    #对象内容被逆转
##[1] "D" "C" "B" "A"

abcd <- abcd[4:1]                       #再一次逆转内容
abcd                                    #在修改对象时需注意当前对象内容
##[1] "A" "B" "C" "D"

abcd[2] <- "Z"                          #修改 vector 中的部分内容

abcd
##[1] "A" "Z" "C" "D"
```

还可以对 vector 的内容命名，并通过名字来获取这些内容。用 c(name＝data)的形式可以生成带名字的 vector。通过使用 names 函数可以显示 vector 内容的名称。而要对 vector 已有的名称进行修改，需使用 names<－函数，在使用时相当于将名称赋值给 names 的结果。例如：

```
#创建 vector 时命名
a <- c(A =1, B =2)                      #名称=内容
a
##A B
##1 2

#显示名称
names(a)
```

```
##[1] "A" "B"

#修改 vector 的命名
abcd
##[1] "A" "Z" "C" "D"

names(abcd) <- letters[1:4]             #用前 4 个小写字母对 vector 中的内容命名
abcd
##a b c d
##"A" "Z" "C" "D"

names(abcd)[2] <- "z"                   #修改部分名称
abcd
##a z c d
##"A" "Z" "C" "D"

#用名称选择 vector 的内容
abcd[c("c", "a")]
##c a
##"C" "A"

#去除名称
abcd <- unname(abcd)                    #或者 names(abcd) <-NULL
abcd
##[1] "A" "Z" "C" "D"
```

5.3.2 factor

factor(因子)在 R 语言中通常用于存储分类变量,其本质是在 vector 的基础上添加顺序属性,从而用数字来代表各种变量值。通常用 factor 函数将字符型 vector 转换成 factor,其中变量值自动按照字母顺序来与整数关联。如果需要,可以通过设定 levels 参数来自定义 factor 的变量值所对应的数字的顺序。

```
myvector <- c("one", "three", "two", "three")

#vector 自动转换为 factor
myfactor1 <- factor(myvector)
myfactor1
##[1] one three two  three
##Levels: one three two

class(myfactor1)
##[1] "factor"
```

```
as.numeric(myfactor1)                    #1-one, 2-three, 3-two
##[1] 1 2 3 2

#转换时规定变量值的顺序
myfactor2 <- factor(myvector,
    levels = c("one", "two", "three")
)
myfactor2
##[1] one  three  two  three
##Levels: one two three

as.numeric(myfactor2)                    #1-one, 2-two, 3-three
##[1] 1 3 2 3

#用 labels 参数在转换时修改内容
myfactor3 <- factor(myvector,
    levels = c("one", "two", "three"),
    labels = c("ONE", "TWO", "THREE")
)
myfactor3
##[1] ONE  THREE  TWO  THREE
##Levels: ONE TWO THREE

#通过修改 levels 来合并类别
myfactor4 <- myfactor3
levels(myfactor4) <- list("odd" = c("ONE", "THREE"), "even" ="TWO")
myfactor4
##[1] odd odd even  odd
##Levels: odd  even
```

反过来，可以用 as.vector 或 as.character 函数将 factor 转换为 vector。而使用 as.numeric 函数，则会显示 factor 中用来代表顺序的整数。因此，如果 factor 中的变量值为数字，应先转换为字符型 vector 后再转换为数字。

```
#将 factor 转换为 vector
(myfactor4 <- factor(c(.5, 4, 2)))
##[1] 0.5  4  2
##Levels: 0.5 2 4

as.numeric(myfactor4)                    #得到失去顺序信息的整数
##[1] 1 3 2

as.character(myfactor4)                  #得到字符型 vector
##[1] "0.5"  "4"  "2"
```

```
as.vector(myfactor4)                    #和上一个操作相同
##[1] "0.5"  "4"  "2"

as.numeric(as.vector(myfactor4))        #将字符转换为数字
##[1] 0.5 4.0 2.0
```

虽然同样是一维的数据类型，但是 factor 的合并和内容提取要比 vector 复杂一些。如果要合并多个 factor，需要先将它们都转换为 vector，执行合并，再转换回 factor。而提取部分 factor 内容可以选择是否保留空白的顺序信息。

```
#合并多个 factor
myfactor5 <- factor(c(
  as.character(myfactor2),
  as.character(myfactor3)
))
myfactor5
##[1] one  three  two  three  ONE  THREE  TWO  THREE
##Levels: one ONE three THREE two TWO

#提取部分 factor
myfactor5[1:2]                          #保留原 factor 的顺序信息
##[1] one  three
##Levels: one ONE three THREE two TWO

myfactor5[1:2,
  drop = TRUE                           #drop 是[]函数的参数
]                                       #只保留剩下的顺序
##[1] one  three
##Levels: one three
```

5.3.3 date

日期类型的数据在 R 语言中以 date 格式来存储和计算。通常用 as.Date 函数将字符型的日期转换为 date 类型。在转换时，需通过 format 参数设定字符型日期数据的格式。更多的日期格式所对应的代码可以在 as.Date 帮助文档的实例中查阅。date 类型的数据实际上记录的是一个初始日期(在 R 语言中为 1970-01-01)和在此基础上增减的天数。对 date 类型的数据使用 as.vector 或 as.numeric 函数，可以得到其对应的天数。因此，可以对 date 类型的数据进行简单的数学运算。

```
#将字符型日期转换为 date 类型
myDate1 <- as.Date("2020/01/01",
   format = "%Y/%m/%d"                  #%Y 代表 4 位数的年，%m 代表 2 位数的月，%d 代表 2 位数的日
)
myDate1
##[1] "2020-01-01"

class(myDate1)
```

```
##[1] "Date"

as.Date("2020-01-02")                                   #默认的日期格式
##[1] "2020-01-02"

#根据初始日期增减天数
myDate2 <- as.Date(2, origin = myDate1)                 #myDate1 后两天
myDate2
##[1] "2020-01-03"

#date 类型的数据记录了初始日期和变化的天数
as.vector(myDate1)
##[1] 18262

as.numeric(as.Date("1900-06-29"))
##[1] -25388

#R 语言默认的初始日期为 1970 年 7 月 1 日
as.vector(as.Date("1970-01-01"))
##[1] 0

as.Date(as.vector(myDate1), origin = as.Date("1970-01-01"))
##[1] "2020-01-01"

#简单的日期运算
myDate1 + 2
##[1] "2020-01-03"

myDate2 - myDate1
##Time difference of 2 days

min(myDate1, myDate2)
##[1] "2020-01-01"

#当前系统日期
Sys.Date()
##[1] "2020-02-28"
```

5.3.4 matrix

matrix(矩阵)类型在 R 语言中多用于存储矩阵。matrix 类型是在 vector 的基础上增加了两个维度的信息。因此，matrix 类型同样只能包含数字、字符或逻辑值中的一种。通常，用 matrix 函数将一个 vector 对象转换成 matrix 对象。

```
#从 vector 生成 matrix
mymatrix <- matrix(1:8, nrow = 2, ncol = 4)
mymatrix
##      [,1] [,2] [,3] [,4]
##[1,]    1    3    5    7
##[2,]    2    4    6    8

class(mymatrix)
##[1] "matrix"

str(mymatrix)                    #查看对象结构,可见 matrix 是二维的 vector
##int [1:2, 1:4] 1 2 3 4 5 6 7 8

dim(mymatrix)                    #显示行列数
##[1] 2 4

nrow(mymatrix)                   #显示行数
##[1] 2

ncol(mymatrix)                   #显示列数
##[1] 4

as.vector(mymatrix)              #将 matrix 转换为 vector
##[1] 1 2 3 4 5 6 7 8
```

在 R 语言中,可以用一些函数很方便地实现常用的矩阵运算。关于矩阵的理论介绍详见第 1 章。以下是常见的矩阵运算的示例:

```
t(mymatrix)                      #矩阵转置
##      [,1] [,2]
##[1,]    1    2
##[2,]    3    4
##[3,]    5    6
##[4,]    7    8

diag(4)                          #单位矩阵
##      [,1] [,2] [,3] [,4]
##[1,]    1    0    0    0
##[2,]    0    1    0    0
##[3,]    0    0    1    0
##[4,]    0    0    0    1

(I2 <-diag(4) * 2)               #矩阵乘以常数
##      [,1] [,2] [,3] [,4]
```

```
##[1,]     2     0     0     0
##[2,]     0     2     0     0
##[3,]     0     0     2     0
##[4,]     0     0     0     2

solve(I2)                                  #计算逆矩阵
##        [,1] [,2] [,3] [,4]
##[1,]    0.5  0.0  0.0  0.0
##[2,]    0.0  0.5  0.0  0.0
##[3,]    0.0  0.0  0.5  0.0
##[4,]    0.0  0.0  0.0  0.5

1:3 %*% 1:3                                #点乘
##      [,1]
##[1,]  14

mymatrix %*% I2                            #矩阵乘法
##       [,1] [,2] [,3] [,4]
##[1,]     2    6   10   14
##[2,]     4    8   12   16

det(I2)                                    #矩阵的行列式
##[1]  16
```

与 vector 类似，需要使用方括号函数对 matrix 中的内容进行操作。方括号内用逗号分隔的两个参数分别对行和列进行操作。如果只提供一个参数，R 语言会把 matrix 当一维的 vector 处理。

以下是矩阵操作的示例：

```
mymatrix[1, 3]                             #第 1 行第 3 列
##[1] 5

mymatrix[2, ]                              #第 2 行
##[1] 2 4 6 8

mymatrix[, 3]                              #第 3 列
##[1] 5 6

mymatrix[4] <- 100                         #修改第 4 个数

mymatrix
##       [,1] [,2] [,3] [,4]
##[1,]     1    3    5    7
##[2,]     2  100    6    8
```

另外，可以使用 rbind 或 cbind 函数将多个矩阵按行或列合并。例如：

```
cbind(mymatrix, c(-1, -2))
##      [,1] [,2] [,3] [,4] [,5]
##[1,]    1    3    5    7   -1
##[2,]    2  100    6    8   -2

rbind(mymatrix, mymatrix)
##      [,1] [,2] [,3] [,4]
##[1,]    1    3    5    7
##[2,]    2  100    6    8
##[3,]    1    3    5    7
##[4,]    2  100    6    8
```

5.3.5 list

list(列表)是R语言中自由度最高的数据储存类型,它不像vector或matrix那样要求内容类型一致,而是可以将任意不同类型的数据甚至函数存储在同一个对象里。同样,可以用names函数来查看和修改list内容的名称。

```
#将vector、factor和matrix保存成一个list
mylist <- list(abcd, myfactor1, mymatrix)

mylist                                   #命名前
##[[1]]
##[1] "A" "Z" "C" "D"
##
##[[2]]
##[1] one  three  two  three
##Levels: one three two
##
##[[3]]
##      [,1] [,2] [,3] [,4]
##[1,]    1    3    5    7
##[2,]    2  100    6    8

names(mylist) <- c("vector", "factor", "matrix")     #给list的元素命名

mylist                                   #命名后
##$vector
##[1] "A" "Z" "C" "D"
##
##$factor
##[1] one  three  two  three
##Levels: one three two
##
##$matrix
```

```
##      [,1] [,2] [,3] [,4]
##[1,]    1    3    5    7
##[2,]    2  100    6    8

class(mylist)
##[1] "list"

length(mylist)                           #list 的长度
##[1] 3

unlist(mylist)                           #将 list 的内容合并成一个 vector
##vector1 vector2 vector3 vector4 factor1 factor2 factor3 factor4 matrix1 matrix2
##    "A"     "Z"     "C"     "D"     "1"     "2"     "3"     "2"     "1"     "2"
##matrix3 matrix4 matrix5 matrix6 matrix7 matrix8
##    "3"   "100"     "5"     "6"     "7"     "8"
```

注意：list 的一部分依然是 list，可以用[]加上数字或名称的方法获得 list 的一部分；反过来，可以用函数 c 合并多个 list。

以下是 list 的合并和分解的示例：

```
#提取部分 list
mylist[1:2]
##$vector
##[1] "A" "Z" "C" "D"
##
##$factor
##[1] one  three  two  three
##Levels: one three two

mylist["matrix"]
##$matrix
##      [,1] [,2] [,3] [,4]
##[1,]    1    3    5    7
##[2,]    2  100    6    8

is.list(mylist["matrix"])                #只有一个元素，但它依旧是 list，而不是 matrix
##[1] TRUE

#合并 list
c(mylist[1], mylist[3])                  #将两个 list 合并成一个 list
##$vector
##[1] "A" "Z" "C" "D"
##
##$matrix
##      [,1] [,2] [,3] [,4]
```

```
##[1,]     1    3    5    7
##[2,]     2  100    6    8

mylist[c(2, 1, 2, 1)]                                #调整 list 的内容
##$factor
##[1] one  three  two  three
##Levels: one three two
##
##$vector
##[1] "A" "Z" "C" "D"
##
##$factor
##[1] one  three  two  three
##Levels: one three two
##
##$vector
##[1] "A" "Z" "C" "D"

list(mylist[2], c(mylist[1], mylist[3]))             #生成新的 list,与旧 list 形成嵌套关系
##[[1]]
##[[1]]$factor
##[1] one  three  two  three
##Levels: one three two
##
##
##[[2]]
##[[2]]$vector
##[1] "A" "Z" "C" "D"
##
##[[2]]$matrix
##       [,1] [,2] [,3] [,4]
##[1,]     1    3    5    7
##[2,]     2  100    6    8
```

而若要单独获取 list 中所存的内容,需要用到双中括号函数[[]]。如果 list 的内容已被命名,还可以用 $ 函数来通过名称获取存在 list 中的内容。需要注意的是,在 $ 后可直接写 list 内的名称,无须加双引号。同时,$ 不能通过数字来选择内容,如果内容的名称是数字,则需要用反引号引用数字,例如用 $`2`提取 list 中名称为 2 的内容,而不是 list 的第二个内容。另外,可用这两种方法对 list 的内容进行增删操作。

```
#提取 list 的内容
mylist[["matrix"]]                                   #双中括号内的名称需加引号
##       [,1] [,2] [,3] [,4]
##[1,]     1    3    5    7
##[2,]     2  100    6    8
```

```
is.list(mylist[["matrix"]])
##[1] FALSE

mylist[[2]]
##[1] one  three  two  three
##Levels: one three two

mylist$vector                              #$后名称无须加双引号
##[1] "A" "Z" "C" "D"

#在已有 list 中增添内容
mylist$new <- list(1, 2)                   #在 list 内包含另一个 list
mylist
##$vector
##[1] "A" "Z" "C" "D"
##
##$factor
##[1] one  three  two  three
##Levels: one three two
##
##$matrix
##      [,1] [,2] [,3] [,4]
##[1,]     1    3    5    7
##[2,]     2  100    6    8
##
##$new
##$new[[1]]
##[1] 1
##
##$new[[2]]
##[1] 2

#删除 list 中的元素
mylist$new <- NULL
mylist
##$vector
##[1] "A" "Z" "C" "D"
##
##$factor
##[1] one  three  two  three
##Levels: one three two
##
##$matrix
##      [,1] [,2] [,3] [,4]
##[1,]     1    3    5    7
##[2,]     2  100    6    8
```

5.3.6 data.frame

data.frame(数据框)是 R 语言中最常用的一种数据类型,通常会把待处理的变量保存在一个 data.frame 中,以方便后续的计算。从本质上来说,data.frame 是一种特殊的 list,其内容是长度相同的 vector 或 factor。因此,list 的许多特征同样适用于 data.frame。通常,从文件中读取数据所生成的对象就是 data.frame,详见 5.4.1 节。可以用 data.frame 函数创建新的 data.frame。对于一个 data.frame,常用 str 函数查看其列信息,用 head 和 tail 函数查看其前几行和后几行的内容。

```
#创建 data.frame
mydf <- data.frame(number = 1:4, character = abcd, factor = myfactor1,
stringsAsFactors = F)                          #不要默认将字符型数据转换为 factor
mydf
##    number  character  factor
## 1       1          A     one
## 2       2          Z   three
## 3       3          C     two
## 4       4          D   three

class(mydf)
##[1] "data.frame"

is.list(mydf)                                  #data.frame 是特殊的 list
##[1] TRUE

str(mydf)                                      #查看各个列的信息
## 'data.frame':    4 obs. of  3 variables:
## $number      : int  1  2  3  4
## $character   : chr "A" "Z" "C" "D"
## $factor      : Factor w/ 3 levels "one", "three", ..: 1 2 3 2

mydf[1]                                        #提取第一列作为新的 data.frame
##    number
## 1       1
## 2       2
## 3       3
## 4       4

mydf[[1]]                                      #提取第一列的内容,是一个 vector
##[1] 1 2 3 4

mydf$factor                                    #使用$提取内容
##[1] one  three  two  three
##Levels: one three two

mydf$logic <- TRUE                             #新增一个值全是 TRUE 的列
mydf$logic <- NULL                             #删除该列
```

另一方面,data.frame 和 matrix 一样,都是二维的数据结构,因此,可以像对 matrix 一样,通过行、列的位置或名字对 data.frame 的行、列进行操作。

以下是对 data.frame 的行、列进行操作的示例：

```
mydf[2, 3]
##[1] three
##Levels: one three two

mydf[, "character"]
##[1] "A" "Z" "C" "D"

class(mydf[1,])                          #单独一行依旧是一个 data.frame
##[1] "data.frame"

class(mydf[,2])                          #单独一列则是一个 vector 或 factor
##[1] "character"

rownames(mydf)
##[1] "1" "2" "3" "4"

colnames(mydf)
##[1] "number"  "character"  "factor"
```

通常，通过对 data.frame 的行操作来筛选数据，例如剔除含异常值的样本，详见 5.4.2 节。对 data.frame 的列操作则通常涉及数据集的合并。此时，上文介绍的 cbind 函数往往无法满足需求，需要使用 merge 函数完成复杂的合并工作。通过 merge 函数中的 by、by.x 和 by.y 参数来指定待合并数据集所共有的列，用 all、all.x 和 all.y 参数来指定合并结果中是否包含另一个数据集中不存在的行。

以下是使用 merge 合并两个 data.frame 的示例：

```
#生成另一个 data.frame
mydf2 <- data.frame(letter = LETTERS[3:1], logic = c(T,T,F))
mydf2
##    letter  logic
## 1       C   TRUE
## 2       B   TRUE
## 3       A  FALSE

#合并两个 data.frame,只保留两个数据集共有的值
merge(mydf, mydf2,
  by.x = "character",                  #根据第一个数据集的 character 列合并
  by.y = "letter"                      #根据第二个数据集的 letter 列合并
)
##    character  number  factor  logic
## 1          A       1     one  FALSE
## 2          C       3     two   TRUE
```

```
#合并两个 data.frame,保留第一个数据集的所有值
merge(mydf, mydf2,
  by.x = "character",                  #根据第一个数据集的 character 列合并
  by.y = "letter",                     #根据第二个数据集的 letter 列合并
  all.x = T                            #保留第一个数据集的所有行,用 NA 填充空缺
)
##   character number factor logic
## 1         A      1    one FALSE
## 2         C      3    two  TRUE
## 3         D      4  three    NA
## 4         Z      2  three    NA
```

5.3.7 formula

作为统计学软件,R 语言需要描述不同统计模型所用的公式。formula(公式)是一种特殊的对象类型,按顺序依次由因变量、波浪线(~)和自变量组成。formula 可以包含字母、数字、符号以及函数。不同于字符型数据,formula 不需要加双引号使之成为一个整体。但由于字符型数据更易于编辑,为方便起见,可以先生成字符型数据,再将其转为 formula。在 R 语言中,formula 常在绘图和模型拟合中用到,请分别参见 5.4.5 节和 5.5 节。

```
y ~ x                                  #一个公式
##y ~ x

class(y ~ x)                           #formula 类型对象
##[1] "formula"

class("y ~ x")                         #加双引号则不是 formula,而是字符型数据
##[1] "character"

as.list(y ~ x + log(z))                #转换成 list 以显示 formula 的 3 个组成部分
##[[1]]
##`~`
##
##[[2]]
##y
##
##[[3]]
##x + log(z)

#由字符型数据转换为公式
as.formula(
  paste0("y ~",                        #使用 paste 系列函数修改字符型数据
    paste0("x", 1:4, collapse = "+")
  )
```

```
)
##y ~ x1 + x2 + x3 + x4
```

需要注意的是，在 R 语言中，formula 的书写规则与统计学中公式的书写规则有许多不同，特别是一些符号有着完全不同的意义。下面用示例介绍 formula 的书写规则。

```
#常用公式及其含义
#公式中只包含变量,不包含参数
Y ~ X                                  #Y = b0 + b1 * X

#用+分隔不同的自变量
Y ~ X + Z                              #Y = b0 + b1 * X + b2 * Z

#0 表示截距固定为 0
Y ~ X + 0                              #Y = b1 * X

#:表示交互作用
Y ~ X + X:Z                            #Y = b0 + b1 * X + b2 * XZ

# * 是交互作用的缩写
Y ~ X * Z                              #Y = b0 + b1 * X + b2 * Z +b3 * X * Z

#用 I 函数在公式内进行数学运算
Y ~ I(X ^ 2) + X                       #Y =b0 + b1 * X ^ 2 + b2 * X

#使用.代表 data.frame 中其余所有变量依次相加
Y ~ .                                  #Y ~ X + Z
```

5.4 常用函数介绍

本节介绍 R 语言的常用函数，以满足数据处理和分析的基本需求。这里介绍的函数都是 R 语言基础包中自带的，无须额外安装扩展包。

5.4.1 数据的读入和导出

一般来说，R 语言读入和导出的数据有两种格式，分别是文本文件（text file）和 R 语言二进制文件（R binary file）。其中，文本文件后缀多为 txt 或 csv，可以很方便地在各种文本或数据处理软件中打开；而 R 语言二进制文件则一般只能被 R 语言打开，但其优点是文件较小，且在 R 语言中读写速度较快。需要注意的是，R 语言读入和导出的文本文件中的数据只能是 data.frame 格式，而 R 语言二进制文件则能读写任何 R 语言对象类型，甚至可以一次读写多个对象。此外，R 语言的一些扩展包允许读取由其他软件生成的文件，例如，用 xlsx 包可以读取 Excel 文件，用 foreign 包可以读取 SAS、SPSS、Stata 等的文件，在这里不展开介绍。

```
#导出数据
#txt 文本文件, 详见 write.table 的帮助文档
write.table(mydf, file = "mydf.txt",
```

```
  sep = "\t",                       #用制表符分隔列
  quote = F,                        #不对内容加双引号
  row.names = F                     #不写行名
)

#csv文件也是一种文本文件
write.csv(mydf, file = "mydf.csv")

#Rdata文件是二进制文件
save(mydf, file = "mydf.Rdata")

#读入数据
#读入文本文件
mydf2 <- read.table(file = "mydf.txt",
  sep = "\t",                       #用制表符作为分隔符。常用的分隔符还有空格和逗号等
  header = T,                       #将第一行作为列名
  stringsAsFactors = F,             #不将含非数字的列存成 factor
  fileEncoding = ""                 #指定文本编码,常见的有 UTF-8 或 GBK
)
str(mydf2)                          #没有被读取为 factor
## 'data.frame':  4 obs. of 3 variables:
## $number     : int  1 2 3 4
## $character  : chr  "A" "Z" "C" "D"
## $factor     : chr  "one" "three" "two" "three"

#读入 Rdata 文件
load("mydf.Rdata")                  #无须赋值,所读的对象名与存储时一样
savedObj <- load("mydf.Rdata")      #赋值可以得到从 Rdata 文件中导入的变量名
savedObj
##[1] "mydf"

str(mydf)                           #对象名和内容与存储时一致
## 'data.frame':  4 obs. of 3 variables:
## $number     : int 1 2 3 4
## $character  : chr "A" "Z" "C" "D"
## $factor     : Factor w/ 3 levels "one","three",..: 1 2 3 2

identical(mydf, mydf2)              #两种读取方法的结果不完全一致,其中 factor 变量类型不同
##[1] FALSE
```

5.4.2 条件判断

在R语言中,条件判断会给出逻辑变量TRUE或FALSE。条件判断往往用于数据的提取以及代码的控制。常用的条件判断有以下几种:

```
#等于与不等于
3.0 == 3
##[1] TRUE

"a" != "b"
##[1] TRUE

#大于与小于
0.5 - 0.3 > 0.3 - 0.1                        #此处大于为真是因为计算机存储小数的缺陷
##[1] TRUE
format(0.3, nsmall = 20)                      #显示 0.3 的 20 位小数
##[1] "0.29999999999999998890"

"a" < "b"                                     #比较 ASCII 码
##[1] TRUE

#判断对象类型
is.na(NA)                                     #NA 指数据不存在
##[1] TRUE

is.nan(0/0)                                   #NaN 指非数字
##[1] TRUE

is.numeric(Inf)                               #无穷大是数字
##[1] TRUE

#对象是否存在
exists("obj")                                 #对象 obj 是否存在
##[1] FALSE

file.exists("mydf.csv")                       #文件是否存在
##[1] TRUE
```

对逻辑变量可进行与、或、非三种基本运算。

```
TRUE & FALSE                         #与
##[1] FALSE

TRUE | FALSE                         #或
##[1] TRUE

! TRUE                               #非
##[1] FALSE

#与 NA 运算的结果
```

```
c(T & NA, F & NA, T | NA, F | NA)
##[1]  NA  FALSE  TRUE  NA
```

另外,可以对一个 vector 内的多个值同时进行判断,并在此基础上进行额外的操作。

```
1:3 %in% 2:5                          #前者是否在后者中存在,是 match 函数的扩展
##[1] FALSE  TRUE  TRUE

all(1:5 > 0)                          #全部为真
##[1] TRUE

any(1:5 >5)                           #任意为真
##[1] FALSE

duplicated(c(1, 2, 2, 3))             #重复值为真
##[1] FALSE FALSE TRUE FALSE

which(5:1 > 3)                        #第几位真值,将逻辑值转为数字
##[1] 1 2

1:5 >0 & 1:5 > 3                  #不同运算符的优先级不同,此处 & 优先级最低,因此先执行两边的运算
##[1] FALSE FALSE FALSE  TRUE  TRUE
```

通过条件判断,可以对数据进行筛选,常用于对数据的清理和整理。

```
#在[]内用条件判断来筛选数据
mydf[mydf$number < 3, ]               #筛选出 number 列小于 3 的行
##    number  character  factor
## 1       1          A     one
## 2       2          Z   three

mydf[grep("o", mydf$factor), ]        #筛选出 factor 列含字母 o 的行
##    number  character  factor
## 1       1          A     one
## 3       3          C     two

#对 data.frame 对象还可以用 subset 函数来筛选行
subset(mydf, character == "C")        #subset 里的条件可以直接写列名
##          number  character  factor
## 3        3          C         two
```

条件判断也可以用在 if 语句中以控制条件分支。如果对一个 vector 的各个内容进行判断并输出同样的结果,可以用 ifelse 函数代替循环语句。另外,if 的输入值可以是数字,此时非 0 的数字为真,而 0 为假。

```
#完整的 if 语句
if(FALSE) {
  a <- 1
} else if(TRUE) {
  a <- 2
} else {
  a <- 3
}
a
##[1] 2

#不加大括号时,if 控制下一行内容
if(FALSE)
print("line 1")
print("line 2")
##[1] "line 2"

#简写为一行
if(TRUE) 1 else 0
##[1] 1

#对 vector 的多个内容同时进行判断
ifelse(1:5 >3, ">3", "<=3")
##[1] "<=3"  "<=3"  "<=3"  ">3"    ">3"

#数字为输入值时,非 0 值为真,0 值为假
ifelse(c(-1, 0, 0.1), T, F)
##[1] TRUE  FALSE    TRUE
```

上例中，大括号用来将多行代码视作整体进行控制。大括号还常在循环语句和自定义函数中使用，详见{}的帮助文档。

5.4.3 循环

对多个对象进行同样的操作需要运用循环语句来节省代码。首先介绍最为经典的 for 循环。

```
#用 for 循环求 1～100 的整数和
total <- 0
for(i in 1:100) {                          #对象 i 依次被赋值为 1～100,用于控制循环
  total <- total + i                       #将每个循环的值累加到 total 中
}
total == sum(1:100)                        #5050
##[1] TRUE

i                                          #最后被赋予的值被保留
##[1] 100
```

尽管 for 循环是最经典的循环语句，在 R 语言中，更常使用 apply 和 lapply 系列函数对一系列对象使用相同的函数。根据目标对象的不同，可选用不同的 apply 系列函数。对对象使用的函数可以是已有函数，也可以是自定义函数。关于自定义函数的内容请参考 5.4.6 节。

```
#apply 函数适用于 matrix 对象
mymatrix
##       [,1] [,2] [,3] [,4]
##[1,]     1    3    5    7
##[2,]     2  100    6    8

apply(mymatrix,
  1,                                 #1 或 2 代表每一行或每一列使用下面的函数
  sum,                               #被使用的函数，此处的参数是一个函数
  na.rm = T                          #可以加入被使用的函数 sum 所需额外的参数
)                                    #对每一行求和
##[1]  16  116

#lapply 函数适用于 vector 或 list 对象，其返回值为 list
mylist
##$vector
##[1] "A" "Z" "C" "D"
##
##$factor
##[1] one  three  two  three
##Levels: one three two
##
##$matrix
##       [,1] [,2] [,3] [,4]
##[1,]     1    3    5    7
##[2,]     2  100    6    8

lapply(mylist, length)               #计算 mylist 中每个元素的长度
##$vector
##[1] 4
##
##$factor
##[1] 4
##
##$matrix
##[1] 8

#sapply 函数是更简便的 lapply，其返回值不一定是 list
sapply(1:10, function(i) i ^ 2)      #分别计算 1～10 的整数的平方
##[1]  1  4  9  16 25 36 49 64 81 100

i                                    #依旧是前面 for 循环的结尾值，函数内的赋值不影响外部数值
```

```
##[1] 100
```

如果循环的次数十分多或者循环内的计算量很大时，使用单线程来计算会非常耗时。如果计算机的配置允许，可以同时使用多个CPU来分摊计算量，即多线程计算。多线程计算需要调用R语言自带的parallel包。根据不同的计算机操作系统，多线程循环的使用方法稍有不同，但两者都可以使用多线程版的lapply函数来实现多线程并行计算。

```
library(parallel)

#Linux 或 Mac OS
mclapply(index, FUN,
  mc.cores = 3                          #使用 3 个 CPU 运行 mclapply
)

#Windows
cl <- makeCluster(3)                    #连接 3 个 CPU 用于计算
parLapply(cl, index, FUN)
stopCluster(cl)                         #结束多线程连接
```

5.4.4 文本处理

在对原始数据进行清洗时，往往需要处理大量文本，在R语言中体现在对字符型vector的操作。本节介绍R语言中常用的文本处理函数，包括paste函数、strsplit函数、substr函数和grep函数。

使用paste函数可以将多个vector合并成一个字符型数据。通过设定其参数，可以合并多个对象或vector中的多个内容。

```
#设置 sep 参数将多个对象合并
paste("a", "b", "c", sep = "+")
##[1] "a+b+c"

paste0("a", "b", "c")                   #paste0 是 sep 为空的 paste 函数
##[1] "abc"

paste0("a", 1:3, c("a", "b", "c") )     #对象若是 vector,则按其内容顺序运行 paste 函数
##[1] "a1a" "a2b" "a3c"

#设置 collapse 参数将 vector 的内容合并
paste(c("a", "b", "c"), collapse = "+")
##[1] "a+b+c"

#可以两者同时进行
paste(c("a", "b", "c"), 1:3, sep = ".", collapse = "+")
##[1] "a.1+b.2+c.3"
```

使用strsplit函数可以将文本按照指定的分隔符分开，其返回值是一个list。分隔符的设定可以使

用正则表达式,详见附录 B。

```
strsplit("aibicid", split = "i")          #按照 i 分隔字符型数据
##[[1]]
##[1] "a" "b" "c" "d"

strsplit("a+1", "+")                      #加号被当作正则表达式的符号
##[[1]]
##[1] "a" "+" "1"

strsplit("a+1", "\\+")                    #可以用双反斜线让加号代表其本身
##[[1]]
##[1] "a" "1"

strsplit(                                 #可以对 vector 的内容进行批量操作
  c(a = "line one", b = "line two and three"),
  "\\s"                                   #指任意空白,包括空格、制表符和换行符
)                                         #用空格分开句中单词
##$a
##[1] "line" "one"
##
##$b
##[1] "line"  "two"  "and"  "three"
```

使用 substr 函数可以按字符数来截取字符型数据的内容。

```
x <- "abcde"
substr(x, start = 2, stop = 3)            #截取字符型数据第二个至第三个字符
##[1] "bc"

nchar(x)                                  #计算字符型数据的总字符数
##[1] 5
substr(x, nchar(x) - 2, nchar(x) - 1)     #计算得到倒数第三个至倒数第二个字符
##[1] "cd"

#substring 截取起始点之后的所有内容
substring(x, first = 2) <- "efg"          #可以在截取的同时替换内容
x
##[1] "aefge"

#对 vector 中的多个内容操作
substr(
rep("abcdef", 4),                         #生成一个 vector,其内容是 4 个"abcdef"
1:4,                                      #分别指定 vector 内容的起始点
```

```
  4:5                                          #没有结束点的值则会被循环使用,相当于 c(4,5,4,5)
  )
  ##[1] "abcd"  "bcde"  "cd"   "de"
```

使用 grep 函数可以查找符合特征的文本内容，常用于从复杂文本中挖掘数据，通常需要使用正则表达式。此外，有大量的函数与 grep 有着相关的功能，这里介绍 gsub 函数，其余函数可以参考 grep 函数的帮助文档。

```
x <- c("abc", "bcd", "cde", "b_ca", "bca.bcd")

grep(pattern = "bc", x)                   #grep 系列函数的第一个参数是提取的特征 pattern
##[1] 1 2 5

grep("bc", x, value = T)                  #返回符合特征的文本内容
##[1] "abc" "bcd" "bca.bcd"

gsub(pattern = "bc", replacement = "BC", x)    #替换特征 replacement
##[1] "aBC" "BCd" "cde" "b_ca" "BCa.BCd"

#利用 gsub 提取文本内的信息
gsub(".*AN=([0-9]+).*",                   #比对整个文本,括号内包括"AN="之后的连续数字
  "\\1",                                 #整个文本被替换成第一个括号内匹配的内容,从而完成数值的提取
  "RefPanelAF=0.0163536;AN=21822;AC=471;INFO=0.884817"
                                          #复杂文本
)
##[1] "21822"
```

5.4.5 基本作图

R 语言的作图功能十分强大且自由度很高，理论上能用手和笔画出的图在 R 语言里都能实现。接下来，先介绍一些 R 语言基础包自带的作图函数，它们的可自定义性很强，基本能满足绝大多数日常作图需求。但有些时候，基础包的作图函数较为复杂冗长，而 ggplot2 包则提供了简洁而强大的语法来满足复杂的作图需求。关于 ggplot2 包的作图功能详见 5.7 节。

使用基础包作图时，一般先使用 plot 函数生成一个基础图片，再用其他函数（如 lines、legend）往图上添加元素。再次使用 plot 函数就会重新生成一张新的图片。在绘图前，可以使用 par 函数对图片的参数进行修改。该函数的参数非常多，这里不展开介绍，在 5.5.1 节里有部分 par 函数的示例，更多内容请参考 par 函数的帮助文档。

```
#模拟 Logistic 回归作图
library(boot)                             #加载自带的包以使用 inv.logit 函数
set.seed(135)                             #使随机数生成可重复
x <-rnorm(100)                            #随机生成服从标准正态分布的 100 个数
x <-x[order(x)]                           #按从小到大排序
y <-1 + 2 * x + rnorm(100, 0, .2)         #生成线性关系的 y
```

```
p <- inv.logit(y)                           #将 y 转化为概率
Y <- rbinom(100, 1, p)                      #再根据概率随机获取二分类的 Y
g <- glm(Y ~ x, family = binomial)          #逻辑回归模型拟合
#绘制原始数据点
plot(x, Y,                                  #用两个 vector 分别指定 x 和 y 坐标的值
  type = "p",                               #默认参数值"p"代表绘制点
  col = "red",                              #选择颜色
  ylab = "Y",                               #更改 y 坐标名称
  main = "Logistic Regression Example"      #更改图片标题
)
#增添拟合曲线
lines(x, inv.logit(predict(g)))
```

以上程序会给出模拟 Logistic 回归的可视化结果，如图 5-4-1 所示。其中，曲线上下两端的小圆圈代表用于拟合的二分类数据，曲线代表拟合结果。

接下来，演示如何用 data.frame 的数据作图，并将图片存为文件。绘图时使用 R 语言自带的数据集 iris，该数据集包括 150 个样本和 5 个变量，变量分别表示花萼长度（Sepal.Length）、花萼宽度（Sepal.Width）、花瓣长度（Petal.Length）、花瓣宽度（Petal.Width）和花属种（Species）。前 4 个变量是连续型数值，第 5 个变量是字符型。更多关于该数据集的介绍请参照 iris 的帮助文档。运行以下程序后，会得到如图 5-4-2 所示的结果，其展示了不同花属种的萼片长度和宽度。

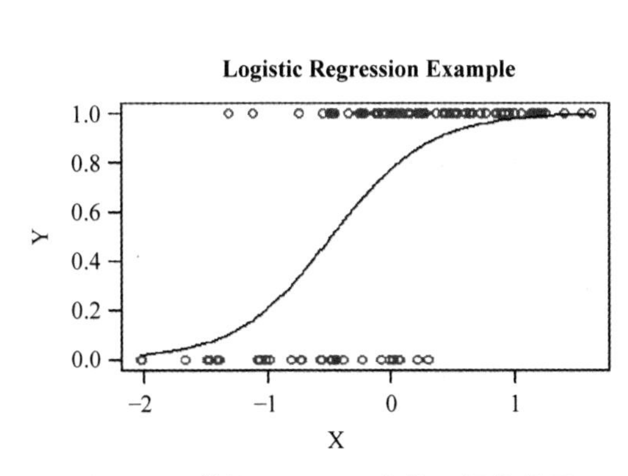

图 5-4-1　模拟 logistic 回归的可视化结果

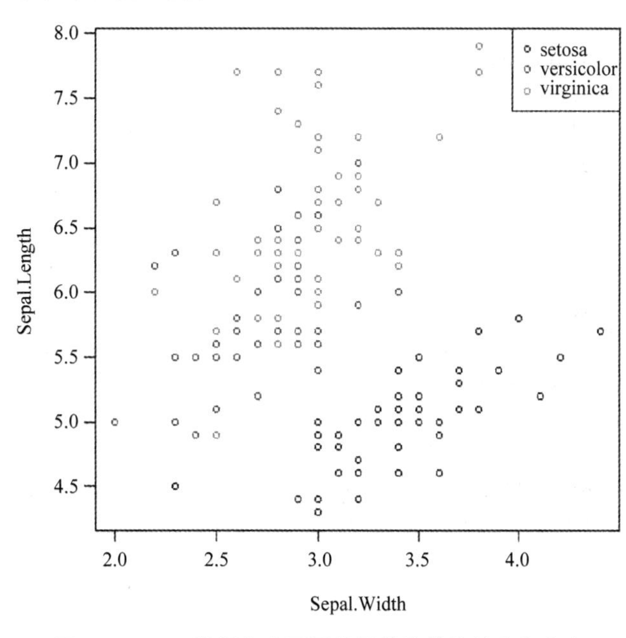

图 5-4-2　iris 数据集中不同花属种的萼片长度和宽度

```
#用 data.frame 的数据作图，并保存为文件
head(iris)
##    Sepal.Length  Sepal.Width  Petal.Length  Petal.Width  Species
## 1           5.1          3.5           1.4          0.2   setosa
## 2           4.9          3.0           1.4          0.2   setosa
```

```
## 3  4.7          3.2          1.3          0.2          setosa
## 4  4.6          3.1          1.5          0.2          setosa
## 5  5.0          3.6          1.4          0.2          setosa
## 6  5.4          3.9          1.7          0.4          setosa

summary(iris)                                 #总结 iris 数据集每一列的内容
## Sepal.Length    Sepal.Width   Petal.Length    Petal.Width
## Min.   :4.300  Min.   :2.000  Min.   :1.000  Min.   :0.100
## 1st Qu.:5.100  1st Qu.:2.800  1st Qu.:1.600  1st Qu.:0.300
## Median :5.800  Median :3.000  Median :4.350  Median :1.300
## Mean   :5.843  Mean   :3.057  Mean   :3.758  Mean   :1.199
## 3rd Qu.:6.400  3rd Qu.:3.300  3rd Qu.:5.100  3rd Qu.:1.800
## Max.   :7.900  Max.   :4.400  Max.   :6.900  Max.   :2.500
##      Species
## setosa    :50
## versicolor:50
## virginica :50
##
##
##

graphics.off()                                #关闭之前的所有图片
png("iris_plot.png")                          #建立并打开空白的 png 文件来保存图片
#同理可用 pdf、jpeg 等函数建立所需格式的文件
plot(Sepal.Length ~ Sepal.Width, data = iris,
                                              #用公式指定 data.frame 中的数据
  col = iris$Species                          #用 Species 列指定每个数据点的颜色
)
legend("topright",                            #指定图例位置
  legend = levels(iris$Species),              #图例文字内容
  col = 1:3,                   #上面 plot 函数中 col 参数输入的 factor 型变量 Species 被识别为数字
  pch = 1                                     #图例显示圆形空心点
)
dev.off()                                     #将图片存入之前打开的文件,然后关闭文件
##null device
##      1
```

5.4.6 自定义函数

在 R 语言中,除了使用其自带的函数或已安装的扩展包中的函数,还可以根据自身需求创建自定义函数。自定义函数能简化大量重复代码,整合代码功能,极大地提高工作效率。然而,自定义函数涉及较深的编程知识,若没有经他人检验,难免会出错。因此,创建并使用自定义函数时需格外谨慎。

可使用 function 函数创建自定义函数,并将创建的函数赋给一个对象供以后使用。如果是临时创建的自定义函数可以无须命名,这种现写现用的函数被称为匿名函数。编写自定义函数时首先要考虑的是函数的输入和输出内容。可以在 function()的括号内设定函数需要的参数,用于指定函数的输入

内容。接下来，在{}内编写函数的功能和输出内容。可以用 return 函数指定自定义函数的输出，即返回值。如果省略 return，则自动返回函数最后一行的运行结果。如果希望函数的返回值只用于赋值但不被显示，可以用 invisible 函数返回函数的结果。

```
#建立自定义函数并赋值
plus1 <- function(x) {                      #函数期待一个输入值，参数 x
  out <- x + 1                              #函数内部的计算
  return(out)                               #指定函数返回值
}
plus1(3)                                    #直接调用自定义函数
##[1] 4

sapply(1:5, plus1)                          #在其他函数中调用自定义函数
##[1]  2  3  4  5  6

#匿名函数常作为 apply 等函数的参数
mymatrix
##      [,1] [,2] [,3] [,4]
##[1,]     1    3    5    7
##[2,]     2  100    6    8

apply(mymatrix, 2,
function(x) {                               #建立匿名函数
  sum(x) > 10                               #判断 mymatrix 每一列之和是否大于 10
})
##[1] FALSE TRUE TRUE TRUE

#函数的返回值
func1 <- function(x) x                      #没有 return 则返回最后一行结果
func2 <- function(x) invisible(x)           #隐藏返回结果

func1("visible")                            #正常显示结果
##[1] "visible"

func2("invisible")                          #不显示结果

(func2("invisible"))                        #仍然有返回值
##[1] "invisible"
```

为了避免理解上的混淆，建议读者在命名自定义函数的参数时避免使用已有的对象名、函数名。同时，可以为不常更改的参数设定默认值，从而使函数调用时更为简洁。

```
#尽量避免形参名、参数默认值和已有对象相同
radius <- 10
area <- function(radius = radius) {         #设定参数的默认值
  pi * radius ^ 2                           #根据圆的半径计算面积
```

```
}
area(radius = radius)
##[1] 314.1593

#将参数名改为.radius,以避免与变量同名
area <- function(.radius = 10) pi * .radius ^ 2
area()                                        #没有输入参数,则使用参数预设的默认值
##[1] 314.1593
```

在函数中有一种特殊的参数，写为...，它可以将所有未指定的参数传递到函数内部，供其内部的其他函数使用。在下面的例子中，.radius = 2 这个参数并不是 volumn 函数设定的参数，因此它由...传递到 area 函数中使用。许多常用的函数会用到...，如 c、sapply 等。

```
#用...传递参数
volumn <- function(h, ...) h * area(...)          #根据面积和高求圆柱体积
volumn(h = 3, .radius = 2)
##[1] 37.69911
```

在自定义函数的内部，可以使用在函数外已定义的全局对象，这样，在自定义函数内就可以使用现有的函数；而反过来，在自定义函数内对对象的操作通常来说在函数外是无效的，除非使用<<－命令对全局对象赋值。

```
a <- b <- 4
plusa <-function(x) {
  y <- x + a                              #可以使用函数外的对象 a
  a <- a + 1                              #在函数内赋值
  b <<- a + 1                             #为全局对象赋值
  print(paste0("a = ", a))                #函数内 a 是 5
  return(y)
}

plusa(10)
##[1] "a = 5"
##[1] 14

a                                         #a 没有变化
##[1] 4

b                                         #b 则被修改为 6
##[1] 6
```

前面介绍过一些特殊字符函数，R 语言同样允许自定义该类函数，其命名规则为％name％。这类函数包含两个％，调用它们时不需要括号，而是直接插入到两个参数当中。例如：

```
#合并 vector
`%+%` <- function(...) paste(..., sep = "+")
```

```
"a" %+% "b" %+% "c"
##[1] "a+b+c"
```

5.5 常用数据处理与统计分析函数

本节介绍 R 语言中最常用的统计分析函数,以方便读者快速上手,用 R 语言进行数据分析工作。本节会使用前面提到的 iris 数据集作为示例进行讲解。这里使用 attach 函数使 iris 的列名能被直接使用,从而省略大量的 iris $ 前缀。

```
head(iris)
##     Sepal.Length  Sepal.Width  Petal.Length  Petal.Width  Species
## 1            5.1          3.5           1.4          0.2   setosa
## 2            4.9          3.0           1.4          0.2   setosa
## 3            4.7          3.2           1.3          0.2   setosa
## 4            4.6          3.1           1.5          0.2   setosa
## 5            5.0          3.6           1.4          0.2   setosa
## 6            5.4          3.9           1.7          0.4   setosa

exists("Sepal.Length")                      #不能直接调用 iris 的列名
##[1] FALSE

attach(iris)                                #attach 之后的代码可以直接使用 iris 的列名
exists("Sepal.Length")                      #现在可以直接调用 iris 的列名
##[1] TRUE
```

5.5.1 单变量分析

对于一个随机变量,可以计算一些描述性统计值,对这个随机变量有大致的了解。通常,用均值、标准差以及分位数等统计量来描述一个连续型变量。单样本 t 检验可以用来检验变量均值是否显著不同于一个总体均值。而对于离散型变量,通常会统计各个变量值的频数或构成比。在统计分析函数中,summary 函数可以根据输入对象的类型输出归纳的统计信息,在后面还会见到它对于其他类型对象的输出结果。

```
#连续性变量
length(Sepal.Length)                        #样本量
##[1] 150

mean(Sepal.Length)                          #均值
##[1] 5.843333

var(Sepal.Length)                           #方差
##[1] 0.6856935

sd(Sepal.Length)                            #标准差
##[1] 0.8280661
```

```
median(Sepal.Length)                 #中位数
##[1] 5.8

quantile(Sepal.Length)               #分位数
##   0%   25%   50%   75%   100%
##  4.3   5.1   5.8   6.4    7.9

summary(Sepal.Length)                #概括信息
##   Min.  1st Qu.  Median   Mean  3rd Qu.   Max.
##  4.300    5.100   5.800  5.843    6.400  7.900

t.test(Sepal.Length,                 #单样本 t 检验,其均值和 5.5 有显著差异
    mu = 5.5                         #指定均值,默认为 0
)
##
##One Sample t-test
##
##data: Sepal.Length
##t = 5.078, df = 149, p-value = 1.123e-06
##alternative hypothesis: true mean is not equal to 5.5
##95 percent confidence interval:
##5.709732 5.976934
##sample estimates:
##mean of x
##5.843333

#离散变量
table(Species)                       #频数
##Species
##   setosa  versicolor  virginica
##       50          50         50

prop.table(table(Species))           #构成比
##Species
##      setosa  versicolor  virginica
##   0.3333333   0.3333333  0.3333333

summary(Species)                     #相比于 table,summary 会统计 NA 的频数
##   setosa  versicolor  virginica
##       50          50         50
```

接下来,可以通过绘图进一步了解变量的分布信息。在下例中,先绘制柱状图和概率密度图来观察变量的分布,然后用 QQ 图来检验变量是否符合正态分布。柱状图和概率密度图的绘制结果如图 5-5-1 所示,QQ 图的绘制结果如图 5-5-2 所示。从 QQ 图可以看出,当数值较小时,萼片长度不服从正态分布。

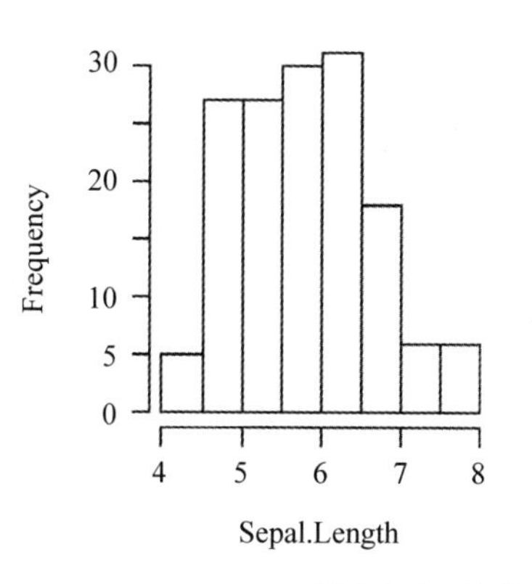

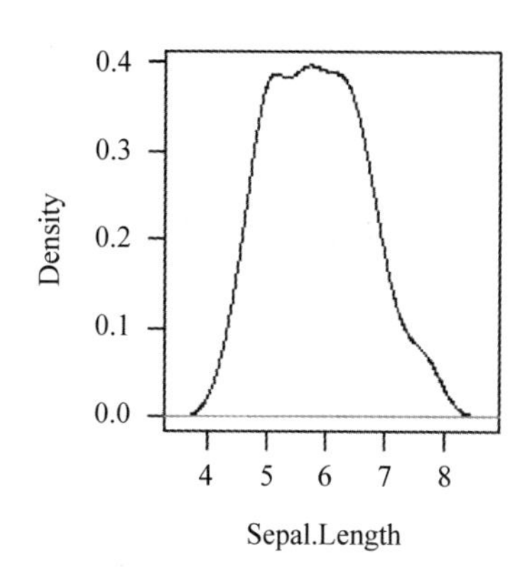

图 5-5-1 柱状图和概率密度图

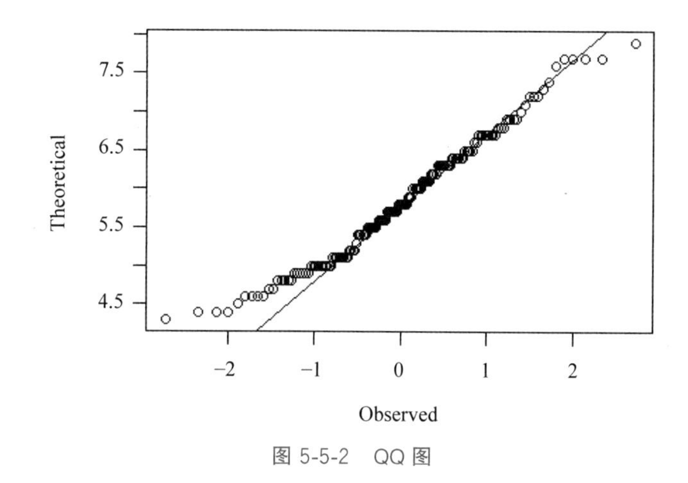

图 5-5-2 QQ 图

绘制柱状图和概率密度图的代码如下：

```
#绘制变量分布图
default.par <- par()                          #记录初始的 par 参数值
par(mfrow = c(1, 2),                          #让接下来的两个图并排显示
  mar = c(12, 4, 4, 2) +.2,                   #设置图片边距参数
  cex = 0.75                                  #修改字号大小
)

hist(Sepal.Length, xlab = "Sepal.Length", main = NULL)            #柱状图
plot(density(Sepal.Length), xlab="Sepal.Length", main="")         #概率密度图
```

绘制 QQ 图的代码如下：

```
#检验变量是否服从正态分布
par(default.par)                                                  #将 par 参数改回初始值
qqnorm(Sepal.Length, xlab = "Observed", ylab = "Theoretical")     #绘制 QQ 图的点
qqline(Sepal.Length)                                              #绘制 QQ 图的线
```

5.5.2 双变量、多变量分析

对于两个连续型变量，可以通过计算其相关性和协方差来检验两者是否相关。另外，可以用双样本 t 检验来测试两者的均值是否有显著差异。对于一个连续型变量和一个分类变量，可以对连续型变量按分类变量的各个类别分别进行统计分析。对于两个分类变量，可以用卡方检验或 Fisher 检验来判断两个分类变量是否相关。

```
#两个连续性变量
cor(Sepal.Length, Sepal.Width)          #Pearson 相关性
##[1] -0.1175698

cor(Sepal.Length, Sepal.Width,
    method = "spearman"                 #Spearman 非参数相关性
)
##[1] -0.1667777

#相关性检验，根据 p 值可知花瓣长度和宽度没有统计意义上的相关性
cor.test(Sepal.Length, Sepal.Width)
##
##Pearson's product-moment correlation
##
##data: Sepal.Length and Sepal.Width
##t = -1.4403, df = 148, p-value = 0.1519
##alternative hypothesis: true correlation is not equal to 0
##95 percent confidence interval:
##-0.27269325 0.04351158
##sample estimates:
##       cor
##-0.1175698

cov(Sepal.Length, Sepal.Width)          #协方差
##[1] -0.042434

#双样本 t 检验，萼片长度和花瓣长度的均值显著不同
t.test(Sepal.Length, Petal.Length)
##
##Welch Two Sample t-test
##
##data:  Sepal.Length and Petal.Length
##t = 13.098, df = 211.54, p-value < 2.2e-16
##alternative hypothesis: true difference in means is not equal to 0
##95 percent confidence interval:
## 1.771500 2.399166
```

```
##sample estimates:
##mean of x mean of y
## 5.843333  3.758000

t.test(Sepal.Length, Petal.Length,
   paired = TRUE,                                  #配对样本 t 检验
   var.equal = TRUE                                #假设两变量方差相同
)
##
##Paired t-test
##
##data: Sepal.Length and Petal.Length
##t = 22.813, df = 149, p-value < 2.2e-16
##alternative hypothesis: true difference in means is not equal to 0
##95 percent confidence interval:
## 1.904708 2.265959
##sample estimates:
##mean of the differences
##              2.085333

#一个连续型变量和一个分类变量
#分别总结各属种的花的萼片长度
by(Sepal.Length, Species, summary)
##Species: setosa
##    Min.  1st Qu.  Median   Mean  3rd Qu.   Max.
##   4.300   4.800   5.000  5.006   5.200  5.800
##---------------------------------------------------------------
##Species: versicolor
##    Min.  1st Qu.  Median   Mean  3rd Qu.   Max.
##   4.900   5.600   5.900  5.936   6.300  7.000
##---------------------------------------------------------------
##Species: virginica
##    Min.  1st Qu.  Median   Mean  3rd Qu.   Max.
##   4.900   6.225   6.500  6.588   6.900  7.900

tapply(Sepal.Length, Species, summary)             #同上
##$setosa
##    Min.  1st Qu.  Median   Mean  3rd Qu.   Max.
##   4.300   4.800   5.000  5.006   5.200  5.800
##
##$versicolor
##    Min.  1st Qu.  Median   Mean  3rd Qu.   Max.
##   4.900   5.600   5.900  5.936   6.300  7.000
##
##$virginica
```

```
##    Min.  1st Qu.  Median    Mean  3rd Qu.    Max.
##   4.900    6.225   6.500   6.588    6.900   7.900

#双样本 t 检验,两种花萼片长度的均值显著不同
t.test(Sepal.Length[Species == "virginica"],
       Sepal.Length[Species == "versicolor"])
##
##Welch Two Sample t-test
##
##data: Sepal.Length[Species == "virginica"] and Sepal.Length[Species == "versicolor"]
##t = 5.6292, df = 94.025, p-value = 1.866e-07
##alternative hypothesis: true difference in means is not equal to 0
##95 percent confidence interval:
## 0.4220269 0.8819731
##sample estimates:
##mean of x mean of y
##    6.588    5.936

#两个分类变量
#频数统计表格
out <- table(Sepal.Length > 5.5, Species)        #通过条件判断将连续型变量转为分类变量
out
##     Species
##          setosa  versicolor  virginica
##   FALSE      47          11          1
##    TRUE       3          39         49

#卡方检验,两个分类变量相关
chisq.test(out)
##
##Pearson's Chi-squared test
##
##data: out
##X-squared = 98.119, df = 2, p-value < 2.2e-16

detach(iris)                                     #不再直接使用 iris 的列名,对应之前的 attach
```

接下来，笔者将着重介绍最常用的三种回归模型在 R 语言中的实现方法，即线性回归模型、Logistic 回归模型和生存分析模型。在 R 语言中，用于拟合不同模型的函数有着十分相似的用法。首先，通常将待拟合的变量保存在一个 data.frame 中，其中每行是一个样本，每列是一个变量。模型拟合函数都包含 formula 和 data 两个参数，其中 formula 参数指定一个由变量组成的公式（详见 5.3.6 节），而 data 参数则指定待分析的 data.frame。

5.5.3 线性回归模型

lm 函数用于拟合线性模型，其输出结果是一种类别为 lm 的对象。这种对象一般直接显示的信息

十分有限，因此常将其赋给一个对象，并用特定的函数来进行结果的提取和分析。使用 summary 函数可以查看详细的拟合结果，coef 函数可以提取拟合的参数，resid 函数可以提取残差，predict 函数可以计算拟合值或预测新值。此外，对线性模型拟合结果的分析常使用 anova 函数，即方差分析。在下例中，用两个不同的线性模型拟合花的萼片长度，并比较其结果。

```
#用线性模型拟合花的萼片长度(Sepal.Length)
#模型 1 用萼片宽度(Sepal.Width)拟合萼片长度(Sepal.Length)
f.lm1 <- lm(formula = Sepal.Length ~ Sepal.Width, data = iris)

#模型 2 用萼片宽度(Sepal.Width)和花瓣长度(Petal.Length)拟合萼片长度(Sepal.Length)
f.lm2 <- lm(Sepal.Length ~ Sepal.Width +Petal.Length, iris)  #省略形参

f.lm1                                                        #直接显示拟合结果
##
##Call:
##lm(formula = Sepal.Length ~ Sepal.Width, data = iris)
##
##Coefficients:
##  (Intercept)  Sepal.Width
##       6.5262      -0.2234

#模型 1 中,花瓣长度和萼片长度没有显著相关性
summary(f.lm1)                                               #显示详细的拟合结果
##
##Call:
##lm(formula = Sepal.Length ~ Sepal.Width, data =iris)
##
##Residuals:
##      Min       1Q   Median       3Q      Max
##  -1.5561  -0.6333  -0.1120  0.5579  2.2226
##
##Coefficients:
##                Estimate Std.  Error  t value  Pr(>|t|)
##(Intercept)     6.5262         0.4789    13.63  <2e-16 * * *
##Sepal.Width     -0.2234        0.1551    -1.44  0.152
##---
##Signif. codes: 0 '* * *' 0.001 '* *' 0.01 '*' 0.05 '.' 0.1 ' ' 1
##
##Residual standard error: 0.8251 on 148 degrees of freedom
##Multiple R-squared: 0.01382, Adjusted R-squared: 0.007159
##F-statistic: 2.074 on 1 and 148 DF, p-value: 0.1519

confint(f.lm1)                                               #计算参数的置信区间
```

```
##                  2.5 %      97.5 %
##(Intercept)   5.579865  7.47258038
##Sepal.Width  -0.529820  0.08309785

#在模型 2 中加入花瓣长度后,萼片宽度和花瓣长度都和萼片长度显著相关
coef(summary(f.lm2))                    #显示参数估计结果
##                Estimate  Std. Error    t value      Pr(>|t|)
##(Intercept)   2.2491402  0.24796963   9.070224  7.038510e-16
##Sepal.Width   0.5955247  0.06932816   8.589940  1.163254e-14
##Petal.Length  0.4719200  0.01711768  27.569160  5.847914e-60

#根据 p 值,模型 2 比模型 1 有了显著提升
anova(f.lm1, f.lm2)                     #用方差分析来比较两个模型
##Analysis of Variance Table
##
##Model 1: Sepal.Length ~ Sepal.Width
##Model 2: Sepal.Length ~ Sepal.Width +Petal.Length
##  Res.Df     RSS Df Sum of Sq     F    Pr(>F)
##1    148 100.756
##2    147  16.329  1    84.427  760.06  <2.2e-16 ***
##---
##Signif. codes:  0 '***' 0.001 '**' 0.01 '*' 0.05 '.' 0.1 ' ' 1
```

5.5.4 Logistic 回归模型

Logistic 回归常用于拟合分类型因变量，是一种常见的广义线性模型(generalized linear model)。在 R 语言中，使用 glm 函数拟合广义线性模型。在函数使用上，glm 和 lm 十分相似，只需额外通过参数 family=binomial()来设定其为 Logistic 回归模型。对 Logistic 回归模型的分析同样可以用 anova 函数，但需指定分析方法为似然比检验(详见 2.8.2 节)。在下例中，由于 Species 是三分类变量，通过条件判断 Species=="versicolor"来创建一个二分类变量作为因变量。下例拟合了两个 Logistic 回归模型并比较它们的结果。

```
#用逻辑回归模型拟合花是否是鸢尾花(versicolor)
#模型 1 用萼片长度(Sepal.Length)和萼片宽度(Sepal.Width)来拟合花是否是鸢尾花(versicolor)
f.glm1 <- glm(Species == "versicolor" ~ Sepal.Length + Sepal.Width, iris,
    family = binomial())                 #设定连接函数为 logit 变化
#模型 2 用所有变量来拟合花是否是鸢尾花(versicolor)
f.glm2 <- glm(Species == "versicolor" ~ ., iris, family = binomial())

#在模型 1 中,花萼宽度与因变量显著相关
coef(summary(f.glm1))
##                 Estimate  Std. Error     z value      Pr(>|z|)
##(Intercept)     8.0927770   2.3893408   3.3870333  7.065281e-04
##Sepal.Length    0.1294254   0.2469738   0.5240452  6.002471e-01
##Sepal.Width    -3.2127633   0.6384666  -5.0319988  4.853922e-07
```

```
#在模型2中,加入其他变量后花萼宽度的相关性减弱
coef(summary(f.glm2))
##                 Estimate  Std. Error    z value     Pr(>|z|)
##(Intercept)     7.3784866  2.4992963  2.9522256  0.0031549230
##Sepal.Length   -0.2453567  0.6495613 -0.3777268  0.7056335633
##Sepal.Width    -2.7965681  0.7835467 -3.5691146  0.0003581897
##Petal.Length    1.3136433  0.6837796  1.9211501  0.0547127920
##Petal.Width    -2.7783439  1.1731200 -2.3683373  0.0178682351

#计算比值比和95%置信区间
logistic.ci <- function(f) {
   exp(cbind(OR = coef(f)[-1], confint(f)[-1, ]))
}

logistic.ci(f.glm1)
##Waiting for profiling to be done...
##                      OR       2.5 %     97.5 %
##Sepal.Length  1.13817423  0.70144901  1.8615247
##Sepal.Width   0.04024525  0.01034489  0.1283463

logistic.ci(f.glm2)
##Waiting for profiling to be done...
##                      OR         2.5 %       97.5 %
##Sepal.Length  0.78242539  0.214755760   2.7893820
##Sepal.Width   0.06101912  0.011692947   0.2591933
##Petal.Length  3.71970109  1.018157508  15.0918186
##Petal.Width   0.06214133  0.005358928   0.5489716

#根据p值,模型2比模型1有微小的提升
anova(f.glm1, f.glm2, test = "LRT")   #用似然比检验比较模型
##Analysis of Deviance Table
##
##Model 1: Species == "versicolor" ~ Sepal.Length + Sepal.Width
##Model 2: Species == "versicolor" ~ Sepal.Length + Sepal.Width + Petal.Length +
##Petal.Width
##   Resid. Df  Resid. Dev  Df  Deviance   Pr(>Chi)
##1        147      151.65
##2        145      145.07   2    6.5807  0.03724 *
##---
##Signif. codes: 0 '***' 0.001 '**' 0.01 '*' 0.05 '.' 0.1 ' ' 1
```

5.5.5 生存分析模型

生存分析常用于分析事件发生时间(time-to-event)类型数据,研究事件发生率或发病率与自变量的关系,在R语言中通常使用survival扩展包进行生存分析。接下来,通过survival::lung数据集介绍在R语言中进行生存分析的方法。该数据集记录了肺癌病人的生存时间,其中的time变量代表病人生

存天数，status 变量代表结束观察时病人是否死亡。关于 lung 数据集的详细说明可参考其帮助文档。

```
library(survival)
head(lung)                                    #事件发生时间数据
##     inst  time  status  age  sex  ph.ecog  ph.karno  pat.karno  meal.cal  wt.loss
## 1      3   306       2   74    1        1        90        100      1175       NA
## 2      3   455       2   68    1        0        90         90      1225       15
## 3      3  1010       1   56    1        0        90         90        NA       15
## 4      5   210       2   57    1        1        90         60      1150       11
## 5      1   883       2   60    1        0       100         90        NA        0
## 6     12  1022       1   74    1        1        50         80       513        0
```

泊松(Poisson)回归分析是一种基础的参数性生存分析方法，它假设基础的发病率为常数，不随时间而变化。和 Logistic 回归模型类似，泊松回归模型也是一种广义线性模型，在 R 语言中同样用 glm 函数来实现。其中，用参数 family＝poisson()来对因变量的发生率进行 log 转化，从而实现泊松回归分析。在 R 语言中，泊松回归分析的公式将事件是否发生变量作为因变量，而计算发生率所需的时间则加在因变量中，并用 offset 函数指定其系数为 1。在下例中，用泊松回归模型来拟合年龄和性别与肺癌死亡率的关系。

```
#用泊松回归模型拟合年龄和性别对肺癌死亡率的影响
#将 log(y/time) ~ x 写作 log(y) ~ x + 1 * log(time)
f.poisson <- glm(
    status ~ age + sex + offset(log(time)), lung,
    family = poisson()                  #默认参数为 poisson(link ="log")
)
summary(f.poisson)
##
##Call:
##glm(formula = status ~ age + sex + offset(log(time)), family = poisson(),
##     data = lung)
##
##Deviance Residuals:
##       Min        1Q  Median       3Q      Max
##  -2.9326  -0.4891  0.0951  0.9123  3.7018
##
##Coefficients:
##               Estimate  Std. Error  z value  Pr(>|z|)
##(Intercept)  -5.367437    0.405379  -13.241  <2e-16 ***
##age           0.009763    0.005829    1.675  0.0940 .
##sex          -0.298560    0.105097   -2.841  0.0045 **
##---
##Signif. codes: 0 '***' 0.001 '**' 0.01 '*' 0.05 '.' 0.1 ' ' 1
##
##(Dispersion parameter for poisson family taken to be 1)
```

```
##
##      Null  deviance:  305.11  on 227  degrees of freedom
##  Residual  deviance:  293.26  on 225  degrees of freedom
##AIC: 856.52
##
##Number of Fisher Scoring iterations: 5

#性别与肺癌死亡率显著相关
coef(summary(f.poisson))
##                   Estimate   Std. Error     z value      Pr(>|z|)
##(Intercept)  -5.367437192  0.405378921  -13.240543  5.117721e-40
##age           0.009762777  0.005829427    1.674740  9.398518e-02
##sex          -0.298560292  0.105096759   -2.840814  4.499862e-03

#计算风险比和 95%置信区间
poisson.ci <- function(f) {
   exp(cbind(HR = coef(f)[-1], confint(f)[-1, ]))
}
poisson.ci(f.poisson)
##Waiting for profiling to be done...
##            HR      2.5 %    97.5 %
##age  1.0098106  0.9984156  1.021499
##sex  0.7418856  0.6025142  0.910008
```

Cox 回归模型是最普遍使用的生存分析模型，它不对基础发病率做任何假设，而是假设发病率的比值为常数。Cox 回归模型需使用 survival::coxph 函数，其因变量由 Surv 函数生成。该函数通过 time（时间变量）和 status（事件是否发生）这两个参数来计算发病率。此外，可以用 cox.zph 函数对每个自变量检验其是否符合发病率的比率为常数这个假设。下例中，用 Cox 回归模型拟合年龄和性别与肺癌死亡率的关系。

```
#Cox 回归模型拟合年龄和性别对肺癌死亡率的影响
f.cox <- coxph(
  Surv(time, status) ~ age + sex, lung
)
summary(f.cox)
##Call:
##coxph(formula = Surv(time, status) ~ age + sex, data = lung)
##
##  n = 228, number of events = 165
##
##           coef  exp(coef)  se(coef)       z  Pr(>|z|)
##age   0.017045   1.017191  0.009223   1.848  0.06459 .
##sex  -0.513219   0.598566  0.167458  -3.065  0.00218 **
##---
```

```
##Signif. codes: 0 '***' 0.001 '**' 0.01 '*' 0.05 '.' 0.1 ' ' 1
##
##      exp(coef)  exp(-coef)  lower .95  upper .95
##age      1.0172      0.9831     0.9990     1.0357
##sex      0.5986      1.6707     0.4311     0.8311
##
##Concordance=0.603 (se =0.025)
##Likelihood ratio test = 14.12 on 2 df, p = 9e-04
##Wald test             = 13.47 on 2 df, p = 0.001
##Score (logrank) test  = 13.72 on 2 df, p = 0.001

#与泊松回归分析的结果略有不同,但性别依旧与肺癌死亡率显著相关
coef(summary(f.cox))
##             coef  exp(coef)    se(coef)         z  Pr(>|z|)
##age   0.01704533   1.017191 0.009223273  1.848078 0.064591012
##sex  -0.51321852   0.598566 0.167457962 -3.064760 0.002178445

#所有自变量都符合等比例风险假设
cox.zph(f.cox)                     #使用 Schoenfeld residuals 检验等比例风险假设是否成立
##         chisq  df     p
##age      0.209   1  0.65
##sex      2.608   1  0.11
##GLOBAL   2.771   2  0.25
```

5.6 dplyr 包简介

至此，相信读者已经对如何使用 R 语言进行数据处理有了初步了解。R 语言自带了很多函数，但在进行数据处理时，其代码稍显烦琐，或者会产生一些不必要的中间变量。为了使数据处理更加方便快捷，本节介绍 dplyr 包的使用方法。dplyr 包里的函数不仅简单直观，而且能够极大地提升工作效率。

5.6.1 安装 dplyr 包

可以使用 install.packages 函数来安装 dplyr 包：

```
install.packages("dplyr")          #在 CRAN 上搜索并安装 dplyr 包
library("dplyr")                   #加载 dplyr 包
```

5.6.2 dplyr 包中最常用的 5 个函数

dplyr 包中最常用的 5 个函数如下：

- filter 函数：选择符合要求的记录或个体。
- select 函数：选择变量。
- mutate 函数：创建新变量。
- arrange 函数：按某变量对个体重新排序。
- summarise 函数：利用分组后的个体得到总结性结果。

下面利用 iris 数据集展示如何使用这些函数，该数据集的介绍详见 5.4.5 节。iris 数据集包含了 3 种花卉的信息，每种有 50 个个体：

```
head(iris)
##    Sepal.Length  Sepal.Width  Petal.Length  Petal.Width  Species
## 1           5.1          3.5           1.4          0.2   setosa
## 2           4.9          3.0           1.4          0.2   setosa
## 3           4.7          3.2           1.3          0.2   setosa
## 4           4.6          3.1           1.5          0.2   setosa
## 5           5.0          3.6           1.4          0.2   setosa
## 6           5.4          3.9           1.7          0.4   setosa
```

该数据集中共有 5 个变量，分别是花萼长度（Sepal.Length）、花萼宽度（Sepal.Width）、花瓣长度（Petal.Length）、花瓣宽度（Petal.Width）和花卉种类（Species）。数据集中的长度与宽度单位均为厘米（cm）。

1. filter 函数

利用 filter 函数可以方便地筛选出符合条件的个体。例如，在 iris 数据集中，以下命令可以选择出花萼长度（Sepal.Length）为 5.1cm 的个体，并存储为新的数据集 iris2：

```
iris2 <- filter(iris, Sepal.Length == 5.1)
head(iris2, n = 5)                          #显示 iris2 的前 5 行数据
##    Sepal.Length  Sepal.Width  Petal.Length  Petal.Width  Species
##1            5.1          3.5           1.4          0.2   setosa
##2            5.1          3.5           1.4          0.3   setosa
##3            5.1          3.8           1.5          0.3   setosa
##4            5.1          3.7           1.5          0.4   setosa
##5            5.1          3.3           1.7          0.5   setosa
```

当筛选条件涉及多个变量时，也可以使用 filter 函数方便快捷地进行筛选。例如，在 iris 数据集中，以下命令可以选择出花萼长度（Sepal.Length）为 5.1cm、花萼宽度（Sepal.Width）小于 3.6cm 的个体，并存储为新的数据集 iris2：

```
iris2 <- filter(iris, Sepal.Length == 5.1, Sepal.Width <3.6)
head(iris2, n = 5)                          #显示 iris2 的前 5 行数据
##    Sepal.Length  Sepal.Width  Petal.Length  Petal.Width     Species
##1            5.1          3.5           1.4          0.2      setosa
##2            5.1          3.5           1.4          0.3      setosa
##3            5.1          3.3           1.7          0.5      setosa
##4            5.1          3.4           1.5          0.2      setosa
##5            5.1          2.5           3.0          1.1  versicolor
```

2. select 函数

利用 select 函数可以选择用户感兴趣的变量，舍弃其他的变量。例如，在 iris 数据集中，以下命令可以创建仅包括花瓣长度（Petal.Length）和花卉种类（Species）两个变量的数据集 iris2：

```
iris2 <- select(iris, Petal.Length, Species)
head(iris2, n = 5)                          #显示 iris2 的前 5 行数据
##    Petal.Length  Species
## 1           1.4   setosa
## 2           1.4   setosa
## 3           1.3   setosa
## 4           1.5   setosa
## 5           1.4   setosa
```

如果需要选择的变量较多，舍弃的变量较少，则可以在 select 函数中指定要舍弃的变量，并在其前面加一个"-"。例如，在 iris 数据集中，以下命令可以创建不包括花瓣长度(Petal.Length)和花卉种类(Species)两个变量(但包括其他变量)的数据集 iris2：

```
iris2 <- select(iris, -Petal.Length, -Species)
head(iris2, n = 5)                          #显示 iris2 的前 5 行数据
##   Sepal.Length  Sepal.Width  Petal.Width
##1           5.1          3.5          0.2
##2           4.9          3.0          0.2
##3           4.7          3.2          0.2
##4           4.6          3.1          0.2
##5           5.0          3.6          0.2
```

3. mutate 函数

利用 mutate 函数可以根据已有变量创建新变量。新创建的变量会被加入数据集的最后面。例如，在 iris 数据集中，如果要定义花瓣长度(Petal.Length)与花瓣宽度(Petal.Width)的乘积为新的变量 Petal.Size，可以使用如下命令：

```
iris2 <- mutate(iris, Petal.Size = Petal.Length * Petal.Width)
head(iris2, n = 5)                          #显示 iris2 的前 5 行数据
##   Sepal.Length  Sepal.Width  Petal.Length  Petal.Width  Species  Petal.Size
##1           5.1          3.5           1.4          0.2   setosa        0.28
##2           4.9          3.0           1.4          0.2   setosa        0.28
##3           4.7          3.2           1.3          0.2   setosa        0.26
##4           4.6          3.1           1.5          0.2   setosa        0.30
##5           5.0          3.6           1.4          0.2   setosa        0.28
```

使用 mutate 函数也可以一次创建多个变量。例如，如果还要定义花萼长度(Sepal.Length)与花萼宽度(Sepal.Width)的乘积为新的变量 Sepal.Size，可以使用如下命令：

```
iris2 <- mutate(iris, Sepal.Size = Sepal.Length * Sepal.Width, Petal.Size = Petal.Length
 * Petal.Width)
head(iris2, n = 5)                          #显示 iris2 的前 5 行数据
```

```
##   Sepal.Length Sepal.Width Petal.Length Petal.Width Species Sepal.Size
## 1          5.1         3.5          1.4         0.2  setosa      17.85
## 2          4.9         3.0          1.4         0.2  setosa      14.70
## 3          4.7         3.2          1.3         0.2  setosa      15.04
## 4          4.6         3.1          1.5         0.2  setosa      14.26
## 5          5.0         3.6          1.4         0.2  setosa      18.00
##   Petal.Size
## 1       0.28
## 2       0.28
## 3       0.26
## 4       0.30
## 5       0.28
```

4. arrange 函数

利用 arrange 函数可以按照某一变量的大小对数据集中的个体进行排序。例如，在 iris 数据集中，以下命令可以将个体按花萼长度(Sepal.Length)从小到大排序，并存储为新的数据集 iris2：

```
iris2 <- arrange(iris, Sepal.Length)
head(iris2, n = 5)                    #显示 iris2 的前 5 行数据
##   Sepal.Length Sepal.Width Petal.Length Petal.Width Species
## 1          4.3         3.0          1.1         0.1  setosa
## 2          4.4         2.9          1.4         0.2  setosa
## 3          4.4         3.0          1.3         0.2  setosa
## 4          4.4         3.2          1.3         0.2  setosa
## 5          4.5         2.3          1.3         0.3  setosa
```

arrange 函数默认的排序是从小到大。如果需要进行从大到小排序，可使用 desc 函数来实现：

```
iris2 <-arrange(iris, desc(Sepal.Length))
head(iris2, n = 5)                    #显示 iris2 的前 5 行数据
##   Sepal.Length Sepal.Width Petal.Length Petal.Width   Species
## 1          7.9         3.8          6.4         2.0 virginica
## 2          7.7         3.8          6.7         2.2 virginica
## 3          7.7         2.6          6.9         2.3 virginica
## 4          7.7         2.8          6.7         2.0 virginica
## 5          7.7         3.0          6.1         2.3 virginica
```

在 arrange 函数中可以添加更多次要排序变量。如果主要排序变量相同，则通过次要排序变量进行排序。例如，以下命令可以将个体按花萼长度(Sepal.Length)从大到小排序，而花萼长度相同的个体则通过花萼宽度(Sepal.Width)从大到小排序：

```
iris2 <- arrange(iris, desc(Sepal.Length), desc(Sepal.Width))
head(iris2, n = 5)                    #显示 iris2 的前 5 行数据
```

```
##     Sepal.Length  Sepal.Width  Petal.Length  Petal.Width    Species
## 1            7.9          3.8           6.4          2.0  virginica
## 2            7.7          3.8           6.7          2.2  virginica
## 3            7.7          3.0           6.1          2.3  virginica
## 4            7.7          2.8           6.7          2.0  virginica
## 5            7.7          2.6           6.9          2.3  virginica
```

5. summarise 函数

利用 summarise 函数可以得到分组后个体的总结性结果。不过，在使用 summarise 函数前，需要先用 group_by 函数对个体进行分组。例如，iris 数据集中包含了 3 种花卉，花卉的种类记录在 Species 变量中。如果想得到各种类花卉的一些总结性结果，如均值、方差等，那么就需要先对数据集按 Species 变量分组：

```
iris_grouped <-group_by(iris, Species)
```

分好组之后，就可以使用 summarise 函数得到总结性结果了。以下命令可以计算每一种花卉的花萼长度(Sepal.Length)的均值，并命名为 Sepal.Length.mean：

```
summarise(iris_grouped, Sepal.Length.mean = mean(Sepal.Length))
###A tibble: 3 x 2
##    Species     Sepal.Length.mean
##      <fct>                 <dbl>
##1      setosa                5.01
##2   versicolor               5.94
##3    virginica               6.59
```

也可以进行更复杂的分组或者一次得到多个总结性结果。例如，以下命令可以先按照花卉种类(Species)与花瓣宽度(Petal.Width)进行分组，再计算花萼长度(Sepal.Length)的均值以及花萼宽度(Sepal.Width)的最大值，并将结果存储在新的数据集 iris_summarised 中：

```
iris_grouped <- group_by(iris, Species, Petal.Width)
iris_summarised <- summarise(iris_grouped, Sepal.Length.mean = mean(Sepal.Length), Sepal
.Width.max = max(Sepal.Width))
head(iris_summarised, n = 5)          #显示 iris_summarised 的前 5 行数据
##                                    #A tibble: 5 x 4
##                                    #Groups: Species [1]
##   Species  Petal.Width  Sepal.Length.mean  Sepal.Width.max
##    <fct>         <dbl>              <dbl>            <dbl>
##1   setosa          0.1               4.82              4.1
##2   setosa          0.2               4.97              4.2
##3   setosa          0.3               4.97              3.8
##4   setosa          0.4                5.3              4.4
##5   setosa          0.5                5.1              3.3
```

5.6.3 用%>%运算符连接多个函数

上面介绍了 dplyr 包中最常用的 5 个函数。在实际处理数据时，经常需要涉及不止一个步骤，用到不止一个函数。例如，在 iris 数据集中，如果想了解花萼长度（Sepal.Length）大于 4.5cm 的个体的花瓣长度（Petal.Length）与花瓣宽度（Petal.Width），就需要先后用到 filter 函数与 select 函数：

```
iris2 <- filter(iris, Sepal.Length >4.5)                    #选择花萼长度大于 4.5cm 的个体
iris3 <- select(iris2, Petal.Length, Petal.Width)           #选择花瓣长度与花瓣宽度两个变量
head(iris3, n = 5)                                          #显示 iris3 的前 5 行数据
##   Petal.Length  Petal.Width
##1           1.4          0.2
##2           1.4          0.2
##3           1.3          0.2
##4           1.5          0.2
##5           1.4          0.2
```

在以上代码中，每一个步骤都要产生、命名、存储一个中间数据集，虽然还算清晰，但是不够高效和整洁。为了解决这一问题，dplyr 包提供了一个非常友好的方式：%>%运算符。简单地说，%>%运算符就是"然后"的意思，可以将上一个函数的结果数据集传递到下一个函数中，从而避免了中间数据集的命名与存储。对于上一例子，可以将代码改写为

```
iris2 <- iris %>% filter(Sepal.Length > 4.5) %>% select(Petal.Length, Petal.Width)
head(iris2, n = 5)                            #显示 iris2 的前 5 行数据
##   Petal.Length  Petal.Width
##1           1.4          0.2
##2           1.4          0.2
##3           1.3          0.2
##4           1.5          0.2
##5           1.4          0.2
```

是不是简洁了一些呢？如果上述例子还不够明显，可以尝试如下步骤：

(1) 选择花萼长度(Sepal.Length)大于 4.5cm 的个体。

(2) 定义花瓣长度(Petal.Length)与花瓣宽度(Petal.Width)的乘积为新的变量 Petal.Size。

(3) 得到每种花卉的 Petal.Size 的中位数，并命名为 Petal.Size.median。

(4) 将花卉种类(Species)按照 Petal.Size.median 从大到小排列。

如果使用传统代码，需要多个中间变量。而使用%>%运算符在这种情况下依然很清晰简洁：

```
iris2 <- iris %>% filter(Sepal.Length > 4.5) % >% mutate(Petal.Size = Petal.Length *
Petal.Width) %>% group_by(Species) %>% summarise(Petal.Size.median = median(Petal
.Size)) %>% arrange(desc(Petal.Size.median))
head(iris2, n = 5)                            #显示 iris2 的前 5 行数据
###A tibble: 3 x 2
##      Species  Petal.Size.median
##        <fct>              <dbl>
## 1  virginica               11.4
## 2 versicolor               5.62
## 3     setosa                0.3
```

5.6.4 dplyr 包中其他实用的函数

5.6.2 节介绍了 dplyr 包中最常用的 5 个函数。在 dplyr 包中还有很多非常实用的函数，下面简要介绍其中的 6 个。

1. count 函数

count 函数用于得到频数表。例如，在 iris 数据集中，以下命令可以得到不同花卉种类(Species)的样本数量：

```
iris %>% count(Species)
##        #A tibble: 3 x 2
##        Species        n
##          <fct>    <int>
## 1       setosa       50
## 2  versicolor       50
## 3   virginica       50
```

2. rename 函数

使用 rename 函数可以改变某个变量的变量名。例如，在 iris 数据集中，以下命令可以将花卉种类(Species)更名为 Type：

```
iris2 <- iris %>% rename(Type = Species)
head(iris2)
 ##  Sepal.Length  Sepal.Width  Petal.Length  Petal.Width    Type
##1           5.1          3.5           1.4          0.2  setosa
##2           4.9          3.0           1.4          0.2  setosa
##3           4.7          3.2           1.3          0.2  setosa
##4           4.6          3.1           1.5          0.2  setosa
##5           5.0          3.6           1.4          0.2  setosa
##6           5.4          3.9           1.7          0.4  setosa
```

3. sample_n 函数

使用 sample_n 函数可以随机抽取数据集中的若干行。例如，在 iris 数据集中，以下命令可以随机抽取数据集中不重复的 5 行：

```
iris2 <- iris %>% sample_n(size = 5)
head(iris2)
 ##  Sepal.Length  Sepal.Width  Petal.Length  Petal.Width     Species
##1           7.7          2.8           6.7          2.0   virginica
##2           6.6          3.0           4.4          1.4  versicolor
##3           7.3          2.9           6.3          1.8   virginica
##4           4.8          3.4           1.9          0.2      setosa
##5           5.6          2.8           4.9          2.0   virginica
```

4. slice 函数

使用 slice 函数可以选取数据集中的某些行。例如，在 iris 数据集中，以下命令可以选取数据集中的前 5 行：

```
iris %>% slice(1:5)
 ##  Sepal.Length  Sepal.Width  Petal.Length  Petal.Width  Species
##1           5.1          3.5           1.4          0.2   setosa
##2           4.9          3.0           1.4          0.2   setosa
##3           4.7          3.2           1.3          0.2   setosa
##4           4.6          3.1           1.5          0.2   setosa
##5           5.0          3.6           1.4          0.2   setosa
```

5. distinct 函数

使用 distinct 函数可以去掉重复的行。例如，在 iris 数据集中，以下命令可以去掉花卉种类(Species)相同的行，从而实现对每种花卉种类只选取 1 行：

```
iris %>% distinct(Species, .keep_all = T)
 ##  Sepal.Length  Sepal.Width  Petal.Length  Petal.Width     Species
##1           5.1          3.5           1.4          0.2      setosa
##2           7.0          3.2           4.7          1.4  versicolor
##3           6.3          3.3           6.0          2.5   virginica
```

函数的.keep_all 参数用于设定是否要保留 Species 以外的其他变量。

6. join 函数族

在实际的数据分析中，经常需要将多个数据集合并在一起。使用 dplyr 包中的 join 函数族可以实现这一目的。join 函数族里有 7 个以_join 结尾的函数，它们之间有一些细微的区别。下面以其中的 inner_join 函数为例加以介绍。感兴趣的读者可以使用? join 自行了解其他 6 个函数的技术细节。

为了演示 inner_join 函数的使用，先构建新的数据集 owner_sheet，用来记录不同种类花卉的拥有者。该数据集中共有两个变量：

- 花卉种类(Type)。
- 拥有者(Owner)。

以下是构建新数据集的代码：

```
owner_sheet <- data.frame(
    Type = c("setosa", "versicolor", "virginica"),
    Owner = c("Tom", "Jerry", "Spike")
)
```

下面使用 inner_join 函数将 iris 数据集与 owner_sheet 数据集按照花卉种类合并。花卉种类在 iris 数据集中的名字为 Species，而在 owner_sheet 数据集中的名字为 Type，因此需要将 inner_join 函数中的 by 参数设置为 c("Species" = "Type")。代码如下：

```
iris_joined <- iris %>% inner_join(owner_sheet, by = c("Species" = "Type"))
head(iris_joined)
```

```
##      Sepal.Length  Sepal.Width  Petal.Length  Petal.Width  Species  Owner
##1             5.1          3.5           1.4          0.2   setosa    Tom
##2             4.9          3.0           1.4          0.2   setosa    Tom
##3             4.7          3.2           1.3          0.2   setosa    Tom
##4             4.6          3.1           1.5          0.2   setosa    Tom
##5             5.0          3.6           1.4          0.2   setosa    Tom
##6             5.4          3.9           1.7          0.4   setosa    Tom
```

感兴趣的读者可以访问 dplyr 包的官方网站 https://dplyr.tidyverse.org，进一步了解关于 dplyr 包的信息。熟练使用 dplyr 包中的函数将会大大简化数据处理的代码，并提高数据处理的效率。

5.7 ggplot2 包简介

对于很多熟悉其他数据分析软件的读者来说，学习 R 语言的一大动力就是利用它可以画出美观的图表，从而更好地实现数据分析结果的可视化。虽然 R 语言自带的画图函数简单易用（详见 5.4.5 节），但为了进一步提升绘图的美观性与灵活性，ggplot2 包应运而生。用户只需对 ggplot2 包稍作了解，便可绘制出发表级别的图表。本节介绍如何使用 ggplot2 绘制几种常用的图表（如直方图、箱形图、散点图），以及如何灵活调整图中的各种参数，以得到最准确、美观的图表。在本节中，将继续使用 iris 花卉数据集作为例子（关于该数据集的介绍详见 5.4.5 节）。要了解更多关于 ggplot2 包的信息，可以访问 ggplot2 的官方网站 https://ggplot2.tidyverse.org/，以进一步挖掘该包的功能。借助搜索引擎也是非常好的学习 ggplot2 的方式。

5.7.1 安装 ggplot2 包

使用 install.packages 函数安装 ggplot2 包：

```
install.packages("ggplot2")          #在 CRAN 上搜索并安装 ggplot2 包
library("ggplot2")                   #加载 ggplot2 包
```

5.7.2 使用 ggplot2 画图的基本思路

使用 ggplot2 画图与购买手机的过程有很多相似之处。在购买手机时，首先需要指定品牌、型号、颜色，然后根据需求选择不同的配置；在使用 ggplot2 画图时，首先需要指定使用哪个数据集、画什么类型的图、如何将数据集中的变量对应到图中的横轴或纵轴、颜色和形状，然后根据需求调整图中的细节。在 ggplot2 包中，这些要求是通过＋运算符连接的。以下面一段代码为例：

```
p <-ggplot(data = iris)
p <-p + geom_point(aes(x = Sepal.Length, y = Petal.Length, colour = Species))
p <-p + theme(legend.position = c(0.88,0.2))
p
```

代码的具体含义稍后介绍，这里只是为了展示使用 ggplot2 画图的基本思路。在代码第一行中，使用 ggplot 函数告知 ggplot2 选择的是 iris 数据集；在代码第二行中，增加了一个新的要求，即绘制散点图，并且使用 aes 函数将数据集中的变量与图中信息对应起来；在代码第三行中，增加了对绘图细节的微调；代码第四行显示绘制的图。总之，使用 ggplot2 画图时，以下 3 个要素是必不可少的：

(1) 使用 ggplot 函数指定输入数据集。

(2) 指定"画什么",即图的类型,如直方图、柱状图、箱形图等。

(3) 使用 aes 函数指定"怎么画",如横轴、纵轴、颜色和形状等。

有趣的是:用户告知 ggplot2 的信息可以存储为 R 语言中的对象(如以上代码中的前 3 行)。绘图时只需要像以上代码中的第四行那样调用对象即可。这种设定既方便了用户重复绘图,又为以后对于图表的更改提供了便利。

在上面的例子中,为了清楚地说明每一个命令的目的,在写每一个要求时都用了一条新的命令,并把新的命令重新保存在对象 p 中。其实,为了更简便,可以将命令依次写出,命令之间用+运算符连接,再一起保存到对象 p 中。例如,上面的例子可以写成

```
p <- ggplot(iris) +
    geom_point(aes(x = Sepal.Length, y = Petal.Length, colour = Species)) +
    theme(legend.position = c(0.88,0.2))
p
```

5.7.3 使用 geom_histogram 函数绘制直方图

直方图一般用于展示连续型变量的分布情况。例如,想了解在 iris 数据集中花萼长度(Sepal.Length)的分布,首先需要告诉 ggplot2 输入数据集是哪个,然后告诉 ggplot2 绘制哪种图表以及以哪个变量作为图中的横轴。具体命令如下,结果如图 5-7-1 所示。

```
p <-ggplot(iris)                              #选择 iris 数据集
#请求绘制直方图,以 Sepal.Length 变量作为横轴,总计 15 个直方条
p <-p + geom_histogram(aes(x = Sepal.Length), bins = 15)
p                                             #绘制直方图
```

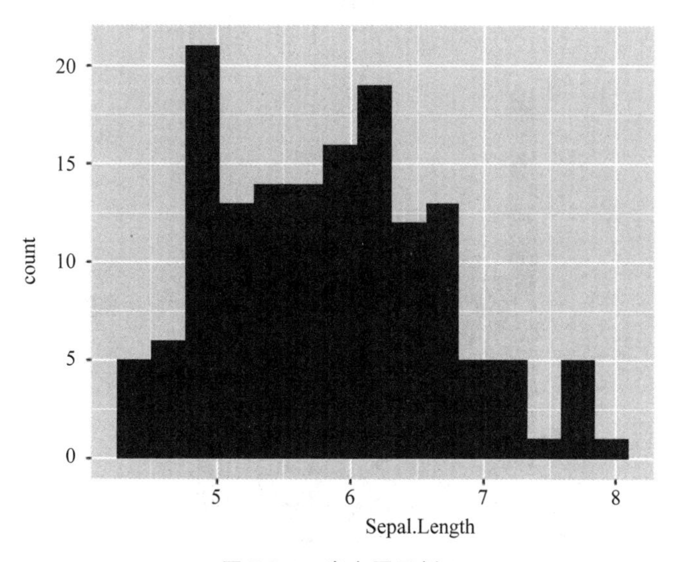

图 5-7-1 直方图示例 1

可在上述图中用颜色展现不同花卉种类(Species)的区别,命令如下,结果如图 5-7-2 所示。

```
p <- ggplot(iris)                                        #选择 iris 数据集
#请求绘制直方图,以 Sepal.Length 变量作为横轴,以 Species 变量填充不同颜色,总计 15 个直方条
p <- p + geom_histogram(aes(x = Sepal.Length, fill = Species), bins = 15)
p                                                        #绘制直方图
```

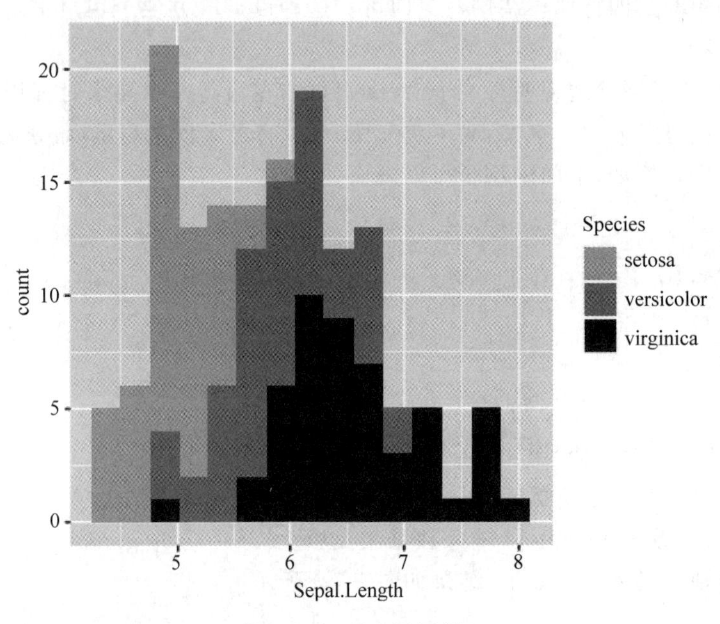

图 5-7-2　直方图示例 2

如果对颜色不满意,可以使用 scale_fill_manual 函数自定义颜色,命令如下结果如图 5-7-3 所示。

```
p <- p + scale_fill_manual(values = c("#6666FF", "#E69F00", "#56B4E9"))
p                                                        #绘制直方图
```

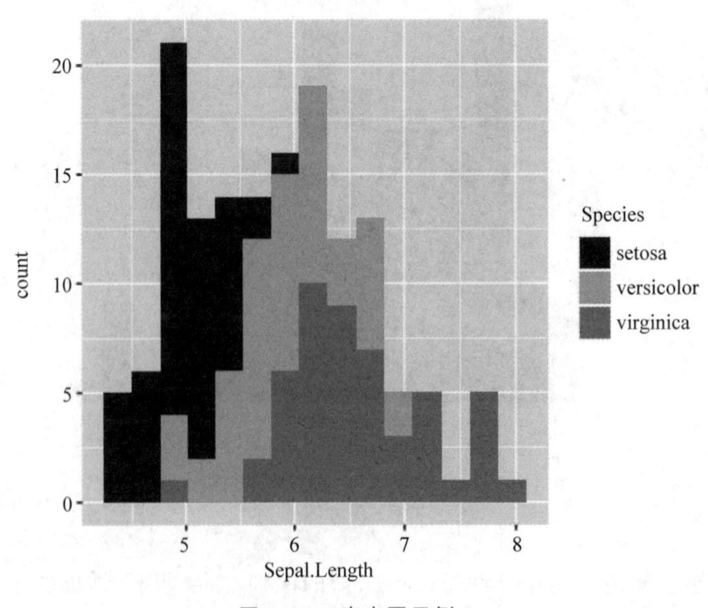

图 5-7-3　直方图示例 3

颜色代码为十六进制格式，读者可在相关网站（例如 https://zh.spycolor.com/web-safe-colors）查找所需颜色的代码。

5.7.4　使用 geom_bar 函数绘制柱状图

柱状图一般用于展示某离散型或因子型变量的分布情况。例如，想了解在 iris 数据集中花卉种类（Species）的分布，可以使用如下命令，结果如图 5-7-4 所示。

```
p <- ggplot(iris)                       #选择 iris 数据集
p <-p + geom_bar(aes(x = Species))      #请求绘制柱状图,以 Species 变量作为横轴
p                                       #绘制柱状图
```

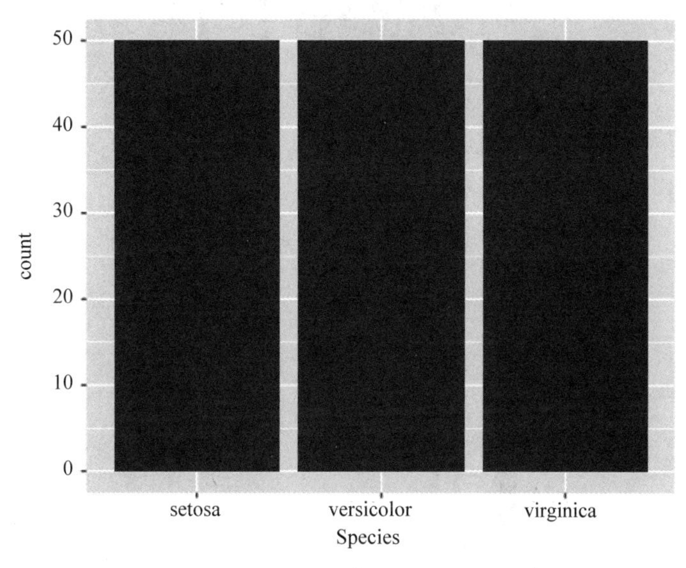

图 5-7-4　柱状图示例 1

当连续型变量数据近似于离散时，也可以使用 geom_bar 函数对连续型变量绘制柱状图。需要注意的是，ggplot2 包中的 geom_bar 函数暂时无法像 geom_histogram 一样设置直方条的数量，因此灵活性稍差。以下命令用颜色展现出不同花卉种类（Species）的花萼长度（Sepal.Length）的分布，结果如图 5-7-5 所示。

```
p <- ggplot(iris)                       #选择 iris 数据集
#请求绘制柱状图,以 Sepal.Length 变量作为横轴,以 Species 变量填充不同颜色
p <- p + geom_bar(aes(x = Sepal.Length, fill = Species))
p                                       #绘制柱状图
```

如果对颜色不满意，可以使用 scale_fill_manual 函数自定义颜色，命令如下，结果如图 5-7-6 所示。

```
p <- p + scale_fill_manual(values = c("#6666FF", "#E69F00", "#56B4E9"))
p                                         #绘制柱状图
```

5.7.5　使用 geom_boxplot 函数绘制箱形图

箱形图用来展现某连续型变量的分布情况。与直方图不同的是，箱形图更好地展现了总结性统计

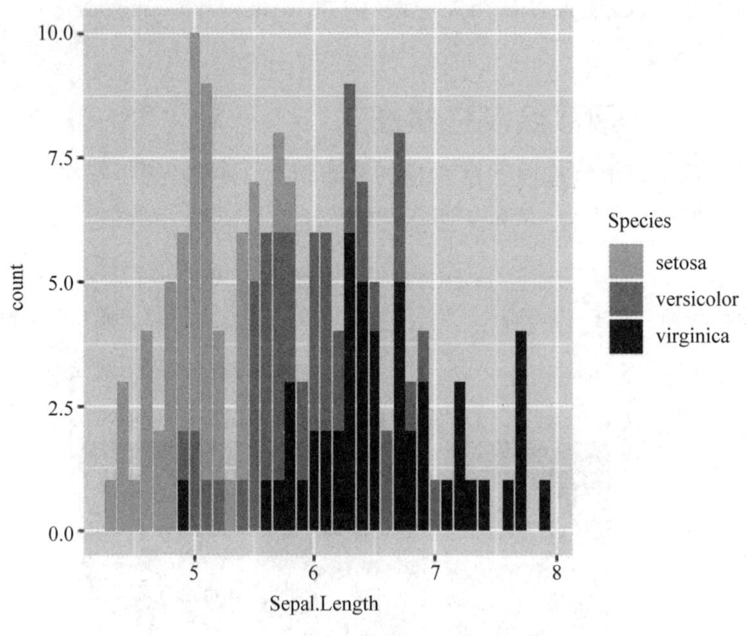

图 5-7-5 柱状图示例 2

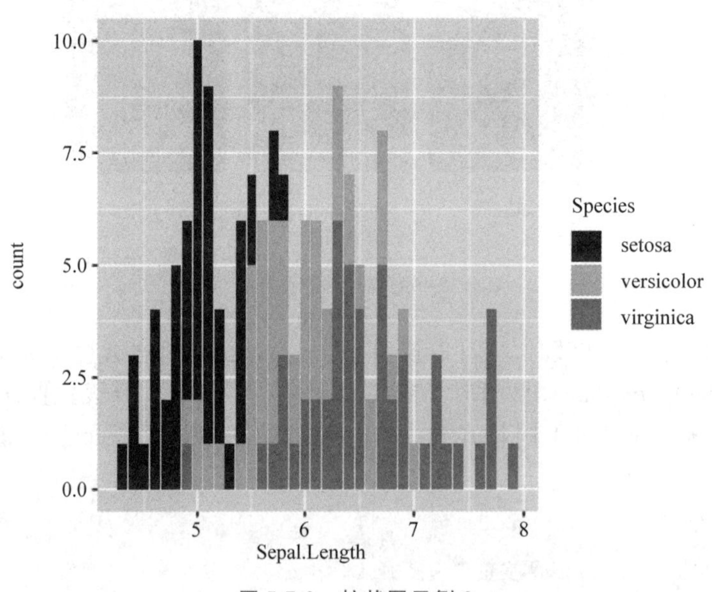

图 5-7-6 柱状图示例 3

量的信息，如分位数等，从而更概要地描述了变量的离散情况。因此，在比较不同类别个体的某一变量时，箱形图是最常用的图表。例如，想比较在 iris 数据集中不同花卉种类(Species)的花萼长度(Sepal.Length)的分布，可以使用如下命令绘制箱形图，结果如图 5-7-7 所示。

```
p <- ggplot(iris)                          #选择 iris 数据集
#请求绘制箱形图,以 Species 变量作为横轴,以 Sepal.Length 变量作为纵轴
p <- p + geom_boxplot(aes(x = Species, y = Sepal.Length))
p                                          #绘制箱形图
```

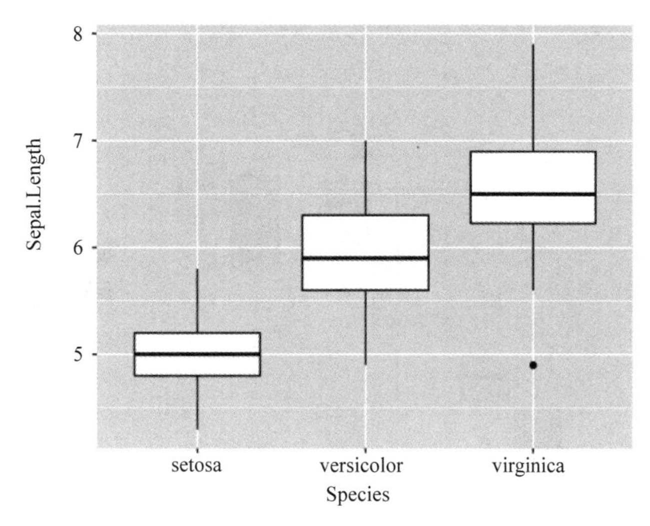

图 5-7-7 箱形图示例 1

接下来，绘制一个更复杂的箱形图。先简单地将每种花卉再细分为两类：花萼宽度（Sepal.Width）大于 3cm 与花萼宽度小于等于 3cm，并添加新的逻辑变量“是否宽花萼”（Wide.Sepal）。如果 Sepal.Width>3，则 Wide.Sepal 为 Yes，反之为 No。可以使用 5.6.2 节提及的 dplyr 包里的 mutate 函数来创建该新变量：

```
iris2 <- iris %>% mutate(Wide.Sepal = ifelse(Sepal.Width > 3, "Yes", "No"))
head(iris2)
 ##  Sepal.Length  Sepal.Width  Petal.Length  Petal.Width  Species  Wide.Sepal
##1           5.1          3.5           1.4          0.2   setosa         Yes
##2           4.9          3.0           1.4          0.2   setosa          No
##3           4.7          3.2           1.3          0.2   setosa         Yes
##4           4.6          3.1           1.5          0.2   setosa         Yes
##5           5.0          3.6           1.4          0.2   setosa         Yes
##6           5.4          3.9           1.7          0.4   setosa         Yes
```

接下来，在箱形图中用不同颜色来表示按照花萼宽度区分的这两个组，从而更好地比较不同花卉种类中花萼宽度与花萼长度的关系，结果如图 5-7-8 所示。

```
p <- ggplot(iris2)                             #选择 iris 数据集
#请求绘制箱形图，以 Species 变量作为横轴，以 Sepal.Length 变量作为纵轴，以 Wide.Sepal 变量填充不同
#颜色
p <-p + geom_boxplot(aes(x = Species, y = Sepal.Length, fill = Wide.Sepal))
p                                              #绘制箱形图
```

如果对颜色不满意，可以使用 scale_fill_manual 函数自定义颜色，结果如图 5-7-9 所示。

```
p <- p + scale_fill_manual(values = c("#E69F00", "#56B4E9"))
p                                               #绘制箱形图
```

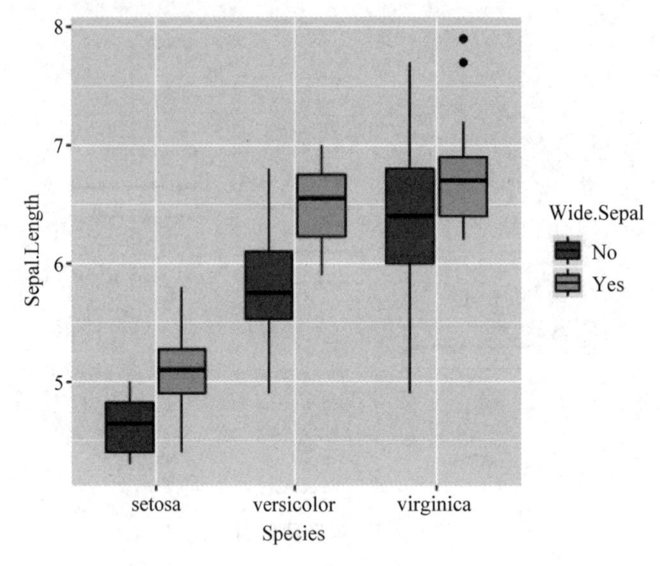

图 5-7-8　箱形图示例 2

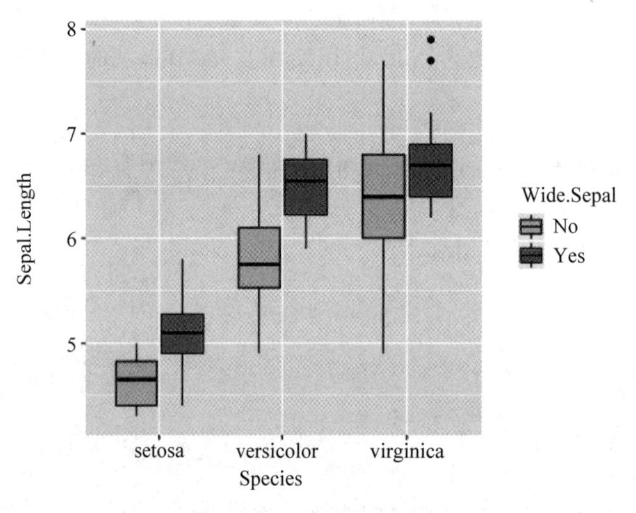

图 5-7-9　箱形图示例 3

5.7.6　使用 geom_point 函数绘制散点图

散点图是衡量两个连续型变量是否关联时最常用的图表。例如，在 iris 数据集中，想探究花萼长度(Sepal.Length)与花瓣长度(Petal.Length)的关系，可以使用如下命令绘制散点图，结果如图 5-7-10 所示。

```
p <- ggplot(iris)                          #选择 iris 数据集
#请求绘制散点图，以 Sepal.Length 变量作为横轴，以 Petal.Length 变量作为纵轴
p <- p + geom_point(aes(x = Sepal.Length, y = Petal.Length))
p                                          #绘制散点图
```

可以使用不同的颜色来区分不同花卉种类(Species)的个体，结果如图 5-7-11 所示。

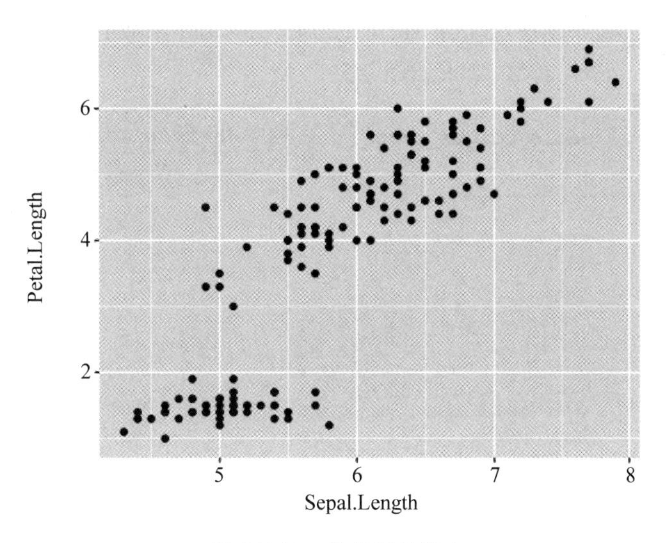

图 5-7-10　散点图示例 1

```
p <- ggplot(iris)                                    #选择 iris 数据集
#请求绘制散点图以 Sepal.Length 变量作为横轴,以 Petal.Length 变量作为纵轴, 以 Species 变量绘制不
#同颜色的点
p.colour <-p + geom_point(aes(x = Sepal.Length, y = Petal.Length, colour = Species))
p.colour                                             #绘制散点图
```

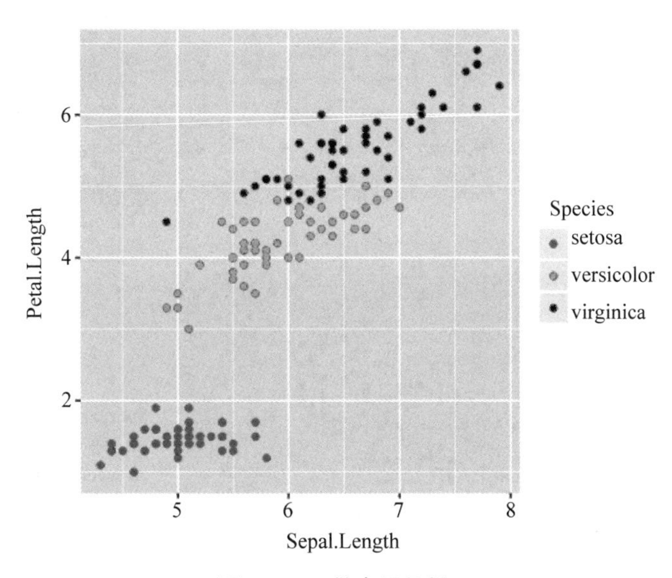

图 5-7-11　散点图示例 2

读到这里,读者可能会有疑问:在绘制柱状图或箱形图时,使用 aes 函数中的 fill 参数来添加颜色,而为什么在散点图中就改用 colour 参数了呢?这是因为在 geom_bar 函数或 geom_boxplot 函数中,需要填充的是大面积范围内的颜色,因此用的是 fill 参数;而在 geom_point 函数中,只需要给一个点上色,所以用的是 colour 参数。其实在 geom_bar 函数与 geom_boxplot 函数的 aes 函数中也提供了 colour 参数,用于给绘图对象的边缘上色。感兴趣的读者可以尝试一下,理解 fill 与 colour 的区别。

如果对颜色不满意，在散点图中应使用 scale_colour_manual 函数自定义颜色，而不是绘制柱状图或箱形图时的 scale_fill_manual 函数，结果如图 5-7-12 所示。

```
p.colour <- p.colour + scale_colour_manual(values = c("#6666FF", "#E69F00", "#56B4E9"))
p.colour                                                    #绘制散点图
```

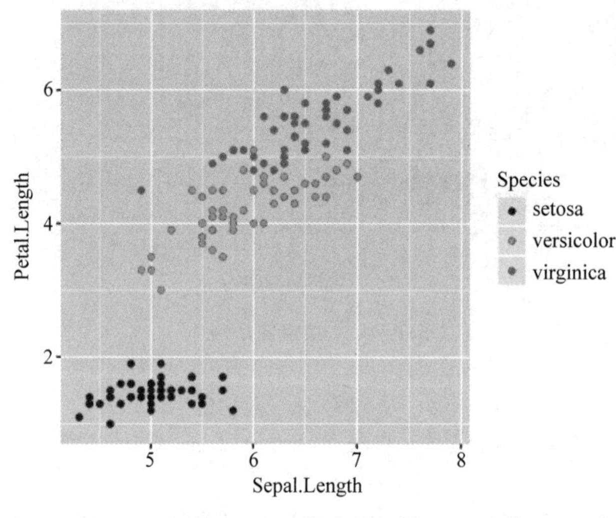

图 5-7-12　散点图示例 3

用户也可以使用不同的形状来区分不同花卉种类(Species)的个体，结果如图 5-7-13 所示。

```
#请求绘制散点图
#以 Sepal.Length 变量作为横轴，以 Petal.Length 变量作为纵轴，以 Species 变量绘制不同形状的点
p.shape <- p + geom_point(aes(x = Sepal.Length, y = Petal.Length, shape = Species))
p.shape                                      #绘制散点图
```

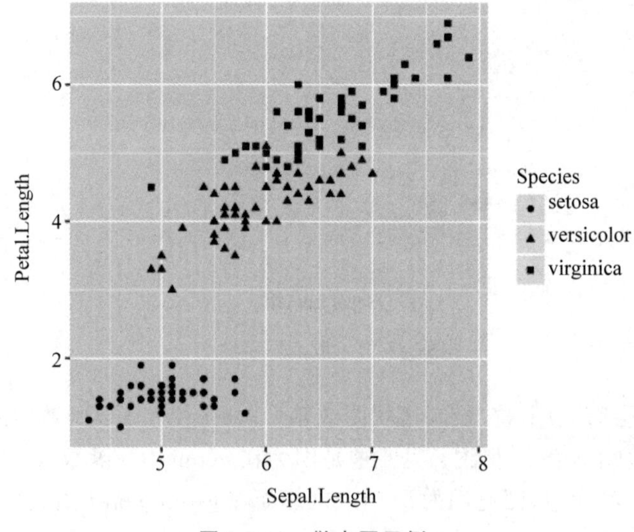

图 5-7-13　散点图示例 4

如果要改变点的形状，可使用 scale_shape_manual 函数进行调整，结果如图 5-7-14 所示。

```
p.shape <-p.shape + scale_shape_manual(values = c(1,2,8))
p.shape                                   #绘制散点图
```

5.7.7 使用 geom_smooth 函数在散点图上添加线性回归结果

线性回归是最经典的衡量变量间线性关系的统计方法。用户可以使用 geom_smooth 函数简便地在散点图上添加线性回归结果。在 5.7.6 节中，得到了反映花萼长度(Sepal.Length)与花瓣长度(Petal.Length)关系的散点图。现在只需要添加一行代码，就可以将线性回归结果添加到散点图上，结果如图 5-7-15 所示。

```
p <- ggplot(iris)                         #选择 iris 数据集
#请求绘制散点图,以 Sepal.Length 变量作为横轴,以 Petal.Length 变量作为纵轴
p <- p + geom_point(aes(x = Sepal.Length, y = Petal.Length))
#请求在散点图上添加线性回归结果,以 Sepal.Length 变量作为横轴,以 Petal.Length 变量作为纵轴
p <-p + geom_smooth(method = lm, aes(x = Sepal.Length, y = Petal.Length))
p                                         #绘制散点图
```

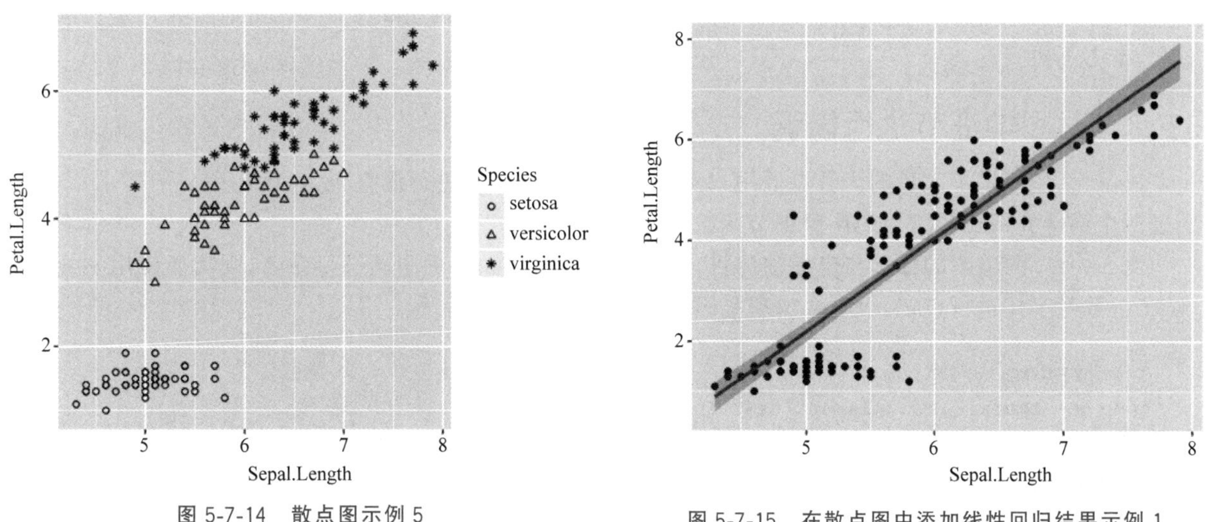

图 5-7-14 散点图示例 5

图 5-7-15 在散点图中添加线性回归结果示例 1

method=lm 指定使用线性函数而不是其他函数来拟合两个变量的关系。图 5-7-15 中的灰色区域为拟合点的 95%置信区间。

与散点图中使用 colour 参数给不同花卉种类的个体上色相似，在 geom_smooth 函数中，用户也可以使用 colour 参数为每个花卉种类的个体添加不同颜色的线性回归结果，结果如图 5-7-16 所示。

```
p <-ggplot(iris)                          #选择 iris 数据集
#请求绘制散点图
#以 Sepal.Length 变量作为横轴,以 Petal.Length 变量作为纵轴, 以 Species 变量绘制不同颜色的点
p.colour <- p + geom_point(aes(x = Sepal.Length, y = Petal.Length, colour = Species))
#请求在散点图中添加线性回归结果,以 Sepal.Length 变量作为横轴,以 Petal.Length 变量作为纵轴
#以 Species 变量为不同种类的个体添加不同颜色的线性回归结果
p.colour <-p.colour + geom_smooth(method = lm, aes(x = Sepal.Length, y = Petal.Length,
colour = Species))
p.colour                                  #绘制散点图
```

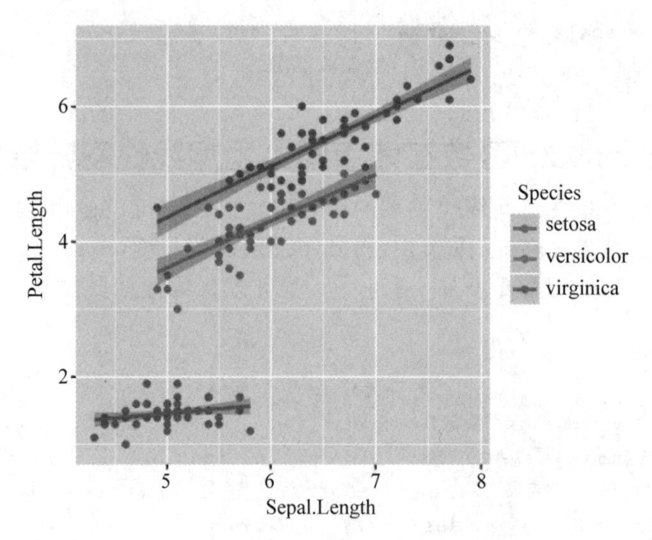

图 5-7-16　在散点图中添加线性回归结果示例 2

用户可使用 scale_colour_manual 函数自定义颜色，使用 scale_linetype_manual 函数自定义线型。对此，本书不再赘述。

5.7.8　对图中细节进行微调

ggplot2 包提供了大量的函数以便用户对图中几乎所有细节进行调整，从而满足用户的要求。本节通过两个例子介绍比较常用的调整细节函数。

例 5-7-1　调整图的标题与坐标轴标目。需要注意的是，如果用中文进行命名，则需要使用 element_text 函数对字体进行设定，否则会出现乱码。结果如图 5-7-17 所示。

```
p <- ggplot(iris)                                          #选择 iris 数据集
p <- p + theme(text = element_text(family = "SimSun"))    #设定中文字体
#请求绘制散点图,以 Sepal.Length 变量作为横轴,以 Petal.Length 变量作为纵轴
p <- p + geom_point(aes(x = Sepal.Length, y = Petal.Length))
p <- p + ggtitle("花萼长度与花瓣长度的关系")                 #设定标题
p <- p + xlab("花萼长度/cm")                                #设定横轴标目
p <- p + ylab("花瓣长度/cm")                                #设定纵轴标目
#设定标题位置与字号
p <- p +  theme(plot.title = element_text(hjust = 0.5, size = 14))
p <-p+ theme(axis.text = element_text(size = 12), axis.title =  element_text(size = 14))
                                                           #设定坐标轴标目字号
p                                                          #绘制散点图
```

例 5-7-2　调整整体设定与图例，并在图上添加文字，结果如图 5-7-18 所示。

```
p <- ggplot(iris2)                      #选择 iris 数据集
#请求绘制箱形图
#以 Species 变量作为横轴,以 Sepal.Length 变量作为纵轴, 以 Wide.Sepal 变量填充不同颜色
p <- p + geom_boxplot(aes(x = Species, y = Sepal.Length, fill = Wide.Sepal))
```

```
p <-p + theme_classic()                  #使用经典整体设定
p <-p +  theme(legend.position = c(0.25,0.8), legend.text = element_text(size = 12), legend.key
.size = unit(0.8,"cm"))                  #调整图例位置、字号与大小
p <-p + annotate(geom = "text", x = 3, y = 4.5, label = "Look here", col =  "red", size = 10)
                                         #在图上增加文字
p                                        #绘制箱形图
```

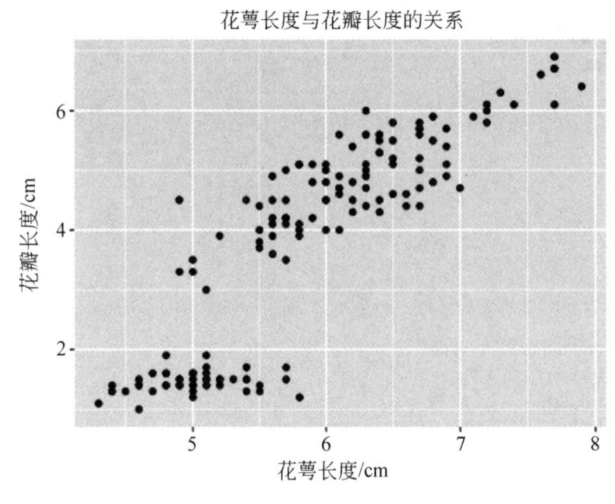

图 5-7-17 调整图的标题与坐标轴标目

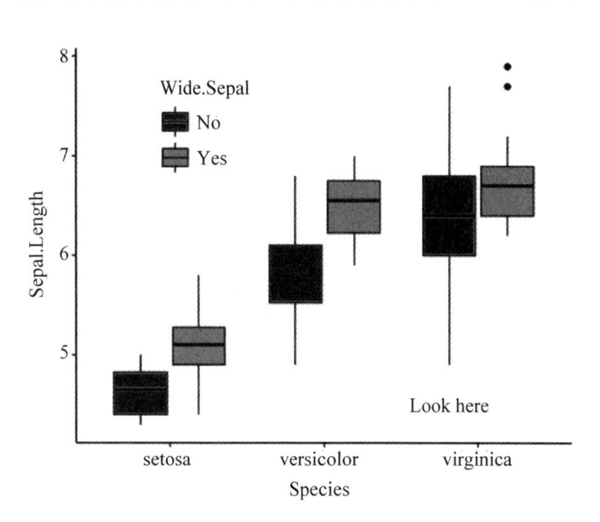

图 5-7-18 调整整体设定与图例并添加文字

5.7.9 将多个图合并为一个图

如果多个图是来源于按照某些变量分类的不同组的个体的同一种图，那么可以使用 facet_grid 函数将这些图合并在一起。例如，按照不同的花卉种类(Species)得到的 3 个图表就可以通过如下命令合并在一起，结果如图 5-7-19 所示。

```
p <- ggplot(iris2)                       #选择 iris 数据集
p <- p + facet_grid(. ~ Species)         #以 Species 为分类变量得到的图，分列展示
#请求绘制散点图，以 Sepal.Length 变量作为横轴，以 Petal.Length 变量作为纵轴
p <- p + geom_point(aes(x = Sepal.Length, y = Petal.Length))
p                                        #绘制散点图
```

在第二行代码中，Species 变量写在～右边，因此 3 个图是分列展示的；若写在～左边，则会分行展示。如果按照两个变量来分类，就可以在～左右各指定一个变量。下面的例子将花卉按照花卉种类(Species)和是否宽花萼(Wide.Sepal)两个变量分成 6 个亚组，从而得到了 6 个图表，结果如图 5-7-20 所示。

```
p <- ggplot(iris2)                              #选择 iris 数据集
p <- p + facet_grid(Wide.Sepal ~ Species)       #以 Wide.Sepal 和 Species 为分类变量得到的图
#请求绘制散点图，以 Sepal.Length 变量作为横轴，以 Petal.Length 变量作为纵轴
p <- p + geom_point(aes(x = Sepal.Length, y = Petal.Length))
p                                               #绘制散点图
```

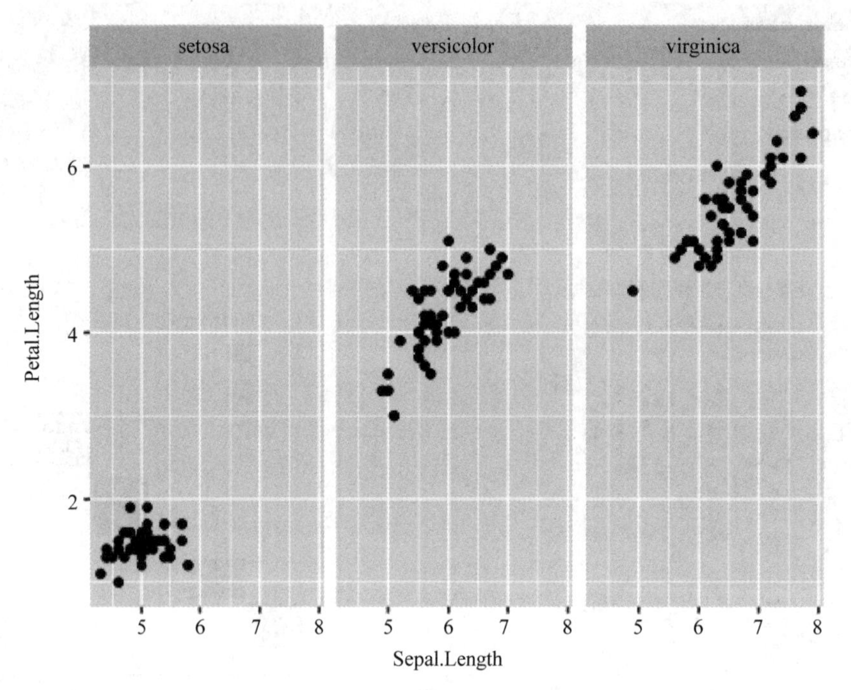

图 5-7-19　合并多个图示例 1

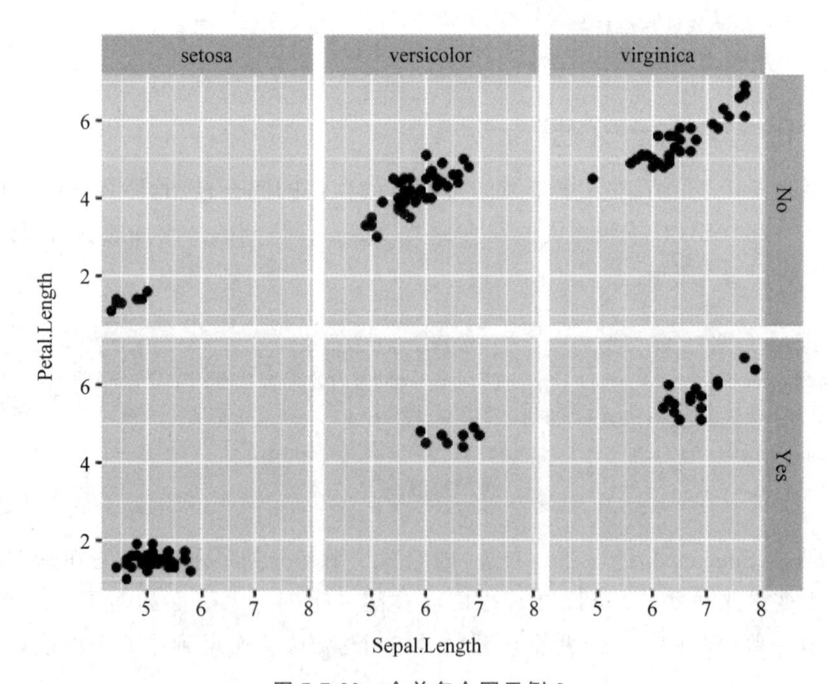

图 5-7-20　合并多个图示例 2

还有一种情况是，来源不同的多个图由于其内容相关需要合并在一起。此时，可以使用 cowplot 包进行图的合并。首先安装并加载 cowplot 包：

```
install.packages("cowplot")          #在 CRAN 上搜索并安装 cowplot 包
library("cowplot")                   #加载 cowplot 包
```

```
library("cowplot")
##
##*********************************************
##Note: As of version 1.0.0, cowplot does not change the
##   default ggplot2 theme anymore. To recover the previous
##   behavior, execute:
##   theme_set(theme_cowplot())
##*********************************************
```

然后将需要绘制的图分别保存在不同的对象里，例如：

```
p1 <- ggplot(iris2) +
geom_boxplot(aes(x = Species, y = Sepal.Length, fill = Wide.Sepal)) +
theme_classic() +
theme(legend.position = c(0.15, 0.8), legend.text = element_text(size = 12), legend.key.
size= unit(0.8,"cm"))

p2 <- ggplot(iris) +
geom_point(aes(x = Sepal.Length, y = Petal.Length, colour = Species)) +
geom_smooth(method = lm, aes(x = Sepal.Length, y = Petal.Length, colour = Species)) +
theme_classic() +
theme(legend.position = c(0.7, 0.2))
```

最后，使用 plot_grid 函数将这些图的对象合并起来，结果如图 5-7-21 所示。其中的 ncol 参数指定了将这两张图按两列呈现，labels 参数则指定了每张图的编号，此处为 A 和 B。

```
p <- plot_grid(p1, p2, ncol = 2, nrow = 1, labels = LETTERS[1:2])

p
```

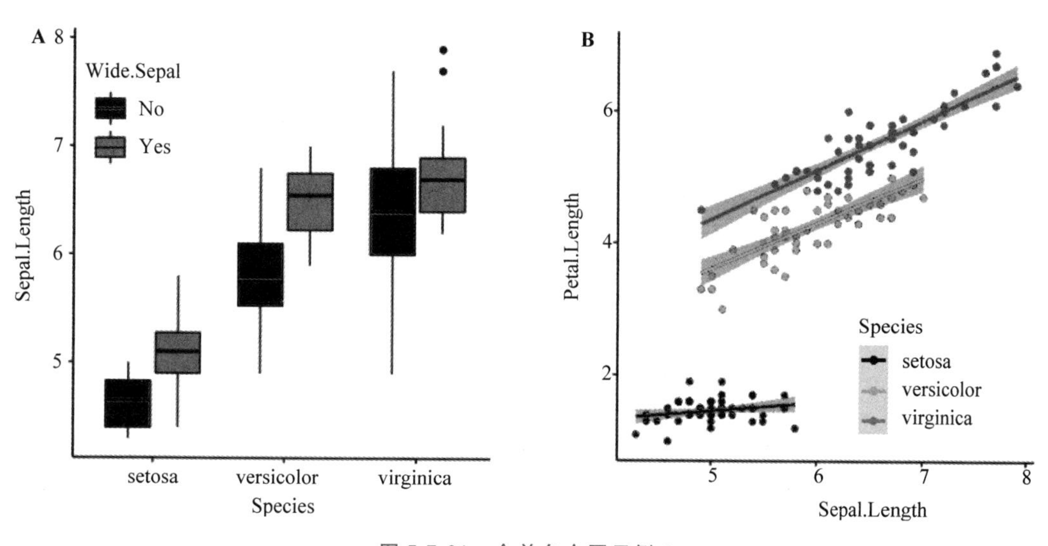

图 5-7-21　合并多个图示例 3

5.7.10 保存图

在画出满意的图之后，需要将图保存起来。保存的方式非常简单。例如，要将图保存成PDF格式，只需要使用pdf函数即可。还可以使用相应函数将图保存为JPEG、PNG等格式。

```
pdf(file = "文件名.pdf")                    #创建"文件名.pdf"文件
p                                           #在"文件名.pdf"文件中绘制对象p
dev.off()                                   #完成"文件名.pdf"文件的绘制
```

第6章　Stata基础

类似于学习一门外语，学习一门全新的统计分析语言需要逾越诸多障碍。初学者通常需要首先了解这门语言的词汇和语法，初期不断地查阅词典以接触广泛的表达方式，接着在不断的重复使用中熟识常见语句。与之相似，初学者在接触Stata软件时大致也会经历相似的过程，幸而Stata语言的词汇和语法简短且易于理解，便于新手理解和使用。本章简要介绍Stata软件的界面、语法结构、数据导入、清理和分析中的常用命令以及Stata编程相关语言，以帮助初学者了解Stata。

6.1　Stata简介

Stata是一款运行速度快、语法结构简洁、对于初学者而言门槛较低的数据分析软件。它可满足数据科学领域的多种需求，例如数据调用与转换、数据可视化、统计分析及生成可重复性报告等。

6.1.1　界面介绍

图6-1-1为Windows系统中Stata 15.1版本的界面，分为6个部分：菜单栏、命令回顾区、结果输出区、命令输入区、变量区以及变量特征区。Stata软件的基本使用逻辑为：用户输入命令，然后Stata通过更改存储的数据或报告输出结果予以回应。

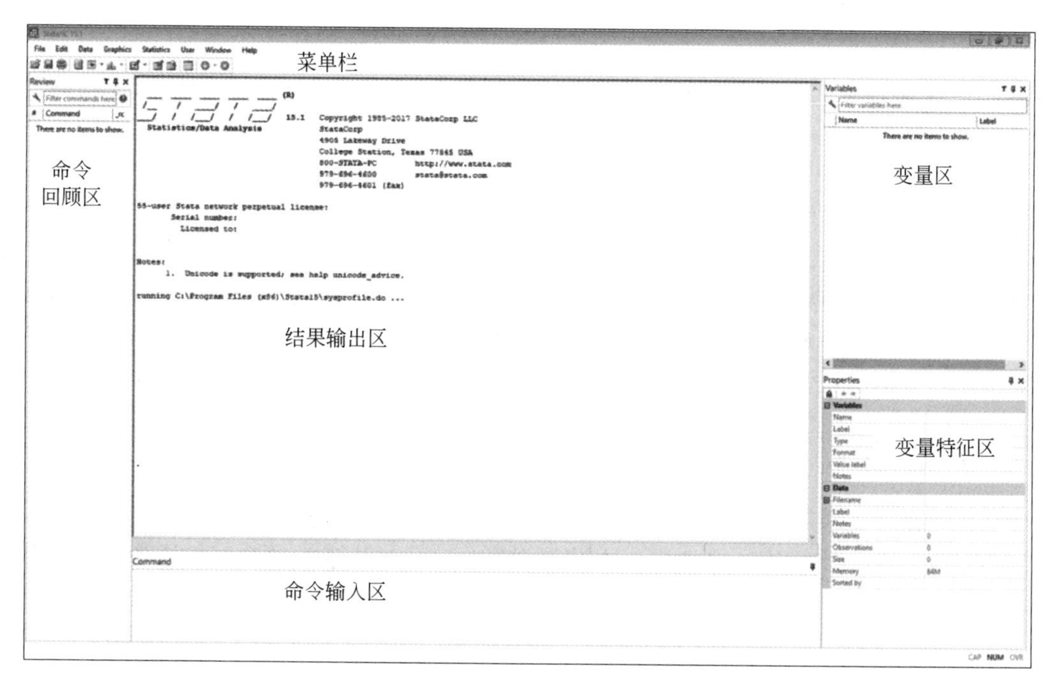

图6-1-1　Stata 15.1版本界面

常见的命令输入方式有两种，分别为在菜单栏中选择命令和在命令输入区输入命令代码。

6.1.2 在菜单栏中选择命令

初学者在不熟悉 Stata 命令及其使用规则时，可以利用菜单栏进行操作。例如，要计算当前数据集中的某一变量的均值，可在菜单栏中依次选择 Statistics→Summaries, tables, and tests→Summary and descriptive statistics→Means（统计→汇总、表格和检验→汇总和描述性统计→均值）命令，接着在弹出的选项界面选择目标变量的名称，若用户意图运行非默认的计算方式，可以通过选择或设定选项界面中的其他项目实现，最后单击 OK（确认）按钮，即可在结果输出区查看结果。此时，Stata 的结果输出区不仅显示命令执行后的输出结果，而且在输出结果的上一行显示该菜单操作的命令代码，因此初学者也可以利用菜单操作来辅助 Stata 代码学习。

由于菜单操作不利于记录和重复执行分析过程，故以下内容将不对菜单操作的分析过程进行介绍。

6.1.3 输入命令代码

Stata 软件最常见的使用方式为：在命令输入区输入一行有效的命令代码，并在结果输出区获得输出结果。通常，输入的有效命令代码的核心内容为 Stata 命令。Stata 命令通常为用一个英文单词表示的指令（或动作），用以告知 Stata 进行某项操作，该操作通常与数据转换和分析相关，例如描述当前数据集（describe 命令）、计算某一分类变量各组别百分比（tabulate 命令）、新建变量（generate 命令）、估计变量之间的相关性（correlate 命令）。使用 Stata 命令还可执行与数据集内容本身无关的操作，例如打开一个现有的数据集（use 命令）、打开 do 文件/代码编辑器（doedit 命令）、关闭并退出 Stata 软件（exit 命令）等。此外，Stata 理解输入的命令代码时区分大小写字母，例如变量 Age 和变量 age 会被视为两个不同变量，use 命令如被误写为 Use，则 Stata 系统会报告无法识别该命令，因此，读者在输入命令时需注意区分大小写字母。

通常，一行有效的命令代码不仅包含正确的 Stata 命令，而且需要将该命令放入正确的语法结构中。6.2 节将介绍如何通过检索关键词和阅读帮助文件获取正确的 Stata 命令名称，并理解使用该命令的语法。

注意：从 6.2 节起，会频繁出现 Stata 命令示例，完整的命令代码通常使用打字机字体（Courier New 字体），且在该命令行前加上“. ”标记，指示该行命令可以直接输入命令输入区。命令行中的//或 * 符号及其之后的部分为命令注释，用以说明该行命令拟达到的目的、输出结果或注意事项，该部分内容仅供读者阅读，数据转换和分析时无须输入这些注释。部分 Stata 命令示例包含输出结果，输出结果通常用黑色文本框标记。

6.2 获得帮助

Stata 软件为用户提供了丰富的帮助和指南资源，包括 Stata 软件附带的帮助文件、Stata 用户使用手册、Stata 官网、Stata 论坛、Stata 杂志等。本节将介绍如何通过检索本地和网络资源以及查阅本地帮助文件来了解 Stata 命令的名称和用法。

6.2.1 检索关键词

search 命令可用于使用关键词检索 Stata 本地帮助文件和网络资源，其基本语法为 search 与检索关键词，search 与关键词之间需加空格分隔。例如，当初学者希望利用 Stata 软件进行一般线性回归分析时，因缺乏 Stata 语言使用经验，希望快速了解哪些命令与线性回归分析相关，此时可在命令输入区输入 search 和关键词 linear regression：

```
. search linear regression          //search 命令不区分关键词的大小写
. search regression linear          //该命令不区分多个关键词的先后顺序
```

随后浏览弹出的结果页面，进一步查看与线性回归直接相关的词条结果。search 命令的检索结果可来源于 Stata 用户指南（Stata User's Guide [U]）、Stata 基本参考手册（Stata Base Reference Manual [R]）、Stata 杂志（Stata Journal [SJ]）、Stata 技术专栏（Stata Technical Bulletin）以及常见问题解答（Frequently Asked Questions [FAQs]）等。检索结果的第一条为"概览 Stata 估计命令（Overview of Stata estimation commands）"；第二条为与线性回归（Linear regression）相关的 regress 命令，即与检索最为相关的结果；检索结果接下来还列举了回归后估计命令和广义线性回归命令等。通过仔细阅读 search 的结果页面，可判断 regress 命令与一般线性回归最为相关，随后，可接着使用 help 命令查找 regress 命令的语法结构和具体使用方法。

注意：用户在使用 search 命令检索关键词时不区分大小写字母或多个关键词的先后顺序，且 Stata 默认同时在本地资源和网络资源范围内进行检索。

6.2.2 查看帮助

help 命令可显示 Stata 的帮助文件，在命令输入区依次输入 help、空格以及命令名称即可显示指定命令的帮助文件。help 命令显示本地帮助文件，故而网络连接与否不影响其使用。

通过 search 语句找到待使用的命令名称后，可接着使用 help 命令查找该命令具体的语法结构。

例如，输入 help regress 后，会弹出 regress 的本地帮助界面，该页面包括以下内容：命令名称、命令语法、菜单索引、命令介绍、命令选项、使用实例、结果存储和参考文献。

- 命令名称一般为一个描述该命令的简单短语。
- 命令语法部分包含 regress 命令的语法结构和该命令可设定选项的简单介绍，阅读后可知其语法结构为 regress depvar [indepvars] [if] [in] [weight] [, options]，此部分说明该命令的基本使用方法，其详细解读在 6.3 节给出。
- 菜单索引部分指明如何通过 Stata 软件的菜单界面执行该命令。
- 命令介绍部分详细解释 regress 命令，主要包括以下内容：它适用于拟合一般线性回归，其模型涉及一个因变量（depvar）和一个或多个自变量（indepvars）。
- 命令选项部分详细介绍如何通过命令选项更改分析过程中使用的模型方法和输出报告的展示方式等细节。
- 使用实例部分包含若干个分析实例，可帮助初学者实践和理解命令。
- 结果存储部分介绍该命令输出结果的存储方式。如果在分析后希望调用某一输出结果，可使用对应该结果的标量变量（scalar）、宏变量（macro）、矩阵（matrix）或函数（functions）名称。
- 参考文献部分列举与一般线性回归相关的文章和书籍，以供感兴趣的用户进一步学习。

6.2.3 帮助建议

Stata 软件提供了一个介绍如何使用帮助的实例。用户可以在命令输入区输入 help advice，弹出的页面以 Logictic 回归为例介绍检索和查找帮助的详细步骤。

6.3 语法结构

通常，Stata 命令的基本语法包含如下结构：

```
[by varlist:] command [varlist] [=exp] [if exp] [in range] [weight] [, options]
```

Stata 命令语法的基本使用规则包括：命令代码通常由 Stata 命令(command)和变量集(varlist)组成，其中命令为必填项；中括号内的内容为非必填项，即在指明命令操作时可省略该部分；by 前缀(by varlist)与命令之间使用冒号分隔；if 表达式(if exp)、in 范围(in range)和权重(weight)通常位于 varlist 之后；命令选项(options)出现于代码尾部，且前面要加逗号，多个命令选项之间以空格分隔。语法结构中的各个具体部分将在下文详述。

注意：从本节起，将多次使用 Stata 本地资源附带的汽车示例数据(auto.dta)，该数据包含 74 个观察样本和 12 个变量，每个观察样本记录一辆汽车的品牌(make)、价格(price)、英里数(mpg)、1978 年维修记录(rep78)、净空(headroom)、行李箱(trunk)、重量(weight)、长度(length)、转向(turn)、排量(displacement)、传动比(gear_ratio)和汽车类型(foreign)。

6.3.1 变量集

变量集代表由一个或多个变量名组成的集合。多数 Stata 命令需要用户指明该命令适用的变量集，部分无须指明变量集的命令默认该操作对所有变量(_all)进行。

以下命令以汽车数据集(auto.dta)为例，说明变量集的使用方式。

```
. sysuse auto, clear                    //清空当前数据，打开系统示例中的汽车数据
. codebook, compact                     //查看当前数据集中的变量和取值的简单描述

 Variable      Obs  Unique      Mean   Min    Max  Label
 ----------------------------------------------------------------------------

 make           74      74         .     .      .  Make and Model
 price          74      74  6165.257  3291  15906  Price
 mpg            74      21   21.2973    12     41  Mileage (mpg)
 rep78          69       5  3.405797     1      5  Repair Record1978
 headroom       74       8  2.993243   1.5      5  Headroom (in.)
 trunk          74      18  13.75676     5     23  Trunkspace(cu.ft.)
 weight         74      64  3019.459  1760   4840  Weight (lbs.)
 length         74      47  187.9324   142    233  Length (in.)
 turn           74      18  39.64865    31     51  Turn Circle (ft.)
 displacement   74      31  197.2973    79    425  Displacement(cu.in.)
 gear_ratio     74      36  3.014865  2.19   3.89  Gear Ratio
 foreign        74       2  .2972973     0      1  Car type
 ----------------------------------------------------------------------------
```

输出结果的第一列为数据集中的变量名，在命令后输入变量名的全称即可指明变量集，当变量集包含多个变量时，依次输入多个变量名的全称，不同变量之间以空格分隔。例如：

```
. summarize price                       //描述 price(价格) 变量
. summarize price mpg                   //描述 pirce 和 mpg(英里数)变量
. summarize _all                        //描述数据集中的所有变量
. summarize                             //描述数据集中的所有变量，省略了_all
```

除输入变量名的全称外，还可以使用省略形式指定 varlist，常见的规则包括用 * 指代 0 个或多个任意字符，用？指代一个任意字符，用～指代变量名中间的若干字符，用-指代数据集中当前排列顺序下两个变量之间的所有变量。以汽车示例数据为例：

```
. summarize m*              //描述以 m 开头的变量，即 make 和 mpg
. summarize m??             //描述以 m 开头且有 3 个字母的变量，即 mpg
. summarize m~g             //描述以 m 开头且以 g 结尾的变量，即 mpg
. summarize make -mpg       //描述数据集中从 make 到 mpg 的所有变量，即 make、price 和 mpg
```

6.3.2 by 前缀

当 by 前缀(by varlist)出现于命令前时，首先根据 varlist 中的一个或多个变量的分类将数据集分为若干子集，接着在所有子集中重复进行冒号后指明的命令操作。使用 by 前缀的前提是当前数据已根据 by 后连接的 varlist 完成了排序。用户可以在执行 by varlist：command 前使用 sort 命令进行排序，或在 by varlist 前缀后使用命令选项 sort 进行排序，后者的优点是使用一行命令完成排序和要执行的命令两项操作。以汽车示例数据为例：

```
. sysuse auto, clear                //打开系统示例数据中的汽车数据
. sort foreign                      //按照 foreign(汽车类型)对数据排序
. by foreign: summarize price       //描述每一种汽车类型的价格
```

上面的后两行代码可替换为

```
. by foreign, sort: summarize price

->foreign = Domestic
  Variable |    Obs      Mean      Std. Dev.     Min       Max
---------+------------------------------------------------------
  price    |     52  6072.423      3097.104     3291     15906
----------------------------------------------------------------
->foreign = Foreign
  Variable |    Obs      Mean      Std. Dev.     Min       Max
---------+------------------------------------------------------
  price    |     22  6384.682      2621.915     3748     12990
```

若 by 前缀中的变量名放在小括号内，那么该变量仅用于排序，不用于定义要执行命令的数据子集。例如：

```
. *根据汽车类型和 1978 年维修记录(rep78)排序，描述每种汽车类型的价格
. by foreign (rep78), sort: summarize price
```

上述代码等价于

```
. *首先按照汽车类型排序，当类型相同时，按照 1978 年维修记录由小到大排序
. sort foreign rep78
. *描述数据集中每种汽车类型的价格
. by foreign: summarize price
```

6.3.3 命令

Stata 命令语法中的 command 为命令名称，即在该位置输入与拟进行操作相关的命令名称。部分 Stata 命令名称可以以缩写形式替代。如果命令存在缩写形式，其帮助页面的语法结构的命令名称下会以下画线形式标注最短的缩写形式，即用户仅输入下画线上的字母便可指代该命令，如果输入的字母超过下画线字母，但不是命令全称，也可指代该命令。例如 summarize 命令在帮助文件中标记为 summarize，使用 su、sum、summ 等均可指代 summarize 命令。然而缩写不易于初学者识别和理解命令，以下内容将会尽量避免命令名称缩写的使用。

6.3.4 =表达式

=表达式(=exp)通常与 generate 和 replace 命令一起使用，为新建的变量赋值或替换现有变量的取值，即为等号之前的变量赋予等号之后的数值。例如：

```
. sysuse auto, clear                    //打开汽车示例数据
. generate hundred =100                 //新建变量 hundred 并为其赋予数值 100
. generate ten ="ten"                   //新建变量 ten 并为其赋予字符 ten
. replace hundred =0 in 2               //将 hundred 变量的第二个样本值改为 0
. list hundred ten in 1/3, clean       //查看新建变量的前 3 个样本取值，clean 选项设置简化输出结果

        hundred     ten
  1.        100     ten
  2.          0     ten
  3.        100     ten
```

除直接赋值外，表达式还经常使用算术运算符、关系运算符、逻辑运算符以及函数等。

1. 算术运算符

算术运算符(arithmetic operator)包括+(加法)、-(减法)、*(乘法)、/(除法)、^(幂)、-(负数)、+(字符合并)和*(字符倍增)。

在表达式中使用文本值时，需使用双引号。文本值的算术运算符+和*的含义与数值的算术运算符的含义不同，+代表字符合并，*代表字符倍增，例如：

```
. display 2+3                           //输出 5
. display("3"+"2")                      //输出 32
. display("a" * 2)                      //输出 aa
. display(3 * 2)                        //输出 6
. display(string(3) * 2)                //输出 33
```

注意：输入文本值时，需使用双引号或 string()函数，例如上例中的"3"+"2"、"a" * 2 和 string(3) * 2；输出文本值时，文本值不显示双引号，例如上例中的 32、aa 和 33。

例如，使用算术运算符为汽车数据集新建变量，其数值为变量 price(价格)的 2 倍，命令如下：

```
. sysuse auto, clear
. generate price_2 = price * 2
```

2. 关系运算符

关系运算符(relational operator)包括>(大于)、<(小于)、>=(大于或等于)、<=(小于或等于)、==(等于,此处为两个等号)、!=(不等于)和~=(不等于)。

```
. display 3>2                        //输出 1,代表条件判断为真
. display 3<2                        //输出 0,代表条件判断为假
```

例如,使用关系运算符新建变量,用于判断价格是否高于 5000,符合表达式的判断条件时,新变量值为 1,否则为 0。

```
. sysuse auto, clear
. generate price_5000 = price>5000
```

3. 逻辑运算符

逻辑运算符(logical operator)包括 &(且)、|(或)、!(非)和~(非)。当表达式中存在多个运算符时,Stata 会按照其默认的运算符优先顺序进行操作,用户可自行使用括号设定运算的优先顺序。

```
. display (3>2)&(3<2)                //输出 0,"真且假"为假
. display (3>2)|(3<2)                //输出 1,"真或假"为真
```

例如,使用关系运算符和逻辑运算符新建变量,判断价格是否在 5000 与 6000 之间,符合判断条件时为新变量赋值 1,不符合判断条件时为其赋值 0。

```
. sysuse auto, clear
. generate price_5000_6000 = price>5000 & price<6000
```

4. 函数

Stata 表达式中常常出现函数。函数是一系列规则,输入特定的参数后,函数根据其规则输出结果。在 Stata 中,函数通常以函数名和小括号表示,例如计算输入数值的平方根的 sqrt()函数、计算对数值的 ln()函数等。注意,函数需要配合命令一起使用,若在命令输入区单独输入函数名,Stata 会视其为命令并报告错误信息,例如,要计算 ln(10),在命令输入区输入 ln(10),输出结果显示"命令 ln 无法识别(command ln is unrecognized)",其原因为未告知 Stata 与该函数配合使用的命令名称。此时可使用 display 命令告知 Stata 显示运算结果,即输入 display ln(10),即可输出 2.302 585 1。第二个注意事项是有部分函数和命令的名称相同,容易混淆。例如 sum()是求和函数;而 sum 命令是 summarize 命令的缩写,用来描述变量的基本特征。同名的函数和命令还包括 median()函数和 median 命令等,在阅读 Stata 相关帮助文件时,一个快速区分方法是观察该名称后是否出现(),函数名后有小括号。

Stata 软件内置丰富的函数库,如数学函数、字符函数、矩阵函数、编程函数等,本节仅列举部分常见的示例,感兴趣的读者可在命令输入区输入 help function 继续查阅。

(1) 数学函数。例如:

```
. display abs(-5)                    //输出-5 的绝对值 5
. display round(6.1736, 0.001)       //四舍五入并保留 3 位小数,结果为 6.174
. display int(7.8)                   //输出 7.8 取整后的值,结果为 7
```

（2）字符函数。例如：

```
. display real("5.5") +1              //字符转换为数值,输出 6.5
. display strlower("CASE")            //大写转换小写,输出 case
```

（3）编程函数。

cond(x, a, b[, c])判断 x 是否为真，若是则输出 a，否则输出 b。

inrange(z, a, b)判断 z 是否在 a 到 b 的范围内，若是则输出 1，否则输出 0。

inlist(z, a, b, …)判断 z 是否在 a, b, …的集合中，若是则输出 1，否则输出 0。

例如：

```
display cond(3>2,"yes","no")          //输出 yes
display inrange(10,2,8)               //输出 0
display inlist(10,2,8,10)             //输出 1
```

（4）其他常见函数。

missing()用以判断该值是否为缺失值，也可使用!missing()判断样本值是否不是缺失值。以汽车示例数据为例：

```
. sysuse auto, clear
. *使用 sqrt()函数新建变量,其数值为价格的平方根
. generate price_2 = sqrt(price)
. *使用 cond()函数新建变量,当价格高于 1000 时新变量值为 1,否则为 0
. generate price_2 = cond(price>1000, 1, 0)
. *使用 missing()函数新建变量,判断 rep78 是否为缺失值
. generate rep78_miss = missing(rep78)
```

6.3.5 if 表达式

if 表达式(if exp)用于限定进行命令操作的样本集合。当表达式中计算值为真值或等于 1 时，该样本可被纳入集合以进行命令操作。与=表达式相似，if 表达式可以使用算术运算符、逻辑运算符、关系运算符以及函数等。

在 if 表达式中，常用的逻辑运算符为==(等于)与!=(不等于)，常用的函数为 missing()。例如：

```
. *清空当前数据集,打开汽车示例数据
. sysuse auto, clear
. *新建变量 price_10000,当汽车单价高于 10000 时,为其赋值 1
. generate price_10000 =1 if price >10000
. *描述 1978 年维修记录(rep78 变量)不缺失的样本的价格
. summarize price if !missing(rep78)
```

6.3.6 in 范围

in 范围(in range)用于限定命令操作的样本集合，其限定方式为指定待操作样本在当前数据集中的序号。范围指定的表达式为#1[/#2]，其中#1 和#2 分别为两个样本编号，样本编号可为正整数或负整数，正整数指代样本从前至后的顺序，负整数指代样本从后至前的顺序。[/#2]位于中括号内部，为可选项，即 in 范围后可连接一个数字(#1)或两个数字(#1/#2)，前者指单个样本，后者指一个样本集

合。以汽车数据为例：

```
. * 查看第 5 个样本的价格
. list price in 5
. * 描述第 5 个至第 10 个样本的价格
. summarize price in 5/10
. * 描述第 5 个至第倒数第 1 个样本的价格
. summarize price in 5/-1
```

6.3.7 权重

权重(weight)即为每个观测样本赋予的权重值，其语法结构为[weightword＝exp]。weightword指权重类型，有4种常见权重类型(fweight、pweight、aweight 和 iweight)。权重常应用于复杂的抽样调查数据的统计分析，感兴趣的读者可在命令输入区输入 help weight 以阅读帮助文件，本节不再赘述。

6.3.8 命令选项

命令选项(option)用于更改默认的命令操作方式或输出结果。大多数命令的 if 表达式、in 范围和 by 前缀的使用方式是相似的，然而命令选项的名称和使用方法因命令而异。该部分内容在不同的命令之间差异较大，读者需在使用命令时详细阅读帮助文件，以便正确地使用命令选项。以描述分类变量频数的 tabulate 命令为例，在命令输入区输入 help tabulate oneway 并阅读帮助文件后，可知该命令有6个主要的命令选项(subpop(varname)、missing、nofreq、nolabel、plot 和 sort)以及3个高级的命令选项(generate(stubname)、matcell(matname)和 matrow(matname))。本节以命令选项 missing 为例，读者可参阅帮助文件以了解其他命令选项的使用方式。命令如下：

```
. * 清空当前数据集,打开汽车示例数据
. sysuse auto, clear
. * 查看 1978 年维修记录(rep78 变量)的各取值的频数和百分比
. tabulate rep78

     Repair   |
Record 1978   |    Freq.   Percent       Cum.
 ---------+-----------------------------------
          1   |        2      2.90       2.90
          2   |        8     11.59      14.49
          3   |       30     43.48      57.97
          4   |       18     26.09      84.06
          5   |       11     15.94     100.00
 ---------+-----------------------------------
      Total   |       69    100.00

. * 设置命令选项 missing,报告该变量为缺失值的频数和百分比
. tabulate rep78, missing
```

```
     Repair  |
 Record 1978 | Freq.  Percent       Cum.
-------------+-----------------------------------
           1 |     2     2.70       2.70
           2 |     8    10.81      13.51
           3 |    30    40.54      54.05
           4 |    18    24.32      78.38
           5 |    11    14.86      93.24
           . |     5     6.76     100.00
-------------+-----------------------------------
       Total |    74   100.00
```

比较两次输出结果，设置命令选项 missing 后，输出结果在 5 次维修记录的下一行额外报告了 rep78 变量为缺失值(显示为“.”)的样本的频数和百分比，分别为 5 和 6.76%。

6.3.9 数值集合

数值集合(numlist)是一个或多个数值组成的集合。其表达方式较多，本节仅给出常见示例，想了解全部表达方式的读者可以输入 help numlist 并详细阅读帮助文件。示例如下：

```
1 2 3                              //指 1、2、3
1/3                                //指 1、2、3
1 3 to 7                           //指 1、3、5、7
1 (2) 9                            //指 1、3、5、7、9
```

此外，_n 和_N 为两个特殊的数值。Stata 对数据集中的观测样本进行编号，即行号，_n 为当前行的行号，而_N 为总行数。这两个数值便于处理有时间序列的样本，需要注意的是，使用 by 前缀后，_n 和_N 对应每个子集内部样本重新排列的序号和子集的样本总数。

```
. sysuse auto, clear
. generate n1 = _n                 //创建变量 n1,指代每个样本的行号
. generate n2 = _N                 //创建变量 n2,指代总行数,即样本总数
. list n1 n2 in 1/5, clean         //查看新建变量的前 5 个样本的取值
```

```
       n1   n2
  1.    1   74
  2.    2   74
  3.    3   74
  4.    4   74
  5.    5   74
```

6.3.10 文件名

完整的文件名(filename)是包含文件路径、文件名和文件扩展名的文本。当文件路径缺失时，Stata 使用当前默认的工作路径；当文件的扩展名缺失时，Stata 使用默认的扩展名，例如数据文件默认的扩展

名为 dta。不同操作系统指定文件名的方式稍有不同，本节仅给出适用于 Windows 操作系统的示例，UNIX 和 Mac OS 用户可在命令输入区输入 help filename 以获取更多信息。以下示例为多种文件名的指示方式：

```
mydata.dta                    //指默认工作路径下 mydata.dta 文件
mydata                        //指默认工作路径下名为 mydata 的 dta 数据文件
```

当文件名中有空格时，文件名必须使用双引号，例如：

```
"C:\my project\my data"       //指 C 盘 my project 文件夹里名为 my data 的 dta 文件
"..\my project\my data"       //指当前工作路径上一级文件夹里的 my project 文件夹里的名
                              //为 my data 的 dta 文件
```

可以使用 pwd 命令查看当前的默认工作路径，还可以使用 cd 命令更改该默认的工作路径，例如：

```
. pwd                         //查看当前默认的工作路径
. cd "C:\my project"          //更改默认工作路径至 C 盘的 my project 文件夹
```

6.4 数据转换与分析

6.4.1 导入数据

1. 导入 Stata 格式数据

以 Stata 格式存储的数据文件的扩展名为 dta。用户可使用 use 命令导入 Stata 格式的数据。use 命令的功能是将 Stata 数据加载到工作内存(working memory)中，其导入全部数据集和部分数据集的语法命令分别为

```
use filename [, clear nolabel]
use [varlist] [if] [in] using filename [, clear nolabel]
```

filename 为文件路径和文件名。其中，文件路径可为本地存储路径或网络存储路径；若在指明文件名时省略扩展名，Stata 会以 dta 作为默认扩展名。例如：

```
. use http://www.stata-press.com/data/r14/auto
. use "C:\Documents\my data.dta"
. * 导入 auto 数据中的 make(品牌)和 price(价格)两个变量
. use make price using http://www.stata-press.com/data/r14/auto, clear
```

use 命令常常配合命令选项 clear 使用，意为首先清空当前工作内存中的数据，然后打开 filename 指示的数据。

```
. use http://www.stata-press.com/data/r14/auto, clear
```

此外，可使用 sysuse 命令打开 Stata 软件附带的本地示例数据，或使用 webuse 命令调用 Stata 官网示例数据。下面以打开本地的汽车示例数据和官网的工作示例数据为例：

```
. sysuse auto, clear
. webuse labor, clear
```

2. 导入其他格式数据

除 Stata 格式的数据外，实际工作涉及的原始数据可能以其他软件的文件格式存储。首先介绍如何使用 import excel 命令导入以 Excel 格式存储的数据。其导入全部数据集和部分数据集的命令语法分别为

```
import excel [using] filename [, import_excel_options]
import excel extvarlist using filename [, import_excel_options]
```

其中，filename 指待导入的文件路径和文件名，extvarlist 指需要被导入的部分变量的变量名集合。其常用命令选项包括 clear 和 firstrow。其中，firstrow 将 Excel 数据集中第一行的内容设定为变量名，否则第一行的内容将被视为数据的第一个观测样本。以汽车数据为例，导入其中的部分变量的命令如下：

```
. import excel make mpg price using auto.xlsx, clear firstrow
```

另一种常见的数据文件是以 csv 为扩展名的文本文件，impart delimited 命令可用于导入 csv 文件，其用法与 import excel 相似，其语法为

```
import delimited [using] filename [, import_delimited_options]
import delimited extvarlist using filename [, import_delimited_options]
```

import delimited 命令的命令选项与 import excel 不同，例如 firstrow 不是 import delimited 的命令选项。读者可在命令输入区输入 help import delimited 获取更多信息。例如，导入 CSV 格式的汽车数据的命令如下：

```
. import delimited make mpg price using auto.csv, clear
```

对导入其他类型数据感兴趣的读者可使用 help import 阅读帮助文件。

6.4.2 浏览数据与基本描述

1. 浏览数据集

用户在输入导入数据集命令后，常常关心数据是否被正确导入。第一种检查方法为在行列表中浏览原始数据，用户可在命令输入区输入

```
. browse
```

随后可在弹出的数据浏览页面(图 6-4-1)观察数据。

除 browse 命令外，输入 edit 命令可以打开与数据浏览页面相似的数据编辑页面。二者的区别在于：用户不能更改数据浏览页面里的数据，而编辑数据页面的数据可以通过鼠标点击和键盘输入的方式被更改。然而，手动更改数据不利于记录分析过程，且易出现错误，因而建议读者使用 browse 命令浏览数据集，而慎重使用 edit 命令。

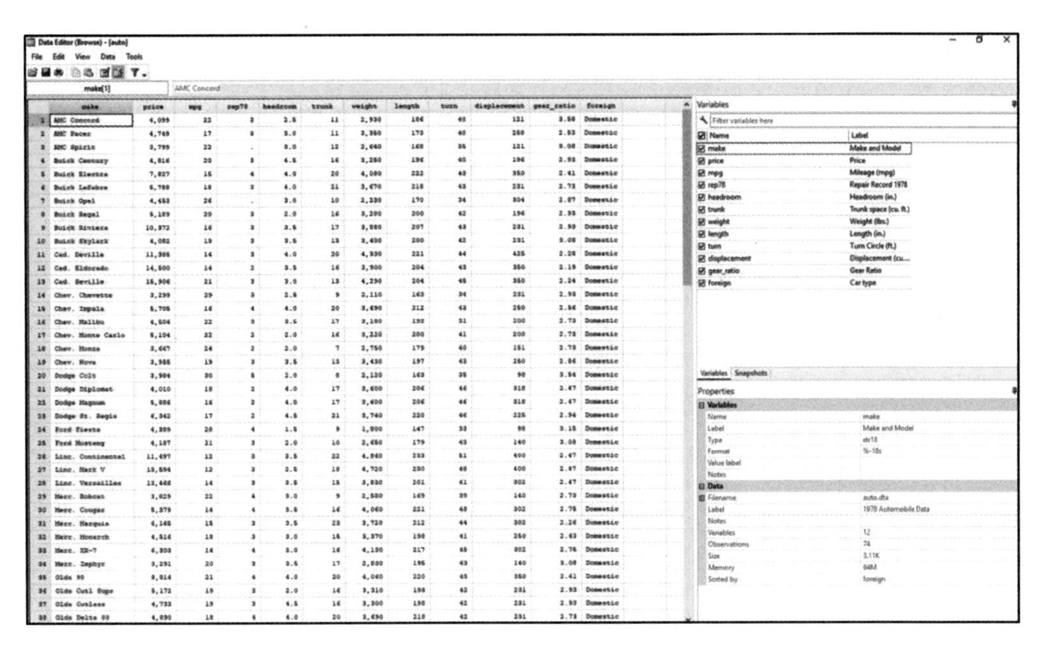

图 6-4-1 数据浏览页面

2. 排序

sort 命令可以调整数据集中样本的排列顺序,其语法为:

```
sort varlist [in] [, stable]
```

sort 命令后连接一个或多个变量名。指定数据集首先按照 varlist 中第一个变量的数值由小到大排序;当多个样本的变量值相同时,可按照 varlist 中的第二个变量的取值由小到大排序,以此类推,直至 varlist 中的最后一个变量。当待排序变量的取值为英文文本时,按照字母表由 A～Z 和 a～z 排序,且所有大写字母排列于小写字母之前。此外,sort 命令可使用 in 范围限定。

以下是排序的简单示例:

```
. sysuse auto, clear                    //打开汽车数据集
. sort price                            //按照价格排序
* 首先按照品牌排序,品牌相同时,按照价格由小到大排序
. sort make price
```

如果汽车示例数据集中有多个样本的品牌和价格完全一致时,Stata 会随机排列相同品牌和价格的多个样本,故而每次使用 sort 命令后,可能得到排列顺序稍有不同的样本集合,应用命令选项 stable 可固定这些样本的排列顺序,使其与执行本次命令前的排序相同。例如:

```
. sort make price, stable
```

3. 基本描述

describe 命令可对数据集的概况进行基本描述,该命令后可指定待描述的变量集合,单独使用该命令时输出所有变量的描述结果。以汽车数据为例:

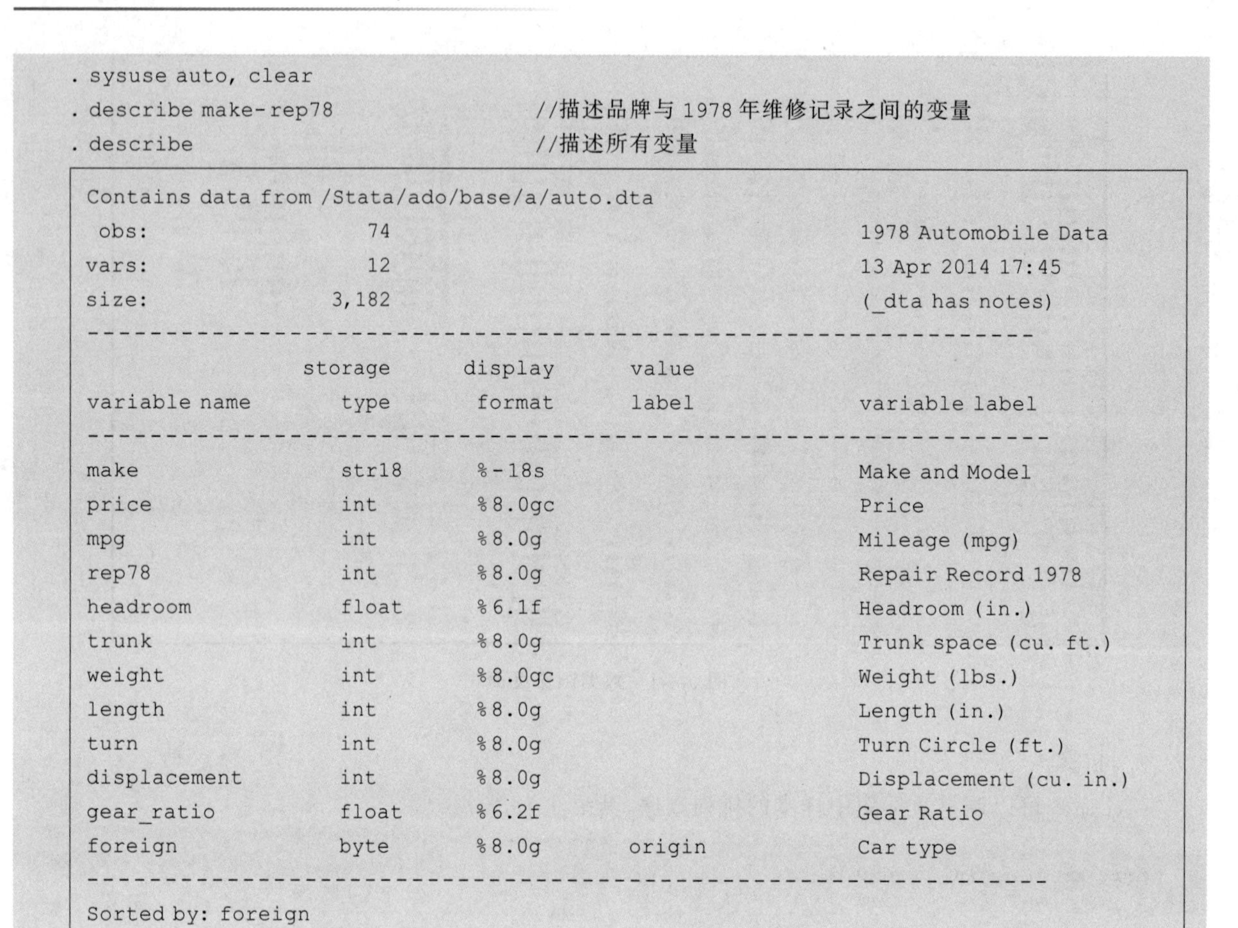

```
. sysuse auto, clear
. describe make-rep78                    //描述品牌与 1978 年维修记录之间的变量
. describe                               //描述所有变量

Contains data from /Stata/ado/base/a/auto.dta
 obs:              74                            1978 Automobile Data
vars:              12                            13 Apr 2014 17:45
size:           3,182                            (_dta has notes)
------------------------------------------------------------------------------
              storage   display    value
variable name   type    format     label         variable label
------------------------------------------------------------------------------
make            str18   %-18s                    Make and Model
price           int     %8.0gc                   Price
mpg             int     %8.0g                    Mileage (mpg)
rep78           int     %8.0g                    Repair Record 1978
headroom        float   %6.1f                    Headroom (in.)
trunk           int     %8.0g                    Trunk space (cu. ft.)
weight          int     %8.0gc                   Weight (lbs.)
length          int     %8.0g                    Length (in.)
turn            int     %8.0g                    Turn Circle (ft.)
displacement    int     %8.0g                    Displacement (cu. in.)
gear_ratio      float   %6.2f                    Gear Ratio
foreign         byte    %8.0g      origin        Car type
------------------------------------------------------------------------------
Sorted by: foreign
```

输出结果显示该数据集包含 74 个样本(obs)和 12 个变量(vars)，数据集名称为 1978 Automobile Data(1978 年汽车数据)，创建于 2014 年 4 月 13 日；第 1～5 列分别记录了 12 个变量的变量名(variable name)、存储类型(storage type)、显示格式(display format)、数值标签(value label)和变量标签(variable label)，其中，存储类型为 byte、int 和 float 的是数值型变量，存储类型为 str * * 的是文本型变量；最后一行显示该数据集当前是根据 foreign(汽车类型)变量排列的。

除直接查看浏览界面外，还可使用 list 命令显示全部和部分数据，其语法为

```
list [varlist] [if] [in] [, options]
```

list 命令后可指定待描述的变量集合；若其后不指定变量集合，则输出所有变量和样本的取值。该命令可使用 if 和 in 限定样本集合。例如，展示前 3 个样本的汽车品牌、价格、英里数取值：

```
. list make price mpg in 1/3

     +----------------------------+
     | make          price   mpg  |
     |----------------------------|
  1. | AMC Concord   4,099   22   |
  2. | AMC Pacer     4,749   17   |
  3. | AMC Spirit    3,799   22   |
     +----------------------------+
```

命令选项 sepby 用以分隔显示的数据。

```
. list make price mpg in 1/3, sepby(make)

     +----------------------------+
     | make         price    mpg  |
     |----------------------------|
  1. | AMC Concord  4,099    22   |
     |----------------------------|
  2. | AMC Pacer    4,749    17   |
     |----------------------------|
  3. | AMC Spirit   3,799    22   |
     +----------------------------+
```

若用户想继续了解每一个变量的编码规则，可使用 codebook 命令，该命令的语法为

```
codebook [varlist] [if] [in] [, options]
```

若单独使用 codebook，则对所有变量的数据编码状况加以描述。以汽车数据为例：

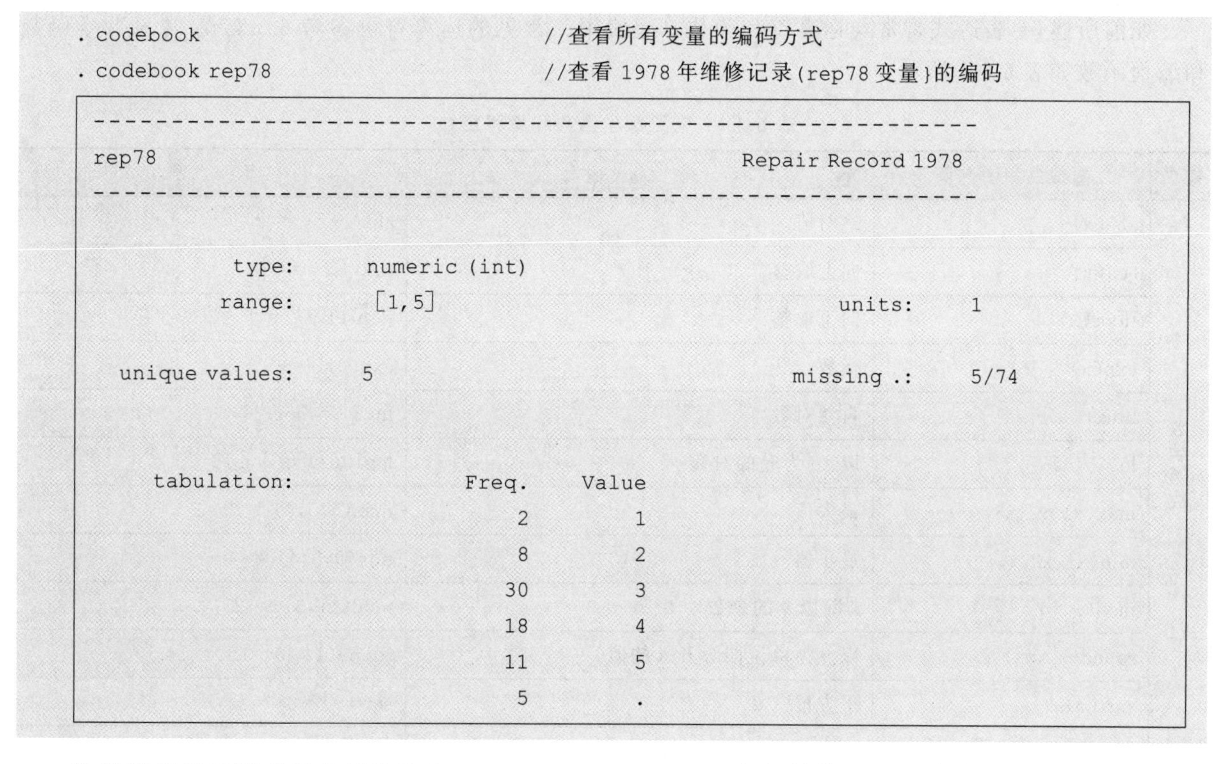

```
. codebook                          //查看所有变量的编码方式
. codebook rep78                    //查看 1978 年维修记录(rep78 变量)的编码

-------------------------------------------------------------
rep78                                      Repair Record 1978
-------------------------------------------------------------

          type:   numeric (int)
         range:   [1,5]                        units:   1

 unique values:   5                        missing .:   5/74

   tabulation:              Freq.    Value
                                2    1
                                8    2
                               30    3
                               18    4
                               11    5
                                5    .
```

输出结果显示该变量的标签为 Repair Record 1978(1978 年的维修记录)，该变量为整数型变量，数值范围为 1～5，在 74 个观察样本中有 5 个样本在该变量值上为缺失值，最后列出了每一种取值的样本个数。

6.4.3 数值变量

数值变量是最常见的变量，数据分析工作常常涉及变量值的转换、计算和条件判断等，本节介绍 5

个最常见的数值变量命令——generate、replace、egen、drop 和 keep 以及常见的数值变量函数。

1. 新建变量

generate 命令用于新建变量，其基本语法为

```
generate [type] newvar[:lblname] = exp [if] [in] [, before(varname) | after(varname)]
```

其中，不可省略的语法部分为 generate newvar =exp，即生成一个名为 newvar 的变量，其值由等号后的表达式决定。选择变量名时需注意以下规则：使用数字、字母、下画线；不能以数字开头；不超过 32 个字符；供 Stata 系统使用的特殊名称不可作为变量名，例如 if 和 in 等。以汽车示例数据为例：

```
. sysuse auto, clear                    //打开汽车数据集
* 新建名为 hundred 的变量,该变量的所有样本值均为 100
. genenrate hundred =100
* 新建名为 price_50 的变量,其取值为 price 的 50%
. generate price_50 =price * 0.5
* 新建名为 number 的变量,其取值为当前数据集中每个观察样本的编号
. generate number = _n
```

如前所述，=表达式常常与运算符和函数一起使用。常见的运算符可参考 6.3.4 节，常见数学函数和编程函数如表 6-4-1 所示。

表 6-4-1 常见数学函数和编程函数

类型	函数名和输入值	输出值	示例
数学函数	abs(x)	绝对值	abs(−2) = 2
	ceil(x)	向上取整	ceil(1.1) = 2
	floor(x)	向下取整	floor(1.9) = 1
	exp(x)	指数	exp(2) = e^2
	ln(x)	自然对数	ln(2) = $\log_e 2$
	log10(x)	以 10 为底的对数	log10(2) = $\log_{10} 2$
	max(x1,x2,x3,…)	最大值	max(9,5,4) = 9
	min(x1,x2,x3,…)	最小值	min(9,5,4) = 4
	mod(x,y)	x 除以 y 的余数	mod(11,3) = 2
	round(x[,y])	以 y 为单位四舍五入的值	round(14.49, 0.1)=14.5
	sqrt(x)	平方根	sqrt(9)=3
编程函数	cond(x,a,b)	x 为真时输出 a，否则输出 b	cond(2>1,10,20) 输出 10 cond(2<1,10,20) 输出 20
	inlist(z,a,b,c,…)	z 是 a,b,c,…中的任意一个时输出 1，否则输出 0	inlist(5,1,3,5) 输出 1 inlist(7,1,3,5) 输出 0
	inrange(z,a,b)	a ≤ z ≤ b 时输出 1，否则输出 0	inrange(5,1,6) 输出 1 inrange(7,1,6) 输出 0

续表

类型	函数名和输入值	输　出　值	示　例
编程函数	missing(x1,x2,x3,…)	x1,x2,x3,…中任意一个参数为缺失值时输出 1,否则输出 0	
	recode(x,x1,x2,x3,…)	若 x≤x1 输出 x1,若 x1<x≤x2 输出 x2,若 x2<x<x3 输出 x3,以此类推	

可以使用 help function 了解更多函数的使用规则。

以汽车数据为例,函数的示例如下:

```
. *新建名为 price_1000 的变量,价格高于 1000 时新变量值为 1,否则为 0
. generate price_1000 = cond(price>1000, 1, 0)
. *新建名为 price_g1 的变量,根据价格取值将其划分为 3 组
. generate price_g1 = recode(price,5000,10000,20000)
. *查看新建变量各分组的样本数、价格最小值和价格最大值
. table price_g1, contents(n price min price max price)

------------------------------------------------------
  price_g1 | N(price)  min(price)  max(price)
----------+-------------------------------------------
      5000 |       37       3,291       4,934
     10000 |       27       5,079       9,735
     20000 |       10      10,371      15,906
------------------------------------------------------

. *新建变量 miss_rep78,当 rep78 变量为缺失值时,新变量取值为 1
. generate miss_rep78 = 1 if missing(rep78)
```

2. 修改变量

replace 命令用于更改现有数据中的数值,而非新建变量。因为改变原始变量是一种危险的行为,所以 replace 命令不可以缩写。其语法为

```
replace oldvar =exp [if] [in] [, nopromote]
```

replace 命令后应给出当前数据集中存在的变量名 oldvar 和=表达式,将现有变量的数值更改为表达式的取值,此外,可使用 if 和 in 限定待更改的样本集合。replace 命令中的 = 表达式可使用与 generate 命令相同的运算符和函数。以汽车数据为例,示例如下:

```
*将缺失值替换为数值 999
. replace rep78 == 999 if missing(rep78)
```

3. 使用扩展函数新建变量

egen 为 generate 的扩展命令,其扩展内容主要为一系列功能丰富的函数。其语法为

```
egen [type] newvar = fcn(arguments) [if] [in] [, options]
```

fcn 在此指代适用于 egen 的函数，如表 6-4-2 所示。其中，函数名以 row 开始的函数用于对多个变量进行横向比较。可通过输入 help egen 查阅其他函数的用法。

表 6-4-2 适用于 egen 的函数

函数名和输入值	输　出　值
rowmin(varlist)	输出变量集 varlist 中的最小值
rowmax(varlist)	输出变量集 varlist 中的最大值
rowmiss(varlist)	输出变量集 varlist 中缺失值的个数
rownonmiss(varlist)	输出变量集 varlist 中非缺失值的个数
rowfirst(varlist)	输出变量集 varlist 中的第一个非缺失值
rowtotal(varlist)	输出变量集 varlist 的数值之和
anycount(varlist), values(integer numlist)	输出变量集 varlist 中取值在整数集合 numlist 中的变量个数
anymatch(varlist), values(integer numlist)	判断变量集 varlist 中是否有变量的取值在整数集合 numlist 中，若是则输出 1，否则输出 0
anyvalue(varname), values(integer numlist)	判断变量 varname 的取值是否在整数集合 numlist 中，若是则输出 1，否则输出 0
group(varlist)	根据变量集 varlist 中各变量的取值新建分类，各分类取值为 1，2，3，…
cut(varname), at(#1,#2,#3,…)	根据 at()中的取值将变量 varname 的取值分组

以汽车示例数据为例，使用 egen 命令新建变量的示例如下：

```
. sysuse auto, clear                    //打开汽车数据集
. *新建变量 value_first,其值为以下 3 个变量中的第一个非缺失值
. egen value_first = rowfirst(rep78 trunk weight)
. *新建变量 miss_number,其值为以下 3 个变量中的缺失值的个数
. egen miss_number = rowmiss(rep78 trunk weight)
. *新建变量 group,其值为 rep78 和 foreign 联合后分类而成的亚组
. egen group = group(rep78 foreign), label
. tabulate group

group(rep78 |
   foreign) |      Freq.     Percent        Cum.
------------+-----------------------------------
 1 Domestic |          2        2.90        2.90
 2 Domestic |          8       11.59       14.49
 3 Domestic |         27       39.13       53.62
  3 Foreign |          3        4.35       57.97
 4 Domestic |          9       13.04       71.01
  4 Foreign |          9       13.04       84.06
 5 Domestic |          2        2.90       86.96
  5 Foreign |          9       13.04      100.00
------------+-----------------------------------
      Total |         69      100.00
```

```
. * 将连续型变量 price 分为 3 组
. egen price_group = cut(price), at(0, 5000, 10000, 20000) label
. * 查看新建价格分组变量各组别的样本数、价格的最小值和最大值
. table price_group, content(n price min price max price)
```

```
-----------------------------------------------------------
price_group |
            |     N(price)        min(price)       max(price)
------------+----------------------------------------------
         0- |           37             3,291            4,934
      5000- |           27             5,079            9,735
     10000- |           10            10,371           15,906
-----------------------------------------------------------
```

4. 删除/保留变量和样本

drop 命令和 keep 命令分别用于删除和保留变量和样本。其语法为

```
drop/keep varlist                        //删除/保留变量
drop/keep if exp                         //删除/保留符合 if 条件判断的样本
drop/keep in range [if exp]              //删除/保留 in 范围内(符合 if 条件判断)的样本
```

以汽车数据为例，删除和保留变量和样本的示例如下：

```
. sysuse auto, clear
. * 删除 price 变量和 rep78 变量
. drop price rep78
. * 删除价格高于 10000 的样本记录
. drop if price>10000
. * 删除当前数据集中第 10～20 条样本记录
. drop in 10/20
. * 仅保留当前数据集中的汽车品牌(make)与重量(weight)之间的变量
. keep make-weight
```

6.4.4　文本变量

除数值外，另一种常见的数据记录方式为文本。通常，可使用双引号指示一段文本，例如"This is Stata!"，然而当文本本身包含双引号时，需使用混合双引号(compound double quotes)指示该段文本，混合双引号的前引号包括一个`(斜单引号，通常位于键盘左上角)和一个"，后引号包括一个"和一个'，例如`"This is "Stata"!"'。本节介绍用于文本变量的命令和函数。例如：

```
. display "This is Stata!"               //输出 This is Stata!
. display `"This is "Stata"!"'           //输出 This is "Stata"!
```

1. 常用命令

文本变量的常用命令与数值变量相似，包括 generate、replace、egen、drop 和 keep 命令，详见 6.4.3

节，此处不再赘述。读者需格外注意，在文本运算中，加号(+)表示合并文本，乘号(*)表示重复文本。

```
. display("stata" +"version")          //输出 stataversion
. display("stata" * 2)                 //输出 statastata
```

处理文本变量时，通常需要进行文本与数值之间的转换，倘若连续的数值变量以文本格式存储，可使用 destring 命令或者 tostring 命令进行文本和数值之间的转换；若希望分类变量在文本变量与带变量标签的数值变量之间转换，可使用 encode 命令或 decode 命令。这 4 种命令的语法如下。

(1) 文本转数值：

```
destring [varlist] , {generate(newvarlist)|replace} [destring_options]
```

(2) 数值转文本：

```
tostring varlist , {generate(newvarlist)|replace} [tostring_options]
```

(3) 分类的文本转数值：

```
encode varname [if] [in] , generate(newvar) [label(name) noextend]
```

(4) 分类的数值转文本：

```
decode varname [if] [in] , generate(newvar) [maxlength(#)]
```

其中，encode 和 decode 命令必须生成新变量，而 destring 和 tostring 命令可以选择生成新变量或覆盖原变量。以下示例首先使用 input 命令新建一个数据集，该数据集包含 id_str 和 sex 两个变量，分别以文本值记录样本 ID 和性别，数据集中有两个样本，第一个样本的取值为"001"和"men"，第二个样本的取值为"002"和"women"；接着使用上述 4 个命令进行文本转换；最后，使用 list 命令显示转换后的数据集，list 的命令选项 nolabel 指定当数据集中的变量有数值标签时显示变量的数值而非数值标签。

```
. clear
. input str3 id_str str5 sex             //新建两个文本变量 id_str 和 sex
. "001"      "men"                       //输入第一个样本取值
. "002"      "women"                     //输入第二个样本取值
. end                                    //结束数值输入
. list                                   //查看当前数据集中的所有样本和变量

        id_str       sex
  1.       001       men
  2.       002     women

. * 将 id_str 中的文本转换为数值，并新建 id_num 变量
. destring id_str, generate(id_num)
. * 将 id_num 中的数值转换为文本，并新建 id_str2 变量
. tostring id_num, generate(id_str2)
```

```
. *设定数值标签 label_sex,0代表男性,1代表女性
. label define label_sex 0 "men" 1 "women"
. *将 sex 中的文本转换为数值,新建变量 sex_2,且设置数值标签为 label_sex
. encode sex, generate(sex_2) label(label_sex)
. *将 sex_2 中的数值对应的数值标签(men 和 women)转换为文本,并新建 sex_3 变量
. decode sex_2, generate(sex_3)
. *描述当前数据集
. describe
```

```
Contains data
         obs:           2
        vars:           6
        size:          38
-----------------------------------------------------------------------
                 storage  display     value
variable name      type   format      label          variable label
-----------------------------------------------------------------------
       id_str      str3      %9s
       id_num      byte   %10.0g
      id_str2      str1      %9s                     id_num
          sex      str5      %9s
        sex_2      long    %8.0g  label_sex
        sex_3      str5      %9s
-----------------------------------------------------------------------
Sorted by:
    Note: Dataset has changed since last saved.
```

```
. *查看当前数据集中的所有样本,当数值变量有标签时,默认显示数值标签
. list
```

```
    +--------------------------------------------------------+
    | id_str   id_num   id_str2    sex    sex_2    sex_3     |
    |--------------------------------------------------------|
 1. |    001        1         1    men      men      men     |
 2. |    002        2         2  women    women    women     |
    +--------------------------------------------------------+
```

```
. *查看当前数据集中的所有样本,当数值变量有标签时,显示数值变量的数值
. list, nolabel
```

```
    +--------------------------------------------------------+
    | id_str   id_num   id_str2    sex    sex_2    sex_3     |
    |--------------------------------------------------------|
 1. |    001        1         1    men        0      men     |
 2. |    002        2         2  women        1    women     |
    +--------------------------------------------------------+
```

2. 常用函数

generate、replace 和 egen 命令可用于编辑文本变量，其常用函数与编辑数值的函数不同。用户可通过输入 help string function 详细了解以文本作为参数的函数。文本变量的常用函数如表 6-4-3 所示。

表 6-4-3　文本变量的常用函数

函数名和输入值	输　出　值	示　　例
+	文本合并	"a"+"z"="az"
*	文本重复	"a" * 3="aaa"
real(n)	从文本转换的数值	real("1.2")+1=2.2
string(n)	从数值转换的文本	string(1.2)+"a"="1.2a"
strlen(s)	文本值的字符数	strlen("abc")=3
strlower(s)	从大写字母转换的小写字母	strlower("STATA")="stata"
strupper(s)	从小写字母转换的大写字母	strupper("stata")="STATA"
strmatch(s1,s2)	文本 s2 与 s1 匹配时输出 1，否则输出 0	strmatch("stata", "stat")=0 strmatch("stata", "stata")=1
strpos(s1,s2)	文本 s2 在 s1 中第一次出现的位置，若未出现则输出 0	strpos("stata","ta")=2
strrpos(s1,s2)	文本 s2 在 s1 中最后一次出现的位置，若未出现则输出 0	strrpos("stata","ta")=4
substr(s,n1,n2)	从第 n1 个字符开始提取文本内容，长度为 n2	substr("stata",2,4)="tata"
subinstr（s1，s2，s3,n)	将 s1 中前 n 个与 s2 匹配成功的文本内容替换为 s3；若 n 为缺失符号“.”，则将 s1 中所有的 s2 替换为 s3	subinstr("stata","ta","o",1)= "sota" subinstr("stata","ta","o",2)= "soo" subinstr("stata","ta","o",.)= "soo"
word(s,n)	文本 s 中的第 n 个单词	word("this is stata", 3)= "stata"
wordcount(s)	文本 s 中的单词的个数	wordcount("this is stata")=3
regexm(s,re)	文本 s 与正则表达式 re 匹配时输出 1，否则输出 0	regexm("abcd","ab")=1 regexm("abcd","ac")=0 regexm("abcd","a.c")=1
regexr(s1,re,s2)	将文本 s1 中第一个与正则表达式 re 匹配的内容替换为文本 s2，并输出替换后的文本	regexr("abcd","ab","ba")="bacd" regexr("abcd","ac","ba")="abcd" regexr("abcd","a.c","ba")="bad"
regexs(n)	输出 regexm(s,re)命令匹配过程中第 n 个匹配子文本，n 为 0 时输出匹配文本的全部内容	regexm("abcdef","(a)b(c.e)") regexs(0)="abcde" regexs(1)="a" regexs(2)="cde"

使用 substr(s,n1,n2)函数提取 s 中从位置 n1 开始且长度为 n2 的子集。n1 可为正整数或负整数，负整数表示从后向前的位置信息；n2 为正整数或缺失符号“.”，缺失符号代表文本的最后一位。

```
. display substr("Hello world",-2,.)         //输出"ld"
. display strpos("that", "a")                //输出 3
. display strpos("that", "i")                //输出 0
```

```
. display strmatch("that", "a")            //输出 0
. display strmatch("that", "that")         //输出 1
. display strlower("ABC")                  //输出 abc
. display strupper("abc")                  //输出 ABC
. display real("5.1") * 2                  //输出 10.2
. display (string(2019) +string(1001))     //输出 20191001
. display strlen("stata_user")             //计算文本的字符数,输出 10
```

实际分析使用的文本变量的取值常常有一定的规律。可首先观察文本规律,再使用适当的命令和函数处理文本取值。例如,某一文本变量记录多个研究对象的姓名,如"Li, Lei"、"Han, Meimei"等,即逗号前为研究对象的姓,逗号后为名,且逗号与名之间有空格间隔。如果要分别提取该文本中的姓和名,可首先确定逗号在每一个文本中的位置,再根据逗号位置提取姓和名的文本值。

```
. clear
. input str10 name                          //新建姓名变量 name
. "Li, Lei"                                 //输入一个样本值
. "Han, Meimei"                             //输入第二个样本值
. end                                       //结束数值输入
. generate comma=strpos(name,",")
. generate str famname=substr(name,1,comma-1)
. generate str firstname=substr(name,comma+1,.)
. list, clean                               //查看数据集中的姓名、逗号位置、姓、名

          name    comma    famname    firstn~e
  1.   Li, Lei        3         Li         Lei
  2. Han, Meime       4        Han       Meime
```

以汽车数据为例:

```
. sysuse auto, clear
. * 新建名为 make_first 的变量,赋值为变量品牌(make)的第一个单词
. generate make_first=word(make, 1)
. list make price rep78 make_first in 1/5, clean

        make              price   rep78   make_f~t
  1.    AMC Concord       4,099       3        AMC
  2.    AMC Pacer         4,749       3        AMC
  3.    AMC Spirit        3,799       .        AMC
  4.    Buick Century     4,816       3      Buick
  5.    Buick Electra     7,827       4      Buick
```

此外,还可使用正则表达式描述文本规律。正则表达式是一系列描述文本特征的规则,其具体使用方法见附录 B。regexm()、regexr()和 regexs()为常用的使用正则表达式匹配及提取文本值的函数。例如:

```
. * 使用正则表达式匹配文本,成功匹配显示 1,未匹配显示 0
. display regexm("stata_version15", ".*version[0-9]+$")
. *上述命令输出 1,即正则表达式".*version[0-9]+$"正确地描述了文本"stata_version15"的特征
. *使用正则表达式替换文本,di 命令为 display 命令的缩写
. di regexr("stata_version15", "version[0-9]+$", "ver_10")
. *上述命令输出 stata_ver_10
. di regexm("stata_version15", "(.*)_version([0-9]+)$")
. * regexs(1)指 regexm(s,re)中 re 里被第一个小括号括起来的部分
. display regexs(1)                    //输出 stata
. * regexs(2)指 regexm(s,re)中 re 里被第二个小括号括起来的部分
. display regexs(2)                    //输出 15
. * regexs(0)输出匹配文本的全部内容
. display regexs(0)                    //输出 stata_version15
```

6.4.5 日期变量

日期变量描述事件发生的日期，完整的日期信息包含 3 部分，即年、月及日。Stata 选择 1960 年 1 月 1 日作为参照日期，将日期信息记录为事件发生日期与参照日期之间的天数，晚于参照日期的日期记录为正数，早于参照日期的日期记录为负数。例如，参照日期 1960 年 1 月 1 日记录为 0，1960 年 1 月 2 日记录为 1，而 1959 年 12 月 1 日则记录为－1，此种日期被称为距离参考日期的间隔日期(elapsed dates，或流逝日期)。间隔日期使得单个数值即可表达年、月、日信息，并简化原本很复杂的日期运算规则。例如，病人 A 于 2016 年 2 月 20 日经历首次手术，并于 2018 年 3 月 5 日再次经历手术治疗，拟计算该病人的手术间隔时间。若读者使用日历日期，计算时需考虑不同月份的天数不同，甚至不同年份的日期也不尽相同，运算过程很烦琐。倘若使用间隔日期，将 2016 年 2 月 20 日记录为 20504，2018 年 3 月 5 日对应为 21248，手术间隔天数可直接由 21248－20504＋1 获得。间隔日期便于数据存储和运算，因而广泛应用于软件中，然而其弊端是难以被人脑转换为日历日期并被人迅速理解，例如，人很难在看到 20504 时直接联想到 2016 年 2 月 20 日。因此，虽然 Stata 以间隔日期这种数值形式记录时间，但允许用户使用 display 命令将间隔日期以日历日期的形式显示。需注意，display 命令仅改变变量的显示方式，并不改变变量存储的数值本身。

未清理的原始数据通常以两种方式记录日历日期信息：第一种方式使用 3 个变量分别记录年、月和日信息，第二种方式将年、月、日信息记录在一个变量中。无论原始日期以何种方式记录，为方便后续计算和分析，都可将日历日期转变为间隔日期。常见的转换函数包括 mdy()和 date()。

1. mdy()函数

若日历日期中的年、月、日以 3 个整数数值变量记录，就可使用 mdy()函数将日历日期转变为以 1960 年 1 月 1 日为参照日期的间隔日期。该函数的语法为

```
mdy(M,D,Y)
```

参数 M、D、Y 为 3 个整数数值或 3 个整数数值类型的变量，依次表示月、日、年。

例如，显示 2016 年 2 月 20 日对应的间隔日期：

```
. display mdy(2, 20, 2016)             //输出 20504
```

更改显示格式，将间隔日期以日历日期显示：

```
. display %td mdy(2, 20, 2016)          //输出 20feb2016
```

可以使用 generate 命令与 mdy()函数新建生日变量，其年、月、日取值由 3 个整数数值变量决定，若当前数据集中包含 3 个数值变量 birthmonth、birthday 和 birthyear，分别记录出生月、日和年，则命令如下：

```
. generate birthdate=mdy(birthmonth, birthday, birthyear)
. * 使用 format 命令将以间隔日期存储的生日变量以日历日期显示
. format birthdate %td
. * 若知道对象开始研究的日期 entrydate 和生日 birthdate，计算开始研究时的年龄
. generate entryage_day=entrydate - birthdate            //单位：天
. replace entryage=floor(entryage/365.25)                //单位：年
```

2. date()函数

若原始数据里的日期变量以单个文本形式记录，那么就可使用 date()函数将文本中的日历日期信息转换为间隔日期。其语法为

```
date(s1,s2[,Y])
```

其中，s1 为待转化的日期文本，如"2/20/2016"、"20-2-2016"、"2016Feb20"等；s2 为以 Y、M、D 表示的 s1 中年、月、日出现顺序的文本，例如，与上述 s1 示例对应的 S2 分别为"MDY"、"DMY"、"YMD"；[,Y]为非必要参数，当原始数据中的年份信息仅由两位数字表示时，容易引起误解，可使用 Y 设置年份上限，使得数据中的年份不超过 Y 指定的最高年份，例如，将"2/20/16"转换为经过日期，同时设置年份上限为 2010，则该日期表示 1916 年 2 月 20 日。

为便于理解，以下实例将文本转换为间隔日期后，按日历日期形式显示结果：

```
. display %td date("2016/02/20", "YMD")            //输出 20feb2016
. display %td date("February 20 2016","MDY")       //输出 20feb2016
. display %td date("February 20 16","MD20Y")       //输出 20feb2016
```

date()函数可识别各月的英语单词全称和常用简写，并可忽略年、月、日之间的分隔符号。例如：

```
. display %td date("Feb 20 94", "MDY", 2010)       //20feb1994
. display %td date("Feb 20 94", "MDY", 1910)       //20feb1894
. display %td date("Nov 9 89","MD19Y")             //输出 09nov1989
```

6.4.6 缺失值

Stata 以英文句号"."表示数据集中的缺失值。例如，在汽车示例数据中，第三个样本的 rep78 变量即为缺失值。可打开数据浏览界面查看缺失值：

```
. sysuse auto, clear
. browse
```

也可以在结果输出区显示前5个样本的rep78变量数值：

```
. list rep78 in 1/5, clean

       rep78
  1.       3
  2.       3
  3.       .
  4.       3
  5.       4
```

除“.”外，Stata还可使用其他26种扩展方式表示缺失值：“.a”“.b”…“.z”，即在英文句号后直接连接一个小写英文字母。多种缺失值表达便于区分不同类型的缺失值。例如，在一项调查研究中，研究者希望记录缺失值并区分其不同的缺失原因，可使用“.a”代表调查对象未回答，“.b”表示调查对象不知道，“.c”表示表示调查对象回答不合理，等等。

1. 常用命令

处理缺失值时，可使用mvencode命令和mvdecode命令。mvencode命令可将一个或多个变量的缺失值转变为数值；mvdecode命令的用途与其相反，可将数值转变为缺失值。二者的语法为

```
mvencode varlist [if] [in], mv(# |mvc=#[\ mvc=#…] [\ else=#]) [override]
mvdecode varlist [if] [in], mv(numlist | numlist=mvc [\ numlist=mvc…])
```

mvencode或mvdecode命令后连接待操作的变量集合。可使用if表达式和in范围对操作样本进行限定。mv()为必要的命令选项，用于设置缺失值与数值之间的转换规则，其中#代表一个数值。mvc代表27种缺失值中的任一种，多个转换规则之间可使用\分隔。

以汽车示例数据为例，对数据集中的所有变量的缺失值进行更改时，首先将所有缺失值转换为数值999999，接着反向进行该操作，将所有的数值999999转换为缺失值“.a”：

```
. sysuse auto, clear
. mvencode _all, mv(.=999999)
. mvdecode _all, mv(999999=.a)
```

2. 常用函数

缺失值判断常见于if表达式中，用于限定某项操作的对象为包含或不包含缺失值的样本，函数missing()和!missing()分别用于判断变量是否是缺失值和是否不是缺失值。以汽车示例数据为例，若在变量rep78不是缺失值的样本中计算变量价格(price)的均值，命令如下：

```
. sysuse auto, clear
. mean price if !missing(rep78)
```

6.4.7 注释变量

受限于字符数，变量名通常较为简短，由一个或多个单词或其缩写组成。为方便数据录入，有时也会使用数值表示较复杂的文本。因此，在数据处理过程中常需对变量名及变量取值进行注释，帮助其他数据使用者理解数据内容。

本节对常见的变量注释方式进行简介，包括更改变量名、添加变量标签、定义数值标签和添加数值标签。上述操作可分别使用 rename 命令、label variable 命令、label define 命令以及 label values 命令实现。

rename 命令用于更改变量名，命令后依次是旧变量名、新变量名，其语法为

```
rename old_varname new_varname
```

label variable 命令可为变量添加一个不超过 80 个字符的标签，用来解释变量含义。例如，用户难以理解汽车示例数据中的变量 rep78 的含义，作者为其添加了数据标签，解释该变量表示 1978 年的汽车维修记录，该命令后接一个变量名，其后可输入一个文本作为标签，其语法如下：

```
label variable varname ["label"]
```

label define 命令可定义一个数值标签。例如，在记录调查对象的性别时，常用 1 和 0 代表是和否，数值(1 或 0)和其含义(是或否)的对应关系即为数值标签。该命令后接一个标签名，随后输入数值和所对应的标签，多个数值标签对之间用空格分隔，并可在选项中设置为现有标签添加数值或覆盖原标签等，其语法如下：

```
label define lblname #"label" [#"label"…] [, add|modify|replace|nofix]
```

label values 命令可为一个或多个变量添加数值标签。例如，问卷调查中多个变量的回答选项为是或否，可首先定义一个是否标签，接着将这一标签添加给多个变量。该命令后接一个或多个变量，接着可输入已设置好的标签名。其语法如下：

```
label values varlist [lblname|.] [, nofix]
```

以汽车示例数据为例，新建一个变量以判断价格是否高于 5000，并为其添加变量标签和数值标签：

```
. sysuse auto, clear
. generate price_5000=cond(price>5000, 1, 0)
. label variable price_5000 "Is price higher than 5000?"
. label define yesno 0 "No" 1 "Yes"
. label values price_5000 yesno
. tabulate price_5000

   Is price |
 higher than |
      5000? |      Freq.     Percent        Cum.
------------+-----------------------------------
         No |         37       50.00       50.00
        Yes |         37       50.00      100.00
------------+-----------------------------------
      Total |         74      100.00

. rename price_5000 price_5k
```

```
. * 查看标签 yesno 的具体数值和含义的对应关系
. label list yesno
. * 查看当前数据中设置的所有标签内容
. labelbook
```

6.4.8 调整数据结构

1. 调整顺序

sort 命令可调整数据集中样本的排列顺序。该命令后连接变量集。输入多个变量时，首先按照第一个变量值由小至大排序，第一个变量值相同的样本按照第二个变量值由小至大排序；当对文本变量排序时，按 A～Z 和 a～z 的顺序排列，该命令可以使用 in 范围和命令选项 stable。其语法如下：

```
sort varlist [in] [, stable]
```

order 命令重置变量顺序。该命令后接变量集，默认排序规则为遵循变量集中变量出现的先后顺序，且变量集中的所有变量将转移至数据集的最前面。用户可使用命令选项设置其他排序方式，例如设置 last 将变量集移至最后，设置 alphabetic 将排序规则改为遵循英文字母次序等。其语法如下：

```
order varlist [, options]
```

以汽车示例数据为例，将样本按照 price 和 weight 排序，并将变量 weight 和 price 转移至数据集的最后：

```
. sysuse auto, clear
. sort price weight
. order weight price, last
```

2. 合并数据

merge 命令可以横向合并两个数据集以增加新变量，其中当前内存中已读取的数据集被称为 master，即将合并到当前数据集中的本地磁盘中的数据集被称为 using。执行 merge 命令前，用户需要判断两个数据集之间的关联，即首先寻找两个数据集中均存在的、可以用于识别样本的关键变量或关键变量集。接着判断该变量或变量集是否可以作为独一无二的样本标识。若关键变量在两个数据集中均可作为唯一的样本标识，那么合并类型为 1∶1，即一对一合并；若仅可作为一个数据集的唯一样本标识，那么合并类型为 1∶m 或 m∶1，即一对多或多对一合并；此外，还有多对多合并。这里仅介绍 1∶1 类型的数据合并。完成数据合并后，Stata 默认生成新变量_merge，用于指示该样本的来源，根据关键变量是否出现于合并前的数据集可分为 3 种来源类型：仅存在于 master；仅存在于 using；同时存在于 master 和 using，即成功匹配的样本。可以使用命令选项 nogenerate 设置不生成_merge 变量。merge 命令后依次接合并类型、关键变量集合、using、待合并数据的路径及文件名，并在命令选项中设置保留的变量名等细节。其语法如下：

```
merge 1:1 varlist using filename [, options]
```

以 Stata 网站的汽车示例数据为例,根据汽车型号 1∶1 合并汽车大小数据和汽车费用数据:

```
. webuse autosize, clear
. merge 1:1 make using http://www.stata-press.com/data/r14/autoexpense
Result                       #of obs.
-----------------------------------------
not matched                      1
    from master                  1           (_merge==1)
    from using                   0           (_merge==2)

    matched                      5           (_merge==3)
-----------------------------------------
```

输出结果显示,合并后的数据包含 6 个样本,其中一个样本的汽车型号仅出现于 aotosize 数据集中,其他 5 个样本的汽车型号在两个样本中成功匹配。横向合并后的数据生成_merge 变量,该变量有 3 个取值:当该样本仅包含 master(即 autosize 数据集)的信息时取值为 1,当该样本仅包含 using(即 autoexpense 数据)的信息时取值为 2,当该样本的汽车型号在两个数据集中成功匹配且包含两个数据集的信息时取值为 3。

append 命令可以纵向合并数据集以增加新样本。使用方法为命令后依次接 using、文件名和可选的命令选项。常见命令选项包括:generate(newvar),生成一个新变量,以标记样本来源于哪一个数据集;keep(varlist),指定合并 using 数据中的哪些变量。其语法如下:

```
append using filename [filename …] [, options]
```

以 Stata 网站的奇数偶数数据为例,纵向合并奇数数据与偶数数据,并添加名为 source 的变量以指示样本来源:

```
. webuse odd, clear
. append using http://www.stata-press.com/data/r14/even, generate(source)
. list, clean

        number   odd   source   even
  1.         1     1        0      .
  2.         2     3        0      .
  3.         3     5        0      .
  4.         4     7        0      .
  5.         5     9        0      .
  6.         6     .        1     12
  7.         7     .        1     14
  8.         8     .        1     16
```

3. 数据横向-纵向转换

同一样本的多次测量结果可以用两种方式记录:横向数据(wide form),即一个样本的数据记录为一行,多次测量结果以多个变量表示;纵向数据(long form),即一个样本的数据记录为多行,每一行仅表示一次测量结果。这两种记录方式分别适用于不同的分析操作。可使用 reshape 命令对数据进行横向-纵向转换。

以表 6-4-4 中的数据为例，先横向转纵向，再纵向转横向。

表 6-4-4　横向-纵向转换

横向数据			纵向数据		
id	result1	result2	id	test	result
1	1.2	1.5	1	1	1.2
2	2.0	1.8	1	2	1.5
			2	1	2.0
			2	2	1.8

命令如下：

```
. reshape long result, i(id) j(test)
. reshape wide result, i(id) j(test)
```

6.4.9 基本描述

数据分析中的首个任务通常为描述变量的基本统计量，如报告连续型变量的均值或中位数、分类变量的各组构成比等。summarize 命令和 tabulate 命令可分别对连续型变量和分类变量进行基本描述。

1. summarize 命令

summarize 命令可对一个或多个变量进行描述，该命令后可接变量集合、if 表达式、in 范围、权重以及特定的选项(均为可选)。其语法如下：

```
summarize [varlist] [if] [in] [weight] [, options]
```

若用户不指定变量集，该命令会对当前数据集中的所有变量进行描述，默认描述的统计量包括样本量、均值、标准差、最小值和最大值。常见的命令选项是 detail，用于设定输出默认统计量之外的指标，如百分位数等。

以汽车示例数据为例，描述价格和重量的详细的统计量：

```
. sysuse auto, clear
. summarize price weight, detail

                         Price
-------------------------------------------------------------

      Percentiles      Smallest
  1%         3291          3291
  5%         3748          3299
 10%         3895          3667          Obs              74
 25%         4195          3748     Sum of Wgt.           74

 50%       5006.5                        Mean       6165.257
                        Largest       Std. Dev.     2949.496
```

```
     75%          6342        13466
     90%         11385        13594          Variance        8699526
     95%         13466        14500          Skewness       1.653434
     99%         15906        15906          Kurtosis       4.819188

                        Weight (lbs.)
-------------------------------------------------------------
           Percentiles      Smallest
      1%          1760         1760
      5%          1830         1800
     10%          2020         1800          Obs                  74
     25%          2240         1830          Sum of Wgt.          74

     50%          3190                       Mean           3019.459
                             Largest         Std. Dev.      777.1936
     75%          3600         4290
     90%          4060         4330          Variance       604029.8
     95%          4290         4720          Skewness       .1481164
     99%          4840         4840          Kurtosis       2.118403
```

2. tabulate 命令

tabulate 命令后可接一个或两个变量名，分别用于描述分类变量的单向（one-way）或双向（two-way）频数，后者的典型例子为两个变量的列联表。首先介绍使用 tabulate 命令查看分类变量的单向频数。该命令后依次接一个变量名以及可选的 if 表达式、in 范围、权重以及特定的选项。其语法如下：

```
tabulate varname [if] [in] [weight] [, tabulate1_options]
```

查看单向频数表时，tabulate 命令后可接一个变量名。若用户希望同时分析多个变量的单向频数表，可使用 tab1 命令，该命令默认描述分类变量分组别的样本频数、相对频数（百分比）和累计百分比。该命令常使用选项 missing 将缺失值归入一个新类别并加以描述。

以汽车示例数据为例，描述变量 rep78 和 foreign：

```
. sysuse auto, clear
. tabulate rep78, missing
. tab1 rep78 foreign
```

tabulate 命令还可查看两个分类变量的双向频数，即列联表。在命令后依次接两个变量名以及可选的 if 表达式、in 范围、权重以及特定的选项。其语法如下：

```
tabulate varname1 varname2 [if] [in] [weight] [, options]
```

tabulate 命令后可接两个变量名。若用户希望同时分析多个变量对的双向频数，可使用 tab2 命令，该命令默认描述分类变量分组别的样本频数。其常见命令选项包括：chi2，报告 Pearson 卡方检验结果；column，显示每列的相对频数；row，显示每行的相对频数。

以汽车示例数据为例，描述变量 rep78 和 foreign 的列联表，并显示每行和每列对应的百分比：

```
. sysuse auto, clear
. tabulate rep78 foreign, row column
```

3. 自定义描述

除 tabulate 命令外，tabstat 命令和 table 命令常用于分组别展示自定义的统计量。tabstat 命令后接待描述的连续型变量，可以用命令选项 by 设定分组变量，还可以用 statistics() 函数定义待描述变量的统计量，例如样本数(count)、均值(mean)、中位数(p50)、最小值(min)和最大值(max)等。table 命令后接用于分类的分类变量，它使用 contents() 函数定义待描述的统计量及统计量所对应的变量。以汽车示例数据为例：

```
. sysuse auto, clear
. * 按汽车类型(foreign)报告价格(price)的样本数、均值、四分位数
. tabstat price, statistics(count mean p25 p50 p75) by(foreign)

Summary for variables: price
   by categories of: foreign (Car type)

 foreign |      N      mean    p25     p50      p75
---------+------------------------------------------------
Domestic |     52  6072.423   4184  4782.5     6234
 Foreign |     22  6384.682   4499    5759     7140
---------+------------------------------------------------
   Total |     74  6165.257   4195  5006.5     6342
----------------------------------------------------------

. * 报告不同汽车类型的价格变量不缺失的样本数、价格最小值、价格最大值、价格之和、英里数(mpg)最小值
. table foreign, contents(n price min price max price sum price min mpg)

--------------------------------------------------------------------------
 Car type |N(price)    min(price)    max(price)    sum(price)    min(mpg)
----------+---------------------------------------------------------------
 Domestic |      52        3,291        15,906        315766          12
  Foreign |      22        3,748        12,990        140463          14
--------------------------------------------------------------------------
```

6.4.10 统计检验

1. t 检验

t 检验用于判断均值是否相等。Stata 软件使用 ttest 命令运行 t 检验。下面给出单样本 t 检验、非

配对的两样本 t 检验和配对的两样本 t 检验的语法。

（1）单样本 t 检验：

```
ttest varname ==#[if][in][, level(#)]
```

该命令判断一个变量(varname)的均值是否为某一数值(♯)，可使用 if 表达式和 in 范围，可使用命令选项 level(♯)设置显著性水平。

（2）非配对的两样本 t 检验方式一：

```
ttest varname [if][in], by(groupvar) [options1]
```

该命令判断不同组别中某一变量(varname)的均值是否相等，组别指示变量 groupvar 记录在命令选项 by()中且为必要选项。常见的可选命令选项包括 unequal 和 level(♯)，分别用于指示方差不齐和设置显著性水平。

（3）非配对的两样本 t 检验方式二：

```
ttest varname1==varname2 [if][in], unpaired [unequal welch level(#)]
```

该命令用于判断两个样本均值的等价性。此命令与上一个命令的目的相同，但两者识别两个样本组别的方式不同，适用于不同的数据类型。上一个命令比较同一个变量(varname)在不同组别(groupvar)中的均值是否相等，而本命令比较两个不同变量(varname1 和 varname2)的均值是否相等。用户需要在命令选项中设置 unpaired 以指示本次比较为非配对的两样本 t 检验，由于数据集中的两个变量通常以一一对应的形式存在，若不设置此选项，Stata 会默认进行配对的两样本 t 检验。该语法的可选命令选项与上一个命令相同。

（4）配对的两样本 t 检验：

```
ttest varname1==varname2 [if][in][, level(#)]
```

该命令用于判断配对的两个样本均值是否相等。可选命令选项为 level(♯)，用于设置显著性水平。

以汽车示例数据为例：

```
. sysuse auto, clear
. *判断价格均值是否等于 6000.5
. ttest price==6000.5
. *判断不同汽车类型的价格均值是否相等
. ttest price, by(foreign)
. *为 price 加一个随机误差项,判断 price 和 price2 的等价性
```

```
. setseed 20191001
. generate price2=price+rnormal()
. * 非配对的两样本 t 检验
. ttest price==price2, unpaired
. * 配对的两样本 t 检验,设置显著性水平为 0.90
. ttest price==price2, level(90)
```

2. 卡方检验

卡方检验用于判断分类变量在不同组别中的分布是否均衡。Stata 软件使用 tabulate 命令的 chi2 选项运行卡方检验。其语法如下：

```
tabulate varname1 varname2 [if] [in] [weight] [, options]
```

tabulate 命令后接定义列联表的行变量和列变量，使用可选命令选项 chi2、exact、lrchi2、cchi2 和 lrchi2 分别设置输出结果报告 Pearson 卡方值、Fisher 精确检验值、似然比卡方值、列联表每格的 Pearson 卡方值和列联表每格的似然比卡方值。以汽车示例数据为例：

```
. sysuse auto, clear
. tabulate foreign rep78, chi2
```

6.4.11 相关分析

Stata 使用 correlate 命令和 pwcorr 命令进行相关分析。前者估计并报告两个及两个以上变量的相关系数，其分析对象是所有待分析变量($V_1,V_2,\cdots,V_n$)均不缺失的样本。后者估计并报告变量集的两两变量之间的相关系数。当分析 V_1 和 V_2 这一对变量时，分析对象是 V_1 和 V_2 变量无缺失值的样本；当分析 V_1 和 V_n 这一对变量时，分析对象是 V_1 和 V_n 变量无缺失值的样本；以此类推。两者的语法如下：

```
correlate [varlist] [if] [in] [weight] [, correlate_options]
pwcorr [varlist] [if] [in] [weight] [, pwcorr_options]
```

correlate 和 pwcorr 命令后接一个包含至少两个变量名的变量集；如不指明变量集，默认变量集为数据集中的全部变量。correlate 命令常见的命令选项是 covariance，用以显示协方差矩阵；pwcorr 命令常见的命令选项是 sig，用以显示相关系数的显著性检验 P 值。

以汽车示例数据为例，分析变量 price 到变量 rep78 之间的 3 个变量(即 price、mpg 和 rep78)的相关系数：

```
. sysuse auto, clear
. correlate price-rep78
. pwcorr price-rep78, sig
```

```
             |    price      mpg      rep78
-------------+----------------------------
       price |   1.0000
             |
             |
         mpg |  -0.4686   1.0000
             |   0.0000
```

```
        |
  rep78 |   0.0066   0.4023 1.0000
        |   0.9574   0.0006
        |
```

输出结果显示，price 和 mpg 的相关系数为−0.4686，统计学检验的 P 值为 0.0000，即<0.0001；rep78 和 price 的相关系数和 P 值分别为 0.0066 和 0.9574；rep78 和 mpg 的相关系数和 P 值分别为 0.4023 和 0.0006。

6.4.12　回归分析

回归分析的内容复杂繁多，本节仅以最常见的一般线性回归分析、Logistic 回归分析和 Cox 回归分析为例介绍 Stata 运行回归模型拟合的相关命令。

1. 一般线性回归分析

用户可使用 regress 命令进行一般线性回归分析，其语法如下：

```
regress depvar [indepvars] [if] [in] [weight] [, options]
```

regress 命令后依次为因变量和可选的自变量、if 表达式、in 范围、权重和命令选项，其常用命令选项可更改与模型估计、标准误估计、输出结果相关的默认设置；书写自变量名称时，可在变量名前加 i.和 c.，分别表示分类变量和连续型变量，通常连续型变量前的 c.可省略。

下面使用汽车示例数据，以重量、长度、类别（foreign）为自变量，以价格为因变量，拟合一般线性模型：

```
. sysuse auto, clear
. regress price weight length i.foreign

   Source |    SS          df          MS       Number of obs    =74
----------+----------------------------------   F(3, 70)         =28.39
    Model | 348565467       3    116188489      Prob >F          =0.0000
 Residual | 286499930      70   4092856.14      R-squared        =0.5489
----------+----------------------------------   Adj R-squared    =0.5295
    Total | 635065396      73   8699525.97      Root MSE         =2023.1

------------------------------------------------------------------------------
   price   |     Coef.  Std.Err.        t   P>|t|       [95% Conf.Interval]
-----------+------------------------------------------------------------------
  weight   |      5.77      0.96     6.02   0.000        3.86       7.69
  length   |    -91.37     32.83    -2.78   0.007     -156.84     -25.90
```

```
foreign  |
Foreign  |      3573.09  639.33     5.59   0.000          2297.99     4848.19
  _cons  |      4838.02 3742.01     1.29   0.200         -2625.18    12301.22
------------------------------------------------------------------------------
```

输出结果的上半部分显示与模型拟合相关的参数，下半部分显示与回归系数点估计和统计学不确定性相关的参数。下半部分结果的第一列为每行参数对应的自变量名称，其中，自变量 foreign 为二分类变量，故而回归模型以取值为 0(Domestic，国产车)分类作为参照组，估计取值为 1(Foreign，进口车)类别的回归系数；_cons 代表常数项。第 2～7 列分别为回归系数的点估计值、标准误、t 统计量、P 值、回归系数 95%置信区间的下限和上限。

运行 regress 命令行后，可接着使用 predict 命令预测回归后估计。

```
. * 根据样本自变量的观察值预测因变量
. predict yhat
. * 预测残差，即因变量观察值和预测值之间的差别
. predict residual, resid
```

在实际研究中常常关心自变量和因变量之间的关联强度，即回归系数，运行 regress 命令后，可使用 matrix 命令查看回归系数点估计值：

```
. * 查看存储于矩阵 e(b) 中的各回归系数的点估计值
. matrix list e(b)

e(b)[1,5]
                                     0b.           1.
       weight        length      foreign      foreign        _cons
y1  5.7747117     -91.37083            0    3573.0919    4838.0206

. * 手动计算预测值，与 predict 命令输出结果相同
. generate yhat_2 = _b[_cons] + _b[weight] * weight + _b[length] * length + _b[1.foreign]
* foreign
```

此外，可使用 varname1 ## varname2 表示两个变量和其乘法交互项。例如：

```
. regress price weight length i.foreign##i.rep78
```

注意：当自变量中有数值类型的分类变量时，在 regress 命令中指定自变量时，需在变量名前加 i.，例如 i.bmi_group，此时默认取值最小的组别为参照组。如需改变参照组，可在变量名前加 b#.。例如，bmi_group 变量有 3 种取值：1、2、3，若在 regress 命令中指定 i.bmi_group，报告参数估计值时使用的参照组为取值为 1 的组别；若指定 b3.bmi_group，则报告参数估计值时使用的参照组为取值为 3 的组别。

2. Logistic 回归分析

当因变量为分类变量时，常常使用 Logistic 回归拟合模型，此时可使用 logit 命令，该命令的语法为

```
logit depvar [indepvars] [if] [in] [weight] [, options]
```

logit 命令后必须指明一个二分类的因变量，可选地指明一个或多个自变量。以汽车示例数据为例，探究自变量价格(price)、英里数(mpg)和 1978 年维修记录(rep78)对因变量汽车类型(foreign)之间的关联：

```
. sysuse auto, clear
. logit foreign price mpg i.rep78

Logistic regression                         Number of obs      =59
                                            LR chi2(4)         =26.93
                                            Prob >chi2         =0.0000
Log likelihood =-24.944331                  Pseudo R2          =0.3506

------------------------------------------------------------------------------
     foreign |   Coef.    Std.Err.      z    P>|z|    [95% Conf.Interval]
-------------+----------------------------------------------------------------
       price |    0.00        0.00   1.07    0.286    -0.00          0.00
         mpg |    0.16        0.08   2.09    0.036     0.01          0.32
       rep78 |
           1 |    0.00    (empty)
           2 |    0.00    (empty)
           3 |   -2.99        1.05  -2.84    0.005    -5.05         -0.92
           4 |   -0.98        0.99  -0.99    0.320    -2.92          0.95
           5 |    0.00  (omitted)
       _cons |   -3.51        2.48  -1.41    0.157    -8.36          1.35
------------------------------------------------------------------------------
```

与一般线性回归的输出结果相似，下半部分的第 1～7 列分别为自变量、回归系数的点估计值、标准误、z 统计量、P 值、回归系数 95%置信区间的下限和上限。

可使用 matrix 命令查看回归模型的回归系数的点估计值：

```
. * 查看存储于矩阵 e(b) 中的各参数的点估计值
. matrix list e(b)

e(b)[1,8]
        foreign:     foreign:     foreign:     foreign:     foreign:    foreign:
                                       1b.          2o.           3.          4.
          price          mpg        rep78        rep78        rep78       rep78
y1    .00014965    .16465405            0            0   -2.9894199  -.98233022

        foreign:     foreign:
             5o.
          rep78        _cons
y1            0    -3.505712
```

```
. *使用命令选项 or 指示输出结果展示比值比(odds ratio)
. logit foreign price mpg i.rep78, or
```

3. Cox 回归分析

如果因变量为发生某一事件的时间，例如从疾病诊断到疾病恶化的时间，此类分析常被称作生存分析。下面介绍常用于生存分析的 Cox 回归分析实践。

生存分析中的因变量受到事件是否发生（如研究对象是否有肿瘤诊断）、观察时间（如研究对象从进入观察队列到肿瘤诊断之间的时间）、事件风险的时间轴（如年龄时间轴、日历时间轴等）等因素的影响，相对复杂，因此生存分析中的第一步是使用 stset 命令设置生存数据的因变量。第二步是使用 stcox 命令拟合 Cox 回归模型，因为生存分析的因变量已被 stset 定义，因此 stcox 命令只需指定一个或多个自变量来拟合 Cox 回归模型。

当每个研究对象只有一条记录样本时，stset 命令的语法为

```
stset timevar [if] [weight] [, single_options]
```

当每个研究对象有多条记录样本时，stset 命令的语法为

```
stset timevar [if] [weight] , id(idvar) failure(failvar[==numlist]) [multiple_options]
```

stcox 命令的语法为

```
stcox [varlist] [if] [in] [, options]
```

以肿瘤示例数据为例：

```
. *打开系统自带的 cancer 数据集
. sysuse cancer, clear
. *该示例数据已设置生存结局，清空以前的设置
. stset, clear
. *设置结局时间为研究时间(studytime)，视死亡发生(died 变量为 1)为事件结局
. stset studytime, failure(died==1)
. *分析自变量用药(drug)和年龄(age)对结局的影响
. stcox i.drug age

No. of subjects =          48      Number of obs       =48
No. of failures =          31
Time at risk    =         744
                                   LR chi2(3)          =36.52
Log likelihood  =  -81.652567      Prob >chi2          =0.0000

-----------------------------------------------------------------
```

```
   _t |  Haz.Ratio    Std.Err.         z    P>|z|    [95% Conf.Interval]
-----+------------------------------------------------------------------
 drug |
    2 |       0.18        0.09     -3.46    0.001     0.07          0.48
    3 |       0.05        0.03     -4.51    0.000     0.01          0.19
      |
  age |       1.12        0.04      3.06    0.002     1.04          1.20
------------------------------------------------------------------------
```

输出结果的下半部分的第1～7列分别为自变量、风险比的点估计值、标准误、z 统计量、P 值、95%置信区间的下限和上限。

```
. *查看存储于矩阵 e(b)中的风险比的点估计值
. matrix list e(b)
```

```
e(b)[1,4]
            1b.             2            3.
          drug           drug          drug          age
y1           0    -1.7115596     -2.956384       .11184
```

6.4.13 导出数据

完成数据转换和分析流程后，可使用 keep 或 drop 命令选择重要的变量和样本，并使用 save 命令存数数据。

keep 命令(或 drop 命令)可保留(或删除)变量和样本。命令后接的变量集为待保留(或删除)的变量;其后若有 if 表达式或 in 范围，则保留(或删除)符合筛选条件的样本。这两个命令语法如下：

```
keep/drop varlist                       //保留/删除变量
keep/drop if exp                        //保留/删除样本
keep/drop in range [if exp]             //保留/删除样本
```

save 命令可将当前内存数据存储于本地磁盘，其后接文件名和可选的命令选项。常见命令选项包括：nolabel，不存储数值标签；replace，覆盖已有数据集。默认存储数据的扩展名为.dta。其语法如下：

```
save [filename] [, save_options]
```

export 命令可将当前数据集导出为其他格式的数据文件，导出为 Excel 表格和 csv 文件的基本语法分别为

```
export excel [using] filename [if] [in] [, export_excel_options]
export delimited [using] filename [if] [in] [, export_delimited_options]
```

以汽车示例数据为例，保留变量 make、price、weight 中价格高于 5000 的样本，存储数据于当前工作路径并命名为 auto_5000，分别存为 Stata 和 Excel 格式的数据文件：

```
. sysuse auto, clear
. keep make price weight
. keep if price>5000
. save auto_5000                        //Stata 数据文件,扩展名为.dta
. export excel auto_5000                //Excel 数据文件,扩展名为.xls
```

6.5 输出结果调用

在数据分析中,经常会使用前面分析步骤的输出结果。此时,用户若手动输入或复制前面分析结果输出的数据,常常使用输出结果中四舍五入后的数据,不够精确且容易出错。Stata 进行统计分析操作后会存储其输出结果,多数 Stata 命令会将输出结果以标量、宏、矩阵等形式存储。建议用户使用 Stata 内置的调用命令获取输出结果以进行后续运算。本节介绍如何查找和调用命令结果。

Stata 中与统计分析相关的命令大致分为两类：一般统计命令(regular statistical command)和估计命令(estimation command)。

6.5.1 一般统计命令结果调用

通常,不涉及统计参数估计的命令为一般统计命令,例如用于基本描述分析的 summarize 命令和 tabulate 命令。这类命令的结果常常存于多个标量和矩阵中,存储结果的命名形式均为 r(name)。用户可在命令的帮助界面中寻找其存储名称,或在命令完成后使用 return list 命令显示一般统计命令输出结果的存储方式。

以汽车示例数据为例,描述价格变量 price,查看其存储结果,调用最大值和最小值并计算最大差价,调用价格均值并新建变量 price_diff 以表示汽车价格与均价之间的差值：

```
. sysuse auto, clear
. summarize price
. return list

scalars:
                  r(N) =  74
              r(sum_w) =  74
               r(mean) =  6165.256756756757
                r(Var) =  8699525.974268788
                 r(sd) =  2949.495884768919
                r(min) =  3291
                r(max) =  15906
                r(sum) =  456229

. display r(max)                        //输出 15906
. display r(min)                        //输出 3291
. display r(max)-r(min)                 //输出 12615
. display r(mean)                       //输出 6165.2568
. 新建变量 price_diff,其取值为每个样本价格与均价之差
. gen price_diff=price -r(mean)
```

一般统计命令的存储结果会被后续的一般统计命令操作覆盖,即进行了第二个一般统计命令操作

后，第一个命令存储的数据会被新数据覆盖。如需长期保存结果，可使用与宏变量相关的 local 命令和 global 命令。例如：

```
. summarize price
. local price_mean=r(mean)
. summarize mpg
. local mpg_mean=r(mean)
. display `price_mean'                    //输出 6165.2568
. display `mpg_mean'                      //输出 21.297297
```

调用局部宏变量(local macro)时，须将变量名放在`和'中(注意，不是两个单引号)。

6.5.2 估计命令结果调用

通常，统计分析中涉及参数估计的命令为估计命令。

例如 regress 命令。用户可查看命令的帮助文件或在命令完成后使用 ereturn list 命令查看其结果存储形式。估计命令的结果常以多种形式存储，包括标量、宏、矩阵以及函数，其结果均以 e(name)形式命名。用户可直接调用标量，使用` '调用局部宏变量，使用矩阵表达式(如 matrix list 命令)调用矩阵。

需要注意，估计命令的输出结果会覆盖一般统计命令的存储结果，而一般统计命令输出结果不会覆盖估计命令的存储结果。

以汽车数据为例：

```
. sysuse auto, clear
. regress price weight length
. *查看存为 rclass 的结果
. return list

scalars:
                r(level) =95

matrices:
                r(table) : 9 x 3

. *查看存储的标量变量 r(level)
. display r(level)                        //输出 95
. *查看存储的矩阵 r(table),为各个自变量的参数估计值
. matrix list r(table)

r(table)[9,3]
            weight      length       _cons
     b   4.6990649  -97.960312   10386.541
    se   1.1223393   39.174598   4308.1585
     t   4.1868486   -2.500608   2.4109003
pvalue   .00007998   .01470813    .0185038
    ll   2.4611838  -176.07224   1796.3164
    ul    6.936946  -19.848382   18976.765
```

```
   df          71           71            71
 crit   1.9939434    1.9939434     1.9939434
eform           0            0             0
```

上述输出结果中 b、ll 和 ul 这 3 行分别为回归系数的点估计值、区间估计下限和区间估计上限。

```
. *查看存为 eclass 的结果
. ereturn list

scalars:
                  e(N) =  74
               e(df_m) =  2
               e(df_r) =  71
                  e(F) =  18.91138982106364
                 e(r2) =  .3475630724239045
               e(rmse) =  2415.735142695644
                e(mss) =  220725280.2661347
                e(rss) =  414340115.8554869
               e(r2_a) =  .3291845674217611
                 e(ll) =  -679.9123590332625
               e(ll_0) =  -695.7128688987767
               e(rank) =  3

macros:
            e(cmdline) :  "regress price weight length"
              e(title) :  "Linear regression"
         e(marginsok) :  "XB default"
                e(vce) :  "ols"
             e(depvar) :  "price"
                e(cmd) :  "regress"
         e(properties) :  "b V"
            e(predict) :  "regres_p"
              e(model) :  "ols"
          e(estat_cmd) :  "regress_estat"

matrices:
                  e(b) :  1 x 3
                  e(V) :  3 x 3

functions:
             e(sample)
```

```
. * 查看存储的标量变量 e(N),为样本数
. display e(N)                          //输出 74
. * 查看存储的宏变量 e(depvar),为因变量的变量名
. display "`e(depvar)'"                 //输出 price
. * 查看存储的矩阵 e(b),为各自变量的回归系数的点估计值
. matrix list e(b)
```

```
e(b)[1,3]
        weight      length       _cons
y1   4.6990649  -97.960312   10386.541
```

```
_b[varname]可调用自变量的回归系数
. display _b[weight]                    //输出 4.6990649
. * 手动计算预测值
. generate yhat=_b[_cons]+_b[weight]* weight+_b[length]* length
```

6.6 重复命令

数据清理过程常常包含重复性操作,例如对多个亚组样本进行相同操作或对多个变量进行相同操作。采用复制、粘贴方式修改分析语句易产生疲劳感,且容易在修改代码时出错。本节介绍 3 种重复操作的方法,以帮助读者高效完成重复命令。

6.6.1 by 前缀

by 前缀的形式为"by/bysort varlist:"。

by 位于一个或多个变量之前,该变量集将样本分为若干亚组,在变量集限定的亚组中重复 by 前缀冒号后的命令。

```
by varlist: stata_cmd
```

bysort 为 sort 命令与 by 前缀的合并缩写形式,首先按照 by 前缀中的变量集对样本进行排序,然后有序地在不同亚组中执行冒号后的命令。其语法为:

```
bysort varlist: stata_cmd
```

需注意,有些命令的命令选项包含 by(),例如 tabstat 命令,然而 by 前缀与 by()命令选项不同,by 前缀用于命令前,而 by()命令选项用于命令后。

大多数 Stata 命令支持 by 前缀。例如,使用 Stata 的汽车示例数据,对每一款汽车种类(foreign 变量)的价格(price 变量)进行描述:

```
. sysuse auto, clear
. bysort foreign: summarize price
```

```
------------------------------------------------------------------------
->foreign=Domestic

  Variable |  Obs       Mean    Std. Dev.     Min      Max
-----------+------------------------------------------------
     price |   52   6072.423    3097.104     3291    15906
```

```
------------------------------------------------------------------------
->foreign=Foreign

 Variable |    Obs        Mean Std. Dev.     Min     Max
---------+--------------------------------------------------
    price |     22   6384.682  2621.915    3748   12990
```

by 前缀中的变量名可在小括号内指明，此时小括号内的变量只用于排序，不用于分组执行命令。

```
. *按汽车类型(foreign)和 1978 年维修记录(rep78)对样本排序，并在每个汽车类型和 1978 年维修记录的组合的样本子集内描述价格
. bysort foreign rep78: summarize price
```

```
------------------------------------------------------------------------
->foreign=Domestic, rep78=1

  Variable | Obs         Mean    Std. Dev.    Min     Max
---------+--------------------------------------------------
     price |   2       4564.5     522.5519   4195    4934

------------------------------------------------------------------------
->foreign=Domestic, rep78=2

  Variable | Obs         Mean    Std. Dev.    Min     Max
---------+--------------------------------------------------
     price |   8     5967.625     3579.357   3667   14500

------------------------------------------------------------------------
->foreign=Domestic, rep78=3

  Variable | Obs         Mean    Std. Dev.    Min     Max
---------+--------------------------------------------------
     price |  27     6607.074     3661.267   3291   15906

------------------------------------------------------------------------
->foreign=Domestic, rep78=4

  Variable | Obs         Mean    Std. Dev.    Min     Max
---------+--------------------------------------------------
     price |   9     5881.556     1592.019   3829    8814

------------------------------------------------------------------------
->foreign=Domestic, rep78=5

  Variable | Obs         Mean    Std. Dev.    Min     Max
```

```
-------+----------------------------------------------------
   price |         2    4204.5   311.8341    3984      4425

----------------------------------------------------------------
-> foreign = Domestic, rep78 = .

Variable |       Obs       Mean   Std. Dev.     Min       Max
-------+----------------------------------------------------
   price |         4    4790.5   1169.903    3799      6486

----------------------------------------------------------------
-> foreign = Foreign, rep78 = 3

Variable |       Obs       Mean   Std. Dev.     Min       Max
-------+----------------------------------------------------
   price |         3  4828.667   1285.613    3895      6295

----------------------------------------------------------------
-> foreign = Foreign, rep78 = 4

Variable |       Obs       Mean   Std. Dev.     Min       Max
-------+----------------------------------------------------
   price |         9  6261.444   1896.092    3995      9735

----------------------------------------------------------------
-> foreign = Foreign, rep78 = 5

Variable |       Obs       Mean   Std. Dev.     Min       Max
-------+----------------------------------------------------
   price |         9  6292.667   2765.629    3748     11995

----------------------------------------------------------------
-> foreign = Foreign, rep78 = .

Variable |       Obs       Mean   Std. Dev.     Min       Max
-------+----------------------------------------------------
   price |         1     12990          .   12990     12990
. * 小括号内的变量仅用于排序,不用于定义重复操作的样本子集
. bysort foreign (rep78): summarize price
----------------------------------------------------------------
-> foreign = Domestic

Variable |       Obs       Mean   Std. Dev.     Min       Max
-------+----------------------------------------------------
   price |        52  6072.423   3097.104    3291     15906
```

```
----------------------------------------------------------------------------
->foreign=Foreign

Variable |      Obs       Mean   Std. Dev.      Min       Max
-------+-----------------------------------------------------
   price |       22  6384.682    2621.915     3748     12990
```

6.6.2 foreach 循环

foreach 循环对一个集合内的每一个成分进行相同的操作，其语法为

```
foreach lname {in|of listtype} list {
    commands
}
```

foreach 命令由 foreach、集合成分名称（lname）、集合类型（listtype）、集合（list）、左大括号、待执行命令（commands）和右大括号组成，即对集合中的每一个成分执行指定的命令。其中，集合类型包括宏变量 local 和 global、变量集合 varlist、数字集合 numlist 和新变量名集合 newlist。以变量集合和数字集合为例，首先对汽车数据集中 make 和 mpg 之间的所有变量进行相同操作——报告每个变量的基本统计量：

```
. sysuse auto, clear                    //使用汽车示例数据
  . foreach A of varlist make-mpg{
  2.     summarize `A'
  3. }
```

```
  Variable | Obs        Mean    Std. Dev.     Min     Max
---------+---------------------------------------------------
      make |    0

  Variable | Obs        Mean    Std. Dev.     Min     Max
---------+---------------------------------------------------
     price |   74    6165.257     2949.496    3291   15906

  Variable | Obs        Mean    Std. Dev.     Min     Max
---------+---------------------------------------------------
       mpg |   74     21.2973     5.785503     12      41
```

汽车品牌（make）为文本变量，无法描述其均值等统计量，故而上述输出结果无法显示对变量的描述。

接着，对数字 1～10 的所有整数进行相同操作——输出它们的平方：

```
. foreach X of numlist 1/10 {
2. display `X'^2
3. }
```

```
1
4
9
16
25
36
49
64
81
100
```

6.6.3 forvalues 循环

forvalues 循环可被视为 foreach 循环的特殊类型，当集合类型为数字集合时，可直接使用 forvalues 循环，其语法比 foreach 简单，具体如下：

```
forvalues lname=range {
    commands
}
```

根据该语法，将 foreach 循环的第二个实例改写为 forvalues 循环：

```
. forvalues X =1/10 {
2. display `X'^2
3. }
```

```
1
4
9
16
25
36
49
64
81
100
```

6.7 编程工具

6.7.1 do 文件

do 文件是一个记录 Stata 命令语句和注释的文本文件。Stata 用户常常将待执行的命令记录在 do 文件中，以便快速地修改并重复分析过程。在 do 文件编辑界面，选中待执行的命令行，然后单击界面右上角的 do 图标，或按快捷键 Ctrl+D，即可执行选中的命令行。

```
. doedit                          //打开一个新的 do 文件的编辑界面
. do analysis.do                  //运行名为 analysis 的 do 文件中的命令
. doedit analysis.do              //打开名为 analysis 的 do 文件的编辑界面
```

在编写 do 文件时，如果一个命令行的内容较多，持续在同一行中书写命令十分不利于其他人阅读代码，此时可在该命令的第一行末尾使用命令换行标志///，然后在第二行继续书写命令。

为方便其他人理解分析思路，也可在 do 文件的命令行前后添加注释。为区别注释内容与待执行的命令内容，可使用以下几种注释方式：

- 整行注释：* 出现在一行的开始，整行均为注释
- 行内注释：//出现在一行中部，//前为命令，//后为注释
- 区块注释：/ * 和 * /之间的内容均为注释，这种注释可持续多行。

以下为 do 文件的示例：

```
*******************do文件示例*****************
/* 分析目的：
   打开汽车示例数据
   查看数据集包含哪些变量
   查看汽车的价格均数 */

*打开汽车示例数据
sysuse auto, clear
*描述数据基本信息
describe, simple                  //设置 simple 命令选项，仅输出变量名
*查看价格均值
mean price
```

为了记录分析过程，在 do 文件的基础上，还可使用 log 命令将包括命令语句和输出结果在内的分析过程记录于日志文件中。打开、关闭、暂时关闭和暂时打开日志文件的命令语法如下：

```
log using filename [, append replace [text|smcl] name(logname)]
log close [logname | _all]
log (off|on) [logname]
```

6.7.2 标量变量

标量变量(scalar)用于存储单个数值或文本。使用 scalar 命令定义标量变量。调用标量变量时直接使用标量变量的名称或 scalar()函数。例如：

```
. scalar a=2
. display a+1                     //输出 3
. display scalar(a)+1             //输出 3
. scalar c="this is Stata"
. display c                       //输出 this is Stata
```

使用 scalar list 命令可以查看用户已保存的标量变量。例如：

```
. scalar list
```

使用 scalar drop 命令可以删除标量变量。例如：

```
. scalar drop a                          //删除标量变量 a
. scalar drop _all                       //删除所有标量变量
```

标量变量常见于程序编码。当程序涉及数值计算时，标量变量的运算速度通常优于宏变量(macro)，这是因为宏变量需要进行数值与文本的转换；而且标量变量可保存的数值的精确度更高。

标量变量可以和数据集中的变量同名，Stata 命令会优先调用变量。当二者同名时，可使用 scalar (标量名)特指标量变量。

```
. sysuse auto, clear
. scalar price=1                         //创建一个与变量 price 同名的标量变量 price
. generate price_2=price                 //创建新变量并赋予标量变量 price 的值
. generate price_3=scalar(price)         //创建新变量并赋予标量变量 price 的值
. list price price_2 price_3 in 1/5, clean
```

	price	price_2	price_3
1.	4,099	4099	1
2.	4,749	4749	1
3.	3,799	3799	1
4.	4,816	4816	1
5.	7,827	7827	1

6.7.3 宏变量

宏变量用于存储字符或数字，是一个命名的字符串。用户可使用一个简短的字符(宏名称)替代一个可能会在后续分析中反复使用的较长的字符串(宏内容)。宏变量可分为局部宏变量(local macro)和全局宏变量(global macro)。前者仅存在于定义该局部宏变量的局部环境中，例如程序(program)或者 do 文件中；后者可用于所有的 Stata 环境中。

局部宏名称最长 31 个字符，全局宏名称最长 32 个字符。局部宏变量和全局宏变量可采用相同的名称，Stata 可以识别二者。局部宏变量仅存在于定义它的环境中，例如一个程序内部，不同的程序可使用相同的局部宏名称指代不同环境中定义的不同的宏内容；而全局宏变量是公开共享的信息，任何环境调用相同名称的全局宏变量都代表同一个宏内容。

使用 local 命令和 global 命令新建宏变量，并使用`macroname'和 $ macroname 分别调用局部宏变量和全局宏变量。当宏内容为文本时，要使用双引号。例如：

```
. local name "Jack"
. display "`name'"                       //输出 Jack
. global name "Rose"
. display "$name"                        //输出 Rose
```

宏变量还可存储数值，当宏内容为数值时，可以直接在宏名称后输入数值内容，或使用=表达式，语法如下：

```
local macname contents
local macname=expression
```

两者的运算顺序不同，前者直接将内容输入至宏变量，后者计算数值后再为宏变量赋值。例如：

```
.local one 2+2
. display `one'                    //输出 4
. display "`one'"                  //输出 2+2
. local two=2+2
. display `two'                    //输出 4
. display "`two'"                  //输出 4
```

将宏名称赋值为空白值可以清空宏内容，语法如下：

```
local macname ""
local macname=""
```

除=表达式外，Stata 还提供了一系列宏变量的扩展函数，以帮助用户便捷地为宏变量赋值。其使用方式为

```
local macname: extended_fcn
```

表 6-7-1 列举了本节涉及的宏扩展函数的名称和用法，读者可在命令输入区输入 help macro 以了解更多扩展函数。

表 6-7-1　宏扩展函数

函数和输入值	输　出　值
rownames matname	矩阵 matname 的行名称
colnames matname	矩阵 matname 的列名称
word count string	文本 string 中的单词个数
word n of string	文本 string 中的第 n 个单词

以下是关于宏变量的示例：

```
. sysuse auto, clear
. local variables "make price mpg rep78"
. display "`variables'"
. local var_3: word 3 of `variables'
. display "`var_3'"                    //输出 mpg
. summarize `var_3'

  Variable | Obs     Mean     Std. Dev.     Min     Max
-----------+------------------------------------------------
       mpg |  74 21.2973     5.785503      12      41
```

6.7.4 矩阵

矩阵用于存储排列为多行多列的数值。Stata 提供了两种编辑矩阵的命令——matrix 和 mata。本节对 matrix 命令作简单介绍，对 mata 命令感兴趣的读者可参阅 Stata 使用手册。定义矩阵时需要指明矩阵名称和矩阵内容（行数、列数、数值等）。

1. 定义矩阵

使用 matrix input 命令定义矩阵。例如：

```
. *定义一个名为 A 的矩阵,三行两列,从上至下、从左至右依次填入数值 1～6
. matrix input A = (1,2\3,4\5,6)
```

使用 matrix list 命令查看矩阵。例如：

```
. matrix list A

A[3,2]
     c1   c2
r1    1    2
r2    3    4
r3    5    6

. *更改行名称和列名称
. matrix rownames A=row1 row2 row3
. matrix colnames A=col1 col2
. matrix list A

A[3,2]
        col1   col2
row1       1      2
row2       3      4
row3       5      6

. *保存矩阵 A 的一部分至矩阵 B
. matrix B = A[2,2]                    //将矩阵 A 第二行第二列的数值存为矩阵 B
. matrix list B

symmetric B[1,1]
        c1
r1       4

. matrix C = A[1..., 2]                //将矩阵 A 第二列全部行的数值存为矩阵 C
. matrix list C

C[3,1]
        col2
row1       2
row2       4
row3       6
```

```
. *新建一个所有元素值为 1 的 8×8 矩阵,命名为 mat1
. matrix mat1=J(8,8,1)
. matrix list mat1
```

```
symmetric mat1[8,8]
        c1   c2   c3   c4   c5   c6   c7   c8
r1       1
r2       1    1
r3       1    1    1
r4       1    1    1    1
r5       1    1    1    1    1
r6       1    1    1    1    1    1
r7       1    1    1    1    1    1    1
r8       1    1    1    1    1    1    1    1
```

2. 回归估计矩阵

在进行了回归分析后,研究者往往需要提取与回归系数相关的点估计值和区间估计值。以汽车示例数据和一般线性回归为例：

```
. sysuse auto, clear
. regress price mpg i.foreign
. matrix mat1=r(table)                    //回归结果存储于矩阵 r(table)
. matrix list mat1
```

```
mat1[9,4]
                             0b.             1.
                mpg      foreign       foreign          _cons
     b   -294.19553            0     1767.2922      11905.415
    se    55.691719            .     700.15797      1158.6345
     t   -5.2825724            .     2.5241336      10.275385
pvalue    1.333e-06            .     .01383634      1.085e-15
    ll   -405.24167            .      371.2169      9595.1638
    ul    -183.1494            .     3163.3676      14215.667
    df           71           71            71             71
  crit    1.9939434    1.9939434     1.9939434      1.9939434
 eform            0            0             0              0
```

```
. *提取回归系数的点估计值和区间估计值,位于矩阵的 b、ll、ul 行
. matrix mat_b=mat1["b",1...]
. matrix mat_ll=mat1["ll",1...]
. matrix mat_ul=mat1["ul",1...]
. matrix mat_est=mat_b\mat_ll\mat_ul
. matrix list mat_est
```

```
mat_est[3,4]
                          0b.        1.
           mpg       foreign   foreign       _cons
   b   -294.19553          0 1767.2922   11905.415
  ll   -405.24167          .  371.2169   9595.1638
  ul    -183.1494          . 3163.3676   14215.667
```

```
. *查看矩阵 mat_est 的列名称,存于局部宏变量 mtname 中
. local mtname: colnames mat_est
. display "`mtname'"
```

```
mpg 0b.foreign 1.foreign _cons
```

```
. display word("`mtname'",1)          //显示 mpg
```

本节涉及的矩阵函数如表 6-7-2 所示。读者可在命令输入区输入 help function 以了解更多矩阵函数的用法。

表 6-7-2　矩阵函数

函　数	输　出
'	矩阵转置
*	矩阵乘法
J(r,c,z)	r 行 c 列矩阵,矩阵内取值为 z
colsof(M)	矩阵 M 的列数
rowsof(M)	矩阵 M 的行数

3. 矩阵-数据集转换

svmat 命令可将矩阵数值转移至数据集的变量中,mkmat 命令可根据数据集中的变量生成矩阵。在第 11 章将会频繁地使用 svmat 命令将矩阵值转移至数据集中,以便修订报告格式,其语法如下:

```
svmat [type] A [, names(col|eqcol|matcol|string)]
```

svamt 命令后可直接指明矩阵名称,常用的命令选项为 col,指明在数据转移中使用矩阵的列名称作为变量名。

```
. *将数据集存入矩阵
. sysuse auto, clear
. mkmat price foreign in 1/5, matrix(mat1)
. matrix list mat1
```

```
mat1[5,2]
      price   foreign
r1     4099         0
r2     4749         0
r3     3799         0
r4     4816         0
r5     7827         0
```

```
. *将矩阵数值存入数据集,变量名为var1~var4
. clear
. matrix mat2=J(4,4,2)
. svmat mat2, names(var)
. list, clean
```

```
     var1  var2  var3  var4
1.      2     2     2     2
2.      2     2     2     2
3.      2     2     2     2
4.      2     2     2     2
```

将上面回归分析后待报告的矩阵转移至数据集中，并调整报告格式：

```
. sysuse auto, clear
. regress price mpg i.foreign
. *矩阵转置,列为参数估计(b、ll、ul等),行为各个自变量
. matrix est=r(table)'
. *存储自变量的名称
. local rownames : rowfullnames est
. *将矩阵转移至数据集
. clear
. svmat est, names(col)
. *新建变量 rowname,指示每行对应的自变量
. generate rowname=""
. local i 0
. foreach var in `rownames' {
    local ++i
    quietly replace rowname="`var'" if _n==`i'
}
. *设置参数报告格式,四舍五入,保留两位小数
. replace b=round(b, 0.01)
. replace ll=round(ll, 0.01)
. replace ul=round(ul, 0.01)
. *合并点估计值和区间估计值,存入新变量 b_ci 中
. generate b_ci=string(b,"%9.2f") +" (" +string(ll,"%9.2f") +", " +string(ul,"%9.2f") +")"
. *仅保留回归系数、点估计值和区间估计值
. keep rowname b ll ul b_ci
. *仅报告英里数(mpg)变量的参数估计结果
. keep if rowname=="mpg"
. order rowname b_ci
. list, noobs clean
```

```
  rowname                          b_ci          b          ll          ul
      mpg    -294.20   (-405.24, -183.15)     -294.2     -405.24     -183.15
```

6.7.5 程序

程序可帮助用户自行定义 Stata 命令以满足特定的数据转换和分析需求，用户成功定义程序后，其使用方法与 Stata 程序自带命令一致。使用 program 命令定义程序时需至少指明程序名称、程序内容，程序内容通常包括待输入参数、参数的使用方式和输出内容，其基本语法为

```
program progname
    Stata commands
end
```

例如自定义一个程序，输入一个或多个数值型变量的变量名，输出该变量的均值和标准差：

```
. * 检查是否已存在名为 mean_sd 的程序,若存在,删除原程序
. capture program drop mean_sd
. program mean_sd
1.        syntax varlist(min=1 numeric) [if][in]
2.        foreach varname in `varlist' {
3.                quietly summarize `varname'
4.                display "`varname' mean: `r(mean)'"
5.                display "`varname' sd: `r(sd)'"
6.        }
7. end
. * 使用汽车示例数据和自定义程序 mean_sd,描述价格和英里数
. sysuse auto, clear
. mean_sd price mpg
```

```
price mean: 6165.256756756757
price sd: 2949.495884768919
mpg mean: 21.2972972972973
mpg sd: 5.785503209735141
```

与程序相关的命令较多，感兴趣的读者可参阅与编程相关的 Stata 使用说明并继续阅读第 11 章的相关内容。

第7章 Python基础

Python作为一种简明的编程语言，近几年来发展迅速，在网络爬虫、自然语言处理、机器学习等领域使用广泛。其语法简洁，易于上手，且可高效处理大数据。

本章首先介绍Python的基本知识，即理论部分；其次利用基本知识完成数据的清洗和分析，即实践部分。

Python包括Python 2和Python 3两个版本。由于Python软件基金会从2020年1月起停止对Python 2进行维护，因此，建议读者下载并使用Python 3。读者可选择在Python官网下载安装包的方式来安装Python 3，也可选择通过Anaconda安装Python 3，本书推荐使用第二种方式。

7.1 Python的安装

7.1.1 使用Python安装包安装Python 3

本节介绍在Windows系统下安装Python 3的方法。

第一步，下载正确的安装包。

进入官网下载页面https://www.python.org/downloads/windows/，选择较新版本的安装包，点击链接后，系统会自动下载安装包。

小贴士：需根据Windows是64位系统还是32位系统来选择相应的下载项，以免安装不成功。本书使用的版本为Python 3.6。

第二步，双击下载的安装包，完成安装。

双击安装包，会看到如图7-1-1所示的安装界面。注意，要勾选Add Python 3.6 to PATH复选框，否则需要手动添加。可以选择默认安装路径，安装内容包括IDLE、pip等。其中，IDLE是Python自带的集成开发环境，用于程序的运行调试等；pip是Python程序包的管理工具，用于安装或卸载Python包。

图7-1-1 安装界面（一）

当然，也可选择自定义安装，并在下一页勾选需要安装的组件，如图 7-1-2 所示。

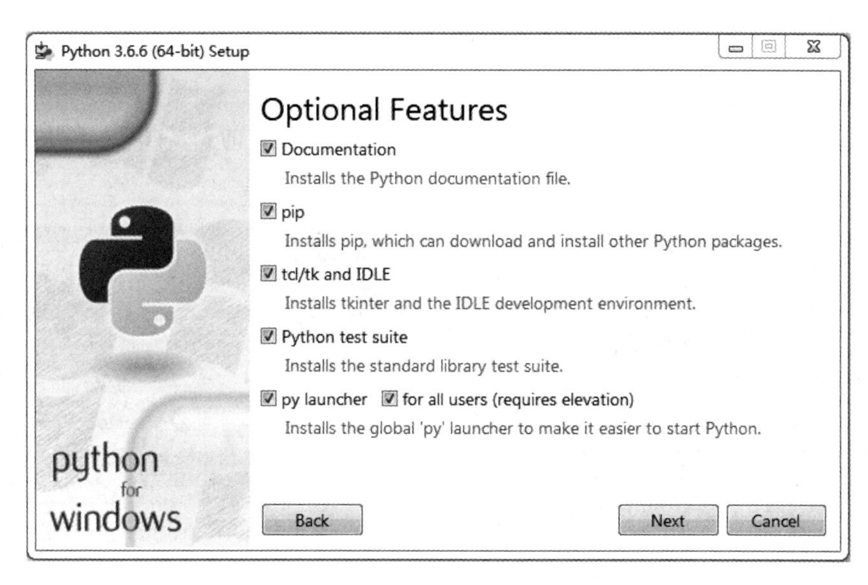

图 7-1-2 安装界面（二）

手动将 Python 添加到环境变量 PATH 中也并不麻烦：右击"计算机"，在快捷菜单中选择"属性"→"高级系统设置"→"环境变量"，找到 Path，选中并单击"编辑"按钮，在已有的路径后输入分号，然后将 Python 的路径复制进来并单击"保存"按钮，这样 Python 就可以顺利运行了。

第三步，测试 Python 是否安装成功。

为了测试 Python 是否安装成功，可以打开"运行"对话框，输入 cmd，进入命令行，再输入命令 python -v 来查看 Python 版本。如果安装成功，系统会显示已安装的版本。

7.1.2 通过 Anaconda 安装 Python 3

来自不同领域和行业的大量第三方库极大地提高了 Python 的市场占有率。编写程序时，通过调用第三方库内的函数，即使用几行简单的代码也可实现复杂的功能。这也意味着，只有在当前工作环境中安装了程序运行所需要的所有第三方库，程序才能正常运行。这时就会出现几个问题：当在另一台计算机中运行项目或调试程序时，必须将程序中使用到的所有第三方库全部下载到这台计算机中并安装好，十分麻烦；另外，当一个 Python 环境供多人使用时，所有项目使用到的第三方库都要安装在当前环境中，这会使 Python 环境变得很乱。

使用 Anaconda 就可以很好地避免上述问题。它往往包含了某一版本的 Python、conda 及大量科学计算所需的第三方库，安装也非常简单。Anaconda 利用 conda 系统来管理第三方库。conda 还有管理工作环境的功能，它可以帮助用户迅速创建新的工作环境以满足不同的项目要求。由于本书推荐使用 Anaconda 安装 Python，因此本书中提到的所有第三方库均使用 conda 来安装。

接下来，首先介绍 Anaconda 的安装，随后介绍如何使用 conda 部署环境。

1. Anaconda 的安装

首先进入官网 https://www.anaconda.com/distribution/，并根据计算机的操作系统选择相应的 Python 版本。例如，计算机的操作系统为 64 位，则可点击 64-Bit Graphical Installer (662MB)链接进行

下载。下载成功后，双击安装包并根据提示选择相应选项进行安装。为检测安装是否成功，可以在命令行运行命令 conda -V，该命令可以显示其版本信息。

2. 使用 conda 部署环境

安装成功后，可通过命令 conda create -name py3 创建名为 py3 的新环境，本书后续的编程工作将在该环境下完成。打开命令行窗口，输入相应的命令，如图 7-1-3 所示。

```
C:\Users\      >conda create --name py3
Collecting package metadata: done
Solving environment: done


==> WARNING: A newer version of conda exists. <==
  current version: 4.6.14
  latest version: 4.8.0

Please update conda by running

    $ conda update -n base conda



## Package Plan ##

  environment location: C:\Users\      \.conda\envs\py3



Proceed ([y]/n)?
```

图 7-1-3　创建新环境的命令

可根据 Warning 信息更新环境。当出现 Proceed([y]/n)? 后，输入 y，系统会继续完成安装。

安装完成后，输入 conda activate py3 命令即可进入 py3 环境中，输入 conda list 即可查看环境中已安装的第三方库，如图 7-1-4 所示。

```
C:\Users\      >conda activate py3

(py3) C:\Users\      >conda list
# packages in environment at C:\Users\      \.conda\envs\py3:
#
# Name                    Version                   Build  Channel
```

图 7-1-4　激活环境并查看已安装的第三方库

注意：刚创建的新环境是不带任何包的。可通过 conda install package_name 命令在该环境中安装所需的包。首先安装本书第一个即将用到的包——NumPy，如图 7-1-5 所示。

可以看到，除 NumPy 外，conda 还会自动安装 NumPy 的一系列依赖项。接下来，再次使用 conda list 命令查看当前环境中已安装的包，如图 7-1-6 所示。

除此之外，conda 还提供了很多功能，极大增强了管理环境的灵活性。例如，conda 可以在创建环境的时候设置预先安装某个包，也可以指定安装某个包的某一版本，还可以安装某个现有环境中的所有包，等等。更多用法请参考官方说明：https://docs.conda.io/projects/conda/en/latest/user-guide/index.html。

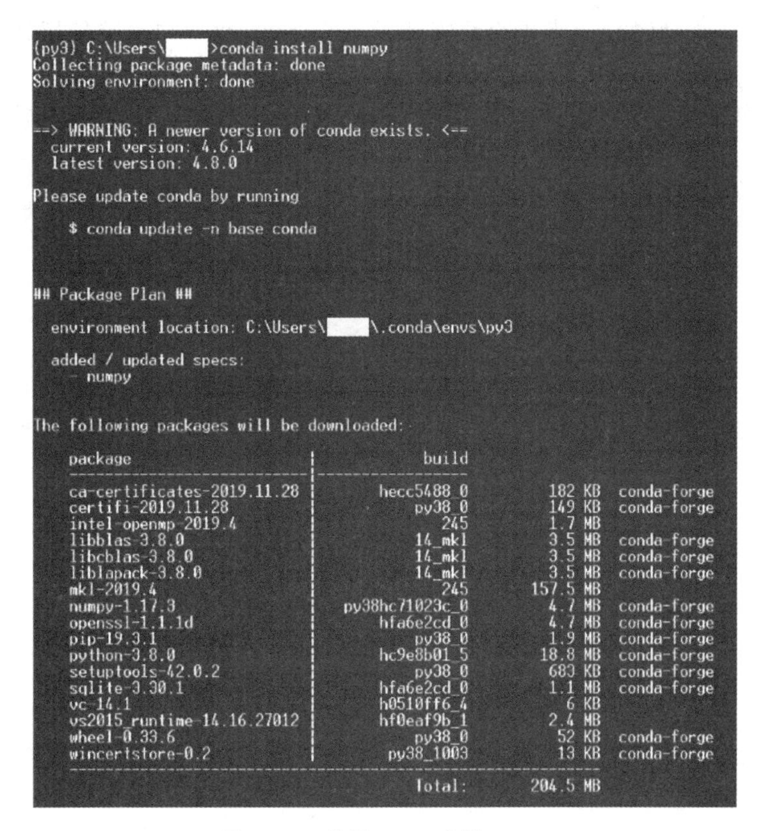

```
(py3) C:\Users\     >conda install numpy
Collecting package metadata: done
Solving environment: done


==> WARNING: A newer version of conda exists. <==
  current version: 4.6.14
  latest version: 4.8.0

Please update conda by running

    $ conda update -n base conda



## Package Plan ##

  environment location: C:\Users\     \.conda\envs\py3

  added / updated specs:
    - numpy


The following packages will be downloaded:

    package                    |            build
    ---------------------------|-----------------
    ca-certificates-2019.11.28 |       hecc5488_0         182 KB  conda-forge
    certifi-2019.11.28         |           py38_0         149 KB  conda-forge
    intel-openmp-2019.4        |              245         1.7 MB
    libblas-3.8.0              |           14_mkl         3.5 MB  conda-forge
    libcblas-3.8.0             |           14_mkl         3.5 MB  conda-forge
    liblapack-3.8.0            |           14_mkl         3.5 MB  conda-forge
    mkl-2019.4                 |              245       157.5 MB
    numpy-1.17.3               |  py38hc71023c_0         4.7 MB  conda-forge
    openssl-1.1.1d             |       hfa6e2cd_0         4.7 MB  conda-forge
    pip-19.3.1                 |           py38_0         1.9 MB  conda-forge
    python-3.8.0               |       hc9e8b01_5        18.8 MB  conda-forge
    setuptools-42.0.2          |           py38_0         683 KB  conda-forge
    sqlite-3.30.1              |       hfa6e2cd_0         1.1 MB  conda-forge
    vc-14.1                    |       h0510ff6_4           6 KB
    vs2015_runtime-14.16.27012 |       hf0eaf9b_1         2.4 MB
    wheel-0.33.6               |           py38_0          52 KB  conda-forge
    wincertstore-0.2           |        py38_1003          13 KB  conda-forge
    ------------------------------------------------------------
                                           Total:       204.5 MB
```

图 7-1-5 使用 conda 安装 NumPy

```
(py3) C:\Users\     >conda list
# packages in environment at C:\Users\     \.conda\envs\py3:
#
# Name                    Version                   Build  Channel
ca-certificates           2019.11.28           hecc5488_0    conda-forge
certifi                   2019.11.28               py38_0    conda-forge
intel-openmp              2019.4                      245
libblas                   3.8.0                    14_mkl    conda-forge
libcblas                  3.8.0                    14_mkl    conda-forge
liblapack                 3.8.0                    14_mkl    conda-forge
mkl                       2019.4                      245
numpy                     1.17.3           py38hc71023c_0    conda-forge
openssl                   1.1.1d               hfa6e2cd_0    conda-forge
pip                       19.3.1                   py38_0    conda-forge
python                    3.8.0                hc9e8b01_5    conda-forge
setuptools                42.0.2                   py38_0    conda-forge
sqlite                    3.30.1               hfa6e2cd_0    conda-forge
vc                        14.1                 h0510ff6_4
vs2015_runtime            14.16.27012          hf0eaf9b_1
wheel                     0.33.6                   py38_0    conda-forge
wincertstore              0.2                   py38_1003    conda-forge
```

图 7-1-6 查看当前环境中已安装的包

7.2 常用交互式语言开发环境

为了更直观方便地书写和调试代码，建议读者使用集成开发环境（Integrated Development Environment，IDE）来代替 Python 解释器及文本编译器，因为 IDE 提供了对 Python 新手而言更为友好的交互体验，能帮助新手更快地掌握 Python 编程语言。目前市面上可供选择的 IDE 有很多，如

Spyder、PyCharm 等。如果按照 7.1 节的介绍安装了 Anaconda，就可以直接使用其自带的 Spyder 了，无须额外安装。接下来，介绍 Spyder 的常用功能。

以 Windows 操作系统为例，图 7-2-1 展示了 Spyder 的页面及其各个分区的功能。

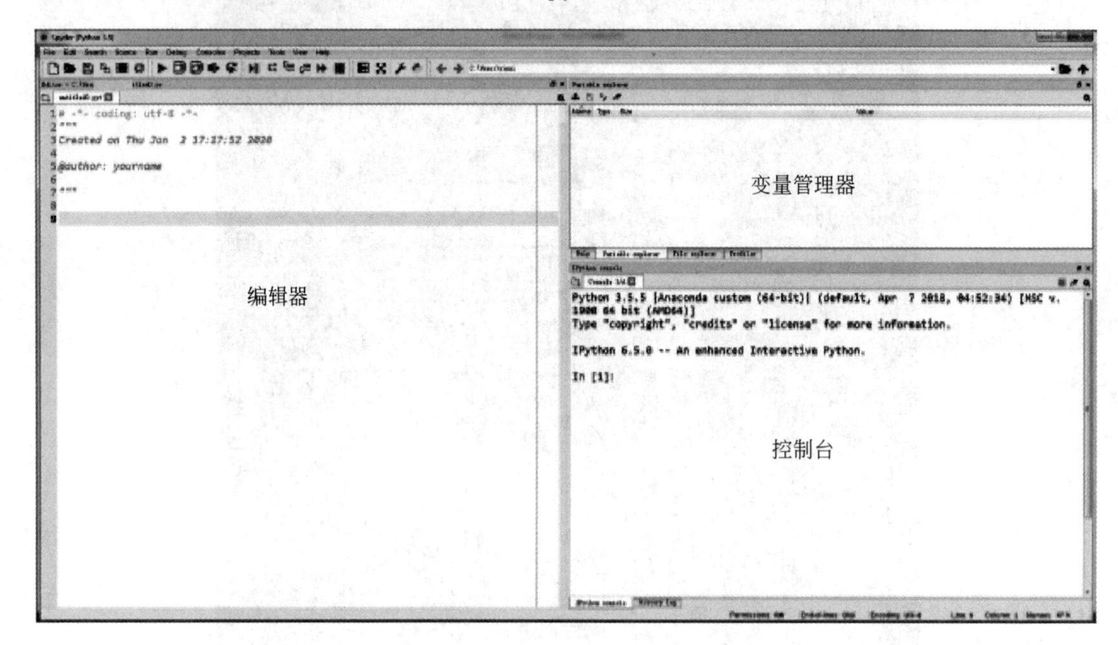

图 7-2-1 Spyder 的界面

7.2.1 编辑器

编辑器（editor）是编写程序的地方。接下来介绍一些实用技巧：

（1）代码字体及字号的调节。可在菜单栏中选择 Tools→Preference→General→Appearance 命令实现。

（2）修改代码编写区的背景色。长时间编程容易引起视觉疲劳，如果想修改代码编写区的背景色，可在菜单栏中选择 Tools→Preference→Syntax coloring 命令实现，Spyder 为用户提供了一系列配色方案，用户也可以自定义配色方案。

（3）在脚本开始处添加脚本编写时间和编写人信息等。这是非常好的编程习惯，有利于后期对程序的查找和使用。方法为：在菜单栏中选择 Tools→Preference→Editor→Advance settings 命令，单击 Edit template for new modules 按钮后，系统会弹出如图 7-2-2 所示的窗口。

```
1 # -*- coding: utf-8 -*-
2 """
3 Created on %(date)s
4
5 @author: yourname
6
7 take home message: "life is short, you need python" --Bruce Eckel
8 """
9
```

图 7-2-2 template.py 窗口

日期一般是不需要修改的，可在@author：后面填写自己的名字，也可以添加其他的信息，如邮箱、电话、项目信息等。例如在图7-2-2中输入了Bruce Eckel的一句名言——life is short，you need python。编辑完毕，单击Apply按钮保存template.py。这样，当打开一个空白脚本文件时，用户自定义的信息就会出现在脚本开头处了。

7.2.2 控制台

在控制台(console)区，用户可查询运行结果，也可输入并运行代码。

1. 查看和更改工作路径

pwd命令用于查看当前工作路径，cd命令用于更改工作路径，示例如图7-2-3所示。

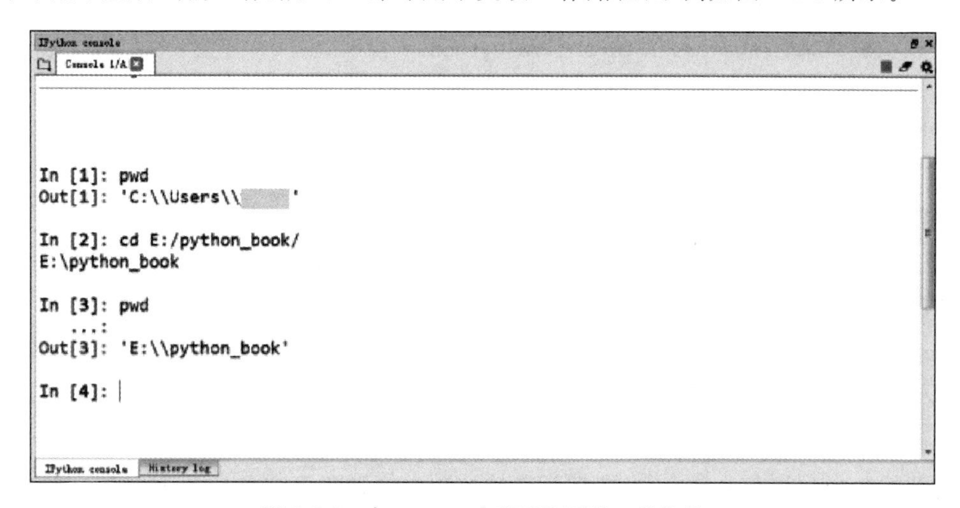

图7-2-3 在console中查看和更改工作路径

2. 运行代码

在日常工作中，一般的操作流程是：首先在编辑器中编辑脚本；然后选中要运行的代码，在右键快捷菜单中选择Run selection or current line命令或者按Ctrl+Enter键执行选中的代码；最后在控制台中查看运行结果。如果用户想执行一个代码块，可在该代码块的上一行及下一行输入#%%，然后选中该代码块，按Ctrl+Enter键即可执行整个代码块。如果想运行当前脚本，按F5键即可。

可在菜单栏中选择Tools→Preference→Keyboard shortcut命令，查看Spyder中的其他快捷键。

需要特别注意的是，在控制台中直接输入代码也可以执行，但如果这段代码涉及全局变量赋值的改变或者函数功能的改变等，一定多加小心。例如，在编辑器中输入如下代码：

```
a = 2                                  #a 赋值为 2
b = 3                                  #b 赋值为 3
x = a + b                              #将 a + b 赋予 x
print(x)                               #输出 x 的值
```

然后选中并执行这段代码，控制台中的结果x值为5。

但如果将为b赋值的语句从编辑器中删除：

```
a = 2
#b = 3                                    #删除为 b 赋值的语句
x = a + b
print(x)
```

运行 x=a+b 并不会报错，因为此时 b 的值还存于控制台中。

为稳妥起见，可以在控制台标签上右击，在快捷菜单中选择 Open an Ipython console 命令，打开新的控制台，运行第二段代码，这时，由于新的控制台中没有给 b 赋值，所以程序报错，如图 7-2-4 所示。

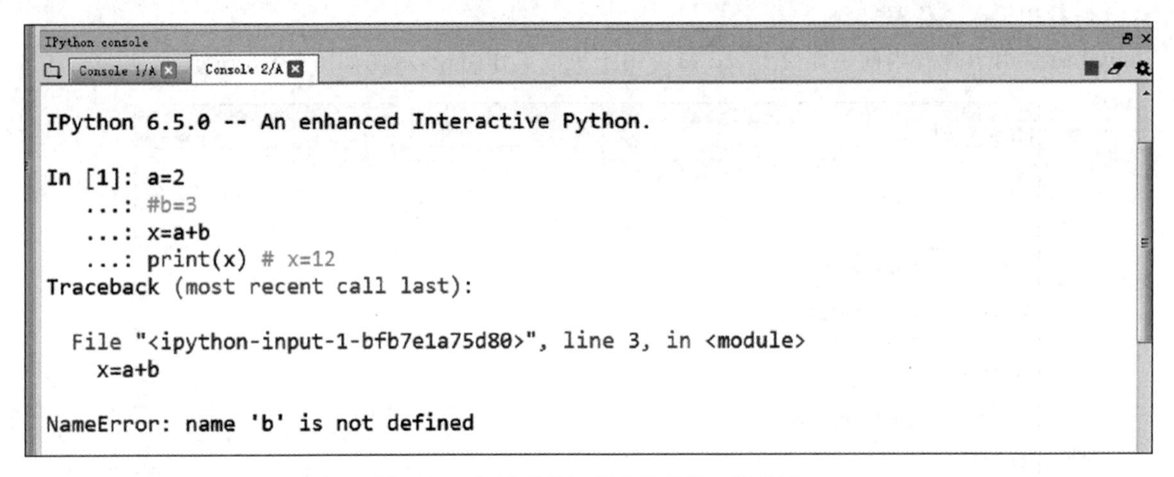

图 7-2-4 打开新的控制台运行第二段代码

可见，这些控制台是相互独立的，当在新开启的控制台中运行第二段代码时，程序就会报错。上述类型的错误在开启多个文件并不同程度地运行了其中的代码块的时候很容易出现，需要时刻警惕。

7.2.3 变量管理器

用户可在变量管理器(variable explorer)中查看程序使用过程中出现的变量信息(如变量名、变量类型、变量值)或数据集的信息。

掌握以上介绍的常用功能后，就可以满足实际编程工作中的基本需求了。如果需要更多的操作指南，可单击图 7-2-5 左下角的 Help 标签以进一步了解 Spyder 的用法。

Variable explorer

Name	Type	Size	Value
a	int	1	2
b	int	1	10
df	DataFrame	(5, 4)	Column names: a, b, c, d
x	int	1	12

Help | Variable explorer | File explorer | Profiler

图 7-2-5 变量管理器

7.3 常用数据类型、数据结构与基本语句

本节介绍 Python 中常用的数据类型和数据结构，并介绍一些基本语句。

7.3.1 Python 中的变量命名规则

Python 与其他编程语言一样，变量的命名要遵循一系列规则，例如：

(1) 变量可以由字母、数字、下画线组成，但只能以字母或下画线开头。变量名不能包含空格和其他特殊字符。例如，变量名不能为 petal length 或 petal.length，但可为 petal_length。

(2) 变量名不可以与 Python 系统内部保留关键词重复。例如，变量名不能为 list，因为它是数据结构名。

7.3.2 常见的数据类型及运算

Python 中常见的数据类型包括整型、浮点型、字符串、布尔型等，同时还有较为特殊的 Null 型（空值型）等。可通过命令进行数据类型之间的转换。

1. 常见的数据类型

(1) 整型(int)。即整数类型，如 100、200 等。值得注意的是，在 Python 2.2 之前的版本中，普通整数不能大于 2 147 483 647，也不能小于－2 147 483 648，否则需要使用长整型。在 Python 3 以后的版本中，整型与长整型已合并。

(2) 浮点型(float)。即包含小数的数值，如 1.23、43.6 等。

(3) 字符串(string)。在 Python 中，字符串可以加双引号(")，也可以加单引号(')，二者等价，例如 "life is short, you need python"。此外，可以使用加号(＋)连接两个字符串。

(4) 布尔型(boolean)。它是一种二分类变量，取值只有 True 和 False 两种情况，常用于逻辑运算中。例如：

```
a = 3 > 2
a
Out[1]: True
```

(5) Null 型。当变量值为空时，其类型为 Null 型。Null 型变量长度为 0。

2. 查看变量类型与类型转换

采用 type 命令可以查看变量类型。采用 int、float、str 命令可以分别将变量类型转换为整型、浮点型和字符型。

3. Python 中的运算

Python 支持在终端窗口中直接进行简单的运算。除了加(＋)、减(－)、乘(*)、除(/)运算符以外，在 Python 中，两个乘号**表示乘方运算，两个单斜线//表示整除运算，百分号%表示取模运算。

7.3.3 常见的数据结构及运算

Python 中常见的数据结构包括列表、元组和字典。

1. 列表

列表(list)是由一系列有序变量组成的数据结构，用[]表示，列表中的元素可以为不同的数据类型。

每个元素对应特定的索引，索引从0开始。

1）访问列表中的元素

根据列表名和索引可以访问列表的元素。例如：

```
a = ['banana','apple', 1, 2, 3, 5.5]
a[3]
Out[2]: 2
```

输出为2，即第4个元素。

2）列表元素的增加与删除

使用append方法可以在列表末尾添加元素，使用insert方法可以在指定位置添加元素。注意，这些操作均直接在原列表上进行修改。如果在列表中一次添加多个值，应使用extend方法。例如：

```
a = ['banana', 'apple', 1, 2, 3, 5.5]
a.append(6)
a
Out[3]: ['banana', 'apple', 1, 2, 3, 5.5, 6]
a = ['banana', 'apple', 1, 2, 3, 5.5]
a.insert(3, 6)
a
Out[4]: ['banana', 'apple', 1, 6, 2, 3, 5.5]

a = ['banana', 'apple', 1, 2, 3, 5.5]
b = ['orange', 'peach', 'potato']
a.extend(b)
a
Out[5]: ['banana', 'apple', 1, 2, 3, 5.5, 'orange', 'peach', 'potato']
```

使用del、pop、remove方法都可以删除指定元素。三者的区别在于：del和pop根据元素的索引删除元素，而remove则根据元素值删除元素；它们都直接修改原列表，但使用pop方法可以将删除的元素保存在另一个变量中继续使用。例如：

```
a = ['banana', 'apple', 1, 2, 3, 5.5]
del(a[3])
a
Out[6]: output: ['banana', 'apple', 1, 3, 5.5]

a = ['banana', 'apple', 1, 2, 3, 5.5]
b = a.pop(3)
a,b
Out[7]: ['banana', 'apple', 1, 3, 5.5] 2

a = ['banana', 'apple', 1, 2, 3, 5.5]
b = a.remove(3)
a, b
Out[8]: ['banana', 'apple', 1, 2, 5.5] None
```

3）列表的切片

根据列表的索引可以选取列表中指定位置的几个元素，这种操作称为切片(slicing)，其形式为list[a:b]。注意，这里默认包括起始位置a的元素而不包括终止位置b的元素。例如，list[1:4]表示选取的为列表第二个元素(索引为1)到第四个元素(索引为3)，而第五个元素(索引为4)不包括在结果中：

```
a = ['banana', 'apple', 1, 2, 3, 5.5]
a[1:4]
Out[9]: ['apple', 1, 2]
```

当省略冒号左右的索引时，默认为选取所有元素。例如：

```
a = ['banana', 'apple', 1, 2, 3, 5.5]
a[:]
Out[10]: ['banana', 'apple', 1, 2, 3, 5.5]
```

当冒号后面的索引为$-n$时，认为最后n个元素不取。例如：

```
a = ['banana', 'apple', 1, 2, 3, 5.5]
a[1:-1]
Out[11]: ['apple', 1, 2, 3]
```

list[a:b:c]表示从位置为a的元素取到位置为b－1的元素，间隔为c。例如：

```
a = ['banana', 'apple', 1, 2, 3, 5.5]
a[1:5:2]
Out[12]: ['apple', 2]
```

若c为负数，则表示从后往前取。例如：

```
a = ['banana', 'apple', 1, 2, 3, 5.5]
a[5:0:-2]
Out[13]: [5.5, 2, 'apple']
```

特别地，若a、b为空，c为－1，则表示逆序输出所有元素。例如：

```
a = ['banana', 'apple', 1, 2, 3, 5.5]
a[::-1]
Out[14]: [5.5, 3, 2, 1, 'apple', 'banana']
```

小贴士：不要忘记列表的索引是从0开始的。

2. 元组

元组(tuple)用()表示。其用法与列表相似，区别在元组内的元素无法修改。

3. 字典

字典(dictionary)用{}表示。其中的元素具有键-值对的形式，键与值用冒号分隔，不同的键-值对之间用逗号分隔。字典中充当索引的键是唯一的，而多个键可以有相同的值。例如，用字典形式存储学生成绩表，每个学生的学号（键）是唯一的，而有可能多个学生的成绩（值）是相同的。

1）字典的生成

可使用{}直接生成字典，例如：

```
Ming = {'Chinese': 98, 'math': 99, 'English': 97}
```

也可使用 dict 函数生成字典，例如：

```
grades = [('Chinese', 98), ('math', 99), ('English', 97)]
Ming = dict(grades)
Ming
Out[15]: {'Chinese': 98, 'English': 97, 'math': 99}
```

2）字典的常见操作

len(dict)返回字典的长度，即键-值对的项数，例如：

```
len(Ming)
Out[16]: 3
```

dict[key]返回键为 key 的值，例如：

```
Ming['math']
Out[17]: 99
```

dict[key]＝x 定义键 key 的值为 x。可以采取这种方式添加键-值对或者修改已有键的值，例如：

```
Ming['math'] = 100
Ming['math']
Out[18]: 100
Ming['music'] = 99
Ming
Out[19]: {'Chinese': 98, 'English': 97, 'math': 100, 'music': 99}
```

del dict[key]删除键 key 的值，例如：

```
del Ming['music']
Ming
Out[20]: {'Chinese': 98, 'English': 97, 'math': 100}
```

dict.keys 方法返回字典中的所有键，例如：

```
Ming.keys()
Out[21]: dict_keys(['Chinese', 'math', 'English'])
```

dict.values 方法返回字典中的所有值，例如：

```
Ming.values()
Out[22]: dict_values([98, 97, 100])
```

3）字典的嵌套

在上面的例子中，键与值都是一一对应的，是比较简单的字典。但有时需要存储多个对象的信息或一个值的多个属性，此时就要用到字典的嵌套。字典可与其他数据结构的数据进行嵌套，也可与字典类型的数据进行嵌套。

前面已定义了 Ming 的成绩：语文 98 分，数学 99 分，英语 97 分。此时，要同时存储 Hong 的成绩，操作如下：

```
Ming = {'Chinese': 98, 'math': 99, 'English': 97}
Hong = {'Chinese': 99, 'math': 98, 'English': 96}
Grade_table = [Ming, Hong]
Grade_table
Out[23]:
[{'Chinese': 98, 'English': 97, 'math': 99},
 {'Chinese': 99, 'English': 96, 'math': 98}]
```

如果还想对某一门课程的不同考试项目进行存储，可以采取字典嵌套字典的方式。例如：

```
Ming = {'Name': 'Ming', 'Chinese': {'reading': 30, 'writing': 50, 'poem': 18}, 'math': 99,
'English': 97}
Ming
Out[24]:
{'Chinese': {'poem': 18, 'reading': 30, 'writing': 50},
 'English': 97,
 'Name': 'Ming',
 'math': 99}
```

7.3.4 第一个程序

掌握了基本的数据类型和数据结构后，接下来介绍 Python 的基本逻辑语句及函数的定义。

在代码编码区输入 print('Hello world')，即可在控制台看到输出结果："Hello world"。因"Hello world"是字符型数据，故在其两侧加引号(')。如果为数字加上引号，那么这个数字也变成了字符型数据。另外，需要将 print 后的内容用括号括起来。

Python 的赋值较为直接，使用等号即可，例如：

```
A = 'Hello world'
print(A)
Hello world
```

需要注意的是，单个＝表示将等号右侧的值赋给等号左侧的对象。如果想比较两个对象是否相等，则需要使用双等号(＝＝)。

7.3.5 函数

Python 虽然提供了种类繁多的函数帮助用户实现计算或操作目的，但多数情况下，仍需用户自定义函数。

Python 的通用函数定义框架为

```
def function_name(parameter1, parameter2,…):
        <function>
```

函数的调用方法为

```
function_name(parameter1=value1, parameter2=value2,…)
```

例如，定义名为 print_greeting 的函数的方法如下：

```
def print_greeting(var):
    print('Hello ' + var + '!')
```

输入函数名以及需要传入的参数值即可实现函数的调用，例如：

```
print_greeting('Ann')
Hello Ann!
```

而多数情况下，一个函数往往需要多个参数。例如，在下面这个例子中，想输出姓名、年龄和性别，于是该函数有 3 个参数，调用该函数时需要给每个参数名提供相应的值。而当一个参数值被反复用到的时候，可将该参数值设置为默认值。例如，如果所有人的性别均为女性，那么可以在定义函数时传入 gender='Female'，这样，每次使用该函数时，都不再需要输入性别。如果性别为男性，在调用函数时传入 gender='Male'，即可将默认值覆盖掉。

```
def print_info(name, age, gender = 'Female'):
    print('Name=', name)
    print('Age=', age)
    print('Gender=', gender)
```

与有默认值的参数相比，其他参数可以只传入参数值，而不用写成“参数＝参数值”的形式，此时的值必须按照参数的顺序传入，如果颠倒位置，结果也会颠倒，因为参数是按位置匹配的。例如：

```
print_info('Ann', 23)
Name = Ann
Age = 23
Gender = Female
```

同时，需要注意，要将所有有默认值的参数放在所有无默认值的参数的后面，否则系统就会报错。例如：

```
def print_info(gender = 'Female', name, age):
    print('Name=', name)
    print('Age=', age)
    print('Gender=', gender)
```

系统会给出以下报错信息：

```
File "<ipython-input-17-544bca5ae383>", line 1
    def print_info(gender = 'Female', name, age):
           ^
SyntaxError: non-default argument follows default argument
```

上例系统报错是因为将有默认值的参数放在了无默认值的参数的前面。

Python 中变量分全局变量和局部变量。前者既可在函数外定义，也可在函数内定义；而后者往往是在函数内定义的，因此只能在函数内才可调用。例如：

```
age=15                                     #全局变量
def check_info(name):
    print(name, age)
check_info('Mary')
Mary 15
```

局部变量仅在函数内可用，因此即便该变量名与全局变量名相同，其指向的对象也是不一样的，给局部变量赋值不会影响全局变量的值。例如：

```
def check_info(name, age):
    print(name, age)                       #这里的 age 是局部变量

check_info('Mary', 20)
print(age)                                 #局部变量的值不会改变函数外的全局变量的值
15
```

如果想在函数内改变全局变量的值，需要用 global 对全局变量进行声明。例如：

```
def check_info(name):
    global age
    age += 1
    print(name,age)

check_info('Mary')
Mary 16
print(age)
16
```

需要注意的是，为了提高代码的可读性，一个函数通常仅完成一项任务，因此，在实际数据分析中，通常需在函数中调用其他函数来完成复杂的任务。例如，在下面的函数中，内层函数用于求两个数的和，而外层函数用于求某数与内层函数返回值的积：

```
def inner_calc(a, b):
    return a + b
def outer_calc(c, x, y):
    return c * inner_calc(x, y)
```

调用外层函数后输出结果为 40：

```
outer_calc(8, 2, 3)      #8 * (2 + 3)
```

代码层次的增加可提高函数的可读性，从而使其更清晰易懂。同时，当某个部分的分析过程需要修改时，仅修改该部分对应的函数即可，使后期代码的维护变得更为灵活。第 12 章将展示如何使用这种方法来生成可以重复使用的代码。

7.3.6 常用逻辑语句

本节介绍常用的逻辑语句，包括 if 条件语句、while 条件循环语句、for 循环语句、列表解析式和几种跳出循环的方法。

1. if 条件语句

常用的 if 条件语句包括 if…else 和 if…elif…else。

小贴士：在 if…和 else 后不要忘记加“:”。

1）if…else 语句

若条件为真，则执行 if 后缩进的语句，否则执行 else 后缩进的语句。例如：

```
num_list = [1, 2, 4, 5, 7, 8, 0]
if len(num_list) == 6:
    print('length is 6')
else:
    print('length is not 6')
```

因为列表长度为 7，因此输出为

```
length is not 6
```

2）if…elif…else 语句

当要对多种情况进行判断时，可在 if 和 else 间加入若干个 elif 语句，哪个表达式为真，就执行对应的代码块。示例如下：

```
num_list = [1, 2, 4, 5, 7, 8, 0]
if len(num_list) == 6:
    print('length is 6')
elif len(num_list) == 7:
    print('length is 7')
else:
    print('length unknown')
```

运行这段代码后，输出结果为

```
length is 7
```

可见程序走的是满足 elif 时的分支。

另外，使用逻辑连接词 and、or、not 可将多个条件关联起来，示例如下：

```
num_list = [1, 2, 4, 5, 7, 8, 0]
if len(num_list) == 7 and num_list[3] == 5:
    print('length is 7 AND 3rd number is 5')
else:
    print('length unknown')
```

运行这段代码后，输出结果为

```
length is 7 AND 3rd number is 5
```

2. while 条件循环语句

while 条件循环语句是一种基于条件判断的循环语句，当表达式为 True 时，循环执行代码块，直到表达式为 False 时结束循环。

1）while 语句

```
i = 0
while (i < 5):
    print(i)
    i += 1
```

上面的代码首先将 0 赋予 i，然后当 i<5 这个条件为真时，输出当前 i 的值，并且每输出一次，i 值加 1。

小贴士：i += 1 是 i = i + 1 的简写形式。

输出为

```
0
1
2
3
4
```

可见，当 i 为 5 时，已经不符合 while 的条件，因此终止这个循环。

2）while…else 语句

当表达式的判断结果为 True 时，执行 while 表达式后的代码块；否则执行 else 后的代码块。

```
i = 0
while (i < 5):
    print(i)
    i += 1
else:
    print('i >= 5')
```

输出为

```
0
1
2
```

```
3
4
i >= 5
```

3. for 循环语句

for 循环语句通常用于遍历一个有序的数据，如列表等。例如：

```
num_list = [1, 3, 5, 7, 9]
for i in num_list:
    print(i)
```

上述程序用于将 num_list 里的内容一一打印出来，故输出结果为

```
1
3
5
7
9
```

由于字典数据存在键-值对，因此使用 for 循环语句时，可以同时分别对键和值遍历。示例如下：

```
color_dict = {'1': 'yellow', '2': 'red', '3': 'green', '4': 'blue'}
for num, color in color_dict.items():
    print('key:', num)
    print('value:', color)
```

输出结果为

```
key: 4
value: blue
key: 2
value: red
key: 3
value: green
key: 1
value: yellow
```

读者可能已经注意到，遍历打印出的顺序与数据在字典中呈现的顺序是不同的，这是因为存储在字典中的键-值对是无序的。使用 items()遍历键-值对是十分常用的方法，读者应该掌握。

4. 列表解析式

列表解析式(list comprehension)的作用与循环类似，且其中也可加入条件判断语句，它可使代码更加简洁且执行速度更快，是数据分析中常用的快捷方法之一，因此熟练掌握其应用可以提升工作效率。例如，拟创建一个名为 col_names 的列表，其中存储'col0', 'col1',…,'col9'共 10 个字符串。应用列表解析式，一步即可实现：

```
col_names = ['col' + str(i) for i in range(10)]
print(col_names)
```

输出结果如下：

```
['col0', 'col1', 'col2', 'col3', 'col4', 'col5', 'col6', 'col7', 'col8', 'col9']
```

该列表解析式的意思是，遍历 0～9 的数字，将其赋值给 i，并通过 str()将 i 转化成字符型变量，最后与'col'字符串相连。

当然，也可增加条件判断式，只在 i 为偶数时才生成列表 col_names 的内容，程序如下：

```
col_names = ['col' + str(i) for i in range(10) if i % 2 == 0]
print(col_names)
```

输出结果如下：

```
['col0', 'col2', 'col4', 'col6', 'col8']
```

5. 跳出循环的常用方法

break 语句和 continue 语句常用于中断循环，但中断方式不同。

1）break 语句

break 语句用于立刻终止整个循环，无论当前遍历是否完成。如果对大循环中嵌套的小循环使用 break，则仅终止小循环。需要注意的是，break 不可与 else 同时使用在循环语句中，因为 else 后的代码块属于循环的一部分，而 break 则直接终止整个循环，不会运行 else 后的代码块。示例如下：

```
long_list = [i for i in range(100)]
for i in long_list:
    print(i)
    if i > 10:
        break
```

在该例中，首先通过列表解析式构建一个含有数字 0～99 的列表，然后遍历并打印其中所有元素，如果数字大于 10，则终止遍历。

```
0
1
2
3
4
5
6
7
8
9
10
11
```

运行后，输出结果为 0 到 11。之所以包含 11，是因为中断语句 break 排在 print(i)之后。

2）continue 语句

与 break 语句不同，continue 语句仅跳出本轮循环，而后续循环仍会被执行。示例如下：

```
long_list = [i for i in range(20)]
for i in long_list:
    if i == 10:
        continue
    print(i)
```

运行后，输出结果为

```
0
1
2
3
4
5
6
7
8
9
11
12
13
14
15
16
17
18
19
```

3）pass

pass 是占位语句，一般用于保持代码结构完整，以方便日后在该部分添加相应的代码，故没有实际作用。

7.4 数据的导入与导出

实际工作中用到的数据一般会以 xls/xlsx、csv 等格式存储。除此之外，用户可能还会接触到 pkl、html 等格式的文件。本节介绍如何使用 Pandas 包读取和存储各类数据。关于该包的更多介绍请参阅 7.6 节。

7.4.1 数据的读取

1. Excel 文件的读取

如果数据存储在 Excel 文件中，每一行代表一位病人，每一列代表一个变量，那么就可用 Pandas 包中的 read_excel 命令将其读取为 DataFrame 对象。

首先要用 import 将 Pandas 载入到环境中。Python 的惯例是将其简写为 pd,这样后续用到 Pandas 时只要输入 pd 即可。示例如下:

```
import pandas as pd
df = pd.read_excel('E:/python_book/data_storage/test_excel1.xlsx')
df.head()
Out[1]:
    A   B   C   D
0  29  31  22  21
1   0  15  18   6
2   5   4  29  18
3  24  24   2  28
4   9  19  18  10
```

如果数据没有列标签,读取时可通过指定 header=None,让 Pandas 自动为其分配列名。示例如下:

```
df = pd.read_excel('E:/python_book/data_storage/test_excel_no_header.xlsx',header=None)
df.head()
Out[2]:
   0   1   2   3   4
0  0  29  31  22  21
1  1   0  15  18   6
2  2   5   4  29  18
3  3  24  24   2  28
4  4   9  19  18  10
```

当然,也可以自行定义列标签。示例如下:

```
col_names = ['col' + str(i) for i in range(5)]      #列表解析式,请参阅 7.3 节
df = pd.read_excel('E:/python_book/data_storage/test_excel_no_header.xlsx',
                   names=col_names)
df.head()
Out[3]:
   col0  col1  col2  col3  col4
0     1     0    15    18     6
1     2     5     4    29    18
2     3    24    24     2    28
3     4     9    19    18    10
4     5    15    11    16    27
```

当文件太大而用户只想读取前几行时,可在读取数据时通过参数 nrows 将行数传递给 read_excel 命令,代码略。

2. csv 文件的读取

另一种常用的文件类型为 csv 文件,该类型的文件以文本形式存储数值,数值间以逗号(也可为分

号等)作分隔符。

使用 Pandas 包读取 csv 文件的命令也很简洁,将其读入 DataFrame 中的程序如下：

```
df = pd.read_csv('E:/python_book/data_storage/test_excel1.csv')
```

小贴士：由于语法类似,在此不提供样例数据。关于 csv 格式及 pkl 格式文件的读取请参阅 12.1 节和 12.2 节。

另一个命令也可达到同样效果,但需用户指定分隔符为逗号：

```
df = pd.read_table('E:/python_book/data_storage/test_excel1.csv', sep=',')
```

小贴士：有些文件的分隔符为空格符,这时使用 read_table 也可以顺利读取,但需指定 sep='\s+'。

3. pickle 文件的读取

pickle 文件是一种二进制类型的文件。它通过序列化和反序列化的方式,使 Python 对象(如列表、数组)与字符流之间实现相互转换,完成 Python 脚本间对象的传递,所以可将该类型的文件看作在 Python 中保存数据的特殊方法。数据分析中生成的 DataFrame 就可以保存为 pkl 文件。

使用 Pandas 读取该类文件的程序如下：

```
df = pd.read_pickle('E:/python_book/data_storage/test_excel1.pkl')
```

读入数据的函数还有 read_html(html 格式文件)、read_stata(Stata 文件)等。读者可在 Pandas 的官方说明里阅读更多读取文件的方法。

7.4.2 数据存储

与读取数据的过程类似,仅需一行简单的代码即可将 DataFrame 存为 Excel 文件,例如：

```
df.to_excel('E:/python_book/data_storage/test_excel_sheet2_no_index.xlsx', index =
False, sheet_name = 'Sheet2')
```

其中,sheet_name 用于指定读入的 sheet,默认为 Sheet1;参数 index 用于将索引作为一列变量存入 Excel 表中,默认值为 True。存储数据的函数还有 df.to_csv、df.to_pickle 等。

7.5 基础运算常用包——NumPy

NumPy (Numerical Python)是一个十分强大的数据科学基础包,本书中的每一段代码几乎都要用到它,可见其在 Python 中的重要性。数据分析工作中调用的很多高级包都是在它的基础上开发出来的,但读者可能会发现,在本书的第 12 章中,其实很少直接调用 NumPy,这是因为很多高级包能够完成绝大部分需要用 NumPy 来实现的功能。但是作者仍建议读者对其进行大致了解,这将使读者更轻松地学习 Python 的高级应用,为未来编写程序,实现高阶的数据科学算法打下坚实基础。

7.5.1 基本性质

可使用 import 语句调用 NumPy,将其载入环境中。按照惯例,NumPy 可简写为 np,这样,在接下来的代码中用到 NumPy 时,只要输入 np 即可。

```
import numpy as np
```

接下来,先来看一下 NumPy 最基本的数据结构:ndarray。它的意思是 n 维数组,其所存储的数据必须是同一类型的。

先创建一个最简单的 ndarray,示例代码如下:

```
list1 = [1, 3, 5, 7]
arr = np.array(list1)
type(arr)
Out[1]: numpy.ndarray
```

array 函数将列表转换成 NumPy 数组。使用 type 查看 arr 的类型,输出结果为 numpy.ndarray。

创建 ndarray 后,可使用 shape、dtype、ndim 等查看数组各维的大小、数据类型和维度。

```
arr.shape
Out[2]: (4, )
arr.dtype
Out[3]: dtype('int32')
arr.ndim
Out[4]: 1
```

如果用户不指定数据类型,NumPy 会根据传入的数据特征来判断其数据类型。用户也可以根据实际分析需求定义数据类型。例如,在处理大数据时,为了节省内存,一般可通过语句 astype(bool)将二分类变量(0 和 1)保存为布尔值而非整型值。

```
binary_arr = np.array([0, 1, 1, 0])
bool_arr = binary_arr.astype(bool)
bool_arr
Out[5]: array([False, True, True, False])
```

另外,用户也可使用 asarray 函数创建数组,但它与 array 函数有细微不同。

当待转化数据不是数组时,np.array 与 np.asarray 都会生成一个输入数据的副本,在原输入数据(如下例中的 example1)上进行改变时,并不会改变转换后的数组内容(如下例中的 arr1)。

```
#np.array 和 np.asarray
example1 = [1, 3, 5, 7]
arr1 = np.array(example1)
example1[2] = '10'
arr1
Out[6]: [1 3 5 7]
example2 = [1, 3, 5, 7]
arr2 = np.asarray(example2)
example2[2] = '10'
arr2
Out[7]: [1 3 5 7]
```

而当待转化的数据已经是数组时，使用 np.asarray 就不再产生副本。这时，再改变原输入数据（如下例中的 example3），转化后的数组（如下例中的 arr3）也会跟着改变，因为它们指向同一个对象。

```
example3 = np.array([1, 3, 5, 7])
arr3 = np.asarray(example3)
example3[2]='10'
arr3
Out[8]: [ 1  3 10  7]
```

而对于 array 函数，无论原输入数据是否为数组，都返回原输入数据的副本，因此下例中的 arr4 不会随着 example4 的改变而改变：

```
example4 = np.array([1, 3, 5, 7])
arr4 = np.array(example4)
example4[2] = '10'
arr4
Out[9]: [1 3 5 7]
```

7.5.2 矢量化运算

数组与其他类型的数据（如列表等）最大的区别之一就是可以进行矢量化运算，即当使用某种运算时，该运算会对数组中的所有元素执行。

例如，下面例子中的数组和标量的运算无法同样地对列表中的所有元素执行。若用户想实现同样的运算，可使用列表解析式[i * 5 for i in list]。

```
#矢量化
list1 = [1, 1, 1]
list1*5
Out[10]: [1, 1, 1, 1, 1, 1, 1, 1, 1, 1, 1, 1, 1, 1, 1]

arr1 = np.array([1, 1, 1])
arr1*5
Out[11]: array([5, 5, 5])
```

再如，数组与数组的运算也是元素级的。

```
#元素级运算
arr1 = np.array([2, 4, 6])
arr2 = np.array([1, 2, 3])
arr1 + arr2
Out[12]: array([3, 6, 9])
```

7.5.3 NumPy 中的函数

用户可使用 NumPy 中内置的函数高效地进行一些基础运算，这些函数统称为通用函数（universal function，ufunc），它们依次作用在数组的每个元素上。

例如，对数组中每个元素求平方：

```
np.square (arr);
```

计算两个数组的和：

```
np.add(x,y);
```

注意：当两个数组维度不同，却需要对它们求和时，NumPy数组就显示出了巨大的优越性，因为它允许不同维度的数组进行运算，这一机制称作广播（broadcasting）。当一个数组与单一数值进行运算时，该数值会依次作用于数组内的每个值。如果一个3×2的数组要与一个2×1的数组做加法，可能需要遍历第一个数组的每一行，逐个元素相加，十分麻烦；但有了广播机制，就可以使用X+Y达到目的。例如：

```
arr2 = np.array([[1, 2], [3, 4], [5,6]])
arr_add = np.array([10,20])
arr2 + arr_add
Out[13]:
array([[11, 22],
       [13, 4],
       [15, 26]])
```

小贴士：np.multiply得到的是两个矩阵的元素积，而np.dot(matrix1,matrix2)得到的是两个矩阵的点积。

关于NumPy中的其他通用函数，请参阅NumPy的官方手册或https://docs.scipy.org/doc/numpy/reference/ufuncs.html。

接下来，介绍几个数据挖掘必备的NumPy函数。牢记并熟练使用它们，会迅速提升数据挖掘的效率。

1. np.all函数

np.all函数用于判断在指定的轴上传入的数组元素是否全部为True。使用时将轴的索引传递给axis参数，如果用户想对多个轴、多个索引进行判断，需要用括号括起来，形成元组形式；若不传入值给参数axis，则判断全部元素是否都为True。例如：

```
list1 = [[1, 2, 3, 4],[5, 6, 7, 8], [9, 10, 11, 12]]
arr1 = np.array(list1, dtype = 'int')
arr_bool = arr1[:]<np.array([1, 7, 6, 6])
np.all(arr_bool, axis=(0,1))
Out[14]: False
```

类似的还有np.any函数，用来考察是否至少有一个元素为True。

2. np.argmin函数

np.argmin函数返回在指定的轴上传入的数组中元素最小值的索引。如果不传入值给参数axis，则返回整个数组中元素最小值所在的位置。关于axis更详细的介绍请参考7.5.4节。例如：

```
list1 = [[1, 2, 3, 4],[5, 6, 7, 8], [9, 10, 11, 12]]
arr1 = np.array(list1, dtype = 'int')
np.argmin(arr1, axis = 0)
Out[15]: array([0, 0, 0, 0], dtype = int64)
```

3. np.arange 函数

使用 np.arange 函数生成连续整型变量的数组。例如：

```
#生成 2~10 的整型数值
np.arange(2,10)
Out[16]: array([2, 3, 4, 5, 6, 7, 8, 9])
#从 1 开始以 3 为步长生成整型数值,最大值为 10
np.arange(1,10,3)
Out[17]: array([1, 4, 7])
#从大到小生成 10~1 的整数
np.arange(10, 1, -1)
Out[18]: array([10, 9, 8, 7, 6, 5, 4, 3, 2])
```

4. np.random 系列函数

使用 np.random 系列函数生成随机数。例如：

```
#生成 shape 为(3, 2)的[0, 1]区间的数
np.random.rand(3, 2)
Out[19]:
array([[0.73521469, 0.96627266],
       [0.96752477, 0.78793727],
       [0.11125578, 0.16008567]])
#生成 shape 为(3, 2)的服从正态分布的数
np.random.randn(3, 2)
Out[20]:
array([[-0.78483307, -0.09983191],
       [ 0.72931437, -1.00919379],
       [ 0.31305439, -0.65725388]])
#生成 1~10 的整型随机数
np.random.randint(1, 10, size = [3, 2])
Out[21]:
array([[4, 1],
       [5, 5],
       [3, 3]])
```

用户需要设定种子(seed)来重复获得一组随机数。例如：

```
np.random.seed(100)
```

5. np.where 函数

np.where 函数是使用频率很高的一个函数,其功能等同于条件判断语句 if…else,但 np.where 处理

数组既简洁又高效。其用法为

```
np.where(condition [, arr_X, arr_Y])
```

当 condition 为 True 时，返回 arr_X 的值；当 condition 为 False 时，返回 arr_Y 的值。例如：

```
arr = np.array([0, -1, 2, 3, -4, 5, 6, -7, 8, 9])
arr_color = np.where(arr%2==0, 'red', 'blue') #%2 == 0 为偶数时,返回'red',否则,返回'blue'
arr_color
Out[22]:
['red' 'blue' 'red' 'blue' 'red' 'blue' 'red' 'blue' 'red' 'blue']
```

该函数通常用于将一个数组中不满足条件的元素替换成另一个值。例如：

```
np.where (arr < 0, 0, arr)              #将小于 0 的值变为 0
Out[23]: array([0, 0, 2, 3, 0, 5, 6, 0, 8, 9])
```

还可以利用它来筛选数组中满足条件的元素。例如：

```
arr[np.where ((arr > 0) &(arr < 4))]
Out[24]: array([2, 3])
```

7.5.4 ndarray 的轴、索引与切片

1. 轴和索引

通过 shape 可以查看数组的结构。二维数组如同矩阵，有行与列两个轴；三维数组则像立方体一样有 3 个维度，也就是有 3 个轴；以此类推。轴是 NumPy 中的重点，也是难点，所以接下来对轴及相关的索引、切片等内容进行详细讲解，帮助读者攻克该难点。首先创建多维数组 A：

```
list1 = [[1, 2, 3, 4],[5, 6, 7, 8], [9, 10, 11, 12]]
A = np.array(list1, dtype = 'int')
```

然后查看其维度：

```
A.shape
Out[25]: (3, 4)
```

由结果可知，数组 A 的轴 0(axis 0)有 3 维，轴 1(axis 1)有 4 维，其数据结构如图 7-5-1 所示。

可以看到，轴 0 是纵跨各行且方向向下的一个轴，而轴 1 是横跨各列且方向向右的一个轴。与列表等数据结构的索引一样，数组的索引也是从 0 开始的。

可以通过元素在各个轴的位置调取某元素，例如 A[1][0]的元素值为 5。也可使用列表形式的索引来调取某元素，其中各轴的索引之间用逗号隔开，如 A[2,1]的元素值为 10。

如果想获取整个轴内的元素，可使用如下办法：

```
A[2]
Out[26]: array([9, 10, 11, 12])
```

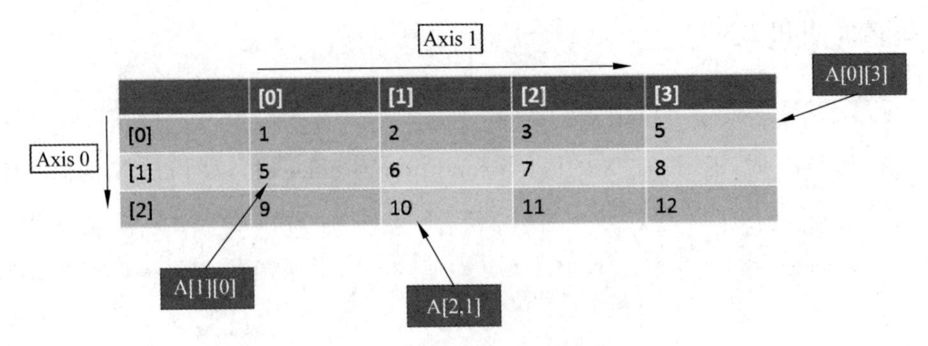

图 7-5-1　数组 A 的数据结构

多维数组的轴和索引比较复杂，但只要找到规律也就不难了，因为可以使用括号的层级结构来判断元素对应的维度。举以下例子展开说明。首先构建一个 2×3×2 的数组 arr：

```
arr=np.array([[[0, 1],
               [2, 3],
               [4, 5]],

              [[6, 7],
               [8, 9],
               [10, 11]]])
```

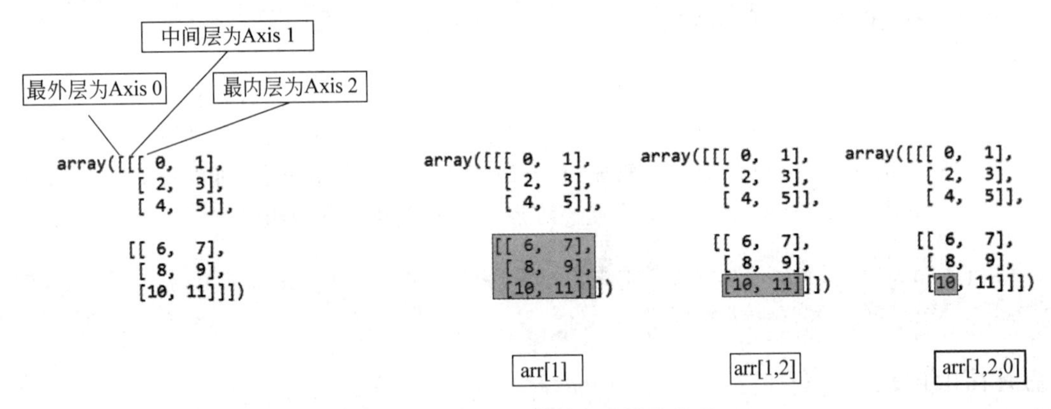

图 7-5-2　数组 arr 的轴和索引的关系

按照图 7-5-2 中的关系，arr[0]为轴 0 上位置 0 所对应的部分：

```
arr[0]
Out[27]:
array([[0, 1],
       [2, 3],
       [4, 5]])
```

arr[1]则为轴 0 上位置 1 所对应的部分：

```
arr[1]
Out[28]:
```

```
array([[6, 7],
       [8, 9],
       [10, 11]])
```

而索引[1,2]则对应轴 0 上位置为 1、轴 1 上位置为 2 的部分：

```
arr[1, 2]
Out[29]: array([10, 11])
```

以此类推。使用 arr[1,2,0]即可访问轴 0 上位置为 1、轴 1 上位置为 2、轴 2 上位置为 0 的部分：

```
arr[1, 2, 0]
Out[30]: 10
```

有时，用户也可将 axis 作为参数传递到函数中，以实现某种功能，这也是初学者容易困惑的地方。接下来通过例子对其进行说明。

函数 np.max 可以求得数组中的最大值，例如下例中二维数组 arr 的最大值为 12。那么，如何求每行和每列的最大值呢？这时就要将 axis 作为参数传递到函数中。

例如，求每列的最大值：

```
arr = np.array([[1, 2, 3, 4],
                [5, 6, 7, 8],
                [9, 10, 11, 12]])

np.max(arr, axis = 0)
Out[31]: array([9, 10, 11, 12])
```

读者可能会疑惑，因为上文中提到 axis=0 代表的是行。这里需要记住的是：像 max、sum 这样的函数，其作用是将数据整合出一个新的结果。为了达到该目的，函数要对原始数据进行压缩，例如求最大值的过程就是将多个数值压缩为一个数值的过程，而函数中的 axis 所指的轴便是这个运算过程中被压缩的轴。例如，在求每列最大值的操作中，被压缩的轴是行方向的，而列数是保持不变的，因此设定 axis=0 是对行进行压缩。

同理，如果求每行的最大值，需要传入 axis=1，即压缩的为纵轴。例如：

```
np.max(arr, axis = 1)
Out[32]: array([4, 8, 12])
```

同样，还可以使用函数 min、mean、median 等来求数组的最小值、均值和中位数。

2. 切片

切片在实际工作中应用广泛，读者需掌握。创建切片时，需要指定第一个元素的索引和最后一个元素的索引加 1。例如，要输出列表的前 4 个元素，需要指定索引 0 和 4。接下来，先从二维数组的切片说起。首先生成一个数组：

```
arr = np.array([[1, 2, 3, 4],
                [5, 6, 7, 8],
                [9, 10, 11, 12]])
```

与索引操作类似，当仅传入一个切片时，是沿着轴 0 进行切片的。例如，数组 arr 如图 7-5-3 所示。

	[0]	[1]	[2]	[3]
[0]	1	2	3	4
[1]	5	6	7	8
[2]	9	10	11	12

图 7-5-3　数组 arr

先传入一个切片：

```
arr[:1]
Out[33]: array([[1, 2, 3, 4]])
```

再传入一个切片，就在原切片基础上对下一个维度进行切片：

```
arr[:1,:2]
Out[34]: array([[1, 2]])
```

这时候，结果看上去是个一维数组，但它其实是二维数组，因为用含有冒号的方式来切片，得到的是原来的维数。可以查看切片的维数：

```
arr[: 1, : 2].shape
Out[35]: (1, 2)
```

上面例子中的两个切片如图 7-5-4 所示。

```
array([[ 1,  2,  3,  4],
       [ 5,  6,  7,  8],
       [ 9, 10, 11, 12]])
```

(a) arr[:1]

```
array([[ 1,  2,  3,  4],
       [ 5,  6,  7,  8],
       [ 9, 10, 11, 12]])
```

(b) arr[:1, :2]

图 7-5-4　数组的两个切片

但是，如果使用索引代替部分切片，得到的数组维度则会降低：

```
arr[0, : 2]
Out[36]: array([1, 2])
arr[0,: 2].shape
Out[37]: (2, )
```

需要特别注意的是，如果对切片后的元素进行赋值，会改变原始数组。例如：

```
arr[0, : 2]=33
arr
Out[38]:
array([[33, 33, 3, 4],
       [5, 6, 7, 8],
       [9, 10, 11, 12]])
```

除了使用索引来切片外，也可传入条件语句，使用布尔型索引。例如：

```
arr[arr > 5] = 0
arr
Out[39]:
array([[0, 0, 3, 4],
       [5, 0, 0, 0],
       [0, 0, 0, 0]])
```

7.5.5　实战举例：用 NumPy 进行图像处理

下面用一个例子来强化读者对上述概念的理解。与人脑不同，计算机读入一张 RGB(Red、Green、Blue)图片后，要转换成数字进行处理，而 NumPy 正是对这些数字化图像进行加工的强大工具。

首先用 matplotlib 库的 pyplot 模块读入一张图片(名为 Tomte.jpg，如图 7-5-5 所示)：

```
from scipy.misc import imread
import matplotlib.pyplot as plt
img = imread('E:/python_book/img_output/origin_Tomte.jpg')
```

图 7-5-5　图片 Tomte.jpg

关于 matplotlib 库的更多介绍参见 7.8 节。

小贴士：图像处理的包有很多，本书不作详细介绍。

使用 plt.imshow 函数将该图片显示在 Spyder 的控制台中：

```
plt.imshow(img)
```

对 matplotlib 的介绍详见 7.7 节。

使用 type 函数查看 img 的类型，其类型为 numpy.ndarry。

```
type(img)
Out[40]: numpy.ndarray
```

其维度大小为 4032、3024 和 3。

```
img.shape
Out[41]: (4032, 3024, 3)
```

其中，4032 与 3024 分别表示该图像高度与宽度的像素数，第三个数字表示该图像有红、绿、蓝 3 个通道（channel）。

接下来，就可以用上面介绍的切片方法来实现对图片的水平翻转了：

```
img_rotate = img[:, ::-1, :]
plt.imshow(img_rotate)
```

运行后，输出的图片如图 7-5-6 所示。

同理，也可以仅输出图片的一部分。

注意：使用切片时，第一个数值为图像纵坐标方向的像素数，第二个数值为图像横坐标方向的像素数，第三个数值为 RGB 通道号（0、1、2 分别代表 R、G、B 通道）。

截取图像最上面 2500 行像素的程序如下：

```
part_img = img[:2500, :, :]
plt.imshow(part_img)
```

输出图片如图 7-5-7 所示。

图 7-5-6　水平翻转图片

图 7-5-7　用切片的方法截取部分图片

也可以用索引来改变某些颜色通道的数值，或查看单个颜色通道的效果。例如：

```
img_r = img.copy()                    #复制图片，避免在原图上修改
img_r[:, :, 1] = 0                    #将 G 通道的数值设为 0
img_r[:, :, 2] = 0                    #将 B 通道的数值设为 0
plt.imshow(img_r)
```

输出图片如图 7-5-8 所示。

图 7-5-8 仅显示红色通道

小贴士：仅使用切片 img_r[:，:，0]是无法达到目的的，因为图片必须同时拥有 R、G、B 3 个通道的数值，才能被成功显示(黑白图片除外)。

还可以通过布尔值来提取部分图像。例如，下面只提取红色部分。其思路是，首先设定深红、浅红的 RGB 值为上下限：

```
lower_red = np.array([90, 20, 20])      #RGB 值的下限 (浅红)
upper_red = np.array([190, 65, 65])     #RGB 值的上限(深红)
```

注意，此处数值的选取通常是不固定的，需根据要处理的图片而变化。

然后，对于 img，判定每个像素(每个像素在该数组中都对应 3 个值，分别是该像素的 R、G、B 值)与设定的上下限的大小关系。这时，由于前面提到的广播机制，整张图片 R、G、B 3 个通道的值会分别与上下限中的 3 个数值一一比较。比较后的结果 mask1 或 mask2 是与 img 具有相同维度的数组(即 shape 同样为(4032，3024，3))，该数组的元素均为布尔值。

```
mask1 =  ((img[:, :, :]>lower_red))     #元素为布尔值，与图像维度相同
mask2 =  ((img[:, :, :]<upper_red))     #元素为布尔值，与图像维度相同
```

随后，通过取交集，将同时满足 mask1 与 mask2 的元素提取出来，形成 mask3：

```
mask3 = mask1&mask2                      #同时满足两个条件的
```

但到此为止的运算都是元素级别的，而对应 R、G、B 值的 3 个元素合在一起才能反映一个像素的情况，因此，下一步，通过 np.all 函数考查每个像素对应的 R、G、B 通道的比较结果是否均为 True：

```
mask = np.all(mask3, axis = (2))         #R、G、B 通道的比较结果全为 True
```

最后，创建原图的复制图 output_img，避免对原图进行修改，并将 mask 值为 False 的像素赋值为 0 (再次利用广播机制，这里会为该像素对应的 R、G、B 3 个通道同时赋值)，表示黑色：

```
output_img = img.copy()                          #不能改变原图
output_img[np.where(mask == False)] = 0          #如果 mask 值为 False,则赋予 0,即黑色
plt.imshow(output_img)
```

效果如图 7-5-9 所示，只提取了原图片中从深红到浅红的部分。

图 7-5-9　只提取红色部分的效果

举这个例子旨在与读者一起回顾前面介绍的 NumPy 知识点。虽然实际工作中有些高级操作是由图像处理专用包来完成的，但是读者掌握 NumPy 以后，完全可以通过自己编写的程序实现同一目的，甚至可能填补高级包功能的空白。

7.6　数据处理常用包——Pandas

Pandas 是数据清洗和数据分析过程中最常用的第三方库之一。在后续的章节和数据实践部分，会大量应用 Pandas。然而，由于 Pandas 自带的函数与方法非常多，读者可能无法一次掌握其全部用法。因此，建议读者先通读本节，在对其功能有了大致了解后，可以直接跳到数据实践部分，在实践中加深对 Pandas 的函数和方法的理解。本节从主要数据类型、对 DataFrame 的描述、缺失值的检测与处理、DataFrame 的索引等几方面对 Pandas 的基本操作进行简要介绍，然后介绍字符串数据的处理、自定义函数的使用以及对 DataFrame 进行分组处理的方法。

7.6.1　主要数据类型

Pandas 中最常见、最重要的两种数据类型是 Series 和 DataFrame。

使用前首先载入 Pandas。编程时，习惯将其简写为 pd：

```
import pandas as pd
```

1. Series

Series 为一维数据类型，与一维列表、一维 NumPy 数组类似。与后两者不同的是，Series 额外有一组与数值对应的索引。因为索引的存在，与 NumPy 数组相比，Series 可以很方便直观地通过索引获取

相应数值。可以通过一维列表、NumPy 数组、字典(字典中的键自动变成了索引)等创建 Series。默认情况下,索引从 0 开始自动生成,用户也可根据实际需要设置特定值作为索引。

```
sample_series = pd.Series([1, 3, 5, 7])
sample_series
Out[1]:
0    1
1    3
2    5
3    7
dtype: int64
sample_series[2]                                #用索引获取相应数值
Out[2]: 5
```

需要注意的是,数据分析中一般不会单独用到 Series,多数情况下它是与 DataFrame 联合使用的,如将一个 Series 作为 DataFrame 中的一列进行插入。

2. DataFrame

在实际工作中遇到的数据一般都类似于表格,即有行和列。这类数据就可以用 DataFrame 来处理了。

多数情况下,用户只需将数据读进 DataFrame 中即可,少数情况下才需手动创建 DataFrame。一般,任何形式的二维数据都可以传入 DataFrame,如二维 ndarray、字典、列表等。例如,用户想了解多个文件夹下都有哪些文件,并将文件夹和文件名以表格的形式展示出来,就可以用以下代码实现:

```
import numpy as np
import os
data = []                                                #创建空列表
home = 'E:/SAS R STATA PYTHON/SAS R STATA PYTHON/'       #主路径
for folder in os.listdir(home):                          #遍历路径下所有文件夹
    for file in os.listdir(home + folder):               #遍历文件夹内所有文件
        data.append([folder, file])                      #将文件夹与文件名存入 data 列表
df = pd.DataFrame(data, columns = ['Folder','File'])
#用 data 创建数据集对象 df,并通过 columns 参数以列表方式传入列变量名
```

小贴士:此处用到的 os 模块也是 Python 中的常用包,它提供了多种操作系统接口。在数据分析中,该模块包含的文件路径管理等操作较为常用。

通过 print 函数查看数据集 df 的内容:

```
print(df)
       Folder            File
0  06_Python   python_数据分析.docx
1  06_Python   Scipy.docx
2  07_Dataset  ami.csv
3  07_Dataset  baseline.csv
4  07_Dataset  diagnosis.csv
5  07_Dataset  drug.csv
6  07_Dataset  lab_1.csv
7  07_Dataset  lab_2.xlsx
```

7.6.2 对 DataFrame 的描述

用户可以通过函数 head、tail 来查看表格的前 5 行或后 5 行。例如：

```
df.head()
Out[3]:
      Folder             File
0  06_Python   python_数据分析.docx
1  06_Python   Scipy.docx
2  07_Dataset  ami.csv
3  07_Dataset  baseline.csv
4  07_Dataset  diagnosis.csv
```

也可以在括号中加入任意数字，查看表格前或后若干行。这两个函数在处理大数据时会经常用到，因为此时用户无法一次性查看数据集中的所有数据。

如果数据中的列数过多，使用 df.head 无法显示所有列时，可以更改 Pandas 的设置来实现对列的查看。例如：

```
pd.set_options('display.maximum_columns',35)
```

输出时最多显示 35 列。

可通过 df.columns、df.index 和 df.values 函数分别查看列变量名、索引或变量值。例如：

```
df.columns
Out[4]: Index(['Folder', 'File'], dtype='object')
df.index
Out[5]: RangeIndex(start=0, stop=18, step=1)
df.values
Out[6]:
array([['06_Python', 'python_数据分析.docx'],
       ['06_Python', 'Scipy.docx'],
       ['07_Dataset', 'ami.csv'],
       ['07_Dataset', 'baseline.csv'],
       ['07_Dataset', 'diagnosis.csv'],
       ['07_Dataset', 'drug.csv'],
       ['07_Dataset', 'lab_1.csv'],
       ['07_Dataset', 'lab_2.xlsx']], dtype=object)
```

也可通过 df.describe 函数查看数据的均值、标准差等统计指标。例如，首先构建数据集 data，并使用 append 对其进行数据追加，最后使用 describe 对年龄进行描述，程序如下。

```
data = {'name': ['Ming', 'Hong', 'Hua'], 'shape': ['square', 'circle', 'circle'],\
      'color': ['yellow', 'red', 'blue'],'age': [15, 20, 16]}
df = pd.DataFrame(data)
sample = {'name': 'Lei', 'shape': 'square', 'color': 'purple'}  #没有'age'的值
df = df.append(sample, ignore_index = True)
```

```
print(df)
   age   color  name  shape
0  15.0  yellow Ming  square
1  20.0  red    Hong  circle
2  16.0  blue   Hua   circle
3  NaN   purple Lei   square

df.describe()
Out[7]:
             age
count  3.000000
mean   17.000000
std    2.645751
min    15.000000
25%    15.500000
50%    16.000000
75%    18.000000
max    20.000000
```

由结果可知,年龄的均值为 17,标准差为 2.65。

7.6.3 缺失值的检测与处理

1. 检测

数据是否缺失,缺失到怎样的程度,这些情况对后续结果的影响较大,因此,在数据分析开始之前,需对数据的缺失情况进行描述和处理。从 7.6.2 节的例子中可以看到 age 变量有一个缺失值(NaN)。

Pandas 中提供了两个函数对缺失值进行检测:函数 isnull 在遇到缺失值时返回 True,否则返回 False;函数 notnull 在遇到缺失值时返回 False,否则返回 True。以上例中的数据为例:

```
df.isnull()
Out[8]:
   age    color  name   shape
0  False  False  False  False
1  False  False  False  False
2  False  False  False  False
3  True   False  False  False

df.notnull()
Out[9]:
   age    color  name   shape
0  True   True   True   True
1  True   True   True   True
2  True   True   True   True
3  False  True   True   True
```

2. 处理

当对数据进行描述性统计分析，如求和、求均值时，缺失值被默认为 0，因此，若所有值都缺失，则求和结果为 0。如果遇到累计求和(cumsum)等运算时，默认缺失值被忽略。如果不想剔除缺失值，则需使用选项 skipna=False。

当缺失值不多时，直接删除含有缺失值的数据是较为稳妥的处理方法。这在 Pandas 中可以通过 dropna 来实现，对于含有缺失值的行或列，可通过传入 axis 参数来自定义删除行还是列，默认 axis=0，即删除行。例如：

```
df.dropna(axis = 0)
Out[10]:
   age  color  name  shape
0  15.0 yellow Ming  square
1  20.0 red    Hong  circle
2  16.0 blue   Hua   circle
```

可通过设置 inplace=True 来选择在原 DataFrame 上进行修改，这在处理大型数据时十分常用，有助于节省内存。例如：

```
df.dropna(axis = 1, inplace = True)     #程序执行后无返回值，而是直接在原 DataFrame 上删除缺失项
df
Out[11]:
   color  name  shape
0  yellow Ming  square
1  red    Hong  circle
2  blue   Hua   circle
3  purple Lei   square
```

若想用其他值对缺失值进行填充，可使用函数 fillna，在括号中填入想用来替换缺失值的值即可。也可以同时修改多个列，这时应在函数中加入字典，指明每列想填入的值。例如：

```
df.fillna(15)                          #为缺失值加入标量 15
Out[12]:
   age  color  name  shape
0  15.0 yellow Ming  square
1  20.0 red    Hong  circle
2  16.0 blue   Hua   circle
3  15.0 purple Lei   square
```

同时，fillna 函数中的 method 参数可以是 bfill、ffill 等值，即可以按照缺失值的上一个观测值或下一个观测值填补缺失值：

```
df.fillna(method = 'ffill')            #将缺失值前一个值赋予缺失值

Out[13]:
   age  color  name  shape
0  15.0 yellow Ming  square
```

```
1  20.0  red     Hong  circle
2  16.0  blue    Hua   circle
3  16.0  purple  Lei   square
```

需要注意的是,缺失值填补的方法有很多,前面介绍的方法较简单,适用于不太重要的缺失值的填充。如果缺失值所在的列比较重要,需要对其进行更精准的估计,可以通过 interpolate 实现更复杂的填补方式,它默认通过线性差值算法(linear interpolation)对缺失值进行估计。如果用户觉得这些方法还是不能够很好地对缺失值进行处理,则可以通过向 method 传入不同的方案名称来调用 Python 内置的众多的缺失值估计方法,但要预先安装 SciPy 包。详情请参阅官方说明: https://pandas.pydata.org/pandas-docs/stable/reference/api/pandas.DataFrame.interpolate.html#pandas.DataFrame.interpolate。

7.6.4 DataFrame 的索引

可以通过索引来选取行与列。首先构建本节用到的数据集:

```
df = pd.DataFrame(np.arange(20).reshape((5, 4)), columns = ['a', 'b', 'c', 'd'])
print(df)
    a   b   c   d
0   0   1   2   3
1   4   5   6   7
2   8   9  10  11
3  12  13  14  15
4  16  17  18  19
```

接下来,先从选取行或列的操作讲起。选取行,就指定行号:

```
#选择前两行
df[:2]
Out[14]:
   a  b  c  d
0  0  1  2  3
1  4  5  6  7

#选择第 2、3 行
df[1:3]
Out[15]:
   a  b   c   d
1  4  5   6   7
2  8  9  10  11
```

选取列则使用列标题:

```
#选取 d 列
df['d']
Out[16]:
```

```
0   3
1   7
2  11
3  15
4  19
Name: d, dtype: int32

#选取 b、d 列
df[['b', 'd']]
Out[17]:
    b   d
0   1   3
1   5   7
2   9  11
3  13  15
4  17  19
```

但这样操作仍然不够灵活，更通用的方式是使用 df.iloc 和 df.loc。

1. df.iloc

选取行时传入行的索引。例如：

```
#选取第 3 行
df.iloc[2]
Out[18]:
a   8
b   9
c  10
d  11
Name: 2, dtype: int32

#选取第 1、4 行
df.iloc[[0, 3]]
Out[19]:
    a   b   c   d
0   0   1   2   3
3  12  13  14  15
```

选取列的时候要加入行的索引。如果选择所有行，则用冒号(:)表示。例如：

```
#选取第 2 列
df.iloc[:, 1]
Out[20]:
0   1
1   5
2   9
3  13
```

```
4  17
Name: b, dtype: int32

#选取第 3、4 列
df.iloc[:, 2:4]
Out[21]:
    c   d
0   2   3
1   6   7
2  10  11
3  14  15
4  18  19

#选取第 1、3 行和第 3、4 列
df.iloc[[0, 2], [2, 3]]
Out[22]:
    c   d
0   2   3
2  10  11
```

需要注意的是,切片的右侧是开区间(不包括该值),即选取[:3]只能选取到第 2 行。因为索引从 0 开始,所以这里选择的是第 0、1、2 行,共 3 行。

2. df.loc

传入 df.loc 中的标签可以是字符串、列表或切片形式。例如:

```
#用标签选取 b、d 列
df.loc[:, ['b', 'd']]
Out[23]:
    b   d
0   1   3
1   5   7
2   9  11
3  13  15
4  17  19
```

而大多数情况下,用户会见到下例中索引与标签混用的情况。其实,下例中的 2 和 4 虽然是数字,但并不代表位置,而代表行的标签。行的标签可能不按照数字升序或降序来排列(如下例中的 df1)。示例如下:

```
#使用原 DataFrame
df.loc[[2 ,4], 'b': 'd']                #选取索引为 2 和 4 的 b 到 d 列
Out[24]:
    b   c   d
2   9  10  11
4  17  18  19
```

```
#改变索引后的另一个 df1
df1 = pd.DataFrame(np.arange(20).reshape((5, 4)),
                   index = [0, 4, 1, 2, 3],
                   columns = ['a', 'b', 'c', 'd'])

df1.loc[[2, 4], 'b': 'd']              #同样选取索引为 2 和 4 的 b 到 d 列

Out[25]:
    b   c   d
2  13  14  15
4   5   6   7
```

可以看到，因为行标签的变化，其选取的值完全不同于默认情况下按照行标签选取的数据。

接下来是在实际应用中常见的 df.loc 的另一种用法，即基于布尔值选取。例如，选出 b 列大于 10 的行：

```
df.loc[df['b']>10]
Out[26]:
    a   b   c   d
3  12  13  14  15
4  16  17  18  19
```

在此基础上，也可仅选择部分列。例如，仅返回 c、d 两列：

```
df.loc[df['b']>10, 'c': 'd']
Out[27]:
    c   d
3  14  15
4  18  19
```

关于行和列的选取，需要注意下面两点。

(1) 如果选择的是某一行或某一列，则返回的是 Series 而非 DataFrame。如果想返回 DataFrame，则需以列表形式传入所选标签。例如：

```
#单个标签，则返回的是 Series
type(df.loc[:, 'b'])
Out[28]: pandas.core.series.Series

#以列表形式传给 df.loc，保持 DataFrame 格式不变
type(df.loc[:, ['b']])
Out[29]: pandas.core.frame.DataFrame
```

(2) 当从原先的 DataFrame 中选择了部分行后，索引不会发生变化。如果在接下来的操作中需要按照数字位置顺序对每行进行操作，则需要重置索引。例如：

```
#选取索引为 3、4 的行
df.loc[df['b'] > 10]
```

```
Out[30]:
    a   b   c   d
3  12  13  14  15
4  16  17  18  19
#重置后,索引变为 0、1,同时生成新的列,记录原索引
df.loc[df['b'] > 10].reset_index()
Out[31]:
   index   a   b   c   d
0  3      12  13  14  15
1  4      16  17  18  19
```

这里默认的设置是将原索引作为新的一列加在数据中。如果不想保留原索引,可以将 drop 参数设为 True。另一个通常会用到的参数是 inplace,即在原数据中修改,不创建新的对象,因此不占用新的内存。这一点在大数据分析中很有用。例如:

```
dfsub = df.loc[df['b'] > 10]
dfsub.reset_index(inplace = True, drop = True)
print(dfsub)
Out[32]:
    a   b   c   d
0  12  13  14  15
1  16  17  18  19
```

7.6.5　常见操作

本节介绍在实际工作中处理 DataFrame 时常用的函数,这些函数包括 pd.value_counts、pd.rename、pd.merge、pd.concat 等。熟练掌握其用法可大幅提升工作效率。但因实际工作内容千变万化,本节无法涵盖所有知识点。遇到问题时,读者可参阅 Pandas 的官方说明。

本节对新建的数据集 df 进行数据清洗。创建 df 的程序如下:

```
df = pd.DataFrame({'A': np.arange(7),
                   'B': ['red', 'red', 'blue', 'green', np.nan, 'yellow', 'yellow'],
                   'C': ['c', 'a', 'b', 'e', 'h', 'f', 'g'],
                   'D': [3, 3, 1, 5, np.nan, np.nan, 6]})
```

1. value_counts:频数统计,可用于考察异常值

value_counts 是最常用的频数统计函数。在括号中传入 dropna=False,即可统计缺失值的数量。例如:

```
df['B'].value_counts()
Out[33]:
red      2
yellow   2
green    1
blue     1
```

```
Name: B, dtype: int64
#传入 dropna = False,查看缺失值的情况
df['B'].value_counts(dropna = False)
Out[34]:
red      2
yellow   2
green    1
blue     1
NaN      1
Name: B, dtype: int64
```

输出自动按照频数由大到小排列，因其返回的是 Series，因此支持 Series 的一系列功能。例如，使用 head 函数查看前两行的内容：

```
df['B'].value_counts().head(2)
Out[35]:
red      2
yellow   2
Name: B, dtype: int64
```

也可以将索引传入列表：

```
df['B'].value_counts().index.tolist()
Out[36]: ['red', 'yellow', 'green', 'blue']
```

2. merge

在实际工作中，用户时常需要将多个数据集按照一个独特的键合并起来。示例如下。其中，用 C 列做键合并两个数据集（即 df 与 df2），合并方式为取交集（how＝inner）。how 参数的值还可以是 outer、left、right，即并集、左连接及右连接。

```
df2 = pd.DataFrame({'O': [3, 1, 4, 1, 5, 9, 2],
                    'C': ['g', 'e', 'h', 'a', 'b', 'f', 'c']})
df = pd.merge(df, df2, on = 'C', how = 'inner')
df
Out[37]:
   A       B  C    D  O
0  0     red  c  3.0  2
1  1     red  a  3.0  1
2  2    blue  b  1.0  5
3  3   green  e  5.0  1
4  4     NaN  h  NaN  4
5  5  yellow  f  NaN  9
6  6  yellow  g  6.0  3
```

与之类似的还有 append 和 concat 函数，示例如下：

```
df = df.append(df2, ignore_index = True)
df
Out[38]:
      A       B  C    D    O
0   0.0     red  c  3.0  NaN
1   1.0     red  a  3.0  NaN
2   2.0    blue  b  1.0  NaN
3   3.0   green  e  5.0  NaN
4   4.0     NaN  h  NaN  NaN
5   5.0  yellow  f  NaN  NaN
6   6.0  yellow  g  6.0  NaN
7   NaN     NaN  g  NaN  3.0
8   NaN     NaN  e  NaN  1.0
9   NaN     NaN  h  NaN  4.0
10  NaN     NaN  a  NaN  1.0
11  NaN     NaN  b  NaN  5.0
12  NaN     NaN  f  NaN  9.0
13  NaN     NaN  c  NaN  2.0

df = pd.concat([df, df2], ignore_index = True)
df
Out[39]:
      A       B  C    D    O
0   0.0     red  c  3.0  NaN
1   1.0     red  a  3.0  NaN
2   2.0    blue  b  1.0  NaN
3   3.0   green  e  5.0  NaN
4   4.0     NaN  h  NaN  NaN
5   5.0  yellow  f  NaN  NaN
6   6.0  yellow  g  6.0  NaN
7   NaN     NaN  g  NaN  3.0
8   NaN     NaN  e  NaN  1.0
9   NaN     NaN  h  NaN  4.0
10  NaN     NaN  a  NaN  1.0
11  NaN     NaN  b  NaN  5.0
12  NaN     NaN  f  NaN  9.0
13  NaN     NaN  c  NaN  2.0
```

合并时,axis 参数为 1 可实现横向合并:

```
df = pd.concat([df, df2], axis = 1)
df
Out[40]:
   A    B  C    D  C  O
0  0  red  c  3.0  g  3
1  1  red  a  3.0  e  1
```

```
2 2    blue b 1.0 h 4
3 3   green e 5.0 a 1
4 4     NaN h NaN b 5
5 5  yellow f NaN f 9
6 6  yellow g 6.0 c 2
```

关于数据集的合并，将在第 12 章中进一步介绍。

3. rename

有时，需要改变标签名，以更好地表达本行或列的内容。例如，将 B 列的标签改为 color。为了节约存储空间，不另外创建对象，因此使用 inplace=True 在原处修改。

```
df.rename(columns = {'B': 'color'}, inplace = True)
df
Out[41]:
   A   color C    D O
0 0      red c  3.0 2
1 1      red a  3.0 1
2 2     blue b  1.0 5
3 3    green e  5.0 1
4 4      NaN h  NaN 4
5 5   yellow f  NaN 9
6 6   yellow g  6.0 3
```

7.6.6 字符处理专题

日常所见的文本信息通常会存在诸多问题，例如大小写不统一、混用全称和简称。有时用户可能需要从一长串文本中提取所需的信息进行后续的分析。针对这些情况，本节介绍字符处理常用的技巧和方法。

首先创建示例数据集：

```
d = {'Name': ['ATCG_16_142', 'ATCG_17_158', 'ATCG_18_195', 'SOS_12_395', 'SOS_15_260'],
     'Gender': ['M', 'F', 'm', 'M', 'female'],
     'File': ['142.hdf5', '158.hdf5', '195.hdf5', '395.hdf5', '260.hdf5']}
df = pd.DataFrame(d)
df
Out[42]:
       File  Gender         Name
0  142.hdf5       M  ATCG_16_142
1  158.hdf5       F  ATCG_17_158
2  195.hdf5       m  ATCG_18_195
3  395.hdf5       M   SOS_12_395
4  260.hdf5  female   SOS_15_260
```

该 DataFrame 有 3 列，分别为 File、Gender 和 Name。

1. 统一大小写、简称和全称

首先整理性别数据，其存在的问题包括大小写混用、缩写和全称并存。

使用 str.lower 函数将大写全变为小写：

```
df['Gender'] = df.Gender.map(str.lower)
df.Gender.head()
Out[43]:
0       m
1       f
2       m
3       m
4  female
Name: Gender, dtype: object
```

Map 函数的介绍详见 7.6.7 节中有关 apply 的内容。

接下来需将 female 统一成 f。这里提供两种方法：第一种是定位到 Gender 列值为 female 的行后，将其改为 f；第二种是使用 replace 函数在原位置进行改写，相应的程序如下：

```
df.loc[df.Gender == 'female', 'Gender'] = 'f'
df.Gender.replace('female', 'f', inplace = True)
df.Gender.head()
Out[44]:
0    m
1    f
2    m
3    m
4    f
Name: Gender, dtype: object
```

修改后索引为 4 的条目中的值被统一成了 f。

2. 从字符串中提取信息

上例 df 中的 Name 列的构成规则为“队列名_年份_序号”。假设需要提取队列名信息并生成新列 Cohort，同时用“年份_序号”构建新列 PAD。因为 Name 值的格式较为统一，3 部分之间均由下画线分隔，因此可用 str.split 函数达到提取信息的目的。

```
df[['Cohort', 'PAD']] = df.Name.str.split('_', n = 1, expand = True)
```

其中，n=1 指在第一个下画线处进行数据拆分，若 n 没有传入值，则默认根据所有的下画线对数据进行拆分；expand=True 指将分割后的结果分别传入 Cohort 和 PAD 两个新列中。

运行后的输出结果如下：

```
Out[45]:
       File  Gender         Name  Cohort     PAD
0  142.hdf5       m  ATCG_16_142    ATCG  16_142
1  158.hdf5       f  ATCG_17_158    ATCG  17_158
```

```
2  195.hdf5  m  ATCG_18_195  ATCG  18_195
3  395.hdf5  m   SOS_12_395   SOS  12_395
4  260.hdf5  f   SOS_15_260   SOS  15_260
```

接下来，要创建一个新列用来存储 File 列去除扩展名后的文件名。有两种办法：

第一种，因为文件的扩展名均为“.hdf5”，格式较统一，因此，使用 str 对其进行切片操作即可，程序如下：

```
df['File_name'] = df['File'].str[:-5]
```

第二种，使用 replace 将扩展名“.hdf5”替换为空字符串即可，程序如下：

```
df['File_name'] = df.File.str.replace('.hdf5', '')
```

其实在 Pandas 中还有第三种修剪字符串的方法，即 strip 函数。但该函数在本例中并不可用，原因是它不按照给出的顺序去掉指定字符，例如：

```
sample_string = '### let\'s trim this string.###'
sample_string.strip('.#')
Out[46]: " let's trim this string"
sample_string = '### let\'s trim this string.###'
sample_string.strip('#.')
Out[47]: " let's trim this string"
```

在上面的例子中，想要剪掉“.”和“#”，那么，不管是“.#”还是“#.”的组合，达到的效果都是一样的。

而在下面的例子中，原文“string”一词后面不管有多少个“.”，都会被 strip 函数剪掉。

```
sample_string = '### let\'s trim this string..###...'
sample_string.strip('#.')
Out[48]: " let's trim this string"
```

上例之所以不可以使用 strip 函数，是因为第三、四行（索引为 2 和 3）中的文件名含有数字 5，如果使用 str.strip('.hdf5')，则会得到以下错误的结果：

```
df['File_name'] = df.File.str.strip('.hdf5')
df
Out[49]:
       File  Gender         Name  Cohort     PAD  File_name
0  142.hdf5       m  ATCG_16_142    ATCG  16_142        142
1  158.hdf5       f  ATCG_17_158    ATCG  17_158        158
2  195.hdf5       m  ATCG_18_195    ATCG  18_195         19
3  395.hdf5       m   SOS_12_395     SOS  12_395         39
4  260.hdf5       f   SOS_15_260     SOS  15_260        260
```

另外，还有两个与 strip 功能类似的函数，即 lstrip 和 rstrip，分别用于剪掉字符串左边或右边的指

定字符。它们与 strip 函数有同样的修剪规则,用户需谨慎使用。例如:

```
sample_string = '### let\'s trim this string.###'
sample_string.lstrip('#')
Out[50]: " let's trim this string.###"
sample_string.rstrip('#')
Out[51]: "### let's trim this string."
```

7.6.7 apply 专题

虽然 Pandas 提供了众多的函数及方法,以尽可能地满足用户处理数据的需要,但依然无法保证完全满足任务需求,因此,用户需学习如何自定义函数。在本节中,会着重介绍 apply 的使用方法及用途,以及另外两个与 apply 类似但容易混淆的方法:map 和 applymap。

本节中用到的数据集是一个名为 breast-cancer.data 的开源数据,可以从 https://archive.ics.uci.edu/ml/datasets/Breast+Cancer 下载。由于该数据集没有列变量名,需要读者自行赋予。这里将网站上对数据集变量的介绍作为变量名(下例中的 cols_names),通过参数 names 传入 pd.read_csv 中。

```
#手动加入列变量名
cols_names = ['Class', 'age', 'menopause', 'tumor-size',
             'inv-nodes', 'node-caps', 'deg-malig', 'breast',
             'breast-quad', 'irradiat']
df = pd.read_csv('C:/Users/XXX/Downloads/breast-cancer.data', header=None, names=cols_
names)

df.head()
Out[52]:
                  Class    age  menopause  tumor-size  inv-nodes  node-caps  \
0  no-recurrence-events  30-39    premeno       30-34        0-2         no
1  no-recurrence-events  40-49    premeno       20-24        0-2         no
2  no-recurrence-events  40-49    premeno       20-24        0-2         no
3  no-recurrence-events  60-69       ge40       15-19        0-2         no
4  no-recurrence-events  40-49    premeno         0-4        0-2         no

   deg-malig  breast  breast-quad  irradiat
0          3    left     left_low        no
1          2   right     right_up        no
2          2    left     left_low        no
3          2   right      left_up        no
4          2   right    right_low        no
```

1. apply 方法

对 DataFrame 进行处理时,一个很常见的任务是将函数应用在每一行或每一列上。这通常使用 apply 方法来实现。通过传入参数值给 axis 可以定义将函数应用在行或列上。例如,本数据集中 age 变量是年龄间隔,假设当前的目标是计算其平均值,即计算病人的平均年龄。其实现方法如下。

首先,提取年龄间隔的最大值及最小值。这里用到了 7.6.6 节中介绍的处理字符的方法:

```
df1 = df[['age']]                          #选取需要用到的列
df1['min_age'] = df1.age.str.split('-').str.get(0).astype(int)
df1['max_age'] = df1.age.str.split('-').str.get(1).astype(int)
```

随后，自定义 mean_age 函数，它根据最大值和最小值求均值，并将均值输入到新列 mean_age 中：

```
def mean_age(x):
    return (x['min_age'] + x['max_age']) / 2
df1['mean_age'] = df1.apply(mean_age, axis = 1)  #axis=1, 即对每一行应用 mean_age 函数
df1.head()
Out[53]:
     age  min_age  max_age  mean_age
0  30-39       30       39      34.5
1  40-49       40       49      44.5
2  40-49       40       49      44.5
3  60-69       60       69      64.5
4  40-49       40       49      44.5
```

2. map 及 applymap 方法

这两种方法与 apply 类似，但用法上有重要的区别，如表 7-6-1 所示。

表 7-6-1　map、apply、applymap 用法对比

方　法	作用对象	作用单位
map	Series	元素
apply	DataFrame	行、列
applymap	DataFrame	元素

map 方法只能用于 Series 对象，不能用于整个 DataFrame，且作用单位为元素。例如，对上例中得到的均值 mean_age 取整：

```
df1['mean_age_int'] = df1['mean_age'].map(lambda x: int(x))
df1.head()
Out[54]:
     age  min_age  max_age  mean_age  mean_age_int
0  30-39       30       39      34.5            34
1  40-49       40       49      44.5            44
2  40-49       40       49      44.5            44
3  60-69       60       69      64.5            64
4  40-49       40       49      44.5            44
```

小贴士：lambda 是匿名表达式，其基本形式为(lambda 参数：方程体)。在 12.2 节会结合实例深入讲解其用法。

applymap 作用的对象和 apply 一样，也为 DataFrame，但是它的作用单位为元素，而 apply 的作用单位为行或列。例如，对 df1 中每一个值添加字段“Age:”：

```
df1 = df1.applymap(lambda x: 'Age:' + str(x))
df1.head()
Out[55]:
        age   min_age  max_age  mean_age   mean_age_int
0  Age:30-39   Age:30   Age:39  Age:34.5         Age:34
1  Age:40-49   Age:40   Age:49  Age:44.5         Age:44
2  Age:40-49   Age:40   Age:49  Age:44.5         Age:44
3  Age:60-69   Age:60   Age:69  Age:64.5         Age:64
4  Age:40-49   Age:40   Age:49  Age:44.5         Age:44
```

7.6.8 groupby 专题

在数据处理时，有时用户需要按照某一指标将数据分组，并对分组后的数据进行操作。对此，Pandas 提供了 groupby 函数。熟练掌握该函数将增强操作数据的灵活性。

groupby 可提供 3 种操作。

(1) 数据分割。依据某一或某些指标对数据进行分割。

(2) 函数应用。应用函数对分割后的数据进行处理。包括 3 种形式：聚合(用于得到描述性统计结果)、转化(对组内数据进行转化)和筛选(按照某些条件筛选数据)。

(3) 结果合并。将数据分割后得到的结果以某种方式合并进数据集中。

本节依然使用 breast-cancer.data 数据集。

```
df.head()
Out[56]:
                  Class    age  menopause  tumor-size  inv-nodes  node-caps  \
0  no-recurrence-events  30-39    premeno       30-34        0-2         no
1  no-recurrence-events  40-49    premeno       20-24        0-2         no
2  no-recurrence-events  40-49    premeno       20-24        0-2         no
3  no-recurrence-events  60-69       ge40       15-19        0-2         no
4  no-recurrence-events  40-49    premeno         0-4        0-2         no

   deg-malig  breast  breast-quad  irradiat
0          3    left     left_low        no
1          2   right     right_up        no
2          2    left     left_low        no
3          2   right      left_up        no
4          2   right    right_low        no
```

1. 数据分割

接下来，尝试对整个数据集按照 breast-quad 进行分割。

首先通过频数统计查看是否存在异常值：

```
df['breast-quad'].value_counts()
Out[57]:
left_low  110
```

```
left_up     97
right_up    33
right_low   24
central     21
?            1
Name: breast-quad, dtype: int64
```

其中有一条记录的 breast-quad 的观测值为"?",将其删除。为了简便起见,去掉所有包含缺失值的行:

```
df.dropna(inplace = True)
df = df.loc[df['breast-quad'] != '? ']
```

然后,使用 groupby 函数对数据进行分割:

```
df.groupby('breast-quad')
Out[58]:
<pandas.core.groupby.groupby.DataFrameGroupBy object at 0x000000000DADB8D0>
```

从输出中可以看出,使用 groupby 后产生了一个 DataFrameGroupBy 对象。可以对其应用 groups 来查看具体的分组情况:

```
group_df = df.groupby('breast-quad')
group_df.groups
Out[59]:
{'central': Int64Index([ 10,   36,   37,   42,   56,   60,   77,   79,   90,   111,  125,
                        135,  144,  148,  157,  158,  198,  205,  211,  218,  274],
                        dtype = 'int64'),
'left_low': Int64Index([  0,    2,    5,    6,    7,    8,   11,   15,    16,  17,  264,
                        265,  267,  268,  269,  271,  279,  280,  284,  285],
                        dtype = 'int64', length = 110),
'left_up': Int64Index([  3,    9,   14,   23,   24,   25,   27,   30,    33,   34,   35,
                        43,   45,   47,   53,   54,   58,   59,   65,    67,   71,   72,
                        81,   85,   88,   89,   91,   92,   93,   96,    97,  105,  106,
                       109,  112,  113,  115,  117,  122,  127,  128,   129,  131,  132,
                       142,  146,  149,  150,  153,  154,  155,  156,   160,  162,  163,
                       165,  167,  168,  169,  170,  173,  178,  180,   183,  187,  188,
                       189,  191,  194,  195,  196,  209,  213,  215,   216,  217,  221,
                       227,  230,  231,  232,  234,  244,  245,  250,   252,  253,  255,
                       259,  262,  263,  272,  275,  277,  281,  282,  283],
                       dtype = 'int64'),
'right_low': Int64Index([  4,   51,   61,   64,   66,   73,   74,   84,   87,   95,  102,
                        103,  119,  139,  145,  186,  190,  193,  222,  247,  258,  261,
                        270,  276],
                        dtype = 'int64'),
```

```
'right_up': Int64Index([  1,   12,   13,   19,   44,   48,   55,   57,   63,   98,  107,
                        108,  114,  121,  126,  130,  133,  136,  172,  175,  204,  207,
                        208,  212,  220,  229,  239,  243,  254,  260,  266,  273,  278],
                        dtype = 'int64')}
```

可见，根据 breast-quad 将数据分为 5 组，且每组包含的索引也一目了然。但当数据集较大时，该步输出的结果并不直观。

此时可以通过 for 循环输出每组各列变量的值，使上述结果变得直观。对 for 循环的介绍详见 7.3 节。为了简便起见，仅保留原始数据中的几个列变量来举例。

```
df1 = df[['Class', 'age', 'menopause', 'breast-quad', 'deg-malig']]
group_df = df1.groupby('breast-quad')
for label, group in group_df:
    print(label)
    print(group.head())
central
                     Class    age  menopause  breast-quad  deg-malig
10  no-recurrence-events  40-49    premeno      central          3
36  no-recurrence-events  50-59       ge40      central          2
37  no-recurrence-events  50-59       ge40      central          1
42  no-recurrence-events  60-69       ge40      central          1
56  no-recurrence-events  50-59       ge40      central          1
left_low
                    Class    age  menopause  breast-quad  deg-malig
0  no-recurrence-events  30-39    premeno     left_low          3
2  no-recurrence-events  40-49    premeno     left_low          2
5  no-recurrence-events  60-69       ge40     left_low          2
6  no-recurrence-events  50-59    premeno     left_low          2
7  no-recurrence-events  60-69       ge40     left_low          1
left_up
                     Class    age  menopause  breast-quad  deg-malig
 3  no-recurrence-events  60-69       ge40      left_up          2
 9  no-recurrence-events  40-49    premeno      left_up          2
14  no-recurrence-events  40-49    premeno      left_up          3
23  no-recurrence-events  50-59    premeno      left_up          2
24  no-recurrence-events  50-59    premeno      left_up          2
right_low
                     Class    age  menopause  breast-quad  deg-malig
4   no-recurrence-events  40-49    premeno    right_low          2
51  no-recurrence-events  30-39    premeno    right_low          2
61  no-recurrence-events  40-49    premeno    right_low          1
64  no-recurrence-events  40-49    premeno    right_low          1
66  no-recurrence-events  40-49    premeno    right_low          1
right_up
```

```
                    Class    age  menopause  breast-quad  deg-malig
1   no-recurrence-events  40-49    premeno     right_up          2
12  no-recurrence-events  60-69       lt40     right_up          1
13  no-recurrence-events  50-59       ge40     right_up          3
19  no-recurrence-events  50-59       ge40     right_up          1
44  no-recurrence-events  50-59       ge40     right_up          1
```

2. 函数应用

下面介绍用于聚合、转化和筛选数据的函数。

1）聚合

用来聚合数据的内建函数为 aggregate(简写成 agg)。

例如，想求 deg-malig 列的众数，因为没有可用的内建函数，因此使用以下方法：

```
group_df['deg-malig'].aggregate(lambda x: x.mode())
Out[60]:
breast-quad
central      2
left_low     2
left_up      2
right_low    2
right_up     2
Name: deg-malig, dtype: int64
```

2）转化

接下来，看一个转化的例子。由于该数据集中只有分类变量，为了演示，需创建一个随机年龄的连续型变量，命名为 rand_age。从原数据集中 age 列提取 min_age 及 max_age，作为生成随机年龄的上下限，以提高模拟的随机年龄的准确度。同时，使用种子数 random.seed(123)，使随机结果可以重现。

```
df1['min_age'] = df1.age.str.split('-').str.get(0).astype(int)
df1['max_age'] = df1.age.str.split('-').str.get(1).astype(int)
df1.head()
import random                              #random 是一个用于生成随机数的库
random.seed(123)
df1['rand_age'] = df1.apply(lambda x: random.randint(x['min_age'], x['max_age']), axis = 1)
df1.head()
Out[61]:
                  Class    age  menopause  breast-quad  deg-malig  min_age  \
0  no-recurrence-events  30-39    premeno     left_low          3       30
1  no-recurrence-events  40-49    premeno     right_up          2       40
2  no-recurrence-events  40-49    premeno     left_low          2       40
3  no-recurrence-events  60-69       ge40      left_up          2       60
4  no-recurrence-events  40-49    premeno    right_low          2       40

   max_age  rand_age
0       39        30
```

```
1      49      44
2      49      41
3      69      66
4      49      44
```

接下来，求出每个 deg-malig 分组中的 rand_age 的平均年龄：

```
df1.groupby('deg-malig').rand_age.mean()
```

输出的结果如下：

```
Out[62]:
deg-malig
1    53.647887
2    50.115385
3    51.047619
Name: rand_age, dtype: float64
```

但如果想把该结果对应地放回原数据集中的相应行，实现起来就比较麻烦了。这时，就可以用转化函数 transform 来实现：

```
df1.groupby('deg-malig').rand_age.transform(lambda x:x.mean())
df1.groupby('deg-malig').rand_age.transform('mean')
```

上面两行是等价的，且所得结果与原数据集的行数相等。这样就实现了将新结果放回原数据集中的功能。

最后，创建新列 mean_age 来存储计算出的平均年龄：

```
df1['mean_age'] = df1.groupby('deg-malig').rand_age.transform('mean')
```

从结果可以看出，deg-malig 取值为 2 的所有行的 mean_age 列都是 50.115385：

```
df1.head()
Out[63]:
                  Class    age  menopause  breast-quad  deg-malig  min_age  \
0  no-recurrence-events  30-39    premeno     left_low          3       30
1  no-recurrence-events  40-49    premeno     right_up          2       40
2  no-recurrence-events  40-49    premeno     left_low          2       40
3  no-recurrence-events  60-69       ge40      left_up          2       60
4  no-recurrence-events  40-49    premeno    right_low          2       40

   max_age  rand_age   mean_age
0       39        30  51.047619
1       49        44  50.115385
2       49        41  50.115385
3       69        66  50.115385
4       49        44  50.115385
```

3）筛选

可通过 groupby.filter 对数据进行筛选。filter 的括号中用于输入进行数据筛选的函数，运行时，程序会以 groupby 产生的组为单位，用 filter 中的函数来筛选符合要求的行。仍以 breast-cancer.data 数据集为例，按照 age 对数据集进行分组后，接下来选取包含多于 50 条记录的年龄段。代码如下：

```
df50 = df.groupby('age').filter(lambda x:len(x) > 50)
```

可以看到，运行后，数据集的行数由原来的 285 变成了 242：

```
len(df)
Out[1554]: 285

len(df50)
Out[1555]: 242
```

通过对年龄的频数描述也可以检查哪些观测被删除了：

```
df.age.value_counts()
Out[1556]:
50-59   95
40-49   90
60-69   57
30-39   36
70-79    6
20-29    1
Name: age, dtype: int64

df50.age.value_counts()
Out[1557]:
50-59   95
40-49   90
60-69   57
Name: age, dtype: int64
```

对于结果合并的相关应用，将在 12.2 节进行介绍。

7.7 统计分析常用包

本节介绍 Python 中的 3 个用于统计分析的包：Statsmodels、SciPy 与 Lifelines。SciPy 包含了大量统计模型以及统计检验的函数，可以对分类变量、连续型变量进行基础的统计学分析。但它提供的分析结果较为有限，一般仅包含统计量、P 值等。而与之类似的 Statsmodels 的输出更加全面，因此，如果需要进行专业的统计学分析，Statsmodels 是更合适的选择。除此之外，Statsmodels 还支持 R 语言的输入风格，因此可在一定程度上简化数据的准备过程，这一点在本节中会详细展开叙述，同时在 12.2 节也会对其进行说明。需要注意的是，由于 Statsmodels 开发较晚（始于 2009 年），该包在处理某些问题时仍有考虑不周的地方，因此，在使用之前，需仔细阅读官方说明。Lifelines 是一个专门进行生存分析的包，它提供了多种参数模型及非参数模型，并具备画图功能。由于它也比较新，仍有不完善的地方，下面会详细说明。在第 12 章，仍将使用这 3 个包来完成所有的统计分析。

下面依次结合 t 检验、相关性分析、分类变量的统计描述、线性回归、Logistic 回归及生存分析的具体实例，对这些包的功能一一进行介绍。在开始前，先载入本节所需的所有包或模块：

```
import numpy as np
import pandas as pd
import seaborn as sns
import scipy
import statsmodels
import statsmodels.api as sm
import statsmodels.formula.api as smf
from lifelines.datasets import load_gbsg2
from lifelines import KaplanMeierFitter
from lifelines import CoxPHFitter
from lifelines.statistics import logrank_test
import matplotlib.pyplot as plt
```

用 Seaborn 包加载 iris 数据集（Seaborn 的介绍详见 7.8 节，iris 数据集的介绍详见第 5 章）。

```
df = sns.load_dataset('iris')
df.head()
Out[1]:
   sepal_length  sepal_width  petal_length  petal_width  species
0           5.1          3.5           1.4          0.2   setosa
1           4.9          3.0           1.4          0.2   setosa
2           4.7          3.2           1.3          0.2   setosa
3           4.6          3.1           1.5          0.2   setosa
4           5.0          3.6           1.4          0.2   setosa
```

iris 数据集中的 sepal_length、sepal_width、petal_length 和 petal_width 均为连续型变量。对于这类变量，可以通过描述性统计量来掌握其分布特点。这些统计量可以通过 Pandas 包中的 describe 方法获得。输出结果如下：

```
print(round(df.describe(), 2))        #保留小数点后两位有效数字
       sepal_length  sepal_width  petal_length  petal_width
count        150.00       150.00        150.00       150.00
mean           5.84         3.06          3.76         1.20
std            0.83         0.44          1.77         0.76
min            4.30         2.00          1.00         0.10
25%            5.10         2.80          1.60         0.30
50%            5.80         3.00          4.35         1.30
75%            6.40         3.30          5.10         1.80
max            7.90         4.40          6.90         2.50
```

注意： 默认情况下，describe 仅输出连续型变量的描述结果。

7.7.1　单样本 t 检验

本节使用单样本 t 检验来检验花萼长度的总体是否为 5.0cm。其中，popmean 用于指定总体均值

的假设值。

```
t,p = scipy.stats.ttest_1samp(df['sepal_length'], popmean=5.0)
```

输出十分简洁，第一个是 t 统计量，第二个是 P 值。这里 P 值小于 0.05，因此拒绝假设 H_0。

```
t
Out[2]: 12.473257146694761
p
Out[3]: 6.670742299801927e-25
```

Statsmodels 包也提供了单样本 t 检验，不同的是，它将所有描述性统计分析（例如均值、方差以及 t 检验等）的函数都纳入了 DescrStatsW 模块中，但结果与 SciPy 是相同的：

```
res = sm.stats.weightstats.DescrStatsW(df['sepal_length'])
res.mean                                #均值
Out[4]: 5.843333333333334
res.std                                 #标准差
Out[5]: 0.8253012917851409
res.ttest_mean(5)                       #单样本 t 检验,返回值包括 t 统计量、p 值以及自由度
Out[6]: (12.473257146694761, 6.670742299801927e-25, 149.0)
```

关于这个模块的其他函数，请参阅其官方说明：https://www.statsmodels.org/stable/generated/statsmodels.stats.weightstats.DescrStatsW.html#statsmodels.stats.weightstats.DescrStatsW。

7.7.2 独立样本 t 检验

SciPy 中通过 ttest_ind 函数进行两个独立样本的 t 检验。如检验 versicolor 和 virginica 两种花的花萼长度的差异是否有统计学意义。用户可通过 equal_var 参数设置是否方差齐（默认为方差齐），根据该参数，程序自动使用标准两样本 t 检验或 Welch t 检验对其进行检验，输出同样是 t 统计量及 P 值。这里 P 值小于 0.05，因此拒绝零假设。

```
t, p = scipy.stats.ttest_ind(df.loc[df.species=='versicolor', 'sepal_length'], df.loc[df.
species == 'virginica', 'sepal_length'])
t
Out[7]: -5.629165259719801
p
Out[8]: 1.7248563024547942e-07
```

Statsmodels 的 ttest_ind 函数与 SciPy 类似：

```
sm.stats.weightstats.ttest_ind(df.loc[df.species=='versicolor', 'sepal_length'],
                               df.loc[df.species == 'virginica', 'sepal_length'])
```

其输出包括 t 统计量、P 值以及自由度：

```
Out[9]: (-5.62916525971981, 1.724856302454731e-07, 98.0)
```

7.7.3 两个连续型变量的相关性

两个连续型变量的相关性可以使用 Pearson 相关函数或 Spearman 相关函数来检验。本例中，选用 Pearson 相关系数来考察花萼长度与花萼宽度的相关性：

```
corr, p = scipy.stats.pearsonr(df['sepal_length'], df['sepal_width'])
corr
Out[10]: -0.11756978413300201
p
Out[11]: 0.15189826071144916
```

从 P 值可以看出，无法拒绝零假设，因此尚不能证明花萼长度与花萼宽度的相关性不为 0。

两个连续型变量的相关性检验在 Statsmodels 中的实现方式如下：

```
res = sm.stats.weightstats.DescrStatsW(df[['sepal_length', 'sepal_width']])
res.corrcoef
Out[12]:
array([[ 1.        ,-0.11756978],
       [-0.11756978, 1.        ]])
```

可以看出，这两个包都没有生成假设检验的统计量以及 95% 置信区间。要得到置信区间，应根据标准差的计算公式，通过自定义函数来求得。

7.7.4 两个分类变量的频数统计

为了演示需要，首先使用 np.where 添加布尔值的分类变量 sepal_length>5.5。然后使用 pd.crosstab 输出列联表。其中，第一个参数指定行变量，第二个参数指定列变量，用 rownames 定义行名称，用 colnames 定义列名称。

```
pd.crosstab(np.where(df['sepal_length'] > 5.5,True,False), df['species'], rownames =
['sepal_length > 5.5'], colnames = ['species'])
Out[13]:
species           setosa  versicolor  virginica
sepal_length >5.5
False                 47          11          1
True                   3          39         49
```

接下来，将输出的列联表赋予对象 out，然后使用 scipy.stats.chi2_contingency 进行卡方检验。输出的第一个值为卡方统计量，第二个值为 P 值，第三个值为自由度，最后为期望频数。

```
out = pd.crosstab(np.where(df['sepal_length'] > 5.5, True,False), df['species'], rownames =
['sepal_length > 5.5'], colnames = ['species'])
scipy.stats.chi2_contingency(out)
Out[14]:
(98.11883032222016,
 4.940452295286229e-22,
 2,
```

```
 array([[19.66666667, 19.66666667, 19.66666667],
        [30.33333333, 30.33333333, 30.33333333]]))
```

Statsmodels 中有类似的程序：

```
out_table = sm.stats.Table(out)
res = out_table.test_nominal_association()
```

输出结果如下：

```
print(res)
Out[15]:
df          2
pvalue      0.0
statistic   98.11883032222015
```

7.7.5 线性回归模型

本节介绍单变量和多变量的线性回归分析。

1. 单变量线性回归分析

由于 SciPy 在线性回归分析上的限制比较多，输出也不如其他软件全面，因此下面只介绍如何用 Statsmodels 进行线性回归分析。

首先将自变量 sepal_width 与因变量 sepal_length 分别赋值给对象 X 和 Y：

```
X = df['sepal_width']
Y = df['sepal_length']
```

可以看到 X 是一个 Pandas 中的 series：

```
X.head()
Out[16]:
0    3.5
1    3.0
2    3.2
3    3.1
4    3.6
Name: sepal_width, dtype: float64
```

接下来，使用 add_constant 函数使生成的模型含有截距项：

```
X = sm.add_constant(X)
```

运行后，X 变成了如下的 DataFrame：

```
X.head()
Out[17]:
```

```
   const  sepal_width
0    1.0          3.5
1    1.0          3.0
2    1.0          3.2
3    1.0          3.1
4    1.0          3.6
```

最后使用 sm.OLS 拟合处理好的数据，用 summary 来查看结果：

```
model =  sm.OLS(Y, X).fit()
model.summary()
Out[18]:
<class 'statsmodels.iolib.summary.Summary'>
                            OLS Regression Results
==============================================================================
Dep. Variable:           sepal_length   R-squared:                       0.014
Model:                            OLS   Adj. R-squared:                  0.007
Method:                 Least Squares   F-statistic:                     2.074
Date:                Sun, 13 Oct 2019   Prob (F-statistic):              0.152
Time:                        03:56:40   Log-Likelihood:                -183.00
No. Observations:                 150   AIC:                             370.0
Df Residuals:                     148   BIC:                             376.0
Df Model:                           1
Covariance Type:            nonrobust
==============================================================================
                 coef    std err          t      P>|t|      [0.025      0.975]
------------------------------------------------------------------------------
const          6.5262      0.479     13.628      0.000       5.580       7.473
sepal_width   -0.2234      0.155     -1.440      0.152      -0.530       0.083
==============================================================================
Omnibus:                        4.389   Durbin-Watson:                   0.952
Prob(Omnibus):                  0.111   Jarque-Bera (JB):                4.237
Skew:                           0.360   Prob(JB):                        0.120
Kurtosis:                       2.600   Cond. No.                         24.2
==============================================================================

Warnings:
[1] Standard Errors assume that the covariance matrix of the errors is correctly specified.
```

可见 Statsmodels 的输出包含了更为全面的信息，其中包括参数值(coef)、标准差(std err)等。

2. 多变量线性回归

同理，也可以向模型中添加多个自变量，即，将含有多个列的 DataFrame 传递给 X：

```
X = df[['sepal_width', 'petal_length']]
Y = df['sepal_length']
```

接下来的步骤与上面的例子一致：

```
X = sm.add_constant(X)
model = sm.OLS(Y, X).fit()
model.summary()
```

输出如下：

```
Out[19]:
<class 'statsmodels.iolib.summary.Summary'>
                          OLS Regression Results
==============================================================================
Dep. Variable:           sepal_length   R-squared:                       0.840
Model:                            OLS   Adj. R-squared:                  0.838
Method:                 Least Squares   F-statistic:                     386.4
Date:                Sun, 13 Oct 2019   Prob (F-statistic):           2.93e-59
Time:                        04:02:16   Log-Likelihood:                -46.513
No. Observations:                 150   AIC:                             99.03
Df Residuals:                     147   BIC:                             108.1
Df Model:                           2
Covariance Type:            nonrobust
==============================================================================
                  coef    std err          t      P>|t|      [0.025      0.975]
------------------------------------------------------------------------------
const           2.2491      0.248      9.070      0.000       1.759       2.739
sepal_width     0.5955      0.069      8.590      0.000       0.459       0.733
petal_length    0.4719      0.017     27.569      0.000       0.438       0.506
==============================================================================
Omnibus:                        0.164   Durbin-Watson:                   2.021
Prob(Omnibus):                  0.921   Jarque-Bera (JB):                0.319
Skew:                          -0.044   Prob(JB):                        0.853
Kurtosis:                       2.792   Cond. No.                         48.3
==============================================================================

Warnings:
[1] Standard Errors assume that the covariance matrix of the errors is correctly specified.
```

为了比较两种模型拟合结果的优劣，通常使用 anova_lm 函数：

```
table = sm.stats.anova_lm(model1, model2)
```

得到的结果为

```
table
Out[20]:
   df_resid         ssr  df_diff    ss_diff           F        Pr(>F)
0     148.0  100.756096      0.0        NaN         NaN           NaN
1     147.0   16.328764      1.0  84.427332  760.058606  5.847914e-60
```

由上述结果可知，model2 比 model1 更好地拟合了数据。

7.7.6 Logistic 回归模型

如果因变量是分类变量，需要用 Logistic 回归模型来拟合，例如，使用 sepal_length 与 sepal_width 来预测花卉种类是否为 versicolors。

首先，用 np.where 创建变量 outcome，花卉种类为 versicolor 的赋值为 1，否则赋值为 0：

```
df['outcome'] = np.where(df.species == 'versicolor', 1, 0)
```

然后，按照 7.7.5 节的分析思路拟合模型。代码可以像 7.7.5 节展示的那样合并成一行写，也可分开写：

```
X = df[['sepal_length', 'sepal_width']]
X = sm.add_constant(X)
Y = df['outcome']
logit = sm.Logit(Y, X)
model = logit.fit()
```

然后，使用 summary 查看模型结果：

```
model.summary()
Out[21]:
<class 'statsmodels.iolib.summary.Summary'>

                           Logit Regression Results
==============================================================================
Dep. Variable:                outcome   No. Observations:                  150
Model:                          Logit   Df Residuals:                      147
Method:                           MLE   Df Model:                            2
Date:                Sun, 13 Oct 2019   Pseudo R-squ.:                  0.2058
Time:                        04:32:29   Log-Likelihood:                -75.825
converged:                       True   LL-Null:                       -95.477
Covariance Type:            nonrobust   LLR p-value:                 2.919e-09
==============================================================================
                   coef    std err          z      P>|z|      [0.025      0.975]
------------------------------------------------------------------------------
const            8.0928      2.389      3.387      0.001       3.410      12.776
sepal_length     0.1294      0.247      0.524      0.600      -0.355       0.613
sepal_width     -3.2128      0.638     -5.032      0.000      -4.464      -1.961
==============================================================================
```

当然，还可以尝试加入更多的解释变量，如使用 iris 数据集中的所有连续型变量，即该数据集中的前 4 列：

```
X = df.iloc[:, :4]
X = sm.add_constant(X)
```

```
Y = df['outcome']
logit = sm.Logit(Y, X)
model2 = logit.fit()
model2.summary()
```

输出结果如下：

```
Out[22]:
<class 'statsmodels.iolib.summary.Summary'>
                           Logit Regression Results
==============================================================================
Dep. Variable:                outcome   No. Observations:                  150
Model:                          Logit   Df Residuals:                      145
Method:                           MLE   Df Model:                            4
Date:                Sun, 13 Oct 2019   Pseudo R-squ.:                  0.2403
Time:                        04:35:25   Log-Likelihood:                -72.535
converged:                       True   LL-Null:                       -95.477
Covariance Type:            nonrobust   LLR p-value:                 2.603e-09
==============================================================================
                  coef    std err          z      P>|z|      [0.025      0.975]
------------------------------------------------------------------------------
const           7.3785      2.499      2.952      0.003       2.480      12.277
sepal_length   -0.2454      0.650     -0.378      0.706      -1.518       1.028
sepal_width    -2.7966      0.784     -3.569      0.000      -4.332      -1.261
petal_length    1.3136      0.684      1.921      0.055      -0.027       2.654
petal_width    -2.7783      1.173     -2.368      0.018      -5.078      -0.479
==============================================================================
```

Statsmodels 可以接受类似 R 语言格式的程序，该功能由 statsmodels.formula.api 实现，它与前文中用到的 statsmodels.api 几乎相同，只是使用 formula 时，模型可以接受以字符串(str)形式传入的公式，此类公式有如下格式：y～x0＋x1＋C(x2)。其中，y 为因变量，x0 与 x1 为连续型自变量，x2 为分类变量(需要将其写在 C()的括号中)。data 参数用于指定待分析的数据集。此外这种形式默认加入截距项(intercept)，因此无须用户通过编程来添加。接下来，使用该方法重新拟合 Logistic 回归模型：

```
model2 = smf.logit(formula='outcome ~ sepal_length + sepal_width + petal_length + petal_
width', data = df)
res = model2.fit()
```

输出结果也一致：

```
res.summary()
Out[23]:
                           Logit Regression Results
==============================================================================
Dep. Variable:                outcome   No. Observations:                  150
Model:                          Logit   Df Residuals:                      145
```

```
Method:                          MLE   Df Model:                          4
Date:               Fri, 27 Dec 2019   Pseudo R-squ.:                0.2403
Time:                       01:58:50   Log-Likelihood:              -72.535
converged:                      True   LL-Null:                     -95.477
Covariance Type:           nonrobust   LLR p-value:               2.603e-09
==========================================================================
                 coef    std err          z      P>|z|      [0.025    0.975]
--------------------------------------------------------------------------
Intercept      7.3785      2.499      2.952      0.003       2.480    12.277
sepal_length  -0.2454      0.650     -0.378      0.706      -1.518     1.028
sepal_width   -2.7966      0.784     -3.569      0.000      -4.332    -1.261
petal_length   1.3136      0.684      1.921      0.055      -0.027     2.654
petal_width   -2.7783      1.173     -2.368      0.018      -5.078    -0.479
==========================================================================
```

7.7.7 生存分析

Lifelines 是 Python 中可以进行生存分析的第三方包。接下来，使用 Lifelines 包自带的 gbsg2 数据集，介绍如何绘制 KM 生存曲线（Kaplan Meier Survival curve）以及如何构建 Cox 回归模型。

1. 绘制 KM 生存曲线

程序如下：

```
df = load_gbsg2()
df.head()
Out[24]:
  horTh  age  menostat  tsize  tgrade  pnodes  progrec  estrec  time  cens
0    no   70      Post     21      II       3       48      66  1814     1
1   yes   56      Post     12      II       7       61      77  2018     1
2   yes   58      Post     35      II       9       52     271   712     1
3   yes   59      Post     17      II       4       60      29  1807     1
4    no   73      Post     35      II       1       26      65   772     1
```

gbsg2 数据集中包含 686 名女性患者的信息，其中，horTh（Hormonal Therapy）表示是否经过激素治疗，age 为年龄，menostat 为月经状态，tsize 表示肿瘤大小，tgrade 表示肿瘤病理分级，pnodes 表示淋巴节转移个数，progrec 表示 progesterone 受体情况，estrec 表示 estrogen 受体情况，time 为无复发生存期，cens 表示是否复发。

接下来，探讨激素治疗与乳腺癌复发风险的关系。首先绘制 KM 生存曲线，输出如图 7-7-1 所示。

```
Time = df['time']
Event = df['cens']
indx = (df.horTh == 'yes')              #若接受了激素治疗，返回值为 True，否则为 False
ax = plt.subplot(111)                   #该行为绘图相关语句，将在 7.8 节详细讲解
ax.tick_params(labelsize = 'large')
km_horTh = KaplanMeierFitter()
```

```
#接受了激素治疗的病人的 KM 生存曲线
ax = km_horTh.fit(Time[indx], Event[indx], label = 'HorTh').plot(ax = ax)
km_control=KaplanMeierFitter()
#未接受激素治疗的病人的 KM 生存曲线
ax = km_control.fit(Time[~indx], Event[~indx], label = 'control').plot(ax = ax)
```

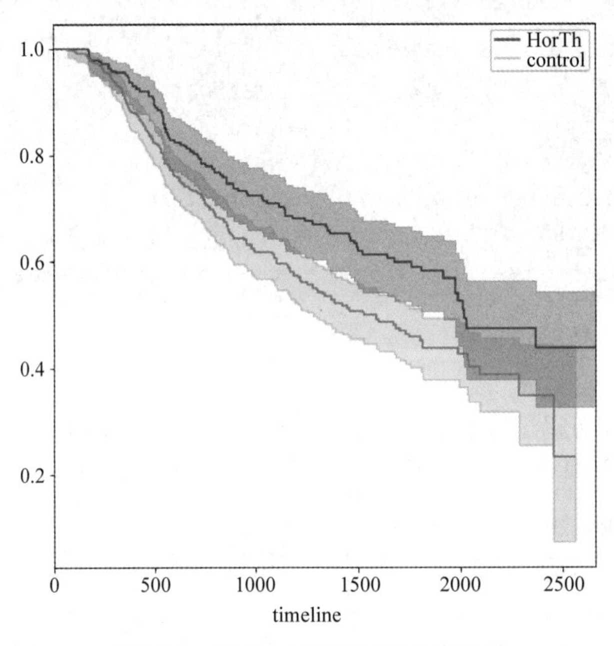

图 7-7-1　Lifelines 绘制的 KM 生存曲线

接下来用 logrank_test 模块进行 logrank 检验：

```
results = logrank_test(Time[indx], Time[~indx], event_observed_A = Event[indx], event_
observed_B = Event[~indx])
results.print_summary(style = 'ascii')
<lifelines.StatisticalResult>
null_distribution = chi squared
              t_0 = -1
degrees_of_freedom = 1
...
test_statistic      p  -log2(p)
          8.56 <0.005      8.19
```

2. 构建 Cox 回归模型

首先进行数据准备，即将字符型变量编码为 0、1、2 等数值型变量。如果是分类变量，还需要在 Pandas 中通过 astype('category').cat.codes 转换为 categorical 类型，并用 0、1、2 等数值编码。

例如，menostat 为二分类变量：

```
df.menostat.value_counts()
Out[25]:
```

```
Post    396
Pre     290
Name: menostat, dtype: int64
```

因此需要转换。用同样方法处理 horTh 等变量：

```
#将变量值'yes'与'no'转换为 categorical 类型并编码为 0 和 1
df['horTh'] = df.horTh.astype('category').cat.codes
df['menostat'] = df.menostat.astype('category').cat.codes
```

本例中，tgrade 变量有 3 个值，但不同值代表的严重程度不同，因此，在将其转化为分类变量前，需要使用 reorder_categories 指明分类变量的顺序：

```
df.tgrade.value_counts()
Out[26]:
II   444
III  161
I     81
Name: tgrade, dtype: int64
df['tgrade_cat'] = df.tgrade.astype('category').cat.reorder_categories(
    new_categories = ['I', 'II', 'III'], ordered = True)
df['tgraden'] = df.tgrade_cat.cat.codes
df.drop(['tgrade', 'tgrade_cat'], axis=1, inplace = True)    #删除中间列
```

运行后，肿瘤分级的值就变成了数字：

```
df.tgraden.value_counts()
Out[27]:
1  444
2  161
0   81
Name: tgraden, dtype: int64
```

接下来，构建 Cox 回归模型，duration_col 用于指定时间，event_col 用于指定是否发生结局的变量：

```
cph = CoxPHFitter()
cph.fit(df, duration_col='time', event_col = 'cens')
```

通过 summary 函数查看分析结果：

```
cph.summary
Out[28]:
              coef  exp(coef)  se(coef)         z             p  -log2(p)  \
horTh    -0.337203   0.713764  0.128962 -2.614751  8.929256e-03  6.807244
age      -0.009392   0.990652  0.009273 -1.012840  3.111364e-01  1.684381
menostat -0.267277   0.765461  0.183337 -1.457849  1.448821e-01  2.787049
tsize     0.007716   1.007746  0.003950  1.953686  5.073840e-02  4.300778
```

```
pnodes      0.049894  1.051160  0.007409   6.733935  1.651348e-11  35.817565
progrec    -0.002238  0.997765  0.000576  -3.886708  1.016131e-04  13.264627
estrec      0.000167  1.000167  0.000448   0.373964  7.084309e-01   0.497301
tgraden     0.280289  1.323513  0.106055   2.642860  8.220903e-03   6.926487

           lower 0.95  upper 0.95
horTh       -0.589963   -0.084442
age         -0.027568    0.008783
menostat    -0.626610    0.092056
tsize       -0.000025    0.015458
pnodes       0.035372    0.064416
progrec     -0.003366   -0.001109
estrec      -0.000710    0.001045
tgraden      0.072425    0.488154
```

从结果可知，horTh 变量对应的 coefficient 为－0.337203，这个结果表示 log(HR)；程序还自动生成了 hazard ratio，即 exp(coef)项，本例中该值为 0.713764，表示接受激素治疗组的复发率约为对照组的 0.71，即降低了近 30%。

使用 cph.plot 函数即可绘制出 log(HR)及 95%置信区间的森林图(forest plot)：

```
cph.plot()
```

输出如图 7-7-2 所示。

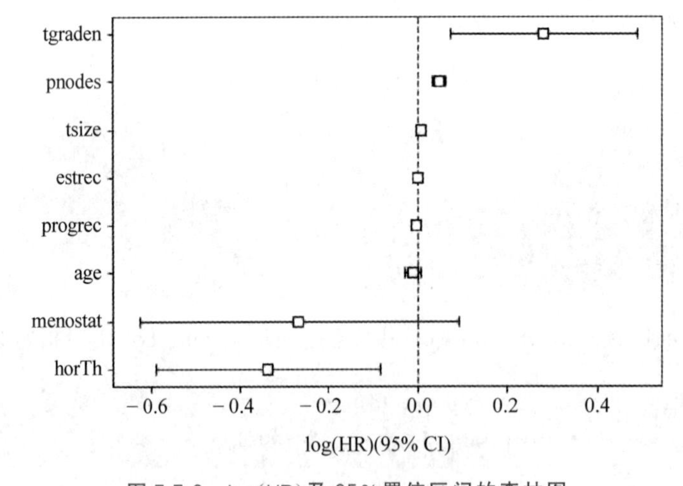

图 7-7-2　log(HR)及 95%置信区间的森林图

若用户在构建模型时向参数 strata 中传递了相应的列变量，即可进行亚组分析：

```
cph.fit(df, duration_col = 'time', event_col = 'cens', strata = ['menostat'])
```

可以看到，这时模型的结果中就不包括分层项了：

```
cph.summary
Out[29]:
```

```
              coef  exp(coef)  se(coef)          z             p  -log2(p)  \
horTh    -0.333624   0.716323  0.129360  -2.579045  9.907382e-03   6.657280
age      -0.008473   0.991563  0.009241  -0.916881  3.592050e-01   1.477121
tsize     0.007567   1.007596  0.003934   1.923564  5.440930e-02   4.200003
pnodes    0.050531   1.051829  0.007472   6.762591  1.355458e-11  36.102429
progrec  -0.002249   0.997753  0.000576  -3.906617  9.359735e-05  13.383173
estrec    0.000201   1.000201  0.000452   0.444468  6.567044e-01   0.606684
tgraden   0.279283   1.322181  0.106222   2.629247  8.557421e-03   6.868608

          lower 0.95  upper 0.95
horTh      -0.587165   -0.080084
age        -0.026584    0.009639
tsize      -0.000143    0.015277
pnodes      0.035886    0.065176
progrec    -0.003378   -0.001121
estrec     -0.000685    0.001087
tgraden     0.071092    0.487473
```

注意：由于Lifelines的很多功能仍处在完善过程中，因此并不是所有生存分析中的问题都可以解决。例如，生存分析存在左截断(left truncation)的问题，但在Lifelines中，只有部分函数提供了参数entry，用于指定进入队列的时间。这些函数包括KaplanMeierFitter、LogLogisticAFTFitter、WeibullAFTFitter、LogNormalAFTFitter等。然而，到目前为止，Cox回归分析的函数并不支持这种数据。因此，如果需要考虑进入队列的时间，可以使用Statsmodels中的phreg函数。由于当前数据不涉及此类问题，因此相关内容会在12.2节进行讲解。

```
model = smf.phreg('time ~horTh+age+menostat+tsize+tgraden+pnodes+\
                   progrec+estrec', df, status = df['cens'].values).fit()
```

拟合的结果与Lifelines一致。模型自动给出HR以及HR的95%置信区间：

```
model.summary()
Out[30]:
<class 'statsmodels.iolib.summary2.Summary'>
                          Results: PHReg
=====================================================================
Model:                 PH Reg             Sample size:            672
Dependent variable:    time               Num. events:            299
Ties:                  Breslow
---------------------------------------------------------------------
                   log HR  log HR SE     HR        t     P>|t|  [0.025   0.975]
---------------------------------------------------------------------
C(horTh)[T.1]     -0.3372   0.1290   0.7138  -2.6146   0.0089  0.5544  0.9190
C(menostat)[T.1]  -0.2670   0.1833   0.7657  -1.4563   0.1453  0.5345  1.0967
age               -0.0094   0.0093   0.9907  -1.0123   0.3114  0.9728  1.0088
tsize              0.0077   0.0039   1.0077   1.9543   0.0507  1.0000  1.0156
tgraden            0.2801   0.1061   1.3233   2.6414   0.0083  1.0749  1.6290
```

```
pnodes           0.0499   0.0074   1.0512    6.7321   0.0000   1.0360   1.0665
progrec         -0.0022   0.0006   0.9978   -3.8874   0.0001   0.9966   0.9989
estrec           0.0002   0.0004   1.0002    0.3752   0.7075   0.9993   1.0010
===============================================================================
Confidence intervals are for the hazard ratios
```

7.8 绘图常用包

Python中有多个绘图包，它们能实现的功能略有差别，操作复杂度也各不相同。本节将结合实例重点讲解如何使用Pandas、Matplotlib以及Seaborn进行绘图，并通过对比，展示它们绘图的优势与劣势，以帮助读者根据绘图需要作出合适的选择。

7.8.1 Pandas

简单的数据可视化可以直接通过Pandas内置的方法实现，这样做的好处是，用户可以直接使用以DataFrame形式存在的数据快速绘图。这些内置方法的本质是Matplotlib的装饰器(wrapper)，也就是说，它在运行时调用了Matplotlib中的相应函数，使操作者仅通过简单的代码便可完成绘图。Matplotlib包的介绍详见7.8.2节。

本节使用iris数据集进行绘图介绍。关于该数据集的简介请参考5.4.5节的相应内容。

此处使用即将要介绍到的Seaborn加载iris数据集，方法详见以下程序：

```
import pandas as pd
import numpy as np
import matplotlib.pyplot as plt
import seaborn as sns
df = sns.load_dataset('iris')
```

使用head查看iris数据集前5行的内容：

```
df.head()
Out[1]:
   sepal_length  sepal_width  petal_length  petal_width  species
0           5.1          3.5           1.4          0.2   setosa
1           4.9          3.0           1.4          0.2   setosa
2           4.7          3.2           1.3          0.2   setosa
3           4.6          3.1           1.5          0.2   setosa
4           5.0          3.6           1.4          0.2   setosa
```

可见前4列表示花的属性，最后一列为花的类别。

1. 饼图

iris数据集中的species表示花的类别。首先用饼图(pie chart)查看各类花的比例，这可以通过给plot方法中的参数kind传入pie来实现。绘制饼图后，可使用plt.savefig将图存储为任意指定格式：

```
df.species.value_counts().plot(kind = 'pie')
plt.savefig('E:/python_book/img_output/iris_pie.png')
```

绘制结果如图 7-8-1 所示。

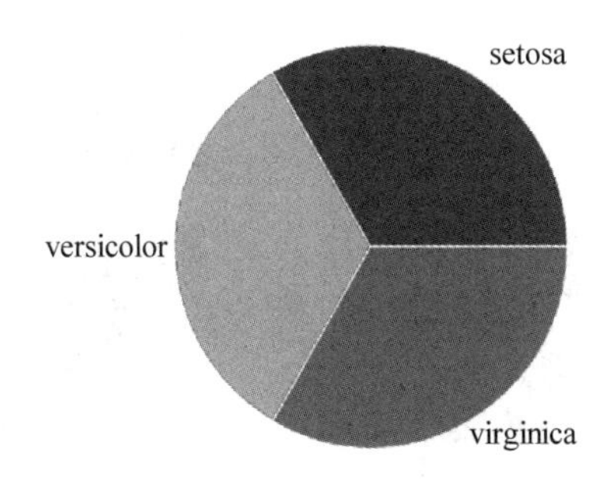

图 7-8-1 花的类别饼图

2. 直方图

下面使用 iris 数据集表示花的属性的前 4 列来绘制直方图(histogram):

```
df.iloc[:, :-1].plot.hist()
```

注意,这里的−1 剔除最后一列表示花的类别的变量 species。

绘制结果如图 7-8-2 所示。

因不同变量的直方图互相重叠,导致图形不够直观。此时可通过参数 alpha 来增加直方图的透明度:

```
df.iloc[:,:-1].plot.hist(alpha=0.5)
```

绘制结果如图 7-8-3 所示。

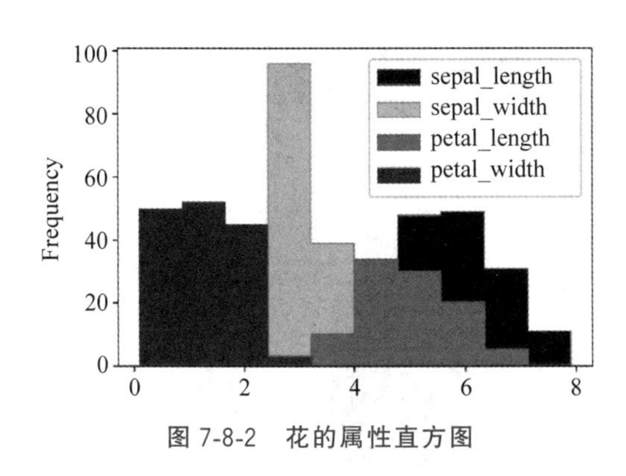

图 7-8-2 花的属性直方图

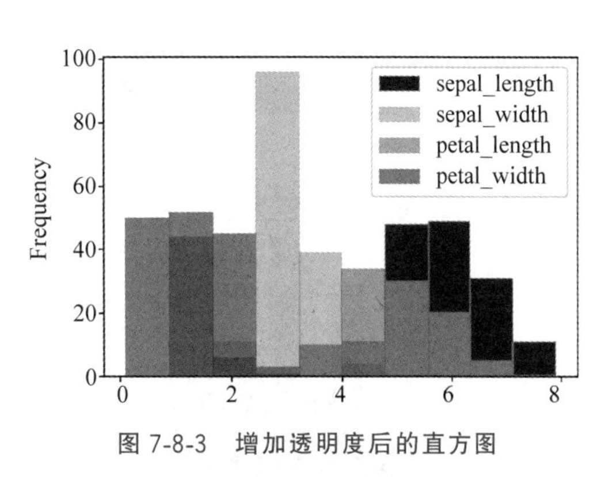

图 7-8-3 增加透明度后的直方图

用户可以通过自定义 colormap 来更换配色方案。例如,在下例中,选择了 Matplotlib 自带的配色方案 jet 对直方图进行配色:

```
from matplotlib import cm
cmap = cm.get_cmap('jet')
df.iloc[:, :-1].plot.hist(colormap = cmap)
```

更多关于颜色的选项请参阅官方说明:http://matplotlib.org/examples/color/colormaps_reference.html。

绘制结果如图 7-8-4 所示。

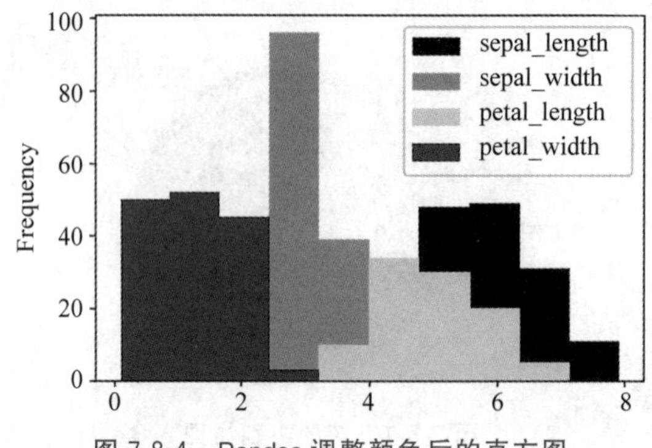

图 7-8-4　Pandas 调整颜色后的直方图

除此之外，还可以通过 pandas.Dataframe.hist 函数为每个变量单独绘制直方图。可以向函数中传递 figsize 参数，以控制图的大小，单位为英寸：

```
df.iloc[:, :-1].hist(figsize = (10, 10))
```

绘制结果如图 7-8-5 所示。

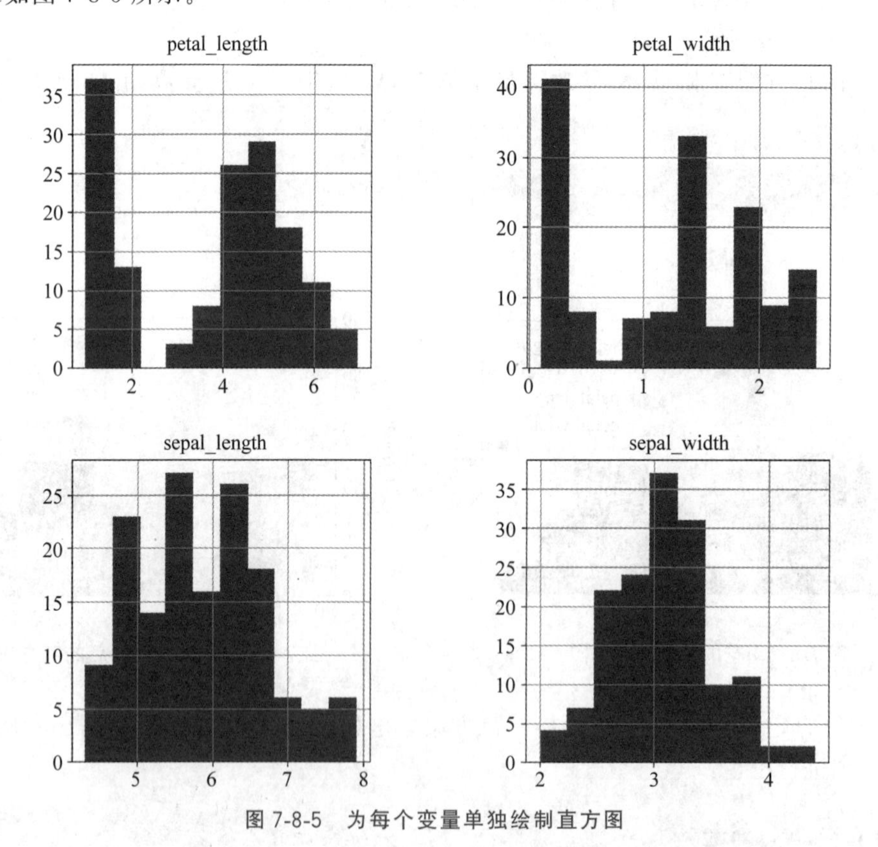

图 7-8-5　为每个变量单独绘制直方图

3. 散点图

散点图(scatter plot)可以用于查看变量间的相关性趋势。作图时需指定作为 X 轴与 Y 轴的列。例如：

```
df.plot(kind = 'scatter', x = 'petal_length', y = 'petal_width', figsize = (8, 6))
```

绘制结果如图 7-8-6 所示。

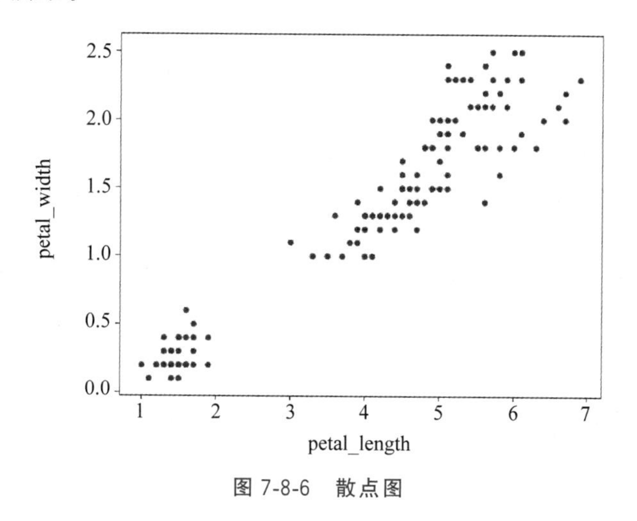

图 7-8-6 散点图

如果想为代表不同品种的点分别着色，可以通过传递 color 参数实现：

```
#创建一个 NumPy array
defined_colors = np.where(df['target'] == 0, 'C0', None)
defined_colors[df['target'] == 1] = 'C1'
defined_colors[df['target'] == 2] = 'C2'
df.plot(kind = 'scatter', x = 'petal_length', y = 'petal_width', c = defined_colors,
        s = 40,figsize = (8,6))
```

绘制结果如图 7-8-7 所示。

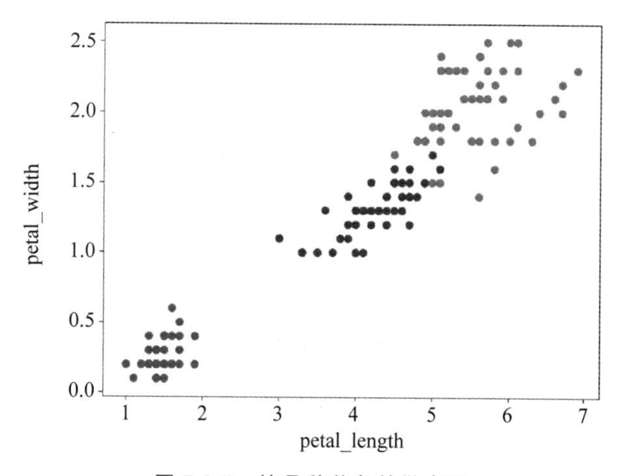

图 7-8-7 按品种着色的散点图

按照 Matplotlib 对颜色的规定，C 加数字表示一个既定的颜色。本例中的 C0、C1 和 C2 分别对应蓝色、橙色和绿色。另外，参数 s=40 是为了增加散点大小。

虽然上述绘图方法直观、简便，但是不够灵活。接下来介绍一个功能更强的第三方绘图包，即 Matplotlib，它也是 Pandas 数据可视化所依赖的底层的库。

7.8.2 Matplotlib

本节用到的绘图模块为 matplotlib.pyplot，调用时一般将其命名为 plt：

```
import matplotlib.pyplot as plt
```

绘图时，首先用 plt.figure 创建一个窗口，在其中进行绘图操作。函数 plt.figure 包含如下参数：

```
plt.figure(num=None, figsize=None, dpi=None, facecolor=None, edgecolor=None, frameon=True)
```

其中，较为常用的有：figsize，用于调整图像大小；facecolor 用于调整图像的背景色。

接下来，使用 add_subplot 添加画纸。函数中的第一个数值是行数，第二个数值是列数，第三个数值是某特定图的序号。需要注意的是，这里是从 1 而非 0 开始编码的。假设要在窗口中绘制两张并排的图，其程序如下：

```
fig = plt.figure(facecolor='grey')
ax1 = fig.add_subplot(1, 2, 1)
ax2 = fig.add_subplot(1, 2, 2)
plt.show()
```

绘制结果如图 7-8-8 所示。

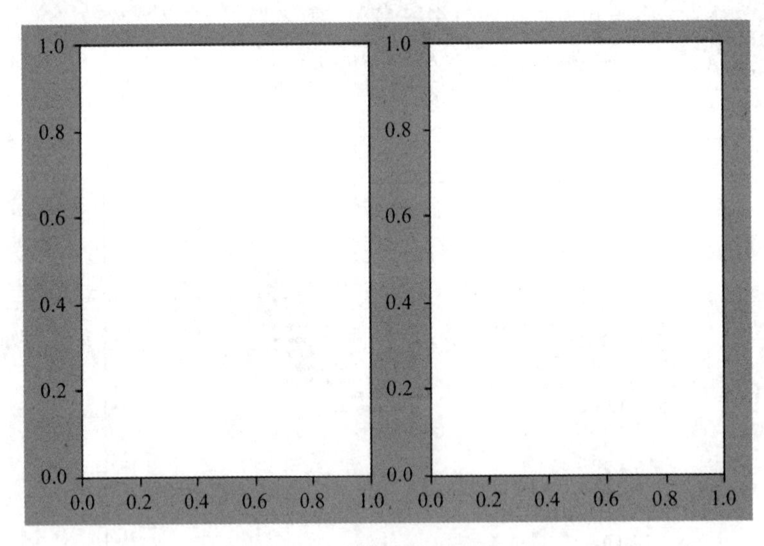

图 7-8-8 绘制两张并排的图

1. 直方图与散点图

接下来，继续使用 iris 数据集绘制直方图和散点图。

首先，创建一个名为 colors 的列表，存储为不同的 species 变量设置的颜色。

在一张图中绘制 3 种花的 sepal_length 变量的直方图的方法是：分别绘制每种花的 sepal_length 变量的直方图，然后将其叠加起来。为了达到该目的，使用了 for 循环。同时，设置 alpha=0.75，以改变直方图的透明度。

散点图的绘制也遵循上述思路，主要区别在于散点图要设置 X 轴与 Y 轴所表示的内容。

接下来，通过 label 参数来定义图例内容。注意，如果内容是 0 或 1 等数值，需先将其改为字符'0'或'1'，再传递进 label 中。除此之外，ax.set_xlabel 与 ax.set_ylabel 用于设置 X 轴和 Y 轴的标目及字号，ax.tick_params 用于设置刻度字号，ax.legend 用于设置图例位置。代码结果如图 7-8-9 所示。

```
fig = plt.figure(figsize = (15, 8))
ax1 = fig.add_subplot(1, 2, 1)
ax2 = fig.add_subplot(1, 2, 2)
target_name = {0:'setosa', 1: 'versicolor', 2: 'virginica'}
colors = ['cyan', 'orange', 'cornflowerblue']
for label, color in zip(range(len(df['species'])), colors):     #将 species 的数值与 color 相对应
    print(label, color)
    ax1.hist(df.loc[df.species == target_name[label], 'sepal_length'],
                    color=color, label=target_name[label], alpha = 0.75)
    ax1.set_xlabel('sepal length/cm', fontsize = 'large')
    ax1.legend(loc = 'upper right')
    ax1.title.set_text('histogram')
for label, color in zip(range(len(df['species'])), colors):
    ax2.scatter(x = df.loc[df.species == target_name[label], 'petal_length'],
                y = df.loc[df.species == target_name[label], 'petal_width'],
                color=color, label = target_name[label])
    #设置 X、Y 轴的标目与字号
    ax2.set_xlabel('petal length/cm', fontsize = 20)
    ax2.set_ylabel('petal width/cm', fontsize = 20)
    #更改坐标刻度字号
    ax2.tick_params(axis = 'x', labelsize = 18)
    ax2.title.set_text('scatter plot')
    #设置图例位置
    ax2.legend(loc = 'upper left')
plt.show()
```

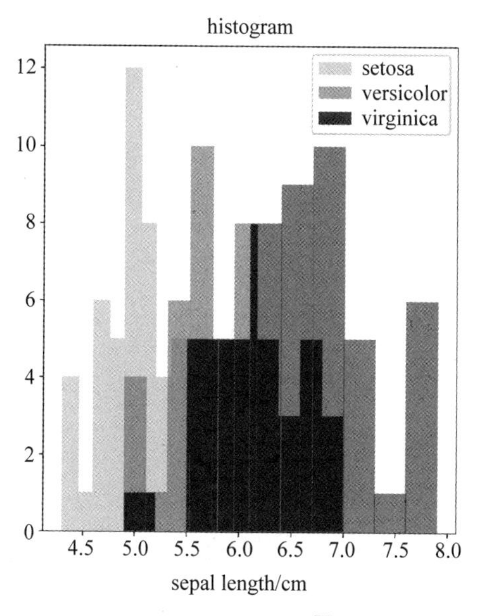

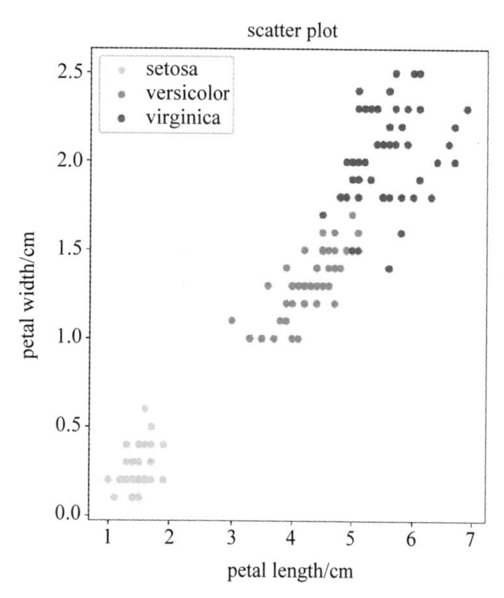

图 7-8-9 Matplotlib 绘制散点图和直方图

由此可见，Matplotlib 的参数设置十分灵活，用户可根据实际需要自行调整。

2. 箱形图

与其他统计图相比，箱形图(box plot)可以更好地同时展示连续型变量的离散程度及分位数信息等统计量。

首先，通过 linestyle 和 linewidth 定义线型及线宽，然后将两者构成一个字典数据传入 boxprops 变量。这里采用实线('-')绘制箱形图的外边框；对于中位数位置的绘制，定义了字典 medianprops，并设定线的参数为点画线('-.')、红色、较边框略宽。

ax.set_ticklabels 用于设定 X 轴刻度的文字，ax.set_yticks 用于指定 Y 轴的刻度值。

```
#将要用来作图的 Y 轴数值提取出来并按照类别分成 3 组
x1 = df.loc[df.species == 'setosa', 'sepal_length']
x2 = df.loc[df.species == 'versicolor', 'sepal_length']
x3 = df.loc[df.species == 'virginica', 'sepal_length']
data_to_plot = [x1, x2, x3]
#绘制箱形图
fig = plt.figure(figsize = (9, 6))
boxprops = dict(linestyle = '-', linewidth = 2)
medianprops = dict(linestyle = '-.', linewidth = 2.5, color = 'red')
#创建 ax 实例
ax = fig.add_subplot(111)
ax.boxplot(data_to_plot, boxprops = boxprops, medianprops = medianprops)
ax.set_xticklabels(['setosa', 'versicolor', 'virginica'], fontsize = 14)
ax.set_xlabel('species', fontsize = 20)
ax.set_ylabel('Sepal Length', fontsize = 20)
ax.set_yticks([5, 6, 7, 8])
```

运行程序后，输出如图 7-8-10 所示。

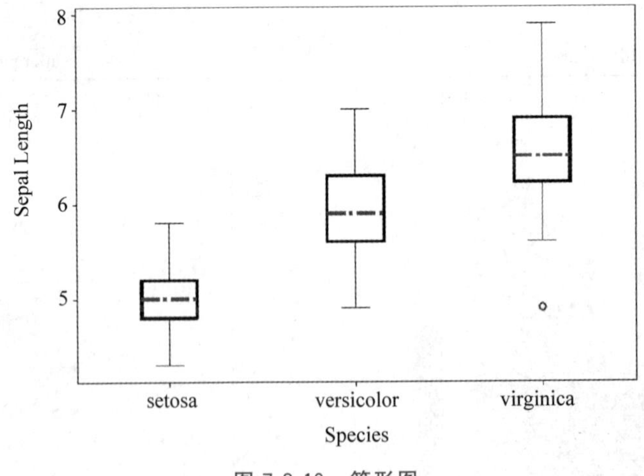

图 7-8-10 箱形图

接下来，介绍如何绘制分组箱形图。首先，创建新变量 wideSepal。若 sepal_width 大于 3，则 wideSepal 为 True；否则为 False。

```
df['wideSepal'] = np.where(df['sepal_width'] > 3, True, False)
```

小贴士：将新变量的值设置为布尔值往往会比设置为整型或字符型更节省内存。

接下来，根据花卉类型分为 3 组，每组中再按照 wideSepal 分为两组，因此，构建 large 与 small 变量，用来存储宽花萼及窄花萼的花萼长度。boxplot 接收数组或列表，因此这里通过 tolist()将其变成列表形式。

```
large = df.loc[df.wideSepal == True].groupby('species')['sepal_length'].apply(pd.Series
.tolist).tolist()
small = df.loc[df.wideSepal == False].groupby('species')['sepal_length'].apply(pd
.Series.tolist).tolist()
```

接下来，定义函数 boxprop_settings，对两组箱形图的线宽、离群值等属性进行设置。该函数有两个参数，其中 bp 代表箱形图，color 用于指定颜色。

```
ticks = ['setosa', 'versicolor', 'virginica']
def boxprop_settings(bp, color):
    plt.setp(bp['boxes'], linewidth = 2,color = color)
    plt.setp(bp['whiskers'], linewidth = 2, color = color)
    plt.setp(bp['caps'], linewidth = 2,color = color)
    plt.setp(bp['medians'], linewidth = 2, color = color)
    plt.setp(bp['fliers'], markerfacecolor = color, markersize = 4, linestyle = 'none')
```

随后，按照花萼宽度绘制 large_box 和 small_box，并且使用刚才定义的函数将它们分别着以红色与紫色。

```
plt.figure(figsize=(9, 6))
large_box = plt.boxplot(large, positions = np.array(range(len(large))) * 2 - 0.3)
small_box = plt.boxplot(small, positions = np.array(range(len(ticks))) * 2.0 + 0.3)
boxprop_settings(large_box, 'red')
boxprop_settings(small_box, 'purple')
plt.xticks(range(0, len(ticks) * 2, 2), ticks, fontsize = 14)
plt.xlim(-1, len(ticks) * 2-1)
plt.ylabel('Species', fontsize = 20)
plt.ylim(4, 8)
plt.ylabel('Sepal Length', fontsize = 20)
plt.yticks([5, 6, 7, 8],fontsize = 14)
plt.tight_layout()                          #自动调整图像的布局，使输出更美观
plt.show()
```

绘制结果如图 7-8-11 所示。

细心的读者可能已经发现，在本例中并没有使用 ax=fig.add_subplot 语句，而是用了 plt.boxplot。这是因为，Python 有对象式编程及函数式编程两种方法。plt.boxplot 属于函数式编程，是对内置程序的直接调用，它的优势在于快速、简洁，但灵巧度不够；而 ax=plt.subplots 或 ax=fig.add_subplot 属于对象式编程，这样做的优势是，当有多个子图时，方便对每个子图调整细节。两种方法殊途同归，但调整

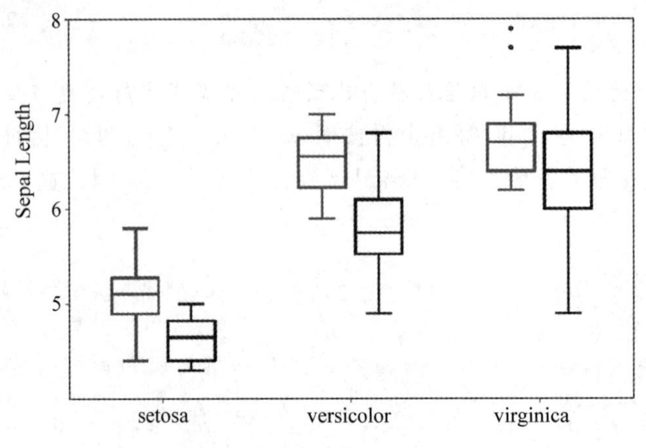

图 7-8-11 分组箱形图

布局的语句有所不同，请读者在实践中注意辨别。

3. 为散点图加入线性回归拟合结果

在散点图中加入线性回归拟合结果是较为常见的统计图。与 R 语言相比(本例在 R 语言中的实践详见 5.7 节)，在 Python 中实现该图要复杂一些，需要以下几步：

(1) 载入 scikit-learn(sklearn)中行使线性拟合功能的 LinearRegression 模块。

(2) 分别用花萼长度和花瓣长度作为 x 及 y 的值，拟合线性模型。

(3) 使用上一步得到的模型，根据 x 的值预测 y 的值，并存入 y_pred 中。

代码如下：

```
from sklearn.linear_model import LinearRegression
x = np.array(df['sepal_length']).reshape(-1, 1)
y = np.array(df['petal_length']).reshape(-1, 1)
linear_regressor = LinearRegression()
linear_regressor.fit(x, y)
y_pred = linear_regressor.predict(x)
```

小贴士：scikit-learn 是 Python 中常用的机器学习工具包。x 与 y 都应是一维的数组，需要 reshape(−1,1)来实现。

准备工作完成后，通过叠加 x 与 y 的散点图以及 x 与 y_pred 的直线完成绘图：

```
plt.scatter(x, y)
plt.plot(x, y_pred, color = 'red')
plt.show()
```

绘制结果如图 7-8-12 所示。

如果想在回归线周围添加 95%置信区间，使用 Matplotlib 就比较麻烦了，需要手动计算 95% 置信区间并叠加绘制。为了解决该问题，接下来介绍第三个绘图包——Seaborn。

7.8.3 Seaborn

Seaborn 是基于 Matplotlib 开发的高级绘图包，使用 Seaborn，用户仅需输入简单的代码便可绘制

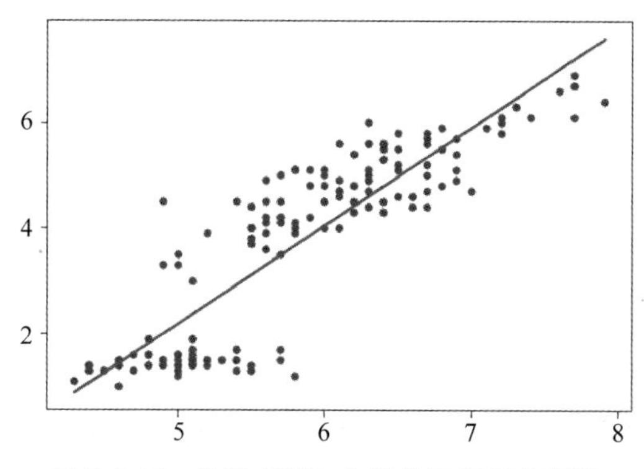

图 7-8-12　为散点图加入线性回归拟合直线

出精美的图表。这是因为 Seaborn 提供了大量面向数据集的绘图函数（dataset-oriented plotting function），通过其自带的内部函数对传入的 DataFrame 进行加工处理。这中间会涉及与绘图有关的处理，如给不同变量赋不同颜色；也会涉及与统计有关的处理，如在图中自动添加 95％置信区间等。

本节仍使用 iris 数据集对 Seaborn 进行介绍。

1. 为散点图加入线性回归拟合结果及置信区间

接下来，使用 regplot 函数绘制散点图并在图中添加线性回归线及 95％置信区间。其中，sns.set 用于设置图片背景、大小等属性。它调用的是 Matplotlib 中的 Matplotlibrc 文件，后者包含一系列与图相关的默认参数配置，例如本例中用来设定图的大小的 figure.figsize 等。读者可以自行参阅其官方说明 https://matplotlib.org/tutorials/introductory/customizing.html，查看其他可调节的参数。

代码如下：

```
import seaborn as sns
sns.set(rc = {'figure.figsize': (20, 15)})
data = df[['sepal_length', 'petal_length']]
ax = sns.regplot(x = 'sepal_length', y = 'petal_length', data = data)
```

绘制结果如图 7-8-13 所示。

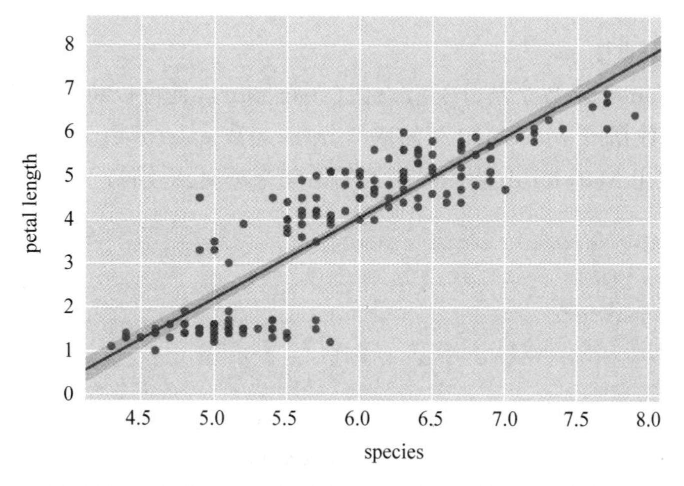

图 7-8-13　为散点图加入线性回归拟合直线及 95％置信区间

如果想按照不同花卉分别拟合线性模型并着色，则只需要在 hue 参数中传入指代花卉类别的变量名即可，如下例中的 species。另外，palette 用于自定义每类的颜色，参数 data 用于传入拟分析的 DataFrame。代码如下：

```
sns.lmplot(x = 'sepal_length', y = 'petal_length', hue = 'species',
          palette = {'setosa': 'r', 'versicolor': 'b','virginica': 'g'},
          data = df)
```

运行后，绘制出的图如图 7-8-14 所示。seaborn 默认输出图的背景色为浅灰色并带有白色网格。用户可使用 sns.set_style('white')将背景色调为纯白色。如果想恢复默认值，输入 sns.set()即可。

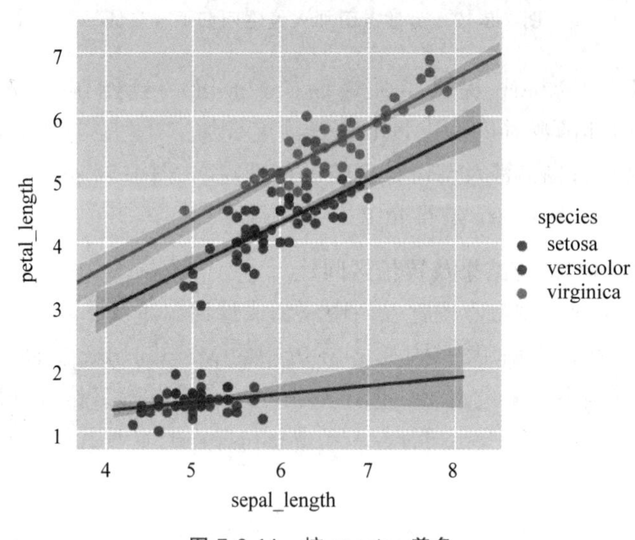

图 7-8-14　按 species 着色

此处所用的函数 lmplot 可以实现在数据的亚组中拟合回归模型，它是前述 regplot 以及 FacetGrid 的综合体，FacetGrid 常用于将数据按指定标准分组后的绘图操作，这在后文会详细讲解。

2. 绘制分组箱形图

用户可通过 sns.boxplot 函数绘制箱形图。

3. 箱形图叠加分类散点图

用户可通过 sns.stripplot 函数绘制分类散点图(strip plot)，且可以将散点图叠加到箱形图上。其中，dodge=True 表示将数据按 wideSepal 列的取值分开，参数 palette 用于指定自带的着色方案 Set1。

另外，用户也可以使用 Matplotlib 绘图时用到的语句来编辑 X 轴与 Y 轴的属性。

```
df['wideSepal'] = np.where(df['sepal_width'] > 3, True, False)
#Usual boxplot
sns.set_style('whitegrid')
sns.set(rc = {'figure.figsize':(9,6)})
fig, ax = plt.subplots()
ax = sns.boxplot(x = 'species', y = 'sepal_length', data = df,hue = 'wideSepal',palette = 'RdBu')
ax = sns.stripplot(x='species', y = 'sepal_length', hue = 'wideSepal',data = df, alpha =
0.75, dodge = True, palette = 'Set1')
```

```
ax.set_ylabel('Sepal Length', fontsize=20)
ax.set_xticklabels(['setosa', 'versicolor', 'virginica'], fontsize = 14)
ax.set_xlabel('species', fontsize = 20)
plt.show()
```

运行程序后，输出如图 7-8-15 所示。

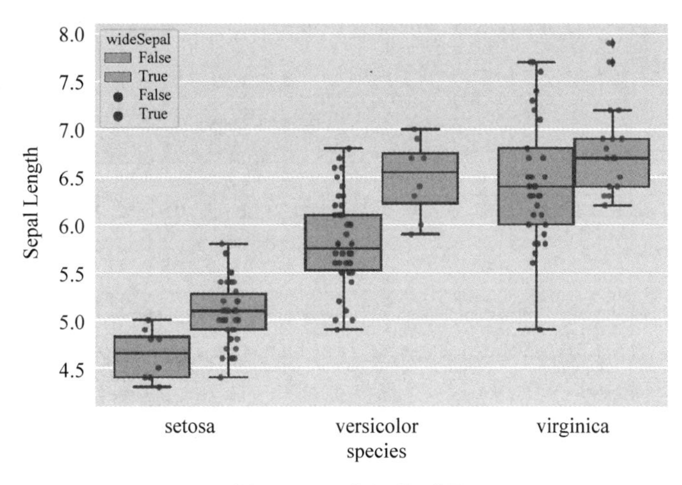

图 7-8-15 分组箱形图

4. 绘制组图

最后看一下如何使用 Seaborn 绘制组图。与该部分对应的 R 语言实践请参阅 5.7 节。

仍使用 iris 数据集，以花卉类型以及是否为宽花萼分组，绘制 sepal_length 与 petal_length 的散点图，在 Seaborn 中实现的办法是调用 sns.FacetGrid 函数。

首先，使用 g = sns.FacetGrid 初始化一个 FacetGrid 对象，在括号里要传入绘图所使用的 DataFrame 以及分组依据。分组依据分别使用参数 col 和参数 row 来定义。margin_titles＝True 指定将分组的组别在图中显示出来，如图 7-8-16 中给出的 species＝setosa、wideSepal＝False 等。

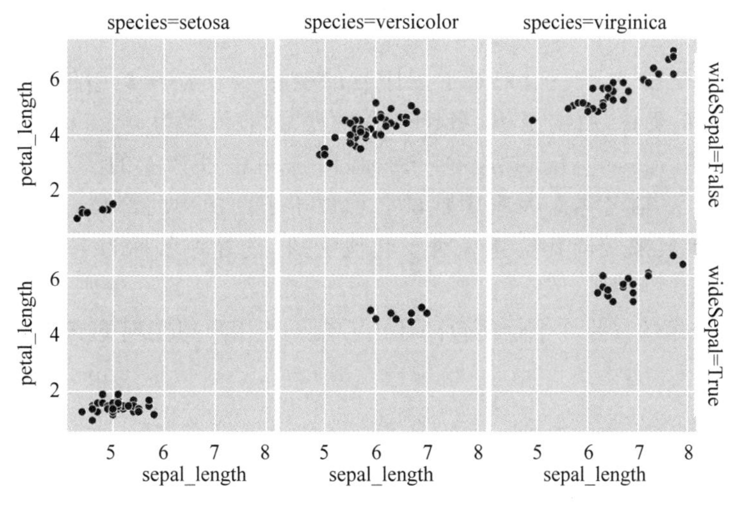

图 7-8-16 组图

g.map 的作用是将多个函数映射到每个分组中。这里由于要对每个分组分别绘制散点图，因此传入函数 plt.scatter。最后利用一些调整刻度标注的语句对图进行微调。由于篇幅有限，对于以下代码中涉及的其他参数在此不做过多介绍，请感兴趣的读者查阅官方说明 https://seaborn.pydata.org/generated/seaborn.FacetGrid.html。

```
g = sns.FacetGrid(df, col = 'species', row = 'wideSepal', margin_titles = True,height = 2.5)
g.map(plt.scatter, 'sepal_length', 'petal_length', color = '#334488', edgecolor = 'white',
lw = .5)
g.set(xticks = [5, 6, 7, 8], yticks = [2, 4, 6])
g.fig.subplots_adjust(wspace = .02, hspace = .02)
```

在这里，系统自动为每个子图标注了 X 轴与 Y 轴的名称，但并不够美观。因此需要用户编写代码对其进行修改。

```
g = sns.FacetGrid(df, col = 'species',row = 'wideSepal',margin_titles = True,height=2.5)
g.map(plt.scatter, 'sepal_length', 'petal_length', color = '#334488', edgecolor = 'white',
lw = .5)
g.set(xticks = [5, 6, 7, 8], yticks = [2, 4, 6])
g.fig.subplots_adjust(wspace = .02, hspace = .02)
i = 0                                          #记录子图序号
for ax in g.axes.flat:
    if i == 3:
        ax.set_ylabel('petal_length', fontsize=18, position = (1.05, 1.02))
        ax.set_xlabel('')
    elif i == 4:
        ax.set_xlabel('sepal_length', fontsize = 18)
    else:
        ax.set_ylabel('')
        ax.set_xlabel('')
    i += 1
```

在原先代码的基础上加入了一个记录子图序号的变量 i，设置其初始值为 0。随后通过 for 循环遍历每一个子图，从左至右，由上至下，各个子图的序号(i)依次为 0～5。选用序号为 3 的子图，也就是左下角的图，使用 ax.set_ylabel 定义 Y 轴标目；选用序号为 4 的子图，即下一排中间的图，使用 ax.set_xlabel 定义 X 轴名称。因程序默认名称位于子图的中间部位，为了使 Y 轴标目置于两图中间，使用 position 参数来微调其位置。对于其他子图，设置轴名称为空。运行结果如图 7-8-17 所示。

因篇幅所限，本章介绍的仅是 3 个绘图包的冰山一角。当用户想实现更复杂的绘图功能时，请参阅相关包的官方文件。

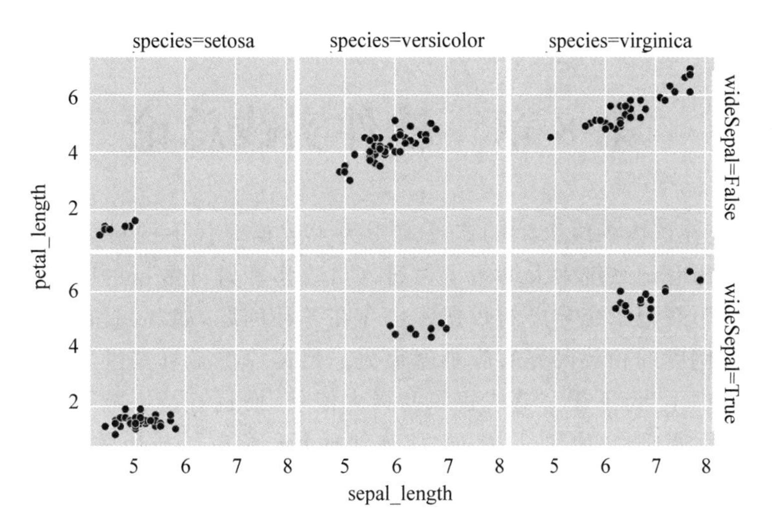

图 7-8-17 自定义组图格式后的图像

第 8 章　软件实践总论

电子病例登记系统在国内各级医院的广泛应用为大数据时代下的科学研究带来了新的机遇和挑战。一方面，电子病历登记系统大大缩短了科研人员收集和管理数据的时间，提高了工作效率；另一方面，直接从电子病历登记系统导出的数据库也存在各种问题，如观测值输入不规范、变量类型错误等，使得基于电子病例库的相关研究实施难度很大。数据清洗是真实世界科学研究至关重要的环节，对数据的清洗和处理不当，不仅会造成资源的极大浪费，而且直接影响研究的质量。研究者面对这样的数据，常常束手无策，只能弃而不用；而目前市面上介绍电子病历数据清洗的书很少，且针对性不强。

在日常工作和科研实践中，研究者常需要报告研究对象的基本情况，如年龄、BMI 的均值和标准差、性别比例等；根据数据分析方法及研究类型的不同，往往又需要报告相关系数（相关分析）、β 值（线性回归分析）、比值比及其 95%置信区间（Logistic 回归分析）和风险比及其 95%置信区间（Cox 回归分析或泊松回归分析）等。有时，还需要提供敏感性分析和亚组分析的结果。可想而知，分析结果的整理是极其耗费时间和精力的，因此结果的摘录也容易出现错误。而市面上的书往往只涉及如何进行数据分析，但对于如何提取和整理研究者感兴趣的结果、创建可重复使用的程序却鲜有提及，从而使研究者在结果整理过程中吃尽了苦头。

基于以上两点，本书首先创建了与真实世界电子病历数据清洗难度相当的模拟数据库（包含 6 个模拟医疗数据集），旨在用 SAS、R 语言、Stata 和 Python 对医院电子病历库中存在的常见问题进行解析和处理；其次使用清洗后的数据集，重点介绍如何使用 SAS、R 语言、Stata 和 Python 来实现科学研究和论文写作过程中常用到的数据分析过程，以及如何高效地提取和整理感兴趣的结果、创建可重复使用的程序。虽然本书实践数据集为医学数据集，但清洗过程、数据准备过程和数据分析过程中用到的技巧可以扩展到任何一门学科，因此读者在阅读时，一定要将本书的例子和自己的研究课题结合起来，这样才能达到事半功倍的效果。

8.1　本书使用的数据集

本书共创建了 6 个模拟医疗数据集（数据集存于本书的电子资源中，读者可自行下载。由于是模拟数据集，因此很难保证所有的结果都具有医学合理性或符合医学预期），分别是病人基本信息数据集、诊断信息数据集、实验室检测结果数据集（一）、实验室检测结果数据集（二）、用药信息数据集和急性心肌梗死数据集。其中，前 5 个数据集是需要清洗的。

8.1.1　病人基本信息数据集

病人的基本信息，如年龄、性别、身高、体重、疾病史、健康结局（如是否死亡）、首次就诊时间、死亡时间（特定研究）等，决定了纳入研究人群的基本特征，也是在论文撰写时需要提供的重要基础信息（通常在论文的第一个表中呈现）和进行多因素分析时需要考虑的重要协变量。病人基本信息数据集名为 BASELINE，其基本情况描述如表 8-1-1 所示。

表 8-1-1 BASELINE 数据集的基本情况描述

变量名	变量含义	存在的问题	数据清洗拟达到的目的
ID	病人 ID	无	无
SEX	性别	为字符型变量,且观测值混乱:表示女性的观测值有"F"、"Female"、"f"、"女",表示男性的观测值有"M"、"Male"、"m"、"男"	女性赋值为 1,男性赋值为 2,清洗之后的变量为数值型变量
HEIGHT	身高	为字符型变量,且观测值混乱:部分观测值中有"厘米"或"cm",部分观测值中的小数点为"。"	去掉"厘米"或"cm",并将"。"改为小数点,清洗之后的变量为数值型变量
WEIGHT	体重	无	无
EDUCATION	教育程度	无	无
INCOME	家庭收入	无	无
DISEASE	疾病史	为字符型变量,将疾病史写在一起,如"高血压 糖尿病"	将患有某种疾病的病人的该变量赋值为 1,无该疾病的病人的该变量赋值为 0,生成数值型变量
BIRTHDAY	出生日期	为字符型变量,且导出格式异常,如 13MAY1964:00:00:00.00	提取出生日期(如 13MAY1964),并将其转换为日期型变量
ENTRYDT	首次就诊日期	为字符型变量,且导出格式异常,如 2003-06-10:00:00:00.00	提取首次就诊日期(如 2003-06-10),并将其转换为日期型变量
DEATHDT	死亡日期	为字符型变量,且部分观测值仅有年、月,没有日,如 201706	填补缺失的日,并将其转换为日期型变量
DEATH	是否死亡	无	无

8.1.2 诊断信息数据集

诊断信息数据集可帮助研究者回答以下问题:如何准确筛选出患有某种疾病的病人,如何提取研究对象患某种疾病的最早诊断时间,如何将研究对象根据是否患某种疾病分为病例组和对照组,如何计算病人每次来医院的间隔或同一种疾病的诊断间隔等。诊断信息数据集名为 DIAGNOSIS,其基本情况描述如表 8-1-2 所示。本数据集旨在介绍以上 4 个问题的实践方法,因此并未在原始数据中设置复杂的清洗问题。

表 8-1-2 DIAGNOSIS 数据集的基本情况描述

变量名	变量含义	存在的问题	数据清洗拟达到的目的
ID	病人 ID	无	无
DIAGDT	诊断时间	无	无
DIAG	诊断结果	无	无
SOURCE	诊断来源	无	无

8.1.3 实验室检测结果数据集(一)

实验室检测结果是医学研究中的重要数据，它可以直接反映病人的疾病状态、治疗效果和是否痊愈。但是直接从医院电子病历系统中导出的实验室检测结果往往存在各种问题，研究者无法直接将其用于统计分析。在本节，将基于两个模拟的实验室检测结果数据集，对常见的实验室检测结果进行清洗，以便读者快速掌握实验室检测结果的清洗技巧。在所有的生化指标中，病毒定量检测结果(如乙型肝炎病毒)常常在数值中掺杂着数学符号、汉字等信息，清洗起来难度最大，因此在后续的章节中重点介绍病毒定量检测结果的清洗过程。

实验室检测结果数据集(一)名为 LAB_1，其基本情况描述如表 8-1-3 所示。

表 8-1-3 LAB_1 数据集的基本情况描述

变量名	变量含义	存在的问题	数据清洗拟达到的目的
ID	病人 ID	无	无
TEST_NAME	检测项目	无	无
TESTDT	检测时间	无	无
TEST_RESULT	检测结果	字符型变量，观测值中掺杂着数学符号、汉字等	去掉非数字部分，并将检测结果转换为数值型变量
REFERENCE	参考标准	为字符型变量，观测值中掺杂着数学符号、汉字等	去掉非数字部分，并将参考标准转换为数值型变量

8.1.4 实验室检测结果数据集(二)

实验室检测结果数据集(二)名为 LAB_2，其文件类型为 Excel 表格，这也是导出电子病历系统或其他注册系统时常见的文件类型。该数据集存储了病人手术前后的血常规检测的结果，但是信息记录混乱，清洗过程比较复杂。表 8-1-4 描述了该数据集的基本情况。

表 8-1-4 LAB_2 数据集的基本情况描述

变量名	变量含义	存在的问题	数据清洗拟达到的目的
ID	病人 ID	无	无
BLOOD_PRE	手术前的血常规检测项目及结果	所有检测项目及其结果放在一个变量中，且检测项目不是完全相同的	将每个检测项目独立生成一个新变量，且为数值型变量
BLOOD_POST	手术后的血常规检测项目及结果	所有检测项目及其结果放在一个变量中，且检测项目不是完全相同的	将每个检测项目独立生成一个新变量，且为数值型变量

8.1.5 用药信息数据集

研究者、医疗单位、卫生管理部门及社会大众都对药物安全性、有效性信息极为重视，而从医院电子病历系统中获得的用药信息存在各种问题，不能直接用于统计分析和科学研究中。用药信息数据集名为 DRUG，表 8-1-5 描述了该数据集的基本情况。

表 8-1-5　DRUG 数据集的基本情况描述

变 量 名	变量含义	存在的问题	数据清洗拟达到的目的
ID	病人 ID	无	无
DRUGDT	开始用药时间	无	无
DRUG	药物名称	无	无
PACK	盒数(医嘱)	为字符型变量	转成数值型变量
PACK_UNIT	药片规格	为字符型变量	转成数值型变量
PACK_AMOUNT	每盒药片数	为字符型变量	转成数值型变量
DOSE	剂量(医嘱)	为字符型变量	转成数值型变量
FREQ	用药频率	为字符型变量	转成数值型变量

8.1.6　急性心肌梗死数据集

急性心肌梗死数据集名为 AMI。该数据集将与清洗后的 BASELINE 数据集合并，旨在介绍如何合并数据集，故没有设置复杂的清洗问题。该数据集的基本情况描述如表 8-1-6 所示。

表 8-1-6　AMI 数据集的基本情况描述

变 量 名	变量含义	存在的问题	数据清洗拟达到的目的
ID	病人 ID	无	无
AMI	是否发生急性心肌梗死	无	无
AMIDT	发生急性心肌梗死的时间	无	无

8.2　软件实践步骤

本书的软件实践流程中数据清洗、数据准备和数据分析的实践内容详见表 8-2-1。

表 8-2-1　软件实践说明

实践流程	数 据 集	实践内容
数据清洗	模拟的 5 个医疗数据集	定量数据的清洗、分类数据的清洗、日期变量的清洗
数据准备和数据分析	清洗后的 BASELINE 数据集＋AMI 数据集	定量数据的统计描述、分类数据的统计描述、相关分析、线性回归分析、Logistic 回归分析和 Cox 回归分析

8.2.1　数据清洗

数据清洗是科学研究中至关重要的环节，也是进行数据分析工作的第一步。该部分将对模拟的 5 个数据集——病人基本信息数据集、诊断信息数据集、实验室检测结果数据集(一)、实验室检测结果数据集(二)、用药信息数据集中存在的常见问题进行逐一描述和清洗。由于对于同一个问题，无论是 SAS、R 语言、Stata 还是 Python 都存在众多的解决方案，无法一一列出，因此在本书中，仅重点介绍对某特定数据的最简单、最直接、最常用的处理方法。SAS、R 语言、Stata 和 Python 对每个数据集的具体清洗方法请分别参见 9.1 节、10.1 节、11.1 节和 12.1 节。

8.2.2 数据准备

数据清洗仅是数据分析工作的第一步。在进行数据分析之前，往往还需要进行数据准备，该过程通常包括：合并数据集（如合并 BASELINE 数据集和 AMI 数据集），生成数据分析过程中必要的变量（如根据已有的身高和体重变量计算 BMI）。

8.2.3 数据分析

数据经过准备过程后，就可以直接用于数据分析了。一般来讲，数据分析过程比较固定，而对于每个分析过程，如 Logistic 回归分析，无论是 SAS、R 语言、Stata 还是 Python，都有特定的语法结构，这个特定的语法结构是可以通过查询软件的帮助文件获得的，因此构建模型不是很难的事情。例如，在 SAS 中以线性回归分析研究年龄和 BMI 之间的关系时，只需将年龄和 BMI 两个变量放在正确的位置上即可，SAS 程序如下：

```
proc reg data=input_data;
    model bmi=age;
    run;
    quit;
```

需要注意的是，模型中协变量的选取不在本书讨论的范围内，它不仅取决于研究者对某领域的背景知识，同时也取决于特定研究的研究假设。而基于不同的研究假设，放入模型中调整的协变量的个数也往往不同，因此需要结合具体研究来决定。在没有研究假设时，就去讨论某个自变量是否应该放在模型中，是徒劳的。

8.2.4 结果整理

当软件运行完特定的命令之后，研究者会发现有些软件会输出很多结果（如 SAS），那么研究者该如何仅提取自己感兴趣的结果呢？新手往往会选择复制和粘贴的方法，但这并不是最准确和最方便的操作。针对这个问题，本书会重点介绍如何用 SAS、R 语言、Stata 和 Python 正确地提取感兴趣的结果。

8.2.5 代码的重复使用

当需要做很多分析的时候（如亚组分析和敏感性分析），整个复制和粘贴的过程就会变得极为复杂且容易出错。而不同的项目其实有很多分析过程（如均值、标准差的提取）是一致的。本书将介绍如何在 SAS、R 语言、Stata 和 Python 中将数据分析和结果提取的程序整合成可重复使用的代码。

需要注意的是，为了扩大代码的可使用范围，本书不会在代码中添加比较特殊的信息，仅专注于可重复提取的部分。例如，在结果输出的时候，使用变量名而不是变量标签作为每一行的标识，不会在程序中添加表头和表的注脚信息，等等。

小贴士：在整合后的程序中加入特定的研究信息（即非可重复部分）有以下弊端：

(1) 添加这些信息，会增加程序的复杂程度，容易出错。

(2) 降低代码的重复使用率。

(3) 读者需额外花费时间学习很多不太实用的代码。

举个例子，如果想在 SAS 输出的 RTF 文件中显示 m^2，就需要输入 m ^{super 2}，并使用 ODS

ESCAPECHAR=^选项说明^为转移符。简单的做法是，直接将其复制并粘贴到 Excel 表中，对其进行处理，然后按照每个表格的特殊要求加上表头、表注脚等信息即可。

8.3 实例：拟研究的课题

为了让读者更好地掌握数据准备、数据分析和结果整理的全过程，在 9.2 节、10.2 节、11.2 节和 12.2 节，将详细地讲解如何开展某一研究课题的工作。拟研究课题的研究目的、待研究的危险因素及可能要做的分析工作如下：

1）研究目的

使用清理后的 BASELINE 数据集与 AMI 数据集进行急性心肌梗死的危险因素研究。

2）待研究的危险因素

待研究的危险因素包括年龄、性别、BMI、糖尿病疾病史、高血压疾病史、家庭收入、教育程度等。

3）拟进行的分析工作

拟进行的分析工作如下：

（1）定量数据的统计描述。描述正常组和急性心肌梗死病人的年龄和 BMI。

（2）分类数据的统计描述。描述正常组和急性心肌梗死病人的性别、糖尿病疾病史、高血压疾病史、家庭收入和教育程度。

（3）相关分析。描述整个人群中身高和体重、年龄和 BMI 的线性相关关系。

（4）线性回归分析。探讨年龄和 BMI 的关系，并调整性别、糖尿病疾病史、高血压疾病史等可能的混杂因素。

（5）Logistic 回归分析。探讨 BMI 与急性心肌梗死的关系，并调整年龄、性别、糖尿病疾病史、高血压疾病史等因素。该研究类型为横断面研究，因此不考虑研究对象的发病时间。

（6）Cox 回归分析。探讨 BMI 与急性心肌梗死发病风险的关系，并调整年龄、性别、糖尿病疾病史、高血压疾病史等因素。该研究类型为队列研究，考虑研究对象进队列的时间和出队列的时间，因此需获知急性心肌梗死病人的发病时间、死亡对象的死亡时间和最后一次随访时间（假设为 2017 年 12 月 31 日），以定义研究对象的随访时间。

读者可能已经注意到，BASELINE 数据集并没有 BMI 数据，这就需要在数据准备的过程中生成该变量。同时，在进行 Cox 回归分析时，需定义进队列的年龄、出队列的年龄、随访结束的时间等。这些工作都需要在数据准备过程中完成。

注意：上面提到的 6 种分析工作都可能会输出很多结果，如果将它们都提取出来，不但费时，而且意义不大。因此，在第 9～12 章的实践中，仅提取最重要、最常用的信息。计划提取的内容如表 8-3-1 所示。读者可根据具体研究课题的要求自行修改相应的代码，从而达到不同的研究目的。

表 8-3-1 计划提取的内容

分析工作	提取内容
定量数据的统计描述	均值±标准差，或者均值（标准差）
分类数据的统计描述	人数（构成比）
相关分析	相关系数、P 值
线性回归分析	β 值、β 值的标准误、t 检验值和 P 值
Logistic 回归分析	病例数/对照组人数、OR（95%置信区间）
Cox 回归分析	发病人数/人时数、HR（95%置信区间）

第9章 SAS实践部分

9.1 数据的清洗与管理

本节对模拟的病人基本信息数据集、诊断信息数据集、实验室检测结果数据集(一)、实验室检测结果数据集(二)和用药信息数据集中存在的常见问题进行逐一描述和清洗。建议读者在学习本节之前通读第8章,其中8.1节对这些模拟数据集进行了介绍。本节中出现的SAS函数,如input、put、substr、scan等,其功能介绍请参见4.3节。需要注意的是,由于SAS的数据清洗功能很强大,因此针对一个问题往往会有多种解决方案,本节重点介绍对某些特定数据的最简单、最直接、常用的处理方法。

9.1.1 病人基本信息数据集

1. 查看及描述数据集的基本信息

首先需指定原始数据集的位置以及清洗后数据集的存储位置。由于打开SAS后默认的工作数据集是WORK临时数据集,为了避免在SAS关闭后临时数据集被自动清空,需要先用libname命令指定永久数据集的位置(如C:\book\rawdata)。例如,在下例中,原始数据集位于rawdata所指的路径下,而清洗后的数据集将存储在anadata所指的路径下。

```
/* 指定永久数据集的位置 */
libname rawdata "your\working\directory\rawdata";
libname anadata "your\working\directory\anadata";
```

当数据集中的变量不多时,可通过输出部分观测来了解数据集的情况。例如:

```
/* 打印 BASELINE 数据集前 10 条观测(清洗前) */
title "Listing the first 10 Observations in the dataset BASELINE(BEFORE CLEAN)";
proc print data=rawdata.baseline (obs=10) noobs;
run;
```

输出结果如图9-1-1所示。

而当变量很多时,推荐用户直接双击打开数据集进行查看。

图9-1-1所示的结果展示了BASELINE数据集中前10条观测的基本情况。若要掌握整个数据集的基本情况,统计各变量异常值和缺失值的情况,则需要进一步使用proc freq对字符型变量(如sex)进行描述,使用proc means或proc univariate过程对数值型变量(如height、weight)进行描述。而如果数值型的变量在原始数据库中因为各种原因被错写成了字符型变量(如本例中,height变量由于有些观测加了单位"厘米"或cm,而被SAS默认为字符型变量),则无法直接使用proc means或proc univariate命令,那么数据清洗的第一步就是校正错误的变量类型,然后再处理缺失值和异常值。对proc freq、proc means和proc univariate的介绍请参阅4.6节。

接下来根据表8-1-1所描述的BASELINE数据集中存在的问题数据清洗和拟达到的目的,分别对

id	sex	height	weight	education	income	disease	birthday	entrydt	deathdt	death
1	m	173.5cm	88	3	1	高血压 糖尿病	13MAY1964:00:00:00.00	2003-06-10:00:00:00.00	.	0
2	M	178	81	4	2		10JUN1963:00:00:00.00	2004-01-05:00:00:00.00	.	0
3	M	166.5	70	1	2	恶性肿瘤	12JUL1938:00:00:00.00	2003-09-16:00:00:00.00	20120128	1
4	F	157.5	58	3	3	高血压	08JUL1953:00:00:00.00	2003-07-02:00:00:00.00	.	0
5	M	165.5	71	3	2		20AUG1967:00:00:00.00	2004-05-07:00:00:00.00	.	0
6	女	154厘米	60	3	.		22DEC1939:00:00:00.00	2002-05-21:00:00:00.00	.	0
7	Male	172。5	62	3	4	高血压	25OCT1958:00:00:00.00	2004-09-16:00:00:00.00	.	0
8	F	158	54	2	2	恶性肿瘤	22JUN1958:00:00:00.00	2004-09-15:00:00:00.00	.	0
9	M	179.5	81	3	2	恶性肿瘤	31MAY1966:00:00:00.00	2003-02-19:00:00:00.00	.	0
10	F	152	52	4	4	糖尿病	18JUL1949:00:00:00.00	2002-12-11:00:00:00.00	.	0

图 9-1-1 清洗前 BASELINE 数据集的前 10 条观测

该数据集中的字符型、数值型和日期型变量进行清洗。

2. 字符型变量的查看和清洗

1）sex 变量

使用 proc freq 对 sex（性别）变量的描述结果如图 9-1-2 所示。

Computing Frequency of SEX Using PROC FREQ

FREQ 过程

sex	频数
F	431
Female	13
M	389
Male	17
f	54
m	46
男	28
女	22

图 9-1-2 sex 变量的描述结果

由于目前 sex 变量赋值混乱，使用 if…then…else 语句对其重新进行编码，并生成新变量 sexn，SAS 代码如下：

```
if sex in("F" "Female" "f" "女") then sexn=1;
  else if sex in("M" "Male" "m" "男") then sexn=2;
```

2）disease 变量

研究对象的疾病史（如高血压史、糖尿病史、恶性肿瘤史）往往是重要的研究因素或协变量，也是在制定研究对象纳入或排除标准时的关键指标。但是通常这部分信息都是以文本形式存储在数据集中的。如图 9-1-3 所示，disease 变量中各种疾病没有固定的顺序，在不同的观测值中使用的分隔符不同（空格或逗号），“其他”选项中可能会出现很多种不同的疾病，以上都是真实世界数据常见的问题。而从复杂的文本中准确提取有用的信息也是处理大数据时必须掌握的技能。

若要将患有某疾病的研究对象重新赋值为 1，无该诊断的病人赋值为 0，常用的 SAS 命令有冒号（:）、find 函数、index 函数及 kindex 函数。关于这 3 个函数的功能介绍请参阅 4.3 节。

Computing Frequency of DISEASE Using PROC FREQ

FREQ 过程

disease	频数
恶性肿瘤	179
高血压	105
高血压 糖尿病	30
高血压,冠心病	20
高血压,糖尿病,恶性肿瘤	5
其他：肺结核	5
其他：肝癌	2
糖尿病	80
乙型肝炎	66
频数缺失 = 508	

图 9-1-3　disease 变量的描述结果

```
hypertension=(disease=:"高血压");
if find(disease,"糖尿病") NE 0 then diabetes=1;
    else diabetes=0;
```

上述命令可以实现对高血压和糖尿病病人的识别和重新赋值，使用 proc freq 对 hypertension 和 diabetes 进行频数描述，可知有 160 人患有高血压，115 人患有糖尿病。

需要注意的是，冒号的使用对要提取的字符在文本中的位置有严格的要求，只有当该字符位于文本起始位置时，才能用冒号准确提取，因此本例中冒号命令仅适用于高血压。而对于糖尿病，冒号命令只能找到以“糖尿病”为文本开头的 80 个病人(读者可自行验证)。

3. 数值型变量的查看和清洗

在 SAS 数据集中，字符型变量为左对齐，而数值型变量为右对齐。若打开数据集后发现本应是数值型的变量为左对齐，则需要引起注意，这说明可能存在变量类型错误。当不完全清楚造成数据类型错误的原因时，就需要结合 SAS 日志中的错误提示来进一步发现存在的问题。

例如，对 height 变量进行清洗时，如果仅观察到某些包含“厘米”和“。”的值，但未发现包含 cm 的值，直接运行下面的 SAS 代码后，会在日志中看到 input 函数的参数无效的提示：

```
if prxmatch('/厘米/',height)^=0  then height1=compress(height, "厘米");
else if prxmatch('/。/',height)^=0 then height1=compress(tranwrd(height,"。","."));
else height1=compress(height);
heightn=input(height1,8.);
NOTE: 函数 INPUT 的参数无效,位置: 行 127 列 14。
id=1 sex=m height=173.5cm weight=88 education=3 income=1 disease=高血压 糖尿病
birthday=13MAY1964:00:00:00.00
entrydt=2003-06-10:00:00:00.00 deathdt=. death=0 height1=173.5cm heightn=._ERROR_=1_N_=1
NOTE: 函数 INPUT 的参数无效,位置: 行 127 列 14。
id=29 sex=f height=163cm weight=63 education=4 income=1 disease=高血压 糖尿病 birthday=
25SEP1945:00:00:00.00
entrydt=2003-06-04:00:00:00.00 deathdt=.death=0 height1=163cm heightn=._ERROR_=1 _N_=29
```

从上面的提示中可以得知 input 函数无效的原因是有些 height 的观测值中存在 cm，这时就需要进一步修改 SAS 代码，即在 if 语句中对 cm 进行压缩，更新后的 SAS 代码如下：

```
if prxmatch('/厘米|cm/',height)^=0 then height1=compress(height, "厘米","cm");
else if prxmatch('/。/',height)^=0 then height1=compress(tranwrd(height,"。","."));
else height1=compress(height);
heightn=input(height1,8.);
```

4. 日期型变量的查看和清洗

1）birthday 变量

在该数据集中，birthday（出生日期）和 entrydt（首次就诊日期）均为字符型变量，但是格式不同。其中，birthday 变量的格式与 SAS 定义的“DATETIME20.”类型相符合，因此可以直接使用 input 和 format 语句来实现变量类型的校正：

```
format birthday1 DATETIME20.
       birthdayn YYMMDD10.
birthday1=input(birthday, DATETIME20.);
birthdayn=datepart(birthday1);
```

2）entrydt 变量

而对于 entrydt 变量，则需要先使用 substr 函数提取压缩（使用 compress 函数）后的 entrydt 变量的前 10 个字符，再通过 input 函数将取出后的这 10 个字符传入新变量 entrydtn，同时使用 format 语句指定 entrydtn 的输入格式为“YYMMDD10.”。

```
format entrydtn YYMMDD10.;
entrydtn=input(substr(compress(entrydt),1,10),YYMMDD10.);
```

3）deathdt 变量

在图 9-1-1 所示的结果中，发现 deathdt 为字符型变量（因该变量为左对齐），但并未发现存在异常观测（注意，在观测过多时，即使有异常值，也很难发现）。而运行下面的 SAS 程序后，日志中却出现了错误提示：

```
format deathdtn YYMMDD10.;
deathdtn=input(deathdt1,YYMMDD10.);
NOTE: 函数 INPUT 的参数无效,位置: 行 81 列 15。
id=175 sex=F height=154 weight=68 education=1 income=1 disease=  birthday=06APR1940:00:
00:00.00
entrydt=2004-12-04:00:00:00.00 deathdt=201703 death=1 deathdtn=._ERROR_=1 _N_=175
NOTE: 函数 INPUT 的参数无效,位置: 行 81 列 15。
id=217 sex=F height=153 weight=42 education=2 income=1 disease= birthday=30DEC1939:00:00:
00.00
entrydt=2004-01-06:00:00:00.00 deathdt=201704 death=1 deathdtn=._ERROR_=1 _N_=217
NOTE: 函数 INPUT 的参数无效,位置: 行 81 列 15。
id=672 sex=M height=176.9 weight=90 education=3 income=2 disease=恶性肿瘤 birthday=
20FEB1939:00:00:00.00
entrydt=2001-10-19:00:00:00.00 deathdt=201609 death=1 deathdtn=. _ERROR_=1 _N_=672
```

```
NOTE: 函数 INPUT 的参数无效,位置: 行 81 列 15。
id=973 sex=f height=156cm weight=58 education=1 income=2 disease=高血压 糖尿病 birthday=
24JUL1942:00:00:00.00
entrydt=2003-12-14:00:00:00.00 deathdt=201706 death=1 deathdtn=. _ERROR_=1 _N_=973
```

通读上面的错误提示，可以发现 ID 号为 175、217、672 和 973 的研究对象的死亡日期(deathdt)不完整，仅有年、月(如 201703)。此时需要将日期变量填补完整，一般而言，可以选择每月的第一天或者中间一天，对日期要求较高的研究也会选择随机数来进行填补，这里选择 15 日进行填补。SAS 代码如下(其中||为连接符)：

```
format deathdtn YYMMDD10.;
if id=175 or id=217 or id=672 or id=973 then deathdt1=compress(deathdt||15);
    else deathdt1=deathdt;
deathdtn=input(deathdt1,YYMMDD10.);
```

至此完成了对 BASELINE 数据集中所有存在问题的变量的清洗工作，接下来就要筛选有用的变量，生成新的数据集并保存到永久数据库 ANADATA 中。下面的工作推荐使用 proc sql 语句(请参见 4.7 节)，因为与 data 步相比，proc sql 语句不但能够指定变量在新数据集出现的位置，还能灵活地改变变量的属性(变量名、长度、输入格式、输出格式和标签等)，且在处理大数据时运行速度更快。SAS 代码如下：

```
proc sql;
    create table anadata.baseline as
    select id,
        sexn as sex,
        heightn as height,
        weight,
        education,
        income,
        disease,
        hypertension,
        diabetes,
        birthdayn as birthday,
        entrydtn as entrydt,
        deathdtn as deathdt,
        death
    from baseline_clean;
    quit;
```

最后对比该数据集前 10 条观测在清洗前后的情况，可见清洗后的数据集(图 9-1-4)符合预期，可以直接用于后续的分析中(请读者自行对比图 9-1-1 和图 9-1-4)。

9.1.2 诊断信息数据集

在医学研究中，研究者经常会遇到以下问题：如何准确筛选出患某种疾病的病人？如何提取研究对象患某种疾病的最早诊断时间？如何将研究对象根据是否患某种疾病分为病例组和对照组？如何计

id	sex	height	weight	education	income	disease	hypertension	diabetes	birthday	entrydt	deathdt	death
1	2	173.5	88	3	1	高血压 糖尿病	1	1	1964-05-13	2003-06-10	.	0
2	2	178.0	81	4	2		0	0	1963-06-10	2004-01-05	.	0
3	2	166.5	70	1	2	恶性肿瘤	0	0	1938-07-12	2003-09-16	2012-01-28	1
4	1	157.5	58	3	3	高血压	1	0	1953-07-08	2003-07-02	.	0
5	2	165.5	71	3	2		0	0	1967-08-20	2004-05-07	.	0
6	1	154.0	60	3			0	0	1939-12-22	2002-05-21	.	0
7	2	172.5	62	3	4	高血压	1	0	1958-10-25	2004-09-16	.	0
8	1	156.0	54	2	2	恶性肿瘤	0	0	1958-06-22	2004-09-15	.	0
9	2	179.5	81	3	2	恶性肿瘤	0	0	1966-05-31	2003-02-19	.	0
10	1	152.0	52	4	4	糖尿病	0	1	1949-07-18	2002-12-11	.	0

图 9-1-4 清洗后 BASELINE 数据集的前 10 条观测

算病人来医院的间隔或同一种疾病的诊断间隔？本节以诊断信息数据集为例，演示如何逐一解决以上问题。该数据集包含了 80 个研究对象的 1089 条观测记录以及 4 个变量：病人 ID 号(id)、诊断时间(diagdt)、诊断结果(diag)和诊断来源(source，分为住院诊断和门诊诊断)。该数据集在清洗前的前 20 条观测如图 9-1-5 所示。

Obs	id	diagdt	diag	source
1	1	2016-07-24	原发性高血压	住院
2	1	2016-08-22	原发性高血压	门诊
3	1	2016-08-29	心肌梗死	门诊
4	1	2016-08-29	原发性高血压	门诊
5	1	2016-09-01	原发性高血压	门诊
6	1	2016-09-08	心肌梗死	门诊
7	1	2016-09-08	原发性高血压	门诊
8	1	2016-11-28	原发性高血压	住院
9	2	2015-01-23	心肌梗死	门诊
10	2	2015-02-01	心肌梗死	门诊
11	3	2014-11-21	原发性高血压	门诊
12	3	2014-12-05	原发性高血压	门诊
13	3	2015-05-01	原发性高血压	门诊
14	3	2015-05-07	原发性高血压	门诊
15	3	2015-05-29	心肌梗死	门诊
16	3	2015-05-29	原发性高血压	门诊
17	3	2015-06-04	心肌梗死	门诊
18	3	2015-06-15	原发性高血压	门诊
19	3	2015-06-26	原发性高血压	门诊
20	3	2016-03-09	原发性高血压	门诊

图 9-1-5 清洗前诊断信息数据集的前 20 条观测

1. 筛选患某种疾病的病人

以原发性高血压为例，需要筛选有多少研究对象患有(曾被诊断为)原发性高血压，而并非该数据集中有多少条观测为原发性高血压。明确这一点非常重要，因为在该数据集中，每个研究对象有多次就诊记录，例如，id=1 的研究对象共有 8 次就诊记录，包括 6 次原发性高血压的诊断和 2 次心肌梗死的诊断，但在筛选原发性高血压病人时，该研究对象只能被计算 1 次。另外，研究对象的不同信息通常存放在不同的数据集中，而 id 往往是多个数据集合并时重要的关联变量。为了避免合并后出现大量重复信息的现象，就需要在不损失信息的情况下，使每个研究对象仅计算一次，保留唯一的 id。因此可以将问题转化为如何筛选患有某种疾病的研究对象的 id。这个任务在 SAS 中可以通过 SQL 语句中的 select distinct 命令实现。

SAS 代码如下：

```
/*筛选出诊断为原发性高血压的病人 ID 号*/
proc sql;
    create table hyper as
    select distinct id,
                diag
    from rawdata.diagnosis
    where diag contains "原发性高血压";
    quit;
```

运行结果显示有 64 人曾被诊断为原发性高血压。where 语句中的 contains 函数的介绍参阅 4.5.4 节。

2. 筛选患某种疾病的病人 ID 号及首次诊断时间

疾病的首次诊断时间对医学研究是十分重要的信息。以下 SAS 程序的目的是筛选出患有原发性高血压的病人的首次诊断时间并生成新数据集 HYPER1：

```
/*患有原发性高血压的病人 ID 号及首次诊断时间*/
proc sql;
    create table hyper1 as
    select distinct id,
       min(diagdt) as hyper_dt format=YYMMDD10.
    from rawdata.diagnosis
    where diag contains "原发性高血压"
    group by id;
    quit;
```

对该程序稍加改动，即可实现筛选该疾病最后一次诊断时间的功能（只需要将 min 函数换成 max 函数，请读者自行验证）。

同理，也可筛选出患糖尿病的病人 ID 号及其首次诊断时间并生成新数据集 diabetes1，SAS 代码如下：

```
/*患糖尿病的病人 ID 及最早诊断时间*/
proc sql;
    create table diabetes1 as
    select distinct id,
       min(diagdt) as diabetes_dt format=YYMMDD10.
    from rawdata. diagnosis
    where diag contains "糖尿病"
    group by id;
    quit;
```

注意：若数据集中既有1型糖尿病的记录又有2型糖尿病的记录，则需要在where子句中具体指定是何种糖尿病。而上面的程序会将1型糖尿病和2型糖尿病处理成同一种疾病。

3. 创建研究对象疾病状态的二分类变量

将上面创建的新数据集hyper1和diabetes1与原始数据集rawdata.diagnosis合并，分别生成两个二分类变量hyper_diag和diabetes_diag，若病人患高血压或糖尿病，则赋值1，否则赋值0。SAS代码如下：

```
/*创建二分类变量hyper_diag和diabetes_diag并赋值。1:患有该疾病;0:无该疾病*/
proc sql;
    create table hyper_diabetes as
    select distinct a.id,
        b.hyper_dt,
        case when a.id in(select id from hyper1) then 1
            else 0
            end as hyper_diag,
        c. diabetes_dt,
        case when a.id in(select id from diabetes1) then 1
            else 0
            end as diabetes_diag
    from rawdata.diagnosis as a left join hyper1 as b on a.id=b.id
                                left join diabetes1 as c on a.id=c.id;
    quit;
```

在新数据集diagnosis中有5个变量，分别是病人ID号(id)、高血压首次诊断时间(hyper_dt)、是否患有高血压(hyper_diag)、糖尿病首次诊断时间(diabetes_dt)和是否患有糖尿病(diabetes_diag)。关于proc sql的介绍(如例中case…when语句的用法)，请参阅4.7节。

该数据集的前5条记录如图9-1-6所示。

id	hyper_dt	hyper_diag	diabetes_dt	diabetes_diag
1	2016-07-24	1	.	0
2	.	0	.	0
3	2014-11-21	1	.	0
4	2015-04-10	1	2013-05-24	1
5	2016-03-18	1	.	0

图9-1-6 HYPER_DIABETES数据集的前5条记录

4. 平均诊断时间间隔

计算平均诊断时间间隔，实际上是计算前后两个时间点差值的平均值，因此读者很容易想到将两个时间点直接相减，这样做的前提是时间变量在数据集中是横向排列的。但在本例中，同一个研究对象的不同诊断时间是纵向排列的，如图9-1-7所示。以前两行为例，需要计算第1条观测的诊断时间(2016-07-24)与第2条观测的诊断时间(2016-08-22)的差值，该如何实现呢？

Obs	id	diagdt	diag	source
1	1	2016-07-24	原发性高血压	住院
2	1	2016-08-22	原发性高血压	门诊
3	1	2016-08-29	心肌梗死	门诊
4	1	2016-08-29	原发性高血压	门诊
5	1	2016-09-01	原发性高血压	门诊

图9-1-7 同一研究对象的不同诊断时间纵向排列

lag系列函数或者dif系列函数可以很好地解决以上问题(lag

系列函数与 dif 系列函数的介绍详见 4.3.4 节)。注意，如果不加任何条件，SAS 会自动计算所有相邻两条观测的诊断时间的差值，但这样就会出现上一个病人的最后一条观测中的诊断时间和下一个病人的第一条观测中的诊断时间的差值，该信息是没有意义的。为了限定该算法只在同一个研究对象的不同观测间进行，避免出现混杂信息，采用 if first.id then do;…;end;语句，指定当某观测为病人的第一个观测时，4 个新变量为缺失值（"first."选项的介绍，详见 4.5.7 节)。SAS 代码如下：

```
/* 平均诊断时间间隔 */
proc sort data=rawdata.diagnosis;
    by id diagdt;
    run;
data diagnosis_gap;
   set rawdata.diagnosis;
   by id;
   format prior_diag YYMMDD10.
          prior_diag2 YYMMDD10.;
   prior_diag=lag(diagdt);
   prior_diag2=lag2(diagdt);
   gap=dif(diagdt);
   gap2=dif2(diagdt);
   if first.id then do;
          prior_diag=.;
          prior_diag2=.;
          gap=.;
          gap2=.;
          end;
   run;

/* 打印 DIAGNOSIS_GAP 数据集前 5 条观测 */
title "Listing the first 5 Observations in the dataset DIAGNOSIS_GAP";
proc print data=diagnosis_gap(obs=5) noobs;
run;
```

运行上面的 SAS 代码后，打印出新数据集的前 5 个观测，如图 9-1-8 所示。从中可知，lag 函数是将某变量(本例中为 diagdt)的观测滞后一行，lag2 函数是将其滞后两行，以此类推；而 dif 函数是计算某观测值与滞后一行的观测值的差值，dif2 函数是计算某观测值与滞后两行的观测值的差值，以此类推。

id	diagdt	diag	source	prior_diag	prior_diag2	gap	gap2
1	2016-07-24	原发性高血压	住院	.	.	.	.
1	2016-08-22	原发性高血压	门诊	2016-07-24	.	29	.
1	2016-08-29	心肌梗死	门诊	2016-08-22	2016-07-24	7	36
1	2016-08-29	原发性高血压	门诊	2016-08-29	2016-08-22	0	7
1	2016-09-01	原发性高血压	门诊	2016-08-29	2016-08-29	3	3

图 9-1-8　DIAGNOSIS_GAP 数据集的前 5 个观测

若某研究只关注某一种疾病的诊断间隔，该如何计算同一种疾病前后两次诊断的时间间隔呢？操作很简单，只需要告知SAS在符合条件的观测中计算差值就行了。例如，计算原发性高血压的诊断间隔的SAS代码如下：

```
/*同一种疾病前后两次诊断的时间间隔*/
data diag_hyper_gap;
  set rawdata.diagnosis;
  by id;
  format prior_diag YYMMDD10.
         prior_diag2 YYMMDD10.;
  if diag="原发性高血压" then do;
  prior_diag=lag(diagdt);
  prior_diag2=lag2(diagdt);
  gap=dif(diagdt);
  gap2=dif2(diagdt);
  end;
  if first.id then do;
         prior_diag=.;
         prior_diag2=.;
         gap=.;
         gap2=.;
         end;
  run;
```

运行上面的SAS代码后，打印出新数据集的前5个观测，如图9-1-9所示。从中可知，SAS在计算原发性高血压的诊断间隔时，将心肌梗死的诊断时间排除在外了。

id	diagdt	diag	source	prior_diag	prior_diag2	gap	gap2
1	2016-07-24	原发性高血压	住院	.	.	.	.
1	2016-08-22	原发性高血压	门诊	2016-07-24	.	29	.
1	2016-08-29	心肌梗死	门诊	.	.	.	.
1	2016-08-29	原发性高血压	门诊	2016-08-22	2016-07-24	7	36
1	2016-09-01	原发性高血压	门诊	2016-08-29	2016-08-22	3	10

图9-1-9 DIAG_HYPER_GAP数据集的前5个观测

9.1.3 实验室检测结果数据集(一)

1. 病毒定量检测结果的清洗

病毒定量检测结果的清洗比较复杂。在本例中，介绍一种简单的清洗方法。注意，因其方法简单，因此程序稍长。

1）查看变量基本情况

使用下面的SAS程序打印出该数据集中病毒定量检测的前15条观测：

```
title "Listing the first 15 Observations of viral quantification";
title2 "in the dataset LAB_1(BEFORE CLEAN)";
```

```
proc print data=rawdata. lab_1 (where=(test_name ="病毒定量") obs=15) noobs;
    run;
```

输出结果如图 9-1-10 所示。

id	test_name	testdt	test_result	reference
1	病毒定量	2013-02-27	<5×10^2 IU/ML	检测标准 5.00×10^2 IU/ML
1	病毒定量	2014-03-19	<5×10^2 IU/ML	检测标准 5.00×10^2 IU/ML
1	病毒定量	2015-02-02	<1.00×10^3 IU/ML	检测标准 5×10^2 IU/ML
1	病毒定量	2016-04-18	5.37×10^7 IU/ml	检测标准 5×10^2 IU/ML
2	病毒定量	2013-03-10	<5.00×10^2 IU/ML	500IU/ML
2	病毒定量	2014-03-29	<5.00×10^2 IU/ML	500IU/ML
2	病毒定量	2015-03-26	4.34×10^4 IU/ml	1×10^3
3	病毒定量	2013-03-28	8.78×10^4 IU/ml	500IU/ML
3	病毒定量	2014-04-24	<5.0×10^2 IU/ML	500IU/ML
3	病毒定量	2015-05-27	2.26×10^2 IU/ML	检测标准 5×10^2 IU/ML
4	病毒定量	2013-03-29	<1×10 ^ 3 拷贝/ML	1×10^3
4	病毒定量	2014-05-23	6.34×10 ^ 8 拷贝/ML	1×10^3
4	病毒定量	2015-06-12	<1.00×10^3 IU/ML	检测标准 5×10^2 IU/ML
5	病毒定量	2013-05-12	6.32×10^5 IU/ml	500IU/ML
5	病毒定量	2014-06-18	4.41×10^5 IU/ml	检测标准 5.00×10^2 IU/ML

图 9-1-10　清洗前 LAB_1 数据集中病毒定量检测结果的前 15 条观测

2）设计清洗思路

由图 9-1-10 可见，检测结果由 3 部分组成，即×前的部分、×和^之间的部分以及^后的部分。以“＜1×10^3 拷贝/ML”为例，这 3 部分分别对应着“＜1”“10”和“3 拷贝/ML”。因此，清洗思路为：先分别提取这 3 部分中的数字信息，然后再通过乘法或者指数的形式将 3 个数字合并在一起。注意，部分观测值是“未检测到”。

3）查看并统一分割点的不同形式

在正式清洗之前，要先确认两个分割点（乘号和^）在观测值中的所有形式。双击打开数据集后，通过检查发现^有两边无空格和两边有空格两种形式，单位有“IU/ml”“拷贝/ml”“IU/ML”和“拷贝/ML”等形式。为了保证清洗的顺利进行，要统一分割点的不同形式，并且去掉单位。SAS 代码如下。

```
/*病毒定量检测结果的清洗*/
data lab_1;
    set rawdata.lab_1(where=(test_name ="病毒定量"));
    test_clean=test_result;
    test_clean=tranwrd(test_clean,"^"," ^ ");
    test_clean=tranwrd(test_clean,"IU/ml","");
    test_clean=tranwrd(test_clean,"拷贝/ml","");
    test_clean=tranwrd(test_clean,"IU/ML","");
    test_clean=tranwrd(test_clean,"拷贝/ML","");
```

tranwrd 函数的介绍详见 4.3 节。需要注意的是，在本例中，重复使用了 tranwrd 函数，显得程序很长，这仅是为了让读者更好地理解清洗思路。translate 函数也可以解决该问题，且程序更短（读者可自行尝试）。

4）提取数字并生成数值型检测结果

由于部分观测值为“未检测到”，因此要用 if test_clean^=："未检测到" then do;…;end;将清洗的范围控制在其他观测值中。首先使用 find 函数分别返回×和^在观测值中的位置 pos_1 和 pos_2；然后用 input 函数分别将×前的数字部分和^后的数字部分转化为数值型变量 result_1 和 result_2；最后生成检测结果的数值型变量 test_2。

SAS 代码如下：

```
if test_clean^=:"未检测到" then do;
    test_1=compress(test_clean,"<");
    pos_1=find(test_1,"×");
    pos_2=find(test_1,"^");
    result_1=input(substr(test_1,1,(pos_1-1)),10.);
    result_2=input(compress(substr(test_1,pos_2+1),"0123456789.","k"), 10.);
    test_2=result_1 * 10 * * result_2;
    end;
```

5）针对特殊观测值进行处理

有些病人的检测结果前有小于号（<）或者记录为“未检测到”，其中小于号和“未检测到”是指病人的检测结果小于仪器的检测下限，因此检测结果应为 0。有时，在工作中还会见到大于号（本模拟数据集中没有），大于号是指病人的检测结果超过了仪器的检测上限。例如，为了在后续分析中方便筛选出含有大于号的检测结果，可对其检测结果加 1。SAS 代码如下：

```
if test_clean=:">" then test=test_2+1;
else if test_clean=:"<" or test_clean=:"未检测到" then test=0;
else  test=test_2;
```

至此，对病毒定量检测结果的清洗已经完成，打印出清洗后的数据集的前 15 条记录，结果如图 9-1-11 所示。

id	test_result	test_clean	test_1	pos_1	pos_2	result_1	result_2	test_2	test
1	<5×10^2 IU/ML	<5×10^2	5×10^2	2	6	5.00	2	500	0
1	<5×10^2 IU/ML	<5×10^2	5×10^2	2	6	5.00	2	500	0
1	<1.00×10^3 IU/ML	<1.00×10^3	1.00×10^3	5	9	1.00	3	1000	0
1	5.37×10^7 IU/ml	5.37×10^7	5.37×10^7	5	9	5.37	7	53700000	53700000
2	<5.00×10^2 IU/ML	<5.00×10^2	5.00×10^2	5	9	5.00	2	500	0
2	<5.00×10^2 IU/ML	<5.00×10^2	5.00×10^2	5	9	5.00	2	500	0
2	4.34×10^4 IU/ml	4.34×10^4	4.34×10^4	5	9	4.34	4	43400	43400
3	8.78×10^4 IU/ml	8.78×10^4	8.78×10^4	5	9	8.78	4	87800	87800
3	<5.0×10^2 IU/ML	<5.0×10^2	5.0×10^2	4	8	5.00	2	500	0
3	2.26×10^2 IU/ML	2.26×10^2	2.26×10^2	5	9	2.26	2	226	226
4	<1×10^ 3 拷贝/ML	<1×10^3	1×10^3	2	6	1.00	3	1000	0
4	6.34×10^ 8 拷贝/ML	6.34×10^8	6.34×10^8	5	9	6.34	8	634000000	634000000
4	<1.00×10^3 IU/ML	<1.00×10^3	1.00×10^3	5	9	1.00	3	1000	0
5	6.32×10^5 IU/ml	6.32×10^5	6.32×10^5	5	9	6.32	5	632000	632000
5	4.41×10^5 IU/ml	4.41×10^5	4.41×10^5	5	9	4.41	5	441000	441000

图 9-1-11　清洗后 LAB_1 数据集中病毒定量检测结果的前 15 条观测

2. 实验室检测项目参考标准的清洗

各个检测项目的参考标准(或正常值范围)是用来判断病人的检测结果是否正常的重要指标。为了更好地与检测结果进行对比,对参考标准的清洗就显得十分重要。

首先,对病毒定量检测的参考标准进行频数描述,结果如图 9-1-12 所示。从中可知,病毒定量检测的参考标准有 3 个,分别是 20IU/ML、500IU/ML 和 1000IU/ML。

FREQ 过程

reference	频数
1×10^3	12
20 IU/ML	6
500IU/ML	15
检测标准 5.00×10^2 IU/ML	11
检测标准 5.0×10^2 IU/ML	1
检测标准 5×10^2 IU/ML	13
检测标准500IU/ML	3

图 9-1-12　实验室检测项目参考标准的频数描述

其次,根据参考标准的观测值进行清洗,并生成数值型变量 referencen,SAS 代码如下：

```
/*病毒定量的参考标准清洗*/
if kindex(reference, "5") then referencen=500;
else if kindex(reference, "2") then referencen=20;
else referencen=1000;
```

接下来,就可以通过对比检测结果(变量 test)和参考标准(变量 referencen)来判断病人的疾病状态。SAS 代码如下：

```
length normal $9.;
/*方法 1*/
if test lt referencen then normal="normal";
else normal="abnormal";
/*方法 2*/
normal=ifc(test lt referencen, "normal", "abnormal");
run;
```

上面的代码中提供了两种方法来生成变量 normal：第一种是常见的 if…then…else 语句;第二种方法虽然不太常见,但是很简练,感兴趣的读者可在以后的编程中使用。两种方法运行的结果一致。ifc 函数的介绍请参见 4.3 节。

最后通过图 9-1-13 来对比清洗前和清洗后的数据集内容的变化。

3. 血小板和红细胞的检测结果及其参考标准的清洗

与病毒定量检测结果清洗的方式类似,血小板和红细胞的检测结果及参考标准也可以按照上面介绍的清洗思路进行清洗。具体操作如下。

1）查看变量的基本情况

使用下面的 SAS 程序打印出该数据集中血小板和红细胞检测结果的前 15 条观测：

id	test_result	reference	test	referencen	normal
1	<5×10^2 IU/ML	检测标准 5.00×10^2 IU/ML	0	500	normal
1	<5×10^2 IU/ML	检测标准 5.00×10^2 IU/ML	0	500	normal
1	<1.00×10^3 IU/ML	检测标准 5×10^2 IU/ML	0	500	normal
1	5.37×10^7 IU/ml	检测标准 5×10^2 IU/ML	53700000	500	abnormal
2	<5.00×10^2 IU/ML	500IU/ML	0	500	normal
2	<5.00×10^2 IU/ML	500IU/ML	0	500	normal
2	4.34×10^4 IU/ml	1×10^3	43400	1000	abnormal
3	8.78×10^4 IU/ml	500IU/ML	87800	500	abnormal
3	<5.0×10^2 IU/ML	500IU/ML	0	500	normal
3	2.26×10^2 IU/ML	检测标准 5×10^2 IU/ML	226	500	normal
4	<1×10^3 拷贝/ML	1×10^3	0	1000	normal
4	6.34×10^8 拷贝/ML	1×10^3	634000000	1000	abnormal
4	<1.00×10^3 IU/ML	检测标准 5×10^2 IU/ML	0	500	normal
5	6.32×10^5 IU/ml	500IU/ML	632000	500	abnormal
5	4.41×10^5 IU/ml	检测标准 5.00×10^2 IU/ML	441000	500	abnormal

图 9-1-13 清洗前后 LAB_1 数据集中病毒定量检测结果的对比

```
/* 打印 LAB_1 数据集中红细胞、血小板检测结果的前 15 条观测(清洗前) */
title "Listing the first 15 Observations of erythrocyte and ";
title2 "thrombocyte in the dataset LAB_1(BEFORE CLEAN)";
proc print data=rawdata.lab_1(where=(test_name in("血小板" "红细胞")) obs=15);
    run;
```

结果如图 9-1-14 所示。

Obs	id	test_name	testdt	test_result	reference
2	1	血小板	2013-05-17	153	101-320×10^9/L
3	1	红细胞	2013-12-25	5.44	4.09-5.74×10^12/L
5	1	血小板	2014-03-19	147	85-303×10^9/L
6	1	红细胞	2014-11-14	5.26	4.09-5.74×10^12/L
8	1	血小板	2015-05-11	111	85-303×10^9/L
9	1	红细胞	2015-09-25	4.22	3.68-5.13x10^12/L
11	2	红细胞	2013-01-16	5.16	4.09-5.74×10^12/L
13	2	血小板	2013-06-06	197	101-320×10^9/L
14	2	红细胞	2013-12-26	3.97	4.09-5.74×10^12/L
15	2	血小板	2014-03-20	203	100-300×10^9/L
17	2	红细胞	2014-12-06	3.64	3.68-5.13x10^12/L
19	2	血小板	2015-05-18	72	85-303×10^9/L
20	2	红细胞	2016-01-03	3.71	3.68-5.13x10^12/L
21	3	红细胞	2013-01-26	5.34	4.09-5.74×10^12/L
23	3	血小板	2013-07-24	243	101-320×10^9/L

图 9-1-14 清洗前 LAB_1 数据集中血小板和红细胞检测结果的前 15 条观测

2) 设计清洗思路

由图 9-1-14 可知,虽然检测结果的观测较规整,但它是字符型变量,首先需要用 input 函数将其转换成数值型变量;红细胞和血小板的参考标准较混乱,但也有一定的规律:只需将“-”前后的两组数字抓取出来，生成两个新变量即可。但读者也许已经发现，参考标准中的乘号是不一致的，例如 OBS=9、OBS=17 和 OBS=20 这 3 行中的乘号明显和其他观测中的乘号不同。在上例中，当遇到符号不一致的时候，处理思路是先将它们统一，然后再做处理；但在本例中，将使用 kindexc 函数省去先将它们统一化的过程，例如 kindexc(reference,"×","x")的含义为返回×或 x 在变量 reference 中首次出现的位置。SAS 代码如下：

```
/* 血小板、红细胞的检测结果及其参考标准 */
data lab1_2;
    set rawdata.lab_1(where=(test_name in("血小板" "红细胞")));
    test=input(test_result,10.);
    pos_1=find(reference,"-");
    pos_2=kindexc(reference,"×","x");
    refer_lower=input(substr(reference,1,(pos_1-1)),10.);
    refer_upper=substr(reference,(pos_1+1),(pos_2-pos_1-1));
```

3）识别研究对象的疾病状态

接下来，对比检测结果与参考标准，这里提供了两种方法供读者参考。SAS 代码如下：

```
length normal $9.;
/* 方法 1 */
if test lt refer_lower then normal="lower";
else if test gt refer_upper then normal="higher";
else normal="normal";
/* 方法 2 */
normal=ifc(test lt refer_lower, "lower", ifc(test gt refer_upper, "higher","normal"));
run;
```

最后，对比一下清洗前和清洗后红细胞、血小板检测结果，如图 9-1-15 所示。

id	test_result	reference	test	refer_lower	refer_upper	normal
1	153	101-320×10^9/L	153.00	101.00	320	normal
1	5.44	4.09-5.74×10^12/L	5.44	4.09	5.74	normal
1	147	85-303×10^9/L	147.00	85.00	303	normal
1	5.26	4.09-5.74×10^12/L	5.26	4.09	5.74	normal
1	111	85-303×10^9/L	111.00	85.00	303	normal
1	4.22	3.68-5.13x10^12/L	4.22	3.68	5.13	normal
2	5.16	4.09-5.74×10^12/L	5.16	4.09	5.74	normal
2	197	101-320×10^9/L	197.00	101.00	320	normal
2	3.97	4.09-5.74×10^12/L	3.97	4.09	5.74	lower
2	203	100-300×10^9/L	203.00	100.00	300	normal
2	3.64	3.68-5.13x10^12/L	3.64	3.68	5.13	lower
2	72	85-303×10^9/L	72.00	85.00	303	lower
2	3.71	3.68-5.13x10^12/L	3.71	3.68	5.13	normal
3	5.34	4.09-5.74×10^12/L	5.34	4.09	5.74	normal
3	243	101-320×10^9/L	243.00	101.00	320	normal

图 9-1-15 清洗前后血小板和红细胞检测结果的对比

9.1.4 实验室检测结果数据集(二)

LAB_2 数据集的文件类型为 Excel 文件,该数据集存储了病人手术前后的血常规检测的结果,记录极为混乱。因为手术前血常规检测结果的清洗与手术后血常规检测结果的清洗方法一致,因此下面主要介绍手术前血常规检测结果的清洗过程。

1. 查看变量基本情况

使用下面的 SAS 程序导入 Excel 文件,并打印出该数据集中手术前的血常规检测结果的前 10 条观测:

```
/* 从 Excel 文件读入原始数据 */
proc import out=lab_2
    datafile="E:\00_SASbook\sas_book\rawdata\lab_2"
    dbms=xlsx replace;
    sheet="sheet1";
    run;
/* 打印 LAB_2 数据集中手术前的血常规检测结果的前 10 条观测(清洗前) */
title "Listing the first 10 observations of preoperative laboratory";
title2 "test in the dataset LAB_2(BEFORE CLEAN)";
proc print data=lab_2_pre(obs=10) noobs;
   var id blood_pre;
run;
```

结果如图 9-1-16 所示。

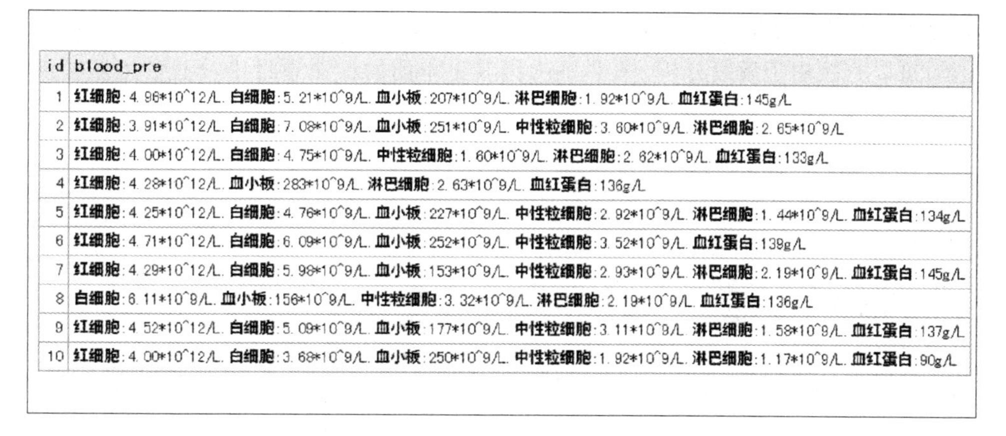

id	blood_pre
1	红细胞:4.96*10^12/L.白细胞:5.21*10^9/L.血小板:207*10^9/L.淋巴细胞:1.92*10^9/L.血红蛋白:145g/L
2	红细胞:3.91*10^12/L.白细胞:7.08*10^9/L.血小板:251*10^9/L.中性粒细胞:3.60*10^9/L.淋巴细胞:2.65*10^9/L
3	红细胞:4.00*10^12/L.白细胞:4.75*10^9/L.中性粒细胞:1.60*10^9/L.淋巴细胞:2.62*10^9/L.血红蛋白:133g/L
4	红细胞:4.28*10^12/L.血小板:283*10^9/L.淋巴细胞:2.63*10^9/L.血红蛋白:136g/L
5	红细胞:4.25*10^12/L.白细胞:4.76*10^9/L.血小板:227*10^9/L.中性粒细胞:2.92*10^9/L.淋巴细胞:1.44*10^9/L.血红蛋白:134g/L
6	红细胞:4.71*10^12/L.白细胞:6.09*10^9/L.血小板:252*10^9/L.中性粒细胞:3.52*10^9/L.血红蛋白:139g/L
7	红细胞:4.29*10^12/L.白细胞:5.98*10^9/L.血小板:153*10^9/L.中性粒细胞:2.93*10^9/L.淋巴细胞:2.19*10^9/L.血红蛋白:145g/L
8	白细胞:6.11*10^9/L.血小板:156*10^9/L.中性粒细胞:3.32*10^9/L.淋巴细胞:2.19*10^9/L.血红蛋白:136g/L
9	红细胞:4.52*10^12/L.白细胞:5.09*10^9/L.血小板:177*10^9/L.中性粒细胞:3.11*10^9/L.淋巴细胞:1.58*10^9/L.血红蛋白:137g/L
10	红细胞:4.00*10^12/L.白细胞:3.68*10^9/L.血小板:250*10^9/L.中性粒细胞:1.92*10^9/L.淋巴细胞:1.17*10^9/L.血红蛋白:90g/L

图 9-1-16 清洗前的手术前血常规检测结果的前 10 条观测

2. 设计清洗思路

如图 9-1-16 所示,病人手术前的所有血常规检测项目及其结果被杂乱地罗列在一个变量(blood_pre)中,且各个病人的检测项目不是完全相同的,但仍有规律可循:检测项目的名称是统一的,同一个检测项目的检测结果的单位是统一的。清洗思路如下:

(1) 用 find 函数查看 blood_pre 中是否含有某检测项目。以判断 1 号病人是否有红细胞检测项目为例,其所有检测项目及结果为"红细胞:4.96 * 10^12/L.白细胞:5.21 * 10^9/L.血小板:207 * 10^9/L.

淋巴细胞：1.92 * 10^9/L.血红蛋白：145g/L”，包含该检测项目，因此返回 1。

(2) 若返回 1，则继续使用 find 函数找出该检测项目在 blood_pre 中的具体位置（生成变量 test_location）。例如，1 号病人的 test_location 为 1，说明“红细胞”在检测结果文本中的位置为 1。

(3) 指定截取字符串的长度 length（如指定长度为 21），用 substr 函数截取从 test_location 开始、长度为 length 的字符串，生成变量 surffix。例如，1 号病人的 surffix 为 “红细胞：4.96 * 10^12/L.”。

(4) 继续使用 substr 函数从 surffix 变量中将数值部分截取出来，并用 input 函数将截取出来的部分转化为数值型变量。

以上 4 步的 SAS 程序如下：

```
data test;
    set lab_2(keep=id blood_pre);
    if find(blood_pre,'红细胞')=0 then do;
       index=0;
       output;
       end;
    if find(blood_pre,'红细胞')>0 then do;
       index=1;
       test_location=find(blood_pre,'红细胞');
       surffix=substr(blood_pre,test_location,21);
       pre_rbc=input(substr(surffix,8,find(surffix,' * 10^12/L')-9),8.);
       output;
       end;
run;
```

清洗后 TEST 数据集的前 10 条观测如图 9-1-17 所示，可见手术前的红细胞检测结果已经被处理为独立的变量，可以直接用于后续分析。8 号病人因其手术前的检测项目中没有红细胞检测项目，因此其新变量 pre_rbc 为缺失值。

id	blood_pre	ind	test_location	surffix	pre_rbc
1	红细胞:4.96*10^12/L.白细胞:5.21*10^9/L.血小板:207*10^9/L.淋巴细胞:1.92*10^9/L.血红蛋白:145g/L	1	1	红细胞:4.96*10^12/L.	4.9
2	红细胞:3.91*10^12/L.白细胞:7.08*10^9/L.血小板:251*10^9/L.中性粒细胞:3.60*10^9/L.淋巴细胞:2.65*10^9/L	1	1	红细胞:3.91*10^12/L.	3.9
3	红细胞:4.00*10^12/L.白细胞:4.75*10^9/L.中性粒细胞:1.60*10^9/L.淋巴细胞:2.62*10^9/L.血红蛋白:133g/L	1	1	红细胞:4.00*10^12/L.	4
4	红细胞:4.28*10^12/L.血小板:283*10^9/L.淋巴细胞:2.63*10^9/L.血红蛋白:136g/L	1	1	红细胞:4.28*10^12/L.	4.2
5	红细胞:4.25*10^12/L.白细胞:4.76*10^9/L.血小板:227*10^9/L.中性粒细胞:2.92*10^9/L.淋巴细胞:1.44*10^9/L.血红蛋白:134g/L	1	1	红细胞:4.25*10^12/L.	4.2
6	红细胞:4.71*10^12/L.白细胞:6.09*10^9/L.血小板:252*10^9/L.中性粒细胞:3.52*10^9/L.血红蛋白:139g/L	1	1	红细胞:4.71*10^12/L.	4.7
7	红细胞:4.29*10^12/L.白细胞:5.98*10^9/L.血小板:153*10^9/L.中性粒细胞:2.93*10^9/L.淋巴细胞:2.19*10^9/L.血红蛋白:145g/L	1	1	红细胞:4.29*10^12/L.	4.2
8	白细胞:6.11*10^9/L.血小板:158*10^9/L.中性粒细胞:3.32*10^9/L.淋巴细胞:2.18*10^9/L.血红蛋白:136g/L	0	.		
9	红细胞:4.52*10^12/L.白细胞:5.09*10^9/L.血小板:177*10^9/L.中性粒细胞:3.11*10^9/L.淋巴细胞:1.58*10^9/L.血红蛋白:137g/L	1	1	红细胞:4.52*10^12/L.	4.5
10	红细胞:4.00*10^12/L.白细胞:3.68*10^9/L.血小板:250*10^9/L.中性粒细胞:1.92*10^9/L.淋巴细胞:1.17*10^9/L.血红蛋白:90g/L	1	1	红细胞:4.00*10^12/L.	4

图 9-1-17 清洗后 TEST 数据集的前 10 条观测

3. 生成 SAS 宏

但是，由于手术前和手术后的检测项目有很多，逐一清洗相当耗费时间，并且需要编写很长的命令代码，工作效率很低。考虑到每个检测项目的清洗都是上述清洗过程的简单重复，这时，就可以使用 SAS 宏，从而使程序变得简洁、高效（SAS 宏的介绍详见 4.8 节）。清洗手术前和手术后的血常规检测项目和结果的 SAS 宏代码如下：

```
/ * MACRO FOR DATA CLEANING OF DATASET LAB_2 * /
%macro lab(var=,
           test=,
```

```
            test_length=,
            test_unit=,
            length=,
            result=);
data lab_2_check;
    set lab_2;
    if find(&var,&test)=0 then do;
       index=0;
         output;
      end;
  if find(&var,&test)>0 then do;
     index=1;
     test_location=find(&var,&test);
     surffix=substr(&var,test_location,&length);
     &result=input(substr(surffix,1+&test_length,find(surffix,&test_unit)-&test_length
-1),8.);
       output;
      end;
     run;
data lab_2;
    merge lab_2 lab_2_check(keep=id &result);
    by id;
    run;
proc delete data=lab_2_check; run;
%mend;
/*手术前血常规检测项目及其结果的清洗:调用宏%lab*/
%lab(var=blood_pre, test='红细胞:', test_length=7, test_unit='*10^12/L', length=21,
result=pre_rbc);
%lab(var=blood_pre, test='白细胞:', test_length=7, test_unit='*10^9/L', length=21,
result=pre_wc);
%lab(var=blood_pre, test='血小板:', test_length=7, test_unit='*10^9/L', length=21,
result=pre_plt);
%lab(var=blood_pre, test='中性粒细胞:', test_length=11, test_unit='*10^9/L', length=25,
result=pre_nc);
%lab(var=blood_pre, test='淋巴细胞:', test_length=9, test_unit='*10^9/L', length=23,
result=pre_lc);
%lab(var=blood_pre, test='血红蛋白:', test_length=9, test_unit='g/L', length=23, result=
pre_hb);
/*手术后血常规检测项目及其结果的清洗:调用宏%lab*/
%lab(var=blood_post, test='红细胞:', test_length=7, test_unit='*10^12/L', length=21,
result=post_rbc);
%lab(var=blood_post, test='白细胞:', test_length=7, test_unit='*10^9/L', length=21,
result=post_wc);
%lab(var=blood_post, test='血小板:', test_length=7, test_unit='*10^9/L', length=21,
result=post_plt);
```

```
%lab(var=blood_post, test='中性粒细胞:', test_length=13, test_unit='*10^9/L', length=27,
result=post_nc);
%lab(var=blood_post, test='淋巴细胞:', test_length=11, test_unit='*10^9/L', length=25,
result=post_lc);
%lab(var=blood_post, test='血红蛋白:', test_length=9, test_unit='g/L', length=23, result
=post_hb);
```

接下来，打印出清洗前后的数据集的前10条观测。

因数据集中blood_pre和blood_post过长，故将手术前和手术后的检测结果分开打印，以便读者更好地查看清洗后的结果，结果如图9-1-18和图9-1-19所示。

id	blood_pre	pre_rbc	pre_wc	pre_plt	pre_nc	pre_lc	pre_hb
1	**红细胞**:4.96*10^12/L.**白细胞**:5.21*10^9/L.**血小板**:207*10^9/L.**淋巴细胞**:1.92*10^9/L.**血红蛋白**:145g/L	4.96	5.21	207	.	1.92	145
2	**红细胞**:3.91*10^12/L.**白细胞**:7.08*10^9/L.**血小板**:251*10^9/L.**中性粒细胞**:3.60*10^9/L.**淋巴细胞**:2.65*10^9/L	3.91	7.08	251	3.60	2.65	.
3	**红细胞**:4.00*10^12/L.**白细胞**:4.75*10^9/L.**中性粒细胞**:1.60*10^9/L.**淋巴细胞**:2.62*10^9/L.**血红蛋白**:133g/L	4.00	4.75	.	1.60	2.62	133
4	**红细胞**:4.28*10^12/L.**血小板**:283*10^9/L.**淋巴细胞**:2.63*10^9/L.**血红蛋白**:136g/L	4.28	.	283	.	2.63	136
5	**红细胞**:4.25*10^12/L.**白细胞**:4.76*10^9/L.**血小板**:227*10^9/L.**中性粒细胞**:2.92*10^9/L.**淋巴细胞**:1.44*10^9/L.**血红蛋白**:134g/L	4.25	4.76	227	2.92	1.44	134
6	**红细胞**:4.71*10^12/L.**白细胞**:6.09*10^9/L.**血小板**:252*10^9/L.**中性粒细胞**:3.52*10^9/L.**血红蛋白**:139g/L	4.71	6.09	252	3.52	.	139
7	**红细胞**:4.29*10^12/L.**白细胞**:5.98*10^9/L.**血小板**:153*10^9/L.**中性粒细胞**:2.93*10^9/L.**淋巴细胞**:2.19*10^9/L.**血红蛋白**:145g/L	4.29	5.98	153	2.93	2.19	145
8	**白细胞**:6.11*10^9/L.**血小板**:156*10^9/L.**中性粒细胞**:3.32*10^9/L.**淋巴细胞**:2.19*10^9/L.**血红蛋白**:136g/L	.	6.11	156	3.32	2.19	136
9	**红细胞**:4.52*10^12/L.**白细胞**:5.09*10^9/L.**血小板**:177*10^9/L.**中性粒细胞**:3.11*10^9/L.**淋巴细胞**:1.58*10^9/L.**血红蛋白**:137g/L	4.52	5.09	177	3.11	1.58	137
10	**红细胞**:4.00*10^12/L.**白细胞**:3.68*10^9/L.**血小板**:250*10^9/L.**中性粒细胞**:1.92*10^9/L.**淋巴细胞**:1.17*10^9/L.**血红蛋白**:90g/L	4.00	3.68	250	1.92	1.17	90

图9-1-18 清洗前后手术前血常规检测结果的对比

id	blood_post	post_rbc	post_wc	post_plt	post_nc	post_lc	post_hb
1	**红细胞**:4.84*10^12/L.**白细胞**:16.63*10^9/L.**血小板**:205*10^9/L.**淋巴细胞**:1.52*10^9/L.**血红蛋白**:148g/L	4.84	16.63	205	.	1.52	148
2	**红细胞**:5.02*10^12/L.**白细胞**:16.69*10^9/L.**血小板**:166*10^9/L.**中性粒细胞**:15.67*10^9/L.**淋巴细胞**:1.30*10^9/L.**血红蛋白**:135g/L	5.02	16.69	166	15.67	1.30	135
3	**红细胞**:3.96*10^12/L.**白细胞**:11.32*10^9/L.**血小板**:204*10^9/L.**淋巴细胞**:0.88*10^9/L.**血红蛋白**:148g/L	3.96	11.32	204	.	0.88	148
4	**红细胞**:3.97*10^12/L.**白细胞**:13.39*10^9/L.**血小板**:271*10^9/L.**中性粒细胞**:11.51*10^9/L.**淋巴细胞**:1.13*10^9/L.**血红蛋白**:129g/L	3.97	13.39	271	11.51	1.13	129
5	**红细胞**:3.57*10^12/L.**白细胞**:4.40*10^9/L.**血小板**:187*10^9/L.**中性粒细胞**:2.39*10^9/L.**淋巴细胞**:1.71*10^9/L.**血红蛋白**:119g/L	3.57	4.40	187	2.39	1.71	119
6	**红细胞**:4.15*10^12/L.**白细胞**:12.98*10^9/L.**血小板**:209*10^9/L.**中性粒细胞**:10.32*10^9/L.**淋巴细胞**:1.46*10^9/L.**血红蛋白**:126g/L	4.15	12.98	209	10.32	1.46	126
7	**红细胞**:4.56*10^12/L.**白细胞**:16.44*10^9/L.**血小板**:177*10^9/L.**中性粒细胞**:14.89*10^9/L.**淋巴细胞**:1.02*10^9/L.**血红蛋白**:155g/L	4.56	16.44	177	14.89	1.02	155
8	**红细胞**:3.97*10^12/L.**白细胞**:10.02*10^9/L.**血小板**:187*10^9/L.**中性粒细胞**:8.80*10^9/L.**淋巴细胞**:0.79*10^9/L.**血红蛋白**:129g/L	3.97	10.02	187	8.80	0.79	129
9	**红细胞**:4.33*10^12/L.**白细胞**:10.43*10^9/L.**血小板**:161*10^9/L.**中性粒细胞**:9.98*10^9/L.**淋巴细胞**:0.90*10^9/L.**血红蛋白**:127g/L	4.33	10.43	161	9.98	0.90	127
10	**红细胞**:3.71*10^12/L.**白细胞**:9.03*10^9/L.**血小板**:235*10^9/L.**中性粒细胞**:7.82*10^9/L.**淋巴细胞**:0.55*10^9/L.**血红蛋白**:108g/L	3.71	9.03	235	7.82	0.55	108

图9-1-19 清洗前后手术后血常规检测结果的对比

仔细查看后，发现清洗后的数据集符合预期，可以直接用于后续的分析中。

9.1.5 用药信息数据集

在用药信息数据集（DRUG）中，通常只有某药物的开始使用时间（或开药时间）、剂量和用法用量，但是没有停止用药时间。所以在计算某研究对象的用药时间（暴露于某药物的时间长度）时，第一步就是如何通过已知信息计算其停止用药时间。具体操作步骤如下。

1. 查看数据集的基本情况

用下面的SAS程序打印DRUG数据集的前20条观测：

```
/* 打印 DRUG 数据集的前 20 条观测(清洗前) */
title "Listing the first 20 observations";
title2 "in the dataset DRUG(BEFORE CLEAN)";
proc print data=rawdata.drug(obs=20) noobs;
   run;
```

结果如图9-1-20所示。

Obs	id	drugdt	drug	pack	pack_unit	pack_amount	dose	freq
1	1	2012-09-21	盐酸二甲双胍片	3盒	0.25g	60	0.5g	一日3次
2	1	2013-06-14	盐酸二甲双胍片	3盒	0.25g	60	0.5g	一日3次
3	1	2014-09-04	盐酸二甲双胍片	3盒	0.25g	60	0.5g	一日3次
4	1	2015-10-08	瑞格列奈片	3盒	1.0mg	30	1.0m	一日3次
5	1	2015-11-23	瑞格列奈片	3盒	1.0mg	30	1.0m	一日3次
6	1	2015-12-27	瑞格列奈片	3盒	1.0mg	30	1.0m	一日3次
7	2	2012-10-25	盐酸二甲双胍片	3盒	0.25g	60	0.5g	一日3次
8	2	2013-11-10	盐酸二甲双胍片	3盒	0.25g	60	0.5g	一日3次
9	2	2014-09-21	盐酸二甲双胍片	3盒	0.25g	60	0.5g	一日3次
10	2	2015-01-16	格列吡嗪缓释片	2盒	5.0mg	14	5.0m	一日1次
11	2	2015-03-21	格列吡嗪缓释片	2盒	5.0mg	14	5.0m	一日1次
12	2	2015-03-23	盐酸二甲双胍片	3盒	0.25g	60	0.5g	一日3次
13	2	2015-03-23	格列吡嗪缓释片	2盒	5.0mg	14	5.0m	一日1次
14	2	2015-06-01	盐酸二甲双胍片	3盒	0.25g	60	0.5g	一日3次
15	2	2016-01-22	盐酸二甲双胍片	3盒	0.25g	60	0.5g	一日3次
16	2	2016-01-22	格列吡嗪缓释片	2盒	5.0mg	14	5.0m	一日1次
17	2	2016-09-04	盐酸二甲双胍片	3盒	0.25g	60	0.5g	一日3次
18	2	2016-11-10	盐酸二甲双胍片	3盒	0.25g	60	0.5g	一日3次
19	2	2016-11-10	格列吡嗪缓释片	2盒	5.0mg	14	5.0m	一日1次
20	3	2012-12-14	盐酸二甲双胍片	3盒	0.25g	60	0.5g	一日3次

图9-1-20 清洗前DRUG数据集的前20条观测

2. 描述药物的频数

同一种药物在用药信息数据集中可能存在多个商品名，需进行归类。例如，格华止、美迪康都是盐酸二甲双胍的商品名，如果它们同时在数据集中出现，就需要进行归类。

注意：在DRUG数据集中不存在该问题，即该数据集中的药物都属于不同的类别，其频数描述如图9-1-21所示。

drug	频数
格列本脲片	50
格列美脲片	19
格列吡嗪缓释片	13
瑞格列奈片	57
盐酸二甲双胍片	243

图9-1-21 药物的频数描述

3. 设计清洗思路

基于图9-1-21的结果，如果想计算每次开药的用药结束时间，需要用compress函数抓取变量pack、pack_unit、dose和freq中的数值，然后再使用input函数将压缩后的文本转化为数值型。可以采用如下SAS程序：

```
packn=input(compress(pack,"0123456789.","k"),10.);
pack_unitn=input(compress(pack_unit,"0123456789.","k"),10.);
dosen=input(compress(dose,"0123456789.","k"),10.);
freqn=input(compress(freq,"0123456789.","k"),10.);
```

本书推荐使用数组来简化程序。关于数组的介绍，参阅 4.5.5 节。SAS 程序如下：

```
data drug;
    set rawdata. drug;
    /* 从字符串中抓取数值 */
    array char_var pack pack_unit dose freq;
    array num_var packn pack_unitn dosen freqn;
    do i=1 to dim(char_var);
        num_var[i]=input(compress(char_var[i],"0123456789.","k"), 10.);
    end;
    drop i;
    /* 每次开药的用药时长 */
    duration=(packn * pack_amount * pack_unitn)/(dosen * freqn);
    /* 用药结束时间 */
    format drugedt YYMMDD10.;
    drugedt=drugdt+duration-1;
    run;
```

接下来，打印出清洗后的 DRUG 数据集的前 20 条观测，如图 9-1-22 所示。仔细查看后，发现清洗后的数据集符合预期，可以直接用于后续的分析。

Obs	id	drugdt	drug	pack	pack_unit	pack_amount	dose	freq	packn	pack_unitn	dosen	freqn	duration	drugedt
1	1	2012-09-21	盐酸二甲双胍片	3盒	0.25g	60	0.5g	一日3次	3	0.25	0.5	3	30	2012-10-20
2	1	2013-06-14	盐酸二甲双胍片	3盒	0.25g	60	0.5g	一日3次	3	0.25	0.5	3	30	2013-07-13
3	1	2014-09-04	盐酸二甲双胍片	3盒	0.25g	60	0.5g	一日3次	3	0.25	0.5	3	30	2014-10-03
4	1	2015-10-08	瑞格列奈片	3盒	1.0mg	30	1.0m	一日3次	3	1.00	1.0	3	30	2015-11-06
5	1	2015-11-23	瑞格列奈片	3盒	1.0mg	30	1.0m	一日3次	3	1.00	1.0	3	30	2015-12-22
6	1	2015-12-27	瑞格列奈片	3盒	1.0mg	30	1.0m	一日3次	3	1.00	1.0	3	30	2016-01-25
7	2	2012-10-25	盐酸二甲双胍片	3盒	0.25g	60	0.5g	一日3次	3	0.25	0.5	3	30	2012-11-23
8	2	2013-11-10	盐酸二甲双胍片	3盒	0.25g	60	0.5g	一日3次	3	0.25	0.5	3	30	2013-12-09
9	2	2014-09-21	盐酸二甲双胍片	3盒	0.25g	60	0.5g	一日3次	3	0.25	0.5	3	30	2014-10-20
10	2	2015-01-16	格列吡嗪缓释片	2盒	5.0mg	14	5.0m	一日1次	2	5.00	5.0	1	28	2015-02-12
11	2	2015-03-21	格列吡嗪缓释片	2盒	5.0mg	14	5.0m	一日1次	2	5.00	5.0	1	28	2015-04-17
12	2	2015-03-23	盐酸二甲双胍片	3盒	0.25g	60	0.5g	一日3次	3	0.25	0.5	3	30	2015-04-21
13	2	2015-03-23	格列吡嗪缓释片	2盒	5.0mg	14	5.0m	一日1次	2	5.00	5.0	1	28	2015-04-19
14	2	2015-06-01	盐酸二甲双胍片	3盒	0.25g	60	0.5g	一日3次	3	0.25	0.5	3	30	2015-06-30
15	2	2016-01-22	盐酸二甲双胍片	3盒	0.25g	60	0.5g	一日3次	3	0.25	0.5	3	30	2016-02-20
16	2	2016-01-22	格列吡嗪缓释片	2盒	5.0mg	14	5.0m	一日1次	2	5.00	5.0	1	28	2016-02-18
17	2	2016-09-04	盐酸二甲双胍片	3盒	0.25g	60	0.5g	一日3次	3	0.25	0.5	3	30	2016-10-03
18	2	2016-11-10	盐酸二甲双胍片	3盒	0.25g	60	0.5g	一日3次	3	0.25	0.5	3	30	2016-12-09
19	2	2016-11-10	格列吡嗪缓释片	2盒	5.0mg	14	5.0m	一日1次	2	5.00	5.0	1	28	2016-12-07
20	3	2012-12-14	盐酸二甲双胍片	3盒	0.25g	60	0.5g	一日3次	3	0.25	0.5	3	30	2013-01-12

图 9-1-22 清洗后 DRUG 数据集的前 20 条观测

由于该数据集中的很多变量在后续分析中不会再使用，因此使用下面的 proc sql 语句筛选出感兴趣的变量并生成新数据集 ANADATA.DRUG，SAS 程序如下：

```
/* 筛选感兴趣的变量并生成新数据集 ANADATA. DRUG */
proc sql;
create table anadata.drug as
    select id,
        drug,
        drugdt,
        drugedt
    from drug;
    quit;
```

打印出新数据集 ANADATA.DRUG 的前 20 条观测，结果如图 9-1-23 所示。

Obs	id	drug	drugdt	drugedt
1	1	盐酸二甲双胍片	2012-09-21	2012-10-20
2	1	盐酸二甲双胍片	2013-06-14	2013-07-13
3	1	盐酸二甲双胍片	2014-09-04	2014-10-03
4	1	瑞格列奈片	2015-10-08	2015-11-06
5	1	瑞格列奈片	2015-11-23	2015-12-22
6	1	瑞格列奈片	2015-12-27	2016-01-25
7	2	盐酸二甲双胍片	2012-10-25	2012-11-23
8	2	盐酸二甲双胍片	2013-11-10	2013-12-09
9	2	盐酸二甲双胍片	2014-09-21	2014-10-20
10	2	格列吡嗪缓释片	2015-01-16	2015-02-12
11	2	格列吡嗪缓释片	2015-03-21	2015-04-17
12	2	盐酸二甲双胍片	2015-03-23	2015-04-21
13	2	格列吡嗪缓释片	2015-03-23	2015-04-19
14	2	盐酸二甲双胍片	2015-06-01	2015-06-30
15	2	盐酸二甲双胍片	2016-01-22	2016-02-20
16	2	格列吡嗪缓释片	2016-01-22	2016-02-18
17	2	盐酸二甲双胍片	2016-09-04	2016-10-03
18	2	盐酸二甲双胍片	2016-11-10	2016-12-09
19	2	格列吡嗪缓释片	2016-11-10	2016-12-07
20	3	盐酸二甲双胍片	2012-12-14	2013-01-12

图 9-1-23　清洗后 ANADATA.DRUG 数据集的前 20 条观测

9.2 数据分析与结果整理

本节使用 9.1 节清洗后的 BASELINE 数据集，重点介绍日常科研和论文撰写过程中常用的数据分析过程，并介绍如何高效地提取分析结果以及创建可重复使用的程序。本节是实践内容，因此不会重复介绍前面章节中的内容。建议读者在学习本节之前，一定要通读第 8 章(尤其是 8.2.3 节)和 9.1 节中的内容。本节分为 6 个部分，分别是定量数据的统计描述、分类数据的统计描述、相关分析、线性回归分析、Logistic 回归分析和 Cox 回归分析。

9.2.1 定量数据的统计描述

在科研工作中，定量数据的统计描述一般包括均值、标准差、中位数、四分位数等信息，其中以均值±标准差的形式最为常见。本节以 proc means 过程步来实现定量数据的统计描述。关于 proc means 过程步的介绍详见 4.6.4 节。

研究目的：描述正常组和急性心肌梗死病人的年龄和 BMI。

1. 数据准备

在清洗后的 BASELINE 数据集中没有是否发生急性心肌梗死的信息，因此需要做以下数据准备工作：

(1) 使用 proc sql 将 AMI 数据集(提供了是否发生急性心肌梗死及发生时间的信息)中的内容合并到 BASELINE 数据集中。关于 proc sql 的介绍详见 4.7 节。

(2) 计算年龄：年龄＝入组时的日期－出生日期。yrdif 函数的介绍详见 4.3.3 节。

(3) 通过身高和体重来计算 BMI(BMI＝体重/身高^2，单位为 kg/m^2)。注意，清洗后，weight 变量的存储格式为"8."，为了正确地计算 BMI，将其存储格式修改为 BEST12。

SAS 程序如下：

```
data baseline;
    set anadata.baseline;
    weight_1=input(put(weight,8.),best12.);
    drop weight;
    rename weight_1=weight;
    run;

proc sql;
    create table baseline_ami as
    select a.*,
        b.ami,
        b.amidt,
        weight/(height/100) * * 2 as bmi format=8.2,
        yrdif(birthday,entrydt,'age') as entry_age format=8.2
        from baseline as a inner join anadata.ami as b
        on a.id=b.id;
    quit;
```

2. 数据分析

使用 proc means 过程步来计算年龄、BMI 的均值、标准差等信息。因为两者的计算过程是一致的，本例仅展示如何使用年龄变量来构建数据分析程序，SAS 程序如下：

```
proc means data=baseline_ami nonobs maxdec=2 n nmiss mean std min median max;
    var entry_age;
    class ami;
    run;
```

输出结果如图 9-2-1 所示。

Analysis Variable : entry_age							
ami	N	N Miss	Mean	Std Dev	Minimum	Median	Maximum
0	820	0	48.87	8.90	34.01	46.57	68.86
1	180	0	51.13	9.36	34.36	48.86	68.61

图 9-2-1 两组人年龄的基本信息

在实际分析中，上面的输出结果常用于初步分析，即帮助用户了解变量的基本情况。但若需对分析结果进行整理，以便后续汇报和发表，则要将上述结果输出到 SAS 数据集中（这一点非常重要）。这里介绍如何使用 SAS 中的 ods（输出文件系统）命令将结果输出到数据集中。注意，ods 可以将所有 SAS 过程步中的结果输出到数据集中（图不能输出到数据集中，但 ods 可以改变图的输出途径），因此 ods 命令的适用范围非常广泛。

小贴士：有些 SAS 用户也会将该输出结果复制并粘贴到 Excel 或者 Word 中进行处理，本书不推荐使用该方法，原因有两个：一是处理大数据时工作量会比较大，会很枯燥；二是在复制粘贴的过程中常发生错误。

3. 整理数据分析结果

在 SAS 中，分析结果的整理一般分为两步：首先，使用 ods 命令将感兴趣的结果输出到 SAS 数据集中；其次，对 SAS 数据集中的结果进行加工。

使用 ods 输出结果到 SAS 数据集中分为以下 3 个步骤。

（1）查询输出对象。

ods 可以将每个 SAS 过程步的输出分成一个或者多个对象。使用 ods 语句可以查询和挑选这些对象。查询输出对象的语句格式如下：

```
ods trace on;
SAS-code;
ods trace off;
```

其中，ods trace on/off 表示打开或关闭输出对象的跟踪功能。跟踪功能打开后，每个运行的过程步都将在日志窗口显示传送的输出对象的名称。以上例中的 proc means 为例，SAS 程序如下：

```
ods trace on;
proc means data=baseline_ami nonobs maxdec=2 n nmiss mean std min median max;
    var entry_age;
    class ami;
    run;
ods trace off;
```

日志窗口中的输出结果如下：

```
Output Added:
-------------
Name:        Summary
```

```
Label:        Summary statistics
Template:     base.summary
Path:         Means.Summary
-------------
```

输出的对象只有一个。推荐使用 Name 字段(在本例中为 Summary)来引用 means 过程的输出对象。

(2) 将输出对象输出到 SAS 数据集。

接下来使用 ods output 语句将输出对象 Summary 输出到 SAS 数据集 SUM 中，SAS 程序如下：

```
ods output summary=sum;
proc means data=baseline_ami nonobs maxdec=2 n nmiss mean std min median max;
    var entry_age;
    class ami;
    run;
```

运行程序后，读者发现 SUM 数据集已经存在于 WORK 逻辑库中。双击打开 SUM 数据集，其内容如图 9-2-2 所示。在接下来的示例中，会反复用到 ods 命令，因此读者不要因为没看懂上面的示例而着急。

ami	N	N Miss	Mean	Std Dev	Minimum	Median	Maximum
0	820	0	48.87	8.90	34.01	46.57	68.86
1	180	0	51.13	9.36	34.36	48.86	68.61

图 9-2-2 SUM 数据集的内容

(3) 对 SAS 数据集中的结果进行加工。

在汇报结果或撰写论文时，仍需对上述 SUM 数据集中的变量进行再处理，例如将均值和标准差写为 48.87±8.90 或者 48.87(8.90)。若变量不服从正态分布，则需给出中位数、最小值和最大值，如 34.01(46.57－68.86)；而有时则给出中位数、25%分位数和 75%分位数。需要注意的是，图 9-2-3 中的 N、N Miss 等均为变量的标签，并不是变量名，因此，为了读者更好地理解，使用 attrib _all_ label=""；语句将所有变量的标签去掉。去掉标签后的数据集如图 9-2-3 所示。

ami	entry_age_N	entry_age_NMiss	entry_age_Mean	entry_age_StdDev	entry_age_Min	entry_age_Median	entry_age_Max
0	820	0	48.87	8.90	34.01	46.57	68.86
1	180	0	51.13	9.36	34.36	48.86	68.61

图 9-2-3 去掉标签后的数据集

接下来，将对 SUM 数据集进行再处理，以减少手动复制和粘贴导致的错误并提高工作效率。对 SUM 数据集再处理的 SAS 程序如下，其中||为连接运算符，BYTE(177)在 SAS 中表示±号。

```
data sum_1;
    set sum;
    attrib _all_ label="";
    mean_std1=compress(put(entry_age_mean,8.2))||' '||BYTE(177)||' '||compress(put(entry_
age_stddev,8.2));
```

```
    mean_std2=compress(put(entry_age_mean,8.2))||' ('||compress(put(entry_age_stddev,8.
2))||')';
    min_median_max=compress(put(entry_age_Median,8.2))||' ('||compress(put(entry_age_
Min,8.2))||'-'||compress(put(entry_age_Max,8.2))||')';
    drop entry_age_mean entry_age_stddev entry_age_Min entry_age_Median entry_age_Max;
    run;
```

打印 SUM_1 数据集的内容如图 9-2-4 所示。读者再对其复制和粘贴，不但出错的概率下降很多，同时效率也有极大的提升。

ami	entry_age_N	entry_age_NMiss	mean_std1	mean_std2	min_median_max
0	820	0	48.87 ± 8.90	48.87 (8.90)	46.57 (34.01-68.86)
1	180	0	51.13 ± 9.36	51.13 (9.36)	48.86 (34.36-68.61)

图 9-2-4 整理后的 SUM_1 数据集

4. 生成可重复使用的代码

在实际的数据分析中，会有很多定量数据(如年龄、BMI 等)需要进行类似的分析，而且在论文撰写过程中，常常仅需报告均值和标准差。这时就需要用 SAS 宏进行相应的重复分析，以提高工作效率(关于 SAS 宏的介绍，详见本书 4.8 节)。依照上例的分析思路，将上述第 2 步和第 3 步中的 SAS 程序包装到 SAS 宏%num_sum 中。

该宏有 4 个宏参数，分别是%inlib(指定输入数据集所在的逻辑库)、%indata(指定输入数据集)、%num_var(指定拟分析的连续性变量)、%class(指定分组变量)。需要注意的是，读者可根据研究课题的需要，对%num_sum 进行相应的修改(如当变量不服从正态分布，需输出中位数、25%分位数和 75%分位数等信息)。

```
%macro num_sum(inlib=,
               indata=,
               num_var=,
               class=);
ods output summary=num;
proc means data=&inlib..&indata nonobs maxdec=2 mean std;
    var &num_var;
    class &class;
    run;
data num_1;
    set num;
    attrib _all_ label="";
    length factor $20.;
    factor="&num_var";
    mean_std=compress(put(&num_var._mean,8.2))||' '||BYTE(177)||' '||compress(put(&num_
var._stddev,8.2));
    keep factor &class mean_std;
    run;
proc transpose data=num_1 out=num_2(drop=_name_) prefix=&class._;
    var mean_std;
```

```
        by factor;
        id &class;
        run;
    proc append base=num_sum data=num_2 force;
        run;
    proc delete data=num num_1 num_2;
        run;
    %mend num_sum;
    %num_sum(inlib=work,indata=baseline_ami, num_var=entry_age, class=ami);
    %num_sum(inlib=work,indata=baseline_ami, num_var=bmi, class=ami);
```

使用模拟数据集，调用宏%num_sum后，生成新数据集NUM_SUM，其数据集的内容如图9-2-5所示。用户在Excel或Word中对其再进行简单的加工，即可用于论文中，既高效简便，又省时省力。

factor	ami_0	ami_1
entry_age	48.87±8.90	51.13±9.36
bmi	23.62±3.14	24.36±3.35

图9-2-5 调用宏后生成的连续型变量的基本信息

9.2.2 分类数据的统计描述

在科研工作中，分类数据的统计描述一般以“人数(百分比)”的方式来呈现，本节以proc freq过程步来实现分类数据的统计描述。关于proc freq的介绍，详见4.6.3节。

研究目的：描述正常组和急性心肌梗死病人的性别、糖尿病疾病史、高血压疾病史、家庭收入、教育程度的构成比。

1. 数据准备

经过9.1节的数据清洗之后，BASELINE数据集中的相关变量都是可以直接用于数据分析的，因此不需要进行额外的数据准备。

2. 数据分析

使用proc freq过程步来计算正常组和急性心肌梗死病人在5个变量中的构成比情况。5个变量的统计描述过程是一致的，因此仅展示如何使用性别变量来构建数据分析程序，SAS程序如下：

```
proc freq data=baseline_ami;
    tables sex * ami/ norow nopercent;
    run;
```

运行后的输出结果如图9-2-6所示。

Table of sex by ami			
	ami		
sex	0	1	Total
1	439 53.54	81 45.00	520
2	381 46.46	99 55.00	480
Total	820	180	1000

图9-2-6 两组性别构成情况

但是，由于性别和 ami 都是值为 0、1、2 的变量，可读性不强。这种情况在数据分析时经常出现。一般有两种解决办法：第一种使用 proc format 语句规定变量值的含义；第二种在手边准备一份变量赋值表，如表 8-1-1 所示。本书推荐第二种方法，因变量赋值表便于在研究人员中进行传阅，理解起来也更加直观。下面使用第一种方法，即 proc format 语句定义变量值的含义的 SAS 程序：

```
proc format;
    value sexf
    1="Female"
    2="Male";
    value amif
    0="No"
    1="Yes";
    run;
proc freq data=baseline_ami;
    format sex sexf.
        ami amif.;
    tables sex * ami/ norow nopercent;
    run;
```

输出结果如图 9-2-7 所示。

Table of sex by ami			
	ami		
sex	No	Yes	Total
Female	439 53.54	81 45.00	520
Male	381 46.46	99 55.00	480
Total	820	180	1000

图 9-2-7 给出变量值含义的两组性别构成情况

3. 整理数据分析结果

数据分析结果的输出和整理需要用到 ods(详见 9.2.1 节)。下面介绍如何将性别在正常组/急性心肌梗死病人中的构成比整理成"人数(百分比)"的形式。

首先，通过 ods 将分析结果输出到数据集 FREQ 中，且仅保留后续分析中要用到的变量，即 sex、ami、frequency、colpercent。SAS 程序如下：

```
ods output CrossTabFreqs=freq(keep=sex ami Frequency ColPercent);
proc freq data=baseline_ami;
    tables sex * ami/norow nopercent;
    run;
```

双击打开 FREQ 数据集，其内容如图 9-2-8 所示。

接下来，将对 FREQ 数据集进行再处理，如将频数和百分比合并，并规定百分比保留两位小数，以

sex	ami	Frequency Count	Percent of Column Frequency
1	0	439	53.536585366
1	1	81	45
1	.	520	.
2	0	381	46.463414634
2	1	99	55
2	.	480	.
.	0	820	.
.	1	180	.
.	.	1000	.

图 9-2-8　FREQ 数据集的内容

提高数据的规范性。在这里仍然使用 attrib _all_ label="";语句将所有变量的标签去掉。SAS 程序如下：

```
data freq_1;
    set freq;
    attrib _all_ label="";
    where sex^=. and ami^=.;
    n_pct=compress(frequency)||
    '('||compress(put(round(colpercent,0.01),8.2)||')');
    keep sex ami n_pct;
    run;
```

运行后，数据集 FREQ_1 中的内容如图 9-2-9 所示。

再接下来，使用 proc transpose 过程步转置 FREQ_1，生成新数据集 FREQ_2，并指定转置生成的新变量的前缀，即 outcome_。proc transpose 过程步的介绍详见 4.6.6 节。SAS 程序如下：

```
proc transpose data=freq_1 out=freq_2(drop=_name_) prefix=outcome_;
    var n_pct;
    by sex;
    id ami;
    run;
```

双击打开 FREQ_2 数据集，其内容如图 9-2-10 所示。该结果简单整理后即可用于汇报或论文中。

sex	ami	n_pct
1	0	439 (53.54)
1	1	81 (45.00)
2	0	381 (46.46)
2	1	99 (55.00)

图 9-2-9　FREQ_1 数据集的内容

sex	outcome_0	outcome_1
1	439 (53.54)	81 (45.00)
2	381 (46.46)	99 (55.00)

图 9-2-10　转置后，两组男女性的构成情况

4. 生成可重复使用的代码

在实际的数据分析中，会有很多分类变量（如糖尿病疾病史、高血压疾病史、家庭收入、教育程度）需要进行类似的分析，这时就需要用 SAS 宏进行重复分析，从而提高工作效率（关于 SAS 宏的介绍，详见

4.8 节)。依照上例的分析思路,将上述第 2 步和第 3 步中的 SAS 程序整合到 SAS 宏%cat_sum 中。

该宏有 4 个宏参数,分别是%inlib(指定输入数据集所在的逻辑库)、%indata(指定输入数据集)、%cat_var(指定拟分析的分类变量,如性别、糖尿病疾病史等)、%class(指定拟分析的分类变量,通常为结局变量,如是否发生急性心肌梗死)。读者可根据研究课题的需要,对%cat_sum 进行相应的修改(如本例中宏%cat_sum 抓取的是列百分比,读者可将其修改为抓取行百分比)。

```
%macro cat_sum(inlib=,
               indata=,
               cat_var=,
               class=);

ods output CrossTabFreqs=freq(keep=&cat_var &class Frequency ColPercent);
proc freq data=&inlib..&indata;
    tables &cat_var * &class/ norow nopercent;
    run;
data freq_1;
    set freq;
    attrib _all_ label="";
    where &cat_var^=. and &class^=.;
    length factor $20.;
    factor="&cat_var";
    n_pct=compress(frequency)||' ('||compress(put(round(colpercent,0.01),8.2)||')');
    rename &cat_var=category;
    keep factor &cat_var &class n_pct;
    run;

proc transpose data=freq_1 out=freq_2(drop=_name_) prefix=&class._;
    var n_pct;
    by factor category;
    id &class;
    run;
proc append base=cat_sum data=freq_2 force;
    run;
proc delete data=freq freq_1 freq_2;
    run;
%mend cat_sum;
%cat_sum(inlib=work,indata=baseline_ami, cat_var=sex, class=ami);
%cat_sum(inlib=work,indata=baseline_ami, cat_var=hypertension, class=ami);
%cat_sum(inlib=work,indata=baseline_ami, cat_var=diabetes, class=ami);
%cat_sum(inlib=work,indata=baseline_ami, cat_var=education, class=ami);
%cat_sum(inlib=work,indata=baseline_ami, cat_var=income, class=ami);
```

使用模拟数据集,调用宏%cat_sum 后,生成新数据集 CAT_SUM,其内容如图 9-2-11 所示,其中 factor_level 所表示的组别可通过查询变量赋值表获得(如表 8-1-1 所示)。该结果经过简单整理后即可直接用于汇报或论文中。

factor	factor_level	ami_0	ami_1
sex	1	439 (53.54)	81 (45.00)
sex	2	381 (46.46)	99 (55.00)
hypertensio	0	692 (84.39)	148 (82.22)
hypertensio	1	128 (15.61)	32 (17.78)
diabetes	0	728 (88.78)	157 (87.22)
diabetes	1	92 (11.22)	23 (12.78)
education	1	101 (12.32)	23 (12.78)
education	2	296 (36.10)	61 (33.89)
education	3	279 (34.02)	62 (34.44)
education	4	144 (17.56)	34 (18.89)
income	1	103 (12.83)	22 (12.64)
income	2	344 (42.84)	72 (41.38)
income	3	261 (32.50)	58 (33.33)
income	4	95 (11.83)	22 (12.64)

图 9-2-11 调用宏后生成的分类变量的基本信息

9.2.3 相关分析

本节将以 proc corr 过程步来实现相关分析。关于 proc corr 的介绍详见 4.6 节。

研究目的：描述人群中身高和体重、年龄和 BMI 的线性相关关系，即计算 Pearson 相关系数。

1. 数据准备

经过 9.1 节的数据清洗和 9.2.1 节的数据准备之后，身高、体重、年龄和 BMI 都是可以直接用于数据分析的，因此不需要再进行数据准备。

2. 数据分析

接下来，使用 proc corr 过程步来计算整个人群中身高和体重、年龄和 BMI 的线性相关关系。与之前的分析思路类似，这里仅展示如何用身高和体重两个变量来构建数据分析程序，SAS 程序如下：

```
proc corr data=baseline_ami;
    var height weight;
    run;
```

运行后的输出结果如图 9-2-12 所示。SAS 不但给出了身高和体重的 Pearson 相关系数(0.52015)和 P 值($P<0.0001$)，还输出了身高和体重的基本描述(如均值、标准差等)。这个基本描述是 SAS 的默认输出结果，便于用户了解分析变量的特性。尤其是在后面的线性回归分析、Logistic 回归分析和 Cox 回归分析中，读者会发现 SAS 会默认输出很多结果，因篇幅有限，本书不会对这些默认输出的结果做解释，感兴趣的读者请参阅 SAS 的帮助文档或相关书籍。

3. 整理数据并分析结果

由输出的结果可知身高和体重之间存在正相关关系。那么在实际工作或论文中，经常需要提供相关系数以及相关系数的假设检验的 P 值。接下来，介绍如何使用 ods 提取相关系数和 P 值。与 9.2.1 节中的 proc means 过程步有点不同的是，proc corr 过程步会默认输出很多个表格，那么首先需要使用 ods 查询需要的结果存在于哪个输出对象中。

1) 使用 ods 查询输出对象

SAS 程序如下：

Simple Statistics						
Variable	N	Mean	Std Dev	Sum	Minimum	Maximum
height	1000	164.17855	8.22734	164179	141.50000	185.50000
weight	1000	64.06400	9.99128	64064	36.00000	106.00000

Pearson Correlation Coefficients, N = 1000 Prob > |r| under H0: Rho=0		
	height	weight
height	1.00000	0.52015 <.0001
weight	0.52015 <.0001	1.00000

图 9-2-12　身高和体重的相关关系

```
ods trace on;
proc corr data=baseline_ami;
   var height weight;
   run;
ods trace off;
```

日志窗口中的输出结果如下：

```
Output Added:
-------------
Name:        VarInformation
Label:       Variables Information
Template:    base.corr.VarInfo
Path:        Corr.VarInformation
-------------

Output Added:
-------------
Name:        SimpleStats
Label:       Simple Statistics
Template:    base.corr.UniStat
Path:        Corr.SimpleStats
-------------

Output Added:
-------------
Name:        PearsonCorr
Label:       Pearson Correlations
Template:    base.corr.StackedMatrix
Path:        Corr.PearsonCorr
-------------
```

对比上述 SAS 日志中的输出对象和 SAS 的输出结果，读者很容易发现，相关系数及其 P 值存放在第三个输出对象中，即 PearsonCorr 中。

2）将输出对象输出到 PEARSON 数据集中

接下来，通过 ods 将输出对象 PearsonCorr 输出到数据集 PEARSON 中，SAS 程序如下：

```
ods output PearsonCorr=pearson;
proc corr data=baseline_ami;
    var height weight;
    run;
```

双击打开 PEARSON 数据集，其内容如图 9-2-13 所示。

Variable	height	weight	Pheight	Pweight
height	1.00000	0.52015	_	<.0001
weight	0.52015	1.00000	<.0001	_

图 9-2-13　PEARSON 数据集的内容

3）对 PEARSON 数据集中的结果进行加工

接下来，将对 PEARSON 数据集进行再处理，以生成可直接使用的结果描述。关于 symput 函数的介绍详见 4.3.5 节。SAS 程序如下：

```
data _null_;
    set pearson;
    where variable="height";
    call symput('pearson_cor', compress(put(round(weight,0.0001),8.4)||','||put(pweight,
pvalue8.4)));
    run;
data pearson_1;
    attrib variable_1 length=$10.
        variable_2 length=$10.
        pearson format=best12.
        p_value length=$10.;
    variable_1="height";
    variable_2="weight";
    pearson=scan("&pearson_cor",1,',');
    p_value=scan("&pearson_cor",2,',');
    run;
```

双击打开新创建的 PEARSON_1 数据集，其内容如图 9-2-14 所示。

variable_1	variable_2	pearson	p_value
height	weight	0.5201	<.0001

图 9-2-14　PEARSON_1 数据集

4. 生成可重复使用的代码

在实际的数据分析中，有时需要多次进行类似的分析，这时就需要用 SAS 的内容宏来进行重复分析，从而提高工作效率（关于 SAS 宏的介绍，详见 4.8 节）。依照上例的分析思路，将上述第 3 步中的 SAS 程序整合到 SAS 宏%corr_sum 中。

该宏有 4 个宏参数，分别是%inlib（指定输入数据集所在的逻辑库）、%indata（指定输入数据集）、%var_1（指定拟分析的数值型变量 1，如身高）、%var_2（指定拟分析的数值型变量 2，如体重）。读者可根据研究课题的需要，对%corr_sum 进行相应的修改。

```
/* MACRO: %corr_sum*/
%macro corr_sum(inlib=,
                indata=,
                var_1=,
                var_2=);
ods output PearsonCorr=pearson;
proc corr data=&inlib..&indata;
   var &var_1 &var_2;
   run;
data _null_;
   set pearson;
   where variable="&var_1";
   call symput('pearson_cor', compress(put(round(&var_2,0.0001),8.4)||','||put(p&var_2,
pvalue8.4)));
   run;
data pearson_1;
   attrib variable_1 length=$10.
      variable_2 length=$10.
      pearson format=best12.
      p_value length=$10.;
   variable_1="&var_1";
   variable_2="&var_2";
   pearson=scan("&pearson_cor",1,',');
   p_value=scan("&pearson_cor",2,',');
   run;

proc append base=corr_sum data=pearson_1 force;
   run;
proc delete data=pearson pearson_1;
   run;
%mend corr_sum;
%corr_sum(inlib=work,indata=baseline_ami, var_1=height, var_2=weight);
%corr_sum(inlib=work,indata=baseline_ami, var_1=entry_age, var_2=bmi);
```

使用模拟数据集，调用宏%corr_sum 后，生成新数据集 CORR_SUM，其内容如图 9-2-15 所示。用户在 Excel 或 Word 中再对其进行简单的加工，即可用于论文中，当然也可将其作为中间数据集，用于后续的作图，以便更好地呈现数据之间的关系。

variable_1	variable_2	pearson	p_value
height	weight	0.5201	<.0001
entry_age	bmi	0.1603	<.0001

图 9-2-15 CORR_SUM 数据集

9.2.4 线性回归分析

本部分将以 proc reg 过程步来实现线性回归分析，计划提取的结果为 β 值、β 值的标准误、t 检验值和 P 值。对 proc reg 过程步不熟悉的读者，请参阅 4.6 节。

研究目的：探讨年龄和 BMI 的关系，并调整性别、糖尿病疾病史、高血压疾病史、家庭收入和教育程度等因素。

1. 数据准备

由于 proc reg 过程步不能直接支持分类变量，因此使用 proc reg 过程步进行线性回归分析之前，需要将分类变量（如家庭收入、教育程度）编码为哑变量。同时，需要注意的是，家庭收入变量中有 23 个缺失值，因此，当家庭收入作为协变量放入模型中时，这 23 条记录是不会纳入分析模型的。作者将使用数组生成“亚变量”，关于数组的介绍详见 4.5.5 节。SAS 程序如下：

```
data baseline_ami;
    set baseline_ami;
    array array_1 { * } education_1 - education_4;
    do i=1 to dim(array_1);
    if education=i then array_1(i)=1;
    else if education=. then array_1(i)=.;
    else array_1(i)=0;
    end;
    array array_2 { * } income_1 - income_4;
    do j=1 to dim(array_2);
    if income=j then array_2(j)=1;
    else if income=. then array_2(j)=.;
    else array_2(j)=0;
    end;
    drop i j;
    run;
```

小贴士：proc glm 过程步也可以用来做线性回归，proc glm 过程步支持分类变量，感兴趣的读者请参阅 SAS 帮助文档或相关书籍。

2. 数据分析

接下来，就使用 proc reg 过程步来探讨年龄和 BMI 之间的关系，同时调整性别、糖尿病疾病史、高血压疾病史、家庭收入和教育程度等变量。SAS 程序如下：

```
proc reg data=baseline_ami;
    model bmi=entry_age sex diabetes hypertension education_2-education_4 income_2-income_4;
    run;
    quit;
```

由于 SAS 在本步默认输出了很多结果，包括基本统计描述、模型拟合度检验等。本书篇幅有限，不对所有结果进行解释，读者可参阅 SAS 的帮助文档或相关图书。这里，仅介绍在论文和汇报中常用的 β 值、β 值的标准误、t 检验值和 P 值。其相关结果如图 9-2-16 所示，上述 4 个值分别对应着图 9-2-16 中

parameter estimate、standard error、t value、Pr>|t|这4列。

Parameter Estimates					
Variable	DF	Parameter Estimate	Standard Error	t Value	Pr > |t|
Intercept	1	23.08277	0.87647	26.34	<.0001
entry_age	1	0.04332	0.01273	3.40	0.0007
sex	1	-0.90604	0.20891	-4.34	<.0001
diabetes	1	-0.34897	0.31406	-1.11	0.2668
hypertension	1	-0.02434	0.27292	-0.09	0.9289
education_2	1	-0.34975	0.37324	-0.94	0.3490
education_3	1	-0.45363	0.38580	-1.18	0.2400
education_4	1	-0.21454	0.40845	-0.53	0.5995
income_2	1	0.30692	0.32009	0.96	0.3379
income_3	1	0.32718	0.33651	0.97	0.3312
income_4	1	0.13775	0.41438	0.33	0.7396

图 9-2-16　参数估计结果

3. 整理数据分析结果

接下来，介绍如何使用ods将β值、β值的标准误、t检验值和P值提取出来。与9.2.1节中的proc means过程步有点不同的是，proc reg过程步会默认输出很多个结果，那么首先需要使用ods查询感兴趣的结果存在于哪个输出对象中。

1）使用ods查询输出对象

SAS程序如下：

```
ods trace on;
proc reg data=baseline_ami;
    model bmi=entry_age sex diabetes hypertension education_2-education_4 income_2-income_4;
    run;
    quit;
ods trace off;
```

日志窗口中的输出结果如下：

```
Output Added:
-------------
Name:        NObs
Label:       Number of Observations
Template:    Stat.Reg.NObs
Path:        Reg.MODEL1.Fit.bmi.NObs
-------------

Output Added:
-------------
Name:        ANOVA
```

```
Label:        Analysis of Variance
Template:     Stat.REG.ANOVA
Path:         Reg.MODEL1.Fit.bmi.ANOVA
-------------

Output Added:
-------------
Name:         FitStatistics
Label:        Fit Statistics
Template:     Stat.REG.FitStatistics
Path:         Reg.MODEL1.Fit.bmi.FitStatistics
-------------

Output Added:
-------------
Name:         ParameterEstimates
Label:        Parameter Estimates
Template:     Stat.REG.ParameterEstimates
Path:         Reg.MODEL1.Fit.bmi.ParameterEstimates
-------------

Output Added:
-------------
Name:         DiagnosticsPanel
Label:        Fit Diagnostics
Template:     Stat.REG.Graphics.DiagnosticsPanel
Path:         Reg.MODEL1.ObswiseStats.bmi.DiagnosticPlots.DiagnosticsPanel
-------------

Output Added:
-------------
Name:         ResidualPlot
Label:        Panel 1
Template:     Stat.REG.Graphics.ResidualPanel
Path:         Reg.MODEL1.ObswiseStats.bmi.ResidualPlots.ResidualPlot
-------------

Output Added:
-------------
Name:         ResidualPlot
Label:        Panel 2
Template:     Stat.REG.Graphics.ResidualPanel
Path:         Reg.MODEL1.ObswiseStats.bmi.ResidualPlots.ResidualPlot
-------------.PearsonCorr
-------------
```

对比上述 SAS 日志中的输出对象和 SAS 的输出结果，读者不难发现，β 值、β 值的标准误、t 检验值和 P 值存放在输出对象 ParameterEstimates 中。

2）将输出对象输出到 ESTIMATE 数据集中

接下来，通过 ods 将输出对象 ParameterEstimates 输出到数据集 ESTIMATE 中，SAS 程序如下：

```
ods output ParameterEstimates=estimate;
proc reg data=baseline_ami;
    model bmi=entry_age sex diabetes hypertension education_2-education_4 income_2-income_4;
    run;
    quit;
```

双击打开 ESTIMATE 数据集，其内容如图 9-2-17 所示。

Model	Dependent	Variable	DF	Parameter Estimate	Standard Error	t Value	Pr > |t|
MODEL1	bmi	Intercept	1	23.08277	0.87647	26.34	<.0001
MODEL1	bmi	entry_age	1	0.04332	0.01273	3.40	0.0007
MODEL1	bmi	sex	1	-0.90604	0.20891	-4.34	<.0001
MODEL1	bmi	diabetes	1	-0.34897	0.31406	-1.11	0.2668
MODEL1	bmi	hypertension	1	-0.02434	0.27292	-0.09	0.9289
MODEL1	bmi	education_2	1	-0.34975	0.37324	-0.94	0.3490
MODEL1	bmi	education_3	1	-0.45363	0.38580	-1.18	0.2400
MODEL1	bmi	education_4	1	-0.21454	0.40845	-0.53	0.5995
MODEL1	bmi	income_2	1	0.30692	0.32009	0.96	0.3379
MODEL1	bmi	income_3	1	0.32718	0.33651	0.97	0.3312
MODEL1	bmi	income_4	1	0.13775	0.41438	0.33	0.7396

图 9-2-17 ESTIMATE 数据集的内容

3）对 ESTIMATE 数据集中的结果进行加工

接下来，将 ESTIMATE 数据集进行再处理，如删除截距项（即 intercept 项）、将 β 值和 β 值的标准误仅保留两位小数等，以生成可以直接用于汇报或论文中的结果。SAS 程序如下：

```
proc sql;
    create table estimate_1 as
    select variable,
        put(estimate, 8.2) as estimate,
        put(stderr,8.2) as std_error,
        tvalue as t_value label="",
        probt as p_value label=""
    from estimate(where=(variable^="Intercept"));
    quit;
```

双击打开新创建的 ESTIMATE_1 数据集，其内容如图 9-2-18 所示。

如果研究目的是探讨某种连续型变量的危险因素，如探讨 C 反应蛋白水平升高的危险因素，那么放入模型中的协变量结果都需要报告出来，如本例中的性别、糖尿病疾病史、高血压疾病史、家庭收入和教育程度等（见图 9-2-18）。这种类型的文章在医学研究中较为常见。

但是，对于大部分研究，尤其是临床研究或流行病学研究，协变量的结果在论文中是不需要报告的。例如，本例的研究问题是年龄和 BMI 之间的关系。因此，最关心的问题是：在调整了一些协变量后，在

Variable	estimate	std_error	t_value	p_value
entry_age	0.04	0.01	3.40	0.0007
sex	-0.91	0.21	-4.34	<.0001
diabetes	-0.35	0.31	-1.11	0.2668
hypertension	-0.02	0.27	-0.09	0.9289
education_2	-0.35	0.37	-0.94	0.3490
education_3	-0.45	0.39	-1.18	0.2400
education_4	-0.21	0.41	-0.53	0.5995
income_2	0.31	0.32	0.96	0.3379
income_3	0.33	0.34	0.97	0.3312
income_4	0.14	0.41	0.33	0.7396

图 9-2-18　ESTIMATE_1 数据集的内容

整个人群中，年龄和 BMI 是怎样的关系；在不同的亚人群中（如以性别进行亚组分析），年龄和 BMI 又是怎样的关系。此时，只需要报告年龄的结果即可。

下面的程序展示了如何在亚组分析中研究年龄与 BMI 的关系。程序很简单，只需在 proc reg 过程步中增加一行 by 语句，用于指定亚组变量（需要注意的是，进行亚组分析之前，需用 proc sort 过程步对数据集进行排序）。

```
proc sort data=baseline_ami;
    by sex;
    run;
ods output  ParameterEstimates=estimate;
proc reg data=baseline_ami;
    by sex;
    model bmi=entry_age diabetes hypertension education_2-education_4 income_2-income_4;
    run;
    quit;

proc sql;
    create table estimate_1 as
    select "entry_age" as exposure,
        "BMI" as outcome length=10,
        compress("Subgroup: sex="||put(sex,8.)) as population length=20,
        put(estimate, 8.2) as estimate,
        put(stderr,8.2) as std_error,
        tvalue as t_value label="",
        probt as p_value label=""
    from estimate(where=(variable="entry_age"));
    quit;
```

细心的读者可能已经发现，在上述 proc sql 中增加了 3 行程序，对结果进行简单的标识。使用 proc print 语句打印出 ESTIMATE_1 数据集的内容，如图 9-2-19 所示。例如，在女性（即 sex＝1）中，回归系数统计检验的 P 值为 0.0006，小于 0.05，说明在校正了糖尿病疾病史、高血压疾病史、家庭收入和教育程度等协变量后，年龄每增加 1 岁，BMI 平均增加 0.07kg/m^2；而在男性（即 sex＝2）中，年龄和 BMI 之间没有统计学意义上的关联。

exposure	outcome	population	estimate	std_error	t_value	p_value
entry_age	BMI	Subgroup:sex=1	0.07	0.02	3.44	0.0006
entry_age	BMI	Subgroup:sex=2	0.02	0.02	0.98	0.3299

图 9-2-19　亚组分析中年龄与 BMI 的关系

4. 生成可重复使用的代码

在实际的数据分析中，有时需要多次进行类似的分析，即首先在整个样本中探讨某暴露与某健康结局之间的关系，其次在不同的亚人群中探讨该关系。这时就需要利用 SAS 宏来简化重复分析的步骤(关于 SAS 宏的介绍，详见 4.8 节)。依照上例的分析思路，将上述第 3 步中的 SAS 程序整合到 SAS 宏%reg_sum 中。

%reg_sum 宏有 6 个宏参数，分别是%inlib(指定输入数据集所在的逻辑库)、%indata(指定输入数据集)、%exposure(指定拟研究的暴露因素)、%outcome(拟研究的健康结局)、%subgroup(指定分组变量)、%adjust(指定拟调整的协变量)。读者可根据研究课题的需要，对%reg_sum 进行相应的修改。

```
%macro reg_sum (inlib=, indata=, exposure=, outcome=, subgroup=, adjust=);
/* MAIN ANALYSIS */
%if %length(&subgroup)=0 %then %do;
ods output  ParameterEstimates=estimate;
proc reg data=&inlib..&indata;
    model &outcome=&exposure &adjust;
    run;
    quit;
proc sql;
    create table estimate_1 as
    select "&exposure" as exposure,
        "&outcome" as outcome length=10,
        "Whole population" as population length=20,
        put(estimate, 8.2) as estimate,
        put(stderr,8.2) as std_error,
        tvalue as t_value label="",
        probt as p_value label=""
    from estimate(where=(variable="&exposure"));
    quit;
    %end;
/* SUBGROUP ANALYSIS */
%if %length(&subgroup)>0 %then %do;
proc sort data=&inlib..&indata;
    by &subgroup;
    run;
ods output  ParameterEstimates=estimate;
proc reg data=&inlib..&indata;
    by &subgroup;
    model &outcome=&exposure &adjust;
```

```
    run;
    quit;
proc sql;
    create table estimate_1 as
    select "&exposure" as exposure,
        "&outcome" as outcome length=10,
        compress("Subgroup: &subgroup="||put(&subgroup,8.)) as population length=20,
        put(estimate, 8.2) as estimate,
        put(stderr,8.2) as std_error,
        tvalue as t_value label="",
        probt as p_value label=""
    from estimate(where=(variable="&exposure"));
    quit;
    %end;
proc append base=reg_sum data=estimate_1 force;
    run;
proc delete data=estimate estimate_1;
    run;
%mend reg_sum;

%reg_sum(inlib=work, indata=baseline_ami, exposure=entry_age, outcome=bmi, subgroup=,
adjust=sex diabetes hypertension education_2-education_4 income_2-income_4);
%reg_sum(inlib=work, indata=baseline_ami, exposure=entry_age, outcome=bmi, subgroup=
sex, adjust=diabetes hypertension education_2-education_4 income_2-income_4);
```

使用模拟数据集 BASELINE_AMI，调用宏%reg_sum 后，生成新数据集 REG_SUM，打印该数据集的内容，如图 9-2-20 所示。由该结果中可知，年龄每增加 1 岁，整个样本（population＝"Whole population"）的 BMI 平均增加 0.04kg/m^2，其中女性（sex＝1）增加 0.07kg/m^2，男性（sex＝2）增加 0.02kg/m^2，但在男性中并没有发现有统计学意义的关联。在 Excel 或 Word 中再对其进行简单的加工，即可用于论文中。

exposure	outcome	population	estimate	std_error	t_value	p_value
entry_age	bmi	Whole population	0.04	0.01	3.40	0.0007
entry_age	bmi	Subgroup:sex=1	0.07	0.02	3.44	0.0006
entry_age	bmi	Subgroup:sex=2	0.02	0.02	0.98	0.3299

图 9-2-20　调用宏程序后生成的线性回归结果

9.2.5 Logistic 回归分析

该部分将以 proc logistic 过程步来展示如何在 SAS 中实现 Logistic 回归分析，并提取在论文或报告中最常用到的结果。拟提取的结果为病人数、对照人数、OR 值及其 95%置信区间。关于 proc logistic 过程步的介绍，详见 4.6 节。

研究目的：探讨 BMI 与急性心肌梗死的关系，并调整年龄、性别、糖尿病疾病史、高血压疾病史等因素。该研究类型为横断面研究，因此不考虑研究对象的发病时间。

1. 数据准备

与 proc reg 过程步不同的是，proc logistic 过程步可以通过 class 选项来指定分类变量，因此，不需要将分类变量重新编码为哑变量。分析任务中的暴露因素为 BMI，可对其不分组，或根据中国人群的 BMI 分类标准将其分为低体重组(BMI＜18.5)、正常组(18.5≤BMI＜24.0)、超重组(24.0≤BMI＜28.0)和肥胖组(BMI≥28.0)，或根据国际 BMI 分类标准将其分为低体重组(BMI＜18.5)、正常组(18.5≤BMI＜25.0)、超重组(25.0≤BMI＜30.0)和肥胖组(BMI≥30.0)，或根据该样本人群 BMI 的中位数分为两组。因此，在实际工作中，BMI 如何分组，需要根据研究问题及实际情况来决定。在该实例中，选择中国人群的 BMI 分类标准(由于低体重组的人数太少，因此将其与正常组合并，即 BMI＜24.0)。需要注意的是，家庭收入变量中有 23 个缺失值，因此，当家庭收入作为协变量放入模型中时，这 23 条记录是不会纳入分析模型的。SAS 程序如下：

```
data baseline_ami;
    set baseline_ami;
    if 0<bmi<24.0 then bmi_c=1;
    else if 24.0<=bmi<28.0 then bmi_c=2;
    else if bmi>=28.0 then bmi_c=3;
    run;
```

2. 数据分析

接下来，就使用 proc logistic 过程步来探讨 BMI 与急性心肌梗死的关系，同时调整年龄、性别、糖尿病疾病史、高血压疾病史、家庭收入和教育程度等变量。SAS 程序如下：

```
proc logistic data=baseline_ami;
    class sex(ref='1') bmi_c(ref='1') education(ref='1') income(ref='1');
    model ami(event='1')=entry_age sex bmi_c hypertension diabetes education income;
    run;
```

SAS 在本步也默认输出了很多结果，这里仅介绍在论文和汇报中常用的 OR 值及其 95%置信区间的提取。其分析结果如图 9-2-21 所示，从结果中可以得知，在调整了年龄、性别、高血压疾病史、糖尿病疾病史、教育程度和家庭收入等因素后，与对照组相比(即 BMI＜24.0)，超重组与肥胖组患急性心肌梗死的风险分别提高了 75%[OR＝1.75(1.22－2.51)]和 93%[OR＝1.93(1.10－3.37)]。

与 proc reg 过程步的实践类似(详见 9.2.4 节)，如果是探讨急性心肌梗死的危险因素，可以将放入模型中的协变量的结果都报告出来(如本例中的年龄、性别、糖尿病疾病史、高血压疾病史、家庭收入和教育程度)。但是，对于大部分的研究，尤其是临床研究或流行病学研究，协变量的结果在论文中是不需要报告的。因此，接下来要做的事情包括：

- 提取拟研究暴露因素的 OR 值及其 95%置信区间，在本例中，即与 BMI 相关的结果。
- 提取每组的病人数和对照人数(仅考虑纳入模型分析的人数)。
- 在不同的亚人群中探讨该关系，如亚组分析。

3. 整理数据分析结果

仍然使用 ods 进行分析结果的整理。相应的 SAS 程序如下：

Odds Ratio Estimates			
Effect	Point Estimate	95% Wald Confidence Limits	
entry_age	1.032	1.011	1.053
sex 2 vs 1	1.567	1.098	2.234
bmi_c 2 vs 1	1.749	1.221	2.507
bmi_c 3 vs 1	1.926	1.101	3.369
hypertension	1.245	0.802	1.934
diabetes	1.182	0.713	1.958
education 2 vs 1	1.206	0.656	2.217
education 3 vs 1	1.310	0.702	2.444
education 4 vs 1	1.089	0.560	2.118
income 2 vs 1	0.906	0.529	1.551
income 3 vs 1	0.978	0.557	1.716
income 4 vs 1	1.123	0.567	2.221

图 9-2-21　BMI 与急性心肌梗死的关系分析结果

```
ods output OddsRatios=odds(where=(effect contains "entry_age" or effect contains "bmi_c"));
proc logistic data=baseline_ami;
    class sex(ref='1') bmi_c(ref='1') education(ref='1') income(ref='1');
    model ami(event='1')=entry_age sex bmi_c hypertension diabetes education income;
    run;
data odds_1;
    set odds(rename=(effect=level));
    odds_ratio=compress(put(OddsRatioEst,8.2))||' ('||compress(put(LowerCL,8.2))||'-'||
compress(put(UpperCL,8.2))||')';
    if level="entry_age" then do;
        level="bmi_c";
        odds_ratio="1.00 (reference)";
        end;
    /*     level=compress(tranwrd(level,'bmi_c',''));*/
    keep level odds_ratio;
run;
```

ODDS_1 数据集的内容如图 9-2-22 所示。

level	odds_ratio
bmi_c	1.00 (reference)
bmi_c 2 vs 1	1.75 (1.22-2.51)
bmi_c 3 vs 1	1.93 (1.10-3.37)

图 9-2-22　ODDS_1 数据集的内容

同时，也需要提取每组中的病人数和对照人数，该步骤一般使用 proc freq 过程步来实现（关于 proc freq 过程步的介绍详见 4.6 节和 9.2.2 节）。由于有 23 个 income 变量的值缺失，因此使用 where 语句将这些缺失值从数据集中删除。同时，使用 proc transpose 过程步（详见 4.6 节）对数据集进行了转置。相应的 SAS 程序如下：

```
ods output CrossTabFreqs=crosstable(where=(_TYPE_ not contains "0"));
proc freq data=baseline_ami(where=(income^=.));
```

```
    table bmi_c * ami/nopercent norow nocol;
    run;
proc transpose data=crosstable out=trans(drop=_NAME_ _LABEL_)
    prefix=ami_;
    by bmi_c;
    var Frequency;
    id ami;
    run;
data trans_1;
    set trans;
    length case_control $18.;
    exposure="bmi_c";
    outcome="ami";
    population="Whole population";
    case_control=compress(ami_1||'/'||ami_0);
    keep exposure outcome population bmi_c case_control;
    run;
```

与 proc reg 过程步的实践类似，在创建 TRANS_1 数据集时也增加了 3 行程序，用于结果的简单标识。这样，即使在对同一个数据集有很多分析任务时，用户也能清晰地分辨出相应的分析结果。将病人数、对照人数、OR 值及其 95%置信区间等信息整合在一起的 SAS 程序如下：

```
data odds_case;
    retain exposure outcome population bmi_c level case_control odds_ratio;
    merge odds_1 trans_1;
    run;
```

ODDS_CASE 数据集的内容如图 9-2-23 所示。

exposure	outcome	population	bmi_c	level	case_control	odds_ratio
bmi_c	ami	Whole population	1	bmi_c	77/466	1.00 (reference)
bmi_c	ami	Whole population	2	bmi_c 2 vs 1	76/265	1.75 (1.22-2.51)
bmi_c	ami	Whole population	3	bmi_c 3 vs 1	21/72	1.93 (1.10-3.37)

图 9-2-23　ODDS_CASE 数据集的内容

接下来，就需要进行亚组分析，并将亚组分析的结果提取出来。程序很简单，只需要在 proc logistic 过程步中增加一行 by 语句，用于指定分组变量即可(需要注意的是，进行亚组分析之前，需用 proc sort 过程步对数据集进行排序)。由于分析过程与上述过程类似，这里就不再逐一展开说明，将在%logistic_sum 宏中将其纳入进去(详见下文)。

4. 生成可重复使用的代码

同样，在实际的数据分析中，当需要多次进行类似的分析时，就需要用 SAS 宏来简化分析步骤，从而提高工作效率(关于 SAS 宏的介绍，详见 4.8 节)。依照上例的分析思路，将上述第 3 步中的 SAS 程序整合到 SAS%logistic_sum 宏中。因为拟将亚组分析的程序纳入该宏程序，如果继续如%reg_sum 宏那样(参见 9.2.4 节)，即用 if 语句将整个人群分析和亚组分析分开来写程序，将使整个程序变得很长，尤其是当还需要提取病人数和对照数时。因此，在创建%logistic_sum宏时用了一个技巧，即当用户不指定分组变量时，在分析数据集中创建新变量all，并假定该新变量为分组变量，从而保证程序的正常运行。同时，由于在模型估计时会将有缺失值的观测从整个模型中删除，而构建不同模型时删除的人数可能会不一样，为了解决该问题，在数据集中创建了指示某条观测是否有缺失值的变量miss_index，其值为0时表示该条观测没有缺失值。

小贴士：compbl函数的功能是将多个空格压缩成一个空格，但不压缩一个空格。

%logistic_sum宏有8个宏参数，分别是%inlib(指定输入数据集所在的逻辑库)、%indata(指定输入数据集)、%exposure(指定拟研究的暴露因素)、%outcome(拟研究的健康结局)、%subgroup(指定分组变量)、%adjust_1(指定拟调整的一个协变量，该协变量为连续性变量或者二分类变量)、%adjust_2(指定拟调整的其他协变量)、%class(指定各个分类变量的拟参考组)。读者可根据研究课题的需要，对%logistic_sum进行相应的修改。

```
/* MACRO: %logistic_sum */
%macro logistic_sum(inlib=, indata=, exposure=, outcome=, subgroup=, adjust_1=, adjust_2
=, class=);

%if %length(&subgroup) eq 0 %then %do;
data &indata;
    set &inlib..&indata;
    all="ALL";
    run;
    %let subgroup=all;
    %end;

/* CREATE VARIABLE: MISS_INDEX */
%let press_space=%sysfunc(compbl(&exposure &outcome &subgroup &adjust_1 &adjust_2));
%let space_2_comma=%sysfunc(tranwrd(&press_space,%str( ),%str(, )));
data &indata;
    set &indata;
    miss_index=cmiss(&space_2_comma);
    run;

/* SORT THE DATESET */
%if %length(&subgroup) ne 0 %then %do;
proc sort data=&indata;
    by &subgroup;
    run;
    %end;

/* OUTPUT THE RESULTS OF LOGISTIC REGRESSION */
ods output OddsRatios=odds(where=(effect contains "&adjust_1" or effect contains
"&exposure"));
proc logistic data=&indata descending;
    by &subgroup;
    class  &class;
    model &outcome=&adjust_1 &exposure &adjust_2;
```

```
    run;

/* MANAGE THE RESULTS OF LOGISTIC REGRESSION */
data odds_1;
    set odds(rename=(effect=level));
    odds_ratio=compress(put(OddsRatioEst,8.2))||' ('||compress(put(LowerCL,8.2))||'-'||
compress(put(UpperCL,8.2))||')';

    if level="&adjust_1" then do;
        level="";
        odds_ratio="1.00 (reference)";
        end;
    level=compress(tranwrd(level,"&exposure",''));
    keep level odds_ratio;
    run;

/* NUMBER OF CASES AND CONTROLS */
ods output CrossTabFreqs=crosstable(where=(_TYPE_ not contains "0"));
proc freq data=&indata(where=(miss_index=0));
    table &subgroup * &exposure * &outcome/nopercent norow nocol;
    run;

proc transpose data=crosstable out=trans(drop=_NAME_ _LABEL_)
    prefix=&outcome._;
    by &subgroup &exposure;
    var Frequency;
    id &outcome;
    run;

data trans_1;
    set trans;
    length case_control $18.
    population $20.;
    exposure="&exposure";
    outcome="&outcome";
    %if &subgroup=all %then %do; population="Whole population";%end;
    %else %if &subgroup^="all" %then %do;
        population=compress("Subgroup: &subgroup="||put(&subgroup,8.));
        %end;
    case_control=compress(&outcome._1||'/'||&outcome._0);
    keep exposure outcome population &exposure case_control;
    run;

/* MERGE THE DATASETS: "ODDS_1" AND "TRANS_1" */
data odds_case(rename=(&exposure=exposure_level level=comparison));
    retain exposure outcome population &exposure level case_control odds_ratio;
    merge odds_1 trans_1;
    run;

proc append base=logistic_sum data=odds_case force;
    run;
```

```
proc delete data=odds odds_1 crosstable trans trans_1 odds_case;
    run;
%mend logistic_sum;

%logistic_sum(inlib=work,
              indata=baseline_ami,
              exposure=bmi_c,
              outcome=ami,
              subgroup=,
              adjust_1=entry_age,
              adjust_2=sex hypertension diabetes education income,
              class=sex(ref='1') bmi_c(ref='1') education(ref='1') income(ref='1'));

%logistic_sum(inlib=work,
              indata=baseline_ami,
              exposure=bmi_c,
              outcome=ami,
              subgroup=sex,
              adjust_1=entry_age,
              adjust_2=hypertension diabetes education income,
              class=bmi_c(ref='1') education(ref='1') income(ref='1'));
```

使用模拟数据集 BASELINE_AMI，调用宏%logistic_sum 后，生成新数据集 LOGISTIC_SUM。打印该数据集的内容，如图 9-2-24 所示。读者可能已经发现，其中删除了含有缺失值的观测，故纳入 Logistic 回归分析的总人数为 977 人。从结果中可知，在整个样本中（即 population＝"Whole population"），与对照组（即 BMI＜24.0）相比，超重组与肥胖组患急性心肌梗死的风险分别提高了 75%［OR＝1.75(1.22－2.51)］和 93%［OR＝1.93(1.10－3.37)］。在女性(sex＝1)中，两组风险分别提高了 72%和 114%；在男性(sex＝2)中，两组风险分别提高了 99%和 88%。在 Excel 或 Word 中再对该结果进行简单的加工后，即可用于论文中。

exposure	outcome	population	exposure_level	comparison	case_control	odds_ratio
bmi_c	ami	Whole population	1		77/466	1.00 (reference)
bmi_c	ami	Whole population	2	2vs1	76/265	1.75 (1.22-2.51)
bmi_c	ami	Whole population	3	3vs1	21/72	1.93 (1.10-3.37)
bmi_c	ami	Subgroup:sex=1	1		30/226	1.00 (reference)
bmi_c	ami	Subgroup:sex=1	2	2vs1	35/154	1.72 (0.99-2.99)
bmi_c	ami	Subgroup:sex=1	3	3vs1	14/51	2.14 (1.02-4.47)
bmi_c	ami	Subgroup:sex=2	1		47/240	1.00 (reference)
bmi_c	ami	Subgroup:sex=2	2	2vs1	41/111	1.99 (1.22-3.26)
bmi_c	ami	Subgroup:sex=2	3	3vs1	7/21	1.88 (0.74-4.79)

图 9-2-24 调用宏后生成的 LOGISTIC_SUM 数据集

9.2.6 Cox 回归分析

该部分将以 proc phreg 过程步来展示如何在 SAS 中实现 Cox 回归分析，并提取在论文发表或报告中最常用到的结果，如发病人数、人时数、HR 值及其 95%置信区间。关于 proc phreg 过程步的介绍，详见4.6节。

研究目的：探讨BMI与急性心肌梗死发病风险的关系，并调整年龄、性别、糖尿病疾病史、高血压疾病史等因素。值得注意的是：该研究类型为队列研究，需考虑研究对象进队列的时间和出队列的时间，因此需要知道急性心肌梗死病人的发病时间、死亡对象的死亡时间和最后一次随访时间（假设为2017年12月31日），从而定义研究对象的随访时间。

1. 数据准备

与proc logistic过程步一样，proc phreg过程步也可以通过class选项来指定分类变量。分析任务中的暴露因素为BMI，在该实例中，选择中国人群的BMI分类标准对暴露因素进行分组：低体重组（BMI＜18.5）、正常组（18.5≤BMI＜24.0）、超重组（24.0≤BMI＜28.0）和肥胖组（BMI≥28.0）。由于低体重组的人数太少，因此将其与正常组合并且需创建随访结束时间变量enddt、随访结束时随访对象的出队列年龄变量out_age以及随访时长变量follow_time。

小贴士：如何处理低体重人群或如何对BMI分组，需由研究问题和研究目的决定。

注意，家庭收入变量中有23个缺失值，因此，当家庭收入作为协变量放入模型中时，这23条记录是不会纳入分析模型的。SAS程序如下：

```
data baseline_ami;
   set baseline_ami;
   format enddt yymmdd10.
          out_age 8.2
          follow_time 8.2;
   if 0<bmi<24.0 then bmi_c=1;
   else if 24.0<=bmi<28.0 then bmi_c=2;
   else if bmi>=28.0 then bmi_c=3;
   enddt=min(mdy(12,31,2017),amidt,deathdt);
   out_age=yrdif(birthday,enddt,'age');
   follow_time=yrdif(entrydt,enddt,'age');
   run;
```

1）数据分析

使用Cox回归模型来探讨BMI与急性心肌梗死发病风险的关系，同时调整年龄、性别、糖尿病疾病史、高血压疾病史、家庭收入和教育程度等协变量。需要注意的是，下例中的模型是以年龄作为底层时间尺度（underlying time scale）的，在Cox回归分析中，底层时间尺度是调整变量的一种特殊形式，它可以非常好地拟合时间变量与健康结局之间的关系。一般来讲，如果研究某因素与某慢性病发病风险的关系时，应选年龄作为底层时间尺度，而如果研究某因素与某疾病生存的关系时（如不同手术术式病人的生存结局），应选随访时间作为底层时间尺度。SAS程序如下：

```
proc phreg data=baseline_ami multipass nosummary;
   class sex(ref='1') bmi_c(ref='1') education(ref='1') income(ref='1');
   model(entry_age, out_age) * ami(0)=sex bmi_c hypertension diabetes education income/rl;
   run;
```

与proc reg、proc logistic等过程步类似，SAS在proc phreg过程步也默认输出很多结果，这里仅介绍如何提取论文发表和汇报中常用的HR值及其95%置信区间。其分析结果如图9-2-25所示。从结果中可以得知，在调整了年龄、性别、高血压疾病史、糖尿病疾病史、教育程度和家庭收入等因素后，与对照组相比（即 BMI<24.0），超重组与肥胖组患急性心肌梗死的风险分别提高了 59%[HR=1.59(1.15－2.20)]和 72%[HR=1.72(1.05－2.83)]。

Analysis of Maximum Likelihood Estimates											
Parameter		DF	Parameter Estimate	Standard Error	Chi-Square	Pr > ChiSq	Hazard Ratio	95% Hazard Ratio Confidence Limits		Label
sex	2	1	0.36005	0.16303	4.8771	0.0272	1.433	1.041	1.973	sex 2
bmi_c	2	1	0.46594	0.16456	8.0170	0.0046	1.594	1.154	2.200	bmi_c 2
bmi_c	3	1	0.54425	0.25336	4.6145	0.0317	1.723	1.049	2.832	bmi_c 3
hypertension		1	0.17530	0.19885	0.7772	0.3780	1.192	0.807	1.760	
diabetes		1	0.13394	0.22763	0.3463	0.5562	1.143	0.732	1.786	
education	2	1	0.26098	0.27455	0.9036	0.3418	1.298	0.758	2.224	education 2
education	3	1	0.37636	0.27617	1.8571	0.1730	1.457	0.848	2.503	education 3
education	4	1	0.11714	0.29888	0.1536	0.6951	1.124	0.626	2.020	education 4
income	2	1	-0.09629	0.24704	0.1519	0.6967	0.908	0.560	1.474	income 2
income	3	1	-0.03708	0.25863	0.0206	0.8860	0.964	0.580	1.600	income 3
income	4	1	0.13422	0.31325	0.1836	0.6683	1.144	0.619	2.113	income 4

图 9-2-25 Cox 回归分析结果

在 9.2.4 节对 proc reg 过程步进行实践时已经介绍过，如果是探讨急性心肌梗死发病的危险因素，可以将放入模型中的协变量的结果都报告出来（如本例中的性别、糖尿病疾病史、高血压疾病史、家庭收入和教育程度）。但是，对于大部分研究，尤其是临床研究或流行病学研究，协变量的结果在论文中是不需要报告的。因此，接下来要做的事情包括：

- 提取拟研究暴露因素的 HR 值及其 95%置信区间，即与 BMI 相关的结果。
- 提取每组中的发病人数和人时数（仅考虑纳入模型分析的人数）。
- 在不同的亚人群中探讨该关系，如亚组分析。

2）整理数据分析结果

首先，仍然使用 ods 进行分析结果的整理（详见 9.2.1 节）。相应的 SAS 程序如下：

```
/* OUTPUT THE RESULTS OF COX REGRESSION */
ods output  ParameterEstimates=hr(keep=Parameter ClassVal0 HazardRatio HRLowerCL
HRUpperCL where=(Parameter contains "sex" or Parameter contains "bmi_c"));
proc phreg data=baseline_ami multipass nosummary;
    class sex(ref='1') bmi_c(ref='1') education(ref='1') income(ref='1');
    model(entry_age, out_age) * ami(0)=sex bmi_c hypertension diabetes education income/rl;
    run;
/* MANAGE THE RESULTS OF COX REGRESSION */
data hr_1;
    set hr(rename=(parameter=exposure ClassVal0=level));
        hr_ci=compress(put(HazardRatio,8.2))||' ('||compress(put(HRLowerCL,8.2))||'-'||
compress(put(HRUpperCL,8.2))||')';
    if exposure="sex" then do;
        exposure="bmi_c";
        level="1";
```

```
        hr_ci="1.00 (reference)";
        end;
        keep exposure level hr_ci;
    run;
```

数据集 HR_1 的内容如图 9-2-26 所示。

exposure	level	hr_ci
bmi_c	1	1.00 (reference)
bmi_c	2	1.59 (1.15-2.20)
bmi_c	3	1.72 (1.05-2.83)

图 9-2-26 整理后 HR_1 数据集的内容

其次,也需要提取每组中的发病人数和人时数,该步骤一般使用 proc means 过程步来实现(详见 9.2.1 节)。注意,由于有 23 个 income 变量的值缺失,因此使用 where 语句将包含这些缺失值的记录从数据集中删除。在创建 CASE_PERT_1 数据集时,增加了 3 行程序,用于结果的简单标识,这样,当对同一个数据集有很多分析任务时,也能清晰地分辨出相应的结果。SAS 程序如下:

```
/* NUMBER OF NEW CASES AND SUM OF FOLLOW UP TIME */
ods output summary=case_pert;
proc means sum data=baseline_ami(where=(income^=.));
    var ami follow_time;
    class bmi_c;
    run;
data case_pert_1;
    set case_pert;
    exposure="bmi_c";
    outcome="ami";
    population="Whole population";
    case_persont=compress(put(ami_Sum,8.)||'/'||put(follow_time_Sum,8.));
    keep exposure outcome population bmi_c case_persont;
    run;
```

然后,将病人数、人时数、HR 值及其 95%置信区间等信息合并在一起,形成在论文中较为常见的形式,SAS 程序如下。

```
/* MERGE THE DATASETS: "HR_1" AND "CASE_PERT_1" */
data case_hr;
    retain exposure outcome population exposure_level case_persont hr_ci;
    merge hr_1(drop=level) case_pert_1(rename=(bmi_c=exposure_level));
    run;
```

数据集 CASE_HR 的内容如图 9-2-27 所示。

exposure	outcome	population	exposure_level	case_persont	hr_ci
bmi_c	ami	Whole population	1	77/7295	1.00 (reference)
bmi_c	ami	Whole population	2	76/4434	1.59 (1.15-2.20)
bmi_c	ami	Whole population	3	21/1199	1.72 (1.05-2.83)

图 9-2-27 整合后 CASE_HR 数据集的内容

最后，进行亚组分析并将相应的结果提取出来。程序很简单，只需要在 proc phreg 过程步中增加一行 by 语句，用于指定分组变量即可(需要注意的是，进行亚组分析之前，需要用 proc sort 过程步对数据集进行排序)。由于这个分析过程与上述过程类似，这里就不再展开说明了，将在宏%cox_sum 中将其包括进去(详见下文)。

3) 生成可重复使用的代码

依照上述分析思路，将第 3 步中的 SAS 程序整合到 SAS 宏%cox_sum 中(关于 SAS 宏的介绍，详见 4.8 节)。类似于%logistic_sum 宏，在创建%cox_sum 宏时也用了一个技巧，即当用户不指定分组变量时，在分析数据集中创建新变量 all，并假定该新变量为分组变量，从而保证程序的正常运行。同时，在进行模型估计时，会将有缺失值的观测从整个模型中删除，而在构建不同模型时，删除的人数可能会不一样。为了解决该问题，在数据集中创建了一个指示某条观测是否有缺失值的变量 miss_index，其值为 0 时表示该条观测没有缺失值。

%cox_sum 宏有 11 个宏参数，分别是%inlib(指定输入数据集所在的逻辑库)、%indata(指定输入数据集)、%exposure(指定拟研究的暴露因素)、%outcome(指定拟研究的健康结局)、%subgroup(指定分组变量)、%time_1(指定进队列的时间，如进队列的年龄)、%time_2(指定出队列的时间，如出队列的年龄)、%follow_time(指定随访时间变量，一般为%time_1 和%time_2 的差值)、%adjust_1(指定拟调整的一个协变量，该协变量为连续性变量或者二分类变量)、%adjust_2(指定拟调整的其他协变量)、%class(指定各个分类变量的拟参考组)。读者可根据研究课题的需要，对%cox_sum 进行相应的修改。

宏代码如下：

```
/* MACRO:%cox_sum */
%macro cox_sum(inlib=, indata=, exposure=, outcome=, subgroup=, time_1=, time_2=, follow_
time=, adjust_1=, adjust_2=, class=);

    %if %length(&subgroup) eq 0 %then %do;
        data &indata;
        set &inlib..&indata;
        all="ALL";
        run;
    %let subgroup=all;
    %end;
/* CREATE VARIABLE: MISS_INDEX */
%let press_space=%sysfunc(compbl(&exposure &outcome &subgroup &time_1 &time_2 &follow_
time &adjust_1 &adjust_2));
%let space_2_comma=%sysfunc(tranwrd(&press_space,%str( ),%str(, )));
data &indata;
    set &indata;
    miss_index=cmiss(&space_2_comma);
    run;

/* SORT THE DATESET */
%if %length(&subgroup) ne 0 %then %do;
proc sort data=&indata;
    by &subgroup;
    run;
%end;
```

```
/* OUTPUT THE RESULTS OF COX REGRESSION */
ods output ParameterEstimates=hr(keep=&subgroup Parameter HazardRatio HRLowerCL HRUpperCL
where=(Parameter contains "&adjust_1" or Parameter contains "&exposure"));
proc phreg data=&indata multipass nosummary;
    by &subgroup;
    class &class;
    model(&time_1, &time_2)*&outcome(0)=&adjust_1 &exposure &adjust_2/rl;
    run;

/* MANAGE THE RESULTS OF COX REGRESSION */
data hr_1;
    set hr(rename=(parameter=exposure));
    hr_ci=compress(put(HazardRatio,8.2))||' ('||compress(put(HRLowerCL,8.2))||'-'||
compress(put(HRUpperCL,8.2))||')';
    if exposure="&adjust_1" then do;
        exposure="&exposure";
        hr_ci="1.00 (reference)";
        end;
        keep exposure &subgroup hr_ci;
    run;

/* NUMBER OF NEW CASES AND SUM OF FOLLOW UP TIME */
ods output summary=case_pert;
proc means sum data=&indata(where=(miss_index=0));
    var &outcome &follow_time;
    class &subgroup &exposure;
    run;

data case_pert_1;
    set case_pert;
    exposure="&exposure";
    outcome="&outcome";
    %if &subgroup=all %then %do;
        population="Whole population";
        %end;
    %else %if &subgroup^="all" %then %do;
        population=compress("Subgroup: &subgroup="||put(&subgroup,8.));
        %end;

    case_persont=compress(put(&outcome._Sum,8.)||'/'||put(&follow_time._Sum,8.));
    keep exposure outcome population &exposure case_persont;
    run;

/* MERGE THE DATASETS: "HR_1" AND "CASE_PERT_1" */
data case_hr;
    retain exposure outcome population exposure_level case_persont hr_ci;
    merge hr_1(drop=&subgroup) case_pert_1(rename=(&exposure=exposure_level));
    run;

proc append base=cox_sum data=case_hr force;
```

```
    run;
proc delete data=hr hr_1 case_pert case_pert_1 case_hr;
    run;
%mend cox_sum;

%cox_sum (inlib=work,
          indata=baseline_ami,
          exposure=bmi_c,
          outcome=ami,
          subgroup=,
          time_1=entry_age,
          time_2=out_age,
          follow_time=follow_time,
          adjust_1=sex,
          adjust_2=hypertension diabetes education income,
          class=sex(ref='1') bmi_c(ref='1') education(ref='1') income(ref='1'));

%cox_sum(inlib=work,
          indata=baseline_ami,
          exposure=bmi_c,
          outcome=ami,
          subgroup=sex,
          time_1=entry_age,
          time_2=out_age,
          follow_time=follow_time,
          adjust_1=hypertension,
          adjust_2=diabetes education income,
          class=bmi_c(ref='1') education(ref='1') income(ref='1'));
```

使用模拟数据集 BASELINE_AMI，调用宏%cox_sum 后，生成新数据集 COX_SUM，其内容如图 9-2-28 所示。由结果可知，在整个样本中（即 population="Whole population"），与对照组相比（即 BMI<24.0），超重组与肥胖组患急性心肌梗死的风险分别提高了 59%[HR=1.59(1.15−2.20)]和 72%[HR=1.72 (1.05−2.83)]。在女性(sex=1)中，两组风险分别提高了 45%和 70%；在男性(sex=2)中，两组风险分别提高了 81%和 73%。在 Excel 或 Word 中再对该结果进行简单的加工后，即可用于论文的发表。

exposure	outcome	population	exposure_level	case_person	hr_ci
bmi_c	ami	Whole population	1	77/7295	1.00 (reference)
bmi_c	ami	Whole population	2	76/4434	1.59 (1.15-2.20)
bmi_c	ami	Whole population	3	21/1199	1.72 (1.05-2.83)
bmi_c	ami	Subgroup:sex=1	1	30/3380	1.00 (reference)
bmi_c	ami	Subgroup:sex=1	2	35/2491	1.45 (0.88-2.40)
bmi_c	ami	Subgroup:sex=1	3	14/824	1.70 (0.88-3.30)
bmi_c	ami	Subgroup:sex=2	1	47/3915	1.00 (reference)
bmi_c	ami	Subgroup:sex=2	2	41/1943	1.81 (1.18-2.76)
bmi_c	ami	Subgroup:sex=2	3	7/374	1.73 (0.78-3.85)

图 9-2-28 调用宏后生成的 COX_SUM 数据集

第 10 章　R 语言实践部分

10.1　数据的清洗与管理

10.1.1　病人基本信息数据集

本节将对模拟的病人基本信息数据集、诊断信息数据集、实验室检测结果数据集(一)、实验室检测结果数据集(二)、用药信息数据集中存在的常见问题进行逐一描述和清洗。建议大家在学习本节之前通读第 8 章，其中 8.1 节对模拟数据集进行了介绍。

关于病人基本信息数据集的介绍、存在的问题以及拟达到的清洗目的，详见表 8-1-1。

1. 查看及描述数据集的基本信息

首先，设置工作文件夹的路径，并加载所需要用到的 R 语言包。

```
setwd("/Your/Working/Directory/Path")          #设置工作文件夹的路径
library("dplyr")                                #加载 dplyr 包
```

接下来，读取数据。需要注意的是：各种软件在读取中文数据时经常会因为编码问题而产生错误。因此，如果直接使用以下代码来读取 baseline.csv 文件，会产生报错。

```
baseline.raw.df <-read.csv("baseline.csv")
```

这种情况下需要告诉 R 语言系统，baseline.csv 文件使用的是哪种编码方式。一般来说，编码汉字通常使用的是 UTF-8 码或 GB2312 码。要读取的 baseline.csv 文件就是用 GB2312 码编码的，因此，可以使用如下代码来顺利读取数据：

```
baseline.raw.df <-read.csv("baseline.csv", fileEncoding="GB2312",
stringsAsFactors=FALSE)
```

接下来，使用 head 函数输出数据集的前 6 行数据，以对数据集有基本的了解。在 RStudio 中，如果数据集不是太大，则可以直接单击右上部 Environment 中数据集的名字查看数据集中的所有数据。

```
head(baseline.raw.df)
##    id sex   height weight education income       disease
## 1   1   m  173.5cm     88         3      1  高血压 糖尿病
## 2   2   M      178     81         4      2
## 3   3   M    166.5     70         1      2        恶性肿瘤
## 4   4   F    157.5     58         3      3          高血压
## 5   5   M    165.5     71         3      2
## 6   6  女  154 厘米     60         3     NA
```

```
##                birthday                 entrydt  deathdt  death
## 1  13MAY1964:00:00:00.00  2003-06-10:00:00:00.00        .      0
## 2  10JUN1963:00:00:00.00  2004-01-05:00:00:00.00        .      0
## 3  12JUL1938:00:00:00.00  2003-09-16:00:00:00.00 20120128      1
## 4  08JUL1953:00:00:00.00  2003-07-02:00:00:00.00        .      0
## 5  20AUG1967:00:00:00.00  2004-05-07:00:00:00.00        .      0
## 6  22DEC1939:00:00:00.00  2002-05-21:00:00:00.00        .      0
```

为了最后可以把清理后的数据集与原始数据集进行对比，创建一个原始数据集的副本。下面的一切清洗步骤都将在该新数据集里完成。

```
baseline.clean.df <- baseline.raw.df
```

2. 字符型变量的查看和清洗

1）sex 变量

使用 table 函数对 sex(性别)变量的描述结果如下：

```
table(baseline.raw.df$sex)
##
##   f   F Female  m   M Male 女 男
##  54 431     13 46 389   17 22 28
```

可以看到，其值存在中英文、大小写、全称简称混用的现象。可以使用以下命令创建用来清理性别变量的 sex.clean.func 函数，并使用它来对性别变量进行清理，将女性赋值为 1，男性赋值为 2。代码如下：

```
sex.clean.func <- function(sex){
    if(sex %in%c("F", "Female", "f", "女")){
        return(1)
    } else if(sex %in%c("M", "Male", "m", "男")){
        return(2)
    } else{
        return(NA)
    }
}
baseline.clean.df <-baseline.raw.df %>%mutate(sex = sapply(sex, FUN = sex.clean.func))
```

再次使用 table 函数查看清理后的结果：

```
table(baseline.clean.df$sex)
##
##    1   2
##  520 480
```

2）disease 变量

首先，使用 table 函数显示 disease(疾病史)变量所包含的值：

```
table(baseline.raw.df$disease)
##
##                                    乙型肝炎          其他:肝癌
##                       508                66                  2
##              其他:肺结核          恶性肿瘤              糖尿病
##                         5               179                 80
##                    高血压    高血压 糖尿病        高血压,冠心病
##                       105                30                 20
##    高血压,糖尿病,恶性肿瘤
##                         5
```

为了提取高血压与糖尿病的患病情况，可以使用以下命令创建用于判断病人是否患有某种疾病的函数 disease.finder.func，并将结果分别保存在 hypertension 和 diabetes 两个变量中。患有某疾病的研究对象赋值为 1，无该诊断的病人赋值为 0。

```
disease.finder.func <-function(disease, pat){
    if(grepl(pattern = pat, disease)){
        return(1)
    } else{
        return(0)
    }
}
baseline.clean.df <-baseline.clean.df %>%
mutate(hypertension = sapply(disease, FUN = disease.finder.func, pat = "高血压"),
diabetes = sapply(disease, FUN = disease.finder.func, pat = "糖尿病"))
```

再次使用 table 函数来查看提取后的结果，可知有 160 人患有高血压，115 人患有糖尿病。

```
table(baseline.clean.df$hypertension)
##
##    0   1
##  840 160
table(baseline.clean.df$diabetes)
##
##    0   1
##  885 115
```

3. 数值型变量 height 的查看和清洗

在以前的输出结果中，读者可能已经注意到 height（身高）变量中存在很多问题。先尝试直接使用 as.numeric 函数将身高变量强行转换为数值变量，再使用 summary 函数查看结果。

```
summary(as.numeric(baseline.raw.df$height))
##   Min.  1st Qu.  Median  Mean  3rd Qu.  Max.   NA's
##    142      158     164   164      170   186    108
```

注意：结果中产生了很多 NA（即缺失值）。一般来说，产生 NA 的主要原因之一是数据转换失败。

接下来，使用 head 函数查看哪些原始数据在转换中变成了 NA。

```
baseline.raw.df %>% filter(is.na(as.numeric(baseline.raw.df$height))) %>%
select(height) %>% head()
##     height
## 1  173.5cm
## 2  154厘米
## 3    172.5
## 4    163cm
## 5    170.5
## 6  165厘米
```

可以发现 NA 的产生主要是原始数据中包含“厘米”“cm”或者“。”导致的。对此，可以创建一个用来清理身高变量的函数 height.clean.func，并使用它来对身高变量进行清理。

```
height.clean.func <- function(height){
    height.cleaned <- gsub(pattern = "厘米", replacement = "", x = height)
    height.cleaned <- gsub(pattern = "cm", replacement = "", x = height.cleaned)
    height.cleaned <- gsub(pattern = "。", replacement = ".", x = height.cleaned)
    return(height.cleaned)
}
baseline.clean.df <- baseline.clean.df %>% mutate(height = as.numeric(sapply
(height, FUN = height.clean.func)))
```

使用 summary 函数查看清理后的结果，可以发现结果中已经没有 NA 了。

```
summary(baseline.clean.df$height)
##  Min.  1st Qu.  Median  Mean  3rd Qu.  Max.
##   142      158     164   164      170   186
```

4. 日期型变量的查看和清洗

1）birthday 变量

某个变量中的日期格式比较统一时，可以使用 as.Date 函数来方便地转换日期型变量。使用 as.Date 函数时需注意在 format 参数中填写转换前日期变量的格式。

```
baseline.clean.df$birthday <- as.Date(baseline.raw.df$birthday, format = "%d%b%Y:%H:%
M:%S")
```

可以使用 summary 函数查看转换结果，确定该变量是否已成功转换成日期型变量。

```
summary(baseline.clean.df$birthday)
##           Min.        1st Qu.         Median           Mean        3rd Qu.
##  "1933-09-29"  "1946-12-31"  "1956-07-09"  "1954-04-15"  "1961-10-19"
##           Max.
##  "1970-04-06"
```

2）entrydt 变量

entrydt(首次就诊时间)变量的格式也比较统一，因此也可以使用 as.Date 函数进行转换，并在数据转换后使用 summary 函数检查转换结果。

```
baseline.clean.df$entrydt <- as.Date(baseline.raw.df$entrydt, format = "%Y-%m-%d:%H:%
M:%S")
summary(baseline.clean.df$entrydt)
##          Min.      1st Qu.       Median         Mean      3rd Qu.
##  "2001-05-12" "2002-10-18" "2003-08-24" "2003-07-26" "2004-05-27"
##          Max.
##  "2005-06-10"
```

3）death 变量

像上面一样，可以使用 as.Date 函数对 death(死亡时间)变量进行日期转换，并使用 summary 函数查看结果。

```
baseline.clean.df$deathdt <- as.Date(baseline.raw.df$deathdt, format = "%Y%m%d")
summary(baseline.clean.df$deathdt)
##          Min.      1st Qu.       Median         Mean      3rd Qu.
##  "2003-08-14" "2009-07-27" "2012-02-08" "2011-07-22" "2014-01-06"
##          Max.         NA's
##  "2016-01-16"        "941"
```

这次的结果中产生了很多 NA。绝大部分 NA 应该是因为病人依然健在，所以死亡时间由原数据集中的"."转换为了 NA。那么，是否有一些 NA 是由于日期转换失败而产生的呢？为了解决这个问题，可以通过以下代码检查是否有转换后死亡时间为 NA，但转换前有死亡时间数据的病人：

```
any(is.na(baseline.clean.df$deathdt) & (baseline.raw.df$deathdt !="."))
## [1] TRUE
```

得到的结果是 TRUE，也就是存在转换后死亡时间为 NA，但转换前有死亡时间数据的病人。可以使用以下代码检查这些病人的死亡时间数据：

```
baseline.raw.df %>% filter(is.na(baseline.clean.df$deathdt) & (baseline.raw.df$deathdt
!= ".")) %>% select(deathdt)
##   deathdt
## 1  201703
## 2  201704
## 3  201609
## 4  201706
```

可以看到，这些病人的死亡日期不完整，仅有年和月，从而导致了转换失败。如果要填补缺失的日，例如填补为 15 日，可以使用如下代码：

```
indice <- which(is.na(baseline.clean.df$deathdt) & (baseline.raw.df$deathdt != "."))
                                               #确定需要填补缺失值的病人
```

```
baseline.clean.df$deathdt[indice] <- as.Date(paste0(baseline.raw.df$deathdt[indice],
"15"), format = "%Y%m%d")          #将日填补为15,并按年、月、日的顺序赋值,然后进行转化
```

完成填补后，可以再次使用 summary 函数查看结果：

```
summary(baseline.clean.df$deathdt)
##          Min.       1st Qu.        Median          Mean       3rd Qu.
##  "2003-08-14"  "2009-12-28"  "2012-05-15"  "2011-11-29"  "2014-05-31"
##          Max.          NA's
##  "2017-06-15"         "937"
```

可以发现 NA 数量减少了 4 个。再次使用前面的代码检查是否存在转换后死亡时间为 NA，但转换前有死亡时间数据的病人：

```
any(is.na(baseline.clean.df$deathdt) & (baseline.raw.df$deathdt != "."))
## [1] FALSE
```

得到的结果是 FALSE。

至此，完成了对 BASELINE 中所有存在问题的变量的清洗工作。最后，对比一下该数据前 6 个观测清洗前后的情况。

```
head(baseline.raw.df)
##   id sex  height weight education income    disease
## 1  1   m 173.5cm     88         3      1 高血压 糖尿病
## 2  2   M     178     81         4      2
## 3  3   M   166.5     70         1      2    恶性肿瘤
## 4  4   F   157.5     58         3      3      高血压
## 5  5   M   165.5     71         3      2
## 6  6  女 154厘米     60         3     NA
##                birthday                   entrydt  deathdt death
## 1 13MAY1964:00:00:00.00 2003-06-10:00:00:00.00        .     0
## 2 10JUN1963:00:00:00.00 2004-01-05:00:00:00.00        .     0
## 3 12JUL1938:00:00:00.00 2003-09-16:00:00:00.00 20120128     1
## 4 08JUL1953:00:00:00.00 2003-07-02:00:00:00.00        .     0
## 5 20AUG1967:00:00:00.00 2004-05-07:00:00:00.00        .     0
## 6 22DEC1939:00:00:00.00 2002-05-21:00:00:00.00        .     0
    head(baseline.clean.df)
##   id sex height weight education income     disease   birthday
## 1  1   2  173.5     88         3      1 高血压 糖尿病 1964-05-13
## 2  2   2  178.0     81         4      2               1963-06-10
## 3  3   2  166.5     70         1      2     恶性肿瘤 1938-07-12
## 4  4   1  157.5     58         3      3       高血压 1953-07-08
## 5  5   2  165.5     71         3      2               1967-08-20
## 6  6   1  154.0     60         3     NA               1939-12-22
```

```
##       entrydt    deathdt  death  hypertension  diabetes
## 1  2003-06-10       <NA>      0             1         1
## 2  2004-01-05       <NA>      0             0         0
## 3  2003-09-16  2012-01-28     1             0         0
## 4  2003-07-02       <NA>      0             1         0
## 5  2004-05-07       <NA>      0             0         0
## 6  2002-05-21       <NA>      0             0         0
```

10.1.2 诊断信息数据集

诊断信息数据集存在的问题及拟清洗目的，详见表 8-1-2。

1. 查看及描述数据集的基本信息

设置工作文件夹路径与加载 R 语言包的过程与 10.1.1 节类似。首先读取数据集，并查看数据集的前 6 行，以对该数据集有大概的了解。然后创建一个原始数据集的副本，以方便对比。

```
diagnosis.raw.df <- read.csv("diagnosis.csv", fileEncoding = "GB2312", stringsAsFactors
= FALSE)
head(diagnosis.raw.df)
 ##   id      diagdt        diag  source
## 1   1  2016-07-24  原发性高血压    住院
## 2   1  2016-08-22  原发性高血压    门诊
## 3   1  2016-08-29      心肌梗死    门诊
## 4   1  2016-08-29  原发性高血压    门诊
## 5   1  2016-09-01  原发性高血压    门诊
## 6   1  2016-09-08      心肌梗死    门诊
diagnosis.clean.df <-diagnosis.raw.df
```

还可以使用 table 函数来查看此数据集涉及哪些疾病的诊断。由结果可知，此数据集只涉及 2 型糖尿病，不涉及 1 型糖尿病，所以在本节下文中，用“糖尿病”指 2 型糖尿病。

```
table(diagnosis.raw.df$diag)
##
##  2型糖尿病  原发性高血压  心肌梗死  慢性肾病  高脂血症
##       163           498       182       131       115
```

2. 筛选患某种疾病的病人

通过数据集的前几行可以看出，每个研究对象有多次就诊记录。如果要筛选诊断为原发性高血压的病人 ID，可以使用 filter 函数和 distinct 函数来完成：

```
patients.id.hyper <- diagnosis.clean.df %>%
    filter(diag == "原发性高血压") %>%
    distinct(id)                        #使用 distinct 函数可以去掉重复的行
head(patients.id.hyper)                 #输出前几位原发性高血压病人 ID
```

```
##    id
## 1   1
## 2   3
## 3   4
## 4   5
## 5   6
## 6   7
nrow(patients.id.hyper)                    #64人曾被诊断为原发性高血压
## [1] 64
```

注意：使用dplyr包中的函数输出的结果大部分都是数据集(data.frame)格式，即使结果只有一列。因此，在最后一行代码中，使用针对数据集的nrow函数而不是针对向量的length函数进行计数。

3. 筛选患某种疾病的病人ID及最早诊断时间

由于原数据集中diagdt变量的数据类型是字符型(character)而不是标准的日期型(Date)，先使用如下命令对其进行数据类型转换。转换后使用summary函数进行检查。

```
class(diagnosis.raw.df$diagdt)        #原数据集中diagdt变量的数据类型
## [1] "character"
diagnosis.clean.df$diagdt <- as.Date(diagnosis.raw.df$diagdt)
class(diagnosis.clean.df$diagdt)      #新数据集中diagdt变量的数据类型
## [1] "Date"
summary(diagnosis.clean.df$diagdt)
##          Min.       1st Qu.        Median          Mean       3rd Qu.
##  "2006-07-09"  "2012-01-05"  "2015-02-06"  "2013-12-03"  "2016-03-29"
##          Max.
##  "2017-06-29"
```

接下来，使用以下命令生成新数据集HYPER1，使用filter函数筛选出患有原发性高血压病人的首次诊断时间。可以看到，新数据集HYPER1共有64行数据，与上面得到的原发性高血压病人(patients.id.hyper)数字相吻合。

```
hyper1 <- diagnosis.clean.df %>% filter(diag == "原发性高血压") %>% group_by(id) %>%
summarise(min.diagdt = min(diagdt))
head(hyper1)
## # A tibble: 6 x 2
##      id min.diagdt
##   <int>     <date>
## 1     1 2016-07-24
## 2     3 2014-11-21
## 3     4 2015-04-10
## 4     5 2016-03-18
## 5     6 2015-05-04
## 6     7 2007-08-30
nrow(hyper1)
## [1] 64
```

将 min 函数改为 max 函数，即可实现筛选该疾病最后一次诊断时间的功能，感兴趣的读者可以验证一下。

接下来，使用相似的方法筛选出患 2 型糖尿病的病人 ID 及其首次诊断时间，并生成新数据集 DIABETES1。

```
diabetes1 <- diagnosis.clean.df %>% filter(diag == "2 型糖尿病") %>% group_by(id) %>%
summarise(min.diagdt = min(diagdt))
head(diabetes1)
## # A tibble: 6 x 2
##      id min.diagdt
##   <int>     <date>
## 1     4 2013-05-24
## 2     6 2007-11-02
## 3    12 2015-09-17
## 4    14 2006-09-14
## 5    15 2007-08-24
## 6    17 2015-07-27
```

4. 创建研究对象疾病状态的二分类变量

接下来，将原始数据集与得到的 HYPER1 与 DIABETES1 数据集合并，得到一个新的诊断数据集 DIAGNOSIS。DIAGNOSIS 中有 5 个变量，分别是病人 ID(id)、高血压首次诊断时间(hyper_dt)、是否患有高血压(hyper_diag)、糖尿病首次诊断时间(diabetes_dt)和是否患有糖尿病(diabetes_diag)。其中，hyper_diag 和 diabetes_diag 为二分类变量，若病人患高血压或糖尿病，则赋值为 1，否则赋值为 0。这里，使用 join 系列函数来合并数据集。

```
diagnosis <- diagnosis.clean.df %>% distinct(id) %>% full_join(hyper1, by = "id") %>%
rename(hyper_dt = min.diagdt) %>% mutate(hyper_diag = as.numeric(!is.na(hyper_dt))) %>%
full_join(diabetes1, by = "id") %>% rename(diabetes_dt = min.diagdt) %>%mutate(diabetes_
diag = as.numeric(!is.na(diabetes_dt)))
  head(diagnosis)
##   id   hyper_dt hyper_diag diabetes_dt diabetes_diag
## 1  1 2016-07-24          1        <NA>             0
## 2  2       <NA>          0        <NA>             0
## 3  3 2014-11-21          1        <NA>             0
## 4  4 2015-04-10          1  2013-05-24             1
## 5  5 2016-03-18          1        <NA>             0
## 6  6 2015-05-04          1  2007-11-02             1
```

5. 计算平均诊断时间间隔

计算两次诊断的平均时间间隔，其实就是计算前后两个时间点差值的平均值。dplyr 包中提供了 lag 函数，可以提取某行数据前面若干行的信息。因此，可以对 diagdt 变量使用 lag 函数，指定前面某次诊断时间，然后计算两个时间点的差值。下例中，定义了 4 个新变量：上次诊断时间(prior_diag)、上上次诊断时间(prior_diag2)、与上次诊断时间间隔(gap)和与上上次诊断时间间隔(gap2)。由于计算不同病人的两个时间点差值没有意义，所以需要先使用 group_by 函数将病人按 id 分类，然后再进行处理。

```
diagnosis.clean.lag.df <- diagnosis.clean.df %>% group_by(id) %>% mutate(prior_diag =
lag(diagdt, n = 1)) %>% mutate(prior_diag2 = lag(diagdt, n=2)) %>% mutate(gap = diagdt -
prior_diag) %>% mutate(gap2 = diagdt - prior_diag2)
head(diagnosis.clean.lag.df)
## # A tibble: 6 x 8
## # Groups:   id [1]
##       id  diagdt      diag          source  prior_diag  prior_diag2  gap      gap2
##    <int>  <date>      <chr>         <chr>   <date>      <date>       <drtn>   <drtn>
## 1      1  2016-07-24  原发性高血压…  住院     NA          NA           NA days  NA da…
## 2      1  2016-08-22  原发性高血压…  门诊     2016-07-24  NA           29 days  NA da…
## 3      1  2016-08-29  心肌梗死       门诊     2016-08-22  2016-07-24   7 days   36 da…
## 4      1  2016-08-29  原发性高血压…  门诊     2016-08-29  2016-08-22   0 days   7 da…
## 5      1  2016-09-01  原发性高血压…  门诊     2016-08-29  2016-08-29   3 days   3 da…
## 6      1  2016-09-08  心肌梗死       门诊     2016-09-01  2016-08-29   7 days   10 da…
```

由结果可知，当某观测为病人的第一个观测时，4 个新变量均为缺失值；当某观测为病人的第二个观测时，上上次诊断时间(prior_diag2)和与上上次诊断时间间隔(gap2)为缺失值，这是合理的。

如果只关心某种疾病的诊断间隔，可以使用 filter 函数筛选观测值。下面的命令可以计算两次原发性高血压诊断的时间间隔，并保存在 DIAGNOSIS.CLEAN.LAG.DF.2 数据集中。

```
diagnosis.clean.lag.df.2 <- diagnosis.clean.df %>% filter(diag == "原发性高血压") %>%
group_by(id) %>% mutate(prior_diag = lag(diagdt, n = 1)) %>% mutate(prior_diag2 =
lag(diagdt, n = 2)) %>% mutate(gap = diagdt - prior_diag) %>% mutate(gap2 = diagdt - prior_diag2)
head(diagnosis.clean.lag.df.2)
## # A tibble: 6 x 8
## # Groups:   id [1]
##       id  diagdt      diag          source  prior_diag  prior_diag2  gap      gap2
##    <int>  <date>      <chr>         <chr>   <date>      <date>       <drtn>   <drtn>
## 1      1  2016-07-24  原发性高血压…  住院     NA          NA           NA days  NA da…
## 2      1  2016-08-22  原发性高血压…  门诊     2016-07-24  NA           29 days  NA da…
## 3      1  2016-08-29  原发性高血压…  门诊     2016-08-22  2016-07-24   7 days   36 da…
## 4      1  2016-09-01  原发性高血压…  门诊     2016-08-29  2016-08-22   3 days   10 da…
## 5      1  2016-09-08  原发性高血压…  门诊     2016-09-01  2016-08-29   7 days   10 da…
## 6      1  2016-11-28  原发性高血压…  住院     2016-09-08  2016-09-01   81 days  88 da…
```

如果研究者还想要保留所有疾病的信息，只是在计算诊断时间间隔的时候需要限制为一种疾病，那么可以使用 right_join 函数将 DIAGNOSIS.CLEAN.LAG.DF.2 数据集与完整的 DIAGNOSIS.CLEAN.DF 数据集合并。

```
diagnosis.clean.lag.df.3 <- diagnosis.clean.lag.df.2 %>% right_join(diagnosis.clean.df)
## Joining, by = c("id", "diagdt", "diag", "source")
head(diagnosis.clean.lag.df.3)
## # A tibble: 6 x 8
## # Groups:   id [1]
```

```
##        id diagdt     diag          source prior_diag prior_diag2 gap       gap2
##     <int> <date>     <chr>         <chr>  <date>     <date>      <drtn>    <drtn>
## 1       1 2016-07-24 原发性高血压… 住院   NA         NA          NA days   NA da…
## 2       1 2016-08-22 原发性高血压… 门诊   2016-07-24 NA          29 days   NA da…
## 3       1 2016-08-29 心肌梗死      门诊   NA         NA          NA days   NA da…
## 4       1 2016-08-29 原发性高血压… 门诊   2016-08-22 2016-07-24  7 days    36 da…
## 5       1 2016-09-01 原发性高血压… 门诊   2016-08-29 2016-08-22  3 days    10 da…
## 6       1 2016-09-08 心肌梗死      门诊   NA         NA          NA days   NA da…
```

10.1.3　实验室检测结果数据集(一)

实验室检测结果数据集(一)存在的问题及拟清洗目的详见表 8-1-3。

1. 查看及描述数据集的基本信息

设置工作文件夹路径与加载 R 语言包的过程与 10.1.1 节相同。先读取数据集，再查看数据集的前几行，对数据集有大概的了解。

```
lab_1.raw.df <- read.csv("lab_1.csv", fileEncoding = "GB2312", stringsAsFactors = FALSE)
head(lab_1.raw.df)
##    id test_name     testdt     test_result                  reference
## 1   1  病毒定量 2013-02-27 <5×10^2 IU/ML  检测标准 5.00×10^2 IU/ML
## 2   1    血小板 2013-05-17             153           101-320×10^9/L
## 3   1    红细胞 2013-12-25            5.44          4.09-5.74×10^12/L
## 4   1  病毒定量 2014-03-19 <5×10^2 IU/ML  检测标准 5.00×10^2 IU/ML
## 5   1    血小板 2014-03-19             147            85-303×10^9/L
## 6   1    红细胞 2014-11-14            5.26          4.09-5.74×10^12/L
```

2. 病毒定量检测结果的清洗

首先可以使用如下命令查看病毒定量检测结果。使用 c 函数是为了将按列展示的 data.frame 转换为按行展示的数据类型，以方便查看。

```
c(lab_1.raw.df %>% filter(test_name == "病毒定量") %>% select(test_result))
## $test_result
## [1]  "<5×10^2 IU/ML"      "<5×10^2 IU/ML"      "<1.00×10^3 IU/ML"
## [4]  "5.37×10^7 IU/ml"    "<5.00×10^2 IU/ML"   "<5.00×10^2 IU/ML"
## [7]  "4.34×10^4 IU/ml"    "8.78×10^4 IU/ml"    "<5.0×10^2 IU/ML"
## [10] "2.26×10^2 IU/ML"    "<1×10^3 拷贝/ML"    "6.34×10^8 拷贝/ML"
## [13] "<1.00×10^3 IU/ML"   "6.32×10^5 IU/ml"    "4.41×10^5 IU/ml"
## [16] "<5.0×10^2 IU/ML"    "<1×10^3 拷贝/ML"    "7.92×10^4 IU/ml"
## [19] "2.26×10^2 IU/ML"    "<5×10^2 IU/ML"      "<1×10^3 拷贝/ML"
## [22] "5.36×10^3 IU/ML"    "<5×10^2 IU/ML"      "2.71×10^2 IU/ml"
## [25] "4.14×10^3 IU/ml"    "4.30×10^5 拷贝/ml"  "<5.00×10^2 IU/ML"
## [28] "3.47×10^4 IU/ml"    "<2.0×10^1 IU/ML"    "<5×10^2 IU/ML"
## [31] "未检测到"           "8.24×10^3 IU/ml"    "4.56×10^7 IU/ml"
## [34] "6.17×10^7 IU/ml"    "<5×10^2 IU/ML"      "6.06×10^2 IU/ml"
```

```
## [37]  "<5×10^2 IU/ML"      "9.84×10^2 IU/ml"    "5.47×10^5 IU/ml"
## [40]  "<5×10^2 IU/ML"      "3.19×10^5 IU/ml"    "3.96×10^6 IU/ml"
## [43]  "9.24×10^3 IU/ml"    "<1.00×10^3 IU/ML"   "<1×10ˆ3 拷贝/ML"
## [46]  "2.65×10^6 IU/ml"    "8.78×10^2 IU/ml"    "未检测到"
## [49]  "<5.0×10^2 IU/ML"    "3.93×10ˆ6 拷贝/ml"  "7.86×10ˆ6 拷贝/ml"
## [52]  "6.38×10^4 IU/ml"    "4.78×10^2 IU/ml"    "7.45×10ˆ5 拷贝/ml"
## [55]  "4.28×10^4 IU/ML"    "7.17×10^1 IU/ml"    "4.15×10^4 IU/ml"
## [58]  "2.83×10ˆ6 拷贝/ml"  "1.75×10^5 IU/ml"    "6.69×10^3 IU/ml"
## [61]  "4.27×10^5 IU/ml"
```

根据输出结果，有以下两个清洗目的：

(1) 从检测结果中提取出数字部分，生成数值型的检测结果。为了达到该目的，需要执行的操作包括：

- 去掉<。
- 去掉 IU/ML、拷贝/ML、IU/ML、IU/ml。
- 将数据集中的科学记数法(×10ˆ或×10^)转化为R语言中科学记数法的格式(如0.05在R语言中表示为5e-2)。

(2) 针对特殊观测值进行处理。为了达到该目的，需要执行的操作包括：

- 将带小于号和“未检测到”的检测结果记为0。
- 将带大于号的检测结果加1。

以上步骤可以通过如下命令实现：

```
find.list <- c("<"," IU/ML", " IU/ml", " 拷贝/ML", " 拷贝/ml")
find.string <- paste(find.list, collapse = "|")
sub.list <- c("×10\\^","×10ˆ")
sub.string <- paste(sub.list, collapse = "|")
lab_1.viral <- lab_1.raw.df %>% filter(test_name == "病毒定量") %>% mutate(test =
gsub(pattern = find.string, replacement = "", x = test_result))  %>% mutate(test =
gsub(pattern = sub.string, replacement = "e", x = test)) %>% mutate(test = if_else(test =
= "未检测到", true = 0, false = as.numeric(test))) %>% mutate(test = if_else(grepl(pattern
= "<", x = test_result), true = 0, false = test)) %>% select(-test_name)
head(lab_1.viral)
##    id      testdt        test_result              reference      test
## 1   1  2013-02-27     <5×10^2 IU/ML  检测标准 5.00×10^2 IU/ML         0
## 2   1  2014-03-19     <5×10^2 IU/ML  检测标准 5.00×10^2 IU/ML         0
## 3   1  2015-02-02  <1.00×10^3 IU/ML     检测标准 5×10^2 IU/ML         0
## 4   1  2016-04-18   5.37×10^7 IU/ml     检测标准 5×10^2 IU/ML  53700000
## 5   2  2013-03-10  <5.00×10^2 IU/ML               500 IU/ML         0
## 6   2  2014-03-29  <5.00×10^2 IU/ML               500 IU/ML         0
```

虽然看上去代码较长，但其实只是将前面学过的命令组合在一起灵活运用。在实际应用中，可以一步一步地扩展命令，每次执行一个操作，并且随时注意是否得到了预期的清洗结果。例如，是否成功地去掉了所有需要去掉的字符，是否产生了NA，等等。

3. 实验室检测项目参考标准的清洗

首先，可以使用table函数检查病毒定量检测的参考标准(reference)的频数。由结果可知，病毒定量检测的参考标准有3个，分别是20IU/ML、500IU/ML和1000IU/ML。

```
table(lab_1.viral$reference)
##
##                1×10^3                20 IU/ML                500 IU/ML
##                    12                       6                       15
##  检测标准 5.0×10^2 IU/ML  检测标准 5.00×10^2 IU/ML  检测标准 5×10^2 IU/ML
##                     1                      11                       13
##        检测标准 500 IU/ML
##                     3
```

接下来，使用以下命令将参考标准转换为新的数值型变量referencen。

```
find.list <- c(" IU/ML", "IU/ML", "检测标准 ", "检测标准")
find.string <- paste(find.list, collapse = "|")
lab_1.viral <- lab_1.viral %>% mutate(referencen = gsub(pattern = find.string,
replacement = "", x = reference)) %>% mutate(referencen = gsub(pattern = "×10\\^",
replacement = "e", x = referencen)) %>% mutate(referencen = as.numeric(referencen))
table(lab_1.viral$referencen)
##
##  20  500  1000
##   6   43    12
```

接下来，通过对比检测结果(test)和参考标准(referencen)来判断病人的疾病状态，并把疾病状态保存在一个新变量(normal)中。如果病人的检测结果小于或等于参考标准，则记为正常(normal)；如果病人的检测结果大于参考标准，则记为不正常(abnormal)。

```
lab_1.viral <- lab_1.viral %>% mutate(normal = if_else(test > referencen, true = "abnormal",
false = "normal"))
head(lab_1.viral)
##    id     testdt       test_result                 reference      test
## 1   1  2013-02-27     <5×10^2 IU/ML  检测标准 5.00×10^2 IU/ML         0
## 2   1  2014-03-19     <5×10^2 IU/ML  检测标准 5.00×10^2 IU/ML         0
## 3   1  2015-02-02  <1.00×10^3 IU/ML     检测标准 5×10^2 IU/ML         0
## 4   1  2016-04-18    5.37×10^7 IU/ml     检测标准 5×10^2 IU/ML  53700000
## 5   2  2013-03-10  <5.00×10^2 IU/ML                  500IU/ML         0
## 6   2  2014-03-29  <5.00×10^2 IU/ML                  500IU/ML         0
##   referencen   normal
## 1        500   normal
## 2        500   normal
## 3        500   normal
## 4        500 abnormal
## 5        500   normal
## 6        500   normal
```

4. 血小板、红细胞的检测结果及其参考标准的清洗

与病毒定量检测结果清洗的方式类似，需要先清洗检测结果（test_result）和参考标准（reference），再通过比较检测结果与参考标准来判断病人的疾病状态（normal）。照例先输出数据集的前几行，以了解变量值的情况。

```
head(lab_1.raw.df %>% filter(test_name == "血小板" | test_name== "红细胞"))
##    id  test_name      testdt  test_result          reference
## 1   1     血小板  2013-05-17          153     101-320×10^9/L
## 2   1     红细胞  2013-12-25         5.44  4.09-5.74×10^12/L
## 3   1     血小板  2014-03-19          147      85-303×10^9/L
## 4   1     红细胞  2014-11-14         5.26  4.09-5.74×10^12/L
## 5   1     血小板  2015-05-11          111      85-303×10^9/L
## 6   1     红细胞  2015-09-25         4.22  3.68-5.13×10^12/L
```

（1）清洗检测结果（test_result）。通过 summary 函数可以看到，虽然清洗检测结果比较规整，但是它们的数据类型为字符型。为了便于后续分析，应将其转换为数值型。

```
lab_1.raw.df %>% filter(test_name == "血小板" | test_name == "红细胞") %>% select(test_
result) %>% summary
##   test_result
##   Length:139
##   Class :character
##   Mode  :character
lab_1.eryth <- lab_1.raw.df %>% filter(test_name == "血小板" | test_name == "红细胞") %>%
mutate(test = as.numeric(test_result))

summary(lab_1.eryth$test)
##   Min.  1st Qu.  Median   Mean  3rd Qu.   Max.
##   2.56    4.37   47.00  81.58  152.50  303.00
```

接下来，对于检测标准，经过观察与分析，还需要进行以下两个处理。

（2）去除单位，即×10^9/L 与×10^12/L。这里需要注意，在此处乘号有两种不同的字符（x 和×）。这种微小的差异往往在最初的观察中会被忽视，在实际操作中要及时检查并补充修正。

（3）将-前后的两组数字抓取出来，生成两个新变量，即正常值的下限（refer_lower）与上限（refer_upper）。

以上步骤可以通过如下命令实现：

```
find.list <- c("  .*", "x.*")
find.string <- paste(find.list, collapse = "|")
lab_1.eryth <- lab_1.eryth %>% mutate(refer_lower = gsub(pattern = "-.*", replacement
= "",reference)) %>% mutate(refer_upper = gsub(pattern = ".*-", replacement = "",
reference)) %>% mutate(refer_upper = gsub(pattern = find.string, replacement = "",refer_
upper)) %>% mutate(refer_lower = as.numeric(refer_lower), refer_upper = as.numeric(refer_
upper))
summary(lab_1.eryth$refer_lower)
```

```
##  Min.  1st Qu.  Median   Mean  3rd Qu.    Max.
##  3.50     3.68   85.00  52.30   100.50  101.00
summary(lab_1.eryth$refer_upper)
##  Min.  1st Qu.  Median   Mean  3rd Qu.   Max.
##   5.0      5.1   300.0  170.1    311.5  320.0
```

最后,比较检测结果与参考标准以判断病人的疾病状态(normal)。如果检测结果小于参考标准下限则赋值为 lower,大于参考标准上限则赋值为 higher,处于上下限之间则为 normal。此处由于有两个判断标准,产生 3 种结果,所以使用了双层嵌套的 if…else 函数。如果结果总数更多,则可以考虑编写一个简单的判断函数。

```
lab_1.eryth <- lab_1.eryth %>% mutate(normal = if_else(test < refer_lower, true = "lower",
false = if_else(test > refer_upper, true = "higher", false = "normal")))
table(lab_1.eryth$normal)
##
##   higher  lower  normal
##        1     32     106
```

最后,对比一下清洗前和清洗后红细胞、血小板的内容。

```
head(lab_1.eryth)
##     id  test_name      testdt  test_result           reference    test  refer_lower
## 1    1     血小板  2013-05-17          153     101-320×10^9/L  153.00       101.00
## 2    1     红细胞  2013-12-25         5.44  4.09-5.74×10^12/L    5.44         4.09
## 3    1     血小板  2014-03-19          147      85-303×10^9/L  147.00        85.00
## 4    1     红细胞  2014-11-14         5.26  4.09-5.74×10^12/L    5.26         4.09
## 5    1     血小板  2015-05-11          111      85-303×10^9/L  111.00        85.00
## 6    1     红细胞  2015-09-25         4.22   3.68-5.13x10^12/L   4.22         3.68
##     refer_upper  normal
## 1        320.00  normal
## 2          5.74  normal
## 3        303.00  normal
## 4          5.74  normal
## 5        303.00  normal
## 6          5.13  normal
```

10.1.4　实验室检测结果数据集(二)

实验室检测结果数据集(二)存在的问题及欲达到的清洗目的详见表 8-1-4。

1. 查看及描述数据集的基本信息

首先使用 xlsx 包中的 read.xlsx2 函数从文件 lab_2.xlsx 中读取数据集。数据读取成功后,可以查看数据集的前两行。

```
lab_2.raw.df <- read.xlsx2("lab_2.xlsx", sheetIndex = 1)
head(lab_2.raw.df, n = 2)
```

```
##    id
## 1   1
## 2   2
##   blood_pre
## 1 红细胞:4.96*10^12/L.白细胞:5.21*10^9/L.血小板:207*10^9/L.淋巴细胞:1.92*10^9/L.血红蛋白:145g/L
## 2 红细胞:3.91*10^12/L.白细胞:7.08*10^9/L.血小板:251*10^9/L.中性粒细胞:3.60*10^9/L.淋巴细胞:2.65*10^9/L
##  blood_post
## 1 红细胞:4.84*10^12/L.白细胞:16.63*10^9/L.血小板:205*10^9/L.淋巴细胞数:1.52*10^9/L.血红蛋白:148g/L
## 2 红细胞:5.02*10^12/L.白细胞:16.69*10^9/L.血小板:166*10^9/L.中性粒细胞数:15.67*10^9/L.淋巴细胞数:1.30*10^9/L.血红蛋白:135g/L
```

2. 手术前检测结果的清洗

可以看到，在原始数据集中，blood_pre 包含了病人术前的所有检测项目及其结果，且每个病人的检测项目不是完全相同的。清洗的目标就是把各检测项目的检测结果提取出来，存储在相应的变量中。接下来，一步一步地完成这一目标。

3. 确定检测项目数量

首先，需要确定数据集中总共有多少项检测结果。通过前两行数据，可以看出每一个检测结果的单位字符串都是以/L 结尾的。因此，可以通过以下 3 个步骤实现：

(1) 使用 strsplit 函数，以/L 分割字符串，将各项检测结果分开。

(2) 使用 gsub 函数去掉所有非中文字符。

(3) 使用 table 函数检查检测项目及各自人数。

下面的命令可以实现以上 3 个步骤。从结果中可以看到，blood_pre 中共包含了 6 个检测项目。

```
blood_pre.string <- strsplit(x=lab_2.raw.df[,"blood_pre"], split = "/L")
blood_pre.name <- gsub(x = unlist(blood_pre.string), pattern = "[[:alnum:][:punct:]]",
replacement = "")
table(blood_pre.name)
## blood_pre.name
##   中性粒细胞  淋巴细胞  白细胞  红细胞  血小板  血红蛋白
##          18        19      19      19      18        19
```

代码第二行使用的 unlist 函数是将 list 数据类型转换为普通向量的常用方法。[[:alnum:][:punct:]]则代表所有数字、字母以及标点符号。感兴趣的读者可以使用?regex 进一步了解 R 语言中的正则表达式，或参见本书附录 B。

4. 编写提取数据的通用函数

虽然各项检测结果的单位不同，但同一检测项目的结果格式与单位是统一的，因此可以尝试编写一个通用的函数来提取各项数据。指定检测项目与单位，该函数就可以提取两个字符串之间相应项目的检测结果。基于该目标，编写了函数 lab。

```
lab <- function(string, test, test_unit){
    #将单位中的特殊字符转换为 R 语言里对应的标准字符
    test_unit2 <- gsub(x = test_unit, pattern = "\\^", replacement = "\\\\^")
    test_unit2 <- gsub(x = test_unit2, pattern = "\\*", replacement = "\\\\*")
    #去除检测项目之前的字符
    string2 <- gsub(x = string, pattern = paste0(".*", test, ":"), replacement = "")
    #去除单位之后的字符
    result <- as.numeric(gsub(x = string2, pattern = paste0(test_unit2, ".*"), replacement = ""))
    return(result)
}
```

5. 使用 lab 函数提取数据

现在就可以使用刚刚编写的 lab 函数提取 6 项检测结果了。

```
lab_2.clean.pre.df <- lab_2.raw.df %>%
mutate(pre_rbc = lab(string = blood_pre, test = "红细胞", test_unit = "*10^12/L")) %>%
    mutate(pre_wc = lab(string = blood_pre, test = "白细胞", test_unit = "*10^9/L")) %>%
    mutate(pre_plt = lab(string = blood_pre, test = "血小板", test_unit = "*10^9/L")) %>%
    mutate(pre_nc = lab(string = blood_pre, test = "中性粒细胞", test_unit = "*10^9/L"))
%>%
    mutate(pre_lc = lab(string = blood_pre, test = "淋巴细胞", test_unit = "*10^9/L")) %>%
    mutate(pre_hb = lab(string = blood_pre, test = "血红蛋白", test_unit = "g/L")) %>%
select(-blood_pre, -blood_post)
```

接下来,对比处理前后的数据：

```
head(lab_2.raw.df$blood_pre, n = 2)
## [1] "红细胞:4.96*10^12/L.白细胞:5.21*10^9/L.血小板:207*10^9/L.淋巴细胞:1.92*10^9/L.血
红蛋白:145g/L"
## [2] "红细胞:3.91*10^12/L.白细胞:7.08*10^9/L.血小板:251*10^9/L.中性粒细胞:3.60*10^9/L.
淋巴细胞:2.65*10^9/L"
head(lab_2.clean.pre.df, n = 2)
##    id  pre_rbc  pre_wc  pre_plt  pre_nc  pre_lc  pre_hb
## 1   1     4.96    5.21      207      NA    1.92     145
## 2   2     3.91    7.08      251     3.6    2.65      NA
```

在进行下一步分析前,需将清洗前和清洗后的结果进行对比,以查看在数据提取过程中是否产生了更多的 NA。该检查在实际数据清理中是至关重要的。

```
colSums(!is.na(lab_2.clean.pre.df[,-1]))
##   pre_rbc  pre_wc  pre_plt  pre_nc  pre_lc  pre_hb
##        19      19       18      18      19      19
table(blood_pre.name)
## blood_pre.name
##   中性粒细胞  淋巴细胞  白细胞  红细胞  血小板  血红蛋白
##           18        19      19      19      18        19
```

6. 手术后检测结果的清洗

清理手术后检测结果 blood_post 的步骤与清理手术前检测结果的思路相同，因此可以使用之前编写的 lab 函数提取数据。使用下面的命令即可实现手术后检测结果的提取。

```
lab_2.clean.post.df <- lab_2.raw.df %>%
    mutate(post_rbc = lab(string = blood_post, test = "红细胞", test_unit = "*10^12/L"))
%>%
    mutate(post_wc = lab(string = blood_post, test = "白细胞", test_unit = "*10^9/L")) %>%
    mutate(post_plt = lab(string = blood_post, test = "血小板", test_unit = "*10^9/L")) %>%
    mutate(post_nc = lab(string = blood_post, test = "中性粒细胞数", test_unit = "*10^9/L"))
%>%
    mutate(post_lc = lab(string = blood_post, test = "淋巴细胞数", test_unit = "*10^9/L")) %>%
    mutate(post_hb = lab(string = blood_post, test = "血红蛋白", test_unit = "g/L")) %>%
    select(-blood_pre, -blood_post)
```

对比处理前后的数据：

```
head(lab_2.raw.df$blood_post, n = 2)
## [1] "红细胞:4.84*10^12/L.白细胞:16.63*10^9/L.血小板:205*10^9/L.淋巴细胞数:1.52*10^9/
L.血红蛋白:148g/L"
## [2] "红细胞:5.02*10^12/L.白细胞:16.69*10^9/L.血小板:166*10^9/L.中性粒细胞数:15.67*10^
9/L.淋巴细胞数:1.30*10^9/L.血红蛋白:135g/L"
head(lab_2.clean.post.df, n = 2)
##   id post_rbc post_wc post_plt post_nc post_lc post_hb
## 1  1     4.84   16.63      205      NA    1.52     148
## 2  2     5.02   16.69      166   15.67    1.30     135
```

最后检查一下是否产生了更多 NA：

```
blood_post.string <- strsplit(x = lab_2.raw.df[,"blood_post"], split = "L")
blood_post.name <- gsub(x = unlist(blood_post.string), pattern = "[[:alnum:][:punct:]]",
replacement = "")
table(blood_post.name)
## blood_post.name
##   中性粒细胞数  淋巴细胞数  白细胞  红细胞  血小板
##             18          20      20      20      20
##       血红蛋白
##             20
colSums(!is.na(lab_2.clean.post.df[,-1]))
##   post_rbc post_wc post_plt post_nc post_lc post_hb
##         20      20       20      18      20      20
```

10.1.5 用药信息数据集

在用药信息数据集中，通常只有某药物的开始使用时间(或开药时间)、剂量和用法用量，但是没有停止用药时间。所以在计算某研究对象的用药时间(暴露于某药物的时间长度)时，第一步就是如何通过已知信息，计算其停止用药时间。该部分使用的用药信息数据集的介绍详见表 8-1-5。具体操作步骤如下。

1. 查看及描述数据集的基本信息

设置工作文件夹的路径与加载 R 语言包的过程与前面相同，在此不再赘述。与前面一样，首先从 drug.csv 中读取数据集，并查看数据集的前几行，以理解该数据集的内容。

```
drug.raw.df <- read.csv("drug.csv", fileEncoding = "GB2312", stringsAsFactors = FALSE)
head(drug.raw.df)
##   id     drugdt          drug  pack  pack_unit  pack_amount  dose    freq
## 1  1  2012-09-21  盐酸二甲双胍片  3盒      0.25g           60  0.5g  一日3次
## 2  1  2013-06-14  盐酸二甲双胍片  3盒      0.25g           60  0.5g  一日3次
## 3  1  2014-09-04  盐酸二甲双胍片  3盒      0.25g           60  0.5g  一日3次
## 4  1  2015-10-08      瑞格列奈片  3盒      1.0mg           30  1.0m  一日3次
## 5  1  2015-11-23      瑞格列奈片  3盒      1.0mg           30  1.0m  一日3次
## 6  1  2015-12-27      瑞格列奈片  3盒      1.0mg           30  1.0m  一日3次
```

2. 检查各个变量情况

从前几行数据中，可以大概推测出每个变量可能包含的信息。为了更好地总结规律，可以使用以下命令查看感兴趣的变量的频数：

```
sapply(drug.raw.df[,3:8], table)      #对数据集第 3~8 列使用 table 函数
## $drug
##
##  格列吡嗪缓释片  格列本脲片  格列美脲片  瑞格列奈片  盐酸二甲双胍片
##             13          50          19          57             243
##
## $pack
##
##  1瓶  2盒  3盒
##   50   13  319
##
## $pack_unit
##
## 0.25g  1.0mg  2.0mg  2.5mg  5.0mg
##   243     57     19     50     13
##
## $pack_amount
##
##  10  14  30  60  100
##  19  13  57  243  50
##
## $dose
##
##   0.5g  1.0m  2.0m  2.5m  5.0m
##   243    57    19    50    13
```

```
##
## $freq
##
## 一日 1 次  一日 3 次
##      32      350
```

3. 设计清洗思路

如果想计算每次开药记录的理论用药结束时间，需计算出用药时长，再用开始用药时间加上用药时长。

首先，建立原始数据集的副本。下面的所有清洗步骤都将在该新数据集里完成。然后，使用 readr 包中的 parse_number 函数将需要的变量中的数字批量提取出来。

```
drug.clean.df <- drug.raw.df
drug.clean.df[,4:8] <- apply(drug.raw.df[,4:8], 2, parse_number)
head(drug.clean.df)
##   id     drugdt          drug  pack  pack_unit  pack_amount  dose  freq
## 1  1  2012-09-21  盐酸二甲双胍片     3       0.25           60   0.5     3
## 2  1  2013-06-14  盐酸二甲双胍片     3       0.25           60   0.5     3
## 3  1  2014-09-04  盐酸二甲双胍片     3       0.25           60   0.5     3
## 4  1  2015-10-08      瑞格列奈片     3       1.00           30   1.0     3
## 5  1  2015-11-23      瑞格列奈片     3       1.00           30   1.0     3
## 6  1  2015-12-27      瑞格列奈片     3       1.00           30   1.0     3
```

此处可以再次使用 table 函数检查各个变量在数字提取过程中有没有产生问题。具体检查结果在此略过。

在将需要的变量都转换成数值变量后，可通过以下公式计算用药时长：

$$duration=\frac{pack\times pack\_amount\times pack\_unit}{freq\times dose}$$

其中：

- duration 为用药时长。
- pack 为盒数。
- pack_amount 为每盒药品数量。
- pack_unit 为每单位药品剂量。
- freq 为每日药品使用次数。
- dose 为每次使用剂量。

最后将结果存入新变量 duration。命令如下：

```
drug.clean.df <-drug.clean.df %>%mutate(duration = pack * pack_amount * pack_unit / (dose
* freq))
```

最后，将开始用药时间(drugdt)与用药时长(duration)相加再减一，得到用药结束时间，并存入新变量 drugedt。需要注意的一点是，如果直接将两者相加，R 语言系统会报错：

```
drug.clean.df <- drug.clean.df %>% mutate(drugedt = drugdt + duration - 1)
## Error in drugdt + duration: non-numeric argument to binary operator
```

这是因为开始用药时间(drugdt)是字符型变量,不能直接参与数学运算。因此需使用 as.Date 函数将其转换为可进行数学运算的日期型变量,然后再进行运算。

```
drug.clean.df <- drug.clean.df %>% mutate(drugdt = as.Date(drugdt)) %>% mutate(drugedt =
drugdt + duration - 1)
head(drug.clean.df)
##   id     drugdt         drug pack pack_unit pack_amount dose freq
## 1  1 2012-09-21 盐酸二甲双胍片    3      0.25          60  0.5    3
## 2  1 2013-06-14 盐酸二甲双胍片    3      0.25          60  0.5    3
## 3  1 2014-09-04 盐酸二甲双胍片    3      0.25          60  0.5    3
## 4  1 2015-10-08     瑞格列奈片    3      1.00          30  1.0    3
## 5  1 2015-11-23     瑞格列奈片    3      1.00          30  1.0    3
## 6  1 2015-12-27     瑞格列奈片    3      1.00          30  1.0    3
##   duration    drugedt
## 1       30 2012-10-20
## 2       30 2013-07-13
## 3       30 2014-10-03
## 4       30 2015-11-06
## 5       30 2015-12-22
## 6       30 2016-01-25
```

可以使用 summary 函数检查清洗后结果是否符合预期。检查结果在此略过。对于非字符型变量,如数字、时间等,一般使用 summary 函数来检查;而对于字符型变量,一般使用 table 函数进行检查。在实际数据清洗中,及时进行检查,确保每一步结果无误,是至关重要的;否则,很可能费时费力,最后却得不出正确的结果。在此希望读者能够养成经常检查的好习惯。

4. 筛选需要的变量

由于该数据集中的很多变量在后续分析中不会再使用,因此使用下面的命令选出需要的变量,并存入新数据集 DRUG.ANALYSIS.DF 中。

```
drug.analysis.df <- drug.clean.df %>% select(id, drug, drugdt, drugedt)
head(drug.analysis.df)
##   id           drug     drugdt    drugedt
## 1  1 盐酸二甲双胍片 2012-09-21 2012-10-20
## 2  1 盐酸二甲双胍片 2013-06-14 2013-07-13
## 3  1 盐酸二甲双胍片 2014-09-04 2014-10-03
## 4  1     瑞格列奈片 2015-10-08 2015-11-06
## 5  1     瑞格列奈片 2015-11-23 2015-12-22
## 6  1     瑞格列奈片 2015-12-27 2016-01-25
```

如有需要,可以使用 save 或 saveRDS 函数将其保存成一个文件。

10.2　数据分析与结果整理

本节将使用 10.1 节清洗后的 BASELINE 数据集进行分析,重点介绍日常科研和论文撰写过程中常用的数据分析过程,以及如何高效地提取分析结果,创建可重复使用的程序。本节不会重复介绍前面的内容。建议读者在阅读本节之前，一定要通读第5章、第8章和10.1节中的内容。

在正式开始本节之前，统一加载本节会用到的R语言包。dplyr包在前面已经介绍过(详见5.6节)；对于其他R语言包，会在用到其中的函数的时候解释其功能。在本节编写某些自定义的函数时会使用到dplyr包中的一些以前没有提及的函数，在这些函数首次出现时，会给出简要解释。

加载本节用到的R语言包的命令如下：

```
library("dplyr")
library("psych")
library("tidyr")
library("rstatix")
library("survival")
```

10.2.1 定量数据的统计描述

在科研工作中，定量数据的统计描述一般报告均值、标准差、中位数、四分位数等信息，其中以均值±标准差的形式最为常见。本节将实现定量数据的统计描述。

研究目的：描述正常组与急性心肌梗死病人组的年龄和BMI。

1. 数据准备

因在清洗后的BASELINE数据集中没有是否发生急性心肌梗死的信息，因此需要做以下数据准备工作：

(1) 将AMI数据集(提供了是否发生急性心肌梗死及发生时间)中的内容合并到BASELINE数据集中。

(2) 计算年龄：年龄=(进入队列时的日期－出生日期)/365.25(单位为年)。

(3) 通过身高和体重来计算BMI：BMI=体重/身高^2(单位为kg/m^2)。

以上步骤可以通过以下命令实现：

```
load("baseline.clean.Rdata")                                    #读取清洗好的 BASELINE 数据集
ami.df <- read.csv("ami.csv")                                   #读取 AMI 数据集
baseline_ami_df <- inner_join(baseline.clean.df, ami.df, by = "id")  #按照 id 合并两个数据集
baseline_ami_df <- baseline_ami_df %>%
    mutate(entry_age = as.numeric(entrydt -birthday) / 365.25, #计算年龄
        bmi = weight / (height / 100) ^ 2)                     #计算 BMI
```

2. 数据分析

接下来，计算年龄、BMI的均值、标准差等信息，因两者的计算过程是一致的，本例仅展示如何使用年龄变量来构建数据分析程序。在以下程序中将使用psych包中的describe函数方便地得到各种描述统计量。

小贴士：学会找到并应用各种R语言包将会使数据分析事半功倍。

```
#* 根据 ami 进行分组,对每组使用 describe 函数得到描述统计量
baseline_ami_entry_age_tab <-
    baseline_ami_df %>% group_by(ami) %>%
    group_modify(~describe(.x$entry_age))
```

```
#* 得到missing sample的数量
baseline_ami_entry_age_tab$n_miss <-
    baseline_ami_df %>%
    group_by(ami) %>%
    group_map(~sum(is.na(.x$entry_age))) %>% unlist()
#* 选取需要的变量
baseline_ami_entry_age_tab <-
    baseline_ami_entry_age_tab %>%
    select(ami, n, n_miss, mean, sd, min, median, max)
#* 输出结果
baseline_ami_entry_age_tab
## # A tibble: 2 x 8
## # Groups:   ami [2]
##       ami      n  n_miss   mean     sd    min  median    max
##     <int>  <dbl>   <int>  <dbl>  <dbl>  <dbl>   <dbl>  <dbl>
## 1       0    820       0   48.9   8.90   34.0    46.6   68.9
## 2       1    180       0   51.1   9.36   34.4    48.9   68.6
```

dplyr包中的group_modify函数与group_map函数的作用类似，即将某函数应用于每一个分组里。group_modify函数会返回一个分组的data.frame，而group_map则返回list。

3. 整理数据分析结果

在研究报告或论文中，仍需对上述结果进行再处理，如将均值和标准差写为48.87(8.90)或者48.87±8.90。若变量不服从正态分布，则需要报告中位数、最小值和最大值，如34.01(46.57－68.86)；而有时则要报告中位数、25%分位数和75%分位数。可以使用以下命令将结果整理为可直接用于论文的形式。对其进行复制和粘贴时，不但出错的概率下降很多，同时效率也有极大的提升。

```
#* 构建"均值±标准差"型结果
baseline_ami_entry_age_tab$mean_std1 <-
    paste0(format(round(baseline_ami_entry_age_tab$mean, digits = 2), nsmall = 2),
           " ± ",
           format(round(baseline_ami_entry_age_tab$sd, digits = 2), nsmall = 2))
#* 构建"均值(标准差)"型结果
baseline_ami_entry_age_tab$mean_std2 <-
    paste0(format(round(baseline_ami_entry_age_tab$mean, digits = 2), nsmall = 2),
           " (",
           format(round(baseline_ami_entry_age_tab$sd, digits = 2), nsmall = 2),
           ")")
#* 构建"中位数(最小值-最大值)"型结果
baseline_ami_entry_age_tab$min_median_max <-
    paste0(format(round(baseline_ami_entry_age_tab$median, digits = 2), nsmall=2),
           " (",
           format(round(baseline_ami_entry_age_tab$min, digits = 2), nsmall=2),
           "-",
           format(round(baseline_ami_entry_age_tab$max, digits = 2), nsmall=2),
           ")")
```

```
#* 选取需要的变量
baseline_ami_entry_age_report <-
  baseline_ami_entry_age_tab %>%
  select(ami, n, n_miss, mean_std1, mean_std2, min_median_max)
#* 输出结果
baseline_ami_entry_age_report
## # A tibble: 2 x 6
## # Groups:   ami [2]
##     ami     n  n_miss  mean_std1      mean_std2      min_median_max
##   <int> <dbl>   <int>  <chr>          <chr>          <chr>
## 1     0   820       0  48.87 ± 8.90   48.87 (8.90)   46.57 (34.01-68.86)
## 2     1   180       0  51.13 ± 9.36   51.13 (9.36)   48.86 (34.36-68.61)
```

4. 生成可重复使用的代码

在实际的数据分析中，会有很多定量数据（如年龄、BMI 等）需要进行类似的分析，且在论文撰写过程中，常常仅需报告均值和标准差。这时就需要编写函数来进行相应的重复分析，以提高工作效率（关于 R 语言函数的介绍，详见 5.4 节）。依照上例的分析思路，将上述第 2 步和第 3 步中的 R 语言程序包装到函数 num_sum 中。

该函数有 3 个参数，分别是 data.df（指定输入数据集）、num_var（指定拟分析的连续性变量）、class（指定分组变量）。需要注意的是，读者可根据研究课题的需要，对 num_sum 进行相应的修改（例如，当变量不服从正态分布时，需输出中位数、25％分位数和 75％分位数等信息）。

```
num_sum <- function(data.df, num_var, class){
  data.df_tab <-
    data.df %>% group_by_(class) %>%
    group_modify(~describe(.x[[num_var]]))
  data.df_tab$mean_std <-
    paste0(format(round(data.df_tab$mean, digits = 2), nsmall = 2),
           " ± ",
           format(round(data.df_tab$sd, digits = 2), nsmall = 2))
  data.df_tab <-
    data.df_tab %>% select_(class, "mean_std")
  data.df_report <- c(num_var, data.df_tab$mean_std)
  names(data.df_report) <-
    c("factor", paste(class, data.df_tab[[class]], sep = "_"))
  return(data.df_report)
}
```

注意：相比起前面的程序，在 num_sum 函数中有一些比较细微的调整，例如 $ 改成了[[]]，group_by 函数改成了同样是 dplyr 包里的 group_by_。这是为了在函数中实现关于变量名的参数调用。下面将出现的 count_、rename_和 select_等都是如此。感兴趣的读者可查询相关资料，加深对 R 语言的了解。

接下来，就可以调用 num_sum 函数获得结果了。下面用到的 dplyr 包的 bind_rows 函数可以将拥有相同变量的多行数据或者多个数据集合并。

```
bind_rows(num_sum(data.df = baseline_ami_df, num_var = "entry_age", class = "ami"),
num_sum(data.df = baseline_ami_df, num_var = "bmi", class = "ami"))
## # A tibble: 2 x 3
##    factor     ami_0          ami_1
##    <chr>      <chr>          <chr>
## 1  entry_age  48.87 ± 8.90   51.13 ± 9.36
## 2  bmi        23.62 ± 3.14   24.36 ± 3.35
```

在获得结果后，用户可以选择使用 save、write.table 或者 xlsx 包里的 write.xlsx 函数将结果表格保存起来，再对其在 Excel 或 Word 中进行简单的加工，即可用于论文中，既高效简便，又省时省力。

10.2.2 分类数据的统计描述

在科研工作中，分类数据的统计描述一般以“人数(百分比)”的方式来呈现，本部分将实现分类数据的统计描述。

研究目的：描述正常组和急性心肌梗死病人组的性别、糖尿病疾病史、高血压疾病史、家庭收入和教育程度的构成比。

1. 数据准备

经过 10.1 节的数据清洗之后，BASELINE 数据集中的相关变量都是可以直接用于数据分析的，因此不需要进行额外的数据准备。

2. 数据分析

下面来计算正常组和急性心肌梗死病人组在 5 个变量中的构成比情况。5 个变量的统计描述过程是一致的，因此仅展示如何使用性别变量来构建数据分析程序。

```
baseline_ami_sex_tab <-
  baseline_ami_df %>%
  group_by(ami) %>%                    #按 ami 分组
  count(sex) %>%                       #得到频数表
  mutate(prop = prop.table(n))         #计算比例

baseline_ami_sex_tab
## # A tibble: 4 x 4
## # Groups:   ami [2]
##     ami    sex     n  prop
##   <int>  <dbl> <int> <dbl>
## 1     0      1   439 0.535
## 2     0      2   381 0.465
## 3     1      1    81 0.45
## 4     1      2    99 0.55
```

3. 整理数据分析结果

下面的函数 cat_sum 可以将上述结果中有关性别在正常组和急性心肌梗死病人组中的构成比整理成“人数(百分比)”的形式。该函数有 3 个参数，分别是 data.df(指定输入数据集)、cat_var(指定拟分析的分类变量，如性别、糖尿病疾病史等）、class（指定拟分析的分类变量，通常为结局变量，如是否发生急性心肌梗死）。读者可根据研究课题的需要，对 cat_sum 进行相应的修改（如该例中 cat_sum 抓取的是列百分比，可将其修改为抓取行百分比）。

```
cat_sum <- function(data.df, cat_var, class){
  data.df_tab <-
    data.df %>%
    group_by_(class) %>%
    count_(cat_var) %>%
    mutate(prop = prop.table(n))
  data.df_tab$count_prop <-
    paste0(data.df_tab$n, " (",
           format(round(data.df_tab$prop * 100, digits = 2), nsmall = 2),
           ")")
  data.df_report <-
    data.df_tab %>%
    ungroup() %>%
    group_by_(cat_var) %>%
    mutate(classID = paste(class, unique(data.df_tab[[class]]), sep = "_")) %>%
    select_("classID", cat_var, "count_prop") %>%
    spread(classID, count_prop)        #来自 tidyr 包
  data.df_report
}
cat_sum(data.df = baseline_ami_df, cat_var = "sex", class = "ami")
## # A tibble: 2 x 3
## # Groups:   sex [2]
##       sex  ami_0        ami_1
##     <dbl>  <chr>        <chr>
## 1       1  439 (53.54)  81 (45.00)
## 2       2  381 (46.46)  99 (55.00)
```

上面用到了 Tidyr 包里的 spread 函数，它将按行展开的结果转变为按列展开。感兴趣的读者可以通过输入?spread 或查阅相关资料进一步学习。

4. 生成可重复使用的代码

在实际的数据分析中，会有很多分类变量（如糖尿病疾病史、高血压疾病史、家庭收入、教育程度）需要进行类似的分析。这时就需要编写函数来进行相应的重复分析，以提高工作效率（关于 R 语言函数的介绍，详见 5.4 节）。依照上例的分析思路，将上述第 3 步中 cat_sum 函数的输出稍作修改，即可实现这一目标。

```
cat_sum <- function(data.df, cat_var, class){
  data.df_tab <-
    data.df %>%
    group_by_(class) %>%
```

```
    count_(cat_var) %>%
    mutate(prop = prop.table(n))
  data.df_tab$count_prop <-
    paste0(data.df_tab$n," (",
           format(round(data.df_tab$prop * 100,digits = 2), nsmall = 2),
           ")")
  data.df_report <-
    data.df_tab %>%
    ungroup() %>%
    group_by_(cat_var) %>%
    mutate(classID = paste(class, unique(data.df_tab[[class]]), sep = "_")) %>%
    select_("classID", cat_var, "count_prop") %>%
    spread(classID, count_prop) %>%
    rename(factor_level = cat_var) %>%  #改变变量名以适用于多个变量
    mutate(factor = cat_var) %>%        #增加一列变量,包含拟分析的分类变量的变量名
  #使用 everything 函数选择所有变量,从而把 factor 变量放在所有变量前面
    select(factor, everything())
  data.df_report
}
cat_sum(data.df = baseline_ami_df, cat_var = "sex", class = "ami")
## # A tibble: 2 x 4
## # Groups:   factor_level [2]
##   factor factor_level ami_0        ami_1
##   <chr>         <dbl> <chr>        <chr>
## 1 sex               1 439 (53.54)  81 (45.00)
## 2 sex               2 381 (46.46)  99 (55.00)
```

下面就可以调用 cat_sum 函数获得结果了:

```
bind_rows(cat_sum(data.df = baseline_ami_df, cat_var = "sex", class = "ami"),
  cat_sum(data.df = baseline_ami_df, cat_var = "hypertension", class = "ami"),
  cat_sum(data.df = baseline_ami_df, cat_var = "diabetes", class = "ami"),
  cat_sum(data.df = baseline_ami_df, cat_var = "education", class = "ami"),
  cat_sum(data.df = baseline_ami_df, cat_var = "income", class = "ami"))
## # A tibble: 15 x 4
## # Groups:   factor_level [6]
##   factor       factor_level ami_0         ami_1
##   <chr>               <dbl> <chr>         <chr>
##1  sex                     1 439 (53.54)   81 (45.00)
##2  sex                     2 381 (46.46)   99 (55.00)
##3  hypertension            0 692 (84.39)  148 (82.22)
##4  hypertension            1 128 (15.61)   32 (17.78)
##5  diabetes                0 728 (88.78)  157 (87.22)
##6  diabetes                1 92 (11.22)    23 (12.78)
##7  education               1 101 (12.32)   23 (12.78)
##8  education               2 296 (36.10)   61 (33.89)
```

```
## 9  education          3  279 (34.02)   62 (34.44)
## 10 education          4  144 (17.56)   34 (18.89)
## 11 income             1  103 (12.56)   22 (12.22)
## 12 income             2  344 (41.95)   72 (40.00)
## 13 income             3  261 (31.83)   58 (32.22)
## 14 income             4  95  (11.59)   22 (12.22)
## 15 income            NA  17  ( 2.07)    6 ( 3.33)
```

小贴士：上面的结果中输出了 NA 组的情况，如果不想在结果中输出 NA 组，可以在函数第 3 行处 data.df %>%后面加上 na.omit() %>%，以忽略所有带 NA 的个体。

在获得结果后，用户可以选择使用 save、write.table 或者 xlsx 包里的 write.xlsx 函数将结果表格保存起来，再对其在 Excel 或 Word 中进行简单的加工，即可用于论文中，既高效简便，又省时省力。

10.2.3 相关分析

本节将实现连续型变量之间的相关分析。

研究目的：描述人群中身高和体重、年龄和 BMI 的线性相关关系，即计算 Pearson 相关系数。

1. 数据准备

经过 10.1 节的数据清洗和 10.2.1 节的数据准备之后，身高、体重、年龄和 BMI 都是可以直接用于数据分析的，因此不需要再进行数据准备。

2. 数据分析

接下来，计算整个人群中身高和体重、年龄和 BMI 的线性相关关系。与之前的分析思路类似，这里仅展示如何用身高和体重两个变量来构建数据分析程序。

```
baseline_ami_df %>% cor_test(height, weight)
## # A tibble: 1 x 8
##     var1    var2     cor  statistic          p  conf.low  conf.high   method
##    <chr>   <chr>   <dbl>      <dbl>      <dbl>     <dbl>      <dbl>    <chr>
## 1 height  weight    0.52       19.2   2.08e-70     0.473      0.564  Pearson
```

注意：使用的是与 dplyr 包结合得更好的 rstatix 包里的 cor_test 函数，而不是在第 5 章中介绍的 cor.test 函数。两者给出的结果是相同的，只是在格式上稍有不同。从结果中可以看出，cor_test 函数不但给出了身高和体重的 Pearson 相关系数(0.52)和 P 值($P=2.08\times10^{-70}$)，还输出了 t 统计量、置信区间等信息。在后面的线性回归分析、Logistic 回归分析和 Cox 回归分析中，读者会发现 R 语言会默认输出很多结果，因篇幅有限，本书不会对这些默认输出的结果进行解释，感兴趣的读者请参阅 R 语言的帮助文档或相关图书。

3. 整理数据分析结果

由输出的结果可知身高和体重之间存在正相关关系。那么在实际工作或论文中，经常需要报告相关系数以及对其假设检验的 P 值。可以使用 select 函数提取出需要的信息。

```
baseline_ami_df %>%
  cor_test(height, weight) %>%        #来自 rstatix 包
  select(var1, var2, cor, p)
```

```
## # A tibble: 1 x 4
##    var1    var2     cor        p
##    <chr>   <chr>  <dbl>    <dbl>
## 1 height  weight   0.52 2.08e-70
```

4. 生成可重复使用的代码

在实际的数据分析中,会有很多连续型变量需要进行类似的分析。这时就需要编写函数来进行相应的重复分析,以提升工作效率(关于R语言函数的介绍,详见5.4节)。依照上例的分析思路,将上述第2步和第3步中的R语言程序包装到函数corr_sum中。

该函数有3个参数,分别是data.df(指定输入数据集)、var1(指定拟分析的数值型变量1,如身高)、var2(指定拟分析的数值型变量2,如身高)。读者可根据研究课题的需要,对corr_sum进行相应的修改。

```
corr_sum <-function(data.df, var1, var2){
  df_report <-data.df %>%
  cor_test(var1, var2) %>%
  select(var1, var2, cor, p)
  df_report
}
corr_sum(data.df = baseline_ami_df, var1 = "height", var2 = "weight")
## # A tibble: 1 x 4
##    var1    var2     cor        p
##    <chr>   <chr>  <dbl>    <dbl>
## 1 height  weight   0.52 2.08e-70
```

下面就可以调用corr_sum函数获得结果了:

```
bind_rows(corr_sum(data.df = baseline_ami_df, var1 = "height", var2 = "weight"),
          corr_sum(data.df = baseline_ami_df, var1 = "entry_age", var2 = "bmi"))
## # A tibble: 2 x 4
##    var1       var2     cor        p
##    <chr>      <chr>  <dbl>    <dbl>
## 1 height      weight  0.52 2.08e-70
## 2 entry_age   bmi     0.16  3.47e-7
```

在获得结果后,用户可以选择使用save、write.table或者xlsx包里的write.xlsx函数将结果表格保存起来,再对其在Excel或Word中进行简单的加工,即可用于论文中,既高效简便,又省时省力。

10.2.4 线性回归分析

本节主要使用lm函数实现线性回归分析,计划提取的结果为β值、β值的标准误、t检验值和P值。

研究目的:探讨年龄和BMI的关系,并调整性别、糖尿病疾病史、高血压疾病史、家庭收入和教育程度等因素。

1. 数据准备

经过 10.1 节的数据清洗和 10.2.1 节的数据准备之后，年龄和 BMI 等变量都是可以直接用于数据分析的，因此不需要再进行数据准备。

2. 数据分析

接下来，使用 lm 函数线性拟合年龄和 BMI 之间的关系，同时调整性别、糖尿病疾病史、高血压疾病史、家庭收入和受教育程度等变量。

```
baseline_ami_df$education <- as.factor(baseline_ami_df$education)
baseline_ami_df$income <- as.factor(baseline_ami_df$income)
res.lm <-summary(lm(bmi ~entry_age + sex + diabetes +
                    hypertension + education + income,
          data = baseline_ami_df))
res.lm
##
## Call:
## lm(formula = bmi ~entry_age + sex + diabetes + hypertension +
##     education + income, data = baseline_ami_df)
##
## Residuals:
##     Min      1Q  Median     3Q    Max
##  -9.628  -2.083  -0.204  1.796  12.772
##
## Coefficients:
##               Estimate  Std. Error  t value  Pr(>|t|)
## (Intercept)    23.0829      0.8765    26.34   <2e-16  ***
## entry_age       0.0433      0.0127     3.40   0.0007  ***
## sex            -0.9061      0.2089    -4.34  1.6e-05  ***
## diabetes       -0.3490      0.3141    -1.11   0.2668
## hypertension   -0.0243      0.2729    -0.09   0.9289
## education2     -0.3498      0.3732    -0.94   0.3489
## education3     -0.4537      0.3858    -1.18   0.2399
## education4     -0.2146      0.4084    -0.53   0.5995
## income2         0.3069      0.3201     0.96   0.3379
## income3         0.3272      0.3365     0.97   0.3312
## income4         0.1377      0.4144     0.33   0.7396
## ---
## Signif. codes:  0 '***' 0.001 '**' 0.01 '*' 0.05 '.' 0.1 ' ' 1
##
## Residual standard error: 3.12 on 966 degrees of freedom
##   (23 observations deleted due to missingness)
## Multiple R-squared:  0.0503, Adjusted R-squared:  0.0404
## F-statistic: 5.11 on 10 and 966 DF,  p-value: 2.63e-07
```

注意：这里的家庭收入(income)和教育程度(education)应该为分类变量，但它们在原始数据集中的格式为整数变量(可使用 class 函数查看)，因此需要使用 as.factor 函数将它们转换为分类变量。这一点在处理实际数据时需要特别注意。如果忽略了这一点，回归分析将产生错误的结果。

3. 整理数据分析结果

下面将从结果中提取 β 值、β 值的标准误、t 检验值和 P 值，并进一步对结果进行处理，如删除截距项(即 intercept 项)、将 β 值和 β 值的标准误仅保留两位小数等，以生成可以直接用于报告或论文的结果。

```
res.lm_report <- as.data.frame(res.lm$coef[-1,])          #删除截距项后的线性回归结果
#将前 3 列保留两位小数
res.lm_report[,1:3] <- format(round(res.lm_report[,1:3],2), nsmall = 2)
#将最后一列用科学记数法表示
res.lm_report[,4] <- format(res.lm_report[,4],digits = 2, scientific = TRUE)
res.lm_report
##                  Estimate  Std. Error  t value  Pr(>|t|)
## entry_age            0.04        0.01     3.40   7.0e-04
## sex                 -0.91        0.21    -4.34   1.6e-05
## diabetes            -0.35        0.31    -1.11   2.7e-01
## hypertension        -0.02        0.27    -0.09   9.3e-01
## education2          -0.35        0.37    -0.94   3.5e-01
## education3          -0.45        0.39    -1.18   2.4e-01
## education4          -0.21        0.41    -0.53   6.0e-01
## income2              0.31        0.32     0.96   3.4e-01
## income3              0.33        0.34     0.97   3.3e-01
## income4              0.14        0.41     0.33   7.4e-01
```

如果研究目的是探讨某种疾病的危险因素，如探讨 C 反应蛋白水平升高的危险因素，则需要报告模型中所有协变量的结果，如本例中的性别、糖尿病疾病史、高血压疾病史、家庭收入和教育程度等。这种类型的论文在医学研究中较为常见。但是，对于大部分研究，尤其是临床研究或流行病学研究，协变量的结果在论文中是不需要报告的。例如本例的研究问题是年龄和 BMI 之间的关系，因此，最关心的就是在调整了一些协变量后，在整个人群或亚人群(如以性别进行亚组分析)中，年龄和 BMI 是怎样的关系。如果继续探讨在不同的亚人群中(如以性别进行亚组分析)，年龄和 BMI 是又是怎样的一种关系，只需要报告参数估计结果中年龄那一行的内容即可。下面的程序展示了如何在亚组分析中提取年龄与 BMI 的结果。

```
res.lm_report.f <- function(df, exposure){
  res.lm = summary(lm(bmi ~entry_age + diabetes +          #此处去除了 sex 变量
                   hypertension + education + income, data = df))
  res.lm_report <- as.data.frame(res.lm$coef[-1,])
  res.lm_report[,1:3] <- format(round(res.lm_report[,1:3],2), nsmall = 2)
  res.lm_report[,4] <- format(res.lm_report[,4],digits = 2, scientific = TRUE)
  res.lm_report[exposure,]                                  #只输出结果中的一行
}
res.lm.sex <- baseline_ami_df %>%
  group_by(sex) %>%
  group_modify(~res.lm_report.f(df = .x, exposure = "entry_age")) %>%
```

```
  mutate(population = paste0("Subgroup:sex=", sex),
         exposure = "entry_age",
         outcome = "BMI") %>%
  ungroup() %>%
  select(-sex) %>%
  select(exposure, outcome, population, everything())
res.lm.sex
## # A tibble: 2 x 7
##   exposure  outcome population   Estimate `Std. Error` `t value` `Pr(>|t|)`
##   <chr>     <chr>   <chr>        <chr>    <chr>        <chr>     <chr>
## 1 entry_age BMI     Subgroup:se… " 0.07"  0.02         " 3.44"   6.3e-04
## 2 entry_age BMI     Subgroup:se… " 0.02"  0.02         " 0.98"   3.3e-01
```

4. 生成可重复使用的代码

在实际的数据分析中，有时需要多次进行类似的分析，即，首先在整个样本中探讨某暴露因素与某结局之间的关系，其次在不同的亚人群中探讨该关系。依照上例的分析思路，将上述第 3 步中的 R 语言程序整合到 reg_sum 函数中。reg_sum 函数有 5 个参数，分别是 data.df（指定输入数据集）、exposure（指定拟研究的暴露因素）、outcome（指定拟研究的健康结局）、subgroup（指定分组变量）、adjust（指定拟调整的协变量）。读者可根据研究课题的需要，对 reg_sum 函数进行相应的修改。

```
#**** 编写辅助函数 res.lm_report.f,用来生成对于单个分组的 lm 结果表格 ****#
res.lm_report.f <- function(df, exposure, outcome, adjust){
  x.formula <- paste(c(exposure, adjust), collapse = "+")
  lm.formula <- paste(outcome, x.formula, sep = " ~ ")
  res.lm <- summary(lm(lm.formula, data = df))
  res.lm_report <- as.data.frame(res.lm$coef[-1,])
  res.lm_report[,1:3] <- format(round(res.lm_report[,1:3],2), nsmall = 2)
  res.lm_report[,4] <- format(res.lm_report[,4],digits = 2, scientific = TRUE)
  res.lm_report[exposure,]            #只输出结果中的一行
}
#****正式开始编写函数 reg_sum,利用 res.lm_report.f 函数生成对于所有分组的 lm 结果表格 ****#
reg_sum <- function(data.df, exposure, outcome, subgroup, adjust, whole_pop = T)
{
  res.lm.sub <- data.df %>%
    group_by_(subgroup) %>%
    group_modify(~res.lm_report.f(df = .x, exposure = exposure,
                                  outcome = outcome,
                                  adjust = adjust))
  res.lm.all <-res.lm_report.f(df = data.df, exposure = exposure,
                              outcome = outcome,
                              adjust = c(subgroup,adjust))

  if(whole_pop == T){
    res.lm.report <-
    bind_rows(res.lm.all, res.lm.sub) %>%
    mutate(population = c("Whole population",
```

```
        paste0("Subgroup:", subgroup,"=", res.lm.sub[[subgroup]])),
        exposure = exposure,
        outcome = outcome) %>%
    select_(paste0("-", subgroup)) %>%
    select(exposure, outcome, population, everything())
  } else{
    res.lm.report <-
    as.data.frame(res.lm.sub) %>%
    mutate(population = c(paste0("Subgroup:", subgroup, "=", res.lm.sub[[subgroup]])),
        exposure = exposure,
        outcome = outcome) %>%
    select_(paste0("-", subgroup)) %>%
    select(exposure, outcome, population, everything())
  }
  res.lm.report
}
#* 使用 reg_sum 函数,得到结果
res.reg_sum <- reg_sum(data.df = baseline_ami_df, exposure = "entry_age",
      outcome = "bmi", subgroup = "sex",
      adjust = c("diabetes", "hypertension","education","income"))

#* 打印结果
res.reg_sum
##    exposure outcome       population Estimate Std. Error t value Pr(>|t|)
## 1 entry_age     bmi Whole population     0.04       0.01    3.40  7.0e-04
## 2 entry_age     bmi   Subgroup:sex=1     0.07       0.02    3.44  6.3e-04
## 3 entry_age     bmi   Subgroup:sex=2     0.02       0.02    0.98  3.3e-01
```

小贴士：函数 reg_sum 中设置了一个默认为 True 的参数 whole_pop，并结合 if 函数来控制是否在结果中输出整个人群的结果。

使用模拟数据集 baseline_ami_df，调用 reg_sum 函数后，生成新数据集 res.reg_sum。由结果可知，年龄每增加 1 岁，在整个样本中（population＝"Whole population"）平均 BMI 增加 0.04kg/m^2。其中，在女性（sex＝1）中增加 0.07kg/m^2，在男性（sex＝2）中增加 0.02kg/m^2，但在男性中并没有发现有统计学意义的关联。在 Excel 或 Word 中对该结果再进行简单的加工后，即可用于论文中。

10.2.5 Logistic 回归分析

本节主要使用 glm 函数来展示如何在 R 语言中实现 Logistic 回归分析，并提取在论文或报告中最常用的结果。拟提取的结果为病人数、对照人数、OR 值及其 95％置信区间。关于 glm 函数的介绍，详见 5.6 节。

研究目的：探讨 BMI 与急性心肌梗死的关系，并调整年龄、性别、糖尿病疾病史、高血压疾病史等因素。该研究类型为横断面研究，因此不考虑研究对象的发病时间。

1. 数据准备

在实际工作中，需要根据研究问题及实际情况来决定是否对连续型变量分组以及如何分组。在该

实例中，选择中国人群的 BMI 分类标准，将连续型变量 bmi 分为 3 组，即低体重和正常组（bmi＜24.0）、超重组（24.0≤bmi＜28.0）和肥胖组（bmi≥28.0）。需要注意的是，家庭收入变量中有 23 个缺失值，因此，当家庭收入作为协变量放入模型中时，这 23 条记录是不会纳入分析模型的。R 语言程序如下：

```
baseline_ami_df$bmi_c <-
   cut(baseline_ami_df$bmi,
       breaks=c(0, 24, 28, Inf),
       right = FALSE,
       labels=1:3)
head(baseline_ami_df[,c("bmi", "bmi_c")])
##      bmi  bmi_c
## 1  29.23      3
## 2  25.56      2
## 3  25.25      2
## 4  23.38      1
## 5  25.92      2
## 6  25.30      2
```

2. 数据分析

接下来，可以使用 glm 函数来探讨分组后的 BMI 与急性心肌梗死的关系，同时调整年龄、性别、糖尿病疾病史、高血压疾病史、家庭收入和教育程度等变量。在此主要介绍在论文和报告中常用的 OR 值及其 95%置信区间的提取。

```
res.glm <-summary(glm(ami ~entry_age + sex + bmi_c + diabetes +
                      hypertension + education + income,
                      data = baseline_ami_df, family = binomial()))

#得到各变量 log(OR)的点估计值，去掉截距项
log.or <- coefficients(res.glm)[-1, "Estimate"]

#得到各变量 log(OR)的点估计值的标准误，去掉截距项
log.or.se <- coefficients(res.glm)[-1, "Std. Error"]

#将 log(OR)转变为 OR 值，并计算其 95%置信区间
res.glm_report <- data.frame(Estimate = exp(log.or),
                             CI.left = exp(log.or - 1.96 * log.or.se),
                             CI.right = exp(log.or + 1.96 * log.or.se))
res.glm_report
##                Estimate  CI.left  CI.right
## entry_age        1.0316   1.0108     1.053
## sex              1.5666   1.0985     2.234
## bmi_c2           1.7493   1.2207     2.507
## bmi_c3           1.9263   1.1015     3.369
## diabetes         1.1816   0.7129     1.959
## hypertension     1.2451   0.8018     1.934
```

```
## education2       1.2061  0.6563  2.217
## education3       1.3097  0.7017  2.445
## education4       1.0894  0.5602  2.118
## income2          0.9061  0.5293  1.551
## income3          0.9775  0.5567  1.716
## income4          1.1227  0.5674  2.221
```

家庭收入(income)和教育程度(education)在前面的分析中已通过 as.factor 函数转换为分类变量，因此不需要再次转换。

从结果中可以得知，在调整了年龄、性别、高血压疾病史、糖尿病疾病史、教育程度和家庭收入等因素后，与对照组(即 BMI<24.0)相比，超重组与肥胖组患急性心肌梗死的风险分别提高了 75%[OR=1.75(1.22−2.51)]和93%[OR=1.93(1.10−3.37)]。与线性回归分析(详见 10.2.4 节)的实践类似，如果是探讨急性心肌梗死的危险因素，可以将放入模型中的协变量的结果都报告出来(如本例中的年龄、性别、糖尿病疾病史、高血压疾病史、家庭收入和教育程度)。但是，对于大部分研究，尤其是临床研究或流行病学研究，协变量的结果在论文中是不需要报告的。因此，接下来要做的事情包括：

- 提取拟研究暴露因素的 OR 值及其 95%置信区间，在本例中，即与 BMI 相关的结果。
- 提取每组中的病人数和对照人数。
- 在不同的亚人群中探讨该关系，如亚组分析。

3. 整理数据分析结果

首先从上面得到的 res.glm_report 中提取 BMI 的 OR 值及其 95%置信区间，程序如下：

```
res.glm_report_bmi<- res.glm_report[c("bmi_c2", "bmi_c3"),]                    #提取 BMI 变量结果
res.glm_report_bmi<- format(round(res.glm_report_bmi, 2), nsmall = 2)        #保留两位小数
res.glm_report_bmi <-
  res.glm_report_bmi %>%
  mutate(odds_ratio =
           paste0(Estimate, " (", CI.left,
                  "-", CI.right, ")"),
         levels = paste0(c("bmi_c2", "bmi_c3"), " vs 1")) %>%
  select(levels, odds_ratio)

#* 创建对照组的结果
res.glm_report_bmi_ref <-
  data.frame(levels = "bmi_c1", odds_ratio = "1.00 (reference)")

#* 将对照组的结果加入表格
res.glm_report_bmi <-bind_rows(
  res.glm_report_bmi_ref, res.glm_report_bmi
)
res.glm_report_bmi
##        levels       odds_ratio
## 1      bmi_c1  1.00 (reference)
## 2  bmi_c2 vs 1  1.75 (1.22-2.51)
## 3  bmi_c3 vs 1  1.93 (1.10-3.37)
```

其次，提取每组中的病人数和对照人数。由于 income 在 Logistic 回归分析中是协变量之一，所以 income 为 NA 的个体在进行 Logistic 回归分析时会被自动剔除。为了保持结果在报告中的一致性，此处统计各组病人数和对照人数时也剔除了 income 为 NA 的个体。

```
bmi_c_ami_tab <- baseline_ami_df %>%
  filter(is.na(income) == FALSE) %>%                    #剔除 income 变量值为 NA 的个体
  group_by(bmi_c, ami) %>% count()

bmi_c_ami_report <-
    bmi_c_ami_tab %>%
    ungroup() %>%
    group_by(bmi_c) %>%
    mutate(classID = paste("ami", unique(ami), sep = "_")) %>%
    select("classID", bmi_c, "n") %>%
    spread(classID, n)

bmi_c_ami_report <-
  bmi_c_ami_report %>%
  mutate(case_control = paste(ami_1, ami_0, sep = "/"))  %>%
  ungroup() %>%select(bmi_c, case_control)
bmi_c_ami_report
## # A tibble: 3 x 2
##   bmi_c case_control
##   <fct><chr>
## 1 1     77/466
## 2 2     76/265
## 3 3     21/72
```

最后，将上面两步得到的结果整合在一起：

```
res.glm_report_bmi$bmi_c <- as.factor(1:3)
res.glm_report_bmi_combined <-
  inner_join(res.glm_report_bmi, bmi_c_ami_report, by = "bmi_c") %>%
  select(bmi_c, levels, case_control, odds_ratio) %>%
  mutate(exposure = "bmi_c", outcome = "ami",
         population = "Whole population") %>%
  select(exposure, outcome, population, everything())
res.glm_report_bmi_combined
##    exposure  outcome       population  bmi_c      levels  case_control
## 1     bmi_c      ami  Whole population      1       bmi_c1        77/466
## 2     bmi_c      ami  Whole population      2  bmi_c2 vs 1        76/265
## 3     bmi_c      ami  Whole population      3  bmi_c3 vs 1         21/72
##        odds_ratio
## 1 1.00 (reference)
## 2 1.75 (1.22-2.51)
## 3 1.93 (1.10-3.37)
```

接下来，还需要进行亚组分析，并将亚组分析的结果提取出来。程序其实很简单，只需要用 group_by 函数指定分组变量即可。由于分析过程与上述过程类似，这里就不再逐一展开说明了，将在 logistic_sum 函数中将其纳入进去(详见下文)。

4. 生成可重复使用的代码

同样，在实际的数据分析中，当需要多次进行类似的分析时，就需要用到函数来简化分析步骤，从而提高工作效率。依照上例的分析思路，将上述第 2、3 步中的程序整合到 logistic_sum 函数中。

logistic_sum 函数有 5 个参数，分别是 data.df(指定输入数据集)、exposure(指定拟研究的暴露因素)、outcome(指定拟研究的健康结局)、subgroup(指定分组变量)、adjust(指定拟调整的协变量)。读者可根据研究课题的需要，对 logistic_sum 函数进行相应的修改。在这里，并没有像 10.2.4 节中的 reg_sum 函数那样在 logistic_sum 函数中加入选择是否输出整个人群结果的功能。感兴趣的读者可以参照 10.2.4 节的例子添加这一功能。

```
#**** 编写辅助函数 res.glm_report.f,用来生成对于单个分组的 glm 结果表格 ****#
res.glm_report.f <- function(df, exposure, outcome, adjust){
  #*** 此部分为有关 OR 的结果 ***#
  #* 得到 Logistic 回归分析结果
  x.formula <- paste(c(exposure, adjust), collapse="+")
  glm.formula <- paste(outcome, x.formula, sep = " ~")
  res.glm <- summary(glm(glm.formula, data = df, family = binomial()))
  #* 整理并提取暴露因素的 OR 值与 95%置信区间
  log.or <- coefficients(res.glm)[-1,"Estimate"]
  log.or.se <- coefficients(res.glm)[-1,"Std. Error"]
  res.glm_report <- data.frame(Estimate = exp(log.or),
                               CI.left = exp(log.or - 1.96 * log.or.se),
                               CI.right = exp(log.or + 1.96 * log.or.se))
  res.glm_report_exposure <- res.glm_report[
    grep(pattern = exposure, x = rownames(res.glm_report)),]
  res.glm_report_exposure <- format(round(res.glm_report_exposure,2), nsmall = 2)
  #* 对暴露因素的结果进行进一步整理,得到可用于论文和报告中的表格
  res.glm_report_exposure <-
    res.glm_report_exposure %>%
    mutate(odds_ratio =
             paste0(Estimate, " (", CI.left,
                    "-", CI.right, ")"),
           level = gsub(x = rownames(res.glm_report_exposure),
                        pattern = exposure,
                        replacement = "")) %>%
    select(level, odds_ratio)
  #* 增加一行对照组的结果
  res.glm_report_exposure_ref <-
    data.frame(level = "1", odds_ratio = "1.00 (reference)")
  res.glm_report_exposure <- bind_rows(
    res.glm_report_exposure_ref, res.glm_report_exposure
  ) %>%mutate(level = as.factor(level))
```

```
  #*** 此部分为有关病人数和对照人数的结果 ***#
  exp_out_tab <-
    df[, c(exposure, outcome, adjust)] %>%                    #选取所有回归模型中的变量
    na.omit() %>%                                            #剔除有任意一个变量值为 NA 的个体
    group_by_(exposure, outcome) %>% count()
  exp_out_report <-
    exp_out_tab %>%
    ungroup() %>%
    group_by_(exposure) %>%
    mutate(classID = paste(outcome, unique(df[[outcome]]), sep = "_")) %>%
    select_("classID", exposure, "n") %>%
    spread(classID, n)
  outcome_1 <- paste(outcome, "1", sep = "_")
  outcome_0 <- paste(outcome, "0", sep = "_")
  exp_out_report$case_control <-
    paste(unlist(exp_out_report[,outcome_1]),
          unlist(exp_out_report[,outcome_0]),
          sep = "/")
  exp_out_report <-
    exp_out_report %>%
    ungroup() %>% rename_(level = exposure) %>%
    select(level, case_control)
  #*** 将 OR 的结果以及病人数和对照人数的结果合并 ***#
  res.glm_report_combined <-
    inner_join(res.glm_report_exposure, exp_out_report, by = "level") %>%
    mutate(comparison =
             if_else(level == "1",
                     "",
                     paste0(level, " vs 1"))) %>%
    select(level, comparison, case_control, odds_ratio)
  res.glm_report_combined
}
#**** 编写函数 logistic_sum,利用 res.glm_report.f 函数生成所有分组的 glm 结果表格 ****#
logistic_sum <- function(data.df, exposure, outcome, subgroup, adjust){
  res.glm.sub <- data.df %>%
    filter(!is.na(data.df[[subgroup]])) %>%               #在分组前剔除分组变量值为 NA 的个体
    group_by_(subgroup) %>%
    group_modify(~res.glm_report.f(df = .x, exposure = exposure,
                                   outcome = outcome, adjust = adjust))
  res.glm.all <-res.glm_report.f(df = data.df, exposure = exposure,
                                 outcome = outcome, adjust = c(subgroup, adjust))
  res.glm.report <-
    bind_rows(res.glm.all, res.glm.sub) %>%
    mutate(population = c(rep("Whole population", times = 3),
                          paste0("Subgroup:", subgroup, "=", res.glm.sub[[subgroup]])),
```

```
          exposure = exposure,
          outcome = outcome) %>%
      select_(paste0("-", subgroup)) %>%
      select(exposure, outcome, population, everything())
   res.glm.report
 }
 #* 使用 logistic_sum 函数,得到结果
 res.logistic_sum <- logistic_sum(data.df = baseline_ami_df, exposure = "bmi_c",
   outcome = "ami", subgroup = "sex",
   adjust = c("entry_age", "diabetes", "hypertension", "education", "income"))
 #* 打印结果
 res.logistic_sum
 ##   exposure outcome        population level comparison case_control
 ## 1    bmi_c     ami Whole population     1                   77/466
 ## 2    bmi_c     ami Whole population     2     2 vs 1       76/265
 ## 3    bmi_c     ami Whole population     3     3 vs 1        21/72
 ## 4    bmi_c     ami   Subgroup:sex=1     1                   30/226
 ## 5    bmi_c     ami   Subgroup:sex=1     2     2 vs 1       35/154
 ## 6    bmi_c     ami   Subgroup:sex=1     3     3 vs 1        14/51
 ## 7    bmi_c     ami   Subgroup:sex=2     1                   47/240
 ## 8    bmi_c     ami   Subgroup:sex=2     2     2 vs 1       41/111
 ## 9    bmi_c     ami   Subgroup:sex=2     3     3 vs 1         7/21
 ##        odds_ratio
 ## 1 1.00 (reference)
 ## 2 1.75 (1.22-2.51)
 ## 3 1.93 (1.10-3.37)
 ## 4 1.00 (reference)
 ## 5 1.72 (0.99-2.99)
 ## 6 2.14 (1.02-4.47)
 ## 7 1.00 (reference)
 ## 8 1.99 (1.22-3.26)
 ## 9 1.88 (0.74-4.79)
```

使用模拟数据集 BASELINE_AMI,调用 logistic_sum 函数,生成新数据集 RES.LOGISTIC_SUM。由结果可知,在整个样本中(即 population="Whole population"),与对照组(即 BMI<24.0)相比,超重组与肥胖组患急性心肌梗死的风险分别提高了 75%[OR=1.75(1.22-2.51)]和 93%[OR=1.93(1.10-3.37)]。在女性(sex=1)中,两组风险分别提高了 72%和 114%;在男性(sex=2)中,两组风险分别提高了 99%和 88%。在 Excel 或 Word 中对该结果再进行简单的加工后,即可用于论文中。

10.2.6 Cox 回归分析

本节主要使用 survival 包里的 coxph 函数来展示如何在 R 语言中实现 Cox 回归分析,并提取在论文或报告中最常用到的结果,如发病人数、人时数、HR 值及其 95%置信区间。关于 coxph 函数的介绍,详见 5.6 节。

研究目的:探讨 BMI 与急性心肌梗死发病风险的关系,并调整年龄、性别、糖尿病疾病史、高血压

疾病史等因素。值得注意的是：该研究类型为队列研究，需考虑研究对象进队列的时间和出队列的时间，以定义研究对象的随访时间。队列随访结束时间由以下 3 个时间中的最小值决定：即急性心肌梗死病人的发病时间、死亡对象的死亡时间和最后一次随访时间（假设为 2017 年 12 月 31 日）。

1. 数据准备

分析任务中的暴露因素为 BMI，这里将继续使用 10.2.5 节中得到的 bmi_c 变量。创建随访结束时间变量(enddt)、随访结束时随访对象的出队列年龄变量(out_age)以及随访时长变量(follow_time)。需要注意的是，家庭收入(income)变量中有 23 个缺失值，因此，当家庭收入作为协变量放入模型中时，这 23 条记录是不会纳入分析模型的。R 语言程序如下：

```
#* 将 amidt 变量从字符型转换为日期型 ##
baseline_ami_df[as.character(baseline_ami_df$amidt) == "","amidt"] <- NA
baseline_ami_df$amidt <- as.Date(baseline_ami_df$amidt)
lastdt <- as.Date("2017-12-31")
#* 取发病时间、死亡对象的死亡时间和最后一次随访时间中最早的一个作为随访结束时间 ##
baseline_ami_df <-
  baseline_ami_df %>% mutate(
    enddt = pmin(amidt, deathdt, lastdt,na.rm = TRUE)) %>%
  mutate(out_age = as.numeric(enddt - birthday) / 365.25) %>%
  mutate(follow_time = out_age - entry_age)
head(baseline_ami_df[, c("enddt", "out_age", "follow_time")])
##          enddt  out_age  follow_time
## 1  2017-12-31    53.63       14.560
## 2  2017-12-31    54.56       13.988
## 3  2012-01-28    73.55        8.367
## 4  2017-12-31    64.48       14.500
## 5  2017-12-31    50.37       13.651
## 6  2013-01-12    73.06       10.648
```

2. 数据分析

接下来，可以使用 survival 包里的 coxph 函数探讨 BMI 与急性心肌梗死发病风险的关系，同时调整年龄、性别、糖尿病疾病史、高血压疾病史、家庭收入和教育程度等变量。需要注意的是，下面这个模型是以年龄作为时间轴(underlying time scale)的，在 Cox 回归分析中，时间轴是调整变量的一种特殊形式，可以非常好地拟合该变量与健康结局之间的关系。一般来讲，如果研究某因素与某慢性病发病风险的关系，应选年龄作为时间轴；而如果研究某因素与某疾病生存的关系时（如不同手术术式病人的生存结局），应选随访时间作为时间轴。

```
res.cox <- summary(coxph(Surv(entry_age, out_age, ami) ~ sex + bmi_c + diabetes +
hypertension + education + income, data = baseline_ami_df))
res.cox_report <-res.cox$conf.int
res.cox_report
##          exp(coef)  exp(-coef)  lower .95  upper .95
## sex         1.4334      0.6976     1.0413      1.973
## bmi_c2      1.5937      0.6275     1.1543      2.200
```

```
## bmi_c3         1.7240  0.5800  1.0493  2.833
## diabetes       1.1435  0.8745  0.7320  1.787
## hypertension   1.1917  0.8392  0.8070  1.760
## education2     1.2977  0.7706  0.7576  2.223
## education3     1.4566  0.6865  0.8477  2.503
## education4     1.1239  0.8898  0.6256  2.019
## income2        0.9085  1.1008  0.5598  1.474
## income3        0.9639  1.0375  0.5806  1.600
## income4        1.1439  0.8742  0.6191  2.114
```

注意：res.cox 中还有很多其他信息。感兴趣的读者可以了解更多关于 coxph 函数的信息。

从结果中可以得知，在调整了年龄、性别、高血压疾病史、糖尿病疾病史、教育程度和家庭收入等因素后，与对照组（即 BMI<24.0）相比，超重组与肥胖组患急性心肌梗死的风险分别提高了 59%[HR=1.59(1.15−2.20)]和 72%[HR=1.72(1.05−2.83)]。在 10.2.4 节已经介绍过，如果是探讨急性心肌梗死发病的危险因素，可以将放入模型中的协变量的结果都报告出来（如本例中的性别、糖尿病疾病史、高血压疾病史、家庭收入和教育程度）。但是，对于大部分研究，尤其是临床研究或流行病学研究，协变量的结果在论文中是不需要报告的。因此，接下来要做的事情包括：

- 提取拟研究暴露因素的 HR 值及其 95%置信区间，在本例中，即与 BMI 相关的结果。
- 提取每组中的病人数和人时数。
- 在不同的亚人群中探讨该关系，如亚组分析。

3. 整理数据分析结果

首先，从上面得到的 res.cox_report 中提取 BMI 的 HR 值及其 95%置信区间：

```
res.cox_report_bmi <- as.data.frame(res.cox_report[c("bmi_c2", "bmi_c3"),])
                                                                    #提取 BMI 变量结果
res.cox_report_bmi <- format(round(res.cox_report_bmi, 2), nsmall = 2)    #保留两位小数
colnames(res.cox_report_bmi) <-c("HR", "HR_inv", "CI.left", "CI.right")
res.cox_report_bmi <-
  res.cox_report_bmi %>%
  mutate(hr_ci =
           paste0(HR, " (", CI.left,
                  "-", CI.right, ")"),
         level = as.character(2:3)) %>%
  select(level, hr_ci)
#* 创建对照组的结果
res.cox_report_bmi_ref <-
  data.frame(level = "1", hr_ci = "1.00 (reference)")
#* 将对照组的结果加入表格
res.cox_report_bmi <- bind_rows(
  res.cox_report_bmi_ref, res.cox_report_bmi
) %>% mutate(exposure = "bmi_c", level = as.factor(level)) %>%
  select(exposure, level, hr_ci)
res.cox_report_bmi
```

```
##    exposure  level            hr_ci
## 1     bmi_c      1  1.00 (reference)
## 2     bmi_c      2  1.59 (1.15-2.20)
## 3     bmi_c      3  1.72 (1.05-2.83)
```

下面提取每组中的病人数和人时数。与 Logistic 回归分析相同，此处同样要剔除 income 变量值为 NA 的个体。

```
bmi_c_ami_case <-baseline_ami_df %>%
  filter(is.na(income) == FALSE) %>%
  filter(ami == "1") %>% group_by(bmi_c) %>% count()
bmi_c_ami_persont <- baseline_ami_df %>%
  filter(is.na(income) == FALSE) %>%
  group_by(bmi_c) %>% summarize(person = round(sum(follow_time)))
bmi_c_ami_report <-
  inner_join(bmi_c_ami_case, bmi_c_ami_persont, by = "bmi_c") %>%
  mutate(case_persont = paste(n, persont, sep = "/"))  %>%
  ungroup() %>% select(bmi_c, case_persont) %>%
  rename(level = bmi_c)
bmi_c_ami_report
## # A tibble: 3 x 2
##   level case_persont
##    <fct>  <chr>
## 1  1       77/7295
## 2  2       76/4434
## 3  3       21/1199
```

然后将上面得到的两个结果整合在一起：

```
res.cox_report_bmi_combined <-
  inner_join(res.cox_report_bmi, bmi_c_ami_report, by = "level") %>%
  select(level, case_persont, hr_ci) %>%
  mutate(exposure = "bmi_c", outcome = "ami",
         population = "Whole population") %>%
  select(exposure, outcome, population, everything())
res.cox_report_bmi_combined
##    exposure  outcome        population  level  case_persont            hr_ci
## 1     bmi_c      ami  Whole population      1       77/7295  1.00 (reference)
## 2     bmi_c      ami  Whole population      2       76/4434  1.59 (1.15-2.20)
## 3     bmi_c      ami  Whole population      3       21/1199  1.72 (1.05-2.83)
```

接下来，就需要进行亚组分析，并将亚组分析的结果提取出来。程序其实很简单，只需要用 group_by 函数指定分组变量即可。由于分析过程与上述过程类似，这里就不再逐一展开说明了，将在 cox_sum 函数中将其纳入进去（详见下文）。

4. 生成可重复使用的代码

同样，在实际的数据分析中，当需要多次进行类似的分析时，就需要用到函数来简化分析步骤，从而提高工作效率。依照上例的分析思路，将上述第2、3步中的程序整合到cox_sum函数中。

cox_sum函数有7个参数，分别是data.df(指定输入数据集)、exposure(指定拟研究的暴露因素)、outcome(指定拟研究的健康结局)、subgroup(指定分组变量)、time_1(指定进队列的时间，如进队列的年龄)、time_2(指定出队列的时间，如出队列的年龄)、adjust(指定拟调整的协变量)。读者可根据研究课题的需要，对cox_sum函数进行相应的修改。

```
#**** 编写辅助函数 res.cox_report.f,用来生成对于单个分组的 Cox 回归分析结果表格 ****#
res.cox_report.f <- function(df, exposure, outcome, time_1, time_2, adjust){

  #*** 此部分为有关 HR 的结果 ***#
  #* 得到 Cox 回归分析结果
  x.formula <- paste(c(exposure, adjust), collapse="+")
  y.formula <- paste0("Surv(", time_1, ",", time_2, ",", outcome,")")
  cox.formula <- as.formula(paste(y.formula, x.formula, sep = " ~"))
  res.cox <- summary(coxph(cox.formula, data = df))
  #* 整理并提取暴露因素的 HR 值与 95%置信区间
  res.cox_report <- res.cox$conf.int
  res.cox_report_exposure <- as.data.frame(res.cox_report[
    grep(pattern = exposure, x = rownames(res.cox_report)),])
  res.cox_report_exposure <- format(round(res.cox_report_exposure,2), nsmall=2)
  #* 对暴露因素的结果进行进一步整理,得到可用于论文或报告中的表格
  colnames(res.cox_report_exposure) <- c("HR", "HR_inv", "CI.left", "CI.right")
  res.cox_report_exposure <-
    res.cox_report_exposure %>%
    mutate(hr_ci =
             paste0(HR, " (", CI.left,
                    "-", CI.right, ")"),
           level = gsub(x = rownames(res.cox_report_exposure),
                        pattern = exposure,
                        replacement = "")) %>%
    select(level, hr_ci)
  #* 增加一行对照组的结果
  res.cox_report_exposure_ref <-
    data.frame(level = "1", hr_ci = "1.00 (reference)")
  res.cox_report_exposure <-bind_rows(
    res.cox_report_exposure_ref, res.cox_report_exposure
  ) %>%mutate(level = as.factor(level))
  #*** 此部分为有关病人数和对照人数结果 ***#
  exp_out_case <-
    df[, c(exposure, outcome, adjust)] %>%
    na.omit() %>%
    filter(.data[[outcome]] == "1") %>% group_by_(exposure) %>% count()
  #此处.data 指输入 filter 函数的 data.frame
  exp_out_persont <-
    df[, c(exposure, outcome, adjust, time_1, time_2)] %>%
```

```
    na.omit() %>%
    group_by_(exposure) %>%
    summarize(persont = round(sum(.data[[time_2]] - .data[[time_1]])))
  exp_out_report <-
    inner_join(exp_out_case, exp_out_persont, by = exposure) %>%
    mutate(case_persont = paste(n, persont, sep = "/"))  %>%
    ungroup() %>%select_(exposure, "case_persont") %>%
    rename_(level = exposure)
  #*** 将 HR 的结果以及病人数和对照人数的结果合并 ***#
  res.cox_report_combined <-
    inner_join(res.cox_report_exposure, exp_out_report, by = "level") %>%
    mutate(comparison =
             if_else(level == "1",
                     "",
                     paste0(level, " vs 1"))) %>%
    select(level, comparison, case_persont, hr_ci)
  res.cox_report_combined
}
#** 编写 cox_sum 函数,利用 res.cox_report.f 函数生成所有分组的 Cox 回归分析结果表格 **#
cox_sum <- function(data.df, exposure, outcome, subgroup, time_1, time_2, adjust){
  res.cox.sub <- data.df %>%
    filter(!is.na(data.df[[subgroup]])) %>%             #分组前剔除分组变量值为 NA 的个体
    group_by_(subgroup) %>%
    group_modify(~res.cox_report.f(df = .x, exposure = exposure,
                     outcome = outcome, time_1 = time_1, time_2 = time_2,
                     adjust = adjust))
  res.cox.all <-res.cox_report.f(df = data.df, exposure = exposure,
                     outcome = outcome, time_1 = time_1, time_2 = time_2,
                     adjust = c(subgroup,adjust))
  res.cox.report <-
    bind_rows(res.cox.all, res.cox.sub) %>%
    mutate(population = c(rep("Whole population", times=3),
                 paste0("Subgroup:", subgroup,"=", res.cox.sub[[subgroup]])),
          exposure = exposure,
          outcome = outcome) %>%
    select_(paste0("-", subgroup)) %>%
    select(exposure, outcome, population, everything())
  res.cox.report
}
# * 使用 cox_sum 函数,得到结果
res.cox_sum <-cox_sum(data.df = baseline_ami_df, exposure = "bmi_c",
                     time_1="entry_age", time_2="out_age",
                     outcome = "ami", subgroup = "sex",
                     adjust = c("diabetes", "hypertension", "education", "income"))
# * 打印结果
```

```
res.cox_sum
##     exposure  outcome       population  level  comparison  case_person
## 1      bmi_c      ami  Whole population      1                   77/7295
## 2      bmi_c      ami  Whole population      2      2 vs 1       76/4434
## 3      bmi_c      ami  Whole population      3      3 vs 1       21/1199
## 4      bmi_c      ami    Subgroup:sex=1      1                   30/3380
## 5      bmi_c      ami    Subgroup:sex=1      2      2 vs 1       35/2491
## 6      bmi_c      ami    Subgroup:sex=1      3      3 vs 1        14/825
## 7      bmi_c      ami    Subgroup:sex=2      1                   47/3915
## 8      bmi_c      ami    Subgroup:sex=2      2      2 vs 1       41/1943
## 9      bmi_c      ami    Subgroup:sex=2      3      3 vs 1         7/374
##             hr_ci
## 1 1.00 (reference)
## 2 1.59 (1.15-2.20)
## 3 1.72 (1.05-2.83)
## 4 1.00 (reference)
## 5 1.45 (0.88-2.40)
## 6 1.70 (0.88-3.30)
## 7 1.00 (reference)
## 8 1.81 (1.18-2.76)
## 9 1.73 (0.78-3.85)
```

使用模拟数据集 BASELINE_AMI，调用 cox_sum 函数后，生成新数据集 RES.COX_SUM。由结果可知，在整个样本中（即 population＝"Whole population"），与对照组（即 BMI＜24.0）相比，超重组与肥胖组患急性心肌梗死的风险分别提高了 59%[OR＝1.59(1.15－2.20)]和 72%[OR＝1.72(1.05－2.83)]。在女性（sex＝1）中，两组风险分别提高了 45%和 70%；在男性（sex＝2）中，两组风险分别提高了 81%和 73%。在 Excel 或 Word 中对该结果再进行简单的加工后，即可用于论文中。

第 11 章　Stata 实践部分

11.1　数据的清洗与管理

本节使用 5 个不同的模拟数据集：病人基本信息数据集、诊断信息数据集、实验室检测结果数据集(一)、实验室检测结果数据集(二)、用药信息数据集。本节将逐一解释数据集中存在的问题，并对数据进行清理与管理。建议读者在阅读本节前，首先阅读第 8 章，其中 8.1 节包含模拟数据集的详细介绍。

注意：本节频繁出现 Stata 命令语句及其输出结果，命令代码和输出结果使用打字机字体(Courier New 字体)；命令语句前标以“.”。命令行中的//或 * 符号及其后的部分为命令注释，用以说明该行命令拟达到的目的、该命令的输出结果或该命令的注意事项；输出结果位于其对应的命令行的下方，部分 Stata 命令和输出内容无法在一行中完全显示，延续至下一行时，行首以>标记。

11.1.1　病人基本信息数据集

1. 导入数据

由医院信息系统直接导出的数据通常不是 Stata 数据格式(扩展名为.dta)。例如，本节使用的示例数据集为 csv 格式的文件。由于该数据文件包含中文，首先需要检查该数据文件中的中文是否可以被 Stata 正确识别，使用 unicode analyze 命令可分析该文件是否需要根据 UTF-8 字符编码标准转译。输出结果显示该数据文件需要转译。可接着使用 unicode encoding set 命令设置转译所参照的文件，接着使用 unicode translate 命令转译文本。

```
. unicode analyze baseline.csv
File baseline.csv needs translation
. unicode encoding set gb18030
. unicode translate baseline.csv, transutf8
```

成功转译文本后，原始文件会被转译后的文件替换。此时，便可使用 import delimited 命令导入转译后的 cvs 格式数据。在下述示例代码中，第一个命令选项 encoding(UTF-8)指示 Stata 以 UTF-8 编码标准理解中文字符，第二个命令选项 clear 指示 Stata 在载入数据前清空当前数据。

```
. import delimited baseline.csv, encoding(UTF-8) clear
(11 vars, 1000 obs)
```

输出结果显示导入的数据集包含 11 个变量和 1000 个样本。

2. 概览数据

成功导入示例数据后，可使用 describe 命令查看该数据集的基本信息。

```
. describe
Contains data
```

```
  obs:        1,000
 vars:           11
 size:      103,000
------------------------------------------------------------------------------
              storage   display    value
variable name   type    format     label      variable label
------------------------------------------------------------------------------
id              int     %8.0g
sex             str6    %9s
height          str11   %11s
weight          int     %8.0g
education       byte    %8.0g
income          byte    %8.0g
disease         str32   %32s
birthday        str21   %21s
entrydt         str22   %22s
deathdt         long    %12.0g
death           byte    %8.0g
------------------------------------------------------------------------------
Sorted by:
     Note: Dataset has changed since last saved.
```

输出结果首先显示该数据集包含1000个样本和11个变量；输出结果的第二部分详细介绍各变量的变量名、存储类型、显示格式、数值标签和变量标签，11个变量中的id、weight、education、income、deathdt和death为数值变量，sex、height、disease、birthday和entrydt为文本变量，最后两列空白信息表明所有变量均未设置数值标签和变量标签。

了解基本信息后，可使用list命令查看前5条样本数据以直观地了解数据：

```
. list in 1/5
     +---------------------------------------------+
  1. | id | sex |   height | weight | educat~n | income |
     |  1 |   m | 173.5cm |     88 |        3 |      1 |
     |---------+-----------------------------------|
     |        disease    |              birthday     |
     |  高血压 糖尿病     |  13MAY1964:00:00:00.00    |
     |---------------------------------------------|
     |               entrydt |  deathdt |  death |
     |  2003-06-10:00:00:00.00  |        . |      0 |
     +---------------------------------------------+

     +---------------------------------------------+
  2. | id | sex |   height | weight | educat~n | income |
     |  2 |   M |      178 |     81 |        4 |      2 |
     |---------+-----------------------------------|
     |        disease    |               birthday    |
```

```
  |                 |  10JUN1963:00:00:00.00     |
  |------------------------------------------|
  |                entrydt  |  deathdt |  death |
  |  2004-01-05:00:00:00.00  |        .  |      0 |
  +------------------------------------------+

  +------------------------------------------+
3. | id | sex |  height | weight | educat~n | income  |
  |  3 |   M |   166.5 |     70 |        1 |      2  |
  |--------+---------------------------------|
  |        disease       |           birthday     |
  |        恶性肿瘤       |  12JUL1938:00:00:00.00  |
  |------------------------------------------|
  |                entrydt  |  deathdt  |  death |
  |  2003-09-16:00:00:00.00  |  20120128  |      1 |
  +------------------------------------------+

  +------------------------------------------+
4. | id | sex |  height | weight | educat~n | income  |
  |  4 |   F |   157.5 |     58 |        3 |      3  |
  |--------+---------------------------------|
  |        disease     |             birthday     |
  |        高血压       |  08JUL1953:00:00:00.00    |
  |------------------------------------------|
  |                entrydt  |  deathdt |  death |
  |  2003-07-02:00:00:00.00  |        .  |      0 |
  +------------------------------------------+

  +------------------------------------------+
5. | id | sex |  height | weight | educat~n | income  |
  |  5 |   M |   165.5 |     71 |        3 |      2  |
  |--------+---------------------------------|
  |        disease     |             birthday     |
  |                    |  20AUG1967:00:00:00.00    |
  |------------------------------------------|
  |                entrydt  |  deathdt |  death |
  |  2004-05-07:00:00:00.00  |        .  |      0 |
  +------------------------------------------+
```

前5条样本直观地显示该数据集中存在多个不利于后续分析的问题，例如，sex变量以多种方式记录相同信息，height变量在数值中夹杂文本和中文标点符号，以及disease变量使用单个变量记录多重信息。在进行数据分析前，读者需对上述变量进行逐个清理。此外，表8-1-1包含本数据集及清理目的详细介绍。

3. 清理sex变量

首先，使用codebook命令了解sex变量当前的编码方式：

```
. codebook sex

--------------------------------------------------------------------------
sex                                                       (unlabeled)
--------------------------------------------------------------------------

                 type:  string (str6)

        unique values:  8               missing "": 0/1,000

           tabulation:  Freq.  Value
                          431  "F"
                           13  "Female"
                          389  "M"
                           17  "Male"
                           54  "f"
                           46  "m"
                           22  "女"
                           28  "男"
```

输出结果显示：sex 变量无变量标签，为文本变量，有 8 个不同的取值，无缺失值，并给出 sex 变量不同取值的频数。sex 变量指性别，其实际类别为两种，然而当前数据集使用了 8 种不同的记录方式来表示两种类别，需对意义重复的记录方式进行合并。清理思路如下：

（1）使用 generate 命令和 inlist 函数新建一个二分类变量 sex_new。当 sex 变量的文本值为 F、Female、f 或“女”时，为 sex_new 赋值 1；当 sex 变量文本值为 M、Male、m 或“男”时，为 sex_new 赋值 2。

```
. generate sex_new = 1 if inlist(sex, "F", "Female", "f", "女")
. replace sex_new = 2 if inlist(sex, "M", "Male", "m", "男")
```

（2）使用 label define 命令和 label values 命令定义数值标签 sex，1 表示女性，2 表示男性，并为 sex_new 变量添加数值标签 sex。

```
. label define sex 1 "women" 2 "men"
. label values sex_new sex
```

（3）使用 codebook 命令查看清理后的 sex_new 变量的编码方式：

```
. codebook sex_new

--------------------------------------------------------------------------
sex_new                                                   (unlabeled)
--------------------------------------------------------------------------

                 type:  numeric (float)
                label:  sex
```

```
            range:  [1,2]                  units:  1
    unique values:  2                  missing .: 0/1,000

      tabulation:  Freq.   Numeric  Label
                    520          1  women
                    480          2  men
```

输出结果显示：新建的 sex_new 变量为数值变量，无变量标签，已添加数值标签 sex，取值范围为 1～2，取值单位为 1，有两个不同的取值，无缺失值，520 个样本的取值为 1，480 个样本的取值为 2，取值为 1 的标签为 women，取值为 2 的标签为 men。

4. 清理 disease 变量

首先，使用 codebook 命令了解 disease 变量当前的编码方式：

```
. codebook disease
--------------------------------------------------------------------------
disease                                                       (unlabeled)
--------------------------------------------------------------------------

                 type:  string (str32)

        unique values:  9                   missing "": 508/1,000

           tabulation:  Freq.  Value
                          508  ""
                           66  "乙型肝炎"
                            2  "其他:肝癌"
                            5  "其他:肺结核"
                          179  "恶性肿瘤"
                           80  "糖尿病"
                          105  "高血压"
                           30  "高血压 糖尿病"
                           20  "高血压,冠心病"
                            5  "高血压,糖尿病,恶性肿瘤"

              warning:  variable has embedded blanks
```

输出结果显示该变量为文本变量，有 9 种不同的取值，508 个样本有缺失值，并给出 disease 变量各取值类别中的频数。disease 变量记录患病信息，输出结果显示该变量的文本值中包含多种疾病信息，例如高血压、糖尿病和乙型肝炎等。将多种疾病信息记录于单个变量不利于后续的数据分析，一种常见的清理方式是将上述疾病信息拆分成多个变量，每个变量表示是否患某种疾病。下面以高血压和糖尿病为例新建两个疾病变量 hypertension 和 diabetes。清理思路如下：

（1）使用 generate 命令和 strmatch 函数新建 hypertension 变量，当 disease 的文本的任意位置出现“*高血压*”时，hypertension 变量赋值为 1，否则为缺失值；此处使用 * 指代 0 个或多个任意字符，即“高血压”文本可出现在变量文本中的任意位置。接着，使用 replace 命令和 missing 函数替换

hypertension 变量的值，当其值缺失时，将其值更改为 0。

```
. generate hypertension = 1 if strmatch(disease, "*高血压*")
. replace hypertension = 0 if missing(hypertension)
```

(2) 使用 label variable 命令为 hypertension 变量添加变量标签"disease: hypertension"，以表明该变量表示疾病史中是否记录高血压；新建数值标签 yesno，0 表示 no，1 表示 yes，并为 hypertension 变量添加数值标签 yesno。

```
. label variable hypertension "disease: hypertension"
. label define yesno 1 "yes" 0 "no"
. label values hypertension yesno
```

(3) 使用 generate 命令、cond 函数和 strmatch 函数新建 diabetes 变量，当 disease 变量的文本中出现"糖尿病"时，diabetes 变量赋值为 1，否则为 0。

```
. generate diabetes = cond(strmatch(disease, "*糖尿病*"), 1, 0)
```

(4) 为 diabetes 变量添加变量标签"disease: diabetes"，以表明该变量表示疾病史中是否记录糖尿病；为 diabetes 变量添加已创建的数值标签 yesno。

```
. label variable diabetes "disease: diabetes"
. label values diabetes yesno
```

(5) 查看 hypertension 变量和 diabetes 变量的编码方式。

```
. codebook hypertension diabetes

----------------------------------------------------------------------
hypertension                             disease: hypertension
----------------------------------------------------------------------

                 type:  numeric (float)
                label:  yesno

                range:  [0,1]                units: 1
        unique values:  2                missing .: 0/1,000

           tabulation:  Freq.   Numeric  Label
                          840         0  no
                          160         1  yes

----------------------------------------------------------------------
diabetes                                    disease: diabetes
----------------------------------------------------------------------
```

```
                 type:  numeric (float)
                label:  yesno

                range:  [0,1]                    units:  1
        unique values:  2                    missing .:  0/1,000

           tabulation:  Freq.   Numeric  Label
                          885         0  no
                          115         1  yes
```

输出结果显示：hypertension 变量的变量标签为“disease：hypertension”，为数值变量，840 个样本取值为 0(无高血压病史)，160 个样本取值为 1(有高血压病史)；diabetes 变量的变量标签为“disease：diabetes”，为数值变量，885 个样本取值为 0(无糖尿病病史)，115 个样本取值为 1(有糖尿病病史)。

5. 清理 height 变量

首先，使用 codebook 命令了解 height 变量当前的编码方式：

```
. codebook height

------------------------------------------------------------------------
height                                                      (unlabeled)
------------------------------------------------------------------------

                 type:  string (str11)

        unique values:  159                  missing "":  0/1,000

             examples:  "157"
                        "161.5"
                        "166"
                        "171.5cm"
```

输出结果显示 height 变量为文本数据，有 159 个不同的取值，无缺失值，并展示 4 个取值示例。height 变量表示身高，适于数值型变量，清理过程包括删除其取值中的“厘米”和 cm，将中文句号“。”改为英文句号“.”以表示小数点，将文本格式转变为数值格式以方便后续分析。可进行如下操作。

(1) 使用 generate/replace 命令和 subinstr 函数(用于替换文本)新建 height_new 变量，将文本中所有的“厘米”和 cm 替换为空白文本""，并将所有“。”替换为“.”，subinstr 函数中最后一个参数限定多个匹配文本中被替换的个数，本例将其限定为缺失值“.”，表示替换所有匹配的文本。

```
. generate height_new = subinstr(height, "cm", "", .)
. replace height_new = subinstr(height_new, "厘米", "", .)
(32 real changes made)
. replace height_new = subinstr(height_new, "。", ".", 1)
(48 real changes made)
```

(2) 使用 destring 命令将文本变量转换为数值变量，并设置命令选项 replace，用转换类型后的变量替换原变量。

```
. destring height_new, replace
height_new has all characters numeric; replaced as double
```

(3) 使用 label variable 命令为 height_new 变量设置变量标签“height, unit: cm”,以表明身高的单位为厘米。

```
. label variable height_new "height, unit: cm"
```

(4) 查看清理后的 height_new 变量的编码方式。

```
. codebook height_new

------------------------------------------------------------------
height_new                                  height, unit: cm
------------------------------------------------------------------

                type:  numeric (double)

               range:  [141.5,185.5]            units: .01
       unique values:  96                   missing .: 0/1,000

                mean:   164.179
            std. dev:   8.22734

         percentiles:  10%    25%   50%       75%     90%
                       154    158   163.875  170.5   175.5
```

输出结果显示：height_new 变量的变量标签为“height, unit: cm”,为数值型变量,取值范围为 141.5～185.5,单位值为 0.01,有 96 个不同的取值,无缺失值,均数为 164.48,标准差为 8.23,并给出 5 个百分位数。

6. 清理 birthday 变量和 entrydt 变量

首先,使用 codebook 命令了解 birthday 变量当前的编码方式：

```
. codebook birthday

------------------------------------------------------------------
birthday                                         (unlabeled)
------------------------------------------------------------------

                type:  string (str21)

       unique values:  957                  missing "": 0/1,000
```

```
                    examples:  "07DEC1940:00:00:00.00"
                               "13MAR1959:00:00:00.00"
                               "18SEP1967:00:00:00.00"
                               "24NOV1962:00:00:00.00"
```

输出结果显示：birthday 变量为字符型，有 957 个不同的取值且无缺失值。示例数据显示 birthday 变量的文本中仅前 9 位为有效信息。为方便后续分析，可将日期变量存储成日期数值型并显示为日期形式。可进行如下操作以清理数据。

（1）使用 generate 命令、substr 函数和 date 函数新建 birthday_new 变量，先提取 birthday 变量文本中的第 1～9 位，接着将“日月年”式的文本转换为日期数值，该日期数值为当前日期与 Stata 定义的参考日期(1960 年 1 月 1 日)之间的天数：

```
. generate birthday_new = date(substr(birthday, 1, 9), "DMY")
```

（2）使用 format 命令设置 birthday_new 变量中的日期数值以“日月年”形式显示：

```
. format birthday_new %tdDMY
```

（3）查看清理后的 birthday_new 变量的编码方式：

```
. codebook birthday_new

--------------------------------------------------------------------------
birthday_new                                       (unlabeled)
--------------------------------------------------------------------------

                  type:  numeric daily date (float)

                 range:  [-9590,3748]             units: 1
       or equivalently:  [29sep1933,06apr1970]    units: days
         unique values:  957                   missing .: 0/1,000

                  mean:  -2086.27 = 15apr1954 (+-7 hours)
             std. dev:    3333.38

          percentiles:        10%        25%        50%        75%        90%
                          -7314.5    -4762.5    -1270.5        658       1728
                        22dec1939  17dec1946  09jul1956  20oct1961  24sep1964
```

输出结果显示：birthday_new 变量为数值日期变量，取值范围为 1933 年 9 月 29 日至 1970 年 4 月 6 日，均数为 1954 年 4 月 15 日，并给出该变量的 5 个百分位数取值。

使用上述方式清理 entrydt 变量，清理后的数据存储为 entrydt_new 变量：

```
. codebook entrydt

--------------------------------------------------------------------------
```

```
entrydt                                                    (unlabeled)
--------------------------------------------------------------------------

                  type:  string (str22)

         unique values:  657                missing "": 0/1,000

              examples:  "2002-08-10:00:00:00.00"
                         "2003-04-17:00:00:00.00"
                         "2003-11-26:00:00:00.00"
                         "2004-08-27:00:00:00.00"

. generate entrydt_new = date(substr(entrydt, 1, 10), "YMD")
. format entrydt_new %tdDMY

. codebook entrydt_new

--------------------------------------------------------------------------
entrydt_new                                                (unlabeled)
--------------------------------------------------------------------------

                  type:  numeric daily date (float)

                 range:  [15107,16597]          units: 1
       or equivalently:  [12may2001,10jun2005]  units: days
         unique values:  657                    missing .: 0/1,000

                  mean:  15912.5 = 26jul2003 (+12 hours)
             std. dev:  374.795

           percentiles:        10%         25%         50%         75%         90%
                           15405.5     15631.5     15941.5     16219.5     16402.5
                         06mar2002   18oct2002   24aug2003   28may2004   27nov2004
```

输出结果显示：entrydt_new 变量为日期数值型，取值范围为 2001 年 5 月 12 日至 2005 年 6 月 10 日。

7. 清理 deathdt 变量

首先，使用 codebook 命令了解 deathdt 变量当前的编码方式：

```
. codebook deathdt

--------------------------------------------------------------------------
deathdt                                                    (unlabeled)
--------------------------------------------------------------------------
```

```
            type:  numeric (long)

           range:  [201609,20160116]     units: 1
   unique values:  62                  missing .: 937/1,000

            mean:  1.9e+07
        std. dev:  4.9e+06

     percentiles:      10%       25%       50%       75%       90%
                   2.0e+07   2.0e+07   2.0e+07   2.0e+07   2.0e+07
```

输出结果显示：deathdt 变量为数值类型，取值范围为 201609～20160116。可以看到，其取值范围的最小值为 6 位数值，最大值为 8 位数值，仔细查看样本数据后可知，一部分样本值为“年月”，而另一部分样本值为“年月日”。这里将 6 位数值日期的样本中缺失的日信息填补为 15。清理步骤如下。

（1）使用 generate/replace 命令、cond 函数、mod 函数（用于计算余数）和 floor 函数（用于取整）依次新建 3 个数值变量，分别代表死亡年份、月份、日期。死亡年份为 6 位数值或 8 位数值的前 4 位，死亡月份为 6 位数值或 8 位数值的第 5、6 位，死亡日期为 15 或 8 位数值的后两位。

```
. generate death_year = cond(deathdt<10^6, floor(deathdt/100),
>  floor(deathdt/10000))
(937 missing values generated)
. generate death_month = cond(deathdt<10^6, mod(deathdt, 100),
>  floor((deathdt-death_year*10000)/100))
(937 missing values generated)
. generate death_date = cond(deathdt<10^6, 15, mod(deathdt, 100))
(937 missing values generated)
```

（2）使用 mdy 函数将 3 个年、月、日变量转化为 Stata 定义的日期数值。使用 format 命令设置 birthday_new 变量中的日期数值以“日月年”形式显示：

```
. generate deathdt_new = mdy(death_month, death_date, death_year)
(937 missing values generated)
. format deathdt_new %tdDMY
```

（3）查看清理后的 deathdt_new 变量的编码方式：

```
. codebook deathdt_new

--------------------------------------------------------------
deathdt_new                                      (unlabeled)
--------------------------------------------------------------

              type:  numeric daily date (float)

             range:  [15931,20985]          units: 1
   or equivalently:  [14aug2003,15jun2017] units: days
```

```
          unique values:  62                 missing .: 937/1,000

                   mean:  18960.6 = 29nov2011 (+15 hours)
               std. dev:  1212.87

         percentiles:        10%         25%         50%         75%         90%
                           17350       18118       19128       19877       20361
                       03jul2007   09aug2009   15may2012   03jun2014   30sep2015
```

输出结果显示：deathdt_new 为日期数值型变量，取值范围为 2003 年 8 月 14 日至 2017 年 6 月 15 日。

8. 查看和存储清理后的数据

完成数据清理工作后，可删除清理前的变量，重命名清理后的变量，以及查看并存储数据。

（1）使用 keep 命令保留无须清理的变量以及清理后的变量：

```
. keep id weight education income death *_new hypertension dia
>betes
```

（2）使用 local 命令和 rename 命令将变量名中的_new 后缀删除。局部宏变量（local macro）的详细介绍可见 6.7.3 节。

```
. local var_names sex height birthday entrydt deathdt
. local suffix _new
. foreach x of local var_names {
  2.          local new_name `x'
  3.        local old_name  `new_name'`suffix'
  4.        rename `old_name' `new_name'
  5. }
```

（3）使用 describe 命令查看数据集的基本信息：

```
. describe

Contains data
  obs:         1,000
 vars:            12
 size:        39,000
------------------------------------------------------------------------------
              storage   display    value
variable name   type    format     label          variable label
------------------------------------------------------------------------------
id              int     %8.0g
weight          int     %8.0g
education       byte    %8.0g
income          byte    %8.0g
```

```
death          byte    %8.0g
sex            float   %9.0g      sex
hypertension   float   %9.0g      yesno  disease: hypertension
diabetes       float   %9.0g      yesno      disease: diabetes
height         double  %10.0g                  height, unit: cm
birthday       float   %tdDMY
entrydt        float   %tdDMY
deathdt        float   %tdDMY
-----------------------------------------------------------------
Sorted by:
     Note: Dataset has changed since last saved.
```

（4）使用 list 命令显示清理后的前 5 条样本：

```
. list in 1/5

     +-----------------------------------------------+
  1. | id | weight | educat~n | income | death |   sex   |
     |  1 |     88 |        3 |      1 |     0 |   men   |
     |-----------------------------------------------|
     | hypert~n   | diabetes   |  height  |   birthday  |
     |      yes   |       yes  |  173.5   |    13May64  |
     |-----------------------------------------------|
     |          entrydt         |          deathdt       |
     |        10June03          |                .       |
     +-----------------------------------------------

     +-----------------------------------------------+
  2. | id | weight | educat~n | income | death |   sex   |
     |  2 |     81 |        4 |      2 |     0 |  men    |
     |-----------------------------------------------|
     | hypert~n   | diabetes   |  height  |   birthday  |
     |       no   |        no  |    178   |  10June63   |
     |-----------------------------------------------|
     |          entrydt         |          deathdt       |
     |     05January04          |                .       |
     +-----------------------------------------------+

     +-----------------------------------------------+
  3. | id | weight | educat~n | income | death |   sex   |
     |  3 |     70 |        1 |      2 |     1 |   men   |
     |-----------------------------------------------|
     | hypert~n   | diabetes   |  height  |   birthday  |
     |       no   |        no  |  166.5   |  12July38   |
     |-----------------------------------------------|
     |          entrydt         |          deathdt       |
```

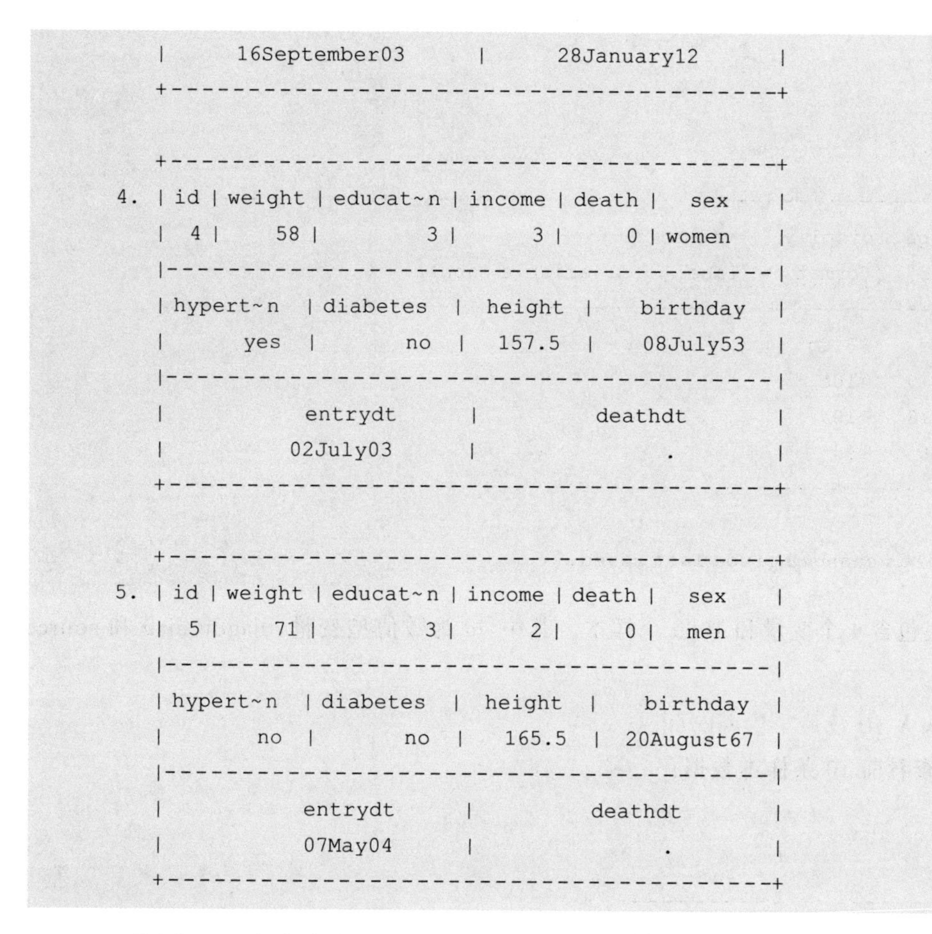

```
     |    16September03      |     28January12      |
     +--------------------------------------------+

     +--------------------------------------------+
  4. | id | weight | educat~n | income | death |   sex    |
     |  4 |     58 |        3 |      3 |     0 | women    |
     |--------------------------------------------|
     | hypert~n  | diabetes  |  height  |   birthday  |
     |      yes  |        no |  157.5   |   08July53  |
     |--------------------------------------------|
     |           entrydt      |          deathdt      |
     |          02July03      |               .       |
     +--------------------------------------------+

     +--------------------------------------------+
  5. | id | weight | educat~n | income | death |   sex    |
     |  5 |     71 |        3 |      2 |     0 |  men     |
     |--------------------------------------------|
     | hypert~n  | diabetes  |  height  |   birthday  |
     |       no  |        no |  165.5   | 20August67  |
     |--------------------------------------------|
     |           entrydt      |          deathdt      |
     |           07May04      |               .       |
     +--------------------------------------------+
```

(5) 使用 save 命令将当前数据存储为名为 baseline_new 的 Stata 格式的数据集：

```
. save baseline_new.dta
```

至此，baseline 数据集已清理完毕。

11.1.2 诊断信息数据集

1. 导入数据

与 11.1.1 节导入病人基本信息数据集的过程相似，诊断信息数据集也包含中文编码的数据内容。可首先使用 unicode 和 import 命令转译并导入数据，接着使用 describe 命令描述数据集以初步了解其中的数据。表 8-1-2 包含对本数据集及清理目的详细介绍。

```
. unicode analyze diagnosis.csv
. unicode encoding set gb18030
. unicode translate diagnosis.csv, transutf8
. import delimited diagnosis.csv, encoding(UTF-8) clear
(4 vars, 1089 obs)

. describe
```

```
Contains data
  obs:        1,089
 vars:            4
 size:       38,115
---------------------------------------------------------------------------
                storage  display    value
variable name   type     format     label      variable label
---------------------------------------------------------------------------
id              byte     %8.0g
diagdt          str10    %10s
diag            str18    %18s
source          str6     %9s
---------------------------------------------------------------------------
Sorted by:
      Note: Dataset has changed since last saved.
```

输出结果显示数据集包含4个变量和1089个样本。其中，id为数值型变量，diagdt、diag和source为文本型变量。

2. 筛选患高血压的病人ID及最早诊断时间

首先，使用list命令查看前10条样本数据：

```
. list in 1/10

     +-----------------------------------------+
     | id     diagdt            diag   source |
     |-----------------------------------------|
  1. |  1   2016-07-24   原发性高血压     住院 |
  2. |  1   2016-08-22   原发性高血压     门诊 |
  3. |  1   2016-08-29       心肌梗死     门诊 |
  4. |  1   2016-08-29   原发性高血压     门诊 |
  5. |  1   2016-09-01   原发性高血压     门诊 |
     |-----------------------------------------|
  6. |  1   2016-09-08       心肌梗死     门诊 |
  7. |  1   2016-09-08   原发性高血压     门诊 |
  8. |  1   2016-11-28   原发性高血压     住院 |
  9. |  2   2015-01-23       心肌梗死     门诊 |
 10. |  2   2015-02-01       心肌梗死     门诊 |
     +-----------------------------------------+
```

输出结果直观地显示：当前数据集里的每一行代表一次医疗记录，同一病人有多次医疗记录，此类数据集通常被称为为纵向数据集。为了解每个个体是否患有高血压及高血压病人的首次诊断时间，可首先将纵向数据集转换为横向数据集，数据转换后，每一行包含一个病人的全部医疗记录。接着对每一行中的研究对象的高血压患病情况进行分析，清理思路如下。

(1) 使用generate命令将文本类型的diagdt变量转换为日期格式，删除清理前的变量，并将新建的变量更名为diagdt。

```
. generate diag_date = date(diagdt, "YMD")
. drop diagdt
. rename diag_date diagdt
. format %td diagdt
```

（2）使用 by 语句和 generate 命令为每一个病人新建 record_num 变量，以指示每个研究对象的医疗记录的排位，“by id (diagdt), sort:”前缀指示其后的操作在每个 id 中重复，且数据集首先按照 id 排序，当多个观测样本的 id 相同时，根据 diagdt 变量取值由小到大排序。使用 order 命令调整数据集中变量的排列顺序，指定 id 和 record_num 变量为前两个变量。最后查看当前数据集中前 15 条样本记录。

```
. by id (diagdt), sort: generate record_num = _n
. order id record_num
. list in 1/15

     +------------------------------------------+
     | id   record~m    diagdt          diag   source |
     |------------------------------------------|
  1. | 1          1   24jul2016   原发性高血压     住院 |
  2. | 1          2   22aug2016   原发性高血压     门诊 |
  3. | 1          3   29aug2016       心肌梗死     门诊 |
  4. | 1          4   29aug2016   原发性高血压     门诊 |
  5. | 1          5   01sep2016   原发性高血压     门诊 |
     |------------------------------------------|
  6. | 1          6   08sep2016       心肌梗死     门诊 |
  7. | 1          7   08sep2016   原发性高血压     门诊 |
  8. | 1          8   28nov2016   原发性高血压     住院 |
  9. | 2          1   23jan2015       心肌梗死     门诊 |
 10. | 2          2   01feb2015       心肌梗死     门诊 |
     |------------------------------------------|
 11. | 3          1   21nov2014   原发性高血压     门诊 |
 12. | 3          2   05dec2014   原发性高血压     门诊 |
 13. | 3          3   01may2015   原发性高血压     门诊 |
 14. | 3          4   07may2015   原发性高血压     门诊 |
 15. | 3          5   29may2015       心肌梗死     门诊 |
     +------------------------------------------+
```

（3）使用 reshape wide 命令将纵向数据集转换为横向格式，指定待转换的变量为 diagdt、diag 和 source：

```
. reshape wide diagdt diag source, i(id) j(record_num)
(note: j = 1 2 3 4 5 6 7 8 9 10 11 12 13 14 15 16 17 18 19 20
>21 22 23 24 25 26 27 28 29 30 31 32 33 34 35 36 37 38 39 40
>41 42 43 44 45 46 47 48 49 50 51 52 53 54 55 56 57 58 59 60
>61 62 63 64 65 66 67 68 69 70 71 72 73 74 75 76 77 78 79 80
>81 82 83 84 85 86 87 88 89 90 91 92 93 94 95 96 97 98 99 100
```

```
>101 102 103 104 105 106 107 108 109 110 111 112 113 114 115
>116 117 118 119 120 121 122 123 124 125 126 127 128 129 130
>131 132 133 134 135 136 137 138 139 140 141 142 143 144 145
>146)

Data                                long   ->   wide
-----------------------------------------------------------------
Number of obs.                      1089   ->    80
Number of variables                    5   ->   439
j variable (146 values)       record_num   ->   (dropped)
xij variables:
                         diagdt   ->   diagdt1 diagdt2 ... diagdt146
                           diag   ->   diag1 diag2 ... diag146
                         source   ->   source1 source2 ... source146
-----------------------------------------------------------------
```

输出结果显示：每个研究对象最多有 146 条诊断记录，纵向数据集转变为横向数据集后，样本数由 1089(医疗记录条数)转变为 80(病人数)，变量数由 5 个转变为 439 个，diagdt 变量转变为 146 个新变量(diagdt1～diagdt146)，diag 变量转变为 146 个新变量(diag1～diag146)，source 变量转变为 146 个新变量 source1～source146)。

当前数据集中 diag1～diag146 分别代表每个病人的第 1～146 次诊断，diag 后的数字对应纵向数据集中的 record_num 变量的取值。因为上一步骤按照 diagdt 由小到大(时间由早至晚)的顺序创建 record_num 变量，此处 diag1～diag146 代表时间由早至晚的诊断记录。若病人的诊断记录不足 146 条，以只有 10 条记录的病人为例，则该病人 diag11～diag146 变量的取值为缺失值。

(4) 使用 generate 命令新建 hypertension 和 hypertension_dt 变量以表示该病人是否有高血压诊断和高血压首诊时间，首先分别为上述两个变量赋值为 0 和缺失值，接着使用 foreach 循环依次判断诊断变量 diag1～diag146 是否包含“高血压”文本，当首次发现诊断名称中包含“高血压”文本时，将该变量赋值为 1，并将高血压首诊时间替换为该次诊断的时间。

```
. generate hypertension = 0
. generate hypertension_dt = .
(80 missing values generated)

. foreach i of numlist 1/146 {
    replace hypertension_dt = diagdt`i' if hypertension ==0 & strmatch(diag`i', "*高血压
*")==1
    replace hypertension = 1 if hypertension ==0 & strmatch(diag`i', "*高血压*")==1
  }
. format %td hypertension_dt
```

(5) 使用 tabulate 命令查看高血压病人的频数：

```
. tabulate hypertension

hypertensio |
```

```
         n |      Freq.     Percent        Cum.
------------+-----------------------------------
          0 |         16       20.00       20.00
          1 |         64       80.00      100.00
------------+-----------------------------------
      Total |         80      100.00
```

输出结果显示：当前数据集中共有80名病人，其中64人有至少一次高血压诊断。

3. 筛选患糖尿病的病人ID及最早诊断时间

可使用与上面介绍的关于高血压的方法创建diabetes变量和diabetes_dt变量，分别表示糖尿病患病状况和糖尿病首诊时间。

(1) 使用上述方法判断糖尿病诊断及糖尿病诊断的首诊时间。将quietly置于replace前可指示Stata不报告输出结果，以减少输出内容所占的篇幅。

```
. generate diabetes = 0
. generate diabetes_dt = .
(80 missing values generated)

. foreach i of numlist 1/146 {
  2.     quietly replace diabetes_dt = diagdt`i' if diabetes =
>=0 & strmatch(diag`i', "*糖尿病*")==1
  3.     quietly replace diabetes = 1 if diabetes ==0 & strmat
>ch(diag`i', "*糖尿病*")==1
  4. }
. format %td diabetes_dt
```

(2) 查看前10条样本的高血压及糖尿病的患病情况及首诊时间：

```
. list id hypertension hypertension_dt diabetes diabetes_dt in
>  1/10

     +--------------------------------------------------+
     | id   hypert~n   hyperte~t   diabetes   diabete~t |
     |--------------------------------------------------|
  1. |  1          1   24jul2016          0           . |
  2. |  2          0           .          0           . |
  3. |  3          1   21nov2014          0           . |
  4. |  4          1   10apr2015          1   24may2013 |
  5. |  5          1   18mar2016          0           . |
     |--------------------------------------------------|
  6. |  6          1   04may2015          1   02nov2007 |
  7. |  7          1   30aug2007          0           . |
  8. |  8          1   24sep2016          0           . |
  9. |  9          1   08nov2014          0           . |
 10. | 10          0           .          0           . |
     +--------------------------------------------------+
```

4. 计算诊断时间间隔

若对多次诊断之间的时间间隔感兴趣，可进一步计算任意两次诊断之间的时间间隔或两次相同诊断之间的时间间隔。分析思路是：使用纵向数据集，首先按照 id 和诊断时间对诊断记录排序，接着从第二条记录开始计算本条记录与上一条记录的诊断时间的差值。分析过程如下：

(1) 使用 reshape 命令将当前的横向数据集数据转换为纵向数据集：

```
. reshape long diagdt diag source, i(id) j(record_num)
(note: j = 1 2 3 4 5 6 7 8 9 10 11 12 13 14 15 16 17 18 19 20
>21 22 23 24 25 26 27 28 29 30 31 32 33 34 35 36 37 38 39 40
>41 42 43 44 45 46 47 48 49 50 51 52 53 54 55 56 57 58 59 60
>61 62 63 64 65 66 67 68 69 70 71 72 73 74 75 76 77 78 79 80
>81 82 83 84 85 86 87 88 89 90 91 92 93 94 95 96 97 98 99 100
>101 102 103 104 105 106 107 108 109 110 111 112 113 114 115
>116 117 118 119 120 121 122 123 124 125 126 127 128 129 130
>131 132 133 134 135 136 137 138 139 140 141 142 143 144 145
>146)

Data                                 wide   ->   long
-----------------------------------------------------------------------------
Number of obs.                         80   ->   11680
Number of variables                   443   ->       9
j variable (146 values)                     ->   record_num
xij variables:
         diagdt1 diagdt2 ... diagdt146      ->   diagdt
                diag1 diag2 ... diag146     ->   diag
         source1 source2 ... source146      ->   source
-----------------------------------------------------------------------------
```

输出结果显示：数据集由 443 个变量转变为 9 个变量，与原始数据集相比，当前数据集增加了 4 个变量：hypertension、hypertension_dt、diabetes 和 diabetes_dt；此外，样本数由 80(病人数)转变为 11 680(医疗记录条数)。11 680 远高于原始数据中的样本数 1089，其原因是 Stata 为每一位病人都生成 146 条医疗记录，但是多数病人的实际医疗记录少于 146 条，导致当前数据集中多数医疗记录为缺失信息。此处可删除诊断信息为缺失值的样本记录：

```
. drop if missing(diagdt)
(10,591 observations deleted)
```

(2) 使用 by 语句和 generate 命令为每个病人新建 gap_any_diag 变量，该变量为该病人的任意一条医疗记录与其上一条医疗记录中诊断时间的差值。命令语句中的“by id (diagdt), sort:”前缀指示其后的操作在每个 id 中重复，且数据集首先按照 id 排序，同一 id 按照 diagdt 变量由小到大排序；diagdt[_n−1]为上一条记录中 diagdt 变量的取值：

```
. by id (diagdt), sort: generate gap_any_diag = diagdt - diagdt[_n-1]
(80 missing values generated)
```

查看前 10 条记录：

```
. list id diag diagdt gap_any_diag in 1/10

     +-----------------------------------+
     | id        diag      diagdt   gap_an~g |
     |-----------------------------------|
  1. |  1  原发性高血压   24jul2016         . |
  2. |  1  原发性高血压   22aug2016        29 |
  3. |  1      心肌梗死   29aug2016         7 |
  4. |  1  原发性高血压   29aug2016         0 |
  5. |  1  原发性高血压   01sep2016         3 |
     |-----------------------------------|
  6. |  1      心肌梗死   08sep2016         7 |
  7. |  1  原发性高血压   08sep2016         0 |
  8. |  1  原发性高血压   28nov2016        81 |
  9. |  2      心肌梗死   23jan2015         . |
 10. |  2      心肌梗死   01feb2015         9 |
     +-----------------------------------+
```

（3）可参照上述方式计算每个病人相同诊断的时间间隔 gap_each_diag，区别于上述操作，本次清理过程需要指示“by id diag (diagdt), sort:”，即指定样本依次按照 id、diag 和 diagdt 变量由小到大排序，而 Stata 冒号后的命令在每一个不同的 id 和 diag 中重复执行。

```
. by id diag (diagdt), sort: generate gap_each_diag = diagdt -diagdt[_n-1]
(183 missing values generated)

. list id diag diagdt gap_each_diag in 1/10

     +-----------------------------------+
     | id        diag      diagdt   gap_ea~g |
     |-----------------------------------|
  1. |  1  原发性高血压   24jul2016         . |
  2. |  1  原发性高血压   22aug2016        29 |
  3. |  1  原发性高血压   29aug2016         7 |
  4. |  1  原发性高血压   01sep2016         3 |
  5. |  1  原发性高血压   08sep2016         7 |
     |-----------------------------------|
  6. |  1  原发性高血压   28nov2016        81 |
  7. |  1      心肌梗死   29aug2016         . |
  8. |  1      心肌梗死   08sep2016        10 |
  9. |  2      心肌梗死   23jan2015         . |
 10. |  2      心肌梗死   01feb2015         9 |
     +-----------------------------------+
```

至此，本数据集清理完毕。

11.1.3 实验室检测结果数据集（一）

1. 导入数据

与11.1.1节和11.1.2节使用的数据集相似，实验室检测结果数据集（一）也包含中文编码的数据内容，可首先使用unicode和import命令转译并导入数据，接着使用describe命令和list命令初步了解数据集内容。表8-1-3包含对本数据集及清理目的详细介绍。

```
. unicode analyze lab_1.csv
. unicode encoding set gb18030
. unicode translate lab_1.csv, transutf8
. import delimited lab_1.csv, encoding(UTF-8) clear
(5 vars, 200 obs)

. describe

Contains data
  obs:          200
 vars:            5
 size:       14,800
------------------------------------------------------------------------
              storage  display    value
variable name   type    format     label      variable label
------------------------------------------------------------------------
id              byte    %8.0g
test_name       str12   %12s
testdt          str10   %10s
test_result     str22   %22s
reference       str29   %29s
------------------------------------------------------------------------
Sorted by:
     Note: Dataset has changed since last saved.
```

输出结果显示：当前数据集包含200个样本和5个变量，其中id为数值型变量，其余4个变量为文本型变量。

```
. list in 1/5

     +------------------------------------+
  1. | id | test_n~e |     testdt  |   test_result  |
     |  1 |  病毒定量 | 2013-02-27  | <5×10^2 IU/ML  |
     |------------------------------------|
     |                  reference         |
     |         检测标准 5.00×10^2 IU/ML     |
     +------------------------------------+
```

```
    +-----------------------------------------+
 2. | id | test_n~e |    testdt   |  test_result |
    |  1 |   血小板 | 2013-05-17  |          153 |
    |-----------------------------------------  |
    |                reference                  |
    |           101-320×10^9/L                  |
    +-----------------------------------------+

    +-----------------------------------------+
 3. | id | test_n~e |    testdt   |  test_result |
    |  1 |   红细胞 | 2013-12-25  |         5.44 |
    |-----------------------------------------  |
    |                reference                  |
    |          4.09-5.74×10^12/L                |
    +-----------------------------------------+

    +-----------------------------------------+
 4. | id | test_n~e |    testdt   |  test_result |
    |  1 | 病毒定量 | 2014-03-19  |<5×10^2 IU/ML |
    |-----------------------------------------  |
    |                reference                  |
    |       检测标准 5.00×10^2 IU/ML            |
    +-----------------------------------------+

    +-----------------------------------------+
 5. | id | test_n~e |    testdt   |  test_result |
    |  1 |   血小板 | 2014-03-19  |          147 |
    |-----------------------------------------  |
    |                reference                  |
    |            85-303×10^9/L                  |
    +-----------------------------------------+
```

为方便后续分析，需将数据集中的 test_result 和 reference 变量转变为数值类型，下面将以病毒定量测试的检查结果为例讲解清理数据的具体方案及步骤。

2. 清理 test_result 变量

仔细观察数据后可以发现，test_result 变量的文本值有相对固定的结构，第一部分为<或缺失，第二部分为 * 前的数值，第三部分为 * 与^之间的数值，第四部分为^之后的数值，其中第三部分为固定值10。因此，可首先依次提取文本值中的其他 3 个部分，然后再将各部分合并为数值。下面将使用正则表达式描述文本规律，正则表达式的基本规则可见附录 B。清理思路如下：

(1) 使用 generate 命令新建 virus_1 变量，使用 regexm 函数判断 test_result 的文本取值是否有<，“^<”指示<位于文本的首位。若判定结果为真，则将新建变量赋值为<。

```
. generate virus_1 = "<" if(regexm(test_result, "^<"))
```

(2) 使用 generate 命令新建 virus_2 变量，使用 regexs(1)提取使用 regexm 函数所获得的匹配文本中第一个小括号所包含的文本值，即＜和＊之间的数字部分。其中，？表示匹配文本的数量为0个或1个，即“^＜？”表示匹配的文本首位可出现0个或1个＜；“.”表示任意字符，“.＊”表示任意字符的数量为0个或多个。

```
. generate virus_2 = regexs(1) if(regexm(test_result, "^<?(.*)×"))
. destring virus_2, replace
```

(3) 使用generate命令新建virus_3变量，使用regexs(1)提取使用regexm函数所获得的匹配文本中第一个小括号所包含的文本值，即^后的数字部分([0-9]?)，其中[0-9]表示任意数字，？表示任意数字的个数为0个或1个。此外，文本中的幂次符号有两种书写方式：^和ˆ，可分两次描述文本特征，由于^在正则表达式中有特殊含义：指定文本位于首位，此处需使用\^表明待匹配的是文本^本身。

```
. generate virus_3 = regexs(1) if(regexm(test_result, "\^([0-9]?)"))
. replace virus_3 = regexs(1) if(regexm(test_result, "ˆ([0-9]?)"))
. destring virus_3, replace
```

(4) 查看新建变量：

```
. list test_result virus_1 virus_2 virus_3 if test_name=="病毒定量" in 1/20

     +-----------------------------------------+
     |      test_result   virus_1   virus_2   virus_3 |
     |-----------------------------------------|
  1. |    <5×10^2 IU/ML         <         5         2 |
  4. |    <5×10^2 IU/ML         <         5         2 |
  7. | <1.00×10^3 IU/ML         <         1         3 |
 10. |  5.37×10^7 IU/ml                5.37         7 |
 12. | <5.00×10^2 IU/ML         <         5         2 |
     |-----------------------------------------|
 16. | <5.00×10^2 IU/ML         <         5         2 |
 18. |  4.34×10^4 IU/ml                4.34         4 |
     +-----------------------------------------+
```

(5) 使用generate命令和replace命令创建result_clean变量，当诊断名称为“病毒定量”时，该变量取值为virus_2＊(10^virus_3)，若病毒检测结果中存在＜，则视病毒检测结果为阴性，这里将此类型的数据赋值为0。建议读者在实际研究中参考相关专业知识确定如何提取检查结果。

```
. generate result_clean = cond(test_name=="病毒定量", virus_2*(10^virus_3), .)
. replace result_clean = 0 if virus_1=="<" & test_name=="病毒定量"
```

(6) 查看清理后的病毒定量数据。

```
. list id test_result result_clean if test_name=="病毒定量" in 1/20

     +----------------------------+
     | id         test_result   result~n |
     |----------------------------|
```

```
  1. | 1       <5×10^2 IU/ML           0 |
  4. | 1       <5×10^2 IU/ML           0 |
  7. | 1    <1.00×10^3 IU/ML           0 |
 10. | 1      5.37×10^7 IU/ml   5.37e+07 |
 12. | 2    <5.00×10^2 IU/ML           0 |
     |-------------------------------- |
 16. | 2    <5.00×10^2 IU/ML           0 |
 18. | 2      4.34×10^4 IU/ml      43400 |
     +-------------------------------- +
```

3. 清理 reference 变量

首先,使用 table 命令查看当前数据集中 reference 变量的取值类型。

```
. table reference if test_name=="病毒定量"

--------------------------------------
               reference |      Freq.
----------------------+---------------
                 1×10^3 |         12
               20 IU/ML |          6
               500IU/ML |         15
       检测标准 5.00×10^2 |         11
       检测标准 5.0×10^2 I |          1
      检测标准 5×10^2 IU/ |         13
         检测标准 500IU/ML |          3
--------------------------------------
```

(1) 观察上述输出结果可知 reference 变量仅有 3 种取值:20、500 和 1000。使用 generate 和 replace 命令新建数值型变量 reference_cl,根据 reference 变量的取值将新变量赋值为 20,500 或 1000:

```
. generate reference_cl = 1000 if reference=="1×10^3" & test_name=="病毒定量"
. replace reference_cl = 20 if reference=="20 IU/ML" & test_name=="病毒定量"
. replace reference_cl = 500 if missing(reference_cl) & test_name=="病毒定量"
```

(2) 查看清理后的 reference 变量取值:

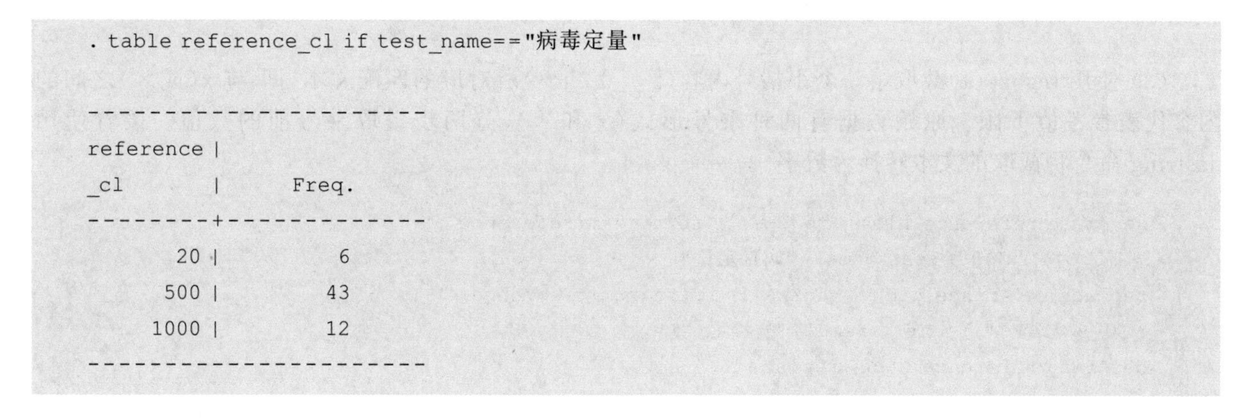

```
. table reference_cl if test_name=="病毒定量"

----------------------
reference |
_cl       |     Freq.
--------+-------------
     20 |         6
    500 |        43
   1000 |        12
----------------------
```

(3) 新建 normal 变量。当检测结果高于 reference 变量的值时，将 normal 变量赋值为 abnormal 以代表不正常，否则赋值 normal 以代表正常。

```
. generate normal=cond(result_clean>reference_cl, "abnormal",
>   "normal") if test_name=="病毒定量"
(139 missing values generated)
```

(4) 查看清理后的变量：

```
. list id result_clean reference_cl normal if test_name=="病毒定量" in 1/20

     +-------------------------------+
     | id   result~n   refere~l    normal |
     |-------------------------------|
  1. |  1          0        500    normal |
  4. |  1          0        500    normal |
  7. |  1          0        500    normal |
 10. |  1   5.37e+07        500  abnormal |
 12. |  2          0        500    normal |
     |-------------------------------|
 16. |  2          0        500    normal |
 18. |  2      43400       1000  abnormal |
     +-------------------------------+
```

4. 清理红细胞和血小板变量

(1) 红细胞和血小板的检测结果以文本形式记录，可使用 real 函数将文本型数字转换为数值。

```
. replace result_clean = real(test_result) if missing(result_clean)
```

(2) 用文本记录红细胞和血小板参考值的下限和上限。可首先使用 regexs(1)截取第一个小括号内容(.*)所对应的匹配文本，即-之前的内容代表参考值下限，接着使用 destring 命令将截取的文本转换为数字。因为当前数据中 test_name 变量仅有 3 个取值，可使用 test_name!="病毒定量"筛选红细胞和血小板相关的观测样本。

```
. generate reference_low = regexs(1) if(regexm(reference, "^(.
>*)-")) & test_name!="病毒定量"
. destring reference_low, replace
```

(3) 使用 regexs(1)截取第一个小括号内容(.*[0-9]*)所对应的匹配文本，即-与 x(或×)之间的内容代表参考值下限。原始数据有两种乘号形式(x 和×)，分两步提取乘号前的数值。接着使用 destring 命令将截取的文本转换为数字。

```
. generate reference_high = regexs(1) if(regexm(reference, "-(
>.*[0-9]*)x")) & test_name!="病毒定量"
. replace reference_high = regexs(1) if(regexm(reference, "-(.
>*[0-9]*)\×")) & test_name!="病毒定量"
. destring reference_high, replace
```

（4）判断红细胞和血小板的取值是否在正常范围内，即不低于参考值下限且不高于参考值上限。最后查看清理后的数据。

```
. replace normal = cond(result_clean>=reference_low & result_clean
><=reference_high, "abnormal", "normal") if test_name!="病毒定量"

. list id test_name result_clean reference_cl normal in 1/10

     +--------------------------------------------------+
     | id   test_n~e    result~n   refere~l     normal  |
     |--------------------------------------------------|
  1. |  1   病毒定量          0        500     normal  |
  2. |  1     血小板        153          .   abnormal  |
  3. |  1     红细胞       5.44          .   abnormal  |
  4. |  1   病毒定量          0        500     normal  |
  5. |  1     血小板        147          .   abnormal  |
     |--------------------------------------------------|
  6. |  1     红细胞       5.26          .   abnormal  |
  7. |  1   病毒定量          0        500     normal  |
  8. |  1     血小板        111          .   abnormal  |
  9. |  1     红细胞       4.22          .   abnormal  |
 10. |  1   病毒定量   5.37e+07        500   abnormal  |
     +--------------------------------------------------+
```

至此，本数据集已清理完毕。

11.1.4 实验室检测结果数据集（二）

表 8-1-4 包含对本数据集及清理目的详细介绍。导入实验室检测结果数据集（二），描述该数据集并查看前 3 条样本。

```
. import excel "lab_2.xlsx", sheet("sheet1") firstrow
. describe

Contains data
  obs:           20
 vars:            3
 size:        5,740
------------------------------------------------------------------------
              storage   display    value
variable name   type    format     label      variable label
------------------------------------------------------------------------
id              byte    %10.0g                id
blood_pre       str138  %138s                 blood_pre
blood_post      str148  %148s                 blood_post
------------------------------------------------------------------------
```

```
Sorted by:
     Note: Dataset has changed since last saved.
```

当前数据集有 20 条观测样本和 3 个变量。其中，id 为数值型变量，blood_pre 和 blood_post 为文本型变量。

```
. list in 1/3

     +-------------------------------------------+
  1. |                    id                     |
     |                     1                     |
     |-------------------------------------------|
     | blood_pre                                 |
     | 红细胞:4.96*10^12/L.白细胞:5.21*10^9/L.血小板:207*1..  |
     |-------------------------------------------|
     | blood_post                                |
     | 红细胞:4.84*10^12/L.白细胞:16.63*10^9/L.血小板:205*..  |
     +-------------------------------------------+

     +-------------------------------------------+
  2. |                    id                     |
     |                     2                     |
     |-------------------------------------------|
     | blood_pre                                 |
     | 红细胞:3.91*10^12/L.白细胞:7.08*10^9/L.血小板:251*1..  |
     |-------------------------------------------|
     | blood_post                                |
     | 红细胞:5.02*10^12/L.白细胞:16.69*10^9/L.血小板:166*..  |
     +-------------------------------------------+

     +-------------------------------------------+
  3. |                    id                     |
     |                     3                     |
     |-------------------------------------------|
     | blood_pre                                 |
     | 红细胞:4.00*10^12/L.白细胞:4.75*10^9/L.中性粒细胞:1..  |
     |-------------------------------------------|
     | blood_post                                |
     | 红细胞:3.96*10^12/L.白细胞:11.32*10^9/L.血小板:204*..  |
     +-------------------------------------------+
```

输出结果显示：单个变量的文本值中记录了多个实验室检测项目的名称和数值。为方便后续分析，可创建多个不同的检测项目变量以记录相应的检测值。本例中术前和术后血液检测数值的数量级和单位(例如 10^12/L、10^9/L 等)一致(与常规实验室检测结果相同)，检测标准(即正常值范围)也采用相同的数量级和单位，因此下面仅介绍如何提取数量级和单位前的数值部分，以供比较和进一步分析。

1. 清理术前检测结果

首先，创建 pre_rbc 变量，用于保存术前检查中红细胞的检测值。使用 regexm 函数进行文本匹配，寻找特征为“红细胞：([0-9]*\.?[0-9]*)*10.*”的文本。其中，([0-9]*\.?[0-9]*)表示“红细胞：”与*之间的数值部分(注意，此处用*代表*本身，而非正则表达式中的特殊符号)，其匹配内容为包含1个或0个小数点的数值文本，因为“.”在正则表达式中表示任意字符，当需要表明匹配特征为小数点本身而非任意字符时，应使用“\.”。匹配成功后，使用 regexs(1)将新建变量赋值为 blood_pre 文本中对应第一个括号内容([0-9]*.?[0-9]*)的文本。

```
. generate pre_rbc = regexs(1) if(regexm(blood_pre, "红细胞:([
>0-9]*\.?[0-9]*)\*10.*"))
(1 missing value generated)
```

输出结果显示：新创建的 pre_rbc 变量有一个缺失值，即有一个病人的术前记录缺失红细胞的检测结果。

接下来，使用相似方法创建5个变量，分别表示白细胞、血小板、中性粒细胞和淋巴细胞和血红蛋白的检测结果。

```
. generate pre_wbc = regexs(1) if(regexm(blood_pre, "白细胞:
>([0-9]*\.?[0-9]*)\*10.*"))
(1 missing value generated)

. generate pre_plt = regexs(1) if(regexm(blood_pre, "血小板:
>([0-9]*\.?[0-9]*)\*10.*"))
(2 missing values generated)

. generate pre_nc = regexs(1) if(regexm(blood_pre, "中性粒细胞:
>([0-9]*\.?[0-9]*)\*10.*"))
(2 missing values generated)

. generate pre_lc = regexs(1) if(regexm(blood_pre, "淋巴细胞:
>([0-9]*\.?[0-9]*)\*10.*"))
(1 missing value generated)

. generate pre_hb = regexs(1) if(regexm(blood_pre, "血红蛋白:
>([0-9]*\.?[0-9]*)g"))
(1 missing value generated)
```

将新创建的变量的值由文本转换为数值。最后查看当前数据集。

```
. destring pre_*, replace

. list id blood_pre pre_* in 1/3

     +-------------------------------------------------+
  1. |                        id                       |
     |                        1                        |
```

```
  |-----------------------------------------------|
  | blood_pre                                     |
  | 红细胞:4.96*10^12/L.白细胞:5.21*10^9/L.血小板:207*1..  |
  |-----------------------------------------------|
  | pre_rbc | pre_wbc |  pre_plt  | pre_nc | pre_lc |
  |   4.96  |   5.21  |    207    |      . |   1.92 |
  |-----------------------------------------------|
  |                    pre_hb                     |
  |                     145                       |
  +-----------------------------------------------+

  +-----------------------------------------------+
2.|                      id                       |
  |                      2                        |
  |-----------------------------------------------|
  | blood_pre                                     |
  | 红细胞:3.91*10^12/L.白细胞:7.08*10^9/L.血小板:251*1..  |
  |-----------------------------------------------|
  | pre_rbc | pre_wbc |  pre_plt  | pre_nc | pre_lc |
  |   3.91  |   7.08  |    251    |    3.6 |   2.65 |
  |-----------------------------------------------|
  |                    pre_hb                     |
  |                      .                        |
  +-----------------------------------------------+

  +-----------------------------------------------+
3.|                      id                       |
  |                      3                        |
  |-----------------------------------------------|
  | blood_pre                                     |
  | 红细胞:4.00*10^12/L.白细胞:4.75*10^9/L.中性粒细胞:1..  |
  |-----------------------------------------------|
  | pre_rbc | pre_wbc |  pre_plt  | pre_nc | pre_lc |
  |       4 |   4.75  |     .     |    1.6 |   2.62 |
  |-----------------------------------------------|
  |                    pre_hb                     |
  |                     133                       |
  +-----------------------------------------------+
```

2. 清理术后检测结果

采用与上面相似的思路，清理术后检测结果，并查看清理后的数据。

```
. generate post_rbc = regexs(1) if(regexm(blood_post, "红细胞:
>([0-9]*\.?[0-9]*)\*10.*"))
. generate post_wbc = regexs(1) if(regexm(blood_post, "白细胞:
```

```
>([0-9]*\.?[0-9]*)\*10.*"))
. generate post_plt = regexs(1) if(regexm(blood_post, "血小板:
>([0-9]*\.?[0-9]*)\*10.*"))
. generate post_nc = regexs(1) if(regexm(blood_post, "中性粒细胞数:
>([0-9]*\.?[0-9]*)\*10.*"))
. generate post_lc = regexs(1) if(regexm(blood_post, "淋巴细胞数:
>([0-9]*\.?[0-9]*)\*10.*"))
. generate post_hb = regexs(1) if(regexm(blood_post, "血红蛋白:
>([0-9]*\.?[0-9]*)g"))
. destring post_*, replace
. list id blood_post post_* in 1/3

     +------------------------------------------------------------+
  1. |                           id                               |
     |                            1                               |
     |------------------------------------------------------------|
     | blood_post                                                 |
     | 红细胞:4.84*10^12/L.白细胞:16.63*10^9/L.血小板:205*..      |
     |------------------------------------------------------------|
     | post_rbc | post_wbc  | post_plt  | post_nc | post_lc        |
     |    4.84  |   16.63   |     205   |       . |    1.52        |
     |------------------------------------------------------------|
     |                      post_hb                               |
     |                        148                                 |
     +------------------------------------------------------------+

     +------------------------------------------------------------+
  2. |                           id                               |
     |                            2                               |
     |------------------------------------------------------------|
     | blood_post                                                 |
     | 红细胞:5.02*10^12/L.白细胞:16.69*10^9/L.血小板:166*..      |
     |------------------------------------------------------------|
     | post_rbc | post_wbc  | post_plt  | post_nc | post_lc        |
     |    5.02  |   16.69   |     166   |   15.67 |     1.3        |
     |------------------------------------------------------------|
     |                      post_hb                               |
     |                        135                                 |
     +------------------------------------------------------------+

     +------------------------------------------------------------+
  3. |                           id                               |
     |                            3                               |
     |------------------------------------------------------------|
     | blood_post                                                 |
```

```
| 红细胞:3.96 * 10^12/L.白细胞:11.32 * 10^9/L.血小板:204 * ..      |
|----------------------------------------------------------------|
| post_rbc  | post_wbc   | post_plt   | post_nc  | post_lc       |
|    3.96   |    11.32   |    204     |     .    |    .88        |
|----------------------------------------------------------------|
|                          post_hb                               |
|                            148                                 |
+----------------------------------------------------------------+
```

至此，本数据集清理完毕。

11.1.5 用药信息数据集

用药信息数据集数据清洗前的准备工作同前，即转译、导入并描述数据集。表 8-1-5 包含对本数据集及清理目的的详细介绍。

```
. unicode analyze drug.csv
. unicode encoding set gb18030
. unicode translate drug.csv, transutf8
. import delimited drug.csv, encoding(UTF-8) clear
(8 vars, 382 obs)
. describe

Contains data
    obs:           382
   vars:             8
   size:        21,392
------------------------------------------------------------------
              storage   display    value
variable name   type    format     label      variable label
------------------------------------------------------------------
id              byte    %8.0g
drugdt          str10   %10s
drug            str21   %21s
pack            str4    %9s
pack_unit       str5    %9s
pack_amount     byte    %8.0g
dose            str4    %9s
freq            str10   %10s
------------------------------------------------------------------
Sorted by:
     Note: Dataset has changed since last saved.
```

当前数据集包含 382 条记录和 8 个变量。其中，id 和 pack_amount 为数值型变量，其余变量的值为文本类型。

```
. list in 1/10

     +-----------------------------------------------------------+
  1. | id |    drugdt    |          drug   | pack  | pack_u~t  |
     |  1 | 2012-09-21   | 盐酸二甲双胍片   |  3盒  |    0.25g  |
     |-----------------------------------------------------------|
     |     pack_a~t     |     dose        |       freq          |
     |          60      |    0.5g         |     一日3次          |
     +-----------------------------------------------------------+

     +-----------------------------------------------------------+
  2. | id |    drugdt    |          drug   | pack  | pack_u~t  |
     |  1 | 2013-06-14   | 盐酸二甲双胍片   |  3盒  |    0.25g  |
     |-----------------------------------------------------------|
     |     pack_a~t     |     dose        |       freq          |
     |          60      |    0.5g         |     一日3次          |
     +-----------------------------------------------------------+

     +-----------------------------------------------------------+
  3. | id |    drugdt    |          drug   | pack  | pack_u~t  |
     |  1 | 2014-09-04   | 盐酸二甲双胍片   |  3盒  |    0.25g  |
     |-----------------------------------------------------------|
     |     pack_a~t     |     dose        |       freq          |
     |          60      |    0.5g         |     一日3次          |
     +-----------------------------------------------------------+

     +-----------------------------------------------------------+
  4. | id |    drugdt    |          drug   | pack  | pack_u~t  |
     |  1 | 2015-10-08   |    瑞格列奈片    |  3盒  |    1.0mg  |
     |-----------------------------------------------------------|
     |     pack_a~t     |     dose        |       freq          |
     |          30      |    1.0m         |     一日3次          |
     +-----------------------------------------------------------+

     +-----------------------------------------------------------+
  5. | id |    drugdt    |          drug   | pack  | pack_u~t  |
     |  1 | 2015-11-23   |    瑞格列奈片    |  3盒  |    1.0mg  |
     |-----------------------------------------------------------|
     |     pack_a~t     |     dose        |       freq          |
     |          30      |    1.0m         |     一日3次          |
     +-----------------------------------------------------------+

     +-----------------------------------------------------------+
  6. | id |    drugdt    |          drug   | pack  | pack_u~t  |
     |  1 | 2015-12-27   |    瑞格列奈片    |  3盒  |    1.0mg  |
```

```
     |------------------------------------------------|
     |    pack_a~t     |     dose        |      freq    |
     |         30      |     1.0m        |    一日3次   |
     +------------------------------------------------+

     +------------------------------------------------+
  7. | id  |     drugdt    |          drug  | pack   | pack_u~t  |
     |  2  | 2012-10-25    | 盐酸二甲双胍片  |  3盒   |    0.25g  |
     |------------------------------------------------|
     |    pack_a~t     |     dose        |      freq    |
     |         60      |     0.5g        |    一日3次   |
     +------------------------------------------------+

     +------------------------------------------------+
  8. | id  |     drugdt    |          drug  | pack   | pack_u~t  |
     |  2  | 2013-11-10    | 盐酸二甲双胍片  |  3盒   |    0.25g  |
     |------------------------------------------------|
     |    pack_a~t     |     dose        |      freq    |
     |         60      |     0.5g        |    一日3次   |
     +------------------------------------------------+

     +------------------------------------------------+
  9. | id  |     drugdt    |          drug  | pack   | pack_u~t  |
     |  2  | 2014-09-21    | 盐酸二甲双胍片  |  3盒   |    0.25g  |
     |------------------------------------------------|
     |    pack_a~t     |     dose        |      freq    |
     |         60      |     0.5g        |    一日3次   |
     +------------------------------------------------+

     +------------------------------------------------+
 10. | id  |     drugdt    |          drug  | pack   | pack_u~t  |
     |  2  | 2015-01-16    | 格列吡嗪缓释片  |  2盒   |    5.0mg  |
     |------------------------------------------------|
     |    pack_a~t     |     dose        |      freq    |
     |         14      |     5.0m        |    一日1次   |
     +------------------------------------------------+
```

输出结果显示：每一行为一条用药记录，同一病人可有多条用药记录，变量 pack、pack_unit、dose 和 freq 需转换为数值类型以便后续分析。

1. 查看药物使用频数

使用 tabulate 命令描述 drug 变量各类别的频数。若待描述变量包含缺失值，命令选项 missing 可指示输出结果报告缺失值的频数。

```
. tabulate drug, missing
```

```
                  drug |      Freq.     Percent        Cum.
-----------------------+-----------------------------------
          格列吡嗪缓释片 |         13        3.40        3.40
              格列本脲片 |         50       13.09       16.49
              格列美脲片 |         19        4.97       21.47
              瑞格列奈片 |         57       14.92       36.39
          盐酸二甲双胍片 |        243       63.61      100.00
-----------------------+-----------------------------------
                 Total |        382      100.00
```

输出结果显示：当前数据集中出现了5种不同的药物名称，未观察到缺失值。在实际分析工作中，常常需要根据专业知识判断是否存在使用多种药物名称记录同一药物的情况，若存在该现象，需合并药物名称。本节使用的示例数据无须进行合并操作。

2. 计算用药时间

计算用药时间的步骤如下：

(1) 使用 destring 命令将 pack 变量的值从文本转换为数值，设置命令选项 gen(packn)将转换后的数值存储为新变量 packn，ignore("盒" "瓶")指定在从文本到数值的转换过程中忽略文字“盒”或“瓶”。

```
. destring pack, gen(packn) ignore("盒" "瓶")
```

(2) 使用相同方法将 pack_unit、dose 和 freq 变量的值从文本转换为数值，并新建变量 pack_unitn、dosen 和 freqn 以存储数值。

```
. destring pack_unit, gen(pack_unitn) ignore("g" "mg")
. destring dose, gen(dosen) ignore("g" "m")
. destring freq, gen(freqn) ignore("一" "日" "次")
```

(3) 新建 duration 变量以表示用药天数(单位为天)。该变量的计算公式为：用药时间＝总用药量/每日用药量。

```
. generate duration = (packn * pack_amount * pack_unitn) / (dosen * freqn)
```

(4) 新建 drugedt 变量以表示用药结束时间(单位为天)。该变量的计算公式为：用药结束时间＝用药开始时间＋用药天数(向上取整)－1。

```
. generate drugedt = date(drugdt, "YMD") + ceil(duration) -1
. format drugedt %td
```

(5) 查看前10条记录：

```
. list id drug drugdt drugedt in 1/10

     +-----------------------------------------+
     | id          drug       drugdt    drugedt |
     |-----------------------------------------|
  1. |  1   盐酸二甲双胍片   2012-09-21   20oct2012 |
```

```
  2. | 1  盐酸二甲双胍片   2013-06-14   13jul2013 |
  3. | 1  盐酸二甲双胍片   2014-09-04   03oct2014 |
  4. | 1      瑞格列奈片   2015-10-08   06nov2015 |
  5. | 1      瑞格列奈片   2015-11-23   22dec2015 |
     |-------------------------------------------|
  6. | 1      瑞格列奈片   2015-12-27   25jan2016 |
  7. | 2  盐酸二甲双胍片   2012-10-25   23nov2012 |
  8. | 2  盐酸二甲双胍片   2013-11-10   09dec2013 |
  9. | 2  盐酸二甲双胍片   2014-09-21   20oct2014 |
 10. | 2  格列吡嗪缓释片   2015-01-16   12feb2015 |
     +-------------------------------------------+
```

至此，本数据集清理完毕。

11.2 数据分析与结果整理

本节将使用11.1节清理后的病人基本信息数据集，介绍数据分析的步骤和论文写作中结构化表格的整理步骤。本节分为6个部分，分别是定量数据的统计描述、分类数据的统计描述、相关分析、一般线性回归分析、Logistic回归分析和Cox回归分析。阅读本节前，建议读者首先通读第8章，特别是8.2.3节。

11.2.1 定量数据的统计描述

描述数据的统计量通常为数据分析的首要步骤，也是后续制订统计分析方案的重要依据。读者可依据定量数据的分布类型来决定使用何种统计量描述数据，常见的用于描述定量数据的统计量包括均值、标准差、中位数、最小值和最大值。

1. 数据准备

本节将使用清理后的病人基本信息数据集(baseline_new.dta，该数据集的清理过程见11.1.1节)和急性心梗数据集(表8-1-6包含该数据集的详细介绍)。

(1) 使用import命令导入心肌梗死数据集ami.csv并使用describe命令描述该数据集。

```
. import delimited ami.csv, encoding(UTF-8) clear
(3 vars, 1000 obs)

. describe

Contains data
  obs:         1,000
 vars:             3
 size:        13,000
------------------------------------------------------------------------------
              storage   display    value
variable name   type    format     label      variable label
------------------------------------------------------------------------------
id              int     %8.0g
ami             byte    %8.0g
amidt           str10   %10s
```

```
-------------------------------------------------------------------
Sorted by:
     Note: Dataset has changed since last saved.
```

输出结果显示：心肌梗死数据集中有1000条样本记录和3个变量，变量id和ami为数值型变量，amidt为文本型变量，当前所有变量符合统计分析的要求，无须进行额外的数据清理。

（2）使用merge命令横向合并当前数据集（急性心肌梗死数据集）和清理后的病人基本信息数据集baseline_new.dta；使用id变量作为匹配变量并进行一对一（1：1）横向合并。保留id仅存在于当前数据集（master）的样本、id仅存在于待合并数据集（using）的样本以及id匹配的样本（match）。nogenerate指示不创建新变量以记录id是否被成功匹配。

```
. merge 1:1 id using "baseline_new.dta", keep(master using match)
>nogenerate

    Result                           #of obs.
    -----------------------------------------
    not matched                             0
    matched                             1,000
    -----------------------------------------
```

输出结果显示：原数据集中的1000个样本全部通过id变量在待合并的数据集中匹配成功。

（3）使用generate命令创建age变量和bmi变量，分别表示研究对象进入本研究时的年龄和BMI。根据入组日期entrydt和出生日期birthday计算研究对象进入研究时的年龄。BMI为体重（weight，单位为kg）除以身高（height/100，单位为m）的二次方得到的数值。

```
. generate age = (entrydt - birthday)/365.25
. generate bmi = weight/((height/100)^2)
```

（4）查看当前数据集中的前3条样本记录：

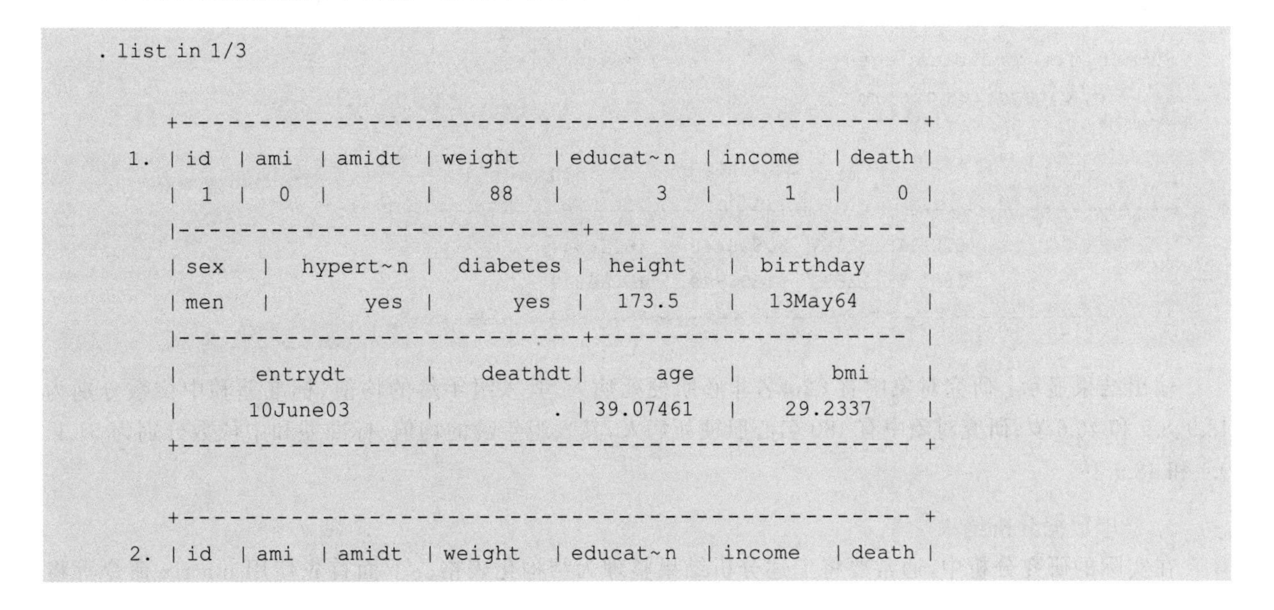

```
. list in 1/3

     +-----------------------------------------------------------+
  1. | id  | ami  | amidt  | weight   | educat~n  | income   | death |
     |  1  |  0   |        |    88    |        3  |      1   |     0 |
     |-------------------------------+---------------------------|
     | sex   |  hypert~n |  diabetes |  height    |  birthday     |
     | men   |       yes |       yes |  173.5     |  13May64      |
     |-------------------------------+---------------------------|
     |      entrydt     |    deathdt |     age    |      bmi      |
     |     10June03     |          . | 39.07461   |    29.2337    |
     +-----------------------------------------------------------+

     +-----------------------------------------------------------+
  2. | id  | ami  | amidt  | weight   | educat~n  | income   | death |
```

```
  | 2  | 0  |           |    81    |      4    |     2    |     0 |
  |---------------------------+---------------------------------- |
  | sex |   hypert~n    | diabetes |  height    |  birthday       |
  | men |          no   |       no |   178      |  10June63       |
  |---------------------------+---------------------------------- |
  |       entrydt       |    deathdt |    age    |        bmi      |
  |   05January04       |          . | 40.57221  |   25.56495      |
  +-------------------------------------------------------------- +

  +-------------------------------------------------------------- +
3. | id  | ami  | amidt  | weight   | educat~n  | income   | death |
  | 3  | 0  |           |    70    |      1    |     2    |     1 |
  |---------------------------+---------------------------------- |
  | sex |   hypert~n    | diabetes |  height    |  birthday       |
  | men |          no   |       no |  166.5     |  12July38       |
  |---------------------------+---------------------------------- |
  |       entrydt       |    deathdt  |     age |        bmi      |
  | 16September03       | 28January12 | 65.18002 |  25.25047      |
  +-------------------------------------------------------------- +
```

输出结果显示：合并新建数据后，变量个数由 3 个增加至 16 个。

2. 数据分析

下面使用 tabstat 命令描述患有和未患心肌梗死的研究对象的入组年龄(age 变量)的均值、标准差和中位数。命令选项 statistics(n mean sd median)表示描述 age 变量的非缺失样本数、均数、标准差和中位值，如需描述最小值、最大值、百分位数等其他统计量，可在括号内增加统计量的英文缩写，缩写名称可参阅 tabstat 命令的帮助文件。命令选项 by(ami)表示分 ami 组别描述 age 变量。命令选项 nototal 表示输出结果只需报告分组别的统计量，无须报告全体样本的统计量。

```
. tabstat age, statistics(n mean sd median) by(ami) nototal

Summary for variables: age
     by categories of: ami
```

```
     ami |        N      mean        sd         p50
---------+------------------------------------------
       0 |      820  48.87167  8.898448    46.56947
       1 |      180  51.12897  9.358749    48.86379
----------------------------------------------------
```

输出结果显示：研究对象中有 820 名非心肌梗死病人，其入组年龄的均值、标准差和中位数分别为 48.9、8.9 和 46.6 岁；研究对象中有 180 名心肌梗死病人，其入组年龄的均值、标准差和中位数分别为 51.1、9.4 和 48.9 岁。

3. 整理数据分析结果

在实际的研究分析中，通常要将上述分析结果整理为结构化表格。下面首先使用 matrix 命令等将统计描述数值存储在多个矩阵中，接着使用 svmat 命令将矩阵数值载入当前数据集，进一步使用 generate 命令等修改统计量的展现形式，最后使用 export 命令将结构化表格输出为 Excel 文件。

(1) 首先创建 3 个名为 ami、stats 和 freq 的矩阵。ami 矩阵记录 ami 变量各组别的取值；stats 矩阵记录 ami 变量各组别中 age 变量的描述性统计量，包括不缺失 age 变量的样本量、均值、标准差、中位数、最小值和最大值；freq 矩阵记录 ami 变量各组别的样本量。freq 矩阵中的样本量和 stats 矩阵中的样本量的差值即为待描述变量为缺失值的样本数。

```
. * 使用 tabstat 命令报告描述性统计量,使用命令选项 save 以存储输出结果
. tabstat age, statistics(n mean sd median min max) by(ami) no
>total save

. * 查看上述输出结果的存储形式
. return list


macros:
             r(name2) : "1"
             r(name1) : "0"


matrices:
             r(Stat2) : 6 x 1
             r(Stat1) : 6 x 1

. * 将 ami 变量各组别的取值存储于矩阵 ami 中并查看矩阵内容
. matrix ami = (`r(name1)')\(`r(name2)')
. matrix colnames ami = "ami"
. matrix list ami
ami[2,1]
    ami
r1    0
r2    1
. * 将 ami 变量各组别中 age 变量的描述性统计量存储于矩阵 stats 中并查看矩阵内容
. matrix stats = r(Stat1)'\r(Stat2)'
. matrix rownames stats = `r(name1)' `r(name2)'
. matrix list stats
stats[2,6]
           N       mean          sd         p50         min
0        820  48.871675   8.8984479   46.569471   34.012321
1        180  51.128968   9.3587494   48.863791   34.360027

          max
0   68.856949
1   68.610542
* 使用 tabulate 的命令选项 matcell 将 ami 变量各组别频数存储于 freq 矩阵中并查看矩阵内容
. tabulate ami, matcell(freq)
. matrix colnames freq = "freq"
```

```
. matrix list freq
freq[2,1]
      freq
r1   820
r2   180
```

（2）清空当前数据集，使用 svmat 命令将上一步骤中存储的 3 个矩阵的数值转移至当前数据集，并查看数据。

```
. clear
. svmat ami, names(col)
. svmat freq, names(col)
. svmat stats, names(col)

. list

      +---------------------------------------------------------+
   1. | ami | freq |   N  |     mean    |      sd     |     p50 |
      |   0 |  820 | 820  | 48.87167    | 8.898448    | 46.56947 |
      |---------------------------------------------------------|
      |          min               |             max            |
      |        34.01232            |          68.85695          |
      +---------------------------------------------------------+

      +---------------------------------------------------------+
   2. | ami | freq |   N  |     mean    |      sd     |     p50 |
      |   1 |  180 | 180  | 51.12897    | 9.358749    | 48.86379 |
      |---------------------------------------------------------|
      |          min               |             max            |
      |        34.36003            |          68.61054          |
      +---------------------------------------------------------+
```

（3）使用 generate 命令、string 函数和 round 函数将统计量数值以结构化的文本形式展示。

```
. * 新建 N_miss 变量,以表示各 ami 组别中缺失 age 变量的样本数
. generate N_miss = freq - N
. * 新建 m_sd_1 变量,报告均值和标准差,保留两位小数
. generate m_sd_1 = string(round(mean, 0.01)) + " ± " + string
>(round(sd, 0.01), "%9.2f")
. * 新建 m_sd_2 变量,以第二种形式报告均值和标准差
. generate m_sd_2 = string(round(mean, 0.01)) + " (" + string(
>round(sd, 0.01), "%9.2f") + ")"
. * 新建 med_min_max 变量,报告中位数、最小值和最大值
. generate med_min_max = string(round(p50, 0.01), "%9.2f") + "
>(" + string(round(min, 0.01), "%9.2f") + " - " + string(rou
>nd(max, 0.01), "%9.2f") + ")"
```

```
. keep ami N N_miss m_sd_1 m_sd_2 med_min_max
. list, noobs
. list

     +-------------------------------------------+
  1. | ami |   N | N_miss   |       m_sd_1   |         m_sd_2 |
     |   0 | 820 |        0 | 48.87 ± 8.90   | 48.87 (8.90) |
     |-------------------------------------------|
     |                   med_min_max             |
     |            46.57 (34.01 - 68.86)          |
     +-------------------------------------------+

     +-------------------------------------------+
  2. | ami |   N | N_miss   |       m_sd_1   |         m_sd_2 |
     |   1 | 180 |        0 | 51.13 ± 9.36   | 51.13 (9.36) |
     |-------------------------------------------|
     |                   med_min_max             |
     |            48.86 (34.36 - 68.61)          |
     +-------------------------------------------+
```

(4) 使用 export 命令将上述结果输出为名为 sum_stats_con_1 的 Excel 文件，使用命令选项 firstrow(variables)指明 Excel 文件中的第一行为变量名。

```
. export excel using "sum_stats_con_1", firstrow(variables)
file sum_stats_con_1.xls saved
```

4. 生成可重复使用的代码

可使用 program 命令等编程工具将上述描述及整理计量资料统计量(以均值和标准差为例)的过程编写成可重复使用的代码。

下面提供名为 sum_stats_con 的程序供读者参考，其中以 * 开始的行为注释，用以说明接下来的代码拟达到的目的。该程序的语法结构为

```
sum_stats_con varlist [if] [in], by(varname) [saving(filename)]
```

可分组描述一个或多个连续型变量的均值和标准差，可以使用 if 限定、in 限定(可选的选项)，并可以将结果输出为 Excel 文件。

```
*****************************************************************
****************** program sum_stats_con *********************
* 若已存在名为 sum_stats_con 的程序，则删除该程序
capture program drop sum_stats_con
* 创建名为 sum_stats_con 的程序
program sum_stats_con
     version 14
     *设置程序的语法结构
     *该命令必须指定至少一个待描述的数值型变量的名称
```

```
*该命令可使用 if 限定和 in 限定(可选)
*必要的命令选项 by(varname)指定用于分组的分类变量名称
*可选的命令选项 saving(string)指定存储描述结果的 Excel 表格的名称
syntax varlist(min=1 numeric) [if] [in], by(varname) [saving(string)]
*将纳入分析的样本标记为`included'
marksample included
*查看待描述的连续型变量的个数
local nvar: word count `varlist'
*查看分类变量的类别数
quietly levelsof `by' if `included', local(levels)
local nlevel : word count `levels'
*新建矩阵 mat_m_sd
*每一行表示一个待描述的连续型变量,行数为待描述的变量数
*每一列表示分类变量每个类别的均值和标准差,列数为分类变量类别的两倍
local ncol = `nlevel' * 2
matrix mat_m_sd = J(`nvar',`ncol',.)
*将组别内各变量的均数和标准差依次填入矩阵
*逐行填入每一个待描述的连续型变量的描述性统计量
*在每一行内,依次填入各分类组的均值和标准差
local k -1
foreach j in `levels'{
    local k = `k'+2
    local i 0
    foreach varname in `varlist' {
        local ++i
        quietly summarize `varname' if `included' & `by'==`j'
        matrix mat_m_sd[`i',`k'] = r(mean)
        matrix mat_m_sd[`i',`k'+1] = r(sd)
    }
    local colnames "`colnames' mean`by'`j' sd`by'`j'"
}
matrix colnames mat_m_sd = `colnames'
matrix rownames mat_m_sd = `varlist'
*将矩阵转换为数据集
preserve
clear
quietly svmat mat_m_sd, names(col)
*合并分类变量各类别的均值和标准差并设置报告格式
foreach j in `levels'{
    gen m_sd_`by'`j' = string(round(mean`by'`j', 0.01), "%9.2f") + " ± " + string(round
(sd`by'`j', 0.01), "%9.2f")
    drop mean`by'`j' sd`by'`j'
}
*新建变量以表示每行所描述的连续型变量的变量名
```

```
    quietly gen variable = ""
    local i 0
    foreach varname in `varlist' {
        local ++i
        quietly replace variable = "`varname'" if _n==`i'
    }
    order variable
    *将整理后的统计量存储为 Excel 文件
    if "`saving'" !="" {
        export excel using `saving', firstrow(variables)
    }
    list, noobs clean

    restore

end
****************** program sum_stats_con *********************
***************************************************************
```

运行上述代码后，使用 sum_stats_con 程序描述各 ami 组别内 age、bmi 和 height 变量的均值及标准差。

```
. sum_stats_con age bmi height, by(ami)

    variable       m_sd_ami0       m_sd_ami1
         age    48.87 ± 8.90    51.13 ± 9.36
         bmi    23.62 ± 3.14    24.36 ± 3.35
      height   164.06 ± 8.30   164.71 ± 7.90
```

也可将统计结果存储为 Excel 文件，本例将其命名为 sum_stats_con_2。

```
. sum_stats_con age bmi height, by(ami) saving(sum_stats_con_2)
file sum_stats_con_2.xls saved
```

11.2.2 分类数据的统计描述

常见的用于描述分类数据的统计量包括频数和构成比。

1. 数据准备

本节使用的数据集与 11.2.1 节相同，即清理后的病人基本信息数据集和急性心肌梗死数据集的合并数据集。

2. 数据分析

使用 tabulate 命令查看不同 ami 组别内各性别人群的频数和构成比，命令选项 column 指示输出结果报告每一列中不同性别人群所占的百分比。

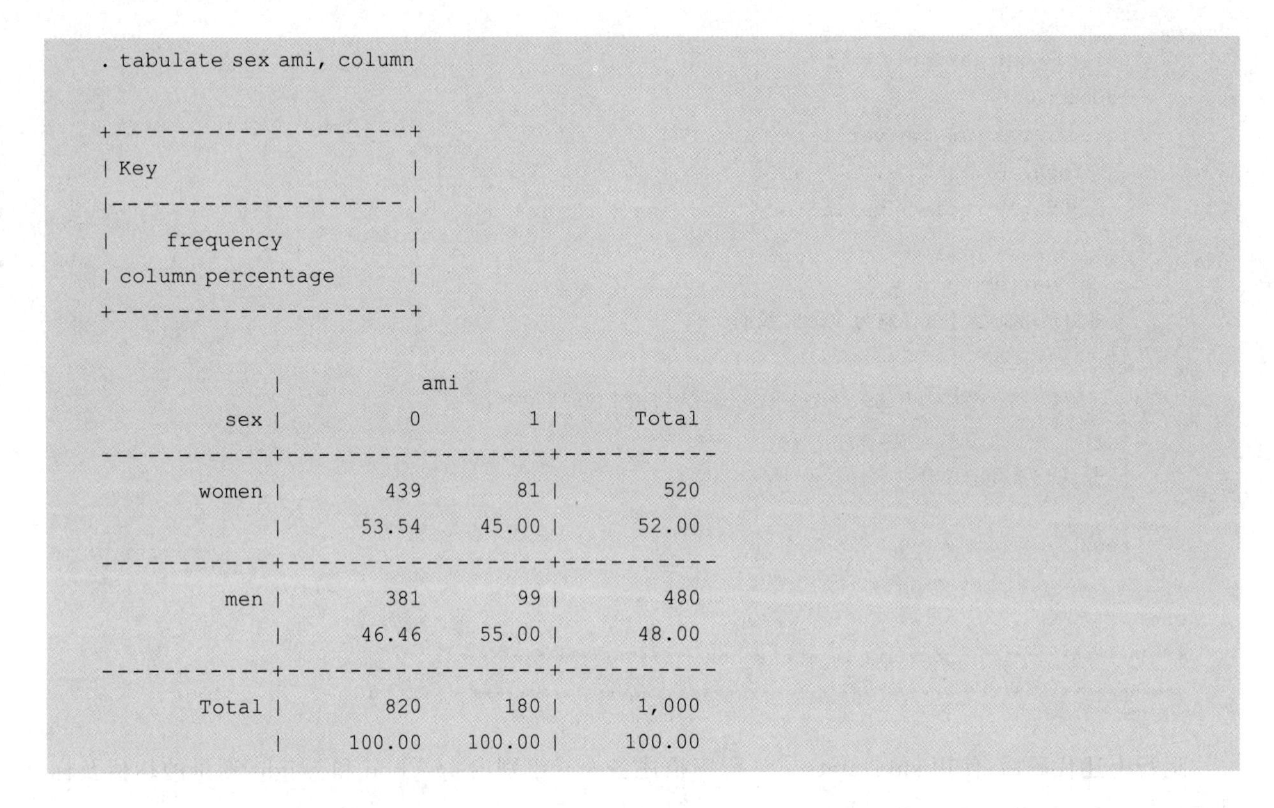

```
. tabulate sex ami, column

+-------------------+
| Key               |
|-------------------|
|    frequency      |
| column percentage |
+-------------------+

           |          ami
       sex |         0          1 |     Total
-----------+----------------------+----------
     women |       439         81 |       520
           |     53.54      45.00 |     52.00
-----------+----------------------+----------
       men |       381         99 |       480
           |     46.46      55.00 |     48.00
-----------+----------------------+----------
     Total |       820        180 |     1,000
           |    100.00     100.00 |    100.00
```

3. 整理数据分析结果

本节的分析思路与 11.2.1 节一致。首先使用 matrix 命令等将统计描述数值存储在多个矩阵中，接着使用 svmat 命令将矩阵数值载入当前数据集，进一步使用 generate 命令等修改统计量的展现形式，最后使用 export 命令将结构化表格输出为 Excel 文件。

(1) 创建 3 个名为 frq、sum 和 sex 的矩阵，分别记录列联表中的频数、各列的总人数、sex 变量各组别的取值。

```
. * 使用 tabulate 命令和 matcell 选项将列联表中的频数存储于 frq 矩阵
. tabulate sex ami, column matcell(frq)
. matrix list frq
frq[2,2]
     c1  c2
r1  439  81
r2  381  99
. * 运用矩阵的乘法运算计算上述列联表中各列的总人数并存储于 sum 矩阵
. matrix X1 = J(2,2,1)
. matrix sum = X1 * frq
. matrix list sum
sum[2,2]
     c1   c2
r1  820  180
r2  820  180
. * 使用 tabulate 命令和 matrow 选项将 sex 变量各组别的取值存储于 sex 矩阵
. tabulate sex, matrow(sex)
```

```
. matrix list sex
sex[2,1]
    c1
r1   1
r2   2
```

(2) 横向合并上一步骤创建的 3 个矩阵。

```
. matrix frq_sum = sex,frq,sum
. matrix colnames frq_sum = sex frq_ami_0 frq_ami_1 sum_ami_0 sum_ami_1
. matrix list frq_sum
frq_sum[2,5]
     sex  frq_ami_0  frq_ami_1  sum_ami_0  sum_ami_1
r1     1        439         81        820        180
r2     2        381         99        820        180
```

(3) 将矩阵数值转变为数据集并整理报告格式。

```
. clear
. svmat frq_sum, names(col)
. * 计算各组别频数占每列总人数的百分比
. generate prop_ami_0 = frq_ami_0/sum_ami_0 * 100
. generate prop_ami_1 = frq_ami_1/sum_ami_1 * 100
. * 调整报告格式为"频数(保留一位小数的百分比数值)"
. generate fp_ami_0 = string(frq_ami_0) + " (" + string(round(prop_ami_0, 0.1),
>"%9.1f") + ")"
. generate fp_ami_1 = string(frq_ami_1) + " (" + string(round(prop_ami_1, 0.1),
>"%9.1f") + ")"
. * 保留整理后的变量并查看
. keep sex fp_ami_0 fp_ami_1
. list, noobs clean
sex    fp_ami_0   fp_ami_1
  1  439 (53.5)  81 (45.0)
  2  381 (46.5)  99 (55.0)
```

(4) 将结果输出为 Excel 文件。

```
. export excel using "sum_stats_cat_1", firstrow(variables)
file sum_stats_cat_1.xls saved
```

4. 生成可重复使用的代码

最后,将上述分组描述分类变量频数和百分比的分析过程编写为一段可重复执行的程序,命令名称为 sum_stats_cat。该程序的语法结构为

```
sum_stats_cat varlist [if] [in], by(varname) [saving(filename)]
```

可分组描述一个或多个分类变量各亚组中的人数和构成比，可以使用 if 和 in 限定分析对象（可选的选项），并可将汇报表格存储为 Excel 文件。

```
******************************************************************
****************** program sum_stats_cat *********************
capture program drop sum_stats_cat
program sum_stats_cat
     version 14
     * 设置程序的语法结构
     * 该命令必须指定至少一个待描述的数值型变量的名称
     * 该命令可以使用 if 限定和 in 限定(可选)
     * 必要的命令选项 by(varname)指定用于分组的分类变量名称
     * 可选的命令选项 saving(string)指定存储描述结果的 Excel 文件的名称
     syntax varlist(min=1 numeric) [if] [in], by(varname) [saving(string)]
     * 查看用于分组的分类变量的类别数
     quietly levelsof `by' `if' `in', local(bylevel)
     local byleveln : word count `bylevel'
     * 新建一个矩阵
     * 列数为分组变量类别的 2 倍加 1
     * 行数为所有待描述变量的组别数之和
     local ncol = `byleveln' * 2 + 1
     foreach varname in `varlist' {
         quietly tabulate `varname' `by' `if' `in'
         local nrow = `nrow' + `r(r)'
     }
     tempname mat_fp
     matrix `mat_fp' = J(`nrow',`ncol',.)
     * 为矩阵赋值
     * 每一行记录一个待描述变量的一个组别的取值、频数和百分比
     local i 0
     foreach varname in `varlist' {
         tempname frq varlevel X1 sum frq_sum
         quietly tabulate `varname' `by' `if' `in', matcell(`frq') matrow(`varlevel')
         matrix `X1' = J(`r(r)',`r(r)',1)
         matrix `sum' = `X1' * `frq'
         matrix `frq_sum' = `varlevel',`frq',`sum'
         local j 0
         quietly levelsof `varname', local(local_varlevel)
         foreach level in `local_varlevel' {
             local ++i
             local ++j
             foreach k of num 1/`ncol' {
               matrix `mat_fp'[`i',`k'] = `frq_sum'[`j',`k']
             }
             local var = "`var' `varname'"
         }
```

```
    }
    * 为矩阵创建列名称
    foreach level in `bylevel' {
        local colnames_1 "`colnames_1' frq_`by'`level'"
        local colnames_2 "`colnames_2' sum_`by'`level'"
    }
    local colnames "cat `colnames_1' `colnames_2'"
    matrix colnames `mat_fp' = `colnames'
    * 将矩阵转换为变量并修改格式
    preserve
    clear
    quietly svmat `mat_fp', names(col)
    foreach level in `bylevel'{
        generate prop_`by'`level' = frq_`by'`level'/sum_`by'`level' * 100
        generate fp_`by'`level' = strofreal(frq_`by'`level', "%20.0f") + " (" +
strofreal(prop_`by'`level', "%20.1f") + ")"
        drop frq_`by'`level' sum_`by'`level' prop_`by'`level'
    }
    * 新建变量指示待描述变量的名称
    quietly generate var = ""
    local i 0
    foreach varname in `var' {
        local ++i
        quietly replace var = "`varname'" if _n==`i'
    }
    order var
    list, clean noobs
    * 将整理后的统计量存储为 Excel 文件
    if "`saving'" !="" {
        export excel using `saving', firstrow(variables)
    }
    restore
end
****************** program sum_stats_cat *********************
*************************************************************
```

运行上述代码后，使用 sum_stats_cat 程序描述不同 ami 组别变量 sex、hypertension、diabetes、education 和 income 的各组频数和百分比。

```
. sum_stats_cat sex hypertension diabetes education income, by
> (ami)

            var   cat     fp_ami0     fp_ami1
            sex     1   439 (53.5)   81 (45.0)
            sex     2   381 (46.5)   99 (55.0)
   hypertension     0   692 (84.4)  148 (82.2)
```

```
     hypertension  1  128 (15.6)    32 (17.8)
         diabetes  0  728 (88.8)   157 (87.2)
         diabetes  1   92 (11.2)    23 (12.8)
        education  1  101 (12.3)    23 (12.8)
        education  2  296 (36.1)    61 (33.9)
        education  3  279 (34.0)    62 (34.4)
        education  4  144 (17.6)    34 (18.9)
           income  1  103 (12.8)    22 (12.6)
           income  2  344 (42.8)    72 (41.4)
           income  3  261 (32.5)    58 (33.3)
           income  4   95 (11.8)    22 (12.6)
```

当前输出结果中的百分比保留至一位小数。如需显示两位小数，可修改程序中的将矩阵转换为变量并修改格式部分，将命令行 strofreal(prop_`by'`level', "%20.1f")中的%20.1f 替换为%20.2f。在上述命令行中加入 save(文件路径和文件名)即可将上述结果输出为 Excel 文件。

```
. sum_stats_cat sex hypertension diabetes education income,
>by(ami) saving(sum_stats_cat_2)
file sum_stats_cat_2.xls saved
```

11.2.3 相关分析

数据分析通常关注变量之间的相关性，本节将使用 pwcorr 命令对数据集中身高和体重两个变量之间的相关关系进行量化。

1. 数据准备

本节分析的数据与 11.2.2 节相同。

2. 数据分析

可使用 pwcorr 命令分析变量 height 和 weight 之间的相关关系，设置命令选项 sig 以报告显著性检验的 P 值。

```
. pwcorr height weight, sig

             |  height   weight
-------------+------------------
      height |  1.0000
             |
             |
      weight |  0.5201   1.0000
             |  0.0000
             |
```

输出结果显示 height 和 weight 变量之间的相关系数为 0.5201，统计显著性检验的 P 值为 0.0000，即小于 0.0001。

3. 整理数据分析结果

首先使用 pwcorr 命令估计 height 变量和 weight 变量之间的相关性，接着调用该命令存储的标量变量(scalar)和矩阵得到相关系数、显著性检验的 *P* 值和参与相关分析的变量名称，最后将相关信息写入数据集中并调整报告格式。

```
. *相关分析
. pwcorr height weight, sig
. *查看相关分析输出结果的存储形式
. return list
. *相关系数
. display r(rho)
.52014938
. *根据 t 分布计算显著性检验的 P 值
. local p = min(2*ttail(r(N)-2,abs(r(rho))*sqrt(r(N)-2)/sqrt(1
>-r(rho)^2)),1)
. display `p'
2.080e-70
. *提取相关分析使用的变量名称
. local var : rownames r(C)
. local var1 = word("`var'", 1)
. display "`var1'"
height
. local var2 = word("`var'", 2)
. display "`var2'"
weight
. *将局部宏的信息存入数据集
. clear
. set obs 1
number of observations (_N) was 0, now 1
. gen var1 = "`var1'"
. gen var2 = "`var2'"
. *调整报告格式
. gen corr = round(r(rho),0.0001)
. gen p = cond(`p'<0.0001, "<0.0001", "`p'")
. list, noobs clean
        var1    var2   corr        p
      height  weight  .5201  <0.0001
. *导出当前数据为 Excel 文件
. export excel using "corr_1", firstrow(variables)
file corr_1.xls saved
```

4. 生成可重复执行的

最后，将上述相关分析过程编写为一段可重复执行的程序，命令名称为 corr_vars。该程序的语法结构为

```
corr_vars varlist [if] [in], [saving(filename)]
```

描述两个或多个数值型变量之间的两两相关关系，可以使用 if 和 in 限定分析对象（可选的选项），输出结果报告相关系数和统计检验的 P 值，并可将汇报表格存储为 Excel 文件。

```
************************************************************
******************** program corr_vars **********************
capture program drop corr_vars
program corr_vars, rclass
    version 14
    * 设置程序的语法结构
    syntax varlist(min=2 numeric) [if] [in],[saving(string)]
    * 查看待分析的变量个数
    local varn : word count `varlist'
    * 新建矩阵
    * 列数为 2,分别报告相关系数和显著性检验的 P 值
    * 行数为变量对的总数
    local varn_2 = `varn'-1
    local nrow = `varn' * `varn_2'/2
    matrix mat_cor = J(`nrow',2,.)
    * 两两关联分析
    * 矩阵的行报告一对变量之间的相关关系
    * 在每一行中,依次填入相关系数和 P 值
    local i 1
    local l 0
    foreach i of num 1/`varn_2' {
        local k = `i'+1
        foreach j of num `k'/`varn'{
            local ++l
            local var1 = word("`varlist'", `i')
            local var2 = word("`varlist'", `j')
            quietly pwcorr `var1' `var2' `if' `in'
            local p = min(2 * ttail(r(N)-2,abs(r(rho)) * sqrt(r(N)-2)/sqrt(1-r(rho)^2)),1)
            matrix mat_cor[`l',1] = r(rho)
            matrix mat_cor[`l',2] = `p'
        }
    }
    matrix colnames mat_cor = rho p
    * 将矩阵转换为变量并修改格式
    preserve
    clear
    quietly svmat mat_cor, names(col)
    gen corr = round(rho,0.0001)
    gen p_value = cond(p<0.0001, "<0.0001", string(round(p,0.0001)))
    keep corr p_value
```

```
    *新建变量指示每行相关分析对应的变量对的名称
    quietly generate var1 = ""
    quietly generate var2 = ""
    local i 1
    local l 0
    foreach i of num 1/`varn_2' {
        local k = `i'+1
        foreach j of num `k'/`varn'{
            local ++l
            quietly replace var1 = word("`varlist'", `i') if _n==`l'
            quietly replace var2 = word("`varlist'", `j') if _n==`l'
        }
    }
    order var1 var2
    list, clean noobs
    *导出为 Excel 文件
    if "`saving'" != "" {
        export excel using `saving', firstrow(variables)
    }
    restore
end
******************** program corr_vars ***********************
****************************************************************
```

运行上述代码后，使用 corr_vars 程序描述 4 个变量的两两相关关系，变量包括 height、weight、age 和 bmi，并将报告结果导出为名为 corr_2.xls 的 Excel 文件。

```
. corr_vars height weight age bmi, saving(corr_2)
      var1    var2     corr   p_value
    height  weight    .5201   <0.0001
    height     age   -.335    <0.0001
    height     bmi  -.1429    <0.0001
    weight     age  -.0791      .0123
    weight     bmi   .7666    <0.0001
       age     bmi   .1603    <0.0001
file corr_2.xls saved
```

11.2.4 一般线性回归分析

一般线性回归模型是最常见的统计回归模型之一。本节将拟合一般线性回归模型，探究不同变量，如年龄(age)、性别(sex)、是否患糖尿病(diabetes)、是否患高血压(hypertension)、教育程度(education)和收入水平(income)等对体重指数(bmi 变量)的影响，并将效应值整理为结构化表格。

1. 数据准备

本节分析的数据与 11.2.3 节相同。

2. 数据分析

使用 regress 命令拟合一般线性回归模型，regress 命令需指定一个因变量(bmi)和一个或多个自变量(age、sex、diabetes、hypertension、education 和 income)，命令选项 cformat(%5.2f)指示模型估计的参数展示到小数点后两位。需注意，当自变量为分类变量时，在变量名前加“i.”可指示该变量为分类变量而非连续型变量。

```
. regress bmi age i.sex i.diabetes i.hypertension i.education i.income, cformat(%5.2f)

      Source |      SS        df        MS              Number of obs=977
-------------+------------------------------           F(10, 966) = 5.11
       Model |  497.927567   10   49.7927567            Prob > F = 0.0000
    Residual |  9406.03846 966   9.73709985            R-squared=0.0503
-------------+------------------------------ AdjR-squared=0.0404
       Total |  9903.96603 976   10.1475062            Root MSE = 3.1204

------------------------------------------------------------------------
         bmi |  Coef.   Std.Err.       t   P>|t|   [95%Conf.Interval]
-------------+----------------------------------------------------------
         age |   0.04       0.01    3.40  0.001    0.02          0.07
             |
         sex |
         men |  -0.91       0.21   -4.34  0.000   -1.32         -0.50
             |
    diabetes |
         yes |  -0.35       0.31   -1.11  0.267   -0.97          0.27
             |
hypertension |
         yes |  -0.02       0.27   -0.09  0.929   -0.56          0.51
             |
   education |
           2 |  -0.35       0.37   -0.94  0.349   -1.08          0.38
           3 |  -0.45       0.39   -1.18  0.240   -1.21          0.30
           4 |  -0.21       0.41   -0.53  0.600   -1.02          0.59
             |
      income |
           2 |   0.31       0.32    0.96  0.338   -0.32          0.94
           3 |   0.33       0.34    0.97  0.331   -0.33          0.99
           4 |   0.14       0.41    0.33  0.740   -0.68          0.95
             |
       _cons |  22.18       0.84   26.41  0.000   20.53         23.82
------------------------------------------------------------------------
```

输出结果的第一部分报告与模型拟合相关的参数估计值；第二部分展示各自变量与因变量 bmi 之间的参数估计值，包括回归系数、标准误、t 统计量、显著性检验 P 值和相关系数 95%置信区间的上下限。数据分析的目的通常是量化关联强度和统计不确定性，因此下面将提取上述输出结果的回归系数、显著性检验 P 值和回归系数的 95%置信区间，并将结果整理为结构化的表格。

3. 整理数据分析结果

首先使用 regress 命令拟合回归模型，接着使用 matrix 命令等调用拟合模型中与 age、sex 和 income 有关的参数估计值，进一步使用 generate 命令整理并报告回归系数、显著性检验 P 值、回归系数的 95%置信区间的上下限以及合并后的回归系数的点估计和区间估计。

```
. *拟合回归模型
. regress bmi age i.sex i.diabetes i.hypertension i.education i.income
. *调用回归模型的参数估计值,转置矩阵,将结果存于矩阵 est 中
. matrix est = r(table)'
. matrix list est
est[16,9]
                       b          se           t      pvalue
          age  .04332023   .01273444   3.4018168   .00069685
       1b.sex          0           .           .           .
        2.sex -.90605445   .20890674   -4.337124   .00001595
  0b.diabetes          0           .           .           .
   1.diabetes -.34897041   .31406074  -1.1111558   .26677778
 0b.hyperte~n          0           .           .           .
 1.hyperten~n -.02434734   .27292502  -.08920888    .9289344
 1b.education          0           .           .           .
  2.education -.34977728   .37324204   -.9371326   .34892458
  3.education -.45366068   .38580489  -1.1758811   .23993211
  4.education -.21455144   .40844595  -.52528723   .59950407
    1b.income          0           .           .           .
     2.income  .30692155   .32009128   .95885633   .33787105
     3.income  .32717442   .33651358   .97224732   .33117091
     4.income  .13774683   .41438293   .33241434   .73964853
        _cons  22.176864   .83983045   26.406359  4.10e-116

                      ll          ul          df        crit
          age  .01832988   .06831058         966   1.9624228
       1b.sex          .           .         966   1.9624228
        2.sex -1.3160178  -.49609109         966   1.9624228
  0b.diabetes          .           .         966   1.9624228
   1.diabetes -.96529036   .26734954         966   1.9624228
 0b.hyperte~n          .           .         966   1.9624228
 1.hyperten~n -.55994162   .51124695         966   1.9624228
 1b.education          .           .         966   1.9624228
  2.education  -1.082236   .38268139         966   1.9624228
  3.education  -1.210773   .30345163         966   1.9624228
  4.education -1.0160951   .58699219         966   1.9624228
    1b.income          .           .         966   1.9624228
     2.income -.32123287   .93507597         966   1.9624228
     3.income -.33320749   .98755633         966   1.9624228
     4.income -.67544767   .95094133         966   1.9624228
        _cons  20.528762   23.824967         966   1.9624228
```

```
                 eform
          age        0
       1b.sex        0
        2.sex        0
  0b.diabetes        0
   1.diabetes        0
 0b.hyperte~n        0
 1.hyperten~n        0
 1b.education        0
  2.education        0
  3.education        0
  4.education        0
    1b.income        0
     2.income        0
     3.income        0
     4.income        0
        _cons        0
. *保存上述矩阵每行的变量名称
. local rownames : rowfullnames est
. display "`rownames'"
age 1b.sex 2.sex 0b.diabetes 1.diabetes 0b.hypertension 1.hypertension
>1b.education 2.education 3.education 4.education 1b.income
>2.income 3.income 4.income _cons
. *将矩阵 est 转出至数据集中
. clear
. svmat est, names(col)
. *新建变量 rowname,用以表示每行参数估计值所对应的变量名
. generate rowname = ""
. local i 0
. foreach var in `rownames' {
  2.         local ++i
  3.         quietly replace rowname = "`var'" if _n==`i'
  4. }
. *假如本研究仅关心年龄、性别和收入类别对 BMI 的影响
. local exposure "age 2.sex 2.income 3.income 4.income"
. generate keep = 0
. foreach var in `exposure' {
  2.         replace keep = 1 if rowname =="`var'"
  3. }
. keep if keep ==1
. *调整参数展现格式
. replace b = round(b, 0.01)
. generate p_value = cond(pvalue<0.001, "<0.001", string(round
>(pvalue, 0.001)))
. replace ll = round(ll, 0.01)
```

```
. replace ul = round(ul, 0.01)
. generate b_ci = string(b,"%9.2f") + " (" + string(ll,"%9.2f") + ", " +
>string(ul,"%9.2f") + ")"
. *保留本研究关心的参数值
. keep rowname b p_value ll ul b_ci
. order rowname b p_value
. *查看输出结果
. list, noobs clean
      rowname     b   p_value     ll    ul                  b_ci
          age   .04   <0.001     .02   .07      0.04 (0.02, 0.07)
        2.sex  -.91   <0.001   -1.32   -.5   -.91 (-1.32, -0.50)
     2.income   .31     .338    -.32   .94    0.31 (-0.32, 0.94)
     3.income   .33     .331    -.33   .99    0.33 (-0.33, 0.99)
     4.income   .14      .74    -.68   .95    0.14 (-0.68, 0.95)
. *将输出结果导出为 Excel 文件
. export excel using "reg_lm_1", firstrow(variables)
file reg_lm_1.xls saved
```

4. 生成可重复使用的程序

实际数据分析工作通常涉及多个线性回归分析，因此最后将上述相关分析过程编写为一段可重复使用的程序，程序名称为 reg_lm。该程序的语法为

```
reg_lm namelist, [saving(filename)]
```

其中 namelist 指一个或多个使用 estimates store 命令存储一般线性回归时所定义的模型名称，该命令报告一个或多个一般线性回归模型中与 age、sex 和 income 有关的参数估计值，并可将汇报表格存储为 Excel 文件。

```
**************************************************************
********************** program reg_lm ************************
capture program drop reg_lm
program reg_lm, rclass
    version 14
    *设置程序语法结构
    *该程序必须输入至少一个回归模型的名称
    *可使用选项 saving(string)指定存储描述结果(可选)
    syntax namelist(min=1),[saving(string)]
    *查看待整理的模型个数
    local varn : word count `namelist'
    *新建矩阵
    *列数为 r(table)的列数:9
    *行数为各模型 r(table)的行数之和
    foreach reg in `namelist' {
        quietly estimates restore `reg'
        quietly regress
```

```
    local colnames : colfullnames r(table)
    local row : word count `colnames'
    local nrow = `nrow' + `row'
}
matrix mat_reg = J(`nrow',9,.)
*为矩阵赋值
*每行为一个模型的一个变量对应的参数估计值
local i 0
foreach regname in `namelist' {
    estimates store `regname'
    quietly regress
    matrix est = r(table)'
    local est_rownames : rowfullnames est
    local est_colnames : colfullnames est
    local j 0
    foreach row in `est_rownames' {
        local ++i
        local ++j
        local k 0
        foreach col in `est_colnames' {
            local ++k
            matrix mat_reg[`i',`k'] = est[`j',`k']
        }
        local mat_rownames = "`mat_rownames' `row'"
        local model = "`model' `regname'"
    }
}
matrix rownames mat_reg = `mat_rownames'
matrix colnames mat_reg = `est_colnames'
*将矩阵转换为变量并修改格式
preserve
clear
quietly svmat mat_reg, names(col)
*新建变量 rowname 以表示每行对应的连续型变量的名称或分类变量的类别
generate rowname = ""
local i 0
foreach row in `mat_rownames' {
    local ++i
    quietly replace rowname = "`row'" if _n==`i'
}
*新建变量 reg_model 以表示每行对应的模型名称
quietly generate reg_model = ""
local i 0
foreach reg in `model' {
    local ++i
```

```
        quietly replace reg_model = "`reg'" if _n==`i'
    }
    * 保留与 age、sex 和 income 相关的参数估计值
    local exposure "age 2.sex 2.income 3.income 4.income"
    quietly generate keep = 0
    foreach var in `exposure' {
        quietly replace keep = 1 if rowname =="`var'"
    }
    keep if keep ==1
    * 调整报告格式
    quietly replace b = round(b, 0.01)
    quietly generate p_value = cond(pvalue<0.001, "<0.001", string(round(pvalue, 0.001)))
    quietly generate b_ci = string(b,"%9.2f") + " (" + string(ll,"%9.2f") + ", " +
string(ul,"%9.2f") + ")"
    quietly keep reg_model rowname b p_value b_ci
    quietly order reg_model rowname b p_value
    * 查看输出结果
    list, noobs clean
    * 保存输出结果
    if "`saving'" !="" {
        export excel using `saving', firstrow(variables)
    }
    restore
end
********************** program reg_lm ************************
**************************************************************
```

运行上述代码后，首先分别在整个人群、男性和女性中拟合 3 个线性回归模型，并将拟合的模型存于 reg_1、reg_2 和 reg_3 中，接着使用 reg_lm 程序调用这 3 个模型中与 age、sex 和 income 变量相关的相关系数、显著性检验 P 值以及合并后的相关系数的点估计和区间估计。

```
. regress bmi age i.sex i.diabetes i.hypertension i.education i.income
. estimates store reg_1
. regress bmi age i.diabetes i.hypertension i.education i.income if sex==1
. estimates store reg_2
. regress bmi age i.diabetes i.hypertension i.education i.income if sex==2
. estimates store reg_3
. reg_lm reg_1 reg_2 reg_3, saving(reg_lm_2)
  reg_mo~l    rowname     b  p_value              b_ci
     reg_1        age   .04   <0.001     0.04 (0.02, 0.07)
     reg_1      2.sex  -.91   <0.001  -0.91 (-1.32, -0.50)
     reg_1   2.income   .31     .338    0.31 (-0.32, 0.94)
     reg_1   3.income   .33     .331    0.33 (-0.33, 0.99)
     reg_1   4.income   .14      .74    0.14 (-0.68, 0.95)
     reg_2        age   .07   <0.001     0.07 (0.03, 0.11)
```

```
    reg_2  2.income  -.07  .872  -0.07 (-0.98, 0.83)
    reg_2  3.income  -.26  .591  -0.26 (-1.23, 0.70)
    reg_2  4.income  -.56   .32  -0.56 (-1.65, 0.54)
    reg_3       age   .02   .33   0.02 (-0.02, 0.05)
    reg_3  2.income  1.05  .021    1.05 (0.16, 1.94)
    reg_3  3.income   1.2  .011    1.20 (0.28, 2.12)
    reg_3  4.income  1.31  .042    1.31 (0.05, 2.57)
file reg_lm_2.xls saved
```

输出结果显示 3 个模型中与 age、sex 和 income 相关的回归系数，也可以更改输出报告以增加或删除与某些变量有关的参数估计。例如将上述程序中保留与 age、sex 和 income 相关的参数估计值部分的命令行 local exposure "age 2.sex 2.income 3.income 4.income"改为 local exposure "age"，使输出结果仅包含年龄变量的参数估计值。

11.2.5 Logistic 回归分析

当因变量为分类变量时，常用 Logistic 回归模型。本节将拟合 Logistic 回归模型，探究不同变量，如体重指数(bmi_c)、年龄(age)、性别(sex)、是否患糖尿病(diabetes)、是否患高血压(hypertension)、教育程度(education)和收入水平(income)等与研究对象是否患急性心肌梗死(ami)之间的关联，与 11.2.4 节不同的是 Logistic 回归使用的自变量为体重指数的类别(bmi<24.0，24.0≤bmi<28.0，bmi≥28.0)而非体重指数的原始数值。

1. 数据准备

在 11.2.4 节使用的数据基础上，使用 egen 命令创建分类变量 bmi_c，表示体重指数的分类。使用 table 命令查看 bmi_c：

```
. egen bmi_c = cut(bmi), at(0,24.0,28.0,100) icodes
. table bmi_c, contents(min bmi max bmi)
----------------------------------
     bmi_c |  min(bmi)    max(bmi)
----------+-----------------------
         0 |  14.72798    23.99946
         1 |  24.00549    27.96802
         2 |        28    37.77229
----------------------------------
```

2. 数据分析

首先使用 tabulate 变量查看待研究的因变量 ami 的频数分布。

```
. tabulate ami

        ami |      Freq.     Percent        Cum.
------------+-----------------------------------
          0 |        820       82.00       82.00
          1 |        180       18.00      100.00
```

```
------------+-----------------------------------
      Total |      1,000      100.00
```

输出结果显示：当前研究对象中有820名非急性心肌梗死病人和820急性心肌梗死病人。

接着，使用logit命令拟合Logistic回归模型，指定因变量ami和多个自变量(bmi_c、age、sex、diabetes、hypertension、education和income)。命令选项or指示输出OR值而非直接报告关联系数，命令选项cformat(%5.2f)指示输出结果保留两位小数。当自变量为分类变量时，在变量名前加"i."以表示该变量为分类变量而非连续型变量。

```
. logit ami i.bmi_c age i.sex i.diabetes i.hypertension i.educ
>ation i.income, or cformat(%5.2f)

Iteration 0:   log likelihood =   -457.719
Iteration 1:   log likelihood = -444.11504
Iteration 2:   log likelihood = -443.83335
Iteration 3:   log likelihood = -443.83321
Iteration 4:   log likelihood = -443.83321

Logistic regression                        Number of obs   =          977
                                           LR chi2(12)     =        27.77
                                           Prob > chi2     =       0.0060
Log likelihood = -443.83321                Pseudo R2       =       0.0303

------------------------------------------------------------------------------
          ami| OddsRatio  Std.Err.      z   P>|z| [95%Conf.Interval]
------------ +-----------------------------------------------------------------
       bmi_c |
          1  |      1.75      0.32   3.05   0.002  1.22          2.51
          2  |      1.93      0.55   2.30   0.022  1.10          3.37
             |
         age |      1.03      0.01   2.99   0.003  1.01          1.05
             |
         sex |
        men  |      1.57      0.28   2.48   0.013  1.10          2.23
             |
    diabetes |
        yes  |      1.18      0.30   0.65   0.517  0.71          1.96
             |
hypertension |
        yes  |      1.25      0.28   0.98   0.329  0.80          1.93
             |
   education |
          2  |      1.21      0.37   0.60   0.546  0.66          2.22
          3  |      1.31      0.42   0.85   0.397  0.70          2.44
          4  |      1.09      0.37   0.25   0.801  0.56          2.12
             |
```

```
   income |
        2 |     0.91      0.25  -0.36  0.719  0.53         1.55
        3 |     0.98      0.28  -0.08  0.937  0.56         1.72
        4 |  1.12         0.39   0.33  0.740  0.57         2.22
          |
    _cons |     0.02      0.02  -5.41  0.000  0.01         0.09
------------------------------------------------------------------------------------
```

输出结果首先显示参数估计的迭代循环和模型拟合参数，接着展示各个自变量与因变量之间的关联系数。与 bmi_c 为 0(即 bmi<24.0)的研究对象相比，bmi_c 为 1(即 24.0≤bmi<28.0)的研究对象发生急性心肌梗死的风险(Odds)增加了 75%，bmi_c 为 2(即 bmi≥28.0)的研究对象发生急性心肌梗死的风险(Odds)增加了 93%。

3. 整理数据分析结果

下面提取并整理 bmi_c 与 ami 之间的关联系数。

首先，拟合 Logistic 回归模型并提取需要的参数估计值。

```
. logit ami i.bmi_c age i.sex i.diabetes i.hypertension i.educ
>ation i.income, or
. * 查看模型估计值的存储方式
. return list

scalars:
                r(level) =  95

macros:
              r(label15) : "(base)"
              r(label11) : "(base)"
               r(label9) : "(base)"
               r(label7) : "(base)"
               r(label5) : "(base)"
               r(label1) : "(base)"

matrices:
                r(table) : 9 x 19

. * 新建矩阵 est,以存储各个自变量的参数估计值
. matrix list r(table)
. matrix est = r(table)'
. matrix list est

est[19,9]
                      b          se           z
ami:0b.bmi_c          1           .           .
 ami:1.bmi_c  1.7492737   .32110269   3.0463619
```

```
      ami:2.bmi_c  1.9262566   .5493173   2.2988762
          ami:age  1.0316449  .01076707   2.9850671
       ami:1b.sex          1          .           .
        ami:2.sex  1.5666393  .28377907   2.4783919
  ami:0b.diabetes          1          .           .
   ami:1.diabetes   1.181638  .30462162   .64741732
ami:0b.hyperte~n          1          .           .
ami:1.hyperten~n   1.245122  .27961553   .97624228
 ami:1b.education          1          .           .
  ami:2.education  1.2061163   .3744902   .60357468
  ami:3.education  1.3097354  .41699846   .84748405
  ami:4.education  1.0893941  .36962685   .25235104
    ami:1b.income          1          .           .
     ami:2.income  .90609844  .24850439  -.35954273
     ami:3.income  .97752956  .28076585  -.07912666
     ami:4.income  1.1226938  .39086577   .33241711
        ami:_cons  .02251185  .01580035  -5.4051647
                      pvalue         ll          ul
     ami:0b.bmi_c          .          .           .
      ami:1.bmi_c  .00231629  1.2206981   2.5067282
      ami:2.bmi_c  .02151197  1.1014735   3.3686372
          ami:age  .00283516  1.0107562   1.0529653
       ami:1b.sex          .          .           .
        ami:2.sex  .01319761   1.098458   2.2343675
  ami:0b.diabetes          .          .           .
   ami:1.diabetes  .51736189  .71293192   1.9584877
ami:0b.hyperte~n          .          .           .
ami:1.hyperten~n  .32894441  .80178629   1.9335936
 ami:1b.education          .          .           .
  ami:2.education  .54612645  .65629238   2.2165676
  ami:3.education  .39672537  .70173775   2.4445127
  ami:4.education  .80076974  .56024229   2.1183325
    ami:1b.income          .          .           .
     ami:2.income  .71918911  .52933046   1.5510431
     ami:3.income  .93693188  .55673427   1.7163737
     ami:4.income  .73957432  .56743429   2.2212993
        ami:_cons  6.475e-08  .00568827   .08909278
                          df       crit       eform
     ami:0b.bmi_c          .   1.959964           1
      ami:1.bmi_c          .   1.959964           1
      ami:2.bmi_c          .   1.959964           1
          ami:age          .   1.959964           1
       ami:1b.sex          .   1.959964           1
        ami:2.sex          .   1.959964           1
  ami:0b.diabetes          .   1.959964           1
```

```
   ami:1.diabetes           .  1.959964          1
 ami:0b.hyperte~n           .  1.959964          1
 ami:1.hyperten~n           .  1.959964          1
 ami:1b.education           .  1.959964          1
  ami:2.education           .  1.959964          1
  ami:3.education           .  1.959964          1
  ami:4.education           .  1.959964          1
    ami:1b.income           .  1.959964          1
     ami:2.income           .  1.959964          1
     ami:3.income           .  1.959964          1
     ami:4.income           .  1.959964          1
        ami:_cons           .  1.959964          1
```

上述输出结果包含所有自变量的参数估计值，本节仅提取与 bmi_c 相关的参数估计值，即矩阵 est 的前三行数值。

```
. matrix est_bmi_c = est[1..3,1...]
. matrix list est_bmi_c

est_bmi_c[3,9]
                     b          se           z      pvalue
ami:0b.bmi_c         1           .           .           .
 ami:1.bmi_c 1.7492737   .32110269   3.0463619   .00231629
 ami:2.bmi_c 1.9262566    .5493173   2.2988762   .02151197


                    ll          ul          df        crit
ami:0b.bmi_c         .           .           .    1.959964
 ami:1.bmi_c 1.2206981   2.5067282           .    1.959964
 ami:2.bmi_c 1.1014735   3.3686372           .    1.959964


                 eform
ami:0b.bmi_c         1
 ami:1.bmi_c         1
 ami:2.bmi_c         1
```

接下来，分组查看急性心肌梗死的病人和非病人人数。需注意，此处纳入分析的研究对象人数为 977，与数据集的样本总数 1000 不一致。这是因为 23 名研究对象的 income 变量为缺失值，而 income 变量为当前回归模型的一个自变量，故而模型会首先将这 23 人排除，再进行参数估计。下述命令中的 if e(sample)==1 指定研究对象为上一次拟合回归模型时纳入分析的研究对象，即 977 人；命令选项 matcell(t_bmi_c)指定将列联表的数值存入名为 t_bmi_c 的矩阵中。

```
. tabulate bmi_c ami if e(sample)==1, matcell(t_bmi_c)


             |          ami
```

```
     bmi_c |         0          1 |     Total
-----------+----------------------+----------
         0 |       466         77 |       543
         1 |       265         76 |       341
         2 |        72         21 |        93
-----------+----------------------+----------
     Total |       803        174 |       977

. matrix colnames t_bmi_c = control case
. matrix list t_bmi_c

t_bmi_c[3,2]
    control   case
r1      466     77
r2      265     76
r3       72     21
. *将矩阵数值导入当前数据集中
. clear
. svmat est_bmi_c, names(col)
. svmat t_bmi_c, names(col)
. *新建变量用于指示每行对应的变量名
. local varname: rownames est_bmi_c
. display "`varname'"
0b.bmi_c 1.bmi_c 2.bmi_c
. generate level=""
. local i 0
. foreach var in `varname' {
  2.         local ++i
  3.         replace level="`var'" if _n==`i'
  4. }

. *修改展示格式
. generate case_control = string(case) + "/" + string(control)
. generate odds_ratio = string(round(b,0.01),"%9.2f") + " (" +
>                       string(round(ll,0.01),"%9.2f")+", " +
>                       string(round(ul,0.01),"%9.2f") + ")"
. *参照组的 OR 值为 1.00
. replace odds_ratio = "1.00 (reference)" if b==1
. keep level case_control odds_ratio
. *查看输出结果
. list, noobs clean

level      case_c~l       odds_ratio
0b.bmi_c     77/466   1.00 (reference)
1.bmi_c      76/265   1.75 (1.22, 2.51)
2.bmi_c       21/72   1.93 (1.10, 3.37)
```

```
. * 导出输出结果
. export excel using "reg_logistic_1", firstrow(variables)
file reg_logistic_1.xls saved
```

输出结果显示不同 bmi_c 组别中急性心肌梗死病人和非病人的人数以及各组别发生急性心肌梗死的 OR 值。

4. 生成可重复使用的程序

与 11.2.4 节相同，本节将上述相关分析过程编写为一段可重复使用的程序，程序名称为 reg_logit。该程序的语法为

```
reg_logit namelist, [saving(filename)]
```

其中 namelist 指一个或多个使用 estimates store 命令存储 Logistic 回归分析的参数估计值时所定义的模型名称，该命令可报告一个或多个 Logistic 回归模型中与 bmi_c 变量有关的参数估计值及病人人数，并可将汇报表格存储为 Excel 文件。

```
****************************************************************
********************* program reg_logit **********************
capture program drop reg_logit
program reg_logit, rclass
    version 14
    * 设置程序语法结构
    * 该程序必须输入至少一个回归模型的名称
    * 可使用命令选项 saving(string)指定存储描述结果(可选)
    syntax namelist(min=1),[saving(string)]
    * 查看待整理的模型个数
    local varn : word count `namelist'
    * 新建矩阵
    * 列数为 r(table)的列数:9
    * 行数为各模型 r(table)的行数之和
    foreach reg in `namelist' {
        quietly estimates restore `reg'
        quietly logit
        local colnames : colfullnames r(table)
        local row : word count `colnames'
        local nrow = `nrow' + `row'
    }
    matrix mat_reg = J(`nrow',9,.)
    * 为矩阵赋值
    * 每行为一个模型的一个变量类别对应的参数估计值
    local i 0
    foreach regname in `namelist' {
        quietly estimates restore `regname'
        quietly logit, or
        matrix est = r(table)'
```

```
        local est_rownames : rowfullnames est
        local est_colnames : colfullnames est
        local j 0
        foreach row in `est_rownames' {
            local ++i
            local ++j
            local k 0
            foreach col in `est_colnames' {
                local ++k
                matrix mat_reg[`i',`k'] = est[`j',`k']
            }
            local mat_rownames = "`mat_rownames' `row'"
            local model = "`model' `regname'"
        }
    }
    matrix rownames mat_reg = `mat_rownames'
    matrix colnames mat_reg = `est_colnames'
    *matrix list mat_reg
    *查看每个亚组内的病例数和对照数
    matrix mat_case = J(`nrow',2,.)
    local i 0
    foreach regname in `namelist' {
        quietly estimates restore `regname'
        quietly logit
        *display e(cmdline)
        local cmd = regexr(e(cmdline),",.*","")
        local cmd = regexr("`cmd'","if .*","")
        local nvar: word count `cmd'
        foreach num of numlist 3/`nvar' {
            local var: word `num' of `cmd'
            if regexm("`var'","i\..*") {
                local var_new = regexr("`var'","i\.","")
                quietly tabulate `var_new' ami if e(sample)==1, matcell(tvar)
            }
            else {
                quietly tabulate ami if e(sample)==1, matcell(tvar_rev)
                matrix tvar = (tvar_rev)'
            }
            local tvar_rownames: rowfullnames tvar
            local j 0
            foreach row in `tvar_rownames' {
                local ++i
                local ++j
                matrix mat_case[`i', 1] = tvar[`j',1]
                matrix mat_case[`i', 2] = tvar[`j',2]
            }
```

```
        }
        local ++i
    }
    matrix rownames mat_case = `mat_rownames'
    matrix colnames mat_case = control case
    *matrix list mat_case
    *将矩阵转换为变量并修改格式
    preserve
    clear
    quietly svmat mat_reg, names(col)
    quietly svmat mat_case, names(col)
    *新建变量,以表示每行对应的模型名称
    quietly generate reg_model = ""
    local i 0
    foreach reg in `model' {
        local ++i
        quietly replace reg_model = "`reg'" if _n==`i'
    }
    *新建变量,以表示每行对应的变量类别
    quietly generate rowname = ""
    local i 0
    foreach row in `mat_rownames' {
        local ++i
        quietly replace rowname = "`row'" if _n==`i'
    }
    *设置待保留的变量名
    *请注意,自变量类别前需指明因变量的名称
    local exposure "ami:0b.bmi_c ami:1.bmi_c ami:2.bmi_c"
    quietly generate keep = 0
    foreach var in `exposure' {
        quietly replace keep = 1 if rowname =="`var'"
    }
    quietly keep if keep ==1
    *调整报告格式
    quietly generate case_control = string(case) + "/" + string(control)
    quietly generate odds_ratio = string(round(b,0.01),"%9.2f") + " (" + string(round(ll,
0.01),"%9.2f") + ", " + string(round(ul,0.01),"%9.2f") + ")"
    quietly replace odds_ratio = "1.00 (reference)" if b==1
    quietly keep reg_model rowname case_control odds_ratio
    *查看输出结果
    list, noobs clean
    *保存输出结果至 Excel 文件
    if "`saving'" !="" {
        export excel using `saving', firstrow(variables)
    }
```

```
    restore
end
******************** program reg_logit *********************
***********************************************************
```

运行上述代码后，分别在全体研究对象、男性和女性中拟合 Logistic 回归模型，使用 reg_logit 程序提取 3 个模型中 bmi_c 各组别中的病例人数、对照人数和 OR 值，并将输出结果存储为名为 reg_logistic_2 的 Excel 文件中。

```
. logit ami i.bmi_c age i.sex i.diabetes i.hypertension
>i.education i.income, or
. estimates store reg_1
. logit ami i.bmi_c age i.sex i.diabetes i.hypertension
>i.education i.income if sex==1, or
. estimates store reg_2
. logit ami i.bmi_c age i.sex i.diabetes i.hypertension
>i.education i.income if sex==2, or
. estimates store reg_3
. reg_logit reg_1 reg_2 reg_3, saving(reg_logistic_2)
    reg_mo~l        rowname   case_c~l        odds_ratio
       reg_1  ami:0b.bmi_c     77/466   1.00 (reference)
       reg_1   ami:1.bmi_c     76/265  1.75 (1.22, 2.51)
       reg_1   ami:2.bmi_c      21/72  1.93 (1.10, 3.37)
       reg_2  ami:0b.bmi_c     30/226   1.00 (reference)
       reg_2   ami:1.bmi_c     35/154  1.72 (0.99, 2.99)
       reg_2   ami:2.bmi_c      14/51  2.14 (1.02, 4.47)
       reg_3  ami:0b.bmi_c     47/240   1.00 (reference)
       reg_3   ami:1.bmi_c     41/111  1.99 (1.22, 3.26)
       reg_3   ami:2.bmi_c       7/21  1.88 (0.74, 4.79)
file reg_logistic_2.xls saved
```

输出结果显示 3 个模型中与 bmi_c 变量有关的病例数和 OR 值。也可更改输出报告以增加或删除与某些变量有关的参数估计。例如，将上述程序中设置待保留的变量名部分的命令行 local exposure "ami：0b.bmi_c ami：1.bmi_c ami：2.bmi_c"改为 local exposure "ami：0b.bmi_c ami：1.bmi_c ami：2.bmi_c ami：age"，输出结果则包含与 bmi_c 和 age 两个变量有关的参数估计值。

11.2.6 Cox 回归分析

当因变量为是否发生某一事件及发生某一事件的时间时，常使用 Cox 回归模型拟合自变量和因变量之间的关联。本节将拟合 Cox 回归模型，进行生存分析，探究不同变量，如体重指数的分类变量（bmi_c）、年龄（age）、性别（sex）、是否患糖尿病（diabetes）、是否患高血压（hypertension）、教育程度（education）和收入水平（income）等与研究对象发生急性心肌梗死风险的关联。

1. 数据准备

本节使用的分析数据与 11.2.5 节相同。

2. 数据分析

首先设置生存分析的结局指标。

(1) 将急性心肌梗死诊断时间(amidt)变量由字符型转变为日期数值型：

```
. generate amidt_2 = date(amidt, "YMD")
(841 missing values generated)
. drop amidt
. rename amidt_2 amidt
. format amidt %td
```

(2) 创建随访截止时间(enddt)变量。本研究以发生急性心肌梗死为结局，故而随访截止时间为急性心肌梗死病人发生急性心肌梗死的时间、非急性心肌梗死死亡病人的死亡时间和尚未发生急性心肌梗死且仍然生存的研究对象的最后一次随访时间(假设为 2017 年 12 月 31 日)中的最小值。

```
. generate enddt = min(amidt, deathdt, date("20171231", "YMD"))
. format enddt %td
. *计算随访截止时研究对象的年龄
. generate out_age = (enddt - birthday)/365.25
. *计算入组时间与随访截止时间的时间间隔，单位为年
. generate follow_time = (enddt - entrydt)/365.25
```

使用 stset 命令设置生存分析的时间轴和结局指标。其中，enddt、birthday 和 entrydt 分别为随访截止、研究对象出生和进行基线调查的日期；failure(ami==1)指定视 ami 等于 1 为结局发生；origin(birthday)指定风险估计的时间轴始于出生日期，即以年龄作为时间轴；enter(entrydt)设定研究对象进入观察队列的时间；scale(365.25)设置输出结果以年为单位报告随访时间。

```
. stset enddt, failure(ami==1) origin(birthday) enter(entrydt)
>  scale(365.25)

     failure event:  ami ==1
obs. time interval:  (origin, enddt]
 enter on or after:  time entrydt
 exit on or before:  failure
    t for analysis:  (time-origin)/365.25
            origin:  time birthday

------------------------------------------------------------------------------
      1000  total observations
         0  exclusions
------------------------------------------------------------------------------
      1000  observations remaining, representing
       180  failures in single-record/single-failure data
 13228.298  total analysis time at risk and under observation
                                                at risk from t =         0
                                     earliest observed entry t =  34.01232
                                          last observed exit t =  84.16427
```

输出结果显示：有1000条观察记录，排除0条观察记录。在1000条观察记录中，观察到180条观察记录发生结局，总随访人时为13 228.3(单位为人年)。时间轴从0岁开始。从34.0岁开始有研究对象进入观察队列，观察对象退出观察队列的最晚年龄为84.2岁。

接着，可使用stdes命令描述生存分析的基本信息。

```
. stdes

        failure _d:  ami ==1
  analysis time _t:  (enddt-origin)/365.25
            origin:  time birthday
 enter on or after:  time entrydt

                               |--------per subject --------|
Category               total      mean     min    median    max
------------------------------------------------------------------------
no. of subjects        1000
no. of records         1000         1        1        1        1

(first) entry time            49.27799 34.01232 46.88433 68.85695
(final) exit time             62.50629 38.78439 60.43121 84.16427

subjects with gap      0
time on gap if gap     0
time at risk       13228.298  13.2283  .0985626  14.06297  16.63792
failures                 180      .18         0         0         1
------------------------------------------------------------------------
```

输出结果的倒数第二行显示统计描述常用到的随访时间，从研究对象进入观察队列开始，到发生急性心肌梗死、死亡或随访截止时间为止，总随访人时为13 228.3(单位为人年)，随访人时的平均值、最小值、中位值和最大值分别为13.2、0.1、14.1和16.6(单位为人年)。

(3) 使用stcox命令拟合Cox回归模型。因为生存分析的结局指标已经在stset中标记，使用stcox命令时只需指明自变量的名称。与其他回归模型的使用方法相似，分类变量前加“i.”，命令选项cformat(%5.2f)设置输出结果中的回归系数保留至两位小数。

```
. stcox i.bmi_c i.sex i.diabetes i.hypertension i.education i.
>income, cformat(%5.2f)

        failure _d:  ami ==1
  analysis time _t:  (enddt-origin)/365.25
            origin:  time birthday
 enter on or after:  time entrydt

Iteration 0:   log likelihood = -987.83118
Iteration 1:   log likelihood = -979.1764
Iteration 2:   log likelihood = -979.16992
```

```
Iteration 3:   log likelihood = -979.16992
Refining estimates:
Iteration 0:   log likelihood = -979.16992

Cox regression --Breslow method for ties

No. of subjects   =          977     Number of obs   =      977
No. of failures   =          174
Time at risk      =  12927.70157
                                     LR chi2(11)     =    17.32
Log likelihood    =   -979.16992     Prob > chi2     =   0.0987

------------------------------------------------------------------------
          _t | Haz.Ratio Std.Err.   z     P>|z| [95%Conf.Interval]
-------------+----------------------------------------------------------
       bmi_c |
           1 |  1.59      0.26    2.83  0.005  1.15          2.20
           2 |  1.72      0.44    2.15  0.032  1.05          2.83
             |
         sex |
         men |  1.43      0.23    2.21  0.027  1.04          1.97
             |
    diabetes |
         yes |  1.14      0.26    0.59  0.556  0.73          1.79
             |
hypertension |
         yes |  1.19      0.24    0.88  0.378  0.81          1.76
             |
   education |
           2 |  1.30      0.36    0.95  0.342  0.76          2.22
           3 |  1.46      0.40    1.36  0.173  0.85          2.50
           4 |  1.12      0.34    0.39  0.696  0.63          2.02
             |
      income |
           2 |  0.91      0.22   -0.39  0.697  0.56          1.47
           3 |  0.96      0.25   -0.14  0.887  0.58          1.60
           4 |  1.14      0.36    0.43  0.668  0.62          2.11
------------------------------------------------------------------------
```

输出结果显示与 bmi_c 取值为 0(bmi<24.0)的观察对象相比，bmi_c 取值为 1(24.0≤bmi<28.0)和 bmi_c 取值为 2(bmi≥28.0)的观察对象在对方期间内发生急性心肌梗死事件的风险(hazard)高 59%和 72%。

3. 整理分析结果

本节的整理思路与整理 Logistic 回归分析的结果相似，不同点是将对照人数换为随访人时，即报告“病例数/随访人时”。

（1）拟合 Cox 回归模型并提取参数估计值：

```
. stcox i.bmi_c i.sex i.diabetes i.hypertension i.education i.income
. *查看模型估计值的存储方式,存储和保留与 bmi_c 相关的参数
. return list
. matrix est = r(table)'
. matrix list est
. matrix est_bmi_c = est[1..3,1...]
. matrix list est_bmi_c

est_bmi_c[3,9]
                  b          se           z      pvalue
0b.bmi_c          1           .           .           .
 1.bmi_c  1.5937333   .26226496   2.8322729   .00462184
 2.bmi_c  1.7239824   .43678324   2.1496807   .03158048


                 ll          ul          df        crit
0b.bmi_c          .           .           .    1.959964
 1.bmi_c  1.1543614   2.2003384           .    1.959964
 2.bmi_c    1.04924   2.8326362           .    1.959964


              eform
0b.bmi_c          1
 1.bmi_c          1
 2.bmi_c          1
```

（2）查看各 bmi_c 组别下的病例数：

```
. tabulate bmi_c ami if e(sample)==1, matcell(t_bmi_c)
. matrix colnames t_bmi_c = control case
. matrix list t_bmi_c

t_bmi_c[3,2]
    control   case
r1      466     77
r2      265     76
r3       72     21
```

（3）计算各 bmi_c 组别的总随访人时：

```
. tabstat follow_time if e(sample)==1, statistics(sum) by(bmi_c) save

Summary for variables: follow_time
     by categories of: bmi_c
```

```
     bmi_c |       sum
----------+----------
         0 |  7294.902
         1 |  4434.155
         2 |  1198.645
----------+----------
     Total |   12927.7
---------------------

. matrix follow_bmi_c = (r(Stat1)\r(Stat2)\r(Stat3))
. matrix list follow_bmi_c

follow_bmi_c[3,1]
     follow_time
sum    7294.9021
sum    4434.1547
sum    1198.6448
```

（4）将创建的矩阵转移至当前数据集：

```
. clear
. svmat est_bmi_c, names(col)
. svmat t_bmi_c, names(col)
. svmat follow_bmi_c, names(col)

. *新建变量指示每行对应的变量名
. local varname: rownames est_bmi_c
. display "`varname'"
0b.bmi_c 1.bmi_c 2.bmi_c

. generate level=""
. local i 0
. foreach var in `varname' {
  2.   local ++i
  3.   replace level="`var'" if _n==`i'
  4. }
variable level was str1 now str8

. *报告"病例数/随访人时",修改展示格式
. generate case_persont = string(case) + "/" + string(round(fo
>llow_time,1))
. generate hr_ci = string(round(b,0.01),"%9.2f") + " (" +
>                  string(round(ll,0.01),"%9.2f") + ", " +
>                  string(round(ul,0.01),"%9.2f") + ")"
. *参照组的 OR 值为 1.00
. replace hr_ci = "1.00 (reference)" if b==1
```

```
. keep level case_persont hr_ci

. * 查看输出结果
. list, noobs clean

       level   case_p~t              hr_ci
    0b.bmi_c    77/7295    1.00 (reference)
     1.bmi_c    76/4434    1.59 (1.15, 2.20)
     2.bmi_c    21/1199    1.72 (1.05, 2.83)
. * 导出输出结果
. export excel using "reg_cox_1", firstrow(variables)
file reg_cox_1.xls saved
```

输出结果显示不同 bmi_c 组别中急性心肌梗死病人人数和总随访人时以及各组别发生急性心肌梗死的风险比。

4. 生成可重复使用的程序

与前面相同,本节将上述相关分析过程编写为一段可重复使用的程序,程序名称为 reg_cox。该程序的语法为

```
reg_cox namelist, [saving(filename)]
```

其中 namelist 指一个或多个使用 estimates store 命令存储 Cox 回归分析的参数估计值时所定义的模型名称,该命令可报告一个或多个 Cox 回归模型中与 bmi_c 变量有关的参数估计值、病人人数以及总随访人时,并可将汇报表格存储为 Excel 文件。

```
*************************************************************
********************** program reg_cox **********************
capture program drop reg_cox
program reg_cox, rclass
     version 14
     * 设置程序语法结构
     * 该程序必须输入至少一个回归模型的名称
     * 可使用命令选项 saving(string)指定存储描述结果(可选)
     syntax namelist(min=1),[saving(string)]
     * 查看待整理的模型个数
     local varn : word count `namelist'
     * 新建矩阵
     * 列数为 r(table)的列数:9
     * 行数为各模型 r(table)的行数之和
     foreach reg in `namelist' {
         quietly estimates restore `reg'
         quietly stcox
         local colnames : colfullnames r(table)
         local row : word count `colnames'
         local nrow = `nrow' + `row'
```

```
}
matrix mat_reg = J(`nrow',9,.)
*为矩阵赋值
*每行为一个模型的一个变量类别对应的参数估计值
local i 0
foreach regname in `namelist' {
    quietly estimates restore `regname'
    quietly stcox
    matrix est = r(table)'
    local est_rownames : rowfullnames est
    local est_colnames : colfullnames est
    local j 0
    foreach row in `est_rownames' {
        local ++i
        local ++j
        local k 0
        foreach col in `est_colnames' {
            local ++k
            matrix mat_reg[`i',`k'] = est[`j',`k']
        }
        local mat_rownames = "`mat_rownames' `row'"
        local model = "`model' `regname'"
    }
}
matrix rownames mat_reg = `mat_rownames'
matrix colnames mat_reg = `est_colnames'
* matrix list mat_reg
*查看每个亚组内的病例数和总随访人时
matrix mat_case = J(`nrow',2,.)
local i 0
foreach regname in `namelist' {
    quietly estimates restore `regname'
    quietly stcox
    *display e(cmdline)
    local cmd = regexr(e(cmdline),",.*","")
    local cmd = regexr("`cmd'","if .*","")
    local nvar: word count `cmd'
    * 注意下面一行命令从2开始,因为reg-cox程序在命令行无须输入因变量
    foreach num of numlist 2/`nvar' {
        local var: word `num' of `cmd'
        if regexm("`var'","i\..*") {
            local var_new = regexr("`var'","i\.","")
            quietly tabulate `var_new' ami if e(sample)==1, matcell(tvar)
            quietly levelsof `var_new' if e(sample)==1, local(levels)
            local nlevels: word count `levels'
```

```
                quietly tabstat follow_time if e(sample)==1, statistics(sum) by(`var_new')
save
                if `nlevels'==1 {
                    matrix follow = r(Stat1)
                }
                else {
                    local l 1
                    matrix follow = r(Stat1)
                    foreach level of num 2/`nlevels' {
                        local ++l
                        matrix follow = (follow\r(Stat`l'))
                    }
                }
                * matrix list follow
            }
            else {
              quietly tabulate ami if e(sample)==1, matcell(tvar_rev)
              matrix tvar = (tvar_rev)'
              quietly tabstat follow_time if e(sample)==1, statistics(sum) save
              matrix follow = r(StatTotal)
              matrix list follow
            }
            local tvar_rownames: rowfullnames tvar
            local j 0
            foreach row in `tvar_rownames' {
                local ++i
                local ++j
                matrix mat_case[`i', 1] = tvar[`j',2]
                matrix mat_case[`i', 2] = follow[`j',1]
                * matrix list mat_case
            }
        }
    }
    matrix rownames mat_case = `mat_rownames'
    matrix colnames mat_case = case person_t
    *将矩阵转换为变量并修改格式
    preserve
    clear
    quietly svmat mat_reg, names(col)
    quietly svmat mat_case, names(col)
    *新建变量以表示每行对应的模型名称
    quietly generate reg_model = ""
    local i 0
    foreach reg in `model' {
        local ++i
```

```
            quietly replace reg_model = "`reg'" if _n==`i'
        }
        *新建变量以表示每行对应的协变量
        quietly generate rowname = ""
        local i 0
        foreach row in `mat_rownames' {
            local ++i
            quietly replace rowname = "`row'" if _n==`i'
        }
        *设置待保留的暴露变量名
        local exposure "0b.bmi_c 1.bmi_c 2.bmi_c"
        quietly generate keep = 0
        foreach var in `exposure' {
            quietly replace keep = 1 if rowname =="`var'"
        }
        quietly keep if keep ==1
        *整理格式
        quietly generate case_persont = string(case) + "/" + string(round(person_t,1))
        quietly generate hr_ci = string(round(b, 0.01),"%9.2f") + " (" + string(round(ll,
0.01),"%9.2f") + ", " + string(round(ul,0.01),"%9.2f") + ")"
        quietly replace hr_ci = "1.00 (reference)" if b==1
        quietly keep reg_model rowname case_persont hr_ci
        list, noobs clean
        *保存输出结果至 Excel 文件
        if "`saving'" !="" {
            export excel using `saving', firstrow(variables)
        }
        restore
end
********************** program reg_cox **********************
*************************************************************
```

分别在全体研究对象、男性和女性中拟合 Cox 回归模型，使用 reg_cox 程序提取 3 个模型中 bmi_c 各组别中的病例人数、总随访人时和风险比，并将输出结果存储为名为 reg_cox_2 的 Excel 文件。

```
. stcox i.bmi_c i.sex i.diabetes i.hypertension i.education i.income
. estimates store reg_1
. stcox i.bmi_c i.sex i.diabetes i.hypertension i.education
>i.income if sex==1
. estimates store reg_2
. stcox i.bmi_c i.sex i.diabetes i.hypertension i.education
>i.income if sex==2
. estimates store reg_3
. reg_cox reg_1 reg_2 reg_3, saving(reg_cox_2)
```

```
reg_mo~l   rowname  case_p~t            hr_ci
   reg_1  0b.bmi_c   77/7295  1.00 (reference)
   reg_1   1.bmi_c   76/4434  1.59 (1.15, 2.20)
   reg_1   2.bmi_c   21/1199  1.72 (1.05, 2.83)
   reg_2  0b.bmi_c   30/3380  1.00 (reference)
   reg_2   1.bmi_c   35/2491  1.45 (0.88, 2.40)
   reg_2   2.bmi_c    14/825  1.70 (0.88, 3.30)
   reg_3  0b.bmi_c   47/3915  1.00 (reference)
   reg_3   1.bmi_c   41/1943  1.81 (1.18, 2.76)
   reg_3   2.bmi_c     7/374  1.73 (0.78, 3.85)

file reg_cox_2.xls saved
```

输出结果显示 3 个模型中与 bmi_c 变量有关的病例数、随访人时和 HR 值。也可更改输出报告以增加或删除与某些变量有关的参数估计。例如，将上述程序中设置待保留的变量名部分的命令行 local exposure "0b.bmi_c 1.bmi_c 2.bmi_c"改为 local exposure "0b.bmi_c 1.bmi_c 2.bmi_c age"，输出结果则包含与 bmi_c 和 age 两个变量有关的参数估计值。

11.3 Stata 在 Meta 分析中的应用

11.3.1 Meta 分析简介

伴随循证医学的兴起和发展，系统综述（Systematic Review，SR）和 Meta 分析（Meta-Analysis，MA）被公认为客观评价及整合针对某一特定问题的干预方案的有效性和安全性的可靠证据来源，成为循证决策的良好依据①。根据《科克伦干预措施系统评价手册》②，系统综述是指：针对某一具体研究问题，全面系统地收集所有相关经验证据（包括已发表及未发表的研究），采用严格的文献评价方法，筛选出符合纳入标准的文献进行证据整合，从而得出可靠的综合性结论。包含 Meta 分析过程的系统综述又称为定量的系统综述（quantitative systematic review）。Meta 分析是精确整合多个独立的研究结果及进行定量分析的一种统计学方法。

如图 11-3-1 所示，以 systematic review（系统综述）和 Meta-analysis（Meta 分析）为关键词在 PubMed 数据库中进行文献检索，近 20 年来相关的论文发表数量逐年攀升，足见其在医学研究中的受重视程度。一般而言，高质量的系统综述/Meta 分析的论文较容易发表在影响因子（Impact Factor，IF）较高的期刊上，并且在相关领域获得较高的引用率，尤其是对于临床诊疗常规和指南的制定具有重要的指导意义。在中国，系统综述/Meta 分析作为提供循证医学中高质量研究证据的重要方法，也得到了临床医师及医学科研工作者的广泛重视，每年有很多中国学者发表相关领域的 Meta 分析论文。但是，相关论文的质量良莠不齐，很多研究在方法与规范性上也存在着明显的不足，因而价值不高。因此，清楚地了解 Meta 分析的方法及规范，提高研究质量就显得非常重要。

---

① Cipriani A，Furukawa T A. Advancing Evidence-based Practice to Improve Patient Care[J]. Evid Based Ment Health，2014，17(1)：1-2.

② Higgins J P，Green S. Cochrane Handbook for Systematic Reviews of Interventions[M]. [s.l.]John Wiley & Sons，2008.

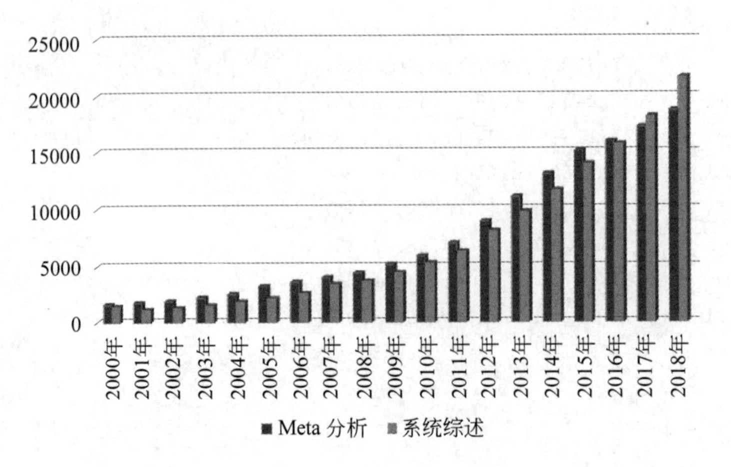

图 11-3-1 系统综述与 Meta 分析的年发表量

1. Meta 分析的方法与步骤

Pai M 等[①]绘制了系统综述与 Meta 分析技术路线图，系统地阐述了系统综述和 Meta 分析的实施步骤及注意事项（详见附录 C）。该技术路线图的中文版于 2017 年发表，可访问 https://www.teachepi.org/wp-content/uploads/OldTE/documents/courses/sr&ma/SR-Roadmap_Chinese_2017.pdf。

简单来说，一个完整的 Meta 分析大致包含以下 7 个步骤：

（1）遵循 PICOS 原则构建明确的研究问题。P 代表研究对象（Participants）；I 代表干预（Intervention），在观察性研究中也代表暴露（Exposure）；C 代表对照（Control）或者比较（Comparison）；O 代表结局（Outcomes）；S 代表研究设计（Study design）。

（2）制订合理的研究方案。基于研究问题确定文献的纳入及排除标准，详细描述文献检索方案，如何进行数据摘录及质量评估，以及要采用的统计学分析方法。将相对完整的研究方案（protocol）在 Cochrane 或 PROSPERO（https://www.crd.york.ac.uk/PROSPERO/）上注册，以避免重复发表。目前，越来越多的期刊要求 Meta 分析在实施前有已注册或者已发表的研究方案，以尽可能地避免偏倚。

（3）文献检索。制定详细可行的检索策略，对 PubMed、Embase、Web of Science 等数据库进行检索并浏览纳入相关研究的参考文献。也可以联系作者或者相关领域专家以获取未发表的“灰色文献”。

（4）数据摘录。对纳入文献进行编码，并创建数据摘录表格。根据研究问题编制数据提取目录，一般需要摘录的信息包括研究编号、发表年份、作者、研究实施地区、研究类型、样本量、纳入人群信息、干预/暴露因素、研究结局等。数据摘录至少由两名研究者同时且独立地进行，以确保准确性。遇到意见不一致的情况时，需由第三名研究者协助解决。

（5）纳入文献质量评估。根据不同的研究类型，选择相应的质量评估工具。旨在通过排除低质量研究来确保汇总结果的准确性，并进行敏感性分析。

（6）数据整合。根据纳入的单独研究的效果估计值，使用统计软件生成合并估计值。一般采用研究权重来计算合并的估计值（方差较小的研究权重较大）。按照制订的研究计划进行敏感性分析和亚组

① Pai M, McCulloch M, Gorman J D, et al. Systematic Reviews and Meta-analyses: an Illustrated, Step-by-Step Guide[J]. Natl Med J India, 2004,17(2): 86-95.

分析，并生成森林图来呈现最终结果。

(7) 结果阐释及论文撰写。在现有临床实践或指南的背景下对系统综述与合并估计值进行解释，以最终形式定性或者定量的系统综述结果。

2. Stata中常见的Meta分析命令简介

1) Stata中Meta分析核心模块安装

在Stata中，Meta分析所采用的命令并不属于Stata自带模块，需单独安装。如果要运行Meta分析的所有命令，需安装mais(Meta-analysis in Stata)命令包。打开Stata，在命令窗口依次输入并运行以下命令：

```
. net from http://www.stata-press.com/data/mais
. net install mais
. spinst_mais
```

Meta分析常用的14个命令窗口都存在于metadialog.pkg中，安装命令如下：

```
. ssc install metadialog.pkg
```

本章要介绍的最常见的Meta分析类型(二分类变量和连续型变量的Meta分析)在metan命令包中实现，安装命令如下：

```
. ssc install metan
```

2) Stata中Meta分析基本命令介绍

对于不同的Meta分析类型，metan命令的语法结构统一为

```
metan varlist [if exp] [in range] [ ,options]
```

其中，varlist为需要进行Meta分析的变量，可以为二分类变量或连续型变量；if和in为可选参数，一般用来在亚组分析或敏感性分析中限定数据范围；options为选择项，需要根据数据类型及所需的输出结果进行选择。表11-3-1至表11-3-4对metan中最常用的选择项进行了总结。

表11-3-1 二分类变量的选择项

选 择 项	含 义
rr	合并相对危险度(默认选项)
or	合并比值比
rd	合并危险差
fixed	以Mantel-Haenszel法拟合固定效应模型(默认选项)
fixedi	以倒方差法或Woolf法拟合固定效应模型
random	以DerSimonian-Laird法拟合随机效应模型，以Mantel-Haenszel法估计异质性(默认选项)
randomi	以DerSimonian-Laird法拟合随机效应模型，以倒方差法/Woolf法估计异质性
cornfield	以Cornfield法计算OR值的置信区间

表 11-3-2 连续型变量的选择项

选 择 项	含 义
cohen	以 Cohen 法合并标准化均数差(默认选项)
hedges	以 Hedges 法合并标准化均数差
glass	以 Glass 法合并标准化均数差
nonstandard	合并非标准化均数差
fixed	以倒方差法或 Woolf 法拟合固定效应模型(默认选项)
random	以 DerSimonian-Laird 法拟合随机效应模型

表 11-3-3 输出结果的选择项

选 择 项	含 义
by(var)	根据变量 var 进行分组，进行亚组 Meta 分析
sgweight	以亚组为单位计算亚组内各个研究的权重占比
sortby(var)	根据 var 进行排序
label	为每个研究加标签
nokeep	不将研究参数保留在 Stata 的永久变量中
notable	不显示结果中的表格
nograph	不显示结果中的图

表 11-3-4 森林图的选择项

选 择 项	含 义
xlabel	定义 X 轴的标签
force	强制限定 X 轴的刻度在 xlabel 定义的范围之内
boxsha	指定权重方块的阴影密度，范围为 0～4，由弱到强，默认值为 4
boxsca	指定权重方块大小，默认值为 1
texts	指定图中字体大小，默认值为 1
saving(filename)	将结果保存到指定文件
nowt	不显示权重比
nostats	不显示统计学结果
nobox	不显示权重方块
nooverall	不显示总的合并效应量

11.3.2 二分类变量的 Meta 分析

Bischoff-Ferrari H A 等人于 2004 年发表题为《维生素 D 对跌倒的影响：Meta 分析》[①]，综合 5 项

① Bischoff-Ferrari H A，Dawson-Hughes B，Willett W C，et al. Effect of Vitamin D on Falls：a Meta-Analysis[J]. JAMA，2004，291(16)：1999-2006.

随机临床对照试验的结果得出结论：维生素 D 补充剂可以使健康状况稳定的老年人的跌倒风险降低 20%。该结论在 2017 年 Tricco A C 等人开展的关于预防老年人跌倒的有效措施的网络 Meta 分析中得到验证①。本节以 Bischoff-Ferrari H A 的研究为例，介绍如何使用 Stata 15.1 进行二分类变量的 Meta 分析。纳入主要分析(primary analysis)的 5 项随机临床对照试验数据如表 11-3-5 所示。一般情况下，原始文献中会将相关数据提供在 2×2 的表格中；但也不乏有些原始文献只提供效应估计(OR、RR、HR)及其 95%置信区间，这种情况在观察性研究中比较常见，尤其是样本量比较大及研究设计比较复杂的时候。因此，本节分别介绍如何根据 2×2 表格资料和效应估计资料进行二分类变量的 Meta 分析。

表 11-3-5 纳入主要分析的 5 项随机临床对照试验数据

Author	Year	Sample size	Intervention		Control		OR(95%CI)
			No. of Fallers	No. of participants	No. of Fallers	No. of participants	
Pfeifer et al	2000	137	11	70	19	67	0.47(0.20-1.09)
Bischoff et al	2003	122	14	62	18	60	0.68(0.31-1.53)
Gallagher et al	2001	246	59	123	78	123	0.53(0.32-0.89)
Dukas et al	2004	378	40	192	46	186	0.69(0.41-1.16)
Graafmans et al	1996	354	62	177	66	177	0.91(0.59-1.40)

1. 基于 2×2 表格资料进行二分类变量的 Meta 分析

首先进行数据整理与录入，并使用 list 命令输出数据结构。其中，a 代表 2×2 表格中的干预组(Intervention)的病例数，b 表示干预组的非病例数，c 表示对照组(Control)的病例数，而 d 则表示对照组的非病例数。这些数字均可以根据表 11-3-5 计算得到。

```
. list author year a b c d
```

输出结果如下：

```
     +-------------------------------------------------+
     |          author   year    a     b    c      d   |
     |-------------------------------------------------|
  1. |   Pfeifer et al   2000   11    59   19     48   |
  2. |  Bischoff et al   2003   14    48   18     42   |
  3. | Gallagher et al   2001   59    64   78     45   |
  4. |     Dukas et al   2004   40   152   46    140   |
  5. | Graafmans et al   1996   62   115   66    111   |
     +-------------------------------------------------+
```

1) 按照固定效应模型进行合并，命令如下：

```
. metan a b c d , or fixed xlabel (0.5,1,2) texts (130) lcols (author year) astext (80)
```

其中，or 可以根据具体研究更换为 rr 或 rd。除了在 11.3.1 节介绍的常用选项外，lcols(varlist)或者

① Tricco A C, Thomas S M, Veroniki A A, et al. Comparisons of Interventions for Preventing Falls in Older Adults: A Systematic Review and Meta-analysis[J]. JAMA, 2017, 318(17): 1687-99.

rcols(varlist)选项用来指定显示在森林图的左边或右边的变量名(这里为作者和年份)；astest(#)用来指定森林图的大小，括号中的数字(范围为10～90，默认值为50)代表森林图相对于文字信息所占的比重。固定效应模型的计算结果如下所示：

```
              Study      |     OR     [95% Conf. Interval]     % Weight
-------------------------+-----------------------------------------------
Pfeifer et al            |  0.471       0.204      1.085          10.84
Bischoff et al           |  0.681       0.302      1.533           9.38
Gallagher et al          |  0.532       0.319      0.885          26.88
Dukas et al              |  0.801       0.495      1.297          24.50
Graafmans et al          |  0.907       0.588      1.399          28.40
-------------------------+-----------------------------------------------
M-H pooled OR            |  0.712       0.557      0.910         100.00
-------------------------+-----------------------------------------------

  Heterogeneity chi-squared =    3.63 (d.f. = 4) p = 0.458
  I-squared (variation in OR attributable to heterogeneity) =    0.0%

  Test of OR=1 : z=    2.71 p = 0.007
```

输出的表格包括各个研究效应估计(OR)、95%置信区间、权重以及估计的合并效应估计(M-H pooled OR)。将该结果与表11-3-5进行对比，可以发现几乎所有的研究都得到了与原始文献一致的效应估计。需要指出的是，原文中纳入的Dukas et al研究的结果(OR值和95%置信区间)是校正协变量(校正年龄、性别等13个协变量)后的结果，因而会略低于在上述固定效应模型中的效应估计。结果下方是关于异质性检验及合并效应估计(M-R pooled OR)的假设检验。I-squared表示异质性(即各研究之间存在的差异)在解释效应量的总变异中所占的比例。异质性的低、中、高程度用25%、50%和75%来划分。一般认为，当I-squared＞50%时，表示存在较明显的异质性。而上述结果表明，纳入的研究不存在异质性，也就意味着选择固定效应模型是合理的。最后是关于效应估计的检验，说明合并OR值有统计学意义，即维生素D的摄入可以有效防止老年人跌倒。该命令会默认输出森林图，如图11-3-2所示。

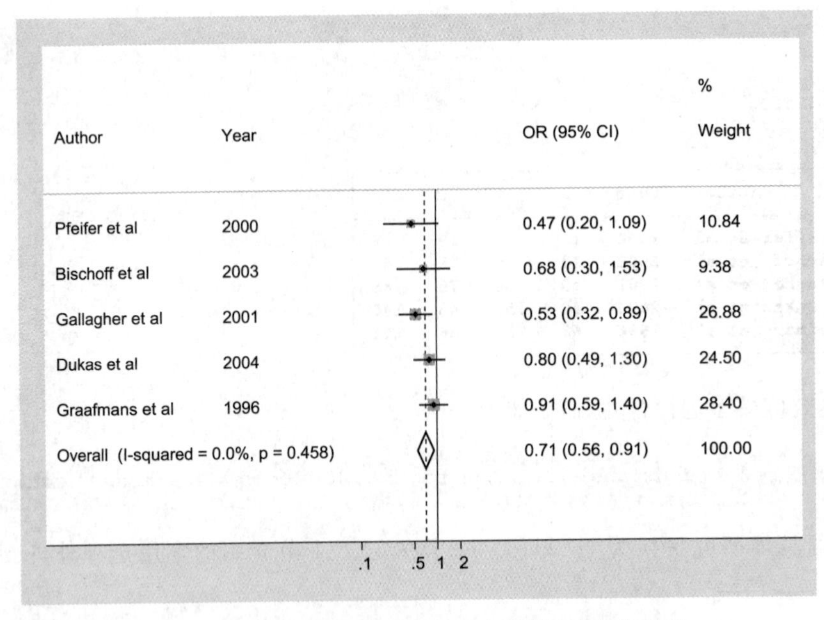

图11-3-2 维生素D补充剂与发生跌倒风险的森林图

2）按照随机效应模型进行合并

只需将前面的命令中的 fixed 替换成 random 即可：

```
. metan a b c d , or random xlabel (0.5,1,2) texts (130) lcols (author year) astext (80)
```

输出结果如下：

```
           Study       |     OR    [95% Conf. Interval]     % Weight
-----------------------+-----------------------------------------------
Pfeifer et al          |  0.471       0.204     1.085          8.74
Bischoff et al         |  0.681       0.302     1.533          9.24
Gallagher et al        |  0.532       0.319     0.885         23.44
Dukas et al            |  0.801       0.495     1.297         26.22
Graafmans et al        |  0.907       0.588     1.399         32.36
-----------------------+-----------------------------------------------
D+L pooled OR          |  0.712       0.557     0.912        100.00
-----------------------+-----------------------------------------------

  Heterogeneity chi-squared =   3.63 (d.f. = 4) p = 0.458
  I-squared (variation in OR attributable to heterogeneity) =   0.0%
  Estimate of between-study variance Tau-squared =  0.0000

  Test of OR=1 : z=   2.69 p = 0.007
```

由以上结果可知，基于 DerSimonian-Laird 法拟合的随机效应模型与基于 Mantel-Haenszel 法拟合的固定效应模型得到了几乎一致的结果，说明各研究之间不存在异质性。随机效应模型异质性检验、合并效应估计的假设检验以及森林图也得到与固定效应模型一致的结论，因而不再赘述。

2. 基于效应估计资料进行二分类变量的 Meta 分析

仍以表 11-3-5 的数据为例，继续演示如何根据 OR 值及 95%置信区间来计算合并的效应估计。首先将数据整理成如下格式：

```
. list author year or lci uci
```

	author	year	or	lci	uci
1.	Pfeifer et al	2000	.47	.2	1.09
2.	Bischoff et al	2003	.68	.31	1.53
3.	Gallagher et al	2001	.53	.32	.89
4.	Dukas et al	2004	.69	.41	1.16
5.	Graafmans et al	1996	.91	.59	1.4

然后将其导入 Stata。其中 lci 为 95% CI 的下限值，uci 为 95% CI 的上限值。

接下来，计算出相应变量的对数值，并增加 eform 选项，指定按指数形式输出，即直接输出合并效应及其 95%置信区间。命令如下：

```
. generate logor=log(or)
. generate loglci=log(lci)
. generate loguci=log(uci)
. metan logor loglci loguci,  fixed eform xlabel (0.5,1,2) texts (130) lcols (author year)
astext (80)
```

结果的呈现与解释也与 2×2 表格资料的合并结果相同。两种方式结果的差异仍来自 Dukas et al 的研究，基于效应估计资料进行效应合并后，不需要再根据 2×2 表格资料进行 OR 值的计算，因而可以得到与原 Meta 分析一致的结果。同理，只需将上述命令中的 fixed 换成 random，即可实现基于随机效应模型的效应合并。输出结果如下：

```
          Study        |     ES    [95% Conf. Interval]     % Weight
-----------------------+---------------------------------------------------
Pfeifer et al          |  0.470      0.200      1.090          8.78
Bischoff et al         |  0.680      0.310      1.530          9.91
Gallagher et al        |  0.530      0.320      0.890         24.14
Dukas et al            |  0.690      0.410      1.160         23.35
Graafmans et al        |  0.910      0.590      1.400         33.82
-----------------------+---------------------------------------------------
I-V pooled ES          |  0.686      0.534      0.882        100.00
-----------------------+---------------------------------------------------
 Heterogeneity calculated by formula
  Q = SIGMA_i{ (1/variance_i)*(effect_i - effect_pooled)^2 }
where variance_i = ((upper limit - lower limit)/(2*z))^2

  Heterogeneity chi-squared =   3.39 (d.f. = 4) p = 0.495
  I-squared (variation in ES attributable to heterogeneity) =   0.0%

  Test of ES=1 : z=   2.94 p = 0.003
```

11.3.3 连续性变量的 Meta 分析

本节以 Zheng W 等人发表的一项评价美金刚(Memantine，兴奋性氨基酸受体拮抗剂，用于治疗中重度至重度阿尔茨海默型痴呆)联合抗精神病药物治疗精神分裂症效果的 Meta 分析为例[①]，介绍如何使用 Stata 15.1 实现连续型变量的 Meta 分析。该项研究通过对 8 项双盲、安慰剂对照的 RCT 结果进行整合，发现美金刚联合抗精神病药物可显著改善精神分裂症病人的阴性症状(negative symptoms)和认知功能(neurocognitive performance)。

首先，将原文中的信息摘录于表 11-3-6。

表 11-3-6 评价美金刚对改善精神分裂症病人阴性症状效果的 7 项临床试验数据

Author	Year	Memantine(美金刚)			Placebo(安慰剂)		
		Mean	SD	Total	Mean	SD	Total
De Lucena et al	2009	6.1	2.28	10	13.55	2.02	11
Gu et al	2012	23.7	5.4	32	27.6	6	32
Lee et al	2012	20.5	5.1	15	20.7	6.5	11
Lieberman et al	2009	17.4	5.47	69	18.9	5.89	66
Mazinani et al	2016	15.1	4.8	23	20.6	5.2	23
Rezael et al	2013	9.4	5.47	20	12	5.89	20
Veerman et al	2016	20.2	6.57	25	20.08	5.87	24

然后，将上述数据导入 Stata 中：

① Zheng W, Li X H, Yang X H, et al. Adjunctive Memantine for Schizophrenia: a Meta-Analysis of Randomized, Double-Blind, Placebo-Controlled Trials[J]. Psychological Medicine, 2018, 48(1): 72-81.

```
. list author year m1 s1 n1 m2 s2 n2
```

输出结果如下：

```
     +-------------------------------------------------------------------------+
     |           author   year     m1     s1   n1      m2     s2   n2 |
     |-------------------------------------------------------------------------|
  1. | De Lucena et al   2009    6.1   2.28   10   13.55   2.02   11 |
  2. |        Gu et al   2012   23.7    5.4   32    27.6      6   32 |
  3. |       Lee et al   2012   20.5    5.1   15    20.7    6.5   11 |
  4. | Lieberman et al   2009   17.4   5.47   69    18.9   5.89   66 |
  5. |  Mazinani et al   2016   15.1    4.8   23    20.6    5.2   23 |
     |-------------------------------------------------------------------------|
  6. |    Rezael et al   2013    9.4   5.47   20      12   5.89   20 |
  7. |   Veerman et al   2016   20.2   6.57   25   20.08   5.87   24 |
     +-------------------------------------------------------------------------+
```

采用随机效应模型对结果进行合并的命令如下：

```
. metan n1 m1 s1  n2 m2 s2, random xlab(-4,-2,0,2,4) favours(Memantine is better# Placebo is
better) texts (130) lcols (author year m1 s1 n1 m2 s2 n2) astext (70)
```

注意：metan 命令后的变量需按照以下顺序添加：干预组样本量、干预组均值、干预组标准差、对照组样本量对照组均值和对照组标准差。

输出结果如下：

```
            Study      |     SMD   [95% Conf. Interval]     % Weight
-----------------------+----------------------------------------------------
De Lucena et al        | -3.470     -4.866    -2.073         7.53
Gu et al               | -0.683     -1.188    -0.179        16.21
Lee et al              | -0.035     -0.813     0.743        13.09
Lieberman et al        | -0.264     -0.603     0.075        17.92
Mazinani et al         | -1.099     -1.721    -0.477        14.87
Rezael et al           | -0.457     -1.086     0.171        14.80
Veerman et al          |  0.019     -0.541     0.579        15.58
-----------------------+----------------------------------------------------
D+L pooled SMD         | -0.652     -1.140    -0.164       100.00
-----------------------+----------------------------------------------------

Heterogeneity chi-squared =  27.89 (d.f. = 6) p = 0.000
I-squared (variation in SMD attributable to heterogeneity) =  78.5%
Estimate of between-study variance Tau-squared =  0.3162

Test of SMD=0 : z=   2.62 p = 0.009
```

与二分类变量的 Meta 分析结果类似，输出的结果中包括各个研究标准化均数差(SMD)、95%置信区间、权重以及估计的合并效应估计(D+L pooled SMD)。异质性检验结果提示 $Q=27.89$，自由度为 6，$p=0.000$，因此 7 项研究之间存在异质性，且异质性差异有统计学意义，故应采用随机效应模型对结果进行整合。合并后 SMD=−0.65，根据其 95%置信区间及 Z 检验可知，美金刚干预组阴性症状得分低于对照组，差异有统计学意义。森林图如图 11-3-3 所示。

11.3.4 发表偏倚分析

发表偏倚(publication bias)又称出版偏倚，是指在同类研究中，结果具有统计学意义的研究比结果无统计学意义的研究更容易被接受和发表的现象。发表偏倚在系统综述和 Meta 分析中是一个影响分

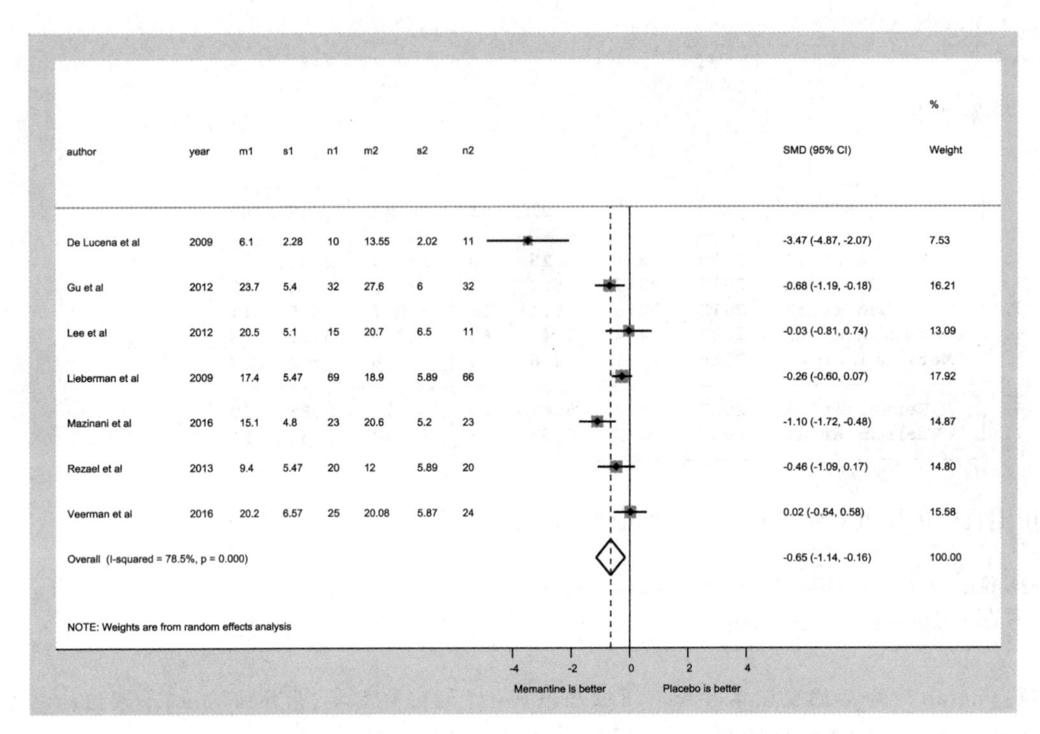

图 11-3-3 评价美金刚对改善精神分裂症病人阴性症状效果的森林图

析结果有效性的主要原因，因此发表偏倚的识别与处理极为重要。

最常见的识别发表偏倚的方法是漏斗图法。漏斗图是以样本量（或效应量 RR、OR、RD 等标准误的倒数）与效应量（或效应量的对数）绘制的散点图。它的基本原理是：效应量估计值的精度随着样本量的增加而提高，散点图的宽度随着精度的提高而逐渐变窄，最后趋近于点状，形成一个类似倒置漏斗的图形。样本量较小的研究精度低，分布在漏斗图底部；而样本量较大的研究精度高，分布在漏斗图顶部。所以，当存在发表偏倚时，漏斗图会呈现不对称或者部分缺失。但关于对称性的判断属于主观定性的方法，因此需要结合回归分析法（Egger 法）、秩相关法（Begg 法）、剪补法或失安全系数法进行定量分析。以上识别发表偏倚的方法都可以在 Stata 中实现，本节主要介绍最常用的漏斗图法和 Egger 法。采用 11.3.2 节中关于维生素 D 补充剂与跌倒之间关系的例子，来演示如何绘制漏斗图及进行发表偏倚的检测。与 11.3.2 节不同的是，本示例中摘录了所有纳入该项系统评价（即原文 Table 3）的研究信息（包括未纳入最终 Meta 分析的 5 个研究）。

用 Stata 绘制漏斗图的命令如下：

```
metafunnel varlist [,by () [var|ci] nolines forcenull egger graph_options]
```

其中，varlist 为变量列表，可以是本章前几节中提到的二分类变量（如 OR 值与 95%置信区间）或连续型变量（如 SMD 与标准误）相关的效应量。选项中的 by 指定分组变量，var 或 ci 指定变量含方差或置信区间，noline 指定不显示 95%置信区间。关于更多选项的详细介绍，请参见 Meta-Analysis in Stata：an Updated Collection from the Stata Journal 一书中的第 8 章[①]。

---

① Sterne J A. Meta-Analysis in Stata：an Updated Collection from the Stata Journal[M]. StataCorp LP，2009.

```
. list author year a b c d                      #查看 Stata 中数据结构
```

输出结果如下：

	author	year	a	b	c	d
1.	Pfeifer et al	2000	11	59	19	48
2.	Bischoff et al	2003	14	48	18	42
3.	Gallagher et al	2001	59	64	78	45
4.	Dukas et al	2004	40	152	46	140
5.	Graafmans et al	1996	62	115	66	111
6.	Chapuy et al	2004	251	142	118	72
7.	Trivedi et al	2003	254	773	261	750
8.	Latham et al	2002	64	44	60	54
9.	Larsen et al	2002	.	.	.	.
10.	Harwood et al	2004	15	69	13	22

```
. ssc install metafunnel                        //安装 metafunnel
. metan a b c d,rr                              //使用 metan 命令计算初始效应量
. generate logrr = log(_ES)                     //生成 log(RR)
. generate selogrr = _selogES                   //生成 selog(RR)
. metafunnel logrr selogrr,xtitle (Log Risk Ratio) ytitle (Standard Error of LogRR)
                                                //绘制漏斗图
```

漏斗图如图 11-3-4 所示。

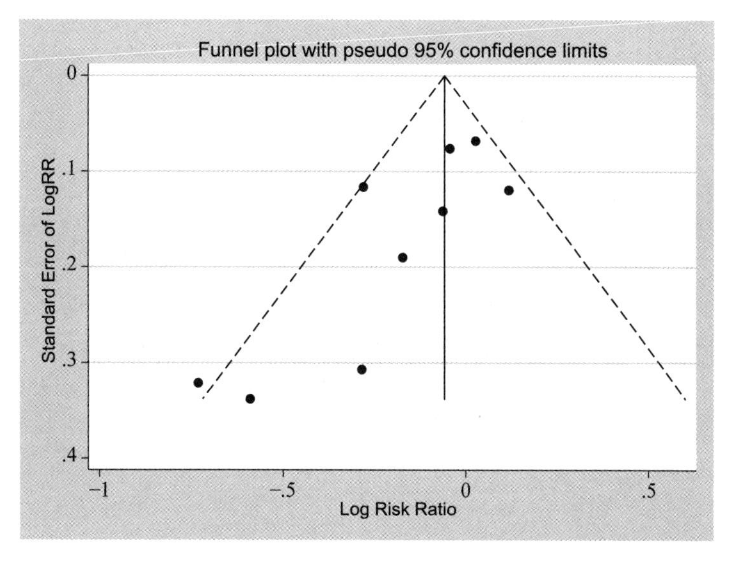

图 11-3-4　Stata 绘制的漏斗图

对漏斗图进行是否对称的判断存在很强的主观性，不同的人可能会得出不同的结论，因此采用 Egger 法对漏斗图的对称性进行定量评估。具体命令如下：

```
. metabias a b c d, rr egger gr
```

或

```
. metabias logrr selogrr, rr egger gr
```

输出结果如下：

```
Egger's test for small-study effects:
Regress standard normal deviate of intervention
effect estimate against its standard error

Number of studies =  9                        Root MSE      =   1.034
------------------------------------------------------------------------------
     Std_Eff |     Coef.   Std. Err.      t    P>|t|     [95% Conf. Interval]
-------------+----------------------------------------------------------------
       slope |  .1428707   .0849986     1.68   0.137    -.0581191    .3438605
        bias | -1.927625   .7157465    -2.69   0.031    -3.620096   -.2351535
------------------------------------------------------------------------------

Test of H0: no small-study effects          P = 0.031
```

Egger 回归的结果提示偏移的 t 统计量为 -2.69，p 为 0.031，因此可以判断该研究存在发表偏倚，如图 11-3-5 所示。该结论符合对漏斗图直接观察的预期，即小样本的研究数量呈明显不对称。

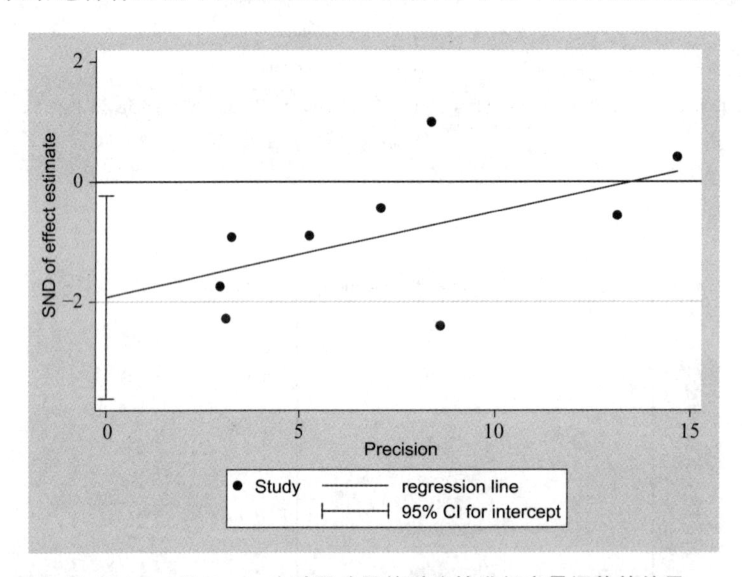

图 11-3-5　用 Egger 法对漏斗图的对称性进行定量评估的结果

第 12 章　Python 实践部分

12.1　数据的清洗与管理

本节将使用模拟数据集讲解实际工作中与数据清洗相关的常见问题及解决办法。将用到病人基本信息数据集、诊断信息数据集、实验室检测结果数据集(一)、实验室检测结果数据集(二)、用药信息数据集等。本节主要使用的库是 Pandas,有关它的详细介绍请参阅 7.6 节。值得指出的是,Python 语法灵活,功能强大,在解决问题时通常可以使用多种方法,本节仅给出一种常见方法。

开始分析前,首先载入需要用到的库。除了 Pandas 外,本节还将用到 NumPy。

```
import pandas as pd
import numpy as np
```

12.1.1　病人基本信息数据集

1. 查看及描述数据集的基本信息

在 7.4 节讲解了用 Pandas 加载数据集的方法。这里需要指定数据集所在的绝对路径,然后根据数据集的格式,使用相应的函数打开文件:

```
df = pd.read_csv('E:/python_book/dataset-20190620T203047Z-001/dataset/baseline.csv')
```

在实践中,由于数据的文本格式和内容不同,可能会遇到诸如下面所示的错误,需要根据报错信息给出的提示修改代码:

```
Traceback (most recent call last):
  File "<ipython-input-365-43116833fdbd>", line 7, in <module>
    df = pd.read_csv('E:/python_book/dataset-20190620T203047Z-001/dataset/baseline.csv')
  File "C:\Users\yinxi\AppData\Local\conda\conda\envs\deeplearning\lib\site-packages\
pandas\io\parsers.py", line 678, in parser_f
    return _read(filepath_or_buffer, kwds)
  File "C:\Users\yinxi\AppData\Local\conda\conda\envs\deeplearning\lib\site-packages\
pandas\io\parsers.py", line 446, in _read
    data = parser.read(nrows)
  File "C:\Users\yinxi\AppData\Local\conda\conda\envs\deeplearning\lib\site-packages\
pandas\io\parsers.py", line 1036, in read
    ret = self._engine.read(nrows)
  File "C:\Users\yinxi\AppData\Local\conda\conda\envs\deeplearning\lib\site-packages\
pandas\io\parsers.py", line 1848, in read
    data = self._reader.read(nrows)
  File "pandas\_libs\parsers.pyx", line 876, in pandas._libs.parsers.TextReader.read
```

```
  File "pandas\_libs\parsers.pyx", line 891, in pandas._libs.parsers.TextReader._read_low
_memory
  File "pandas\_libs\parsers.pyx", line 968, in pandas._libs.parsers.TextReader._read
_rows
  File "pandas\_libs\parsers.pyx", line 1094, in pandas._libs.parsers.TextReader._convert
_column_data
  File "pandas\_libs\parsers.pyx", line 1141, in pandas._libs.parsers.TextReader._convert
_tokens
  File "pandas\_libs\parsers.pyx", line 1240, in pandas._libs.parsers.TextReader._convert
_with_dtype
  File "pandas\_libs\parsers.pyx", line 1256, in pandas._libs.parsers.TextReader._string
_convert
  File "pandas\_libs\parsers.pyx", line 1494, in pandas._libs.parsers._string_box_utf8
UnicodeDecodeError: 'utf-8' codec can't decode byte 0xc4 in position 0: invalid
continuation byte
```

Pandas 在读取文件时通过 encoding 参数指定该文件的编码方式。这里，出现"'utf-8' codec can't decode byte 0xc4 in position 0：invalid continuation byte"提示的原因是：由于数据中有中文字符，因此无法使用 utf-8 成功转换数据。针对不同语言的编码，Python 在官方说明中列出了相应的 encoding 值(https://docs.python.org/3/library/codecs.html#standard-encodings)。从中可以查到，对于中文简体字，可以尝试使用 GB2312 作为 encoding 参数的值：

```
df = pd.read_csv('E:/python_book/dataset-20190620T203047Z-001/dataset/baseline.csv',
encoding = 'GB2312')
```

接下来可以用 head 方法查看前 5 行数据，以大致了解文件信息：

```
df.head()
Out[1]:
   id  sex   height  ...                    entrydt  deathdt  death
0   1    m  173.5cm  ...  2003-06-10:00:00:00.00          .      0
1   2    M      178  ...  2004-01-05:00:00:00.00          .      0
2   3    M    166.5  ...  2003-09-16:00:00:00.00   20120128      1
3   4    F    157.5  ...  2003-07-02:00:00:00.00          .      0
4   5    M    165.5  ...  2004-05-07:00:00:00.00          .      0
[5 rows x 11 columns]
```

输出中的 11 columns 表示数据集共 11 列，但由于设置问题，只显示了其中的 6 列。可以使用 pd.set_option 设置显示的列数：

```
pd.set_option('display.max_columns', 35)

df.head()
Out[2]:
```

```
   id sex   height  weight  education  income     disease            birthday
0   1   m  173.5cm      88          3     1.0  高血压 糖尿病  13MAY1964:00:00:00.00
1   2   M      178      81          4     2.0         NaN  10JUN1963:00:00:00.00
2   3   M    166.5      70          1     2.0        恶性肿瘤  12JUL1938:00:00:00.00
3   4   F    157.5      58          3     3.0         高血压  08JUL1953:00:00:00.00
4   5   M    165.5      71          3     2.0         NaN  20AUG1967:00:00:00.00

\                entrydt   deathdt  death
0  2003-06-10:00:00:00.00         .      0
1  2004-01-05:00:00:00.00         .      0
2  2003-09-16:00:00:00.00  20120128      1
3  2003-07-02:00:00:00.00         .      0
4  2004-05-07:00:00:00.00         .      0
```

还可以进一步获取数据类型等相关信息：

```
df.info()
<class 'pandas.core.frame.DataFrame'>
RangeIndex: 1000 entries, 0 to 999
Data columns (total 11 columns):
id            1000      non-null     int64
sex           1000      non-null     object
height        1000      non-null     object
weight        1000      non-null     int64
education     1000      non-null     int64
income         977      non-null     float64
disease        492      non-null     object
birthday      1000      non-null     object
entrydt       1000      non-null     object
deathdt       1000      non-null     object
death         1000      non-null     int64
dtypes: float64(1), int64(4), object(6)
memory usage: 86.0+KB
```

从输出中可以看到，该数据集存在的问题包括含有缺失值、数据类型不完备、数据内容不统一等，需要进一步清洗。接下来，将对变量进行分类，并按照字符型、数值型及日期型的顺序依次加以清洗。

2. 字符型变量的查看和清洗

1）sex 变量

通过查看整个 DataFrame 的前 5 行，可以看到，在 sex（性别）一栏中，英文大小写没有统一。为了更全面地了解可能存在的问题，首先通过频数统计查看这一栏所含的数值：

```
df.sex.value_counts()
Out[3]:
F       431
M       389
```

```
f          54
m          46
男         28
女         22
Male       17
Female     13
Name: sex, dtype: int64
```

可以看到，除大小写问题外，还存在中英文、全称简称混用现象。对原数据直接进行修改容易引入错误。为了避免这一问题的发生，选择新建的列 sexn 来存储清洗后的性别数据：

```
df['sexn'] = None
```

接下来，生成两个列表，分别记录原数据集中用来表示男、女性别的值：

```
F_list = ['F', 'f', '女', 'Female']
M_list = ['M', 'm', '男', 'male', 'Male']
```

最后，选择相应的行，赋值给该行对应的 sexn，女为 1，男为 2：

```
df.loc[df['sex'].isin(F_list), 'sexn'] = 1
df.loc[df['sex'].isin(M_list), 'sexn'] = 2
```

整理后，重新考查性别的频数，结果如下：

```
df.sexn.value_counts()
Out[4]:
1    520
2    480
Name: sexn, dtype: int64
```

2) disease 变量

通常而言，疾病史是重要的研究因素或协变量，另一方面，它也是制定研究对象纳入排除标准的重要考量因素。然而在数据集中，该部分信息的呈现往往十分杂乱，存在标点不统一，名称不一致，疾病顺序不同等问题。因此，学会从这样的文本中提取并整理研究所需信息，是处理大数据的必要技能。下面对此进行介绍。

首先，通过频数统计，大致了解 disease(疾病史)一栏所含信息：

```
df['disease'].value_counts()
Out[5]:
恶性肿瘤            179
高血压              105
糖尿病               80
乙型肝炎             66
高血压 糖尿病        30
高血压,冠心病        20
```

```
高血压,糖尿病,恶性肿瘤          5
其他: 肺结核                    5
其他: 肝癌                      2
Name: disease, dtype: int64
```

从结果可以看出，部分病人的疾病史中包含多种疾病，而且分隔符号也不一致。

本例中，需要提取糖尿病及高血压的疾病史。首先，将"糖尿病"赋值给 sub_str 变量，随后，通过 contains 检查 disease 一栏中是否含有"糖尿病"一词；然后，把前一步判断的 True/False 结果赋予 diabetes 列。注意，如果没有既往病史，则 disease 一栏为空，那么糖尿病一栏应为 False，而不是 NaN，这可以通过 na=False 来实现。

```
#疾病史
sub_str = '糖尿病'
df['diabetes'] = df['disease'].str.contains(sub_str, na = False)
df.diabetes.value_counts()
Out[6]:
False     885
True      115
Name: diabetes, dtype: int64
#使用同样的方法处理高血压
sub_str = '高血压'
df['hyper_tension'] = df['disease'].str.contains(sub_str, na = False)
df.hyper_tension.value_counts()
Out[7]:
False     840
True      160
Name: hyper_tension, dtype: int64
```

从频数统计的结果可以看到，一共 115 名病人有糖尿病史，160 名病人有高血压史。

3. 数值型变量的查看和清洗

在分析数据时，如果数值型变量中混入了字符型变量，一般会导致程序无法正常运行。这种情况往往产生于手动输入时的误操作，因此通常没有规律，使其成为数值型变量清洗时的一大障碍。下面，以 height(身高)变量为例讲述如何清洗数据。

通过 dtypes 可以查看各个列变量的变量类型。其中，如果一列中含有多种变量，则显示为 object 类。可见，本应是数值型的 height 变量中混有其他变量类型。

```
#查看变量类型
df.dtypes
Out[8]:
id                  int64
sex                object
height             object
weight              int64
education           int64
```

```
income               float64
disease               object
birthday              object
entrydt               object
deathdt               object
death                  int64
sexn                   int64
hyper_tension           bool
diabetes                bool
dtype: object
```

首先查看该变量的大致情况。df['height']是一个 Series，也可以使用 head 查看前若干行数值，结果反映出的问题有单位不统一、小数点错误等。

```
df['height'].head(10)
Out[9]:
0      173.5cm
1          178
2        166.5
3        157.5
4        165.5
5      154 厘米
6        172.5
7          156
8        179.5
9          152
Name: height, dtype: object
```

针对这些问题，Pandas 提供了一个十分好用的方法：replace，它在后续的清洗中也会时常出现。它可以对数值的部分内容进行更改。例如，这里只想将 length 变量中的“。”改为“.”，而数字保留不变：

```
df['height'] = df['height'].str.replace('。', '.')
```

同样，去掉 cm 及“厘米”等单位，也可以用 replace 来实现，因为删除操作也可以看作是将文字用空白符('')代替。简洁起见，创建字典同时替换多个字段，以避免反复调用同一语句：

```
#创建字典，同时替换多个字段
str_to_replace = {'cm': '', '厘米': ''}
df['height'] = df['height'].replace(str_to_replace, regex = True)
```

这段代码中，因为只替换部分字符，所以设置 regex=True。清洗后 height 一栏结果如下：

```
df['height'].head(10)
Out[10]:
0      173.5
1        178
```

```
2       166.5
3       157.5
4       165.5
5         154
6       172.5
7         156
8       179.5
9         152
Name: height, dtype: object
```

4. 日期型变量的查看和清洗

日期型变量是单位为年、月、日、时、分、秒及毫秒的一类特殊的数据类型。由于日期的加减与普通数值型变量的计算不同，处理时并不能一视同仁。但日期型变量所包含的内容往往是研究中不可忽视的重点，特别是进行生存分析的时候。因此，本节主要针对日期型变量，展示可能存在的清洗难题及解决策略。

1）birthday 变量

首先调出 birthday(出生日期)一栏中的部分值，查看数据的大致情况：

```
#tail 查看倒数 10 个值
df['birthday'].tail(10)
Out[11]:
990    18NOV1943:00:00:00.00
991    06NOV1936:00:00:00.00
992    14OCT1946:00:00:00.00
993    08JUN1947:00:00:00.00
994    16SEP1960:00:00:00.00
995    17MAY1956:00:00:00.00
996    29OCT1948:00:00:00.00
997    23FEB1961:00:00:00.00
998    01NOV1933:00:00:00.00
999    13SEP1960:00:00:00.00
Name: birthday, dtype: object
```

为了简化内容，第一步先将时、分、秒去掉。由于日期与时间以"："分隔，因此可以使用 split 将变量值按冒号分开，分开后选取第一个，即 index 为 0 的值，得到日期部分。

```
df['birthday'] = df['birthday'].str.split(':').str.get(0)
```

第二步是通过 to_datetime 将字符型的日期统一为 datetime 格式，这一步是为了方便后续进行时间相关的计算：

```
df['birthday'] = pd.to_datetime(df['birthday'], format = '%d%b%Y')
```

该语句需要将年、月、日等数值的排列方式传入 format 中。例如，因为 birthday 一栏中这些值之间没有任何符号连接，所以在 format 中也不加任何符号。

年份用了大写的%Y，因为年份是用 4 个数字表示的；如果年份用两个数字表示，则使用小写的%y。另外，月份在这里不是用阿拉伯数字表示的，而是用了简写的 MAY、OCT 等，因此 format 中用%b 来表示。

关于 format 的更多细节可参考官方说明：https://docs.python.org/3/library/datetime.html#strftime-and-strptime-behavior。

2）entrydt 变量

entrydt(首次就诊时间)也可以采用 to_datetime 来清洗，但由于它精确到时、分、秒等等，因此需要对 format 进行相应的调整。此外，与 birthday 一栏不同的是，entrydt 的年、月、日之间以"-"相分隔，时、分、秒之间以":"相分隔，需要在 format 中一一对应地设置好：

```
df['entrydt'].head(10)
Out[12]:
0    2003-06-10:00:00:00.00
1    2004-01-05:00:00:00.00
2    2003-09-16:00:00:00.00
3    2003-07-02:00:00:00.00
4    2004-05-07:00:00:00.00
5    2002-05-21:00:00:00.00
6    2004-09-16:00:00:00.00
7    2004-09-15:00:00:00.00
8    2003-02-19:00:00:00.00
9    2002-12-11:00:00:00.00
Name: entrydt, dtype: object
df['entrydt'] = pd.to_datetime(df['entrydt'], format = '%Y-%m-%d:%H:%M:%S.%f')
```

3）deathdt 变量

deathdt(死亡日期)一栏也需要转换成 datetime 类型。当前数据集用"."来表示死亡日期为空的条目，而这会给转换过程造成麻烦，所以先将所有死亡病例选出来单独处理：

```
df['deathdt'].head(20)
Out[13]:
0           .
1           .
2    20120128
3           .
4           .
5           .
6           .
7           .
8           .
9           .
10          .
11          .
12          .
```

```
13          .
14   20140119
15          .
16          .
17          .
18          .
19          .
Name: deathdt, dtype: object
df_part = df.loc[df['deathdt'] != '.']
```

随后更改所选病例的死亡日期类型：

```
df_part['deathdt'] = pd.to_datetime(df_part['deathdt'], format = '%Y-%m-%d', errors =
'coerce')
```

这里 coerce 的作用是将不符合 format 的行转换为 NaT。

接下来，查看一下哪些行未能成功转换：

```
df_part.loc[df_part['deathdt'].isna()]
Out[14]:
      id  sex  height  weight  education  income       disease    birthday     entrydt
174  175    F     154      68          1     1.0           NaN  1940-04-06  2004-12-04
216  217    F     153      42          2     1.0           NaN  1939-12-30  2004-01-06
671  672    M   176.9      90          3     2.0        恶性肿瘤  1939-02-20  2001-10-19
972  973    f     156      58          1     2.0   高血压 糖尿病  1942-07-24  2003-12-14

    \ deathdt  death  sexn  diabetes  hyper_tension
174       NaT      1   1.0     False          False
216       NaT      1   1.0     False          False
671       NaT      1   2.0     False          False
972       NaT      1   1.0      True           True
```

可见，id 为 175、217、672 和 973 的病人记录存在问题。返回原始数据，查看问题根源：

```
check_list = [174, 216, 671, 972]
df.loc[check_list]
Out[15]:
      id  sex  height  weight  education  income       disease    birthday     entrydt
174  175    F     154      68          1     1.0           NaN  1940-04-06  2004-12-04
216  217    F     153      42          2     1.0           NaN  1939-12-30  2004-01-06
671  672    M   176.9      90          3     2.0        恶性肿瘤  1939-02-20  2001-10-19
972  973    f     156      58          1     2.0   高血压 糖尿病  1942-07-24  2003-12-14
    \ deathdt  death  sexn  diabetes  hyper_tension
174    201703      1   1.0     False          False
216    201704      1   1.0     False          False
671    201609      1   2.0     False          False
972    201706      1   1.0      True           True
```

问题原因是这几位病人的记录中只有年和月，没有日期。缺失的日期需要人工处理，这里选择用每月的 15 日来填充，也就是说在原来的 deathdt 变量值中加入 15。注意，这里的 15 是字符而不能是数字。

```
df.loc[check_list, 'deathdt'] = df.loc[check_list, 'deathdt'] + '15'
#添加后与其他行一同转换成 datetime 类型
#此时没有死亡日期的条目中的'.'会被 coerce 转成 NaT
df['deathdt'] = pd.to_datetime(df['deathdt'], errors='coerce')
```

查看清洗后的数据：

```
df.head()
Out[16]:
   id sex  height  weight  education  income    disease   birthday    entrydt
0   1   m   173.5      88          3     1.0  高血压 糖尿病 1964-05-13 2003-06-10
1   2   M     178      81          4     2.0        NaN 1963-06-10 2004-01-05
2   3   M   166.5      70          1     2.0       恶性肿瘤 1938-07-12 2003-09-16
3   4   F   157.5      58          3     3.0        高血压 1953-07-08 2003-07-02
4   5   M   165.5      71          3     2.0        NaN 1967-08-20 2004-05-07

\     deathdt  death  sexn  diabetes  hyper_tension
0         NaT      0   2.0      True           True
1         NaT      0   2.0     False          False
2  2012-01-28      1   2.0     False          False
3         NaT      0   1.0     False           True
4         NaT      0   2.0     False          False
```

最后将整理好的数据集保存备用：

```
df.to_pickle('E:/python_book/dataclean/baseline_clean_final.pkl')
```

12.1.2 诊断信息数据集

在进行数据分析时，时常会根据研究问题的需要对人群进行筛选。有时需要筛选出患有某种疾病的人，或者对人群进行分组，例如将患某种疾病的人归为病例组，将其他人归为对照组；有时需要摘取时间点相关信息，例如病人某种疾病的最早诊断时间；有时时间间隔十分重要，例如病人每次来医院的间隔或同一种疾病的诊断间隔等。本节使用的诊断信息数据集包含 1089 条记录、80 名病人（每个病人可能有一条或多条诊断记录）和 4 个变量——病人 ID 号（id）、诊断时间（diagdt）、诊断结果（diag）和诊断来源（source，分为住院诊断和门诊诊断）。为解决上述常见问题，同时提取关键信息，现对诊断信息数据集进行清洗和整理。该数据集的前 5 条记录如下：

```
df = pd.read_csv('E:/python_book/dataset-20190620T203047Z-001/dataset/diagnosis.csv',
encoding = 'GB2312')
df.head()
Out[17]:
```

```
   id     diagdt      diag  source
0   1  2016-07-24  原发性高血压   住院
1   1  2016-08-22  原发性高血压   门诊
2   1  2016-08-29    心肌梗死   门诊
3   1  2016-08-29  原发性高血压   门诊
4   1  2016-09-01  原发性高血压   门诊
```

以 id 为 1 的病人为例，选取相应条目：

```
df.loc[df.id == 1]
Out[18]:
   id     diagdt      diag  source
0   1  2016-07-24  原发性高血压   住院
1   1  2016-08-22  原发性高血压   门诊
2   1  2016-08-29    心肌梗死   门诊
3   1  2016-08-29  原发性高血压   门诊
4   1  2016-09-01  原发性高血压   门诊
5   1  2016-09-08    心肌梗死   门诊
6   1  2016-09-08  原发性高血压   门诊
7   1  2016-11-28  原发性高血压   住院
7   1  2016-11-28  原发性高血压   住院
```

输出结果显示，从 2016 年 7 月 24 日到 2016 年 11 月 28 日，该病人共有 8 个诊断结果，其中原发性高血压 6 次，心肌梗死 2 次。

通过对 diag 列进行频数计算，可以大致了解数据集中的病种信息：

```
df.diag.value_counts()
Out[19]:
原发性高血压   498
心肌梗死      182
2 型糖尿病    163
慢性肾病      131
高脂血症      115
Name: diag, dtype: int64
```

1）筛选患某种疾病的病人

以结局指标为原发性高血压为例，首先需要从数据集中筛选出所有患此病的病人 ID。

```
df_check = df.loc[df.diag == '原发性高血压']
print(len(df_check))
Out[20]:
498
print(len(df_check.id.unique().tolist()))
Out[21]:
64
```

小贴士：之所以需要进行这一步，是因为在实际工作中，病人的信息一般会分散在不同的数据集中，这时就需要利用筛选出来的病人 ID 调取其他数据集中该病人的相关信息。最终，通过合并数据集生成分析数据。

从结果中可以看出，数据集中诊断为原发性高血压的记录共 498 条，由于其中一名病人(一个 id)可能对应对个条目，还需要查看 id 数。最终确认，有 64 人曾被诊断为原发性高血压。

2）筛选患某种疾病的病人 ID 及最早诊断时间

疾病史的年限也是十分关键的信息，但这在实际获得的数据中往往没有直接体现。这时，就需要通过最早诊断时间来推算。当前数据集中，病史记录完整，因此可以计算得出每个原发性高血压病人最早的诊断日期，并将病人 ID 与最早诊断日期提取出来，生成新的数据集 hyper1。

首先提取原发性高血压病人的信息，为了后续处理方便，一般会在选取子数据集后重置索引：

```
df_sub = df.loc[df.diag == '原发性高血压']
df_sub.reset_index(inplace = True,drop = True)
df_sub['diagdt'] = pd.to_datetime(df_sub['diagdt'])
```

接下来，调用 groupby，按照 id 将数据分组，并用 min 计算 diagdt 列的最小值，即最早诊断日期。生成的 hyper1 是一个以 id 为索引，并有一列名为 min_diagdt 的数据集：

```
hyper1 = pd.DataFrame({'min_diagdt': df_sub.groupby('id').diagdt.min()})
```

生成该数据集后，用 reset_index 函数把作为索引的 id 变成新的一列，然后查看结果：

```
hyper1.reset_index(inplace = True)
hyper1.head()
Out[22]:
    id  min_diagdt
0   1   2016-07-24
1   3   2014-11-21
2   4   2015-04-10
3   5   2016-03-18
4   6   2015-05-04
```

小贴士：如果想提取最近诊断时间，则只需要将 min 函数换成 max 函数即可。

同理，用相同的办法筛选出糖尿病的病人 ID 及最早诊断时间，并利用结果生成数据集 diabetes1：

```
df_sub = df.loc[df.diag == '2 型糖尿病']
df_sub.reset_index(inplace = True,drop = True)
df_sub['diagdt'] = pd.to_datetime(df_sub['diagdt'])
diabetes1 = pd.DataFrame({'min_diagdt': df_sub.groupby('id').diagdt.min()})
diabetes1.reset_index(inplace = True)
diabetes1.head()
Out[23]:
    id  min_diagdt
0   4   2013-05-24
1   6   2007-11-02
```

```
2  12   2015-09-17
3  14   2006-09-14
4  15   2007-08-24
```

注意：如果数据集中既包括1型糖尿病又包括2型糖尿病，那么需要指定是何种糖尿病，否则程序会将1型糖尿病和2型糖尿病算作同一种疾病。

3）创建指定病人疾病状态的二分类变量

接下来，将上述hyper1与diabetes1这两个数据集提取的病人信息与原始数据集合并，同时，针对原始数据集中病人是否患有原发性高血压及2型糖尿病创建二分类变量hyper_diag与diabetes_diag。如果病人患某种疾病，则对应列的值为1，否则为0。将结果记录在新的数据集diagnosis中，它包含5个变量，分别为病人ID(id)、是否患高血压(hyper_diag)、首次诊断高血压日期(hyper_dt)、是否患糖尿病(diabetes_diag)和首次诊断糖尿病日期(diabetes_dt)。

```
df_id = df[['id']]                                          #生成只含有id的DataFrame
df_id.drop_duplicates(subset = 'id', inplace = True)        #去掉重复的id
diagnosis = pd.merge(df_id,hyper1, on = 'id', how = 'outer')    #按id合并,取id的并集
diagnosis.rename(columns = {'min_diagdt':'hyper_dt'}, inplace = True)
#按照是否有首次诊断日期,判断每个id是否被诊断为高血压
diagnosis['hyper_diag'] = np.where(diagnosis.hyper_dt.isnull(), 0, 1)
```

对糖尿病的处理过程与高血压相同：

```
diagnosis = pd.merge(diagnosis, diabetes1, on = 'id', how = 'outer')
diagnosis.rename(columns = {'min_diagdt': 'diabetes_dt'}, inplace = True)
diagnosis['diabetes_diag'] = np.where(diagnosis.diabetes_dt.isnull(), 0, 1)
```

结果如下：

```
diagnosis.head()
Out[24]:
   id    hyper_dt  hyper_diag  diabetes_dt  diabetes_diag
0   1  2016-07-24           1          NaT              0
1   2         NaT           0          NaT              0
2   3  2014-11-21           1          NaT              0
3   4  2015-04-10           1   2013-05-24              1
4   5  2016-03-18           1          NaT              0
```

4）平均诊断时间间隔

在某些分析中，可能会对病人来医院的频率感兴趣(假设每次来就诊都能在当日得到诊断结果)，其本质就是研究前后两个时间点差值的平均值。这时，读者可能会想到两者直接做减法就可以了。可是，在当前数据中，时间是纵向排列的，那么该如何计算前后两个时间点的差值呢？

这一点也是Pandas处理DataFrame的优势之处，它不仅提供了大量函数以满足研究者的分析需求，还在函数中设置了参数axis，用以处理横向或纵向的数据。例如，当前的问题可以使用shift和diff函数来解决。shift函数类似于SAS或R语言中的lag函数，它接收period参数值，并按照传入的值，提

取观测变量向下若干行的信息(如果传入的参数值为负数,则向上寻找)。diff 函数可以用于提取需要的时间间隔,它同样接收正或负的 period 参数值。另外,这两个函数中的参数 axis 默认为 0,即操作方向为纵向,以考查行与行间的差别。

```
df.diagdt.dtypes                                   #查看数据类型,如果不是 datetime 则需要转化
Out[25]: dtype('O')
df['diagdt'] = pd.to_datetime(df['diagdt'])        #转化为 datetime 类型
df['prior_diag'] = df.groupby('id').diagdt.shift(1)
df['prior_diag2'] = df.groupby('id').diagdt.shift(2)
df['gap'] = df.groupby('id').diagdt.diff(1)
df['gap2'] = df.groupby('id').diagdt.diff(2)
```

生成结果如下：

```
df.head()
Out[26]:
   id      diagdt        diag  source  prior_diag  prior_diag2      gap     gap2
0   1  2016-07-24  原发性高血压    住院         NaT          NaT      NaT      NaT
1   1  2016-08-22  原发性高血压    门诊  2016-07-24          NaT  29 days      NaT
2   1  2016-08-29      心肌梗死    门诊  2016-08-22   2016-07-24   7 days  36 days
3   1  2016-08-29  原发性高血压    门诊  2016-08-29   2016-08-22   0 days   7 days
4   1  2016-09-01  原发性高血压    门诊  2016-08-29   2016-08-29   3 days   3 days
```

以 id 为 1 的病人为例：当其首次入院时,由于没有以前的记录,所以新增的 4 个变量均为缺失值(NaT);当其再次入院时,prior_diag 显示首次入院日期,对应的 gap 显示本次入院与上次入院间隔 29 天;当其第三次入院时,prior_diag2 为首次入院日期,gap2 为本次与首次间隔时间;以此类推。

但由于该病人第三次入院诊断是心肌梗死,与前述原发性高血压不是同一疾病,因此应将不同疾病分开计算。这仅需要在 groupby 前对原数据集加入筛选操作即可：

```
df['prior_diag'] = df.loc[df.diag == '原发性高血压'].groupby('id').diagdt.shift(1)
df['prior_diag2'] = df.loc[df.diag == '原发性高血压'].groupby('id').diagdt.shift(2)
df['gap'] = df.loc[df.diag == '原发性高血压'].groupby('id').diagdt.diff(1)
df['gap2'] = df.loc[df.diag == '原发性高血压'].groupby('id').diagdt.diff(2)
```

结果如下：

```
df.head()
Out[27]:
   id      diagdt        diag  source  prior_diag  prior_diag2      gap     gap2
0   1  2016-07-24  原发性高血压    住院         NaT          NaT      NaT      NaT
1   1  2016-08-22  原发性高血压    门诊  2016-07-24          NaT  29 days      NaT
2   1  2016-08-29      心肌梗死    门诊         NaT          NaT      NaT      NaT
3   1  2016-08-29  原发性高血压    门诊  2016-08-22   2016-07-24   7 days  36 days
4   1  2016-09-01  原发性高血压    门诊  2016-08-29   2016-08-22   3 days  10 days
```

12.1.3 实验室检测结果数据集(一)

加载数据,对其内容进行大致了解后可以看到,本数据集含有病人ID(id)、检测项目(test_name)、检测时间(testdt)、检测结果(test_result)及参考值(reference)几项内容。其中,比较复杂的是检测结果的清洗:

```
df = pd.read_csv ('E:/python_book/dataset-20190620T203047Z-001/dataset/lab_1.csv',
encoding = 'GB2312')
df.head()
Out[28]:
   id  test_name      testdt     test_result                 reference
0   1    病毒定量  2013-02-27  <5×10^2 IU/ML  检测标准 5.00×10^2 IU/ML
1   1      血小板  2013-05-17            153           101-320×10^9/L
2   1      红细胞  2013-12-25           5.44          4.09-5.74×10^12/L
3   1    病毒定量  2014-03-19  <5×10^2 IU/ML  检测标准 5.00×10^2 IU/ML
4   1      血小板  2014-03-19            147            85-303×10^9/L
```

1. 病毒定量检测结果

首先针对检测项目(test_name)对病毒定量检测的条目进行清洗。使用如下语句选取 test_name 一栏值为“病毒定量”的行:

```
df = df.loc[df.test_name == '病毒定量']
df.reset_index(inplace = True,drop = True)
```

选取完毕后,打印前10行进行观察,寻找清洗思路。

```
df.head(10)
Out[29]:
   id  test_name      testdt         test_result                 reference
0   1    病毒定量  2013-02-27       <5×10^2 IU/ML  检测标准 5.00×10^2 IU/ML
1   1    病毒定量  2014-03-19       <5×10^2 IU/ML  检测标准 5.00×10^2 IU/ML
2   1    病毒定量  2015-02-02    <1.00×10^3 IU/ML     检测标准 5×10^2 IU/ML
3   1    病毒定量  2016-04-18     5.37×10^7 IU/ml     检测标准 5×10^2 IU/ML
4   2    病毒定量  2013-03-10    <5.00×10^2 IU/ML                500 IU/ML
5   2    病毒定量  2014-03-29    <5.00×10^2 IU/ML                500 IU/ML
6   2    病毒定量  2015-03-26     4.34×10^4 IU/ml                   1×10^3
7   3    病毒定量  2013-03-28     8.78×10^4 IU/ml                500 IU/ML
8   3    病毒定量  2014-04-24     <5.0×10^2 IU/ML                500 IU/ML
9   3    病毒定量  2015-05-27     2.26×10^2 IU/ML     检测标准 5×10^2 IU/ML
```

首先需要清洗的是 test_result。这一列信息的基本形式为:数值(即乘号前的部分)、10的幂以及最后的单位。原始数据中存在的第一个问题是诸多字符不统一,例如计算符号中英文混用(X 和×、ˆ和^、〈和<等),又如单位大小写混乱(IU/ml 和“拷贝/ml”等),再如小数点混用(有些地方使用“..”而非“.”)。

由于单位是相同的,所以仅仅需要提取数值,这就使清洗工作简化为:将中英文混用的符号转化为英文符号，改正小数点的错误，而单位直接用 replace 替换为''即可。再进一步分析，发现所有这些操作都可以用 replace 来实现。

理清思路后，具体步骤如下：

第一步，创建字典，将调整的内容以“键：值”形式配对。字典方便使用 replace 批量转换文字，省时省力。注意，在将 IU/ml 替换成空格时，使用了 IU\/ml 这样的形式。这是因为替换的模式中含有特殊字符，可能会导致匹配失败，因此需要对特殊字符进行转义(escape)。转义的方法是在特殊字符前加反斜线(\)。regex＝True 表示传入的值是正则表达式；如果设为 False，则程序会认为传入的值是普通字符串。关于正则表达式的有关知识请参考附录 B。

```
str_to_replace = {'x': '×', 'X': '×', '\*': '×',
                  '〈': '<', '〉': '>', '>': '>',
                  '\.\.': '.', '^': '\^',
                  'IU\/ml': '', '拷贝\/ml': '',
                  'IU\/ML': '', '拷贝\/ML': '' }
df['test_clean'] = df.test_result.replace(str_to_replace, regex = True)
```

第二步，在创建 test_clean 的基础上，提取位于×之前的数值以及位于^之后的数值。首先使用 find 寻找×的位置，赋予 pos_1；然后用同样的方法为^的位置创建列变量 pos_2：

```
df['pos_1'] = df['test_clean'].str.find('×')
df['pos_2'] = df['test_clean'].str.find('^')
```

第三步，提取位于 pos_1 之前的数值，由于有一些行存在＜或＞，提取出来的可能不是纯数字，因此首先将提取的内容存入 string_res_1 中。为了达到这一目的，自行构造了函数，它针对每一行 test_clean 的值，提取该值位于 pos_1 之前的字符，存入该行 string_res_1 列。

```
#提取 res1 和 res2
df['string_res_1'] = (df.apply(lambda x: x['test_clean'][: x['pos_1']], axis = 1))
```

第四步，创建 res_1 列，并使用 extract 提取数值。注意，这里的数值不能为整型数，应该为浮点数。如果提取的是整型数，则使用 extract('(\d＋)')。

```
df['res_1'] = df['string_res_1'].str.extract('(\d+(?:\.\d+)?)')
```

小贴士：这也是正则表达式的应用，可见其应用十分广泛。但并不需要记住种类繁杂的正则表达式，只要理解其应用方法，在需要时上网查阅即可。

第五步，用相似的方法提取指数的值。注意，pos_2 是^的位置，指数在其后面的第一个位置，所以需要在原有基础上加 1。

由于没有现成的函数可以使用，这里构建了自定义函数 get_res。其中涉及 if 条件的判断：当 test_clean 内容为“未检测到”时，不做任何处理；否则，提取那一行 pos_2 的数值加 1 后的结果，并将其设置为整型(int)。

第六步，将 get_res 应用到 df 上，并将返回的结果赋给 res_2。

```
def get_res(x):
    if x['test_clean'] != '未检测到':
```

```
        return int(x['test_clean'][x['pos_2'] + 1:])
    else:
        pass
df['res_2'] = df.apply(get_res, axis = 1)
```

接下来，用得到的两个数值构建初步的检测结果 test_2。为简便起见，创建函数 get_test2，当检测结果已知时返回 res_1 与 res_2 整合后的结果，否则不做任何操作。最后将返回的值放在 test_2 中。

```
def get_test2(x):
    if x['test_clean'] != '未检测到':
        return float(x['res_1']) * (10 ** int(x['res_2']))
    else:
        pass
df['test_2'] = df.apply(get_test2, axis = 1)
```

最后，利用 test_2 的结果创建最终的结果 test。这里的判断比前面略为复杂。

如果 test_clean 有＜，说明检测结果小于仪器量程下限，因此，在 test 中将 test_clean 赋值为 0；如果 test_clean 中有＞，说明检测结果超过仪器量程上限，因此将 test_clean 赋值为 1。

```
df['test'] = None
df.loc[df.test_clean.str.contains('<'), 'test'] = 0
df.loc[df.test_clean.str.contains('>'), 'test'] = 1
```

在此基础上，构建 get_test 函数，按照定义的标准来赋值。

```
def get_test(x):
    if x['test'] == 1:
        return x['test_2'] + 1
    elif x['test_clean'] == '未检测到':
        return 0
    elif x['test'] == 0:
        return 0
    else:
        return x['test_2']
df['test'] = df.apply(get_test, axis = 1)
```

将整理过程中产生的中间变量及最终结果打印出来：

```
print(df[['id', 'test_name', 'test_clean', 'pos_1', 'pos_2', 'string_res_1', 'res_1', 'res_2',
'test_2', 'test']].head(15))
   id  test_name   test_clean  pos_1  pos_2  string_res_1  res_1  res_2
0   1    病毒定量      <5×10^2      2      5            <5      5    2.0
1   1    病毒定量      <5×10^2      2      5            <5      5    2.0
2   1    病毒定量   <1.00×10^3      5      8         <1.00   1.00    3.0
3   1    病毒定量    5.37×10^7      4      7          5.37   5.37    7.0
4   2    病毒定量   <5.00×10^2      5      8         <5.00   5.00    2.0
```

```
5   2  病毒定量  <5.00×10^2   5   8      <5.00    5.00    2.0
6   2  病毒定量   4.34×10^4   4   7       4.34    4.34    4.0
7   3  病毒定量   8.78×10^4   4   7       8.78    8.78    4.0
8   3  病毒定量   <5.0×10^2   4   7       <5.0     5.0    2.0
9   3  病毒定量   2.26×10^2   4   7       2.26    2.26    2.0
10  4  病毒定量    <1×10\^3   2   6         <1       1    3.0
11  4  病毒定量  6.34×10\^8   4   8       6.34    6.34    8.0
12  4  病毒定量  <1.00×10^3   5   8      <1.00    1.00    3.0
13  5  病毒定量   6.32×10^5   4   7       6.32    6.32    5.0
14  5  病毒定量   4.41×10^5   4   7       4.41    4.41    5.0

 \        test_2        test
 0         500.0         0.0
 1         500.0         0.0
 2        1000.0         0.0
 3    53700000.0  53700000.0
 4         500.0         0.0
 5         500.0         0.0
 6       43400.0     43400.0
 7       87800.0     87800.0
 8         500.0         0.0
 9         226.0       226.0
10        1000.0         0.0
11   634000000.0 634000000.0
12        1000.0         0.0
13      632000.0    632000.0
14      441000.0    441000.0
```

在这里使用了几个自定义函数，希望读者反复练习，以加深对其用法的理解，从而在工作中更自如地运用 Pandas。

2. 实验室检测项目参考标准的清洗

实验室检测项目参考标准是判断病人检测结果是否正常的重要指标，因此在清洗中也要尽量统一其格式，以方便比对。在原始数据中，病毒定量检测项目的参考值为 20IU/ML、500IU/ML 和 1000IU/ML，这些值可以通过对 reference 一栏进行频数统计得到：

```
df.reference.value_counts()
Out[30]:
500IU/ML                      15
检测标准 5×10^2 IU/ML          13
1×10^3                        12
检测标准 5.00×10^2 IU/ML       11
20 IU/ML                       6
检测标准 500IU/ML               3
检测标准 5.0×10^2 IU/ML         1
Name: reference, dtype: int64
```

由以上结果可知，该数据存在记数方法不规范及单位不统一的问题。因为参考值具有一致的单位，可以将清洗思路简化为仅提取参考值中的数值部分。在 df 上创建新的列 referencen，并按照字符串的规律，使用 contains 提取相应数值，存入 referencen 中：

```
df.loc[df.reference.str.contains('1'),' referencen'] = 1000
df.loc[df.reference.str.contains('5'), 'referencen'] = 500
df.loc[df.reference.str.contains('20'), 'referencen'] = 20
```

对提取数值进行频数统计结果如下：

```
df.referencen.value_counts()
Out[31]:
500.0     43
1000.0    12
20.0       6
Name: referencen, dtype: int64
```

最后根据参考值判断病人的检测指标是否正常，并将判断结果存于创建的新列 normal 中。这里使用 np.where，如果条件满足，则返回 normal，否则返回 abnormal。

```
df['normal']=df.apply(lambda x: np.where(x['test']<x['referencen'],'normal','abnormal'),
axis=1)
```

整理好的数据如下：

```
print(df[['id', 'test_name', 'test_result', 'reference', 'test', 'referencen', 'normal']]
.head(15))
    id  test_name      test_result                 reference        test
0    1   病毒定量     <5×10^2 IU/ML  检测标准 5.00×10^2 IU/ML         0.0
1    1   病毒定量     <5×10^2 IU/ML  检测标准 5.00×10^2 IU/ML         0.0
2    1   病毒定量  <1.00×10^3 IU/ML     检测标准 5×10^2 IU/ML         0.0
3    1   病毒定量    5.37×10^7 IU/ml     检测标准 5×10^2 IU/ML  53700000.0
4    2   病毒定量  <5.00×10^2 IU/ML                500 IU/ML         0.0
5    2   病毒定量  <5.00×10^2 IU/ML                500 IU/ML         0.0
6    2   病毒定量    4.34×10^4 IU/ml                   1×10^3     43400.0
7    3   病毒定量    8.78×10^4 IU/ml                500 IU/ML     87800.0
8    3   病毒定量    <5.0×10^2 IU/ML                500 IU/ML         0.0
9    3   病毒定量    2.26×10^2 IU/ML     检测标准 5×10^2 IU/ML       226.0
10   4   病毒定量     <1×10^3 拷贝/ML                  1×10^3         0.0
11   4   病毒定量   6.34×10^8 拷贝/ML                  1×10^3 634000000.0
12   4   病毒定量  <1.00×10^3 IU/ML     检测标准 5×10^2 IU/ML         0.0
13   5   病毒定量    6.32×10^5 IU/ml                500 IU/ML    632000.0
14   5   病毒定量    4.41×10^5 IU/ml  检测标准 5.00×10^2 IU/ML    441000.0

\  referencen  normal
0       500.0  normal
1       500.0  normal
```

```
  2   500.0    normal
  3   500.0  abnormal
  4   500.0    normal
  5   500.0    normal
  6  1000.0  abnormal
  7   500.0  abnormal
  8   500.0    normal
  9   500.0    normal
 10  1000.0    normal
 11  1000.0  abnormal
 12   500.0    normal
 13   500.0  abnormal
 14   500.0  abnormal
```

3. 血小板、红细胞的检测结果及其参考标准的清洗

接下来，选择 test_name 为“红细胞”或“血小板”的条目。因为有两个名称，可以为它们创建一个列表，然后用 isin 方法选取。

```
df = pd.read_csv('E:/python_book/dataset-20190620T203047Z-001/dataset/lab_1.csv',
encoding = 'GB2312')
value = ['红细胞', '血小板']
df = df.loc[df.test_name.isin(value)]
df.reset_index(inplace = True, drop = True)
df.head()
Out[32]:
   id  test_name      testdt  test_result          reference
0   1        血小板  2013-05-17          153      101-320×10^9/L
1   1        红细胞  2013-12-25         5.44  4.09-5.74×10^12/L
2   1        血小板  2014-03-19          147       85-303×10^9/L
3   1        红细胞  2014-11-14         5.26  4.09-5.74×10^12/L
4   1        血小板  2015-05-11          111       85-303×10^9/L
```

通过打印前 5 行，观察到这两个指标的单位十分统一，想提取 reference 的上下限，只需要抓取-前后的数值即可。

提取前，首先需要统一标点。同时，为了给数值选取制造便利，将上限后面的×替换为-。

```
#统一符号
df['reference'] = df.reference.str.replace('X', '×')
df['reference'] = df.reference.str.replace('x', '×')   #将×替换成-
df['reference'] = df.reference.str.replace('×', '-')
```

随后，使用 split 将字符串按照-分开，并通过 get 提取相应数值。不要忘记最后要将字符转换成浮点数，以方便后续数值大小的比较。

```
#提取检测标准区间
df['refer_lower'] = df.reference.str.split('-').str.get(0).astype(float)
df['refer_upper'] = df.reference.str.split('-').str.get(1).astype(float)
df['test_result'] = df.test_result.astype(float)
```

最后，根据 test_result 与数值上下限的大小来判定结果是否正常。同样地，定义一个函数，并使用 if 条件句根据数值大小，将判断结果传入 normal 列。

```
def get_normal(x):
    if x['test_result'] > x['refer_upper']:
        return 'higher'
    elif x['test_result'] < x['refer_lower']:
        return 'lower'
    else:
        return 'normal'

df['normal'] = df.apply(get_normal, axis = 1)
```

以下便是前 15 行经过整理和比较后的数据：

```
df.head(15)
Out[33]:
    id  test_name      testdt  test_result          reference  refer_lower
0    1        血小板  2013-05-17       153.00     101-320-10^9/L       101.00
1    1        红细胞  2013-12-25         5.44  4.09-5.74-10^12/L         4.09
2    1        血小板  2014-03-19       147.00      85-303-10^9/L        85.00
3    1        红细胞  2014-11-14         5.26  4.09-5.74-10^12/L         4.09
4    1        血小板  2015-05-11       111.00      85-303-10^9/L        85.00
5    1        红细胞  2015-09-25         4.22  3.68-5.13-10^12/L         3.68
6    2        红细胞  2013-01-16         5.16  4.09-5.74-10^12/L         4.09
7    2        血小板  2013-06-06       197.00     101-320-10^9/L       101.00
8    2        红细胞  2013-12-26         3.97  4.09-5.74-10^12/L         4.09
9    2        血小板  2014-03-20       203.00     100-300-10^9/L       100.00
10   2        红细胞  2014-12-06         3.64  3.68-5.13-10^12/L         3.68
11   2        血小板  2015-05-18        72.00      85-303-10^9/L        85.00
12   2        红细胞  2016-01-03         3.71  3.68-5.13-10^12/L         3.68
13   3        红细胞  2013-01-26         5.34  4.09-5.74-10^12/L         4.09
14   3        血小板  2013-07-24       243.00     101-320-10^9/L       101.00

\  refer_upper  normal
0       320.00  normal
1         5.74  normal
2       303.00  normal
3         5.74  normal
4       303.00  normal
5         5.13  normal
6         5.74  normal
```

```
 7      320.00  normal
 8        5.74   lower
 9      300.00  normal
10        5.13   lower
11      303.00   lower
12        5.13  normal
13        5.74  normal
14      320.00  normal
```

12.1.4 实验室检测结果数据集(二)

LAB_2 数据集存储了病人手术前后的血常规检测的结果，记录极为混乱。在此首先清洗术前血常规检测的结果：

```
df = pd.read_excel('E:/python_book/dataset-20190620T203047Z-001/dataset/lab_2.xlsx',
encoding = 'GB2312')
df.blood_pre.head()
Out[34]:
0    红细胞:4.96*10^12/L.白细胞:5.21*10^9/L.血小板:207*10^9/...
1    红细胞:3.91*10^12/L.白细胞:7.08*10^9/L.血小板:251*10^9/...
2    红细胞:4.00*10^12/L.白细胞:4.75*10^9/L.中性粒细胞:1.60*10...
3    红细胞:4.28*10^12/L.血小板:283*10^9/L.淋巴细胞:2.63*10^9...
4    红细胞:4.25*10^12/L.白细胞:4.76*10^9/L.血小板:227*10^9/...
Name: blood_pre, dtype: object
```

由于 blood_pre 列内容很长，所有指标都在一栏中，按照默认设置无法完全显示，因此首先通过 pd.set_option 修改设置：

```
pd.set_option('display.max_colwidth', -1)
df.blood_pre.head()
Out[35]:
0   红细胞:4.96*10^12/L.白细胞:5.21*10^9/L.血小板:207*10^9/L.淋巴细胞:1.92*10^9/L.血红蛋
白:145g/L
1   红细胞:3.91*10^12/L.白细胞:7.08*10^9/L.血小板:251*10^9/L.中性粒细胞:3.60*10^9/L.淋巴
细胞:2.65*10^9/L
2   红细胞:4.00*10^12/L.白细胞:4.75*10^9/L.中性粒细胞:1.60*10^9/L.淋巴细胞:2.62*10^9/L.血
红蛋白:133g/L
3   红细胞:4.28*10^12/L.血小板:283*10^9/L.淋巴细胞:2.63*10^9/L.血红蛋白:136g/L
4   红细胞:4.25*10^12/L.白细胞:4.76*10^9/L.血小板:227*10^9/L.中性粒细胞:2.92*10^9/L.淋巴
细胞:1.44*10^9/L.血红蛋白:134g/L
Name: blood_pre, dtype: object
```

可见，不同病人相同的检查项目名称相同，同一检查项目有一致的单位，这降低了清洗的难度，由此，清洗思路如下。

第一步，定义 ind 变量，将有“红细胞”指标的病人赋值为 1，没有的赋值为 0。

```
df['ind'] = 0
df.loc[df.blood_pre.str.contains('红细胞'), 'ind'] = 1
```

第二步，使用 find 寻找“红细胞”首次在字符串中出现的位置，将其返回的索引存储于新建的列 test_location 中。

```
df['test_location'] = df.blood_pre.str.find('红细胞')
```

第三步，创建 get_suffix 函数。如果 ind 为 0，则返回 None。当 ind 值为 1，也就是该病人有红细胞的检查结果时，提取 blood_pre 列从 test_location 开始，到单位“/L.”这一部分内容。以红细胞为例，“红细胞：4.00 * 10^12/L”共 16 个字符，通过如下语句截取相应的字符数，存储在 suffix 列里：

```
def get_suffix(x):
    if x['ind'] == 1:
        return x['blood_pre'][x['test_location']: x['test_location'] + 16]
    else:
        return None
```

创建完毕后用 apply 调用自建函数：

```
df['suffix'] = df.apply(get_suffix, axis = 1)
```

下面，在提取了只含有红细胞及其检测值和单位的字段后，用 find 函数寻找“:”及“ * ”的索引，这样，再通过字符串的切片来提取这两个符号间表示数值的部分，存储在 pre_rbc 中：

```
def pred_rbc(x):
    if x['ind'] == 1:
        return x['suffix'][x['suffix'].find(':')+1: x['suffix'].find('*')]
    else:
        return None
```

创建完毕后用 apply 调用自建函数：

```
df['pre_rbc']=df.apply(pred_rbc,axis=1)
```

用相同的思路，继续整理后面的指标，为了操作方便，将其编写为一个新的函数。

首先，考查各个指标间不同的部分，包括指标名称、对应的字符串长度和最终生成的变量名。因此，该函数将针对以上不同之处设置参数。要清洗不同指标，只需改变参数值即可。

而相同的部分便是 get_suffix 以及 pre_col 函数。其中，因为指标对应的字符串长度不等，而 get_suffix 函数涉及长度这个变量，因此，将 length 作为参数，写入 get_suffix 函数中。

将嵌套函数命名为 clean_lab2，其中包括指标名（name）和字符串长度（length）两个参数。将整理好的结果存储在列变量 new_name 中。当然，参数还包括要整理的 df 本身。

```
def get_suffix(x, length):
    if x['ind'] == 1:
```

```
        return x['blood_pre'][x['test_location']: length]
    else:
        return None
def pred_col(x):
    if x['ind'] == 1:
        return x['suffix'][x['suffix'].find(':')+1: x['suffix'].find('*')]
    else:
        return None
def clean_lab2(df, name, length, new_name):
    #获取 ind
    df['ind'] = 0
    df.loc[df.blood_pre.str.contains(name), 'ind'] = 1
    #获取 test_location
    df['test_location'] = df.blood_pre.str.find(name)
    #获取 suffix
    df['suffix'] = df.apply(lambda x: get_suffix(x, length = length), axis= 1)
    #获取 pre_value
    df[new_name] = df.apply(pred_col,axis = 1)
    return None
```

这样，通过调用 clean_lab2 函数，就可以依次整理所有的指标了：

```
clean_lab2(df,name = '白细胞', length= -9, new_name = 'pre_wbc')
clean_lab2(df,name = '血小板', length= -7, new_name = 'pre_plt')
clean_lab2(df,name = '中性粒细胞', length= -7, new_name = 'pre_nc')
clean_lab2(df,name = '淋巴细胞', length= -7, new_name = 'pre_lc')
clean_lab2(df,name = '血红蛋白', length= -2, new_name = 'pre_hb')
```

整理完毕，df 的前 10 行结果如下：

```
df[['blood_pre', 'pre_rbc', 'pre_wbc', 'pre_plt', 'pre_nc', 'pre_lc', 'pre_hb']].head(10)
Out[36]:
blood_pre  \
0  红细胞:4.96*10^12/L.白细胞:5.21*10^9/L.血小板:207*10^9/L.淋巴细胞:1.92*10^9/L.血红蛋
白:145g/L
1  红细胞:3.91*10^12/L.白细胞:7.08*10^9/L.血小板:251*10^9/L.中性粒细胞:3.60*10^9/L.淋巴
细胞:2.65*10^9/L
2  红细胞:4.00*10^12/L.白细胞:4.75*10^9/L.中性粒细胞:1.60*10^9/L.淋巴细胞:2.62*10^9/L.血
红蛋白:133g/L
3  红细胞:4.28*10^12/L.血小板:283*10^9/L.淋巴细胞:2.63*10^9/L.血红蛋白:136g/L
4  红细胞:4.25*10^12/L.白细胞:4.76*10^9/L.血小板:227*10^9/L.中性粒细胞:2.92*10^9/L.淋巴
细胞:1.44*10^9/L.血红蛋白:134g/L
5  红细胞:4.71*10^12/L.白细胞:6.09*10^9/L.血小板:252*10^9/L.中性粒细胞:3.52*10^9/L.血红
蛋白:139g/L
6  红细胞:4.29*10^12/L.白细胞:5.98*10^9/L.血小板:153*10^9/L.中性粒细胞:2.93*10^9/L.淋巴
细胞:2.19*10^9/L.血红蛋白:145g/L
```

```
7  白细胞:6.11*10^9/L.血小板:156*10^9/L.中性粒细胞:3.32*10^9/L.淋巴细胞:2.19*10^9/L.血红蛋白:136g/L
8  红细胞:4.52*10^12/L.白细胞:5.09*10^9/L.血小板:177*10^9/L.中性粒细胞:3.11*10^9/L.淋巴细胞:1.58*10^9/L.血红蛋白:137g/
9  红细胞:4.00*10^12/L.白细胞:3.68*10^9/L.血小板:250*10^9/L.中性粒细胞:1.92*10^9/L.淋巴细胞:1.17*10^9/L.血红蛋白:90g/L

  pre_rbc  pre_wbc  pre_plt  pre_nc  pre_lc  pre_hb
0    4.96     5.21      207    None    1.92     145
1    3.91     7.08      251    3.60     2.6    None
2    4.00     4.75     None    1.60    2.62     133
3    4.28     None      283    None    2.63     136
4    4.25     4.76      227    2.92    1.44     134
5    4.71     6.09      252    3.52    None     139
6    4.29     5.98      153    2.93    2.19     145
7    None     6.11      156    3.32    2.19     136
8    4.52     5.09      177    3.11    1.58     137
9    4.00     3.68      250    1.92    1.17      90
```

对术后指标 blood_post 的操作同前。注意，要创建新的变量名，否则旧的结果会被覆盖：

```
df[['blood_post', 'post_rbc', 'post_wbc', 'post_plt', 'post_nc', 'post_lc', 'post_hb']]
.head(10)
Out[37]:
blood_post  \
0  红细胞:4.84*10^12/L.白细胞:16.63*10^9/L.血小板:205*10^9/L.淋巴细胞数:1.52*10^9/L.血红蛋白:148g/L
1  红细胞:5.02*10^12/L.白细胞:16.69*10^9/L.血小板:166*10^9/L.中性粒细胞数:15.67*10^9/L.淋巴细胞数:1.30*10^9/L.血红蛋白:135g/L
2  红细胞:3.96*10^12/L.白细胞:11.32*10^9/L.血小板:204*10^9/L.淋巴细胞数:0.88*10^9/L.血红蛋白:148g/L
3  红细胞:3.97*10^12/L.白细胞:13.39*10^9/L.血小板:271*10^9/L.中性粒细胞数:11.51*10^9/L.淋巴细胞数:1.13*10^9/L.血红蛋白:129g/L
4  红细胞:3.57*10^12/L.白细胞:4.40*10^9/L.血小板:187*10^9/L.中性粒细胞数:2.39*10^9/L.淋巴细胞数:1.71*10^9/L.血红蛋白:119g/L
5  红细胞:4.15*10^12/L.白细胞:12.98*10^9/L.血小板:209*10^9/L.中性粒细胞数:10.32*10^9/L.淋巴细胞数:1.46*10^9/L.血红蛋白:126g/L
6  红细胞:4.56*10^12/L.白细胞:16.44*10^9/L.血小板:177*10^9/L.中性粒细胞数:14.89*10^9/L.淋巴细胞数:1.02*10^9/L.血红蛋白:155g/L
7  红细胞:3.97*10^12/L.白细胞:10.02*10^9/L.血小板:187*10^9/L.中性粒细胞数:8.80*10^9/L.淋巴细胞数:0.79*10^9/L.血红蛋白:129g/L
8  红细胞:4.33*10^12/L.白细胞:10.43*10^9/L.血小板:161*10^9/L.中性粒细胞数:9.98*10^9/L.淋巴细胞数:0.90*10^9/L.血红蛋白:127g/L
9  红细胞:3.71*10^12/L.白细胞:9.03*10^9/L.血小板:235*10^9/L.中性粒细胞数:7.82*10^9/L.淋巴细胞数:0.55*10^9/L.血红蛋白:108g/L
```

```
   post_rbc  post_wbc  post_plt  post_nc  post_lc  post_hb
0      4.84     16.63       205     None     1.52      148
1      5.02     16.69       166    15.67     1.30      135
2      3.96     11.32       204     None     0.88      148
3      3.97     13.39       271    11.51     1.13      129
4      3.57      4.40       187     2.39     1.71      119
5      4.15     12.98       209    10.32     1.46      126
6      4.56     16.44       177    14.89     1.02      155
7      3.97     10.02       187     8.80     0.79      129
8      4.33     10.43       161     9.98     0.90      127
9      3.71      9.03       235     7.82     0.55      108
```

本数据集的清洗还有很多种方式，但思路与上面类似，都是找到固定的文字模式后联合使用 find、contains 等方法来达成目的。读者可以自行尝试更多可能。

12.1.5 用药信息数据集

用药信息数据集记录了病人使用药物的情况。载入该数据集后可以看到，包含的信息有病人 ID（id）、用药起始日期（drugdt）、药物名类（drug）、剂量（dose）和使用频率（freq）等。

用药总时间和用药总量往往是需要关注的变量，但在该数据集中没有体现，因此需要根据用药起始日期及剂量等内容进行推算。

```
df = pd.read_csv('E:/python_book/dataset-20190620T203047Z-001/dataset/drug.csv',
encoding = 'GB2312')
df.head()
Out[38]:
   id     drugdt       drug  pack  pack_unit  pack_amount  dose   freq
0   1  2012-09-21  盐酸二甲双胍片   3盒     0.25g           60  0.5g  一日3次
1   1  2013-06-14  盐酸二甲双胍片   3盒     0.25g           60  0.5g  一日3次
2   1  2014-09-04  盐酸二甲双胍片   3盒     0.25g           60  0.5g  一日3次
3   1  2015-10-08      瑞格列奈片   3盒     1.0mg           30  1.0m  一日3次
4   1  2015-11-23      瑞格列奈片   3盒     1.0mg           30  1.0m  一日3次
```

由于这些变量存在字符型与数值型混用的现象，首先应统一变量值的数据类型，即提取用药剂量相关列的数字部分，并转换成数值型。

```
#将单位去掉并生成新的列
#pack_unit 和 dose 都需要去掉单位，但单位字符数不统一
cols_new = [i + 'n' for i in cols]
for i in range(len(cols)):
    df[cols_new[i]] = df[cols[i]].str.extract('(\d+\.\d+)').astype(float)
#pack 的单位字符串长度相同，因此可以用切片来实现
df['packn'] = df['pack'].str[:-1].astype(int)
#freq 只留整型数值
df['freqn'] = df['freq'].str.extract('(\d+)').astype(int)
```

提取完毕后，通过以下公式计算用药时间：duration ＝ （packn × pack_amount × pack_unitn）/（dosen × freqn）。这里自定义函数 f，随后将其使用在每一行数值上：

```
def f(x):
    return (x['packn'] * x['pack_amount'] * x['pack_unitn']) / (x['dosen'] * x['freqn'])
df['duration'] = df.apply(f, axis = 1)
```

下面通过用药起始日期及用药时间计算用药终止日期。因为涉及日期，首先要确定用药起始日期为 datetime 类型：

```
df['drugdt'] = pd.to_datetime(df['drugdt'], format = '%Y-%m-%d', errors = 'coerce')
```

转换完毕后，使用用药起始日期加上用药时间计算用药终止日期。注意，由于日期是 datetime 类型，无法直接用加法来计算用药终止日期，需要首先将用药日转换为整数，这里将 unit 设置为 d，即以日作为单位。

```
#应用公式: drugedt = drugdt + duration - 1
df['drugedt'] = df['drugdt'] + pd.to_timedelta(np.ceil(df['duration']) - 1, unit = 'd')
```

最后打印出前 20 条记录的药物名称及其起始和终止日期：

```
df_test[['drug', 'drugdt', 'drugedt']].head(20)
Out[39]:
           drug      drugdt     drugedt
0   盐酸二甲双胍片  2012-09-21  2012-10-20
1   盐酸二甲双胍片  2013-06-14  2013-07-13
2   盐酸二甲双胍片  2014-09-04  2014-10-03
3      瑞格列奈片  2015-10-08  2015-11-06
4      瑞格列奈片  2015-11-23  2015-12-22
5      瑞格列奈片  2015-12-27  2016-01-25
6   盐酸二甲双胍片  2012-10-25  2012-11-23
7   盐酸二甲双胍片  2013-11-10  2013-12-09
8   盐酸二甲双胍片  2014-09-21  2014-10-20
9   格列吡嗪缓释片  2015-01-16  2015-02-12
10  格列吡嗪缓释片  2015-03-21  2015-04-17
11  盐酸二甲双胍片  2015-03-23  2015-04-21
12  格列吡嗪缓释片  2015-03-23  2015-04-19
13  盐酸二甲双胍片  2015-06-01  2015-06-30
14  盐酸二甲双胍片  2016-01-22  2016-02-20
15  格列吡嗪缓释片  2016-01-22  2016-02-18
16  盐酸二甲双胍片  2016-09-04  2016-10-03
17  盐酸二甲双胍片  2016-11-10  2016-12-09
18  格列吡嗪缓释片  2016-11-10  2016-12-07
19  盐酸二甲双胍片  2012-12-14  2013-01-12
```

12.2 数据准备和数据分析

本节将讲解如何使用 Python 进行常用统计分析。使用的数据为 12.1 节清洗好的 BASELINE 数据集。因此，建议读者在阅读本节前按照 12.1.1 节的讲解，提前准备好数据集。本节将涉及分析结果的提取及可重复性代码的生成等操作，因此，建议读者在学习本节之前，通读第 7 章中的 Python 基础知识介绍及相关包的功能简介部分。

本节开始之前，首先载入需要用到的库，其中包括处理 DataFrame 的 Pandas 和 NumPy 以及统计分析相关包 SciPy 和 Statsmodels 中的模块等。

```
import os
import pandas as pd
import numpy as np
from scipy.stats import pearsonr                    #12.2.3 节的相关分析
#12.2.4 节的线性回归分析、Logistic 回归分析和 Cox 回归分析
import statsmodels.formula.api as smf
from decimal import *                               #用来将结果转为科学记数法的包
import statsmodels.api as sm
```

12.2.1 定量数据的统计描述

连续型变量的分布特征往往可以通过均值和标准差等描述性统计量来展现。接下来，以年龄为例，进行连续型变量的统计描述。其他连续型变量的统计描述过程与年龄相同，故不再赘述。

研究目的：描述正常组及急性心肌梗死病人组的年龄和 BMI。

1. 数据准备

本节用到清洗后的 BASELINE 数据集和记录病人是否发生急性心肌梗死的 AMI 数据集（关于该数据集的介绍，详见表 8-1-6）。其中，对后者需要进行数据准备工作。首先载入两个数据集并查看 AMI 数据集的内容：

```
df = pd.read_pickle('E:/python_book/dataclean/baseline_clean_final.pkl')
df_ami = pd.read_csv('E:/python_book/dataclean/ami.csv')
df_ami.head(15)
Out[1]:
   id  ami       amidt
0   1    0         NaN
1   2    0         NaN
2   3    0         NaN
3   4    0         NaN
4   5    0         NaN
5   6    1  2013-01-12
6   7    1  2017-11-25
7   8    0         NaN
8   9    0         NaN
9  10    1  2008-03-07
```

```
10  11  1  2008-08-09
11  12  0         NaN
12  13  1  2016-05-21
13  14  0         NaN
14  15  0         NaN
```

根据研究目的及这两个数据集的特点，准备工作包含以下几个步骤：

(1) 将两个数据集按照病人ID合并。

(2) 通过入组日期与出生日期计算入组时的年龄。

(3) 根据身高和体重计算BMI(BMI=体重/身高^2，单位为kg/m^2)。

代码如下：

```
#更改 amidt 列的数据类型
df_ami['amidt'] = pd.to_datetime(df_ami['amidt'], errors = 'coerce')
#将原始 df 和 df_ami 按照 id 合并
df = pd.merge(df, df_ami, on = 'id', how = 'inner')
#计算年龄,用入组日期减去出生日期(要转换为以年为单位)
df['diff_days'] = (df['entrydt'] - df['birthday'])
df['diff_days'] = df['diff_days'].dt.days
df['entry_age'] = df['diff_days'] / 365.25
df['entry_age'] = df['entry_age'].round(decimals = 2)
#通过身高和体重计算 BMI
df['bmi'] = df['weight'] / (df['height'].astype(float) / 100) ** 2
```

2. 数据分析

由于数据以DataFrame的格式呈现，可以使用describe函数获取基本信息。注意，在这个过程中Pandas会自动忽略含有缺失数据的项。

```
#根据是否发生急性心肌梗死进行分组,并将输出的基本描述性统计量保存在 baseline_summary 中
baseline_summary = df.groupby('ami').entry_age.describe().round(decimals = 2)
baseline_summary
Out[2]:
ami  count   mean   std   min    25%    50%    75%    max
0    820.0  48.87  8.90  34.01  41.42  46.57  55.20  68.86
1    180.0  51.13  9.36  34.36  43.88  48.86  60.02  68.61
```

3. 整理数据分析结果

通常，需要将上述结果以标准格式呈现出来，才能用在论文或结果汇报中。例如，对于服从正态分布的变量，可将均值与标准差整理为48.87 (8.90)或48.87 ± 8.90形式；对于不服从正态分布的变量，则一般报告中位数、最小值和最大值，有时也会报告中位数、25%分位数和75%分位数等。代码如下：

```
#构建"均值 ± 标准差"型结果
baseline_summary['mean_std1'] = baseline_summary.apply(lambda x: '%.2f ± %.2f' %
(x['mean'], x['std']), axis = 1)
```

```
#构建"均值（标准差）"型结果
baseline_summary['mean_std2'] = baseline_summary.apply(lambda x: '%.2f (%.2f)' %(x['mean'],
x['std']), axis = 1)
#构建"中位数（最小值-最大值）"型结果
baseline_summary['min_median_max'] = baseline_summary.apply(lambda x: '%.2f (%.2f - %.2f)'
%(x['50%'], x['min'], x['max']), axis = 1)
#统计缺失数据
baseline_summary['missing'] = df.groupby('ami')['entry_age'].apply(lambda x: x.isnull()
.sum())
```

选取感兴趣的变量并输出：

```
baseline_summary[['count', 'missing', 'mean_std1', 'mean_std2', 'min_median_max']]
Out[3]:
ami   count  missing     mean_std1     mean_std2        min_median_max
0     820.0        0  48.87 ± 8.90  48.87 (8.90)  46.57 (34.01 - 68.86)
1     180.0        0  51.13 ± 9.36  51.13 (9.36)  48.86 (34.36 - 68.61)
```

4. 生成可重复使用的代码

在数据分析工作中，用户一般会反复使用上述分析步骤进行定量数据分析（如年龄、BMI 等）。重复的工作可以通过自定义函数来简化操作，对于不同的变量，只需向函数传递相应的参数即可（关于 Python 函数的介绍，请参考 7.3 节）。下面的代码将上述分析中的第 2、3 部分整合成 num_sum 函数。

num_sum 函数有 3 个参数，分别是 df（指定输入数据集）、num_var（指定待分析的连续型变量）、class_var（指定分组变量）。读者可根据研究课题的需要，对 num_sum 函数进行相应的修改（例如，当变量不服从正态分布时，需输出中位数、25%分位数和 75%分位数等信息）。

```
def num_sum(df, num_var, class_var):
    output = df.groupby(class_var)[num_var].describe().round(decimals = 2)
    output['mean_std'] = output.apply(lambda x: '%.2f ± %.2f' %(x['mean'], x['std']), axis = 1)
    column_name = ['mean_std_' + str(i) for i in output.index]
    res_df = pd.DataFrame(columns = column_name)
    res_df.loc[0] = output['mean_std'].tolist()
    res_df.insert(0, 'factor', num_var)
    return res_df
```

这里，首先使用 class_var 将 df 分组，并将分组结果存入名为 output 的对象。此时 output 的索引为分组变量的取值。然后，对 output 创建新列 mean_std，用以保存"均值 ± 标准差"的结果。最后，创建用于整合结果的新 DataFrame：res_df，它包含描述性统计量以及分组信息列（factor）。

num_sum 创建完成后，对不同连续型变量重复调用该函数，并用 append 方法对返回的结果进行合并：

```
df_out = num_sum(df, 'entry_age', 'ami')
df_out = df_out.append(num_sum(df, 'bmi', 'ami'))
```

输出如下：

```
Out[4]:
      factor    mean_std_0    mean_std_1
0  entry_age  48.87 ± 8.90  51.13 ± 9.36
0        bmi  23.62 ± 3.14  24.36 ± 3.35
```

最后，可以将结果保存为 xlsx、pkl、csv 等格式，以方便后续使用：

```
#保存结果于 output_dir 下名为 baseline_result 的 Excel 文件
df_out.to_excel(os.path.join(output_dir, 'baseline_result.xlsx'))
```

小贴士：output_dir 指定存放的路径，为字符串格式，并通过 os.path.join 创建存储文件的绝对路径，例如 output_dir='E:/python_book/dataclean/'。

12.2.2 分类数据的统计描述

在科研工作中，分类数据统计描述的呈现方式一般为“人数(百分比)”。本节对此操作进行举例说明。

研究目的：描述正常组与急性心肌梗死组的性别、糖尿病疾病史、高血压疾病史、家庭收入、教育程度的构成比。

1. 数据准备

这里继续使用清洗好的 BASELINE 数据集，相关清洗过程请参阅 12.1.1 节。

2. 数据分析

首先，以性别变量为例展示分析的基本步骤。

```
df.groupby(['ami', 'sexn']).size().agg({'count': lambda x: x, 'prop':lambda x: x / x.sum
(level=0)}).round(2).unstack(level = 0).reset_index()
```

输出如下：

```
Out[5]:
  ami  sexn  count  prop
0   0     1  439.0  0.54
1   0     2  381.0  0.46
2   1     1   81.0  0.45
3   1     2   99.0  0.55
```

3. 整理数据分析结果

接下来，需要对结果进行整理，按照性别在正常组与急性心肌梗死组中的构成比，将其整理为“人数(百分比)”的形式。

```
df1 = df.copy()                                          #生成新的 df1,避免在原 df 上进行修改
df1[['ami', 'sexn']] = df1[['ami', 'sexn']].astype(str)  #将 NaN 转为字符串,加以统计
output = df1.groupby(['ami', 'sexn']).size().agg({'count': lambda x: x, 'prop': lambda x: x
/ x.sum(level = 0) * 100}).round(2).unstack(level = 0).reset_index()
```

```
output['count_prop'] = output.apply(lambda x: '%d (%.2f)' %(x['count'], x['prop']), axis = 1)
res_df = output.pivot(index='sexn', columns = 'ami', values = 'count_prop')
res_df.columns = ['ami_' + str(i) for i in res_df.columns.tolist()]
res_df.reset_index(inplace = True)
```

小贴士：以上代码的第一行不可以用 df1＝df，因为这样属于浅复制，并未创建新的实体对象，对 df1 的修改也同样作用于 df 上；df.copy()默认为深复制，这样才会生成 df 的副本。

res_df 如下：

```
Out[6]:
   sexn       ami_0       ami_1
0     1  439 (53.54)  81 (45.00)
1     2  381 (46.46)  99 (55.00)
```

4. 生成可重复使用的代码

在实际的数据分析中，对很多分类变量（如糖尿病疾病史、高血压疾病史、家庭收入、教育程度）需要进行类似的分析。为了避免重复操作，可以使用自定义函数来简化分析步骤。

接下来，将上述第 2、第 3 部分整合成 cat_sum 函数，它包括 3 个参数，分别是 df（指定输入数据集）、cat_var（指定待分析的分类变量，如本例中的性别、糖尿病史等）、class_var（指定分组变量，如本例中的心肌梗死变量）。

```
def cat_sum(df, cat_var, class_var):
    df1 = df.copy()
    df1[[class_var, cat_var]] = df1[[class_var, cat_var]].astype(str)
    output = df1.groupby([class_var, cat_var]).size().agg({'count': lambda x: x,
        'prop': lambda x: x / x.sum(level = 0) * 100}).round(2).unstack(level = 0).
        reset_index()
    output['count_prop'] = output.apply(lambda x: '%d (%.2f)' %(x['count'], x['prop']), axis = 1)
    res_df=output.pivot(index=cat_var, columns=class_var, values='count_prop')
    res_df.columns =[class_var + '_' + str(i) for i in res_df.columns.tolist()]
    res_df.reset_index(inplace = True)
    return res_df
```

由于需要将所有分类变量的描述性统计信息汇总成表，因此需在结果中添加指示信息，如每行代表一个变量的单个取值水平。为此，需要进一步整理输出格式：

```
def cat_sum_2(df, cat_var, class_var):
    res_df = cat_sum(df, cat_var, class_var)
    res_df.rename(columns = {cat_var: 'factor_level'}, inplace = True)
    res_df.insert(0, 'factor', cat_var)
    return res_df
```

cat_sum_2 函数在原 cat_sum 函数的基础上将分类变量的变量名（输出结果中的 factor）及其取值（输出结果中的 factor_level）作为单独的行与统计结果进行了合并。

接下来，调用 cat_sum_2 函数对数据集进行分析，并将汇总结果输出到名为 df_output 的

DataFrame 中：

```
cat_list = ['sexn', 'hyper_tension', 'diabetes', 'education', 'income']
df_output = pd.DataFrame([])
for i in range(len(cat_list)):
    df_output = pd.concat([df_output, cat_sum_2(df, cat_list[i], 'ami')], ignore_index = True)
```

输出结果如下：

```
Out[7]:
            factor  factor_level         ami_0        ami_1
0             sexn             1   439 (53.54)   81 (45.00)
1             sexn             2   381 (46.46)   99 (55.00)
2    hyper_tension         False   692 (84.39)  148 (82.22)
3    hyper_tension          True   128 (15.61)   32 (17.78)
4         diabetes         False   728 (88.78)  157 (87.22)
5         diabetes          True    92 (11.22)   23 (12.78)
6        education             1   101 (12.32)   23 (12.78)
7        education             2   296 (36.10)   61 (33.89)
8        education             3   279 (34.02)   62 (34.44)
9        education             4   144 (17.56)   34 (18.89)
10          income           1.0   103 (12.56)   22 (12.22)
11          income           2.0   344 (41.95)   72 (40.00)
12          income           3.0   261 (31.83)   58 (32.22)
13          income           4.0    95 (11.59)   22 (12.22)
14          income           nan     17 (2.07)     6 (3.33)
```

由于 Pandas 会根据每列的数值自动统一列变量的数值类型，而收入(income)是浮点类型，因此这里 factor_level 被判断为 float64(即 factor_level 的值为 1.0 而非 1)。

12.2.3 相关分析

本节讲解如何使用 Python 实现连续型变量之间的相关分析。

研究目的：描述人群中身高和体重、年龄和 BMI 的线性相关关系，即计算 Pearson 相关系数。

1. 数据准备

本节将使用 12.1 节清洗完成的 BASELINE 数据集，研究身高和体重、年龄和 BMI 的线性相关关系。

2. 数据分析

以描述身高与体重的线性相关关系为例，给出 Python 的实现方式。Python 中用于统计分析的常用包及相关应用请参阅 7.7 节。

首先使用 SciPy 包中 stats 模块的 pearsonr 函数计算 Pearson 相关系数：

```
x = df['height'].astype(float)
y = df['weight'].astype(float)
coef, p = pearsonr(x, y)
```

该函数输出两个值，分别是相关系数和 P 值：

```
coef
Out[8]: 0.5201493793535013
p
Out[9]: 2.0803966746831404e-70
```

由输出的 Pearson 相关系数可知，身高与体重之间存在正相关关系。

3. 整理数据分析结果

接下来，对输出进行整理，使整合后的结果包括变量名、相关系数以及 P 值。步骤如下。首先，生成名为 output_arr 的列表，表中含有两个变量名和两个统计量：

```
output_arr = ['height', 'weight', coef,p]
```

其次，创建 df_pearson，以存储输出信息：

```
df_pearson = pd.DataFrame(columns = ['variable_1', 'variable_2', 'pearson', 'p_Value'])
```

最后，将 output_arr 赋值给 df_pearson 的首行：

```
df_pearson.loc[0] = output_arr
```

得到的结果如下：

```
df_pearson
Out[10]:
  variable_1  variable_2   pearson        p_Value
0      height      weight  0.520149  2.080397e-70
```

4. 生成可重复使用的代码

在实际的数据分析中，对很多连续型分类变量需要进行类似的分析，因此需要编写函数进行批量处理。依照上面的分析思路，将上述第 2、3 部分中的 Python 程序整合到函数 corr_sum 中。该函数包括 3 个参数，分别是 df（指定输入数据集）、var1（指定拟分析的连续型变量 1，本例中为身高）、var2（指定拟分析的连续型变量 2，本例中为体重）。

```
def corr_sum(df, var1, var2):
    x = df[var1].astype(float)
    y = df[var2].astype(float)
    coef, p = pearsonr(x,y)
    output_arr = [var1, var2, coef, p]
    return output_arr
```

接下来，创建新的 DataFrame，名为 df_pearson，用以接收 corr_sum 函数的返回值。这里依次研究身高（height）与体重（weight），以及年龄（entry_age）与 BMI 的相关性，并将结果传入 df_pearson 的第一行和第二行：

```
df_pearson = pd.DataFrame(columns = ['variable_1', 'variable_2', 'pearson', 'p_Value'])
output_list = corr_sum(df, 'height', 'weight')
df_pearson.loc[0] = output_list
output_list = corr_sum(df, 'entry_age', 'bmi')
df_pearson.loc[1] = output_list
```

输出如下：

```
df_pearson
Out[11]:
   variable_1  variable_2   pearson        p_Value
0      height      weight  0.520149   2.080397e-70
1   entry_age         bmi  0.160290   3.479126e-07
```

12.2.4　线性回归分析

本部分将主要使用 statsmodels 包中的 ols 函数实现线性回归分析，计划提取的结果包括 β 值、β 值的标准误、t 检验值和 P 值。

研究目的：探讨年龄和 BMI 的关系，并调整性别、糖尿病疾病史、高血压疾病史、家庭收入和教育程度等因素。

1. 数据准备

经过 12.1 节的数据清洗和 12.2.1 节的数据准备之后，身高、体重、年龄和 BMI 等变量都是可以直接用于数据分析的，因此不需要再进行数据准备。

2. 数据分析

接下来，使用 statsmodels.formula.api 模块来研究年龄与 BMI 之间的线性关系，同时调整糖尿病疾病史、高血压疾病史、家庭收入和教育程度等协变量。对模块的介绍详见 7.7 节。

在 ols 函数中传入包含自变量及因变量的公式，其中，对于分类变量，需要将变量名用括号括起来并在前面加上 C。

```
res = smf.ols(formula = 'bmi ~entry_age+C(sexn)+diabetes+hyper_tension+\
    C(education)+C(income)', data = df).fit()
```

默认输出包含很多内容，本研究最感兴趣的是 coef、std err、t 和 P>|t|这 4 列的内容，分别对应 β 值、β 值的标准误、t 检验值和 P 值。输出结果中还包含了 β 值的置信区间。

```
res.summary()
Out[12]:
                            OLS Regression Results
==============================================================================
Dep. Variable:                    bmi   R-squared:                       0.050
Model:                            OLS   Adj. R-squared:                  0.040
Method:                 Least Squares   F-statistic:                     5.113
Date:                Thu, 27 Feb 2020   Prob (F-statistic):           2.63e-07
```

```
Time:                         17:19:44   Log-Likelihood:            -2492.6
No. Observations:                  977   AIC:                         5007.
Df Residuals:                      966   BIC:                         5061.
Df Model:                           10
Covariance Type:             nonrobust
==================================================================================
                            coef    std err          t      P>|t|      [0.025      0.975]
----------------------------------------------------------------------------------
Intercept                22.1771      0.840     26.407      0.000      20.529      23.825
C(sexn)[T.2]             -0.9060      0.209     -4.337      0.000      -1.316      -0.496
diabetes[T.True]         -0.3490      0.314     -1.111      0.267      -0.965       0.267
hyper_tension[T.True]    -0.0244      0.273     -0.089      0.929      -0.560       0.511
C(education)[T.2]        -0.3498      0.373     -0.937      0.349      -1.082       0.383
C(education)[T.3]        -0.4537      0.386     -1.176      0.240      -1.211       0.303
C(education)[T.4]        -0.2145      0.408     -0.525      0.600      -1.016       0.587
C(income)[T.2.0]          0.3070      0.320      0.959      0.338      -0.321       0.935
C(income)[T.3.0]          0.3272      0.337      0.972      0.331      -0.333       0.988
C(income)[T.4.0]          0.1378      0.414      0.333      0.740       0.675       0.951
entry_age                 0.0433      0.013      3.401      0.001       0.018       0.068
==================================================================================
Omnibus:                        50.543   Durbin-Watson:                   1.949
Prob(Omnibus):                   0.000   Jarque-Bera (JB):               63.127
Skew:                            0.500   Prob(JB):                     1.96e-14
Kurtosis:                        3.743   Cond. No.                         478.
==================================================================================
Warnings:
[1] Standard Errors assume that the covariance matrix of the errors is correctly specified.
```

3. 整理数据分析结果

下面需要从输出中提取 β 值、β 值的标准误、t 检验值和 P 值。同时，为了生成可以用于报告和论文的结果，还要对结果进行微调，例如删除截距项（即 intercept），对 β 值和 β 值的标准误保留两位小数，等等。

为此，首先要将模型的输出信息转化为 DataFrame。为简便起见，将其赋值给 model_summary。这里 model_summary 包含一系列二维表，上述结果中第一部分的综合性信息保存在第一个表中，而含有参数估计的结果保存在第二个表中。因此，使用 model_summary.tables[1]，将第二个表中的参数信息提取出来，并选择将其转化成 csv、latex、html 或 txt 等格式中的一种。这里将结果转为 html 格式并通过 Pandas 的 read_html 函数读取为 DataFrame：

```
model_summary = res.summary()
results =  model_summary.tables[1].as_html()
df_res = pd.read_html(results, header=0, index_col = 0)[0]
```

随后对其中的列变量按需求进行转换：

```
res_output = df_res[1:]                                              #删除截距项(即第一行)
res_output = res_output[['coef', 'std err', 't', 'P > |t|']]         #选取所需列
res_output.iloc[:, :3] = res_output.iloc[:, :3].round(2)             #对前 3 列数值保留两位小数
#将 P 值转为科学记数法
res_output['p_value'] = res_output['P > |t|'].apply(lambda x: '{:.1e}'.format(x))
res_output.drop(['P > |t|'],axis = 1, inplace = True)                #仅保留转换后的 P 值列
```

输出结果如下：

```
res_output
Out[13]:
                          coef  std err      t  p_value
C(sexn)[T.2]             -0.91     0.21  -4.34  0.0e+00
diabetes[T.True]         -0.35     0.31  -1.11  2.7e-01
hyper_tension[T.True]    -0.02     0.27  -0.09  9.3e-01
C(education)[T.2]        -0.35     0.37  -0.94  3.5e-01
C(education)[T.3]        -0.45     0.39  -1.18  2.4e-01
C(education)[T.4]        -0.21     0.41  -0.52  6.0e-01
C(income)[T.2]            0.31     0.32   0.96  3.4e-01
C(income)[T.3]            0.33     0.34   0.97  3.3e-01
C(income)[T.4]            0.14     0.41   0.33  7.4e-01
entry_age                 0.04     0.01   3.40  1.0e-03
```

如果研究目的是探讨某种连续性变量的危险因素，如探讨某指标升高的危险因素，那么放入模型中的协变量结果都需要报告出来(常见于临床型文章的报告)；但是对于大部分研究，尤其是临床研究或流行病学研究，协变量的结果在论文中是不需要报告的。例如，本例的研究问题是年龄和 BMI 之间的关系。因此，研究者最关心的就是在调整了一些协变量后，在整个人群中或亚人群(如以性别进行亚组分析)中，年龄和 BMI 是怎样的关系，这样，只需要汇报参数估计结果中年龄那一行的内容即可。下述程序展示了如何获取仅含有危险因素的结果：

```
#提取所研究的危险因素
exposure_list = res_output.index.tolist()    #列出所有放入模型的变量
exposure = 'entry_age'
include = [i for i in exposure_list if exposure in i]
include                                      #提取的变量
Out[14]: ['entry_age']
res_output_sub = res_output.loc[include]
res_output_sub.reset_index(inplace = True)
res_output_sub.rename(columns = {'index': 'exposure'}, inplace = True)
res_output_sub
Out[15]:
    exposure  coef  std err    t  p_value
0  entry_age  0.04     0.01  3.4  1.0e-03
```

对于亚组分析，会在下面加以介绍。

4. 生成可重复使用的函数

在实际的数据分析中，可能会反复使用上述方法来考查多种自变量与因变量之间的关系，同时也会遇到在不同的亚组中探讨该关系的分析需求。为此，下面首先将拟合模型的步骤转化成函数 fit_ols_1，它接收参数 df(指定输入数据集)、outcome(指定拟研究的健康结局)和 formula(指定拟合模型所用的公式，它是一个包含协变量的字符串)；其次，通过创建 get_result_2 函数，对第一步的输出进一步进行提取；再次，创建函数 output_regre_3，为前面函数的输出添加相应的 exposure 及 outcome 项；最后，通过函数 reg_sum_4 实现亚组分析及结果的汇总，该函数包括上面提到的所有变量，并额外加入了实现亚组分析所需的参数 subgroup，以及决定输出是否带有整个人群结果的参数 include_all(它的默认值为 True，即输出带有整个人群的分析结果)。

```
def fit_ols_1(df,
              outcome = 'bmi',
              formula_use = '~entry_age+C(sexn)+diabetes+hyper_tension+C(education)+
              C(income)'):
    res = smf.ols(formula = outcome + formula_use, data = df).fit()
    model_summary = res.summary()
    results = model_summary.tables[1].as_html()
    df_res = pd.read_html(results, header = 0, index_col = 0)[0]
    return df_res
def get_result_2(df,exposure = 'entry_age'):
    res_output = df[1:]                                                  #删除截距项(即第一行)
    res_output = res_output[['coef', 'std err', 't', 'P>|t|']]           #选取所需列
    res_output.iloc[:, :3] = res_output.iloc[:, :3].round(2)             #对前 3 列数值保留两位小数
   #将 P 值转为科学记数法
    res_output['p_value'] = res_output['P>|t|'].apply(lambda x: '{:.1e}'.format(x))
    res_output.drop(['P>|t|'], axis=1, inplace = True)                   #仅保留转换后的 P 值列
    exposure_list = res_output.index.tolist()
    include = [i for i in exposure_list if exposure in i]
    res_output_sub = res_output.loc[include]
    res_output_sub.reset_index(inplace = True)
    res_output_sub.rename(columns = {'index':'exposure'}, inplace = True)
    return res_output_sub
def output_regre_3(df,outcome = 'bmi',
                   exposure = 'entry_age',
                   formula_use = '~entry_age+C(sexn)+diabetes+hyper_tension+
                   C(education)+C(income)'):
    res_df = fit_ols_1(df, outcome, formula_use)
    res_output = get_result_2(res_df, exposure)
    res_output['outcome'] = outcome
    return res_output[['exposure', 'outcome', 'coef', 'std err', 't', 'p_value']]
```

接下来，编写 reg_sum_4 函数，并在该函数中调用 output_regre_3 函数。

```
def reg_sum_4(df,
              outcome = 'bmi',
              exposure = 'entry_age',
              formula_use = '~entry_age+diabetes+hyper_tension+C(education)+C(income)',
              subgroup = 'sexn',
              include_all = True):
    df = df.loc[df[subgroup].notnull()]             #去掉分组变量中含有 NA 的行
    res_df = output_regre_3(df, outcome, exposure, formula_use = formula_use + '+C(' +
subgroup + ')')                                     #整个人群模型比分层模型多出 subgroup 这一变量
    res_df['population'] = 'whole population'
    res_df2 = df.groupby(subgroup).apply(lambda x: output_regre_3(x, outcome, exposure,
formula_use))
    res_df2.reset_index(level = 1, drop = True, inplace = True)
    res_df2.reset_index(inplace = True)
    res_df2['population'] = 'Subgroup: ' + subgroup + '=' + res_df2[subgroup].astype(str)
    res_df2.drop(subgroup, axis = 1, inplace = True)
    output_col_list = ['exposure', 'outcome', 'population', 'coef', 'std err', 't', 'p_
value']
    if include_all == False:
        return res_df2[output_col_list]
    else:
        res_df = pd.concat([res_df, res_df2], ignore_index = True)
        return res_df[output_col_list]
```

定义好函数后，将函数返回值存入 output 中：

```
output=reg_sum_4(df,
                 outcome = 'bmi',
                 exposure = 'entry_age',
                 formula_use = '~entry_age+diabetes+hyper_tension+C(education)+
                 C(income)',
                 subgroup = 'sexn',
                 include_all = True)
output
Out[16]:
   exposure  outcome        population  coef  std err     t  p_value
0  entry_age     bmi  whole population  0.04     0.01  3.40  1.0e-03
1  entry_age     bmi   Subgroup:sexn=1  0.07     0.02  3.44  1.0e-03
2  entry_age     bmi   Subgroup:sexn=2  0.02     0.02  0.98  3.3e-01
```

由输出结果可知，年龄每增加 1 岁，在整个样本(population="Whole population")中 BMI 平均增加 0.04kg/m^2。其中，在女性(sex=1)中增加 0.07kg/m^2；在男性(sex=2)中增加 0.02kg/m^2，但在男性中并没有发现有统计学意义的关联。

12.2.5 Logistic 回归分析

本节将使用 statsmodels 包中的 glm 模块来实现 Logistic 回归分析，并从输出中提取用于论文或报告的关键结果。拟提取的结果主要包括病例组人数、对照组人数、OR 值及其 95%置信区间。关于 glm 的介绍，详见 7.7 节。

研究目的：探讨 BMI 与急性心肌梗死的关系，并调整年龄、性别、糖尿病疾病史、高血压疾病史等因素。该研究类型为横断面研究，因此不考虑研究对象的发病时间。

1. 数据准备

本例中暴露因素为 BMI，可以按照连续型变量分析，也可以根据不同的分组方式将其转化为分类变量后进行分析。在实际工作中，对连续型变量的分组方法，需结合研究问题及实际情况来决定。在此，根据中国人群的 BMI 分类标准将研究对象分为低体重组(BMI＜18.5)、正常组(18.5≤BMI＜24.0)、超重组(24.0≤BMI＜28.0)和肥胖组(BMI≥28.0)(由于数据集中低体重组的人数过少，故将其与正常组合并，即 BMI＜24.0)。另外，家庭收入变量中存在 23 个缺失值，而对缺失值的处理也需结合具体工作进行考量。因为本例中家庭收入仅被当作协变量放入模型，为简化起见，将这 23 条包含缺失值的记录直接删除。上述准备工作涉及的 Python 代码如下：

```
#设置分类的临界值,正无穷用 float("inf")表示
bins = [0, 24.0, 28.0, float("inf") ]
#创建分类变量 bmi_c
#左包含 df[['bmi', 'bmi_c']].head()
df['bmi_c'] = pd.cut(df['bmi'], bins, right = False, labels = [1, 2, 3])
Out[17]:
      bmi  bmi_c
0  29.234      3
1  25.565      2
2  25.250      2
3  23.381      1
4  25.922      2
df.bmi_c.dtypes                              #查看数据类型
Out[18]: CategoricalDtype(categories=[1, 2, 3], ordered=True)
```

在上面的代码中，按照 BMI 的值将其转换为分类变量，该步骤可以通过 cut 函数来实现。得到的 bmi_c 变量类型为 Categorical，这是 Pandas 针对分类变量的特殊数据类型：

2. 数据分析

接下来，按照研究目的，拟合广义线性模型(glm)来考查 BMI 与急性心肌梗死的关系，并调整年龄、性别、糖尿病疾病史、高血压疾病史、家庭收入和教育程度等协变量。其中，向参数 family 中传入 binomial，用于指定因变量服从二项分布。程序默认其对应的连接函数为 logit。

小贴士：关于程序的其他连接函数，请参考官网说明，网址为 https://www.statsmodels.org/stable/generated/statsmodels.genmod.families.family.Family.html#statsmodels.genmod.families.family.Family。

具体拟合过程如下：

```
df_use = df[['entry_age', 'ami','bmi_c','sexn','diabetes','hyper_tension','education',
'income']]
df_use.dropna(inplace=True)
```

```
res = smf.glm(formula = 'ami ~entry_age+diabetes+hyper_tension+sexn+C(bmi_c)+
C(education)+C(income)', data = df_use,family = sm.families.Binomial()).fit()
model_summary = res.summary()
results_as_html = model_summary.tables[1].as_html()
res_df=pd.read_html(results_as_html, header = 0, index_col = 0)[0]
```

按照数据分析工作中的一般需求，需提取 OR 值及其 95%置信区间，然而这些信息在程序中并没有直接输出，需要使用 coef 列与 std err 列进行计算。

```
res_df['OR'] = np.exp(res_df['coef'])
res_df['CI_left'] = np.exp(res_df['coef'] - 1.96 * res_df['std err'])
res_df['CI_right'] = np.exp(res_df['coef'] + 1.96 * res_df['std err'])
res_df = res_df.iloc[1:, -3:]          #去除截距项，并选择输出 OR 值及其 95%置信区间
res_df
Out[18]:
                              OR   CI_left  CI_right
diabetes[T.True]        1.181636  0.712639  1.959286
hyper_tension[T.True]   1.245080  0.801076  1.935179
C(sexn)[T.2]            1.566588  1.098714  2.233701
C(bmi_c)[T.2]           1.749273  1.219645  2.508889
C(bmi_c)[T.3]           1.926298  1.101860  3.367599
C(education)[T.2]       1.206110  0.656915  2.214441
C(education)[T.3]       1.309702  0.702240  2.442641
C(education)[T.4]       1.089370  0.560548  2.117085
C(income)[T.2]          0.906105  0.529596  1.550287
C(income)[T.3]          0.977556  0.556983  1.715698
C(income)[T.4]          1.122659  0.567576  2.220606
entry_age               1.031692  1.011668  1.052112
```

通过结果可知，在调整了年龄、性别、高血压疾病史、糖尿病疾病史、教育程度和家庭收入等协变量后，与对照组(即 BMI<24.0)相比，超重组(bmi_c 值为 2)与肥胖组(bmi_c 值为 3)患急性心肌梗死的风险分别提高了 75%[OR=1.75(1.22-2.51)]和 93%[OR=1.93(1.10-3.37)]。如果研究目的为探讨急性心肌梗死的危险因素，则需报告所有放入模型中的协变量结果(如本例中的年龄、性别、糖尿病疾病史、高血压疾病史、教育程度和家庭收入)；但是，绝大部分研究中无须报告协变量的结果。接下来要对输出结果进行如下整理：

- 提取拟研究暴露因素的 OR 值及其 95%置信区间，本例中指与 BMI 相关的结果。
- 提取每组中的患病人数和对照人数。
- 在不同的亚人群中探讨该关系，即进行亚组分析。

3. 整理数据分析结果

首先从上一步的 res_df 中获取 BMI 的 OR 值及其 95%置信区间：

```
res_df_sub = res_df[['bmi_c' in s for s in res_df.index]] #选择含有 bmi 的行
res_df_sub['odds_ratio'] = res_df_sub.apply(lambda x: '%.2f (%.2f-%.2f)' % (x['OR'], x['CI_
left'], x['CI_right']), axis = 1)
```

```
#将含有 bmi 等级水平的 index 变为新的列
res_df_sub = res_df_sub.reset_index().rename(columns = {'index': 'levels'})
#整理 levels 列的值并指明 reference 的值
res_df_sub['levels'] = 'bmi_c' + res_df_sub['levels'].str[-2: -1] + ' vs 1'
res_df_sub = res_df_sub[['levels', 'odds_ratio']]          #只保留需要的列
#添加 reference 行，并指明 index = -1
res_df_sub.loc[-1] = [ 'bmi_c' + str(1), '1.00 (reference)']
res_df_sub.sort_index(inplace = True)                      #按照 index 大小重新排序
res_df_sub.reset_index(drop = True, inplace = True)        #重新定义 index
```

经过上述处理后，输出结果为

```
res_df_sub
Out[19]:
        levels        odds_ratio
0       bmi_c1  1.00 (reference)
1  bmi_c2 vs 1  1.75 (1.22-2.51)
2  bmi_c3 vs 1  1.93 (1.10-3.37)
```

接下来，提取对照组与病例组人数：

```
df_num = df_use.groupby('bmi_c').ami.value_counts().unstack().reset_index()
df_num.rename_axis(None, axis = 1, inplace = True)
df_num['case_control'] = df_num.apply(lambda x: '%d/%d' % (x[1], x[0]), axis = 1)
df_num['exposure'] = 'bmi_c'
df_num['outcome'] = 'ami'
df_num['population'] = 'whole population'
df_num = df_num[['exposure', 'outcome', 'population', 'bmi_c', 'case_control']]
df_num
Out[20]:
  exposure  outcome        population  bmi_c  case_control
0    bmi_c      ami  whole population      1        77/466
1    bmi_c      ami  whole population      2        76/265
2    bmi_c      ami  whole population      3         21/72
```

随后，将人数信息与 OR 值及其 95%置信区间合并，输出结果如下：

```
df_out = pd.concat([df_num, res_df_sub], axis = 1)
df_out
Out[21]:
  exposure  outcome        population  bmi_c  case_control       levels
0    bmi_c      ami  whole population      1        77/466       bmi_c1
1    bmi_c      ami  whole population      2        76/265  bmi_c2 vs 1
2    bmi_c      ami  whole population      3         21/72  bmi_c3 vs 1

\        odds_ratio
0  1.00 (reference)
```

```
1  1.75 (1.22-2.51)
2  1.93 (1.10-3.37)
```

最后进行亚组分析，只需要用 groupby 将 DataFrame 按指定变量进行分组，再进行统计分析即可。由于分析过程与上文类似，这里暂不赘述，将在构建 logistic_sum_5 函数时对该步骤进行解释。

4. 生成可重复使用的函数

在实际的数据分析中，会多次进行上述分析，此时构建函数可以有效地减少工作量，提高工作效率。下面将上述第 2 步中的程序整理成函数 fit_glm_1，该函数有 4 个参数，分别是 df(指定输入数据集)、exposure(指定拟研究的暴露因素)、outcome(指定结局变量)和 formula_use(指定拟合模型的语句，它是包括协变量在内的字符串)；随后，将上述第 3 步中的程序整理成 get_result_2 函数，它接收 fit_glm_1 函数的输出结果，并按照 exposure 参数的值生成相应的比值比；对于病例对照人数的提取，生成第三个函数 get_num_3，它有 4 个参数，分别是 df(指定输入数据集)、exposure(指定拟研究的暴露因素)、outcome(指定结局变量)、population (指定人群变量)；最后，为了将上述结果合并，构建第四个函数 output_glm_4，它需要包含调用上述 3 个函数所需的所有参数，即 df(指定输入数据集)、exposure(指定拟研究的暴露因素)、ref(暴露因素的参考值)、outcome(指定结局变量)、population (指定人群变量)和 formula_use(指定拟合模型的语句，它是包括协变量在内的字符串)。

最后，为进行亚组分析并将其结果与整个人群的结果合并，创建函数 logistic_sum_5，它调用 output_glm_4，并比后者多了代表分组变量的 subgroup 参数以及决定输出是否带有整个人群结果的 include_all 参数。读者可根据研究课题的需要，对 logistic_sum_5 函数进行相应的修改。

```
#拟合模型
def fit_glm_1(df, exposure = 'bmi_c', outcome = 'ami', formula_use = '~entry_age+diabetes+
hyper_tension+C(bmi_c)+C(education)+C(income)'):
    res = smf.glm(formula = outcome + formula_use, data = df, family = sm.families
.Binomial()).fit()
    model_summary = res.summary()
    results_as_html =  model_summary.tables[1].as_html()
    res_df = pd.read_html(results_as_html, header = 0, index_col = 0)[0]
    res_df['OR'] = np.exp(res_df['coef'])
    res_df['CI_left'] = np.exp(res_df['coef'] - 1.96 * res_df['std err'])
    res_df['CI_right'] = np.exp(res_df['coef'] + 1.96 * res_df['std err'])
    return res_df
#提取模型分析结果
def get_result_2(df, exposure = 'bmi_c'):
    res_df_sub = df[[exposure in s for s in df.index]]        #选择含有 exposure 的行
    res_df_sub['odds_ratio'] = res_df_sub.apply(lambda x: '%.2f (%.2f-%.2f)' %(x['OR'],
x['CI_left'], x['CI_right']), axis = 1)
#将含有 exposure 等级水平的 index 变为新的列
    res_df_sub = res_df_sub.reset_index().rename(columns={'index': 'levels'})
#整理 levels 列的值
    res_df_sub['comparison'] = exposure + res_df_sub['levels'].str[-2: -1] + ' vs 1'
    res_df_sub = res_df_sub[['comparison', 'odds_ratio']]  #只保留需要的列
#添加 reference 行, 并指明 index = -1
```

```
    res_df_sub.loc[-1] = ['', '1.00 (reference)']
    res_df_sub.sort_index(inplace = True)                    #按照 index 大小重新排序
    res_df_sub.reset_index(drop = True, inplace = True)      #重新定义 index
    return res_df_sub
#提取病例对照人数
def get_num_3(df, exposure = 'bmi_c', outcome='ami', population = 'whole population'):
    df_num = df.groupby(exposure)[outcome].value_counts().unstack().reset_index()
    df_num.rename_axis(None, axis = 1, inplace = True)
    df_num['case_control'] = df_num.apply(lambda x: '%d/%d' %(x[1], x[0]), axis = 1)
    df_num['exposure'] = exposure
    df_num['outcome'] = outcome
    df_num['population'] = population
    df_num = df_num[['exposure', 'outcome', 'population', 'bmi_c', 'case_control']]
    return df_num
#将上述函数输出结果进行合并
def output_glm_4(df,
            exposure = 'bmi_c',
            outcome = 'ami',
            formula_use = 'ami ~entry_age+diabetes+hyper_tension+C(bmi_c)+
                C(education)+C(income)+C(sexn)',
            population = 'whole population'):
    res_df = fit_glm_1(df, exposure, outcome, formula_use)
    res_df_sub = get_result_2(res_df)
    df_num = get_num_3(df, exposure, outcome, population)
    df_out = pd.concat([df_num, res_df_sub], axis = 1)
    df_out.rename(columns = {exposure: 'exposure_level'}, inplace = True)
    return df_out
```

最后，通过统一构建的 logistic_sum_5 函数，分别用整个人群与分层人群的数据拟合模型，并输出结果：

```
def logistic_sum_5(df,
                exposure = 'bmi_c',
                outcome = 'ami',
                formula_use = 'ami ~entry_age+diabetes+hyper_tension+C(bmi_c)+
                C(education)+C(income)',
                subgroup = 'sexn',
                include_all = True):
    #整个人群模型比分层人群模型多了 subgroup 这一变量
    res_df = output_glm_4(df, exposure, outcome, formula_use = formula_use + '+C(' + subgroup + ')')
    res_df['population'] = 'whole population'
    #亚组分析, groupby 后的结果有两层 index, 需要去掉
    res_df2 = df.groupby(subgroup).apply(lambda x: output_glm_4(x, exposure, outcome,
formula_use))
    res_df2.reset_index(level = 1, drop = True, inplace = True)    #去掉 level 1 的 index
    #将 level 0 的 index 变为 res_df2 中的一列,本例中为'sexn'
```

```
    res_df2.reset_index(inplace = True)
    res_df2['population'] = 'Subgroup:' + subgroup + '=' + res_df2[subgroup].astype(str)
    #按照 subgropu 的取值，为 population 列赋值
    res_df2.drop(subgroup, axis = 1, inplace = True)
    if include_all == False:
        return res_df2
    else:
        return pd.concat([res_df, res_df2], ignore_index = True)
```

调用 logistic_sum_5 后，将结果传入 output 中：

```
output = logistic_sum_5(df_use,
                        exposure = 'bmi_c',
                        outcome = 'ami',
                        formula_use = 'ami ~entry_age+diabetes+hyper_tension+C(bmi_c)+
                        C(education)+C(income)',
                        subgroup = 'sexn')
output
Out[22]:
  exposure  outcome  exposure_level  case_control  comparison        odds_ratio
0    bmi_c      ami               1        77/466                1.00 (reference)
1    bmi_c      ami               2        76/265  bmi_c2 vs 1  1.75 (1.22-2.51)
2    bmi_c      ami               3         21/72  bmi_c3 vs 1  1.93 (1.10-3.37)
3    bmi_c      ami               1        30/226                1.00 (reference)
4    bmi_c      ami               2        35/154  bmi_c2 vs 1  1.72 (0.99-2.99)
5    bmi_c      ami               3         14/51  bmi_c3 vs 1  2.14 (1.02-4.47)
6    bmi_c      ami               1        47/240                1.00 (reference)
7    bmi_c      ami               2        41/111  bmi_c2 vs 1  1.99 (1.22-3.26)
8    bmi_c      ami               3          7/21  bmi_c3 vs 1  1.88 (0.74-4.79)

\         population
0  whole population
1  whole population
2  whole population
3  Subgroup:sexn=1
4  Subgroup:sexn=1
5  Subgroup:sexn=1
6  Subgroup:sexn=2
7  Subgroup:sexn=2
8  Subgroup:sexn=2
```

由其值可知，在整个人群(population='Whole population')中，与对照组(即 BMI<24.0)相比，超重组与肥胖组患急性心肌梗死的风险分别提高了 75%[OR=1.75(1.22-2.51)]和 93%[OR=1.93(1.10-3.37)]。在女性(sex=1)中，两组风险分别提高了 72%和 114%；在男性(sex=2)中，两组风险分别提高了 99%和 88%。

12.2.6 Cox 回归分析

本节将使用 statsmodels 包中的 phreg 函数拟合 Cox 回归模型，并提取在论文和报告中最常用到的结果，如发病人数、人时数、HR 值及其 95%置信区间。关于该函数的详细介绍，详见 7.7 节。

研究目的：探讨 BMI 与急性心肌梗死发病风险的关系，并调整年龄、性别、糖尿病疾病史、高血压疾病史等因素。值得注意的是：该研究类型为队列研究，需考虑研究对象进出队列的时间，因此需根据急性心肌梗死病人的发病日期、死亡对象的死亡日期和最后随访日期(假设为 2017 年 12 月 31 日)来定义研究对象的随访时间。

1. 数据准备

根据研究目的，暴露因素为 BMI，这里将继续使用 12.2.5 节中生成的 bmi_c 变量(即按照中国人群 BMI 分类标准进行分组后所得的变量)。另外，创建随访结束日期变量 enddt、随访结束时随访对象的出队列年龄变量 out_age 以及随访时间变量 follow_time。同时，与 12.2.5 节一致，删除家庭收入变量含有缺失值的 23 条记录。Python 程序如下：

```
#取发病日期(amidt)、死亡日期(deathdt)与最后随访日期中最早的一个作为随访结束日期
df['lastdt'] = pd.to_datetime('2017-12-31')
#设最后一天为 2017 年 12 月 31 日
df['enddt'] = df[['amidt', 'deathdt', 'lastdt']].min(axis = 1)
df['out_age'] = df['enddt'] - df['birthday']
df['out_age'] = df['out_age'].dt.days
df['out_age'] = df['out_age'] / 365.25
df['out_age'] = df['out_age'].round(decimals = 2)
df['follow_time'] = df['out_age'] - df['entry_age']
df1 = df[['enddt', 'out_age', 'follow_time']]
print(df1.head())
        enddt  out_age  follow_time
0  2017-12-31    53.63        14.56
1  2017-12-31    54.56        13.99
2  2012-01-28    73.55         8.37
3  2017-12-31    64.48        14.50
4  2017-12-31    50.37        13.66
```

2. 数据分析

接下来，使用 phreg 函数来研究 BMI 与急性心肌梗死发病风险的关系，同时调整年龄、性别、糖尿病疾病史、高血压疾病史、教育程度和家庭收入等变量。此处，使用 statsmodels.formula.api 构建模型。其中，status 参数传入记录 event 的列，entry 参数传入 entry_age。

```
df_use = df[['entry_age', 'out_age', 'ami', 'follow_time', 'bmi_c', 'sexn', 'diabetes',
'hyper_tension', 'education', 'income']]
df_use.dropna(inplace = True)
model = smf.phreg('out_age ~C(sexn) +diabetes+hyper_tension+C(bmi_c)+C(income)+
C(education)', df_use, status = df_use['ami'].values, entry = df_use['entry_age'].values,
ties = 'breslow').fit()
```

模型的拟合结果如下：

```
model.summary()
Out[23]:
                                  Results: PHReg
===================================================================================
Model:                          PH Reg                 Sample size:            977
Dependent variable:             out_age                Num. events:            174
Ties:                           Breslow
-----------------------------------------------------------------------------------
                         log HR  log HR SE    HR         t     P>|t|  [0.025  0.975]
-----------------------------------------------------------------------------------
C(sexn)[T.2]             0.3603     0.1630 1.4337    2.2098  0.0271  1.0416  1.9736
diabetes[T.True]         0.1340     0.2276 1.1434    0.5886  0.5561  0.7319  1.7863
hyper_tension[T.True]    0.1748     0.1989 1.1910    0.8791  0.3794  0.8066  1.7587
C(bmi_c)[T.2]            0.4663     0.1646 1.5941    2.8338  0.0046  1.1547  2.2009
C(bmi_c)[T.3]            0.5451     0.2534 1.7248    2.1515  0.0314  1.0497  2.8341
C(income)[T.2]          -0.0960     0.2470 0.9085   -0.3885  0.6976  0.5598  1.4743
C(income)[T.3]          -0.0371     0.2586 0.9635   -0.1436  0.8858  0.5804  1.5996
C(income)[T.4]           0.1342     0.3133 1.1436    0.4283  0.6684  0.6189  2.1131
C(education)[T.2]        0.2610     0.2746 1.2982    0.9507  0.3418  0.7580  2.2236
C(education)[T.3]        0.3768     0.2762 1.4576    1.3642  0.1725  0.8483  2.5044
C(education)[T.4]        0.1175     0.2989 1.1247    0.3930  0.6943  0.6260  2.0204
===================================================================================
Confidence intervals are for the hazard ratios
977 observations have positive entry times
```

该函数自动生成了HR值及其95%置信区间。提取结果的程序如下：

```
model_summary = model.summary()
results_as_html = model_summary.as_html()
res_df = pd.read_html(results_as_html, header=0, index_col = 0)[1]
res_df[['HR', '[0.025', '0.975]']]
Out[24]:
                           HR  [0.025  0.975]
C(sexn)[T.2]           1.4337  1.0416  1.9736
diabetes[T.True]       1.1434  0.7319  1.7863
hyper_tension[T.True]  1.1910  0.8066  1.7587
C(bmi_c)[T.2]          1.5941  1.1547  2.2009
C(bmi_c)[T.3]          1.7248  1.0497  2.8341
C(income)[T.2]         0.9085  0.5598  1.4743
C(income)[T.3]         0.9635  0.5804  1.5996
C(income)[T.4]         1.1436  0.6189  2.1131
C(education)[T.2]      1.2982  0.7580  2.2236
C(education)[T.3]      1.4576  0.8483  2.5044
C(education)[T.4]      1.1247  0.6260  2.0204
```

从结果中可以看到，在调整了年龄、性别、高血压疾病史、糖尿病疾病史、教育程度和家庭收入等因素后，与对照组(即 BMI<24.0)相比，超重组与肥胖组患急性心肌梗死的风险分别提高了 59%[HR=1.59(1.15-2.20)]和 72%[HR=1.72(1.05-2.83)]。在前面已经提到，根据研究目的的不同，提取的结果也有差异。如果是探讨急性心肌梗死发病的危险因素，需要报告所有放入模型的协变量的结果(如本例中的性别、糖尿病疾病史、高血压疾病史、教育程度和家庭收入等)；但是，如果仅探讨某一因素与结局的关联，如本例中的 BMI 与急性心肌梗死的关系，则无须报告协变量的结果。接下来要对模型拟合结果进行如下整理：

- 提取拟研究暴露因素的 HR 值及其 95%置信区间，在本例中即与 BMI 相关的结果。
- 提取每组中的病人数和人时数。
- 在不同的亚人群中探讨该关系，即进行亚组分析。

3. 整理数据分析结果

首先，提取出 BMI 相关结果，并将 HR 值等结果整理成“HR(95%CI)”的形式：

```
res_df.reset_index(inplace = True)
#选取 BMI 相关结果
res_df = res_df.loc[res_df['index'].str.contains('bmi_c')]
#整理统计结果
res_df['exposure'] = 'bmi_c'
res_df['outcome'] = 'ami'
res_df['population'] = 'whole population'
res_df['level'] = res_df['index'].str.split('.').str.get(1).str[:1]
res_df['hr_ci'] = res_df.apply(lambda x: '%.2f(%.2f-%.2f)' % (x['HR'], x['[0.025'],
x['0.975]']), axis = 1)
#只保留变量名和结果列
res_df = res_df[['exposure', 'outcome', 'population', 'level', 'hr_ci']]
#添加 reference 行，并指明 index = -1
res_df.loc[-1] = ['bmi_c', 'ami', 'whole population', '1', '1.00 (reference)']
res_df.sort_index(inplace = True)                                  #按照 index 大小重新排序
res_df.reset_index(drop = True, inplace = True)                    #重新定义 index
```

运行上面的程序后，输出结果如下：

```
res_df
Out[25]:
   exposure  outcome         population  level             hr_ci
0     bmi_c      ami   whole population      1  1.00 (reference)
1     bmi_c      ami   whole population      2   1.59(1.15-2.20)
2     bmi_c      ami   whole population      3   1.72(1.05-2.83)
```

接下来，按照 bmi_c 的类别，统计每类中的发病人数及人时数并整合到 res_df 中：

```
#统计发病人数与人时数
output = df_use.groupby('bmi_c').apply(lambda x: '%d/%d' % (x['ami'].sum(),
round(x['follow_time'].sum())))
output_df = pd.DataFrame(output)
```

```
output_df.reset_index(inplace = True)                    #index 为 bmi_c,现使其成为一列
output_df.rename(columns = {0: 'case_persont'}, inplace = True)
output_df.rename(columns = {'bmi_c': 'level'}, inplace = True)#改成与 res_df 一致的列名
```

此时,output_df 中的 level 为 Categorical 类型(由于用于分组的 bmi_c 变量为 Categorical 类型),需要将其转换为字符串才能与 res_df 进行合并:

```
output_df['level'] = output_df['level'].astype(str)
res_df = pd.merge(res_df, output_df, on = 'level')
```

结果如下:

```
res_df
Out[26]:
   exposure  outcome        population  level             hr_ci  case_persont
0     bmi_c      ami  whole population      1  1.00 (reference)       77/7295
1     bmi_c      ami  whole population      2   1.59(1.15-2.20)       76/4434
2     bmi_c      ami  whole population      3   1.72(1.05-2.83)       21/1199
```

4. 生成可重复使用的代码

在实际的数据分析中,当需要多次进行上述 Cox 回归分析时,就需要自定义函数来简化分析步骤,从而提高工作效率。依照上例的分析思路,首先根据上述第 2 步拟合模型的操作创建函数 fit_cox_1,它包含 6 个参数,分别是 df(指定输入数据集)、exposure(指定拟研究的暴露因素)、outcome(指定健康结局)、time_1(指定进队列的时间,本例中为进队列的年龄)、time_2(指定出队列的时间,本例中为出队列的年龄)及 formula(指定拟合模型所用公式,它是包含协变量的一个字符串);其次,根据第 3 步的操作,构建函数 get_result_2,它接收 fix_cox_1 的返回值,并通过传递进来的 outcome、exposure 和 ref 这 3 个参数进一步处理结果;再次,为了提取患病人数及人时数,构建函数 get_person_3,它含有 3 个参数,分别是 df(指定输入数据集)、exposure(指定拟研究的暴露因素)、outcome(指定健康结局);最后,将上述函数输出的结果合并,为此构建函数 output_cox_4,它包含上面提到的所有变量。

为进行亚组分析并将其结果与整个人群的进行合并,创建函数 cox_sum_5,它调用 output_cox_4,并比后者多了代表分组变量的 subgroup 参数以及决定输出是否带有整个人群结果的参数 include_all。读者可根据研究课题的需要,对 cox_sum_5 函数进行相应的修改。

```
#拟合 Cox 回归模型
def fit_cox_1(df,
              exposure = 'bmi_c',
              outcome = 'ami',
              time_1 = 'entry_age',
              time_2 = 'out_age',
              formula_use = '~diabetes+hyper_tension+C(bmi_c)+C(sexn)+C(education)'):
    res = smf.phreg(formula = time_2 + formula_use, data = df, status = df[outcome].values,
entry = df[time_1].values, ties = 'breslow').fit()
    model_summary = res.summary()
    results_as_html = model_summary.as_html()
```

```
    res_df = pd.read_html(results_as_html, header = 0, index_col = 0)[1]
    return res_df
#提取结果
def get_result_2(df, exposure = 'bmi_c', outcome = 'ami'):
    res_df = df[[exposure in s for s in df.index]]          #选择含有 exposure 的行
    res_df.reset_index(inplace = True)
    res_df['exposure'] = exposure
    res_df['outcome'] = outcome
    res_df['level'] = res_df['index'].str.split('.').str.get(1).str[:1]
    res_df['hr_ci'] = res_df.apply(lambda x: '%.2f(%.2f-%.2f)' %(x['HR'], x['[0.025'],
x['0.975]']), axis = 1)
    #将含有 exposure 等级水平的 index 变为新的列
    res_df = res_df.reset_index().rename(columns = {'index': 'levels'})
    #整理 levels 列的值
    res_df['comparison'] = exposure + res_df['levels'].str[-2: -1] + ' vs 1'
    #只保留所需要的列
    res_df = res_df[['exposure', 'outcome', 'level', 'comparison', 'hr_ci']]
    #添加 reference 行,并指明 index = -1
    res_df.loc[-1] = [exposure, outcome, '1', '', '1.00 (reference)']
    res_df.sort_index(inplace = True)                      #按照 index 大小重新排序
    res_df.reset_index(drop = True, inplace = True)        #重新定义 index
    return res_df
#计算发病人数及人时数
def get_persont_3(df, exposure = 'bmi_c', outcome = 'ami'):
    output = df.groupby(exposure).apply(lambda x: '%d/%d' %(x[outcome].sum(),
round(x['follow_time'].sum())))
    output_df = pd.DataFrame(output)
    output_df.reset_index(inplace = True)                  #index 为 exposure, 现使其成为一列
    output_df.rename(columns = {0:'case_persont'}, inplace = True)
    #改成与函数 get_result_2 返回值 df 一致的列名
    output_df.rename(columns = {exposure: 'level'}, inplace = True)
    output_df['level'] = output_df['level'].astype(str)  #level 转换类型
    return output_df
#将上述函数输出结果合并
def output_cox_4(df,
                exposure = 'bmi_c',
                outcome = 'ami',
                time_1 = 'entry_age',
                time_2 = 'out_age',
                formula_use = '~diabetes+hyper_tension+C(bmi_c)+C(sexn)+C(education)'):
    res_df = fit_cox_1(df, exposure, outcome, time_1, time_2, formula_use)
    res_df_sub = get_result_2(res_df)
    df_persont = get_persont_3(df, exposure, outcome)
    df_out = pd.merge(res_df_sub, df_persont, on = 'level')
    return df_out
```

调用 cox_sum_5 函数进行亚组分析时，默认输出整个人群的结果。如果只想获取亚组分析的结果，可将 include_all 的值更改为 False：

```
def cox_sum_5(df,
              exposure,
              outcome,
              time_1,
              time_2,
              formula_use,
              subgroup,
              include_all = True):
    df = df.loc[df[subgroup].notnull()]     #去掉分组变量中含有 NA 的行
    res_df = output_cox_4(df, exposure, outcome, time_1, time_2, formula_use + '+C(' + subgroup
+')')                                       #整个人群模型比分层人群模型多出 subgroup 这一变量
    res_df['population'] = 'whole population'
    res_df2 = df.groupby(subgroup).apply(lambda x: output_cox_4(x, exposure, outcome,
time_1, time_2, formula_use))
    res_df2.reset_index(level = 1, drop = True, inplace = True)
    res_df2.reset_index(inplace = True)
    res_df2['population'] = 'Subgroup: ' + subgroup + '=' + res_df2[subgroup].astype(str)
    res_df2.drop(subgroup,axis = 1, inplace = True)
    if include_all == False:
        return res_df2
    else:
        return pd.concat([res_df, res_df2], ignore_index = True)
```

最后，调用函数，给相关参数赋值，将结果返回到 output 中：

```
output=cox_sum_5(
    df_use,
    exposure = 'bmi_c',
    outcome = 'ami',
    time_1 = 'entry_age',
    time_2 = 'out_age',
    formula_use='~diabetes+hyper_tension+C(bmi_c)+C(income)+C(education)',
    subgroup = 'sexn')
```

output 内容如下：

```
output
Out[27]:
  exposure  outcome  level  comparison              hr_ci  case_persont
0     bmi_c      ami      1                1.00 (reference)       77/7295
1     bmi_c      ami      2  bmi_c2 vs 1   1.59(1.15-2.20)       76/4434
2     bmi_c      ami      3  bmi_c3 vs 1   1.72(1.05-2.83)       21/1199
3     bmi_c      ami      1                1.00 (reference)       30/3380
4     bmi_c      ami      2  bmi_c2 vs 1   1.45(0.88-2.40)       35/2491
```

```
5   bmi_c   ami   3  bmi_c3 vs 1   1.70(0.88-3.30)       14/825
6   bmi_c   ami   1               1.00 (reference)      47/3915
7   bmi_c   ami   2  bmi_c2 vs 1   1.81(1.18-2.76)       41/1943
8   bmi_c   ami   3  bmi_c3 vs 1   1.73(0.78-3.85)        7/374

\        population
0  whole population
1  whole population
2  whole population
3   Subgroup:sexn=1
4   Subgroup:sexn=1
5   Subgroup:sexn=1
6   Subgroup:sexn=2
7   Subgroup:sexn=2
8   Subgroup:sexn=2
```

由结果可知，在整个人群样本(即 population='Whole population')中，与对照组(即 BMI<24.0)相比，超重组与肥胖组患急性心肌梗死的风险分别提高了59%[OR=1.59(1.15-2.20)]和72%[OR=1.72(1.05-2.83)]。在女性(sex=1)中，两组风险分别提高了45%和70%；在男性(sex=2)中，两组风险分别提高了81%和73%。

参 考 文 献

1. 数学部分

[1] 陈纪修，於崇华，金路，等. 数学分析[M]. 2版. 北京：高等教育出版社，2005.

[2] 同济大学数学系. 线性代数[M]. 6版. 北京：高等教育出版社，2014.

[3] 王萼芳，石生明. 高等代数[M]. 3版. 北京：高等教育出版社，2003.

[4] GOODFELLOW L, BENGIO Y, COURVILLE A. Deep Learning[M]. MIT Press, 2016.

2. 统计学部分

[1] 赵耐青，陈峰. 卫生统计学[M]. 北京：高等教育出版社，2008.

[2] 盛骤，谢式千，潘承毅. 概率论与数理统计[M]. 北京：高等教育出版社，2008.

[3] 李康，贺佳. 医学统计学[M]. 北京：人民卫生出版社，2018.

[4] WASSERMAN L. All of statistics: a concise course in statistical inference[M]. Springer Science & Business Media, 2013.

[5] VITTINGHOFF E, GLIDDEN D V, SHIBOSKI S C, et al. Regression methods in biostatistics: linear, logistic, survival, and repeated measures models[M]. Springer Science & Business Media, 2011.

3. SAS 部分

[1] 夏坤庄. 深入解析 SAS：数据处理、分析优化与商业应用[M]. 北京：机械工业出版社，2015.

[2] 朱世武. SAS 编程技术教程[M]. 2版. 北京：清华大学出版社，2013.

[3] BURLEW M M. SAS macro programming made easy[M]. SAS Institute, 2014.

[4] CARPENTER A. Carpenter's complete guide to the SAS macro language. SAS Institute, 2016.

[5] CODY R. Cody's data cleaning techniques using SAS[M]. SAS Institute, 2017.

[6] LAFLER K P. PROC SQL: beyond the basics using SAS[M]. SAS Institute, 2019.

4. R 语言部分

[1] WICKHAM H, Grolemund G. R for data science: import, tidy, transform, visualize, and model data[M]. O'Reilly Media, Inc., 2016.

[2] WICKHAM H. Advanced R[M]. Chapman and Hall/CRC, 2014.

5. Stata 部分

[1] ACOCK A C. A gentle introduction to Stata[M]. Stata Press, 2008.

[2] BAUM C F. An introduction to Stata programming[M]. College Station: Stata Press, 2009.

[3] HIGGINS J P T, Green S. Cochrane handbook for systematic reviews of interventions[M]. Chichester: John Wiley & Sons, Ltd., 2008.

[4] KOHLER U, Kreuter F. Data analysis using Stata[M]. Stata Press, 2005.

[5] STERNE J A. Meta-analysis in Stata: an updated collection from the Stata Journal[M]. StataCorp LP, 2009.

6. Python 部分

[1] MAGNUS Lie H. Beginning Python: from novice to professional[M]. Apress, 2017.

[2] MCKINNEY W. Python for data analysis: data wrangling with Pandas, NumPy, and IPython[M]. O'Reilly Media, Inc., 2012.

附录 A　常用假设检验方法

数据类型：单样本定量资料。

比较内容：均数。

假设检验方法：单样本 t 检验(要求正态分布或资料偏离正态，但样本量不小于 60)。

实例：判断慢性乙肝病人的转氨酶水平是否高于正常人群的水平。

H_0 成立时的检验统计量：

$$t=\frac{\overline{X}-\mu_0}{S_{\bar{x}}}=\frac{\overline{X}-\mu_0}{\frac{S}{\sqrt{n}}},v=n-1$$

公式说明：

- $\overline{X}$：样本均数。
- μ_0：已知总体均数。
- S：样本标准差。
- n：样本量。

数据类型：单样本定量资料。

比较内容：中位数或百分位数。

假设检验方法：Wilcoxon 符号秩和检验(资料可偏离正态，且样本量小于 60。该方法能充分利用样本信息，要求资料是对称分布的或近似对称分布的，否则应使用二项分布检验)。

H_0 成立时的检验统计量：

若无相同秩次，则

$$Z=\frac{|T-\mu_T|-0.5}{\sigma_T}$$

若存在相同秩次(不包括差值为 0 的情况)，则

$$Z=\frac{|T-\mu_T|-0.5}{\sqrt{\sigma_T^2-0.5\sum(t_j^3-t_j)/24}}$$

其中，

$$\mu_T=n(n+1)/4$$

$$\sigma_T=\sqrt{n(n+1)(2n+1)/24}$$

公式说明：

- n：秩次的总数(不包含 0)。
- t_j：第 j 个相同秩次的个数。
- T：正负秩次之和中的较小者。

数据类型：单样本定量资料。

假设检验方法：二项分布检验。当 $n\pi_0(1-\pi_0)>5$ 时，单样本率近似正态分布；否则用确切概率法

计算 P 值。

H_0 成立时的检验统计量：

$$Z=\frac{p-\pi_0}{\sqrt{\pi_0(1-\pi_0)/n}}$$

公式说明：

- p：样本率。
- π_0：总体率。
- n：样本量。

数据类型：单样本定量资料。

比较内容：分布是否一致。

假设检验方法：Pearson χ^2 检验。

公式详见有关主题的图书。

数据类型：单样本分类资料。

比较内容：样本率与总体率是否一致。

假设检验方法：正态近似法(当样本量较大时，一般要求 $np(1-p)>5$)。

实例：判断男性医生的吸烟率是否低于一般男性人群。

H_0 成立时的检验统计量：

$$Z=\frac{p-\pi_0}{\sqrt{\pi_0(1-\pi_0)/n}}$$

公式说明：

- p：样本率。
- π_0：总体率。
- n：样本量。

数据类型：单样本分类资料。

比较内容：平均事件发生数。

假设检验方法：正态近似法(该类数据一般服从泊松分布。当样本观察事件总数大于30时，可认为该泊松分布的总体均数大于20，可较好的近似正态分布)。

实例：判断水样中的细菌数是否超过国家规定的标准。

H_0 成立时的检验统计量：

$$Z=\frac{\overline{X}-\mu_0}{\sqrt{\mu_0/n}}$$

其中，

$$\overline{X}=\frac{\sum_{i=1}^{n}X_i}{n}$$

公式说明：

μ_0：总体均数。

n：观察单位的个数，即样本量。

X_i：第 i 个观察单位中的阳性事件数。

数据类型：两个独立样本的连续性定量资料。

比较内容：均数。

假设检验方法：t 检验[原始数据满足独立性(任意两个观测值间互不影响)、正态性(两个样本分别来自正态分布的总体或者样本量足够大)和方差齐性(两个样本的总体方差相等)]。

实例：判断男性的体重指数和女性的体重指数是否有差异。

H_0 成立时的检验统计量：

$$t=\frac{\bar{X}_1-\bar{X}_2}{S_{\bar{X}_1-\bar{X}_2}},\quad v=n_1+n_2-2$$

其中，

$$S_{\bar{X}_1-\bar{X}_2}=\sqrt{S_C^2\left(\frac{1}{n_1}+\frac{1}{n_2}\right)}$$

$$S_C^2=\frac{(n_1-1)S_1^2+(n_2-1)S_2^2}{n_1+n_2-2}$$

公式说明：

- $S_{\bar{X}_1-\bar{X}_2}$：两个样本均数之差 $\bar{X}_1-\bar{X}_2$ 的标准误。
- S_C^2：合并方差。
- S_1^2、S_2^2：两个样本方差。
- n_1、n_2：样本量。

数据类型：两个独立样本的连续性定量资料。

假设检验方法：t' 检验。原始数据满足独立性和正态性，但总体方差不齐。

H_0 成立时的检验统计量：

$$t'=\frac{\bar{X}_1-\bar{X}_2}{\sqrt{\frac{S_1^2}{n_1}+\frac{S_2^2}{n_2}}}$$

自由度为

$$\nu=\frac{(S_1^2/n_1+S_2^2/n_2)^2}{\frac{(S_1^2/n_1)^2}{n_1-1}+\frac{(S_2^2/n_2)^2}{n_2-1}}$$

数据类型：两个独立样本的连续性定量资料。

假设检验方法：Wilcoxon 秩和检验。仅要求独立性。

H_0 成立时的检验统计量：

若无相同秩次，则

$$Z=\frac{\left|T-\frac{n_1(N+1)}{2}\right|-0.5}{\sqrt{\frac{n_1n_2(N+1)}{12}}}$$

若存在相同秩次，则

$$Z_C=\frac{\left|T-\frac{n_1(N+1)}{2}\right|-0.5}{\sqrt{\frac{n_1n_2(N+1)}{12}\left(1-\frac{\sum_j(t_j^3-t_j)}{N^3-N}\right)}}$$

公式说明：

- T：某组的秩和。
- n_1、n_2：样本量。
- $N=n_1+n_2$。
- t_j：第 j 个相同秩次的个数。

数据类型：两个独立样本的泊松分布资料。

比较内容：均数。

假设检验方法：近似正态分布方法（相同观察单位，且当样本观察事件总数大于 30 时）。

实例：判断两种饮用水的平均大肠杆菌数有无差别。

H_0 成立时的检验统计量：

$$Z=\frac{X_1-X_2}{\sqrt{X_1+X_2}}$$

H_0 成立时，Z 近似服从 $N(0,1)$ 分布。

公式说明：

X_1、X_2：两个样本的观察数。

数据类型：两个独立样本泊松分布资料。

假设检验方法：近似正态分布方法（不同观察单位，且当样本观察事件总数大于 30 时）。

实例：判断两地胃癌的死亡率有无差别。

H_0 成立时的检验统计量：

$$Z=\frac{\bar{X}_1-\bar{X}_2}{\sqrt{\bar{X}_1/n_1+\bar{X}_2/n_2}}$$

H_0 成立时，Z 近似服从 $N(0,1)$ 分布。

公式说明：

- n_1、n_2：两个样本的观察单位与基本观察单位的比例。
- X_1、X_2：两个样本的观察数。$\bar{X}_1=X_1/n_1$，$\bar{X}_2=X_2/n_2$。

数据类型：多组独立样本的连续性定量资料。

比较内容：均数。

假设检验方法：方差分析（对原始资料的要求与 t 检验相同，即独立性、正态性和方差齐性）。

实例：判断不同年龄组（青年/中年/老年）的血糖有无差别。

H_0 成立时的检验统计量：

总变异为

$$\sum_{i=1}^{g}\sum_{j=1}^{n_i}(Y_{ij}-\bar{Y})^2,\nu=N-1$$

组内变异为

$$\sum_{i=1}^{g}\sum_{j=1}^{n_i}(Y_{ij}-\bar{Y}_{i.})^2,\nu=N-g$$

组间变异为

$$\sum_{i=1}^{g}n_i(\bar{Y}_{i.}-\bar{Y})^2,\nu=g-1$$

统计量 $F=\frac{\text{MS}_{组间}}{\text{MS}_{组内}}$，$H_0$ 成立时，统计量 F 服从分子和分母的自由度分别为 $g-1$ 和 $N-g$ 的 F 分布。其中，

$$\text{MS}_{组间}=\frac{组间变异}{组间自由度}$$

$$\text{MS}_{组内}=\frac{组内变异}{组内自由度}$$

公式说明：

- g：组数。
- n_i：每个组的样本量。
- N：各组的样本量之和。
- Y_{ij}：第 i 个组里的第 j 个观测值。
- $\bar{Y}_{i.}$：第 i 个组的样本均数。
- $\bar{Y}$：所有样本的均数。

数据类型：多组独立样本的连续性定量资料。

假设检验方法：Kruskal-Wallis 秩和检验(仅要求独立性)。

H_0 成立时的检验统计量：

若无相同秩次，则

$$H=\frac{12}{N(N+1)}\sum_{i=1}^{g}n_i(\bar{R}_i-\bar{R})^2=\frac{12}{N(N+1)}\sum_{i=1}^{g}\frac{R_i^2}{n_i}-3(N+1)$$

若存在较多相同秩次，则修正为

$$H_c=\frac{H}{1-\sum_j(t_j^3-t_j)/(N^3-N)}$$

当 H_0 成立，且各组样本量较大时，统计量 H 近似服从自由度 $\nu=g-1$ 的 χ^2 分布。

公式说明：

- n_i：第 i 组的样本量。
- N：所有样本个体总数。
- g：组数。
- R_i：第 i 组秩次和。
- $\bar{R}_i=R_i/n_i$，即每个组的平均秩次。
- $\bar{R}=(N+1)/2$，即所有样本的平均秩次。

数据类型：配对设计资料。

比较内容：均数。

假设检验方法：配对 t 检验(要求样本来自分布相同的总体，差值服从正态分布或近似正态分布，且不同对子间的测量值相互独立)。

实例：判断同一受试对象接受药物治疗前后的血压值变化有无差异。

H_0 成立时的检验统计量：

$$t=\frac{\overline{d}-0}{S_d/\sqrt{n}}=\frac{\overline{d}}{S_{\overline{d}}},v=n-1$$

公式说明：

- $\overline{d}$：差值的均值。
- S_d：差值的标准差。
- $S_{\overline{d}}$：差值均数的标准误。
- n：配对数。

数据类型：配对设计资料。

假设检验方法：Wilcoxon 符号秩和检验(当资料不符合配对 t 检验的要求时)。

H_0 成立时的检验统计量：

若无相同秩次，则

$$Z=\frac{|T-\mu_T|-0.5}{\sigma_T}$$

若存在相同秩次(不包括差值为 0 的)，则

$$Z=\frac{|T-\mu_T|-0.5}{\sqrt{\sigma_T^2-0.5\sum_j(t_j^3-t_j)/24}}$$

其中，

$$\mu_T=n(n+1)/4$$

$$\sigma_T=\sqrt{n(n+1)(2n+1)/24}$$

公式说明：

- n：秩次的总数(不包含 0)。
- t_j：第 j 个相同秩次的个数。
- T：任意正负秩次之和。

数据类型：随机区组设计资料。

比较内容：均数。

假设检验方法：双向方差分析[对原始资料的要求是满足独立性(各区组之间观察资料是相互独立的随机样本)、正态性(残差服从正态分布)和方差齐性(各处理组残差的总体方差相等)]。

公式详见有关主题的图书。

数据类型：随机区组设计资料。

假设检验方法： Friedman 检验(当资料不符合双向方差分析的要求时)。

公式详见有关主题的图书。

数据类型： 两个独立样本的四格表资料。

比较内容： 构成比。

假设检验方法： χ^2 检验(当 $n \geqslant 40$ 且各格的理论频数 $T \geqslant 5$ 时)。

实例： 实验组与对照组相比，治疗某种疾病的疗效有无差别。

H_0 成立时的检验统计量：

公式一(即 Pearson χ^2 检验)为

$$\chi^2 = \sum \frac{(A-T)^2}{T}$$

公式二为

$$\chi^2 = n\left(\sum \frac{A^2}{n_R n_C} - 1\right)$$

公式三(四格表专用公式)为

$$\chi^2 = \frac{(ad-bc)^2 n}{(a+b)(c+d)(a+c)(b+d)}$$

自由度为

$$v = (\text{行数} - 1) \times (\text{列数} - 1)$$

对于两个独立样本的四格表资料，自由度为 1。

公式说明：

- A：每格的实际频数。
- T：每格的理论频数。
- n：总频数。
- n_R：第 R 行频数合计。
- n_C：第 C 列频数合计。

数据类型： 两个独立样本的四格表资料。

假设检验方法： 校正 χ^2 检验(当 $n \geqslant 40$ 且 $1 \leqslant T < 5$ 时)。

H_0 成立时的检验统计量：

公式一为

$$\chi_c^2 = \sum \frac{(|A-T|-0.5)^2}{T}$$

公式二为

$$\chi^2 = \frac{(|ad-bc|-n/2)^2 n}{(a+b)(c+d)(a+c)(b+d)}$$

数据类型： 两个独立样本的四格表资料。

假设检验方法： Fisher 精确概率检验(当 $n < 40$ 或 $T < 1$ 时)。

公式详见有关主题的图书。

数据类型： 多个独立样本 $R \times C$ 资料。

比较内容： 构成比。

假设检验方法：χ^2 检验(一般要求不超过 1/5 的格子的理论频数小于 5 或有一个格子的理论频数小于 1)。

实例：判断多种治疗方式对于某种疾病的疗效有无差别。

H_0 成立时的检验统计量：

$$\chi^2 = n\left(\sum \frac{A^2}{n_R n_C} - 1\right)$$

自由度为

$$v = (\text{行数}-1)\times(\text{列数}-1)$$

公式说明：

- A：每个格子的实际频数。
- n：总频数。
- n_R：第 R 行频数合计。
- n_C：第 C 列频数合计。

数据类型：配对四格表资料。

比较内容：构成比。

假设检验方法：McNemar 检验。

实例：用两种检测方法判断同一批病理切片的结果有无差别。

H_0 成立时的检验统计量：

当 $b+c\geqslant 40$ 时，

$$\chi^2 = \frac{(b-c)^2}{b+c},\quad v=1$$

当 $b+c<40$ 时，

$$\chi_c^2 = \frac{(|b-c|-1)^2}{b+c},\quad v=1$$

公式说明：

b、c：结果不一致的观测数。

数据类型：配对四格表资料。

比较内容：处理效应的关联性分析。

假设检验方法：χ^2 检验+Spearmen 相关分析。

实例：判断两种检测方法的检测结果间是否存在关联性。

H_0 成立时的检验统计量：

判断有无关联性时有以下 3 个公式。

公式一为

$$\chi^2 = \sum \frac{(A-T)^2}{T}$$

公式二为

$$\chi^2 = n\left(\sum \frac{A^2}{n_R n_C} - 1\right)$$

公式三(四格表专用公式)为

$$\chi^2=\frac{(ad-bc)^2 n}{(a+b)(c+d)(a+c)(b+d)}$$

判断关联性的大小时，公式为

$$r=\sqrt{\frac{\chi^2}{n}}$$

当 $ad>bc$ 时，r 取正值，表示存在正关联性；否则 r 取负值。

公式说明：

- A：每个格子的实际频数。
- T：每个格子的理论频数。
- n：总频数。
- n_R：第 R 行频数合计。
- n_C：第 C 列频数合计。

数据类型：两个独立样本的有序资料。

比较内容：构成比。

假设检验方法：χ^2 检验或 Wilcoxon 秩和检验。

实例：判断两种药物的疗效(如无效、好转、治愈)有无差别。

H_0 成立时的检验统计量：

当分组变量有序而指标变量无序时，采用 χ^2 检验，公式详见上文。

当分组变量无序而指标变量有序时，采用 Wilcoxon 秩和检验，公式详见上文。

数据类型：多个独立样本有序资料。

比较内容：构成比。

假设检验方法：Kruskal-Wallis 秩和检验。

实例：判断多种药物的疗效(如无效、好转、治愈)有无差别。

H_0 成立时的检验统计量：

Kruskal-Wallis 秩和检验公式详见上文。

数据类型：有序资料的相关性分析。

比较内容：两个变量有无相关关系。

假设检验方法：Spearman 等级相关分析(分组变量和指标变量均为有序资料时使用。Spearman 等级相关也称有序资料之间的 Pearson 相关)。

实例：判断年龄(老、中、青)与某种疾病严重程度(轻、中、重)之间的相关性。

公式详见有关主题的图书。

数据类型：有序资料的线性趋势分析。

比较内容：两个变量有无线性变化趋势。

实例：判断年龄(老、中、青)与某种疾病严重程度(轻、中、重)之间是否存在线性变化趋势。

公式详见有关主题的图书。

附录B　正则表达式

正则表达式(regular expression)使用一系列规则描述文本特征,常用以辅助文本内容的匹配、截取和替换。常见的正则表达式规则见表B-1。

表B-1　常见的正则表达式规则

<table>
<tr><th>类别</th><th>表达式</th><th>含　义</th><th>示　例</th></tr>
<tr><td rowspan="6">字符</td><td>.</td><td>除换行符外的任意一个字符</td><td></td></tr>
<tr><td>\w</td><td>一个单词字符(即字母或数字)</td><td></td></tr>
<tr><td>\d</td><td>一个数字</td><td></td></tr>
<tr><td>[…]</td><td>[]中的字符列表中的任意一个字符</td><td>[abc]表示a或b或c</td></tr>
<tr><td>[^…]</td><td>不包含在[]中的字符列表中的任意一个字符</td><td>[^abc]表示a、b、c以外的任意一个字符</td></tr>
<tr><td>[a-b]</td><td>a～b的任意一个字符</td><td>[a-z]表示任意一个a与z之间的字符,即任意一个小写字母</td></tr>
<tr><td rowspan="2">位置</td><td>^</td><td>^后的字符为第一个字符的字符串</td><td>^a表示a为首字母</td></tr>
<tr><td>$</td><td>$前的字符为最后一个字符的字符串</td><td>a$表示a为最后一个字母</td></tr>
<tr><td rowspan="4">数量</td><td>*</td><td>0个或多个</td><td>a*表示0个或多个字母a</td></tr>
<tr><td>+</td><td>1个或多个</td><td>a+表示1个或多个字母a</td></tr>
<tr><td>?</td><td>0个或1个</td><td>a?表示0个或1个字母a</td></tr>
<tr><td>{n}</td><td>指定字符个数</td><td>a{3}表示3个字母a</td></tr>
<tr><td rowspan="3">分组</td><td>( )</td><td>将表达式分组</td><td>(aa)bb(cc)表示在文本aabbcc中,aa为第一组,cc为第二组</td></tr>
<tr><td rowspan="2">\n</td><td rowspan="2">引用指定组的文本,数字代表组号</td><td>\1表示第一组的文本,例如上面的(aa)bb(cc)中的aa</td></tr>
<tr><td>\2表示第二组的文本,例如上面的(aa)bb(cc)中的cc</td></tr>
<tr><td>逻辑</td><td>|</td><td>或</td><td>appl(e|es)表示文本apple或apples</td></tr>
<tr><td rowspan="3">转义</td><td rowspan="3">\</td><td rowspan="3">用在有特殊含义的符号前,表明该符号在此无特殊含义,仅代表其本身的符号文本</td><td>*表示文本*,而非表示0个或多个的符号</td></tr>
<tr><td>\.表示文本.,而非表示任意字符的符号</td></tr>
<tr><td>\\表示文本\,而非表示转义符号的符号</td></tr>
</table>

正则表达式可以清晰地描述文本特征,在数据转换和数据清理中通常与文本处理命令或函数配合使用。下面以R语言和Stata为例,介绍使用正则表达式和相关函数或命令处理文本值的方法。

注意:在R语言中使用文本值表示正则表达式时,通常需要两个转义符(\\)完成转义。

1. R 语言示例

在使用以下示例中处理文本的函数前，要加载 stringr 包：

```
#加载 stringr 包，它涵盖多个文本操作函数
library(stringr)
```

在下面的示例中，以##开头的是输出结果。

1）文本匹配

```
#文本中是否出现 height 或 weight
str_detect(c("height", "weight", "BMI"), "[hw]eight")
## [1] TRUE TRUE FALSE
#文本是否以 eight 结尾
str_detect(c("height", "weight", "BMI"), "eight$")
## [1] TRUE TRUE FALSE
#文本是否以 eight 开始
str_detect(c("height", "weight", "BMI"), "^eight")
## [1] FALSE FALSE FALSE
```

2）文本截取

```
#提取文本中的变量名称：一个或多个大写或小写字母，且位于文本开始位置
str_extract(c("height 175.1 cm", "weight 60 kg"), "^[a-zA-Z]+")
## [1] "height" "weight"
#提取文本中的数值部分：一个或多个数字，后跟 0 个或 1 个小数点和 0 个或多个数字
str_extract(c("height 175.1 cm", "weight 60 kg"), "[0-9]+\\.?[0-9]*")
## [1] "175.1" "60"
#提取文本中的单位部分：文本结束前的 1 个或多个非空格的字符
#默认进行最长匹配
str_extract(c("height 175.1 cm", "weight 60 kg"), "[^ ]+$")
## [1] "cm" "kg"
```

3）文本替换

```
#替换变量名称和数值的顺序：将匹配的文本分组，并反序引用
str_replace(c("height 175.1", "weight 60"), "([a-zA-Z]+) ([0-9]+\\.?[0-9]*)", "\\2 \\1")
## [1] "175.1 height" "60 weight"
```

2. Stata 示例

```
. * 使用正则表达式匹配文本，成功匹配显示 1，未匹配显示 0
. display regexm("height", "eight")
1
. display regexm("height", "^eight")
0
. * 使用正则表达式替换文本，将首字母 h 改成大写的 H
. display regexr("height 175 cm", "^h", "H")
```

```
Height 175 cm
. * 使用正则表达式匹配文本
. * 使用小括号分组
. display regexm("height 175.1", "([a-z]+) ([0-9]+\.?[0-9])*")
1
. * 提取匹配文本中第一组的文本
. display regexs(1)
height
. * 提取匹配文本中第二组的文本
. display regexs(2)
175.1
. * 提取匹配文本的全部内容
. display regexs(0)
height 175.1
```

附录 C　系统综述与 Meta 分析技术路线图

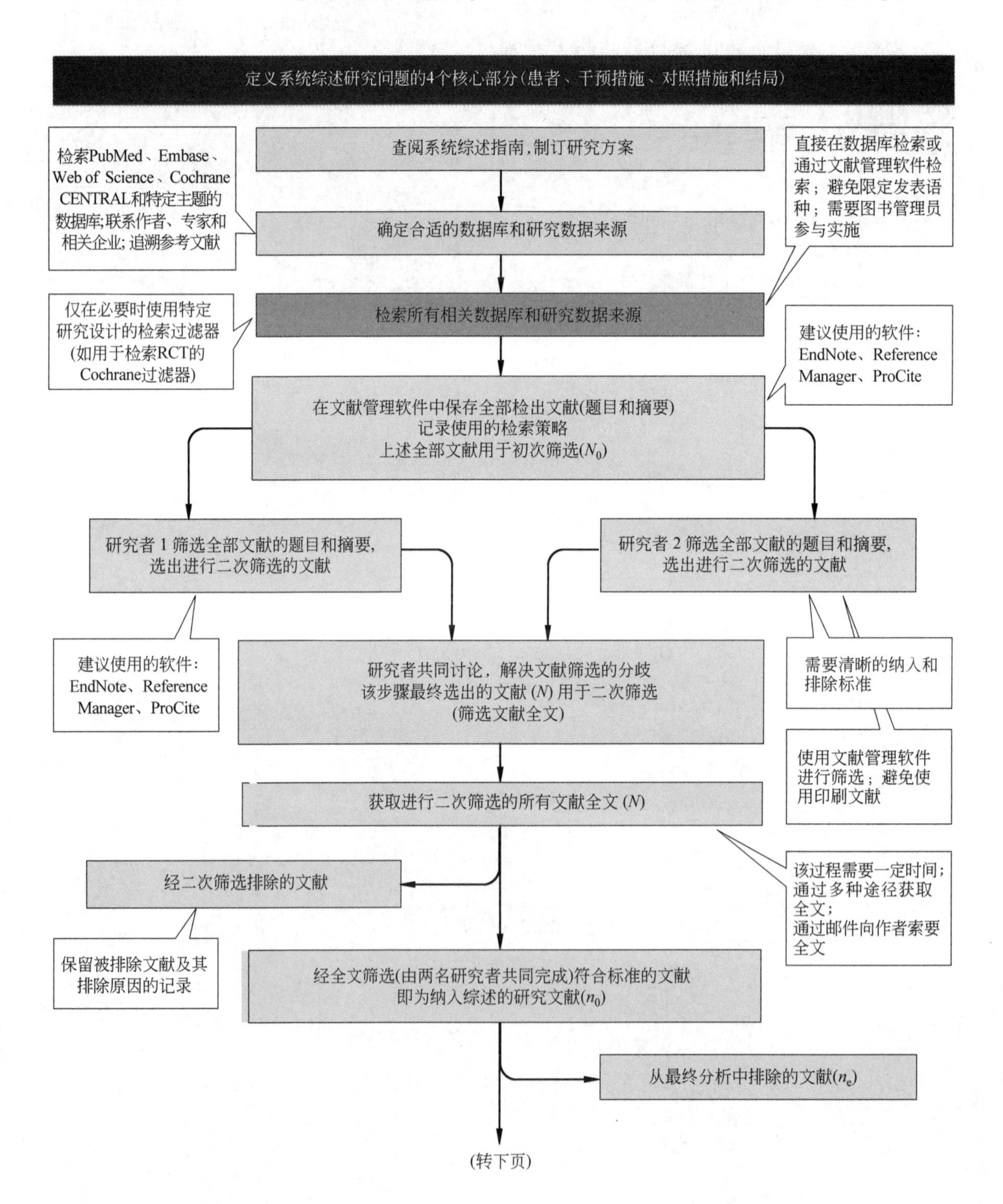
定义系统综述研究问题的4个核心部分(患者、干预措施、对照措施和结局)
检索PubMed、Embase、Web of Science、Cochrane CENTRAL和特定主题的数据库;联系作者、专家和相关企业;追溯参考文献
查阅系统综述指南,制订研究方案
直接在数据库检索或通过文献管理软件检索；避免限定发表语种；需要图书管理员参与实施
确定合适的数据库和研究数据来源
仅在必要时使用特定研究设计的检索过滤器(如用于检索RCT的Cochrane过滤器)
检索所有相关数据库和研究数据来源
建议使用的软件：EndNote、Reference Manager、ProCite
在文献管理软件中保存全部检出文献(题目和摘要)
记录使用的检索策略
上述全部文献用于初次筛选(N_0)
研究者 1 筛选全部文献的题目和摘要,选出进行二次筛选的文献
研究者 2 筛选全部文献的题目和摘要,选出进行二次筛选的文献
建议使用的软件：EndNote、Reference Manager、ProCite
研究者共同讨论，解决文献筛选的分歧
该步骤最终选出的文献 (N) 用于二次筛选
(筛选文献全文)
需要清晰的纳入和排除标准
使用文献管理软件进行筛选；避免使用印刷文献
获取进行二次筛选的所有文献全文 (N)
经二次筛选排除的文献
该过程需要一定时间；通过多种途径获取全文；通过邮件向作者索要全文
保留被排除文献及其排除原因的记录
经全文筛选(由两名研究者共同完成)符合标准的文献
即为纳入综述的研究文献(n_0)
从最终分析中排除的文献(n_e)

(转下页)

(接上页)

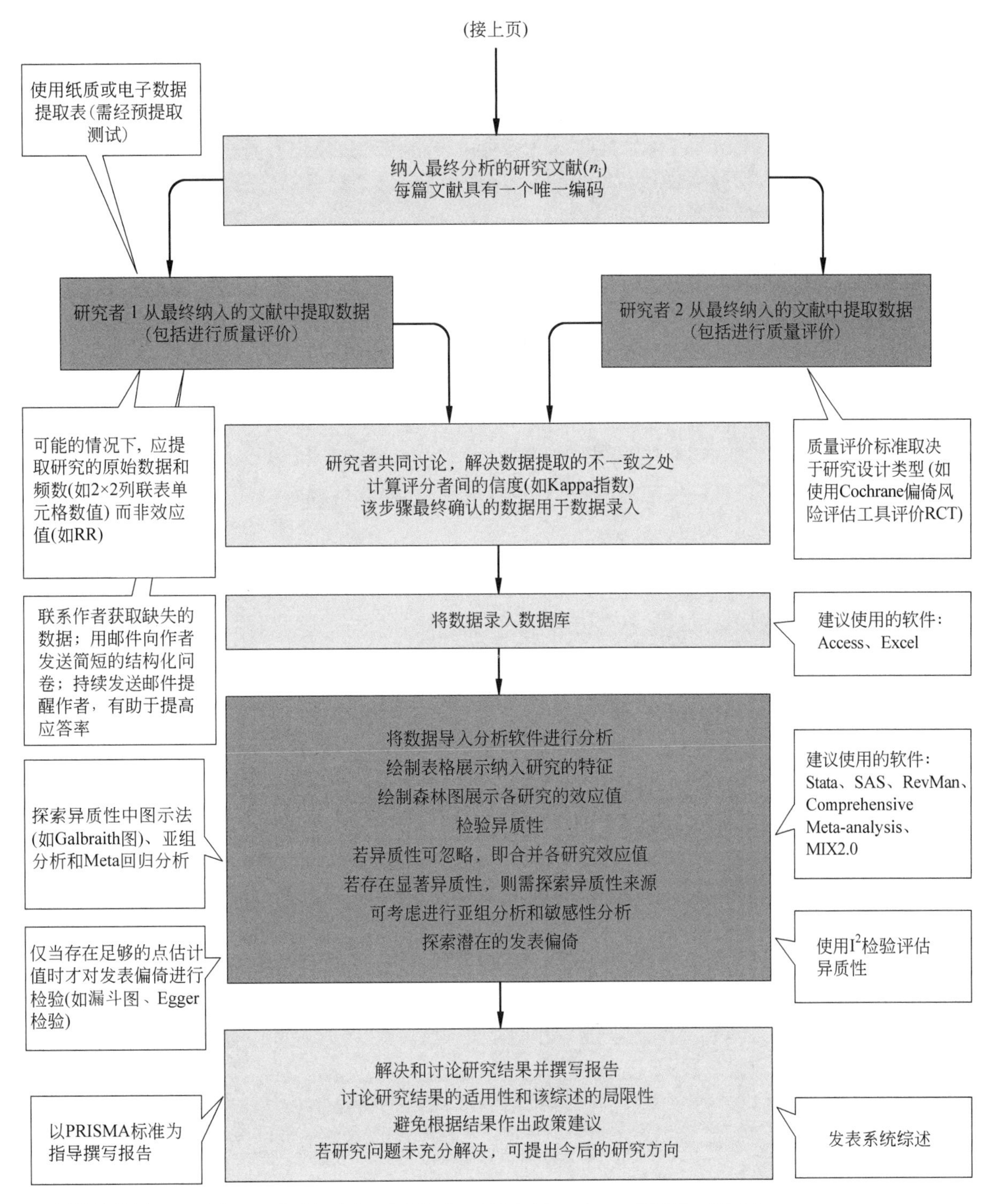

使用纸质或电子数据提取表(需经预提取测试)
纳入最终分析的研究文献(n_i)
每篇文献具有一个唯一编码
研究者 1 从最终纳入的文献中提取数据(包括进行质量评价)
研究者 2 从最终纳入的文献中提取数据(包括进行质量评价)
可能的情况下，应提取研究的原始数据和频数(如2×2列联表单元格数值)而非效应值(如RR)
研究者共同讨论，解决数据提取的不一致之处
计算评分者间的信度(如Kappa指数)
该步骤最终确认的数据用于数据录入
质量评价标准取决于研究设计类型(如使用Cochrane偏倚风险评估工具评价RCT)
联系作者获取缺失的数据；用邮件向作者发送简短的结构化问卷；持续发送邮件提醒作者，有助于提高应答率
将数据录入数据库
建议使用的软件：Access、Excel
将数据导入分析软件进行分析
绘制表格展示纳入研究的特征
绘制森林图展示各研究的效应值
检验异质性
若异质性可忽略，即合并各研究效应值
若存在显著异质性，则需探索异质性来源
可考虑进行亚组分析和敏感性分析
探索潜在的发表偏倚
建议使用的软件：Stata、SAS、RevMan、Comprehensive Meta-analysis、MIX2.0
探索异质性中图示法(如Galbraith图)、亚组分析和Meta回归分析
使用I^2检验评估异质性
仅当存在足够的点估计值时才对发表偏倚进行检验(如漏斗图、Egger检验)
解决和讨论研究结果并撰写报告
讨论研究结果的适用性和该综述的局限性
避免根据结果作出政策建议
若研究问题未充分解决，可提出今后的研究方向
以PRISMA标准为指导撰写报告
发表系统综述

本图编译自 Pai M，et al. Natl Med J India 2004 Mar-Apr，17(2)：86-95.